"华龙一号"核岛土建工程

工业化建造智能吊装安装一体化装备

埃及新首都CBD

海口市国际免税城

西安曲江电竞产业园

陕西西咸世贸

大型会展高效建造施工

历史城镇修缮保护及性能提升

眉山天府新区学校

武汉智能网联汽车测试场

南通绕城高速公路

领潮大厦　　　　　成都天投国际商务中心　　　　　中海寰宇中心

H 型钢生产线

智瓴智慧园区平台

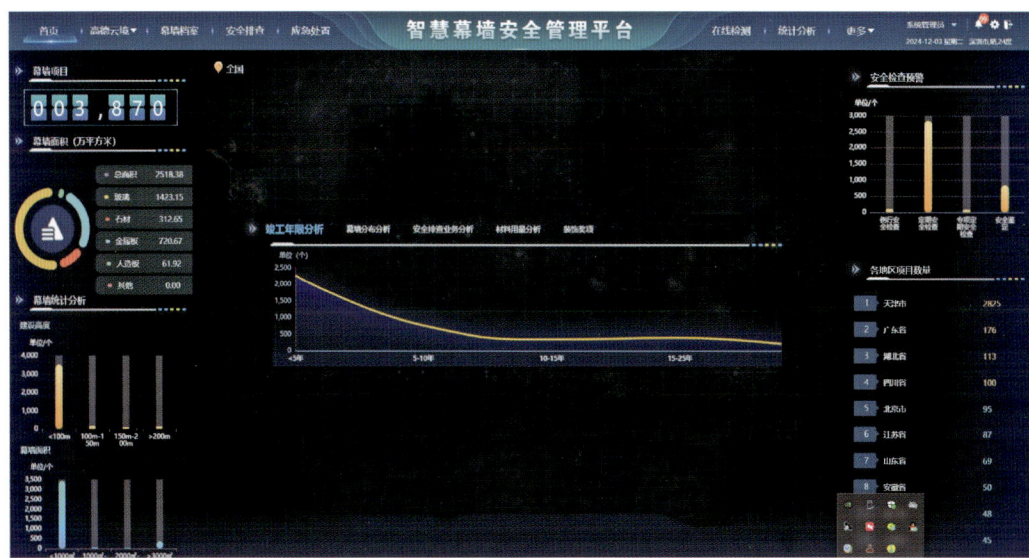

幕墙安全管理平台

碳排放监测管控平台

中建集团科学技术奖获奖成果集锦（2024 年度）
编辑委员会名单

中建集团科学技术奖获奖成果集锦

2024 年度

中国建筑集团有限公司　编

中国建筑工业出版社

图书在版编目（CIP）数据

中建集团科学技术奖获奖成果集锦. 2024年度 / 中
国建筑集团有限公司编. -- 北京：中国建筑工业出版社，
2025. 5. -- ISBN 978-7-112-31178-1

Ⅰ. TU-19

中国国家版本馆 CIP 数据核字第 2025Y9F009 号

本书为中国建筑集团 2024 年度科学技术成果的集中展示，是科技最新成果的饕餮盛宴。中建的非凡实力、中建人智慧的碰撞跃然纸上，中建的高超技艺、科技之美在图文中流淌。本书涵盖了"华龙一号"核岛土建工程、埃及新首都 CBD、海口市国际免税城、西安曲江电竞产业园、陕西西咸世贸等热点项目。主要内容包括："华龙一号"核岛土建工程设计施工关键技术与应用、工业化建造智能吊装安装一体化关键技术与装备、建筑工程防水关键技术研究、埃及新首都中央商务区 EPC 项目建造关键技术研究与应用、装配式混凝土结构高性能连接关键技术等。

本书供建筑企业借鉴参考，并可供建设工程施工人员、管理人员使用。

责任编辑：郭　栋
责任校对：党　蕾

中建集团科学技术奖获奖成果*集锦*
2024 年度
中国建筑集团有限公司　编
＊
中国建筑工业出版社出版、发行（北京海淀三里河路 9 号）
各地新华书店、建筑书店经销
北京鸿文瀚海文化传媒有限公司制版
北京中科印刷有限公司印刷
＊
开本：880 毫米×1230 毫米　1/16　印张：25¾　插页：4　字数：824 千字
2025 年 8 月第一版　2025 年 8 月第一次印刷
定价：**98.00** 元
ISBN 978-7-112-31178-1
　　　（44810）

目　录

科技进步奖

一等奖

二等奖

技术发明奖

金奖

银奖

科技创新团队

科技进步奖

一等奖

"华龙一号"核岛土建工程设计施工关键技术与应用

完成单位： 中国建筑第二工程局有限公司、中广核工程有限公司、中建电力工程（深圳）有限公司、中冶建筑研究总院有限公司、清华大学、东南大学、中建机械有限公司

完成人： 翟雷、吕锦权、胡立新、易桂香、郑军、李明、杨佳雨、李光远、肖丹、张皓、秦会来、范广军、刘军、方涛、刘康

一、立项背景

"华龙一号"是我国在充分汲取国际历次核事故经验研发的、具备完全自主知识产权、率先实现批量化建设及商运的三代核电技术。相较二代核电技术，在设计安全等级、建造质量、运维管理等方面都提出了更高、更严格的要求。项目实施前，核岛土建工程设计、施工主要面临以下问题及挑战：

1）尚未形成系统的"华龙一号"核岛厂房复杂结构设计方法。原有分析及灾害防护技术不能满足新形势下的需求，存在精细化性能分析方法及评价准则指标体系不完备、自主安全分析软件短板、灾害防护技术粗放单一等瓶颈，国际上亦无可供参考的成熟技术与结构体系；如何构建"全面体系化的飞机撞击分析评价技术"是设计工作面临的一项难题，国内外均无系统全面的参考。

2）"新一代"核电技术大量"新"的施工难题需要攻克。"华龙一号"构造更加复杂，设计使用年限更长，"新"增安全设施品类多且质保等级高，新形势下管控要求更严格。相对于二代核电，不仅需要攻克许多"新"的技术难题，还面临质效提升、成本降低方面更加严峻的挑战。

3）施工质效矛盾更加突出，"卡脖子"问题仍然存在。"华龙一号"核电焊接工程量较二代核电大幅增加，在人口"老龄化"的背景下，效率与质量、"核心技术工人更大的需求量"与"培养难度大"（如核级焊工）的矛盾问题更加突出，需要研发智能化、自动化焊接、加工装备及工艺技术赋能；需开展系统研发，彻底解决大吨位复杂预应力系统部分材料、设备仍依赖进口的"卡脖子"问题。

二、详细科学技术内容

1."华龙一号"核岛厂房复杂结构设计关键技术

创新成果一： 提出了核岛复杂混凝土结构先进设计方法

提出了"分层拉伸建模法""复合网格数据传递法"，解决了核岛大型复杂结构计算精度与计算效率矛盾等难题；拓展国家标准，提出了"高精度、高效率配筋方法"，解决了构造复杂区域设计配筋难题。

创新成果二： 系统构建了核岛内部灾害的结构防护设计与评价技术

首次系统构建了涵盖重物跌落防护、高能管道破裂、爆炸冲击、高能管道破裂等核岛内部灾害的结构防护设计与评价技术，完善了灾害结构防护撞击荷载计算"数值仿真平台"，解决了传统内部灾害结构评价方法系统性不足的问题。见图1、图2。

创新成果三： 构建了飞机撞击核岛厂房设计及安全评价技术

首次建立了商用大飞机精细化模型库，开发了"飞机撞击力快速计算程序软件"；提出了"飞机引擎撞击混凝土结构的侵彻预测修正经验公式"，解决了国内外采用的军事领域经验公式的"适用性"问题；形成了"飞机撞击下设备安全评价的验收准则"和"设备安全评价的验收准则"。开发了飞机撞击火灾和爆燃效应与结构的耦合安全评价方法。相关成果已纳入国家标准。见图3。

图 1 重物跌落缩比试验

图 2 核电厂混凝土抗爆试验

图 3 飞机撞击核岛厂房缩尺试验

创新成果四：系统创立了新一代安全壳目标使用年限（60 年）的耐久性分析评估方法

国内首次建立了"安全壳密封功能失效准则"及"相应指标"，建立了内压与温度"多因素耦合下安全壳承载裕度量化评价技术"等"安全壳极限承载能力分析技术"，实现了新一代安全壳结构体系的构建，给出了"耐久性分析评估方法"。上述设计技术打破了国外技术封锁，填补了国内多项空白。

2."华龙一号"核岛土建工程施工关键技术

创新成果一：提出了核岛强约束大体积混凝土的抗裂设计及养护动态控制方法

建立了"水化-温度-湿度-约束"耦合作用的混凝土结构抗裂评估模型与开裂分析方法，解决了核岛混凝土长墙厚板的抗裂设计难题，首次应用于太平岭核电项目，裂缝明显减少；提出了"大体积混凝土养护动态控制方法"，发明了用于混凝土应力检测值修正的自由应变监测"零应力计"，实现了混凝土温度、应力指标的最优预设及动态、准确控制。见图 4、图 5。

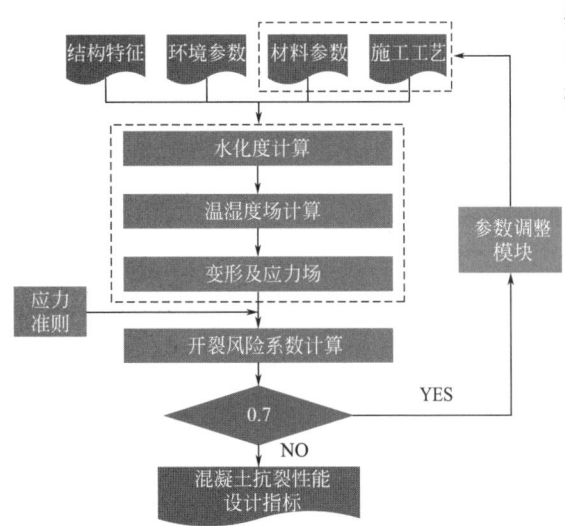

图 4 混凝土抗裂性设计基本流程

图 5 筏形基础大体积混凝土施工

创新成果二：研发了"华龙一号"安全壳钢衬里"底板＋截锥体"模块化吊装、薄壁超大不锈钢环形 ASP 水箱模块化施工变形控制技术

研发并首次应用了安全壳钢衬里"底板＋截锥体"模块化吊装、薄壁超大不锈钢环形 ASP 安注水箱模块化施工技术，实现了关键线路工期的大幅缩减。见图 6、图 7。

图 6　安全壳钢衬里"底板＋截锥体"模块化施工

图 7　薄壁超大不锈钢环形 ASP 安注水箱模块化施工

创新成果三：研发了"华龙一号"核岛安全壳预应力系统"低流动损失膨胀浆""低泌水缓凝浆"灌浆料及配套灌浆技术

"华龙一号"预应力系统为超国标设计，构造非常复杂，既有施工技术不适用。研发了适用于"华龙一号"安全壳长距离、大直径、高曲度、大高差、大落差预应力系统孔道灌浆的"低流动损失膨胀浆""低泌水缓凝浆"，配套提出了"大高差预应力管灌浆泌水控制技术""带缓冲装置的真空灌浆技术"，解决了既有技术的泌水、空腔问题，工效提升约 50％，废浆量减少 98％。见图 8、图 9。

图 8　预应力系统全比例灌浆试验

图 9　大高差压力泌水试验装置

3."华龙一号"核岛结构工程系列专用材料、设备及工艺

创新成果一：研发了一种具有"在线工艺自适应功能"的智能焊接系统及基于该系统的系列自动焊设备

"华龙一号"的焊接量大、质量要求高，对作业人员要求高、培养难，质效矛盾突出。研发了在线工艺自适应智能焊接系统，开发了安全壳钢衬里 MAG 焊、不锈钢覆面 TIG 焊两款焊接机器人；研发了首款预埋件焊接机器人工作站。焊接质量明显提升，效率提升 4～8 倍、核级焊工需求同比减少，有效地化解了核级焊工需求量大、培养难的问题。见图 10、图 11。

创新成果二：研发了适合"华龙一号"预应力系统的专用"国产化""波纹管制作装备及工艺"及"预应力灌浆料涡轮式搅拌机组"

图 10　钢衬里 MAG 焊接机器人

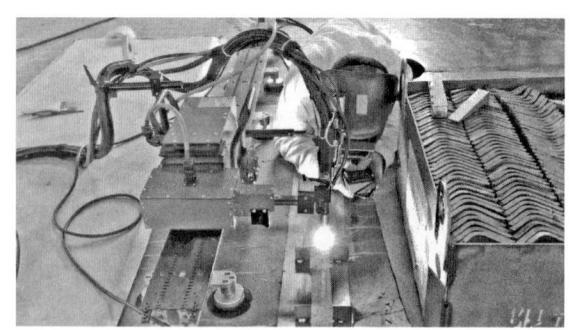

图 11　不锈钢覆面 TIG 焊接机器人

"华龙一号"安全壳预应力系统指标要求高，国内无满足要求的材料、施工装备，需采用进口产品，存在"卡脖子"问题。研发了低摩阻、大孔径安全壳预应力系统波纹管镀锌钢带"国产化"皂化工艺及管道制作装备及工艺。首次应用于太平岭核电项目，性能与进口产品相当，成本大幅降低。研发了国内首台套满足高匀质性、高流动性、超低水灰比、高浆体温控要求、大体量预应力灌浆料制备的"核电预应力灌浆料搅拌机组"。相对进口产品性能更优、价格更低且便于维修。见图 12、图 13。

图 12　预应力波纹管镀锌钢带皂化工艺

图 13　预应力灌浆料搅拌站

三、发现、发明及创新点

1）提出了"分层拉伸建模法"等核岛大型复杂混凝土结构先进设计方法，极大提高了建模效率，解决了计算精度与计算效率的矛盾以及边界条件模拟困难的难题，以及高精度、高效率设计配筋难题。

2）系统构建了涵盖重物跌落防护、高能管道破裂、爆炸冲击等核岛内部灾害的结构防护设计与评价技术，解决了传统内部灾害结构评价方法系统性不足的问题。

3）系统构建了商用大飞机撞击安全壳分析评价技术，国内首次建立了"商用大飞机精细化模型库"，确定了"飞机撞击荷载曲线"，打破了国外技术封锁，填补了我国空白。

4）系统创立了安全壳钢衬里与混凝土耦合分析与设计、安全壳结构密封失效分析与评价、安全壳极限承载能力分析等新一代安全壳目标使用年限的耐久性分析评估方法，填补了我国空白。

5）提出了核岛高抗裂、高耐久性海工混凝土设计及大体积混凝土养护动态控制方法，有效控制了核岛混凝土有害裂缝的产生。

6）研发了"华龙一号"安全壳钢衬里"底板＋截锥体"模块化吊装技术、薄壁超大不锈钢环形 ASP 安注水箱（"华龙一号"独有）模块化施工变形控制技术。上述技术均为国内首次应用，显著缩短了关键线路工期。

7）研发了适合"华龙一号"安全壳长距离、大直径、高曲度、大落差预应力系统孔道灌浆的"低流动损失膨胀浆""低泌水缓凝浆",配套提出了"带缓冲装置的真空灌浆技术"及"大高差预应力管灌浆泌水控制技术",工效提升约50%,废浆量减少98%。

8)研发了一种具有在线工艺自适应功能的智能焊接系统。在此基础上开发了钢衬里 MAG 焊接机器人、不锈钢覆面 TIG 焊接机器人、预埋件焊接机器人工作站,实现了复杂工况下核岛现场安装的高质量、高效焊接,少人化效果显著。

9)研发了"华龙一号"核电国产化、低摩阻、大孔径专用预应力系统波纹管制作装备及工艺,该技术生产的预应力波纹管机械性能、摩擦系数与"进口钢带+进口设备卷制"的波纹管相当,国内首次应用在了广东太平岭"华龙一号"核电一期项目。

10)研发了国内首台套适合"华龙一号"安全壳预应力系统高匀质性、高流动性、超低水灰比、高浆体温控要求、大体量等特点灌浆料制备的"核电预应力灌浆料涡轮式搅拌机组"。国内首次用于广东太平岭"华龙一号"核电一期项目,性能优于进口产品,2022 年入选中国工程机械工业协会混凝土机械分会十大年度事件,搅拌机组购置成本仅为进口设备的一半。

四、与当前国内外同类研究、同类技术的综合比较

本项目通过国内外查新,查新结果为:国内外公开文献中未见相同报道。与国内外同类技术综合比较如下:

1. 核岛厂房结构设计关键技术

提出的核岛混凝土结构设计方法解决了国内外设计建模方式效率低和分析精度不高等问题;提出的针对"内部灾害对结构的影响分析方法"系统解决了国内外普遍采用经验公式和保守分析方法;提出的"飞机-结构-地基耦合的精细化评价技术"打破了国外技术封锁;提出的"新一代安全壳设计及安全评价、目标使用年限耐久性分析评估方法"弥补了国内外研究空白及设计方法的不足。

2. 核岛复杂结构施工关键技术

提出的核岛混凝土裂缝综合设计控制方法较国内外常用方法更拟合工程实际,混凝土养护环境、应力控制更加精准,裂缝控制效果显著;提出的安全壳钢衬里"底板+截锥体"模块化吊装技术在我国核电首次采用;针对"华龙一号"安全壳预应力系统特点研发的灌浆料及灌注技术在国内核电首次使用。

3. "华龙一号"核岛结构工程专用材料、设备及工艺技术

基于"焊接工艺在线自适应调整"技术研发的自动焊技术国内首次应用,关键部件的软硬件都具有完全自主知识产权;国产化预应力系统波纹管制作装备及工艺在我国核电首次采用,性能与国外同类水平相当;国内首台套"核电预应力灌浆料涡轮式搅拌机组"性能优于国外产品。与国外同类产品相比,上述产品价格和维护优势明显。

五、第三方评价、应用推广情况

1. 第三方评价

2024 年 6 月,中国建筑集团有限公司针对本项目成果组织开展了评价,由中国工程院两位院士分别担任专家组组长、副组长,评价结论为"该成果总体达到国际先进水平,其中飞机-结构-地基耦合的核岛大飞机撞击精细化分析技术,安全壳钢衬里、不锈钢覆面自动焊设备与工艺技术达到国际领先水平。"

2. 推广应用

2016 年承接我国首批批量化建设、完全自主知识产权的广西防城港"华龙一号"核岛土建工程项目后,针对设计建造面临的新问题、新挑战,联合中广核工程有限公司、中冶建筑研究总院有限公司、清华大学等单位开展"华龙一号"设计、施工技术方面的研究,先后立项一系列课题。本项目所有成果均已应用推广到了欧三代 EPR(国内仅由中国广核集团投资建设了台山核电厂 2 台机组)、中广核集团投资或提供项目总承包管理的所有国三代"华龙一号"项目。

六、社会效益

"华龙一号"是我国自主研发、具有完整自主知识产权、实现批量化建设运营的百万千瓦级第三代压水堆核电技术，它标志着我国已经成为世界上少数几个具备三代核电自主设计、建造、运营能力的国家之一——这在我国乃至世界核电发展史上具有里程碑意义。2015 年以来，我国已陆续核准了 10 厂址 22 台"华龙一号"核电机组，我局先后中标了中国广核集团、华能集团的 10 台核岛土建工程项目，目前已有两台并网发电。

核能具有清洁低碳、稳定高效的优势，是减排效应最大的能源之一。核电是对环境影响极小的清洁能源，核电厂本身不排放 SO_2、NOx、烟尘等大气污染物，流出物中的放射性物质对周围居民的辐照一般都远低于当地的自然本底水平，是煤电的 1/50。据统计单台"华龙一号"机组（满发）和燃煤电厂相比，每年可减少标煤消耗 252 万 t，减少 CO_2 排放 693.3 万 t（相当于造林 1.88 万 hm^2），减少 SO_2、NOx、烟尘等大气污染物排放超 2695t。截至目前，由我局承担核岛土建工程施工的两台"华龙一号"核电机组已并网发电，已生产约 100 亿度清洁电力，相对于燃煤电厂减少标煤消耗 287.67 万 t，减少 CO_2 排放 791.44 万 t，减少 SO_2、NOx、烟尘等大气污染物排放超 3076.484t，环保效应显著。

工业化建造智能吊装安装一体化关键技术与装备

完成单位：中国建筑第七工程局有限公司、北京建筑机械化研究院有限公司、沈阳建筑大学

完成人：焦安亮、黄延铮、陈　璐、张中善、王永好、张建新、石怀涛、罗文龙、张海东、魏金桥、程晟钊、郜玉芬、孟　旭、高宇甲、潘晓蒙

一、立项背景

以建筑工业化和智能建造为代表的新质生产力已经成了推动建筑业转型升级的新动能。现阶段我国工业化建筑已进入高速发展期，住房和城乡建设部等多部委联合印发的《关于加快新型建筑工业化发展的若干意见》指出，要鼓励应用建筑机器人，大力推进施工设备的智能化升级行动；国家发展改革委等部门印发的《绿色低碳转型产业指导目录》将智能化施工装备集成平台等智能建造装备研发列入了"十四五"重点实施任务。

目前，我国的建筑以现浇混凝土结构和钢结构为主，传统施工装备主要为塔式起重机和汽车起重机，其研发和制造已达到国际先进水平。但装配式建筑施工尚无专用装备，仍采用塔式起重机等传统装备，存在自动化程度低、就位难度大、施工效率低、劳动强度高、安全保障困难等问题。主要体现在：

(1) 因设备自身的晃动及微动控制性能不足，造成构件吊运寻位困难；

(2) 构件就位困难、效率低下；

(3) 构件姿态调整困难、安装精度差、用工量大、劳动强度大、安全风险高；

(4) 竖向构件临时支撑作业效率低、可靠性差；

(5) 竖向构件吊运需要高空摘挂钩，操作困难且危险。

针对传统装备在装配式建筑施工中存在的问题，本项目创新研发了装配式建筑施工关键技术，形成了集构件自动取放、吊运、调姿、就位、接缝施工于一体的自动化、数字化、模块化、平台式工业化建造智能吊装安装一体化装备并进行了工程示范应用，提高了施工现场构件吊装安装效率和安全，为我国工业化建筑施工现代化提供技术和装备支撑。

二、详细科学技术内容

1. 工业化建造智能起重平台

创新成果一：可集成构件智能吊装安装装置的工业化建造智能起重平台

首创了工业化建造智能起重平台。研究了起重平台布局、结构形式、部件连接方式以及与建筑协调适应性技术，基于"供-吊-运-装-浇"的使用需求和构件智能吊装安装装置的集成需求，提出了载荷-环境耦合、虚实融合的大型工程装备数字化正向设计方法，分析了起重平台与建筑模数的耦合协调关系，提出了起重平台模数化组合设计技术，满足各装置独立、协同工作需求的同时，覆盖了国内装配式建筑使用需求，克服了现有建筑施工装备与建筑协调适应性差、通用性差、周转效率低、摊销成本高等行业共性难题。见图1。

创新成果二：多维度结构可靠度统一分析方法

研究了起重平台的动力特性和可靠度。分析了荷载、环境等多元环境复合激励对起重平台受力和变形的影响，揭示了其受力机制和变形机理，优化了结构形式；提出了基于改进统计矩点估计法和最大熵原理的复杂结构整体可靠度分析方法，构建了起重平台局部和整体的多维可靠度统一分析方法，解决了

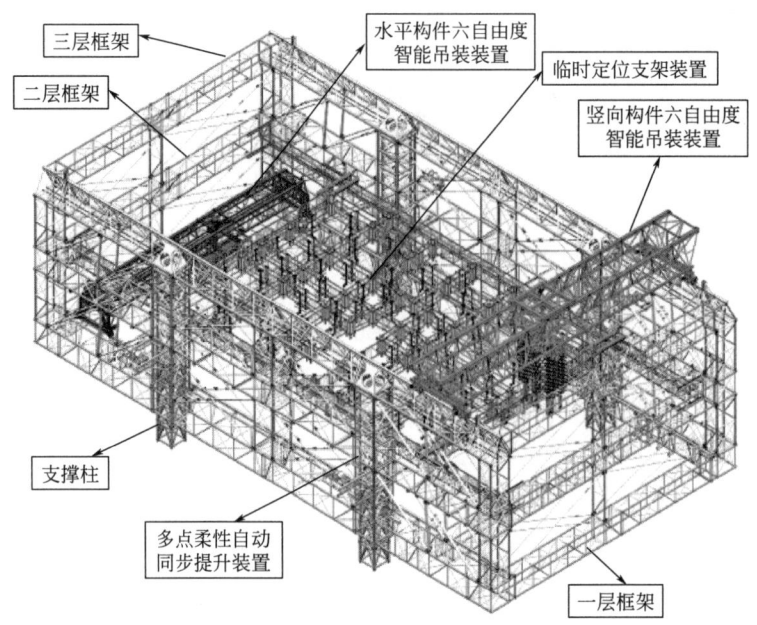

图1 工业化建造智能起重平台三维图

装备制造允许误差与建筑施工允许误差的协调问题，提高了起重平台的本质安全。结构的失效概率与可靠指标见下：

$$\begin{cases} P_f = P(Z \leqslant 0) = \int_{-\infty}^{0} \exp\left(\lambda_0 - \sum_{k=1}^{4} \lambda_k z^k\right) \mathrm{d}z \\ \beta = -\Phi^{-1}(P_f) \end{cases}$$

创新成果三：多点柔性自动同步顶升控制技术

研究了起重平台在顶升过程中的动力响应，提出了起重平台多点同步顶升系统性能指标函数，研发了分布式单/群控组合、液压缸荷载/位移双参数监测系统，实现了顶升过程中起重平台的位移和姿态协同控制，解决了大跨度长悬臂钢结构多点顶升时位移难同步的问题。见图2、图3。

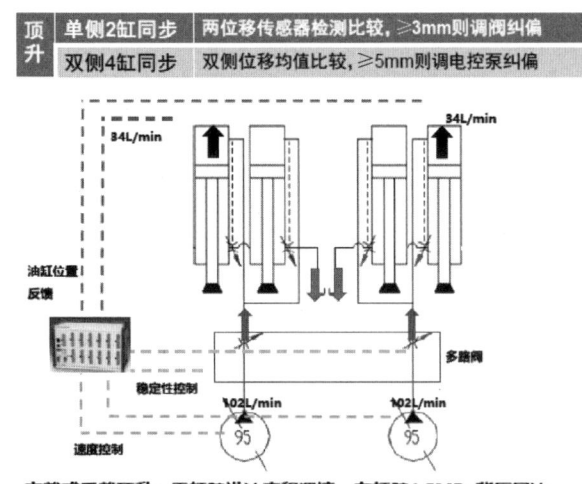

图2 同步顶升液压示意图

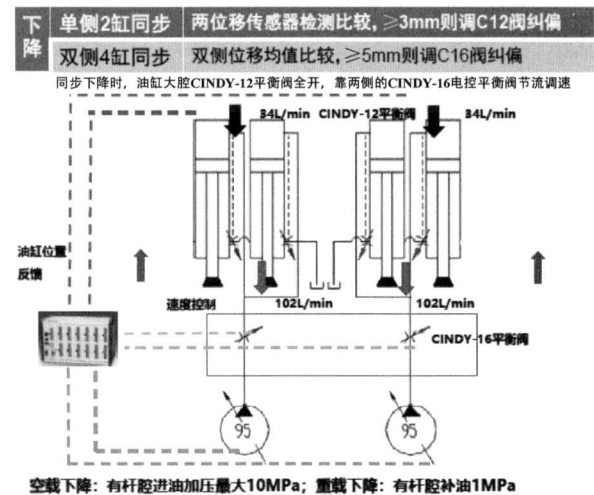

图3 同步下降液压示意图

2. 工业化建造智能吊装装置

创新成果一：模块化组合、信息化控制的构件垂直运输装置

创新了模块化组合、信息化控制的构件垂直运输装置。研发了构件姿态/位置自动调整与保持技术，

开发了构件-吊装装置位置与姿态智能对正锁定技术，保证了构件垂直运输至施工层后吊装装置的精准自动抓取；发明了自复位安全防坠装置，构建了摩擦块-弹簧-转轴体系及卯榫结合面协同联动系统，实现了安全防坠装置在制动后的自复位，解决了传统安全防坠装置手动复位困难的问题，避免了高空作业安全风险。见图4。

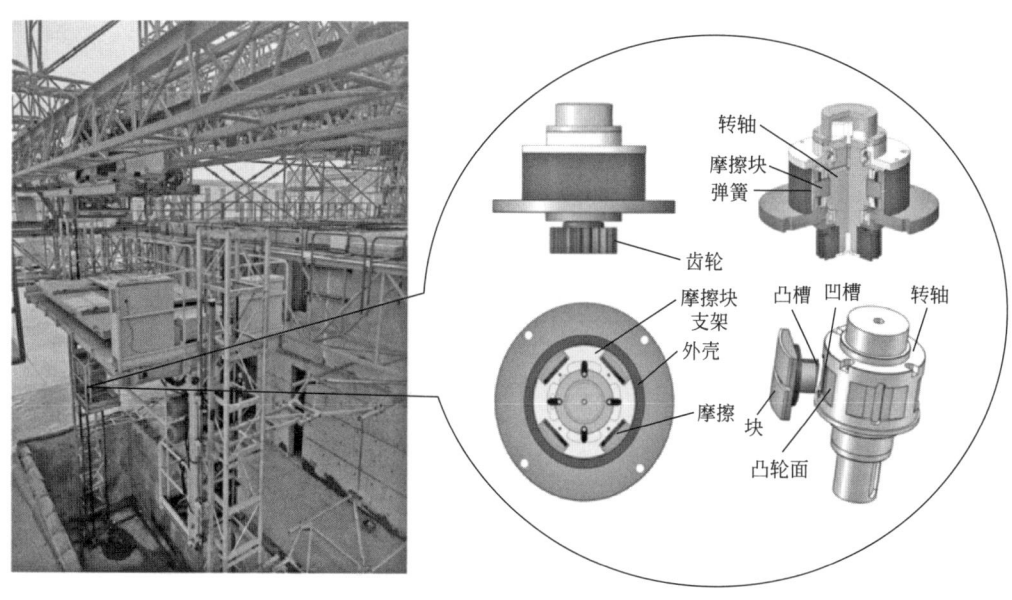

图4 模块化构件垂直运输装置与自复位安全防坠装置

创新成果二：集构件自动取放、调姿、寻位多功能于一体的六自由度智能吊装装置

发明了刚柔耦合吊装机械臂结构和构件自动抓取机构，研发了基于构件多梯度提升系统的多挂钩与吊点对正控制技术和自动摘挂钩技术，消除了传统施工方式人工摘挂钩的高空坠落安全隐患，攻克了现有自动化摘挂钩技术多点高精度抓取难的难题；研究了六自由度智能吊装装置运行过程中的动力响应，建立了构件-机械臂-行车结构耦合系统的动力学模型，分析了运行速度和吊重质量对行车、平台的振动及吊装构件摆动的影响，提出了构件防摆控制技术和六向脉冲调整防振颤技术，创新了大跨距双驱同步控制技术、驱动调速性能拟合纠偏技术，实现了多源环境复合激励下构件高精度就位。见图5～图7。

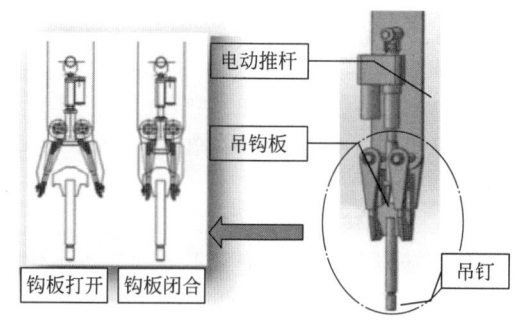

图5 六自由度智能吊装装置　　图6 刚柔耦合吊装机械臂　　图7 自动摘挂钩技术

创新成果三：具有自动校正功能的临时定位支架装置

提出了支架与建筑模数协调设计方法，研发了与建筑平面设计相协调的模数化组合支架体系，实现了支架体系部件的标准化与通用性，重复利用率达90％以上；研发了适用于墙板、飘窗等多类型预制构件的重锤式竖向构件垂直度自动监测、调整与夹持装置，确保了构件就位后的高精度高效安装与固定，解决了传统竖向构件临时斜撑法存在的垂直度调节精度差、人工作业量大、作业面占用多、安全隐患大等问题。见图8、图9。

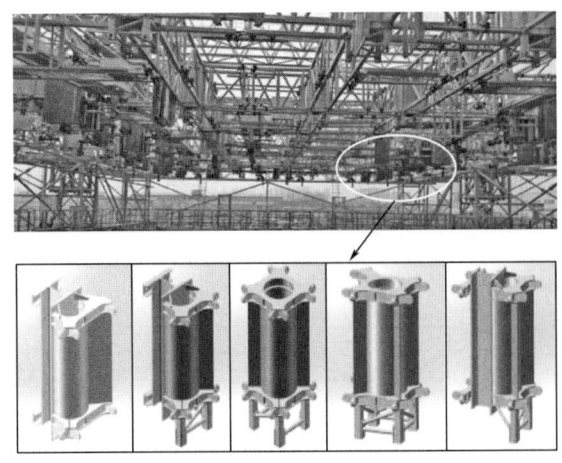

图8 临时定位支架与连接装置

图9 重锤式竖向构件垂直度自动监测调整夹持装置

创新成果四：复杂施工环境下人-机器-环境高度融合与协同的智能建造技术

提出了复杂施工环境下人-机器-环境高度融合与协同的智能建造技术。研究了装备安拆过程中安拆顺序、悬臂长度、支撑柱高度等对结构受力和变形的影响，提出了工业化建造智能吊装安装一体化装备快速安拆技术，安拆工作分别不大于14d；根据一体化装备特点制定了构件吊装原则，模拟优化了构件吊装安装施工工艺和操作要点，形成了水平和竖向构件同步吊装的智能吊装安装技术，施工效率提高25%，用工减少85%；发明了可随起重平台同步提升的轻量化折叠模板、模板悬挂装置和自动收放装置，开发了基于混凝土高精度称重系统与自动化布料系统的混凝土智能布料技术，在实现模板自动倒运的同时解决了泵式布料法长期存在的输料管堵塞问题。见图10～图12。

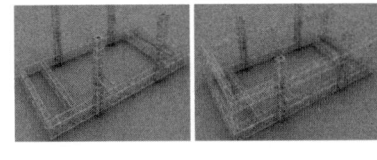

图10 起重平台安装示意图

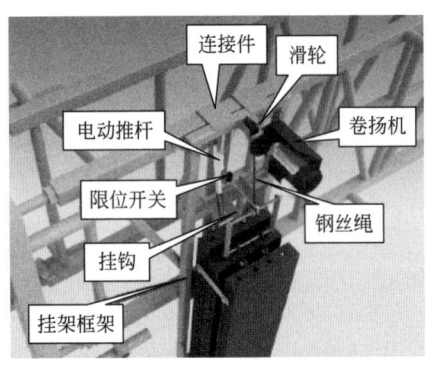

图11 折叠模板与悬挂提升装置

图12 混凝土智能布料技术

3. 工业化建造数字化控制技术

创新成果一：基于欠驱动的工业化建造智能吊装安装一体化装备吊装防摆技术

研发了基于欠驱动的工业化建造智能吊装安装一体化装备吊装防摆技术。针对预制构件吊运速度信号不可测的问题，创新提出了基于施工现场多信息反馈的预制构件吊运防摆控制方法，结合正弦加速度轨迹规划技术设计了一种改进能量耦合的控制律，通过在控制器中引入饱和函数限定控制输入的范围，解决了施工现场驱动器输出信号上界限制的问题；定义了多信息要素的误差跟踪信号，建立了复合状态向量，构建了包含台车水平位移、负载摆角和吊装机械臂摆角三要素的欠驱动系统储能函数，提升了工业化建造智能吊装安装一体化装备吊装系统的暂态控制性能。见图13。

创新成果二：刚柔耦合吊装机械臂末端偏移误差补偿技术

研发了刚柔耦合吊装机械臂末端偏移误差补偿技术。探明了结构参数、绳索缠绕方式以及平台结构强度差异等潜在的误差源，运用全微分理论构建了刚柔耦合吊装机械臂位姿参数的数学模型，揭示了不

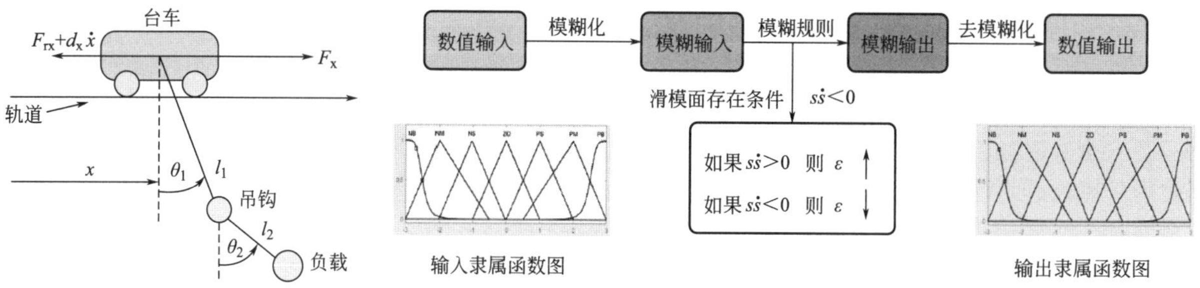

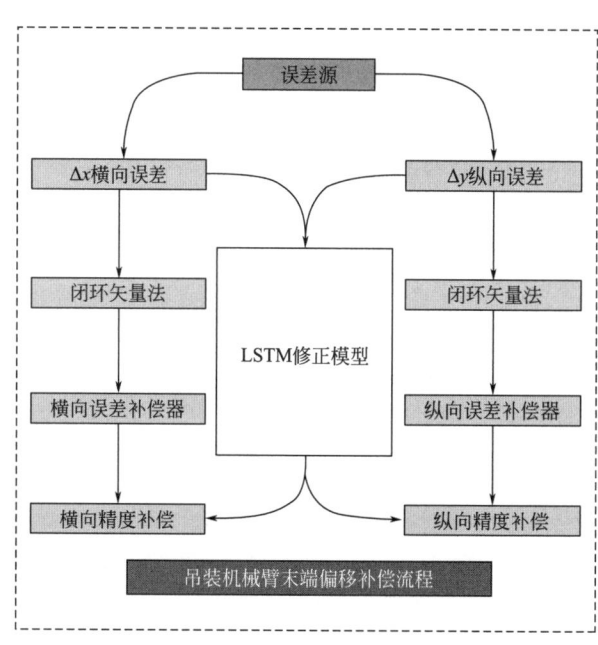

图 13　基于欠驱动的吊装防摆原理与模糊控制系统架构

同绳索缠绕方式对吊装偏移量的影响机制，获取了机械臂末端结构变形、运动链等误差对绝对位姿参数的影响特性，提出了基于刚柔耦合吊装机械臂横纵向误差耦合补偿的理论方法，使构件自动就位精度在±5mm 之内。见图 14。

图 14　吊装机械臂末端偏移误差补偿流程图

创新成果三：视觉反馈精确定位控制技术

研发了视觉反馈精确定位控制技术。建立了吊装系统位姿数学模型，设计了自抗扰控制器，构建了雅可比矩阵参数与图像特征微分关系方程，根据吊装系统动力学方程、位姿模型以及视觉特征微分方程定义了运动-结构-视觉分量，提出了基于运动-结构-视觉分量的复合反馈控制算法，使构件位置监测精度在±3mm 之内。见图 15。

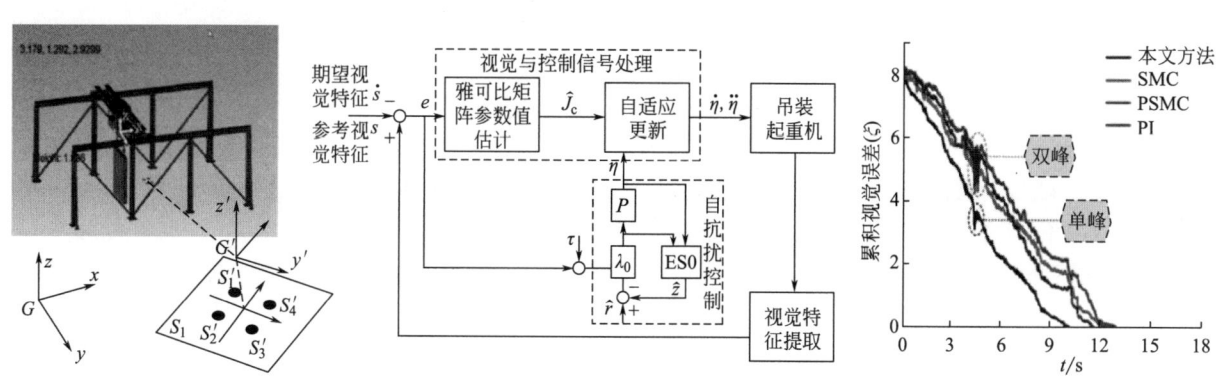

图 15　视觉反馈精确定位控制技术

创新成果四：基于数字孪生的吊运实时预警技术

研发了基于数字孪生的吊运实时预警技术。以起重平台为主体，实时计算了构件吊运过程中吊装装置的位移、碰撞距离与空间交错角等信息，开发了算测融合数字孪生工业化建造智能吊装安装一体化装备运行安全实时预警监测系统；基于空间解析几何的数学方法建立了标准编码与物理模型映射及数据流转关联关系，装备状态数字信息与施工进程的智能精准映射、双向互动，构建了装备数字孪生动态模型，实现了装备服役性能实时评估与故障预警。见图16。

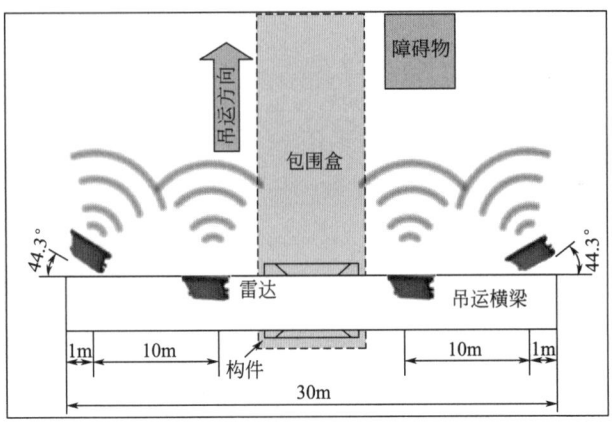

图16　吊运实时预警技术

三、发现、发明及创新点

1）研发了可集成构件智能吊装安装装置的工业化建造智能起重平台，提出了载荷-环境耦合、虚实融合的大型工程装备数字化正向设计方法、多维可靠度统一分析方法和多点柔性自动同步顶升控制技术。

2）研发了工业化建造智能吊装装置，创新了模块化组合、信息化控制的构件垂直运输装置，首创了集构件自动取放、调姿、寻位多功能于一体的六自由度智能吊装装置，发明了具有自动校正功能的临时定位支架装置、轻量化模板自动收放装置和混凝土智能布料装置，提出了复杂施工环境下人-机器-环境高度融合与协同的智能建造技术。

3）研发了工业化建造智能吊装安装一体化装备数字化控制技术。开发了基于欠驱动的工业化建造智能吊装安装一体化装备吊装防摆技术，构建了刚柔耦合吊装机械臂末端偏移误差补偿技术，提出了基于视觉反馈的构件精确定位控制技术，形成了基于数字孪生的吊运实时预警技术。

4）工业化建造智能吊装安装一体化关键技术与装备在郑州筑梦苑多个工程项目中得到应用，授权知识产权84项（其中发明专利24项），主编参编标准6项（其中国家标准4项），发表核心以上论文39篇（其中SCI论文34篇），获省部级工法3项。

四、与当前国内外同类研究、同类技术的综合比较

较国内外同类研究、技术的先进性在于以下三点：

1）研发了首台针对装配式混凝土建筑的工业化建造智能吊装安装一体化装备，集构件自动取放、吊运、调姿、就位、接缝施工于一体；工业化建造智能吊装安装一体化装备起重平台采用数字化正向设计方法和模块化组合技术，平台部件、结构件重复利用率达到95％以上。

2）研发了集预制构件自动取放、吊运、调姿、寻位多功能于一体的六自由度智能吊装装置，可实现对多样化的竖向或水平预制构件进行自动化吊装安装施工作业；研发了竖向预制构件的自动化临时夹持、垂直度自动监测与调整技术和装置，无需人工辅助，可实现对竖向构件的自动化、快速、安全支撑。

3）研发了预制构件吊装过程中视觉反馈精确定位控制技术。可实现预制构件的自动化定位监测，位置监测精度高，偏差在±3mm以内。

本技术通过国内外查新，查新结果为：在所检国内外文献范围内，未见有相同报道。

五、第三方评价、应用推广情况

1. 第三方评价

2024年3月24日，中国机械工业联合会组织专家对项目成果进行了鉴定。项目成果经以院士为组长的鉴定委员会鉴定，认为项目技术总体上达到国际先进水平。其中，可折展吊装机械臂设计技术与安装控制技术达到国际领先水平。

2024年5月15日，河南省科研平台服务中心组织专家对项目成果进行了鉴定。项目成果经以院士为组长的鉴定委员会鉴定，认为项目成果整体达到国际先进水平。其中，可折展吊装机械臂设计技术与安装控制技术、六自由度刚柔耦合吊装装置、竖向构件自动夹持与垂直度调节装置达到国际领先水平。

2. 推广应用

项目成果已广泛应用于河南卫华重型机械股份有限公司、徐州建机工程机械有限公司等国内大型设备制造厂商相关产品制造中。同时，中国建筑第七工程局有限公司、中建海峡建设发展有限公司等龙头建筑施工企业采用了相关技术，成功应用于郑州筑梦苑项目、中国建筑和樾雅居项目等多项建筑施工中，有效提高了施工效率，提升了施工的安全性和可靠性，降低了建造成本。

六、社会效益

工业化建造智能吊装安装一体化关键技术与装备成果的研发与应用，促进建筑生产方式转变。施工现场作业转变成类工厂的建造环境，员工可在操作室内进行大部分施工，减少员工在户外暴晒、雨淋等情况，从根本上改善了建筑施工现场工人作业条件。本装备大量采用自动化设备施工，可减轻劳动的强度及人工投入，降低施工安全风险，极大避免施工现场的各种工伤事故。施工人员需进行专业培训，学习高新技术，有利于新一代建筑产业工人的培养，与国家提出的"以人为本"的发展理念相吻合，社会效益显著。

建筑工程防水关键技术研究

完成单位： 中国建筑股份有限公司、中国中建设计研究院有限公司、北京中建建筑科学研究院有限公司、中建工程产业技术研究院有限公司、北京东方雨虹防水技术股份有限公司、中建铁路投资建设集团有限公司、中建安装集团华东建设投资有限公司、中建四局建设发展有限公司、中建一局集团建设发展有限公司、中建八局第一建设有限公司

完成人： 黄　刚、肖绪文、孙金桥、薛　峰、霍　亮、王长军、李　佳、王庆轩、陈兴元、朱　彤、彭　杰、徐洪涛、王　健、靳　喆、王小虎

一、立项背景

工程渗漏作为阻碍提升建筑品质的"顽疾"，不论是既有建筑还是新建建筑，在工程项目的不同部位频频出现渗漏情况，不仅影响建筑物的使用功能，同时会减少建筑物的使用寿命。根据调查数据，国内主要城市建筑屋面渗漏率高达 95.33%，出现了"十室九漏"的现象。

为了摸清我国工程渗漏现状及成因，治理我国防水工程中种种不良现象，解决渗漏治理中的各项问题，2020 年 1 月，中国工程院正式启动"工程渗漏防治发展战略研究"咨询项目，对我国工程防水进行顶层设计，从防水工程的设计、施工、材料、维护和监管等几个方面进行战略分析，聚焦行业重点问题，研究工程渗漏治理体系建设及所应采取的保障措施，为国家加快提升工程防水行业创新能力，加强工程渗漏治理能力提供咨询建议。课题组通过线上问卷的方式，对全国 30 个省、自治区、直辖市的 1026 户住宅渗漏情况展开调查，调查范围涵盖设计、施工及运维等方面的内容，结果显示全国平均 84.9% 的住宅建筑出现不同程度、不同部位的渗漏情况，而发达国家的住宅渗漏率在 10%，从上述数据可以看出，我国工程防水任重道远。

经调查研究发现，目前建筑工程防水存在下列问题：

（1）防水基础性研究缺乏，防水设计处于半经验状态，缺乏系统的理论指导，随意性强。

（2）现行防水工程更侧重于材料的研究，缺乏材料与结构的相互作用机理以及工程防水新型设计体系的研究。

（3）目前的防水构造技术缺乏适应性，没有考虑不同气候区不同等级的影响，同一张构造图集全国照抄，这显然是不科学的。

（4）渗漏缺陷检测技术落后，渗漏源头查找困难，渗漏治理技术研究不足。

项目组从以上问题出发，结合参研各方已有技术基础，开展技术攻关并进行应用推广。

二、详细科学技术内容

1. 建筑屋面工程防水使用年限确定方法

针对防水工程使用年限无法合理评定的问题，提出了建筑屋面工程防水使用年限确定方法。通过对典型防水材料的耐久性研究，得到了防水材料的参考使用年限。在此基础上，引入影响建筑工程的材料、施工、内外环境和运维的修正因子。基于因子计算，提出了建筑屋面工程防水耐久性评价模型。

$$ESL = RSL \cdot \gamma_A \cdot \gamma_B \cdot \gamma_C \cdot \gamma_D$$

式中　ESL——预测工作年限（Estimated Service Life）；

　　　RSL——参考使用年限（Reference Service Life）；

γ_A——本体材料、组件质量影响因子；

γ_B——建造水平影响因子；

γ_C——环境影响因子；

γ_D——使用与维护影响因子。

2. 混凝土结构抗渗厚度确定方法

针对混凝土结构抗渗厚度设计缺乏理论支撑的问题，提出了抗渗厚度确定方法。按照测试、再计算的思路，首先改进了传统石蜡抗渗测试方法，采用橡胶套-环氧树脂组合密封技术（图1、图2），提高了数据准确性。然后把渗透厚度作为评价指标，通过上述测试方法得出 C30～C50 级混凝土自防水的适宜厚度。最后综合考虑材料、施工及服役等因素的影响，提出了混凝土结构抗渗厚度的设计方法，为国标防水混凝土结构厚度的取值确定提供理论方法支撑。

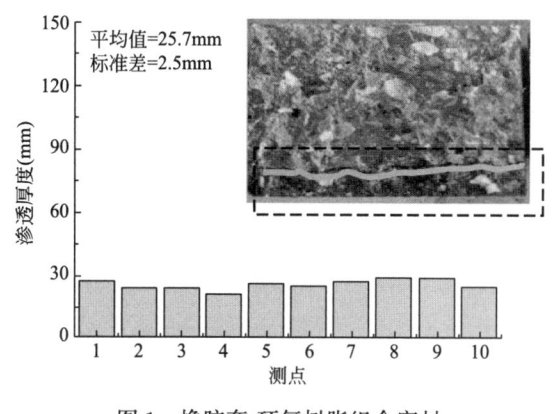

图1　橡胶套-环氧树脂组合密封

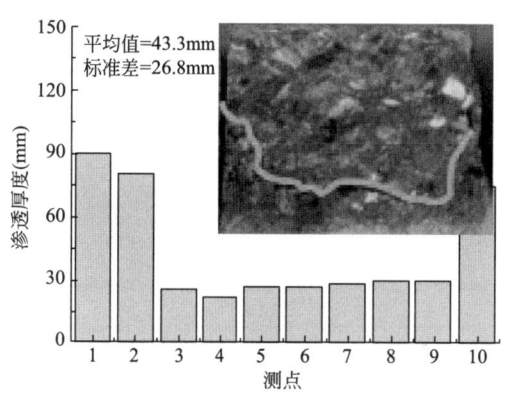

图2　橡胶套密封

混凝土结构抗渗厚度计算公式：

$$H = h \times \varphi_1 \times \varphi_2 \times \varphi_3$$

式中　　H——自防水最小厚度（mm）；

　　　　h——理论自防水最小渗水厚度（mm）；

φ_1、φ_2、φ_3——材料、施工及服务影响系数。

3. 屋面防水单元及其构造设计

针对构造层与防水层变形不协调引起的拉裂、脱开，从而导致防水失效的问题，提出了屋面防水单元及其构造设计方法。通过调研，分析总结出混凝土屋面变形影响因素主要为荷载、温度和材料，分析建立了屋面材料变形量计算模型。利用蒙特卡洛方法（图3），集成材料层协同变形因素与防水有效性指标，建立了防水失效概率计算模型，形成了屋面协同变形防水失效概率计算方法。依托该计算方法，对防水分区尺寸、防护层长度限值进行分析，从而提出了防水单元及其适宜长度的构造建议。

4. 现场防水材料进场快速复验技术

针对施工现场防水卷材无法有效快速检测的问题，项目组通过调研分析防水材料质量关键参数及防水施工关键节点，研制适用于施工现场的便携式典型防水材料进厂复验关键参数测试设备，形成简单高效的施工材料质量检测方法。采用冷冻液、保温箱、弯曲检测组件等实现对防水材低温柔性的性能检测，解决目前市场上低温柔度仪体积过大无法搬至施工现场的问题，实现对原材料低温柔度的快速检测，可节约卷材送检时间 3d。见图4。

5. 渗漏无损检测及治理技术

针对渗漏源难以准确判断的问题，研究了渗漏无损检测及治理技术。以"红外热成像"和"探地雷达"为主要检测手段，结合蓄水法、淋水法等传统方法，建立了基于特征识别的渗漏诊断技术矩阵，实现了建筑渗漏精准诊断。基于对渗漏源的精准定位，形成了以"二次排水"为核心的疏导和以"刚性修复"为主的堵漏治理方法。见图5。

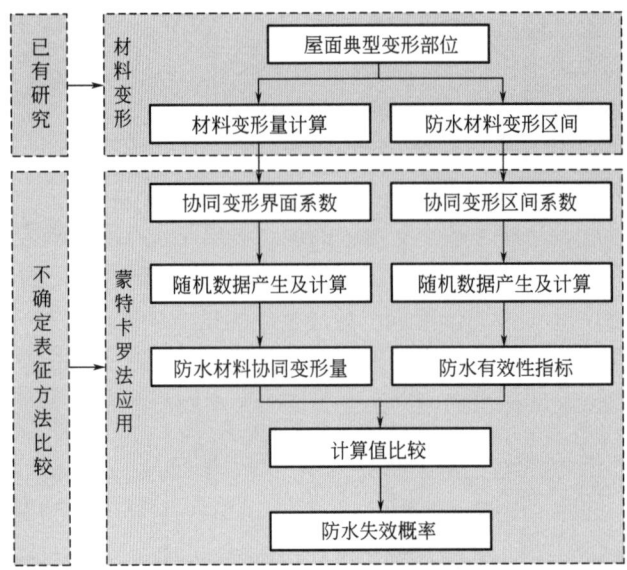

图 3　基于蒙特卡罗法的计算模型

图 4　低温柔度小型设备改造

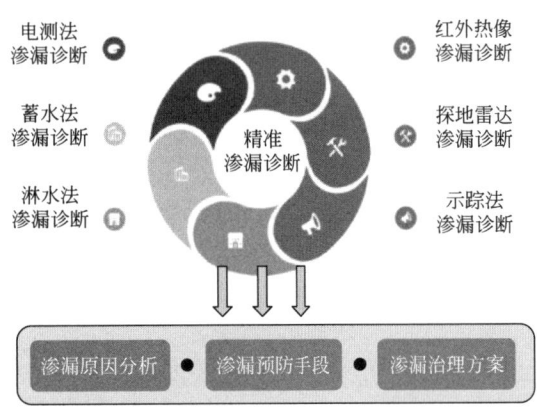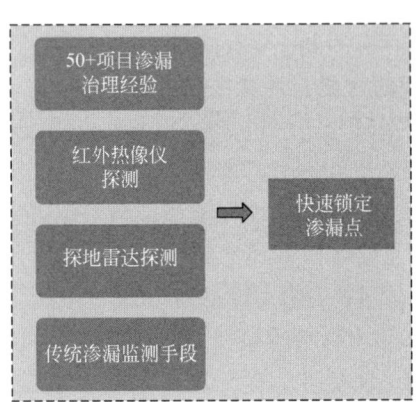

图 5　无损检测技术矩阵

三、发现、发明及创新点

项目针对建筑防水工程渗漏率高、渗漏危害大、基础性研究薄弱、渗漏诊断及治理技术落后的问题，在基础理论、设计方法、构造体系、渗漏缺陷无损检测和高效治理方面开展建筑工程防水关键技术研究，主要创新点如下：

1）建立了基于因子计算方法的防水工程使用年限计算模型，形成建筑屋面工程耐久性评价方法；

2）首次提出依据材料性能、施工质量及服役环境等影响要素确定混凝土结构最小抗渗厚度的方法；

3）采用蒙特卡洛方法建立量化分析模型，利用防水失效概率作为评价依据，首次提出屋面防水单元及其适宜长度；

4）研发了适用于施工现场的防水卷材低温柔度质量参数的快速检测仪器及检测方法；

5）提出了混凝土渗漏无损诊断新方法，开发了建筑构造疏水和背水面水泥基材料修复等渗漏治理技术。

该技术成果获得专利 4 项；参编国家标准 1 项，企业工法 1 项，登记软件著作权 2 项，发表核心论文 15 篇；工程应用项目 15 项，为建筑工程防水设计、施工提供了理论和技术支撑。项目成果已成功应用于北京、深圳、江西景德镇、山东济南等全国近十多个渗漏诊治项目中，治理渗漏点数千个，产生直接经济效益达 1400 余万元，为建设方节约项目成本近千万元。

四、与当前国内外同类研究、同类技术的综合比较

较国内外同类研究、技术的先进性在于以下四点：

1）项目组将因子计算方法引入混凝土屋面工程耐久性评价体系，既有理论支撑为依据，又以工程条件为参考，很好地解决了防水工程使用年限无法合理评定的问题。该种方法与国内外其他类似方法相比，综合考虑了工程环境的各种复杂因素，计算结果可更好与实际情况相近。

2）首次提出基于材料变异、施工及服役期影响因素的混凝土自防水适宜厚度的确定方法，以及基于超长结构的防水单元概念和构造设计，为防水混凝土结构设计提供数据理论支撑和确定方法，经查新，国内外均无相似文献报道。

3）针对防水工程质量控制过程中进场原材料的质量控制问题，通过采用冷冻液、保温箱、弯曲检测组件等实现对防水材料性能的低温柔性检测，解决了市场上低温柔度仪体积过大无法搬至施工现场的问题，实现对原材料低温柔度的快速检测，可节约卷材送检时间约 3d。

4）基于精准诊断技术矩阵，项目开展了建筑渗漏综合治理方法研究。通过大量建筑渗漏点位治理的实践积累，研发了以"二次排水"为核心的渗漏疏导方法和以"刚性修复"为核心的渗漏治理方法，疏堵结合，提出了单层地漏和双层地漏两种方式的二次排水地漏施工工艺。

经过科技查新，项目提出了工程防水耐久性评价和混凝土结构抗渗厚度确定新方法、屋面防水单元及其构造新概念、防水卷材现场检测新装置、渗漏诊治新技术，国内外未见相同文献报道，研究结果在国内外具有新颖性。

五、第三方评价、应用推广情况

1. 第三方评价

2024 年 6 月，项目组委托中科合创（北京）科技成果评价中心在北京组织召开了科技成果评价会，与会专家通过线上、线下会议进行评审，经清华大学教授、全国工程勘察设计大师等专家组评审，一致认为该项目关键技术总体达到国际领先水平。

2. 推广应用

通过本项目的研究，形成了建筑工程防水使用年限评价和混凝土抗渗构造厚度新方法、提出了屋面防水单元新概念，不仅为现行国家标准《建筑与市政工程防水通用规范》GB 55030 相关条文提供了支撑，也为提升防水构造设计提供了理论和技术支撑。研发的现场防水材料快速检测新装置，有效提高了建筑工程防水质量管控水平。基于无损检测的疏堵结合渗漏治理新技术，提高了渗漏诊断效率和治理效果，并且成功实现了工程应用，创造了显著的经济效益。

技术应用于中建一局大厦渗漏治理、北京雁柏山庄、景德镇御窑厂景区周边配套基础设施、景德镇城区老瓷厂改造项目等 15 个项目，创造效益 1400 余万元。

六、社会效益

本项目解决了建筑工程防水基础理论依据不足、防水构造设计针对性不足、防水工程质量控制水平低、渗漏诊治技术落后的问题，形成了中建自有的建筑工程防水设计、施工、检测和治理的关键技术。技术成果有力支撑了国家标准《建筑与市政工程防水通用规范》GB 55030 的具体条款。项目提出的建筑防水工程使用年限计算方法，防水单元和抗渗厚度的确定方法，为建筑防水设计提供了技术支撑，从设计源头提供了防水质量保障的技术方法；研发的防水材料和防水施工质量检测方法，具有快速、直接的特点，有助于提升建筑防水的施工质量管控水平；形成的基于混凝土渗漏无损诊断新方法的建筑构造疏水和背水面水泥基材料修复治理新技术，有助于提高诊断效率和治理效果。

埃及新首都中央商务区 EPC 项目建造关键技术研究与应用

完成单位： 中国建筑第八工程局有限公司、上海中建海外发展有限公司、中国建筑股份有限公司埃及分公司、中建国际城市建设有限公司、中国建筑第八工程局有限公司东北分公司、中建八局装饰工程有限公司、中建八局新型建造工程有限公司、中建新疆建工（集团）有限公司

完成人： 田　伟、常伟才、刘小虎、王　智、刘祖龙、程娄锋、马俊杰、袁　浩、魏建勋、胡文明、吕　文、陈柏宏、蒲晓峰、姜　琦、李　沛

一、立项背景

随着"一带一路"倡议的大力推进，中国建造走出去既是我国建筑企业参与国际市场竞争的重要条件，也是建筑业发展壮大后进入全球市场的必然选择。课题以"一带一路"倡议下中国建造走出去为研究背景，对"一带一路"沿线重点区域的关键技术进行研究。

埃及是我国"一带一路"倡议宏图中的重要支点国家，其新首都 CBD 项目是迄今为止中资企业在埃及市场上承接的最大项目。埃及新首都 CBD 标志塔建成后将成为继金字塔之后开罗的新地标，埃及第一高楼，也将是未来的非洲第一高楼。本项目以埃及 CBD 项目为研究背景，在实施过程中还存在以下难点：

1）在西亚和北非的国际项目中，大多数业主采用不完全的 EPC，设计顾问和工程监理经常是一体的，且由业主直接指定，总承包单位设计管理和价值创造难度大；

2）沙漠地区工程地质条件复杂，存在地形起伏、地貌条件、地质构造复杂，湿陷性、膨胀性等不良工程地质现象普遍，难以确定基础承载特性；

3）国内外对沙漠地区超高层面临的复杂工况研究、沙漠地区 C80 高性能混凝土的研究、特殊结构形式施工研究较少；

4）沙漠地区超高层建筑高强混凝土输送，由于施工环境、泵送压力、混凝土配合比、管道摩阻力等原因，极易出现堵泵现象，且难以确定堵泵的位置；

5）沙漠地区的高温和大温差对超高层钢结构和幕墙系统的设计和安装提出了更高的要求。

二、详细科学技术内容

1. 基于设计施工一体化的价值工程管理技术

创新成果一：海外 EPC 工程策划阶段设计管理技术

在海外 EPC 项目策划阶段设计管理过程中重点关注业主的需求、项目造价的初步确定，提出最不利情况下的理想的项目策划阶段的设计、造价控制模型。见图 1。

创新成果二：海外 EPC 工程实施阶段设计管理技术

强调了设计人员在实施阶段的责任，提出了 EPC 项目实施阶段的设计特点和海外 EPC 项目设计管理难点，明确了在图纸评估阶段、问题澄清阶段、图纸报审阶段和图纸实施阶段四个阶段的设计管理重点。

创新成果三：国际工程 SPEC 管理重点和应对策略

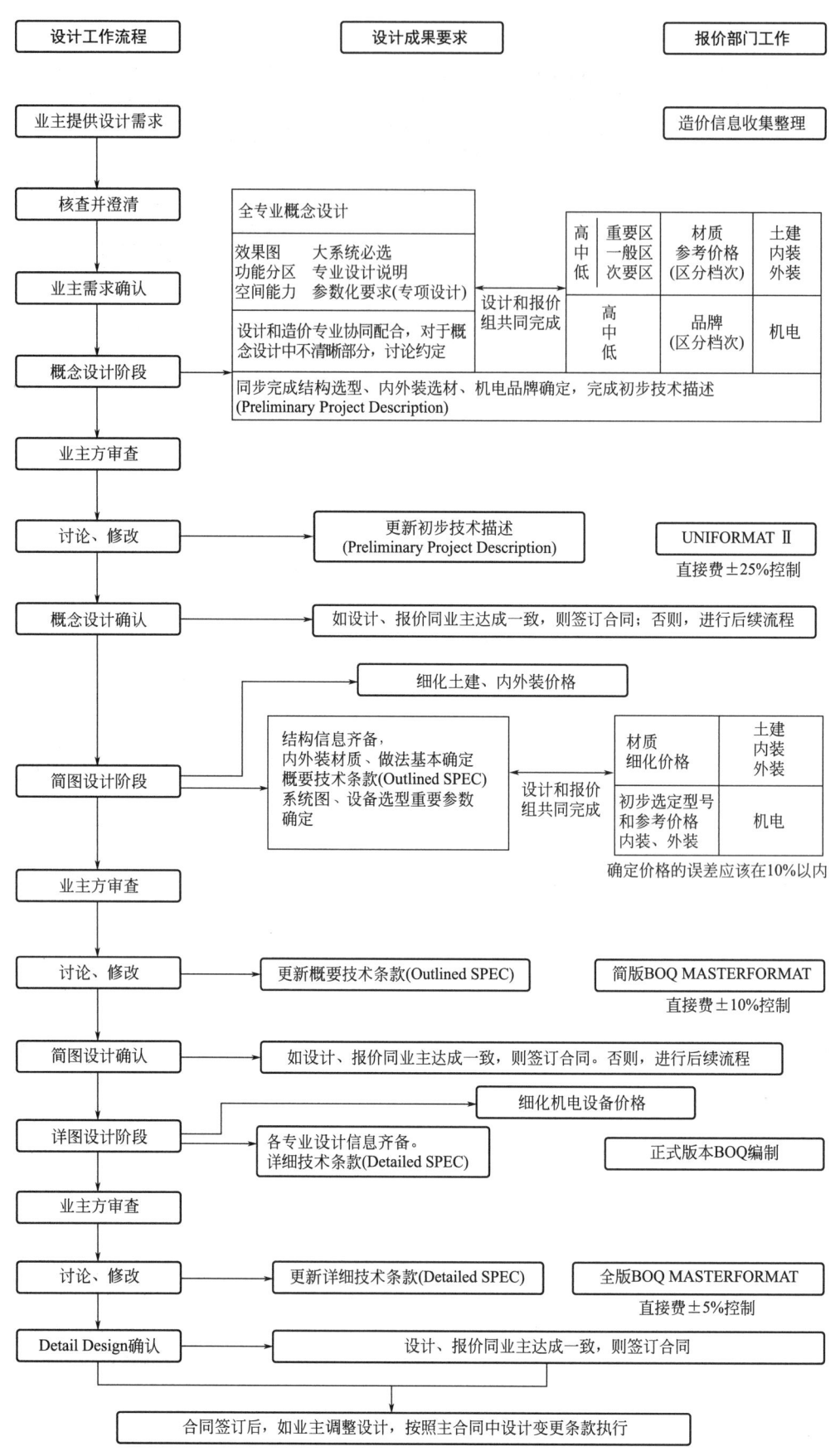

图1 海外 EPC 项目设计与造价控制流程图

针对我国承包商在国际工程履约过程中存在的不熟悉 SPEC、不重视 SPEC 审核、难以有理有据调整 SPEC 的不合理之处，未能有效地将 SPEC 融入项目日常管理中等情况，结合国际工程实践中的关于 SPEC 的经验和教训，提出了国际工程中 SPEC 的管理要求和应对策略。

创新成果四：两阶段深化设计方法

通过分析总结深化设计原理和难点，提出两阶段深化设计方法，两阶段深化设计以"材料设备的审批确认"为界限，将深化设计工作划分为两阶段：第一阶段深化设计的主要目的是确保结构主体先行，第二阶段深化设计的主要目的是确保机电装饰顺利实施。两阶段深化设计流程图如图 2 所示。

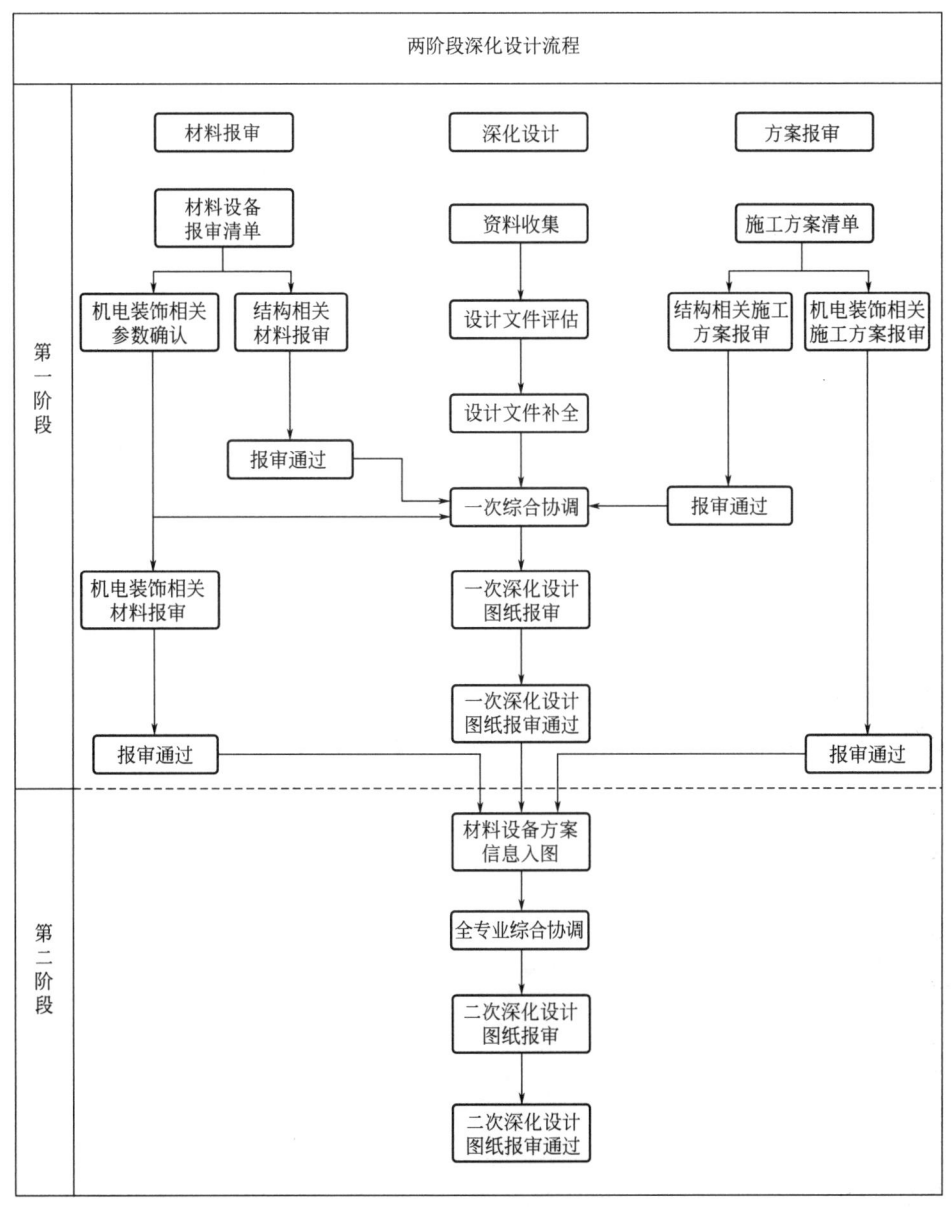

图 2　两阶段深化设计流程图

创新成果五：国际工程材料报审特点及管理策略

阐述了国际工程中材料报审的定义，提出了国际工程的材料报审工作的特点，根据报审流程的不同将报审材料分为三种：通用材料、机电材料和装饰材料，指出每类材料报审的特点、重点工作和报审流程。以国际工程材料报审中修改 SPEC、实施价值工程的成功案例为基础，提出了国际工程材料报审的管理策略。见图 3～图 5。

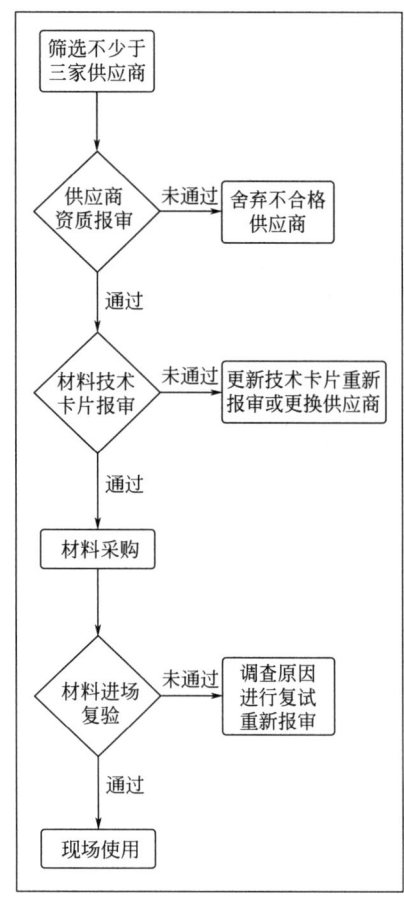

图 3　通用材料报审流程图

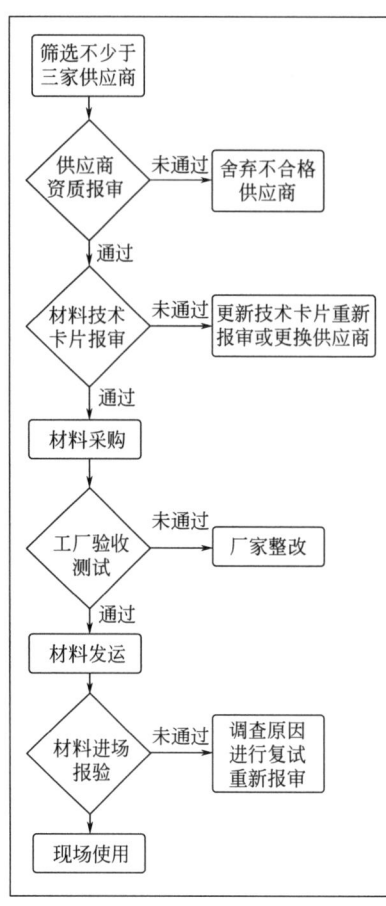

图 4　机电材料报审流程图

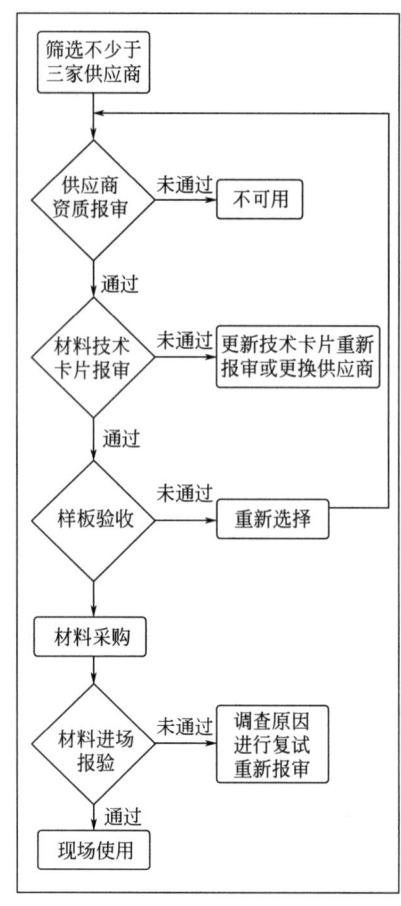

图 5　装饰材料报审流程图

创新成果六：价值工程实施与典型案例

针对价值工程的组织实施，从价值工程实施方向和实施重点进行探讨，并从建筑、结构、机电、幕墙等专业开展价值工程实践，形成了具有参考价值的价值工程实施案例，实现价值工程创效超 7.62亿元。

2. 沙漠地区复杂地质条件下地下工程建造关键技术

创新成果一：沙漠地区地下水上升机理及防水设计方法

揭示了沙漠地区地下水集聚的机理，分析人类活动导致的沙漠地区地下水位变化，沙漠地区的地下结构，首先需要确定地质构造中是否存在隔水层，其次是综合考虑地表水集聚范围和渗透量，最后分析沙漠地区地下水的上升速度，以此来确定沙漠地区建筑在使用期限内的防水范围。分析了地基中介质的侵蚀性，创新了沙漠地区地下水上升速度的分析计算和防水防腐设计方法，提升了地下工程的耐久性。

创新成果二：基岩浸水平板载荷试验技术

开发了沙漠地区岩石找平施工工艺并设计找平钢板可调支架和承压系统，研发出沙漠地区超高层建筑基础岩石浸水平板载荷试验技术。见图6、图7。

创新成果三：带端板抗冲切钢筋的设计与应用技术

提出带端板抗冲切钢筋的概念，通过在高强钢筋两端设置端板解决抗剪钢筋锚固问题，提出了在筏板内设置了抗冲切钢筋提高筏板抗冲切承载力的方法，分析了抗冲切钢筋的设计方法和构造措施。见图8、图9。

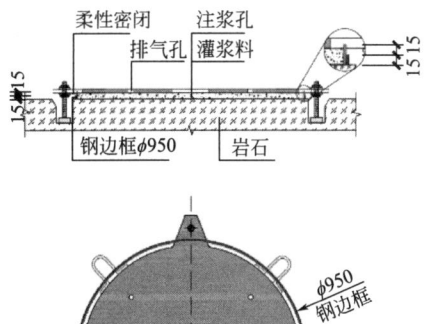

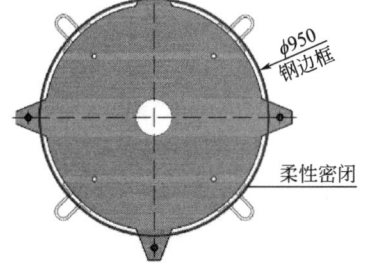

图 6　可调平平板支架设计制作

图 7　基岩浸水平板载荷试验技术

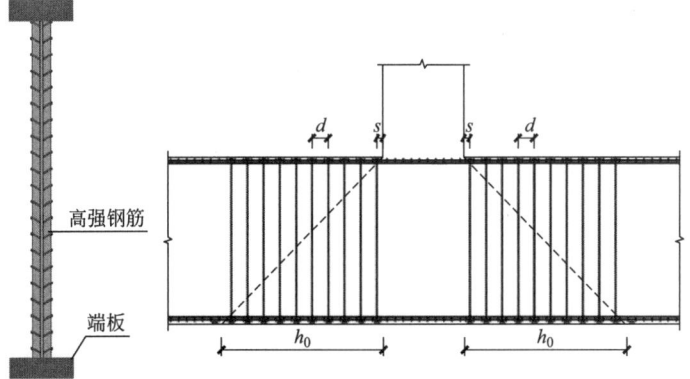

图 8　带端板抗冲切钢筋设计

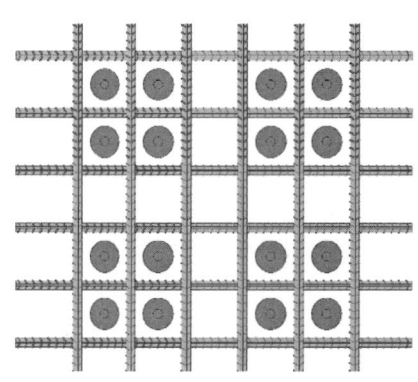

图 9　带端板抗冲切钢筋在筏板中的布置

创新成果四：沙漠地区筏板混凝土温度控制技术

结合沙漠地区高热、高温差的气候条件特点，设计出了具有低水化热、高扩展度、3h 保护性能和高流态性能的混凝土。见图 10、图 11。

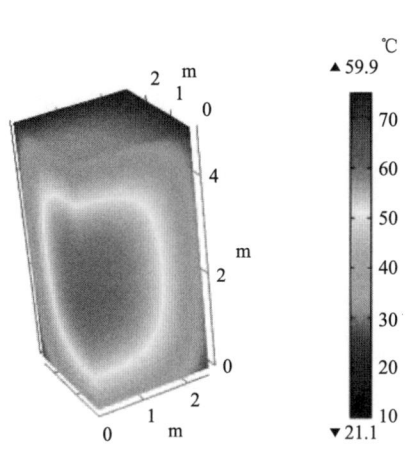

图 10　ANSYS 有限元模型

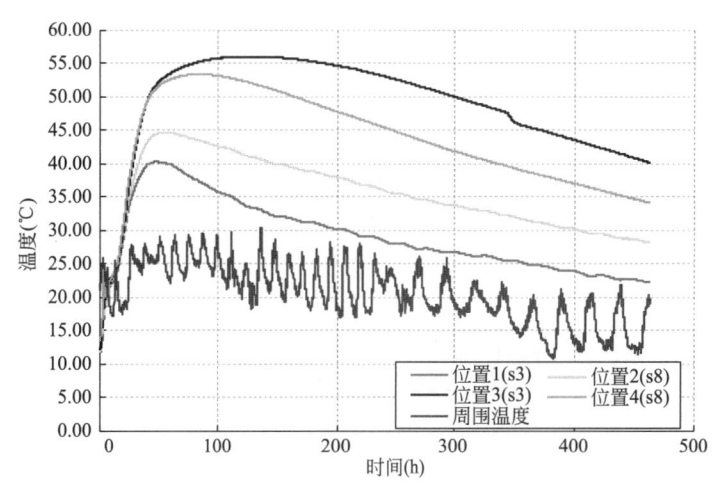

图 11　现场样板模板温度检测

创新成果五：沙漠地区超厚筏板快速施工技术

超高层筏形基础施工存在混凝土连续浇筑量多、温度控制困难等特点，为实现在沙漠地区高温环境下混凝土的快速浇筑和质量控制，创新了超厚筏板压力拱线模板墙技术、筏板钢筋高精度安装技术、超厚筏板快速浇筑技术和超厚筏板混凝土养护技术。见图12、图13。

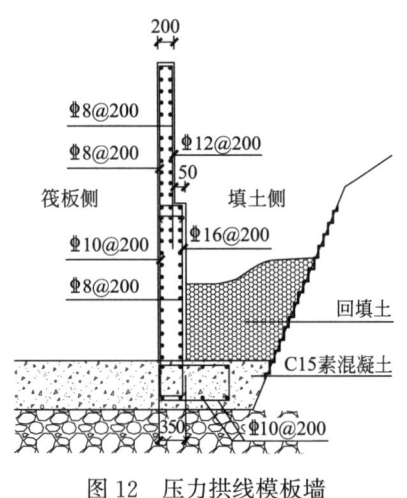

图 12　压力拱线模板墙

图 13　支撑架定位控制系统

3. 沙漠地区复杂结构建造关键技术

创新成果一：沙漠地区大体积高强混凝土施工技术

北非及西亚沙漠地区存在原材料匮乏的问题，且白天施工温度高、昼夜温差大，同时需要满足混凝土超高泵送，针对以上问题，提出了沙漠地区混凝土性能指标，研发了沙漠地区C80高强混凝土。

创新成果二：内设钢筋笼倾斜钢管混凝土柱施工技术

针对内设钢筋笼倾斜钢管混凝土柱存在的内部空间狭小、结构易碰撞、钢筋笼的连接方式非常规，吊装困难等问题，提出了钢筋笼非接触搭接的连接方式，创新了内置钢筋笼倾斜钢管混凝土柱施工技术。见图14～图17。

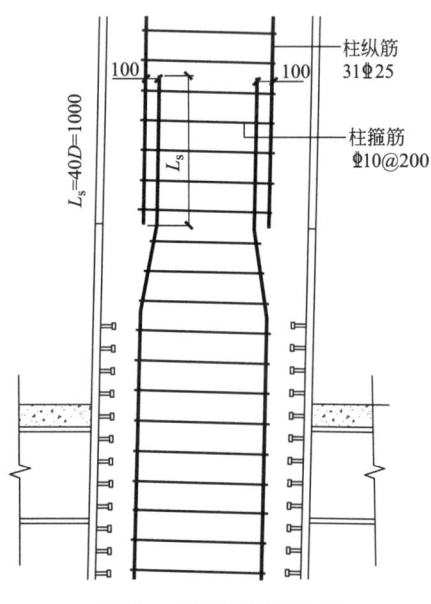

图 14　钢筋笼连接设计

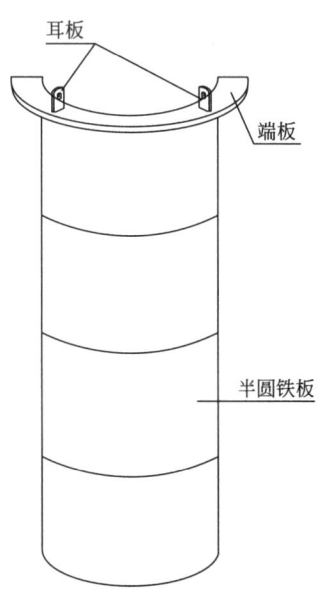

图 15　钢筋滑槽设计

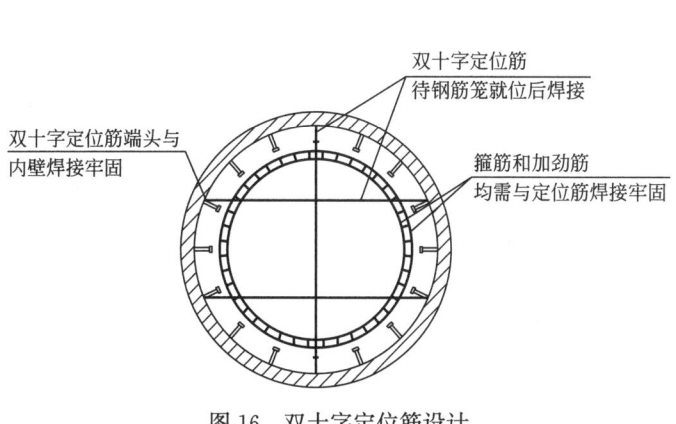

图 16　双十字定位筋设计

图 17　整体起吊

创新成果三：混凝土超高泵送压力检测及堵管定位技术

针对混凝土超高泵送沿程阻力损失进行理论分析和试验，开发了基于 Electron 的数据采集系统，实时监测泵送混凝土的压力状态，根据压力数据反算堵管位置，实现对混凝土超高泵送的压力监测及堵管快速定位。见图 18、图 19。

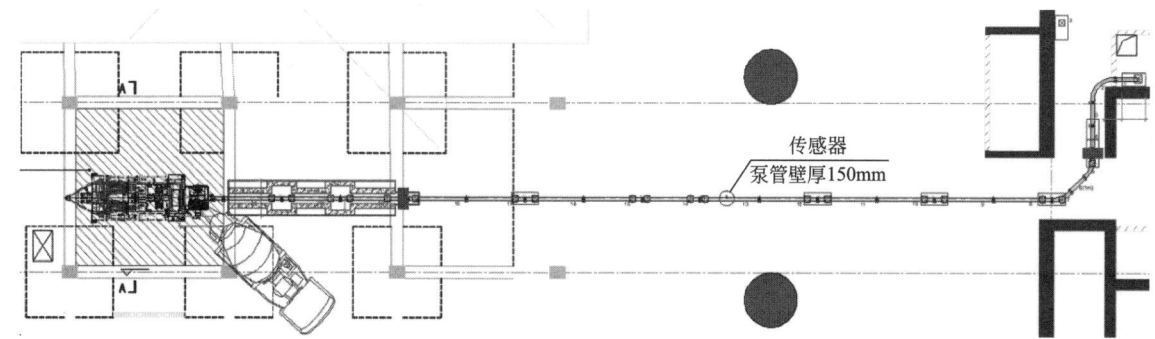

图 18　压力传感器测点布置

图 19　传感器布置

创新成果四：高温差下超高层钢结构安装技术

针对中东及北非沙漠地区白天日照强、昼夜温差大和日照温差影响大的特点，采用季节温差、昼夜温差和日照温差等温度效应分析方法，对沙漠地区超高层钢结构进行温度效应分析，得到了结构变形和内力的分布规律，进一步地提出了沙漠地区超高层钢结构受温度影响的施工控制措施。见图 20、图 21。

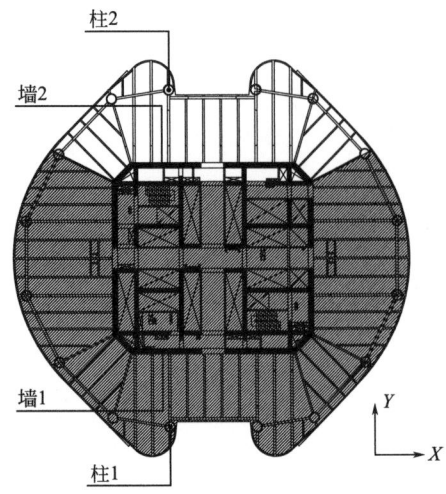

图 20　典型平面图（阴影区域为向阳面）

图 21　焊接防风棚

4. 沙漠地区异形幕墙建造关键技术

创新成果一：沙漠地区超高层建筑幕墙设计技术

针对沙漠地区特殊的气候和环境特点，提出了沙漠地区幕墙在防水、保温、遮阳、防风沙等方面的设计和构造措施。见图22、图23。

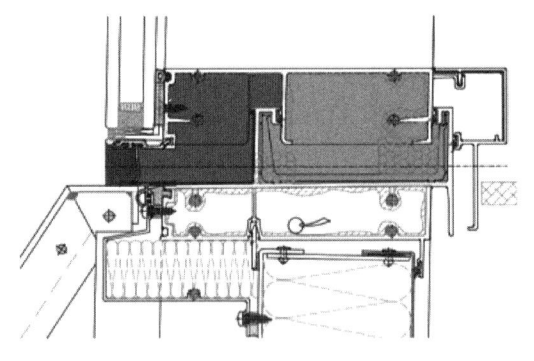

图 22　腔室构造

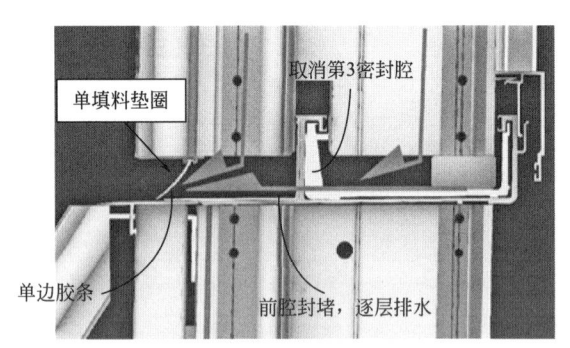

图 23　防沙尘设计

创新成果二：双曲扭转型单元幕墙的单曲优化技术

标志塔的特殊造型导致部分幕墙单元板块的立柱在三个自由度上存在变化呈双曲扭转形状，为最大限度地保证外观效果，结合了目前幕墙供应链加工生产能力，将双曲扭转立柱优化成单曲立柱。见图24。

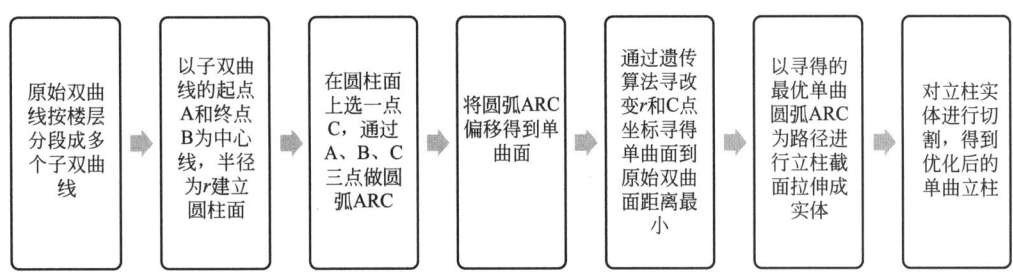

图 24　通过遗传算法寻优法进行优化设计

创新成果三：双曲异形铝板高效支撑系统加工技术

针对CBD项目外立面拉链双曲异形的问题，提出了新型的刚性横隔板龙骨体系及其加工技术，解决双曲异形拉链梁的加工生产难题，加快了生产进度，降低了生产成本，同时提高了拉链梁的水平刚度和整体性能。见图25～图28。

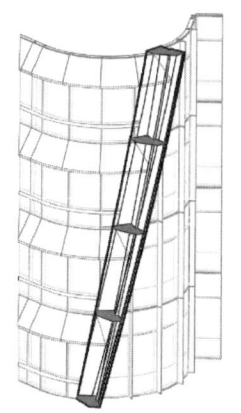

图25　双曲扭转型拉链梁

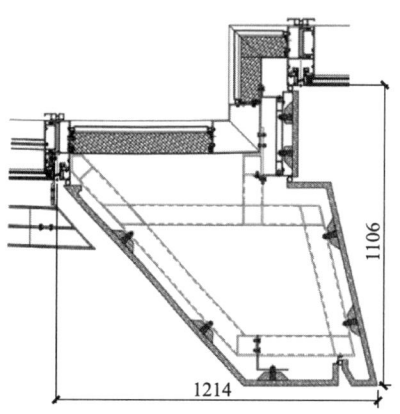

图26　双曲扭转型拉链梁横截面

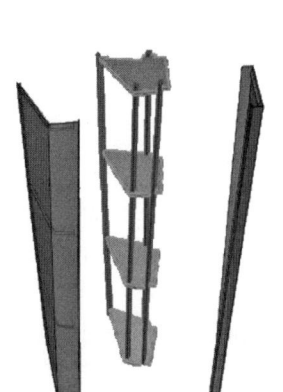

图27　拉链梁面板挂接分解

图28　拉链梁面板完整组合

创新成果四：超高层建筑单元式幕墙多段同步施工技术

针对传统单元式幕墙必须按照插接顺序逐层安装的痛点，发明了单元幕墙平推式节点，研发了超高层建筑单元式幕墙多段同步施工技术，提出了一种超高层建筑单元幕墙多段同步施工方法及收口层节点构造。在超高层建筑竖向将幕墙划分为多个施工段，多个施工段可以同步开展施工。最后在收口层进行收口，大幅提高了超高层建筑幕墙施工效率，实现了超高层单元式幕墙的分段同步安装。见图29～图31。

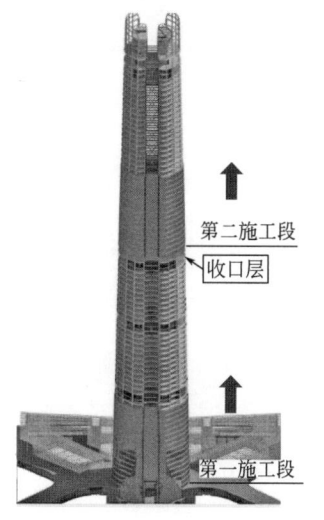

图29　单元式幕墙多段
同步安装技术示意图

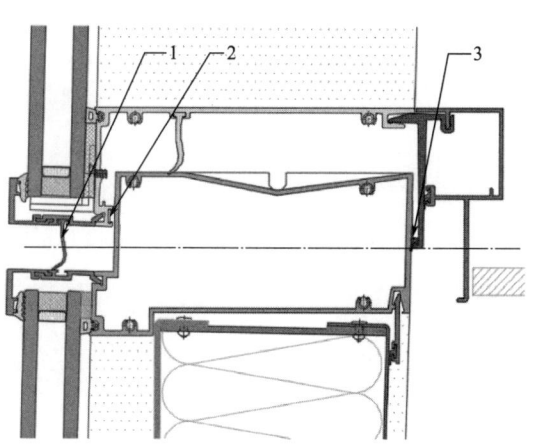

1—尘密线；2—水密线；3—气密线
图30　横梁平推节点

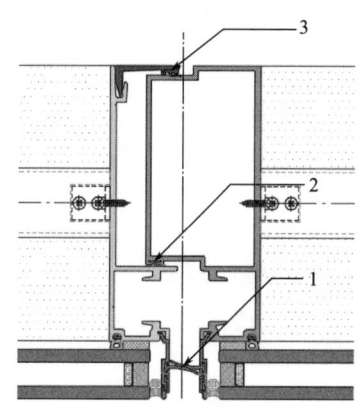

1—尘密线；2—水密线；3—气密线
图31　竖框平推节点

三、发现、发明及创新点

1）针对海外 EPC 工程特点，创新了设计施工一体化的价值工程管理技术，形成了具有示范效应、符合国际通行规则的《价值工程实施指南》。

2）揭示了沙漠地区地下水集聚的机理，分析了地基中介质的侵蚀性，创新了沙漠地区地下水上升速度的分析计算和防水防腐设计方法，提升了地下工程的耐久性；针对密配钢筋的混凝土底板，提出了新型抗冲切构造方式。

3）研究形成了沙漠地区大体积高强混凝土施工、混凝土泵送堵管快速定位和内置钢筋笼倾斜钢管混凝土柱施工新技术。

4）发明了单元幕墙平推式节点，研发了超高层建筑单元式幕墙多段同步施工技术，实现了超高层单元式幕墙的分段同步安装。

5）本成果形成发明专利 10 件、实用新型专利 2 件、软件著作权 2 件，编制工法 9 项，发表论文 35 篇。

四、与当前国内外同类研究、同类技术的综合比较

较国内外同类研究、技术的先进性在于以下四点：

1）首次针对海外 EPC 项目策划阶段和实施阶段的设计管理的具体问题进行探讨，提出了二阶段深化设计方法，重点对海外 EPC 项目价值工程创效策略进行分析，并对建筑、结构等方面价值工程的实施开展探索，形成了具有示范效应、符合国际通行规则的《价值工程实施指南》，填补了国内在海外项目价值工程研究方面的空白。

2）首次针对沙漠地区复杂地质条件下地下工程建造，提出了沙漠地区地下水上升速度的分析计算和防水防腐设计，开发了沙漠地区岩石找平施工工艺并设计找平钢板可调支架和承压系统，研发出沙漠地区超高层建筑基础岩石浸水平板载荷试验技术，组织了埃及第一次大型岩石浸水平板载荷试验。针对密配钢筋的混凝土底板，提出了带端板抗冲切钢筋的新型设计方法和构造措施。

3）针对沙漠地区复杂结构建造，首次提出了适应沙漠地区高强高性能配合比 C80 混凝土及配套施工方法，提出了钢筋笼非接触搭接的连接方式，设计了钢筋滑槽构造和可分次焊接双十字定位筋，开发了基于 Electron 的数据采集系统，实时监测泵送混凝土的压力状态，根据压力数据反算堵管位置，实现对沙漠地区混凝土超高泵送的压力监测及堵管快速定位。

4）针对沙漠地区异形幕墙建造，提出了适合沙漠地区的幕墙设计方案，设计了双曲异形铝板的刚性隔板高精度龙骨体系，针对传统单元式幕墙必须按照插接顺序逐层安装的痛点，提出了单元幕墙平推式节点，研发了超高层建筑单元式幕墙多段同步施工技术，埃及新首都 CBD 标志塔项目成了国内外首个实现幕墙多段同步施工的项目，具有里程碑意义。

五、第三方评价、应用推广情况

1. 第三方评价

2024 年 2 月 5 日，上海市土木工程学会组织对课题成果进行鉴定，经专家鉴定成果整体达到国际先进水平，其中设计施工一体化的价值工程管理技术、混凝土泵送堵管快速定位技术、单元式幕墙平推式节点连接技术达到国际领先水平。

2. 推广应用

埃及新首都中央商务区 EPC 项目建造关键技术，适用于北非、西亚沙漠地区 EPC 项目，形成的优势技术可以支撑该地区市场开拓，已成功应用于埃及阿拉曼新城等项目，取得了良好的社会效益和经济效益。

六、社会效益

埃及新首都 CBD 项目为国家"一带一路"倡议的重点建设工程，是中埃两国友谊的重要见证，在海内外广受关注。本项目助力埃及新首都 CBD 项目顺利履约，受到埃及政府及社会各界的高度赞扬，同时接待了埃及总理、部长，阿拉伯国家政商界人士和高校社会团体的多次考察和观摩，并得到国内媒体和世界媒体的报道。

通过本项目研究提升了海外超高层建筑的设计水平、助力海外项目高效履约，提升了中国建筑企业在"一带一路"重点区域市场的生存能力、管理水平及竞争实力，拓展了北非、西亚区域的超高层建筑领域市场，巩固了中国建筑集团在超高层领域的传统优势，打造中国建筑集团在沙漠地区超高层建筑施工的品牌，为中国建筑集团在西亚和北非建筑市场树立行业标杆、提升国际影响力提供了技术支持和实践支撑。

装配式混凝土结构高性能连接关键技术

完成单位： 中国建筑第五工程局有限公司、同济大学

完 成 人： 杨　瑛、肖绪文、肖建庄、周　泉、李水生、丁　陶、宋晓滨、何昌杰、赵　勇、潘钻峰、唐宇轩、姚延化、李新星、曾　波、朱　彤

一、立项背景

随着全球城市化进程的加速，城市人口数量急剧增长，对新建建筑的需求不断增加。同时，我国正经历着从增量向存量过渡的重要转变阶段，城市化不仅依赖于新建筑的建设，还需要更多地关注对既有建筑的改造与更新。装配式建筑技术，以其高效、环保的工业化属性特点，不仅适用于新建项目，更在存量时代的旧房改造和城市更新中发挥着重要作用。装配式混凝土建筑与传统现浇建筑相比，具有减少建筑垃圾、减少施工能耗、减少环境污染、提高质量和效率等优点，符合建筑产业化发展要求。尽管装配式建筑具有天然优势，但其缺点是连接可靠性和结构整体性问题。如何保障预制构件之间连接和结构整体的性能，已成为当前装配式混凝土建筑发展过程中亟待解决的关键和热点问题。

装配式建筑构件间连接方式主要包含湿式连接和干式连接两大类。湿式连接是将构件吊装到既定位置后，在形成的预制构件节点处浇筑混凝土，从而将整个结构形成后浇整体；干式连接是在各预制构件的连接点预埋钢构件，再用螺栓或焊接等方法使各构件连接成整体的一类连接方式。干式连接国内目前没有成熟的技术和规范支持，发展速度较慢，主要适用于非抗震或低抗震设防的多层建筑，对于需要高抗震性能的建筑结构，其工程应用受到限制。在国内现有工程中，套筒灌浆连接和浆锚搭接连接的预制体系应用最为广泛，然而这一常用连接方式在实际工程中，灌浆前、灌浆时及灌浆后常出现各类施工质量问题。其中，常见问题有封堵材料开裂、封堵深度过深、封堵时堵塞进出浆口、封堵不完整、橡胶条安置不合理等，影响灌浆的施工效率及效果，还存在装配式结构构件之间装配困难和质量不足等问题。除此之外，预制叠合板由于四边存在钢筋，导致了运输、堆放不便，且预制板成型时需要预留钢筋孔，导致模具定制难度高，生产效率低。既有建筑拆解向精细化利用发展将成为趋势，部分拆解构件直接利用同样存在干式与湿式连接技术难题。以上所述装配式结构存在的缺陷已经影响到行业的发展，迫切需要新的连接技术解决此类问题。

二、详细科学技术内容

1. UHPC 中钢筋错位连接技术

UHPC 中钢筋的粘结性能及搭接长度的设计和计算是一个涉及多因素的问题，这一问题的解决对于本项目中预制装配式混凝土结构的安全设计和成本管理都有着不可或缺的重要意义。通过对 UHPC 材料性能的研究，确定基于性能要求的最佳配合比设计和预测方法；基于试验和数值分析，研究钢筋在不同强度等级和不同工况下 UHPC 中的锚固、搭接性能及疲劳荷载作用下结构的粘结性能，得到 UHPC 中搭接钢筋结构失效破坏的机理并提出钢筋-UHPC 粘结滑移本构，明确钢筋在 UHPC 中应力的分布规律，提出满足结构性能要求的搭接长度和计算公式，为装配式建筑混凝土结构节点 UHPC 后浇带中钢筋的错位连接设计提供理论基础和设计依据。

创新成果一：通过多维度的 UHPC 材性试验研究，综合考虑力学性能与经济性平衡，同时满足现场施工需求，形成高性价比 UHPC 材料配合比及预拌干混料产品。见图 1。

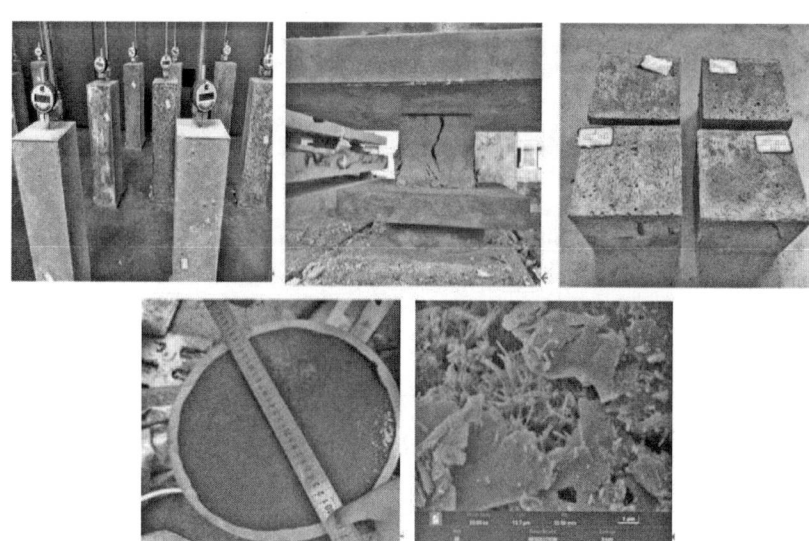

图 1   材性试验分析

创新成果二：基于 UHPC 与钢筋的粘结锚固性能研究，提出用于结构设计的临界锚固长度和极限锚固长度的建议取值设计方法。见图 2。

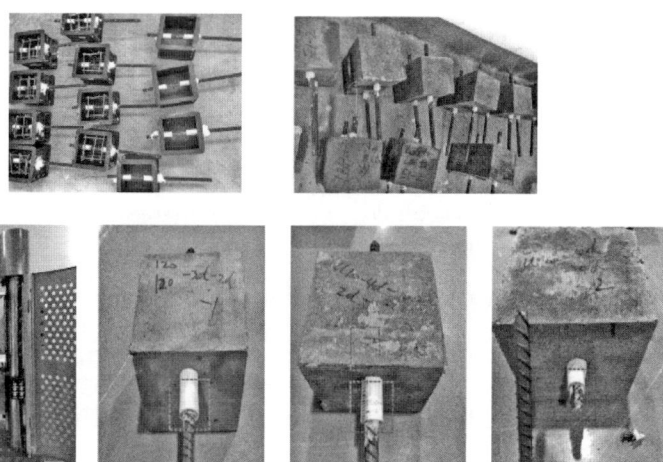

图 2   UHPC 与钢筋的锚固性能试验

创新成果三：采用疲劳加载测试方法，揭示 UHPC 与钢筋的锚固疲劳性能、相关破坏模式及受力机理。见图 3。

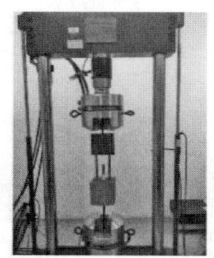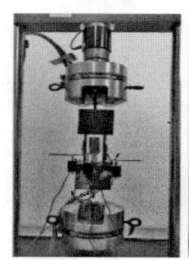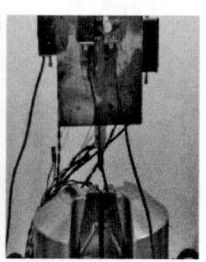

图 3   UHPC 与钢筋的锚固疲劳性能研究

创新成果四：通过 UHPC 与钢筋的搭接力学性能参数化分析，提出错位连接钢筋保护层厚度、搭接长度、搭接净距等设计参数的建议取值。见图 4。

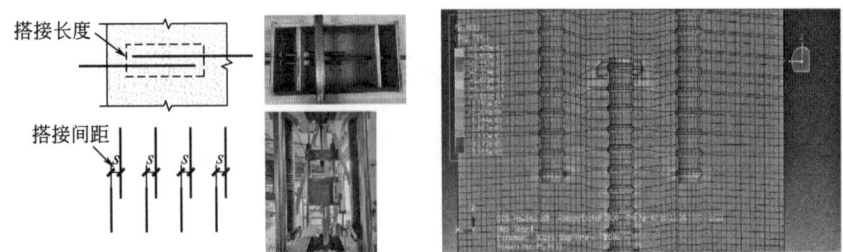

图 4　搭接长度和搭接间距对钢筋粘结影响分析试验

2. 钢筋错位连接装配式建筑混凝土结构技术

基于钢筋-UHPC粘结和钢筋错位连接性能试验和理论分析结果，开展不同结构连接节点部位的抗震性能试验分析，包括：单双层剪力墙节点、多层剪力墙结构、剪力墙-梁节点（平面外、内）、梁-柱节点、柱基节点等节点形式，基于错位连接技术的各类预制混凝土构件节点连接构造，建立并完善了整套的钢筋错位连接装配式建筑混凝土结构体系。

创新成果一：通过钢筋错位连接装配式剪力墙低周反复拟静力试验，提出钢筋错位连接剪力墙连接设计方法。见图5。

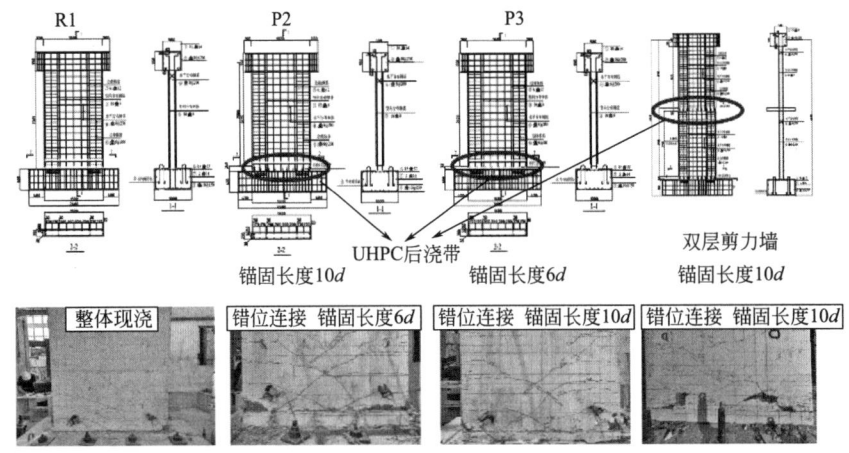

图 5　钢筋错位连接装配式剪力墙低周反复拟静力试验

创新成果二：结合不同工况下的钢筋错位连接装配式剪力墙结构振动台试验，表明该连接技术满足我国现行抗震设计要求。见图6、图7。

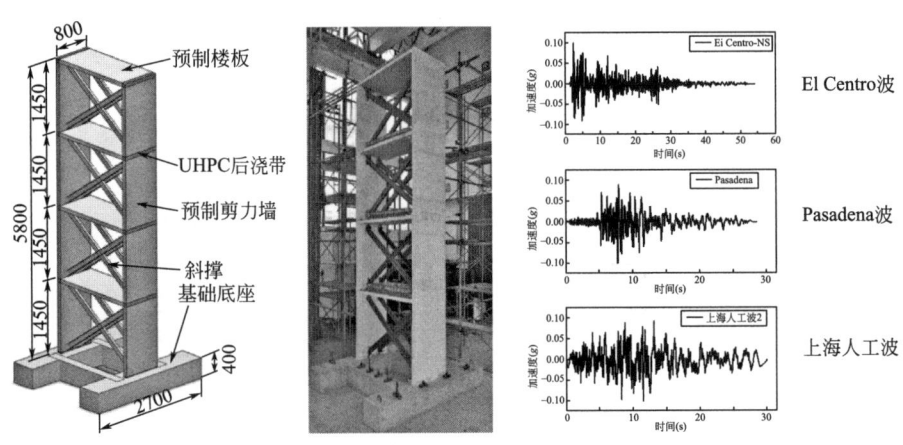

图 6　振动台模型结构和地震波选择

7度【工况1-13】　　　　8度罕遇【工况14-17】　　　　9度罕遇【工况18-20】

墙体出现水平裂缝

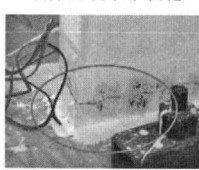
底层后浇带接缝的裂缝贯通
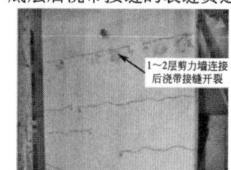

后浇带顶部微小裂缝　　　底层后浇带接缝开裂　　　1～2层连接处后浇带接缝开裂

图 7　不同工况下的结构试验现象

创新成果三：通过钢筋错位连接框架节点抗震性能试验，提出钢筋错位连接框架节点连接设计方法。见图8～图10。

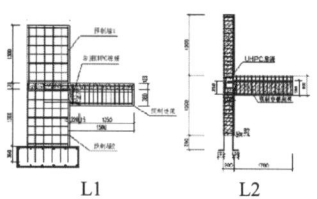
L1　　L2　　试验装置图

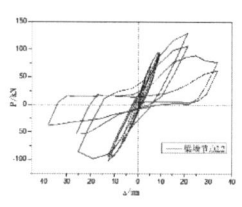

图 8　剪力墙-梁节点（平面内、外）试验研究

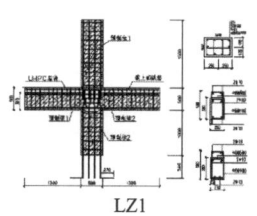
LZ1　　试验装置图

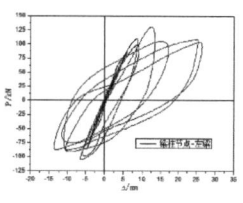

图 9　梁柱节点抗震试验试验研究

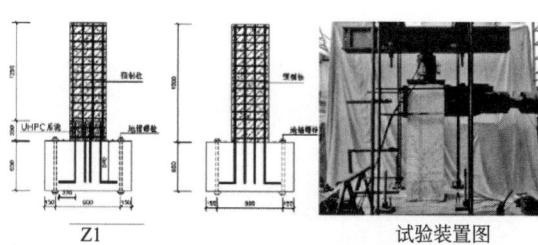
Z1　　　　试验装置图
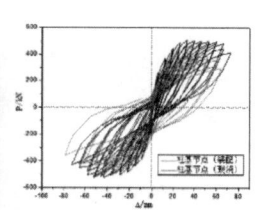

图 10　柱基节点抗震试验试验研究

创新成果四：基于采用钢筋错位连接技术的外剪内框结构体系振动台试验，顺利通过超9度抗震试验，表明该连接技术满足我国现行抗震设计要求。见图11。

3. 四边不出筋预制叠合楼板结构技术

叠合板是装配式建筑混凝土结构的主要水平受力构件。叠合板的预制底板纵筋是否伸入其支座是一个存在争议的问题。通过端部不出筋预制叠合楼板弯剪性能研究和密拼不出筋预制叠合楼板受弯性能研究，结合试验结果和相关规范，提出预制底板端部不出筋叠合板支座的设计建议与构造要求，钢筋桁架叠合板密拼整体式拼缝的设计方法和构造措施的建议。

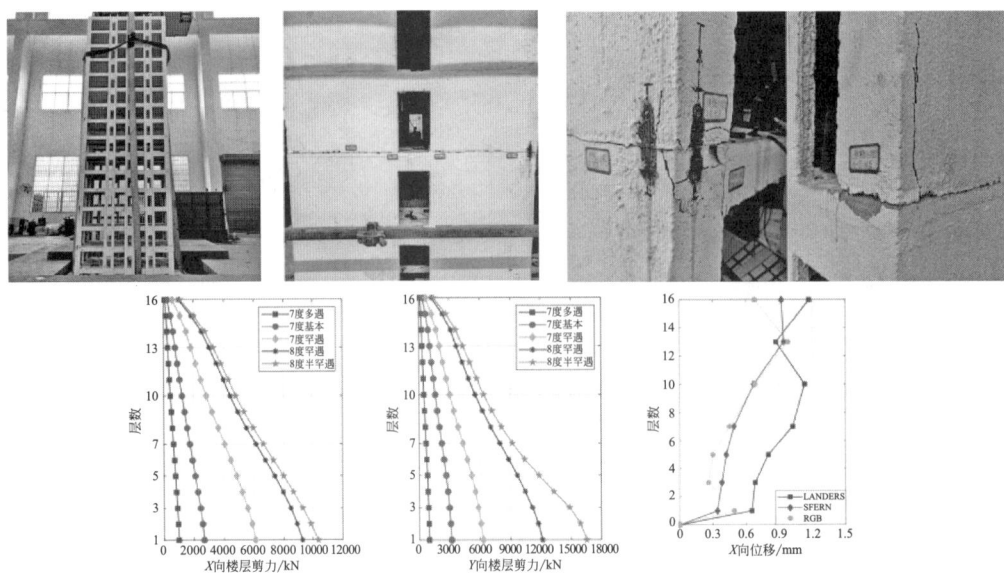

图 11　外剪内框结构体系振动台试验

创新成果一：后浇层厚、悬臂板类型、钢筋桁架对破坏模式无影响，支座附加筋可改变破坏模式；增加后浇层厚、配筋率、配置钢筋桁架和支座附加筋均能提高承载能力。见图 12。

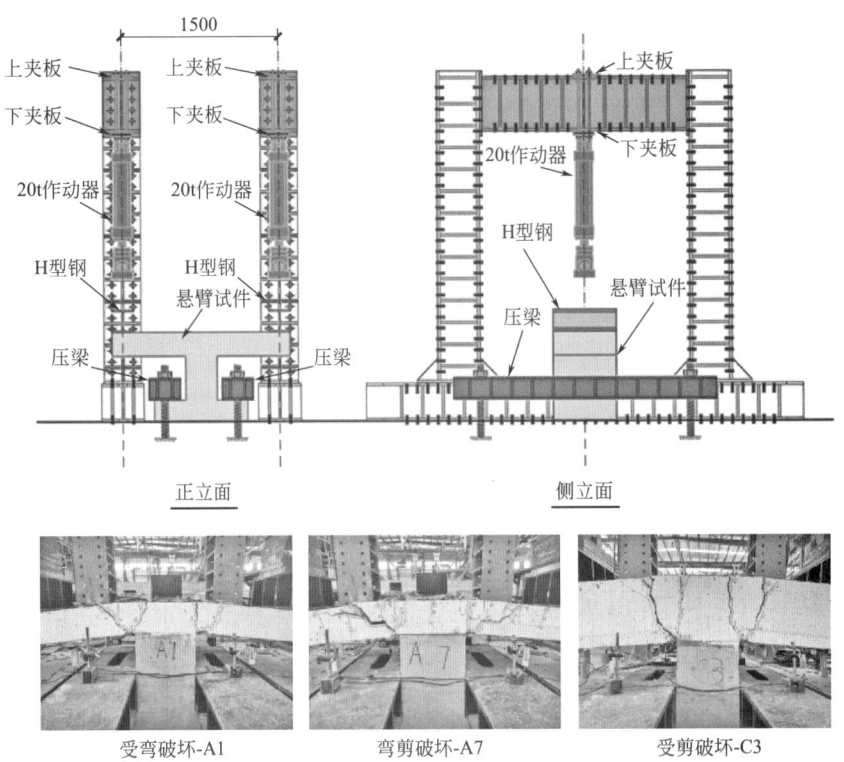

受弯破坏-A1　　　　弯剪破坏-A7　　　　受剪破坏-C3

图 12　端部不出筋预制叠合楼板弯剪性能研究

创新成果二：密拼不出筋预制叠合楼板受弯性能，叠合板试件和整浇板试件为适筋受弯破坏，但叠合板试件裂缝分布集中且较大；叠合板承载力和刚度略低于整浇板，板测裂缝间距较大，裂缝宽度较小。见图 13。

创新成果三：增加拼缝搭接钢筋的配筋量不仅可以有效限制拼缝的开裂，还能提高试件的整体刚度。因此，建议在设计时，搭接钢筋的总受拉承载力设计值不应小于桁架预制板底纵向钢筋的总受拉承载力设计值。见图 14。

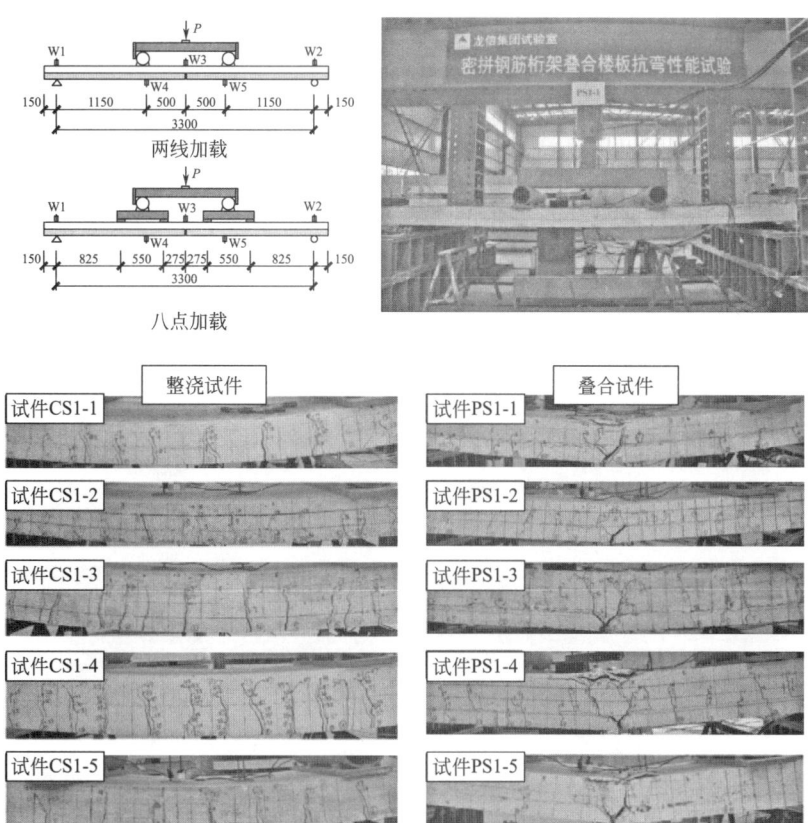

图 13　密拼不出筋预制叠合楼板受弯性能研究

(a) q_e=2.85kN/m²

(b) q_e=6.57kN/m²

(c) q_e=10.29kN/m²

(d) q_e=21.18kN/m²

图 14　密拼钢筋桁架混凝土叠合双向板的受力性能研究

4. 钢筋错位连接装配式建筑混凝土结构施工技术

首次提出房屋建筑领域应用高强钢纤维混凝土进行装配式混凝土构件连接施工方法，研究形成了钢筋错位连接装配式建筑混凝土结构施工关键技术和施工质量验收方法。基于相关研究成果，相关技术已在多个工程中成功应用。通过示范项目应用，提出钢筋错位连接装配式建筑混凝土结构施工技术，相关技术提高了装配式建筑结构建造过程的工业化程度，保证了工程质量和安全，提高了施工效率，降低了施工成本，综合效益显著，具有良好的推广前景。

1）应用案例1——中建低能耗科技示范楼：

本示范项目采用钢筋错位互锚连接技术、全预制板、预制装配轻量化Z形薄壳楼梯、少支撑体系、悬挑梁楼梯休息平台以及预制构件干法连接等技术，预制率达90%，可减少现场湿作业90%以上，相比满堂架，支架材料用量减少70%以上，实现了现场的快速装配。见图15、图16。

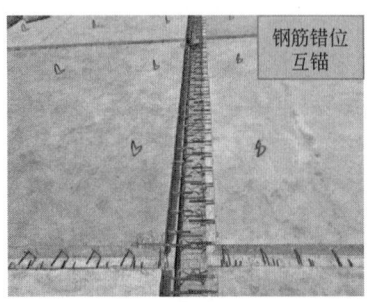

图15 密拼钢筋桁架混凝土叠合双向板的受力性能研究

图16 错位连接技术关键节点及应用现场

2）应用案例2——中建五局工程创新研究院实验楼：

本项目基于框架结构体系特点，结合设计、生产及施工，以标准化、简约化、集成化及精细化的设计理念，进行预制构件深化设计，并利用关键技术一所提到的预制构件高效强连接和预制构件之间的拼接构造，实现主体结构建造减少90%以上浇筑模板及湿作业，装配式结构的预制率达到95%以上。见图17～图24。

图17 新型装配式框架结构　　　　　　　图18 装配式结构少支撑体系

图 19　预制柱装配节点

图 20　预制梁连接节点

图 21　全预制装配现场

图 22　全预制板与预制梁节点

图 23　连接节点铝模

图 24　UHPC 节点局部浇筑连接

3）应用案例 3——湖南省科技工程技师学院高技能人才保障性租赁住房：

项目采用不出筋大尺寸叠合板，装配式节点采用 UHPC 钢筋错位连接技术，整体装配率达到 60%。见图 25。

图 25　预制构件错位连接技术应用实施现场

三、发现、发明及创新点

1）研发了一种预制混凝土构件钢筋错位布置、高强钢纤维混凝土浇筑连接的新型连接技术——钢筋错位连接技术，以及基于错位连接技术的各类预制混凝土构件节点连接构造，建立并完善了整套的钢筋错位连接装配式建筑混凝土结构体系；

2）采用试验研究、数值分析和理论分析相结合的方法，揭示了钢筋错位连接节点及其装配式建筑混凝土结构的破坏模式、受力机理和性能，确定了关键设计参数，提出了实用设计方法，为实际工程应用提供了重要的理论支撑；

3）开展了端部不出筋和密拼不出筋叠合楼板受力性能研究，揭示了四边不出筋叠合板的工作机理，完善了其连接构造和设计方法；

4）提出了房屋建筑领域应用高强钢纤维混凝土进行装配式混凝土构件连接施工方法，研究形成了钢筋错位连接装配式建筑混凝土结构施工关键技术和施工质量验收方法。

四、与当前国内外同类研究、同类技术的综合比较

目前，在不同国家和地区的发展现状和应用情况存在显著差异。欧洲和日本在模块化设计和加工精度方面领先于中国，采用了更为精细和高效的干式连接技术；国内多采用钢筋套筒灌浆连接、浆锚搭接、后浇叠合技术等，以下是几种主要的连接技术：

1. 钢筋套筒灌浆连接

能够实现高强度的连接，适用于承受较大荷载的结构部位。但施工过程较为复杂，需要较高的技术水平和精确度，难以进行质量检测。

2. 浆锚搭接

施工简便，操作灵活，适用于多种类型的预制构件连接。但承载力相对较低，抗震性能较差。

3. 螺栓连接

安装方便快捷，适用于钢结构和组合结构的现场施工。连接强度有限，可能影响结构的整体刚度和稳定性。

4. 干式连接技术

环保、节能，施工速度快，适用于装配式混凝土框架结构。连接强度和耐久性相对较低，需要后期对连接部件进行定期维护。

5. 湿式连接技术

目前国内最为常用的连接方法，适用于梁柱节点、后浇叠合成制作等关键部位。但施工工艺复杂，耗时较长，成本较高。

6. 预埋钢连接

连接可靠，承载力高，适用于重要结构部位。施工难度大，需要精确的测量和定位。

7. 焊接连接

连接强度高，适用于钢结构的永久性连接。施工过程复杂，对操作人员的技术要求高。

目前，国内预制构件的连接方法以套筒关键连接为主，并采用后浇叠合形式实现等同现浇，其连接节点构造复杂、精度要求高、灌浆质量难以控制；预制板底板出筋会给构件的制作、运输、安装带来一系列问题。针对以上装配式连接的痛点问题，研发了"钢筋错位"非套筒连接和端部不出筋、密拼不出筋叠合楼板的连接构造新方法。钢筋错位连接其钢筋直锚安全长度可取 $5d$（d 为直径）左右，远远小于普通混凝土，达到"强节点、弱构件"的设计要求。节点连接处采用高性能混凝土材料，结合其高强度、高韧性、自密性等特点，形成预制构件之间的有效传力连接，具有连接钢筋无需精准定位、简化工序、施工便捷高效的特点，从而解决目前装配式结构节点的连接问题。

五、第三方评价、应用推广情况

1. 第三方评价

2024 年 6 月 11 日，中国建筑集团有限公司在长沙组织召开了由中国建筑第五工程局有限公司、同济大学等单位完成的"装配式混凝土结构高性能连接关键技术"科技成果评价会。专家一致认为，该成果整体达到国际领先水平。

2. 推广应用

本项目相关研究成果已在上海御澜雅苑、海门沁园、龙信老年宾馆、海门龙馨家园、南通市政务中心停车综合楼、华南理工大学国际校区二期等项目工程中成功应用。提高了装配式建筑结构建造过程的工业化程度，保证了工程质量和安全，提高了施工效率，降低了施工成本，综合效益显著，具有良好的推广前景。

六、社会效益

本项目关键技术以其高效、安全的特点，为城市化的快速发展建设、旧房改造和城市更新提供了创新解决方案，具体体现如下：

1. 提供了一种高效、稳定、安全的预制构件连接方法

解决现有装配式结构连接节点构造复杂、施工难度大、标准化程度低，连接钢筋锚固长度大等痛点问题。该技术连接钢筋无需精准定位，并符合抗震强节点设计的需求。

2. 实现主体结构全预制装配建造、工业化程度高

对主体结构合理拆分，仅对构件连接节点进行局部后浇连接，可实现结构预制率达到 90％以上。

3. 大幅减少支撑脚手架、浇筑模板用量，现场简洁、易管理

在确保支撑体系的安全、稳定的前提下，可实现减少或免去脚手架的支撑，主体结构建造减少90％以上浇筑模板，施工现场简洁明了，降低了安全管理难度。

4. 简化工序，节约工期，综合成本降低

少模板、少支撑、少湿作业，施工工序简化，施工周期缩短，可有效降低装配施工综合成本下降，施工过程绿色环保，降低了安全管理难度。

5. 助力旧房改造和城市更新

通过高效连接技术，延长建筑寿命，满足旧建筑改造升级需求，提升了建筑的功能性和舒适度，保留了城市历史风貌和文化特色，促进了社会的和谐与可持续发展。

大跨径梁拱组合刚构桥建造关键技术

完成单位：中国建筑第五工程局有限公司、中建隧道建设有限公司、重庆信达工程检测技术有限公司、林同棪国际工程咨询（中国）有限公司、重庆交通大学

完成人：李亚勇、谭芝文、周　帅、戴亦军、宋鹏飞、李　璋、张　斌、陈胜凯、赖亚平、向中富、刘桥磊、王　蓬、周学勇、邱　琼、秦宗琛

一、立项背景

连续刚构桥由于具有结构连续、刚度较大、施工简便、行车平顺等特点而得到广泛应用，据统计目前国内外有数以万计已建连续刚构桥。但随着大跨径连续刚构桥服役年限的累积，修建的一大批预应力混凝土连续刚构桥逐渐显现出此类桥梁在运营阶段潜在的隐患，最为突出的是箱梁腹板及底板开裂以及跨中挠度过大的问题。交通部曾统计了 180 座主跨超过 60 米的预应力混凝土连续刚构桥的病害情况，裂缝是最重要的病害之一；另外威胁预应力混凝土连续刚构桥安全和耐久性的是逐年增加的跨中挠度问题，随着预应力混凝土桥的挠度逐年增加，如果不采取加固措施，挠度增加似乎是不收敛的。例如，1997 年建成的我国广东虎门大桥辅航道桥（主跨 270m），截至 2003 年跨中下挠 260mm；1978 年建成的美国帕罗茨（Parrots）大桥，截至 1990 年跨中下挠 635mm。令人担忧的是，箱梁裂缝产生的同时会加剧跨中挠度的增大。

为避免连续刚构桥的不足，考虑到拱桥承载能力强、后期变形小、养护费用少，提出一种新型大跨径梁拱组合连续刚构桥，实现桥面通行条件好、跨中挠度小、跨越能力更强、造价相对低、维护费用低，并兼顾城市桥梁的外形美观。

所提出桥型为一种新型桥梁结构形式，相关的科学技术如力学问题和设计方法等国内外未展开过相关研究，相应的施工装备及工艺也与现行施工方法存在较大差异。

课题组以国内首座大跨径梁拱组合连续刚构桥——礼嘉嘉陵江大桥为载体，在中建股份重点课题 CSCEC-2018-Z-17 和重庆市科委技术创新与应用示范（社会民生类重点研发）项目 CSTC2018JSCX-MSZD0430 资助下就以下建造过程中存在的问题展开研究：

（1）梁拱组合刚构桥受力特性，包括整体受力特征，关键节点受力特性。

（2）总体结构体系设计原则及方法，关键角隅构造设计方法。

（3）上弦梁（根部刚度不够）、下弦拱（狭小空间）悬臂浇筑施工技术，梁拱汇合段整体一次快速浇筑施工技术。

二、详细科学技术内容

1. 大跨径梁拱组合刚构桥体系进一步构建及优化

基于拓扑优化理论，提出梁拱组合刚构桥组合体系并揭示其力学特性；拓展出跨径可达 400m 的拱辅-张弦梁桥型，以及可实现市政道路、轨道交通、综合管线三位一体的多功能桥型。

创新成果一：基于拓扑理论的高效结构优化方法

采用拓扑优化算法（MMC），以跨中挠度作为控制目标，基于最小应变能准则，获得桥梁最优受力结构。经过拓扑优化的结构相较传统结构最大剪力、弯矩及跨中弯矩分别为拓扑前的 14%、6%、38%。见图 1。

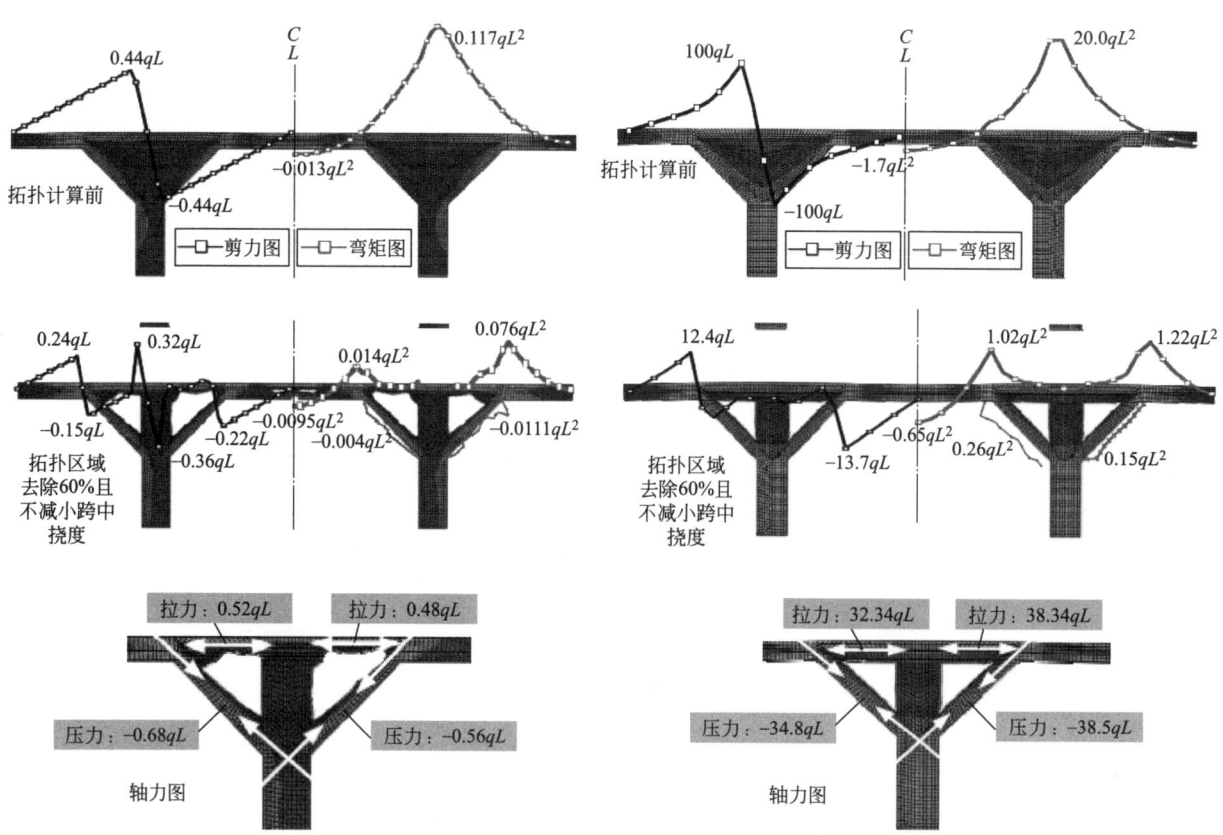

图1 均布荷载及自重荷载下拓扑计算结果

创新成果二：揭示了上承空腹式梁拱组合刚构桥力学特性

揭示梁拱组合刚构桥的受力机理，力学机理表明下弦拱的压力和上弦梁的拉力相互抵消，形成"无推力、自平衡"的受力体系，有效减少了主梁弯矩和剪力，降低了对桥岸地基承载力的要求。见图2。

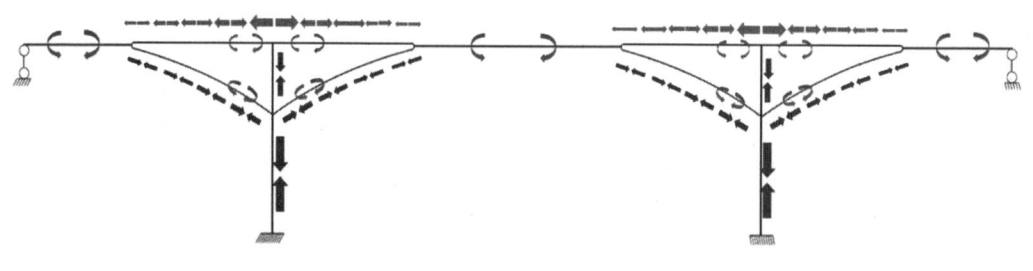

图例：←—→ 受拉为主 ■←■ 受压为主 ( ) 受弯为主

图2 梁拱组合刚构桥受力机理

创新成果三：建立了梁拱组合刚构桥力学参数计算方法

采用位移法分析受力，建立方程，对位移法方程组以矩阵形式表示，推导出桥梁设计关键力学参数计算式，计算表明桥型跨中位移仅为普通连续刚构桥的10%。见图3、图4。

创新成果四：拓展了梁拱组合刚构桥型及应用

拓展了梁拱组合刚构桥型及应用。不仅丰富完善了该桥型的结构体系，为300m以上梁拱组合刚构桥建设提供相关设计技术基础，同时提出用于双层交通的梁拱组合刚构桥结构。实现道路＋轨道交通＋管线三位一体，极大地节约了空间，减少工程投资。见图5～图7。

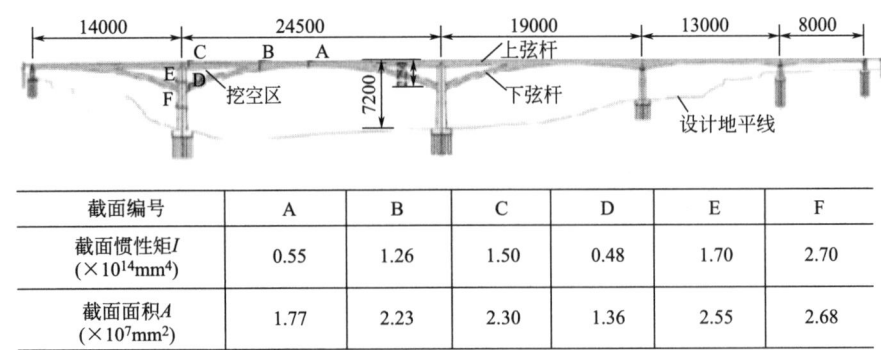

截面编号	A	B	C	D	E	F
截面惯性矩 I ($\times 10^{14}$mm⁴)	0.55	1.26	1.50	0.48	1.70	2.70
截面面积 A ($\times 10^7$mm²)	1.77	2.23	2.30	1.36	2.55	2.68

图 3　桥梁关键截面参数

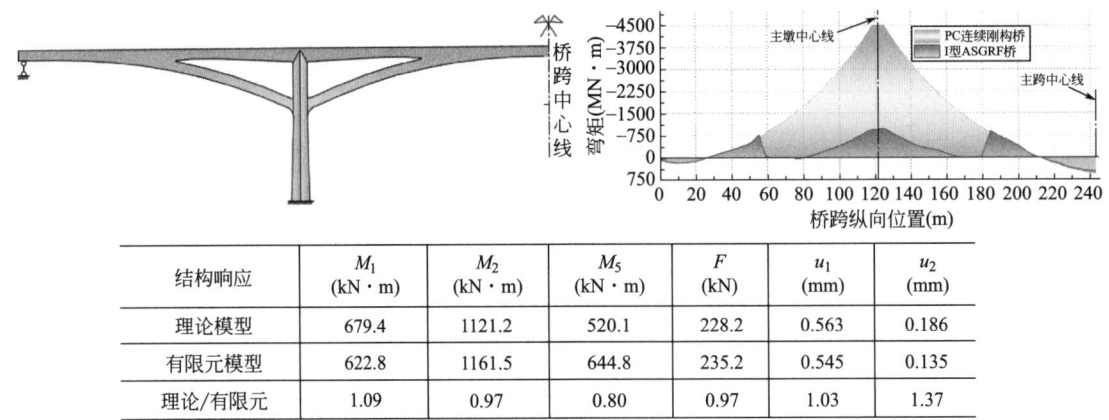

结构响应	M_1 (kN·m)	M_2 (kN·m)	M_5 (kN·m)	F (kN)	u_1 (mm)	u_2 (mm)
理论模型	679.4	1121.2	520.1	228.2	0.563	0.186
有限元模型	622.8	1161.5	644.8	235.2	0.545	0.135
理论/有限元	1.09	0.97	0.80	0.97	1.03	1.37

图 4　有限元模型与理论模型比较

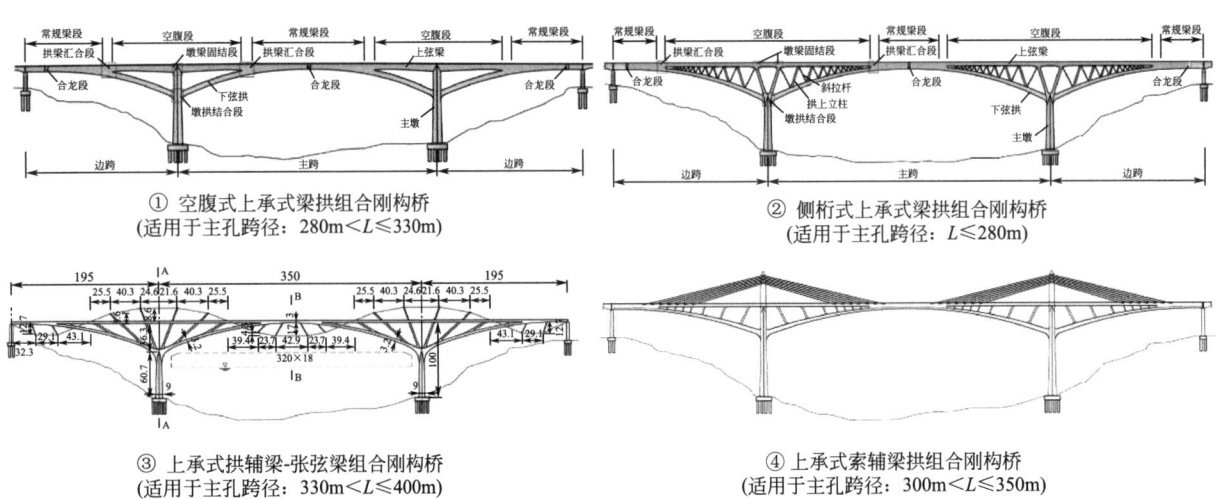

① 空腹式上承梁拱组合刚构桥
（适用于主孔跨径：280m<L≤330m）

② 侧桁式上承式梁拱组合刚构桥
（适用于主孔跨径：L≤280m）

③ 上承式拱辅梁-张弦梁组合刚构桥
（适用于主孔跨径：330m<L≤400m）

④ 上承式索辅梁拱组合刚构桥
（适用于主孔跨径：300m<L≤350m）

图 5　四种梁拱组合连续刚构桥桥型设计

图 6　上承式拱辅梁-张弦梁组合刚构桥结构　　　　图 7　双层交通的梁拱组合刚构桥结构

2. 大跨径梁拱组合刚构桥设计理论研究

创新成果一：建立了梁、拱汇合部极限承载力计算方法

基于参数化有限元计算，以上下弦梁夹角、配筋率和配束率作为控制变量，使用"最大超平面法"对梁、拱汇合部承载力进行拟合计算，并通过缩尺模型试验验证；该计算方法更有利于设计人员计算复杂截面荷载值，为前期设计安全性及经济合理性提供依据。见图8、图9。

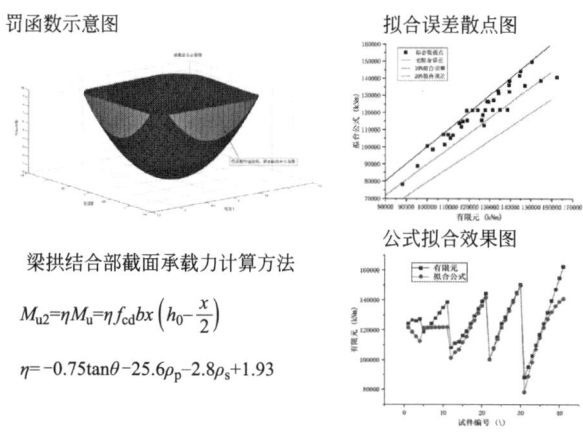

罚函数示意图

拟合误差散点图

梁拱结合部截面承载力计算方法

$$M_{u2}=\eta M_u=\eta f_{cd}bx\left(h_0-\frac{x}{2}\right)$$

$$\eta=-0.75\tan\theta-25.6\rho_p-2.8\rho_s+1.93$$

公式拟合效果图

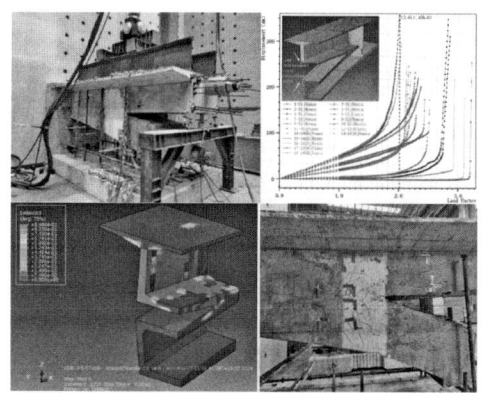

图8 角隅节点承载力拟合公式　　　　图9 缩尺模型试验

创新成果二：推导了基于可行序列二次规划法的挠跨比计算式

考虑边中跨比、主梁矢跨比、主拱矢跨比、主墩相对高度等因素对梁拱组合刚构桥挠跨比的影响，提出了基于可行序列二次规划法的挠跨比计算式，并得出结构参数最合理取值范围，大幅度减小常规设计采用初始参数估计方法导致的非常繁复计算调整工作量。见图10、图11。

$$\frac{S}{L_Z}=\frac{1}{1000}(\xi_1\xi_2-0.0250)$$

$$\xi_1=0.2861-0.5251\frac{f}{L_Z}$$

$$\xi_2=0.0267\frac{L_B}{L_Z}-3.8492\frac{H_B}{L_Z}-5.3618\frac{H_A}{L_Z}+0.0903T+1.1136\frac{H_T}{L_Z}$$

参数	合理取值范围	礼嘉大桥参数统计	
L	$150\sim350m$	$245m$	—
L_S	$L/5\sim L/3$	$62.7m$	$L/3.9$
H	$L/8\sim L/7$	$30.5m$	$L/8.0$
$h1$	$L/55\sim L/40$	$4.8m$	$L/51.0$
$h2$	$L_s/15\sim L_s/10$	$5m$	$L_s/12.5$
$h3$	$L/70\sim L/45$	$5m$	$L/49$
$h4$	$L_s/10\sim L_s/8$	$6.5m$	$L_s/9.6$

图10 挠跨比计算式　　　　图11 桥梁结构参数最合理取值范围

创新成果三：建立了基于BIM与力学模型交互的正向设计方法

建立BIM模型与计算模型的双向反馈机制，通过有限元拓扑优化找形和设计参数正交试验相结合确定了该桥型主要结构参数建议取值范围，对设计成果进行正向迭代与优化。见图12、图13。

创新成果四：建立了下弦拱合理拱轴线的设计方法

研究了拱轴线线形对桥梁力学性能的影响，提出下弦拱轴线线形设计方法，得出下弦拱轴线幂次最佳取值范围。基于抛物线幂次对中跨实腹区、主墩、下弦拱、上弦梁处的弯矩、剪力、应力、弯曲应变能计算对比分析，以及考虑桥梁美观性，提出下弦拱曲线设计为2.2次抛物线最为经济、合理。见图14。

3. 大跨径梁拱组合刚构桥成套施工技术研究

创新成果一：研发上弦梁、下弦拱同步斜拉扣挂施工方法

创新研发并应用同步斜拉扣挂施工方法，实现了上下弦梁的独立施工在三角区上、下弦梁合龙前，使用临时斜拉扣索，可以主动调整施工过程中下弦梁的受力状态，解决上、下弦梁截面小、刚度小、线

性控制精度要求高的难题。见图 15、图 16。

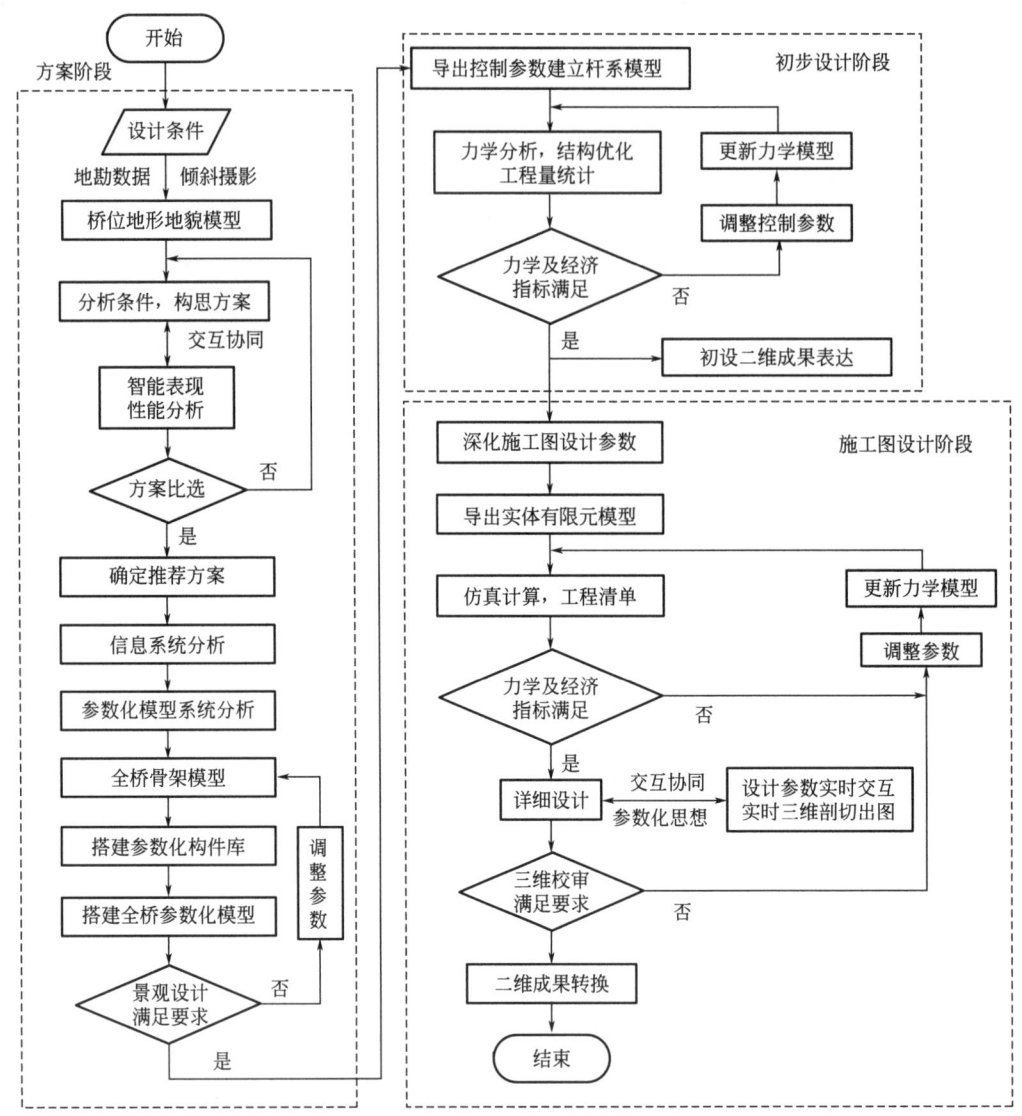

图 12　BIM 正向设计流程

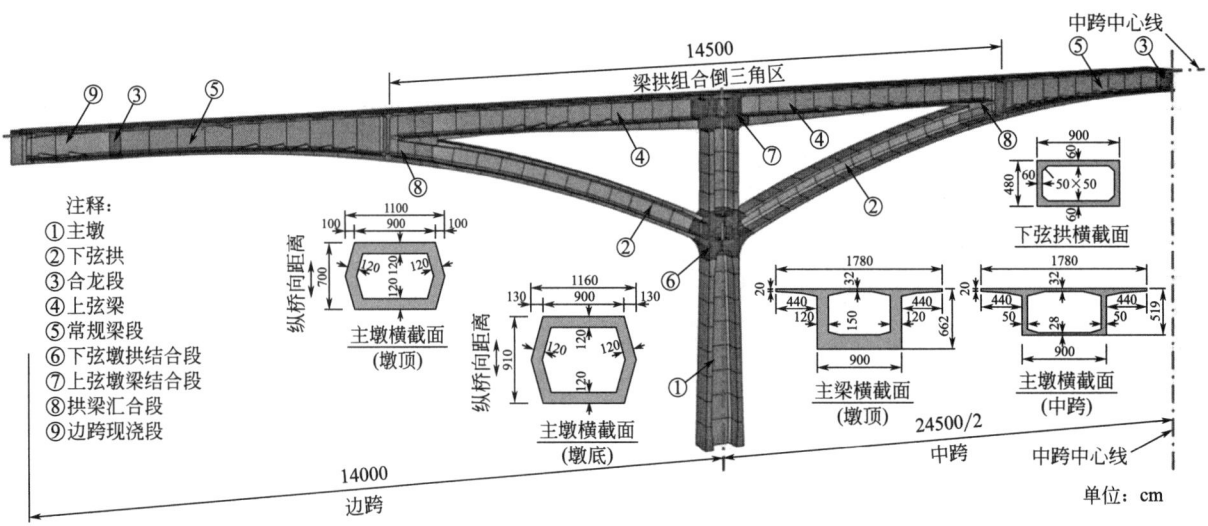

图 13　BIM 模型及有限元模型（一）

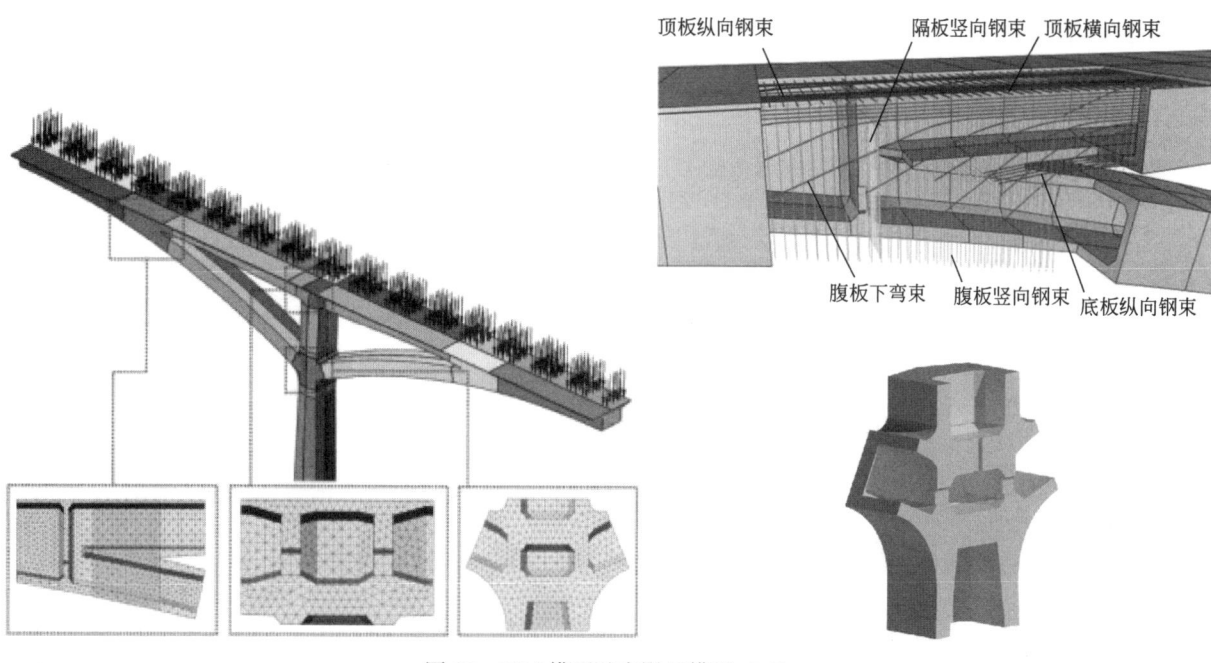

图 13　BIM 模型及有限元模型（二）

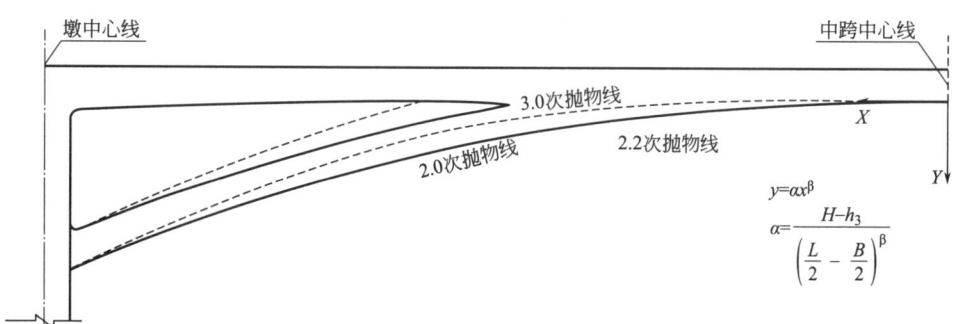

图 14　下弦拱轴线设计计算式

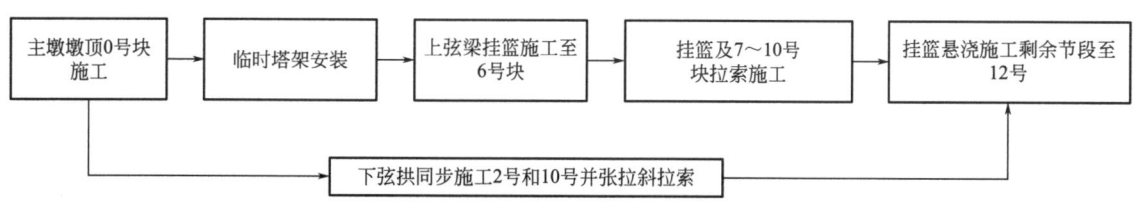

图 15　同步斜拉扣挂施工工艺流程图

图 16　临时塔架安装及临时拉索现场施工

创新成果二：首次提出"均分渐进"实用索力优化方法

对上弦梁临时拉索，提出了"均分渐近"的索力优化方法，确保索力均匀，降低梁顶负弯矩，使结构受力更合理。结果表明与等差递增、等差递减以及最大拉应力等索力优化方法相比，其索力变异系数最小，各临时拉索索力最均匀，充分证明了"均分渐近"索力优化方法的有效性。见图17。

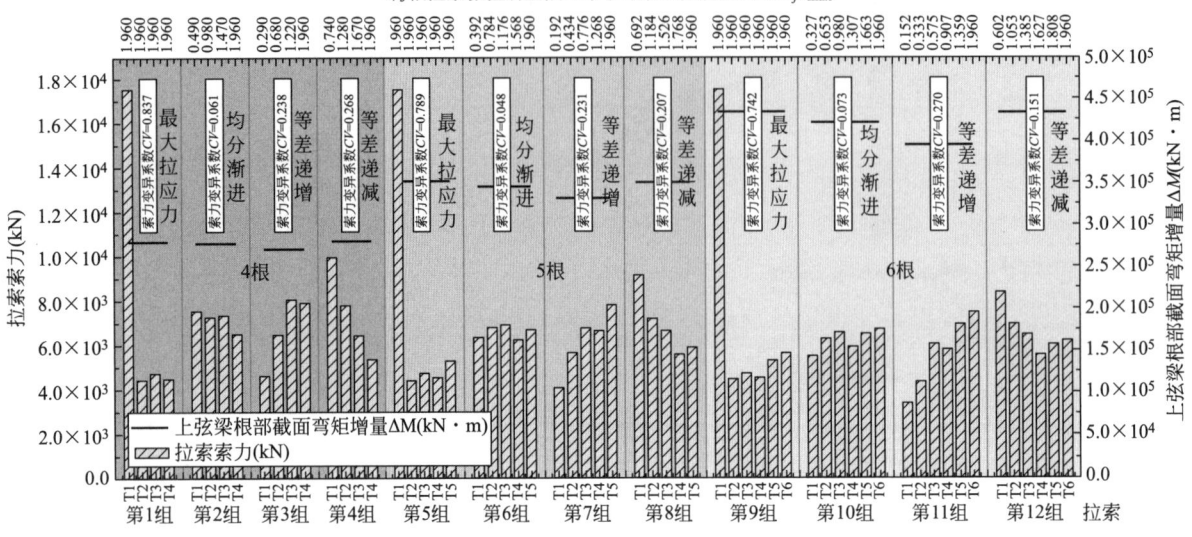

图 17　梁拱组合刚构空腹段主梁索力优化对比图

创新成果三：研制了适应下弦拱大坡度、变弧线、狭小空间的轻型倒三角挂篮装备

下承式倒三角挂篮行走爬坡能力较强，可实施性高，相较于传统上承式及侧桁式挂篮对梁体线性控制有利，同时安全性更高，在行走、浇筑时能很好地适应各段箱梁的角度变化，能极大地提升下弦拱施工精度，有效保证线型质量，节省钢材及人力，相较于传统上承式及侧桁式挂篮更经济。见图18。

创新成果四：首次提出了梁拱汇合段梁拱异步立体交叉施工方法

异步立体交叉施工方法是上下弦挂篮在施工梁拱组合刚构桥三角区及汇合段时，为规避的有限空间施工难题的一种悬臂浇筑方法，即下弦挂篮先于上弦挂篮施工，上弦梁、下弦拱汇合段前始终保持相互独立状态施工；上下弦汇合段施工通过合理工序转换，优先退回拆除下弦挂篮，利用并改装上弦挂篮底模浇筑汇合段。该施工方法有效规避设置后浇带、解决上弦梁、下弦拱汇合段挂篮空间干涉难题。见图19。

三、发现、发明及创新点

1. 创建了200~400m大跨径梁拱组合刚构桥体系

基于拓扑优化理论，提出梁拱组合刚构桥组合体系并揭示其力学特性；拓展出跨径可达400m的拱辅-张弦梁桥型，以及可实现市政道路、轨道交通和综合管线三位一体的多功能桥型。

2. 创建了大跨径梁拱组合刚构桥设计理论与方法

创新性地提出了梁拱组合刚构桥力学参数计算方法，并创建下弦拱轴线线型设计方法，解决了极限承载力与挠跨比计算难题；优化了下弦拱轴线设计，为桥梁设计提供了高效理论支撑。

3. 创新研发了大跨径梁拱组合刚构桥成套施工关键技术

创新研发了大跨径梁拱组合刚构桥成套施工关键技术。提出梁拱同步斜拉扣挂施工方法及梁拱汇合段异步立体交叉施工方法，研制适应复杂空间条件的轻型倒三角挂篮装备，使大跨径梁拱组织刚构桥由蓝图走向现实。

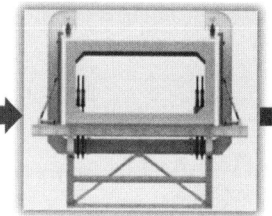

1. 混凝土浇筑完成，混凝土强度、弹性模量及龄期、扣索张拉完成后，做好挂篮行走准备

2. 移除挂篮顶模

3. 侧模横移约40cm脱模

4. 前移行走轨道并锚固

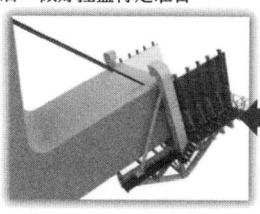

8. 主顶支撑桥面，拆除锚固系统，通过主顶将挂篮下放，将行走小车落至行走轨道

7. 调整后主顶，使后小车受力

6. 拆除止推机构，挂篮通过千斤顶前移至下一节段，安装止推机构，调整止推机构长度，使底模与设计节段底板基本平行

5. 主顶系统提升，调整挂篮至浇筑情况位置

图 18　下承式倒三角挂篮及悬臂施工

图 19　梁拱异步立体交叉施工方法

四、与当前国内外同类研究、同类技术的综合比较

较国内外同类研究、技术的先进性见表1。

较国内外同类研究、技术的先进性　　　　　　　　　　　　　　　表1

序号	对比点	国内外同类技术	本项目技术	先进性
1	梁拱汇合段承载力计算	各类规范、有限元	提出了考虑配筋率、配束率、梁拱夹角等多个构造参数的拱梁汇合段承载力计算方法	计算精度更高
2	基于梁-拱组合体系桥桥型和结构体系	需要采用昂贵的拱、钢桁或索桥方案	采用梁拱组合刚构桥，节约投资15%～35%	填补了300m级轻型混凝土桥梁形式的空白
3	多向预应力小角度斜交普通钢筋混凝土承载力计算	实体模型计算，调整工作量大	建立了承载力计算方式和公式	大幅度减小常规初始参数设计方法调整计算工作量
4	结构参数设计（挠跨比计算）	常规设计采用初始参数估计	考虑边中跨比、主梁矢跨比、主拱矢跨比、主墩相对高度等因素对梁拱组合刚构桥挠跨比的影响，提出了基于可行序列二次规划法的挠跨比计算式	大幅度减小设计人员计算调整工作量
5	无拱上荷载-拱组合体系桥合理拱轴线确定方法	有限元模型试算，寻找相对较优拱轴线	通过拱肋最大弯矩最小确定	大幅度减小设计计算调整工作量
6	设计方法	建立初始结构模型，概率理论为基础的极限状态法	基于BIM与力学模型实时交互的正向设计方法	大幅提高工作效率和准确度
7	梁、拱悬臂施工技术	拉索＋支架方式	双拉索方式；拉索采用渐近均分优化	双向反馈；实现方案设计到施工图设计的全过程任务；可准确反应设计意图和体现设计细节
8	梁拱汇合段施工技术	分层浇筑	异步立体交叉施工方法	整体成型无后浇带；效率高；节约材料

五、第三方评价、应用推广情况

1. 第三方评价

1）技术查新情况：成果经科技部西南信息查新中心进行国内外检索查新，除本项目委托方及其课题组成员所申请的专利及发表的文献外，未见其他相同报道。

2）成果评价情况：2023年4月27日，项目技术经过由院士组成的专家团队评价，与会专家一致认为本研究成果总体达到国际先进水平。2024年5月16日，中建集团组织的成果评价会上，与会专家一致认为本成果总体达到国际领先水平。

2. 推广应用

体成果应用于重庆礼嘉嘉陵江大桥建设，为工程节约1000万元以上投资，部分技术推广应用于已建成的郑万铁路汤溪河大桥和在建的廖家溪轨道专用桥，取得良好的应用效果。见表2。

相同条件下的上承式梁拱组合刚构桥和连续刚构桥结构性能对比　　　　表2

结构体系		上承式梁拱组合刚构桥	连续刚构桥梁
单幅桥材料用量	C60混凝土（m³）	22189.0	22914.0
	预应力绞线（t）	1711.6	1783.0
	钢筋（t）	3266.7	3457.8

续表

结构体系		上承式梁拱组合刚构桥	连续刚构桥梁
成桥状态主梁最大正应力(MPa)	墩顶顶缘	−13.2	−10.4
	墩顶底缘	−12.0	−18.3
标准组合主梁腹板最大主应力(MPa)	主压应力	−20.2	−20.8
	主拉应力	1.0	2.4
活载作用下的结构刚度指标	主跨跨中挠度(mm)	33.8 (1/7249)	105 (1/2333)
20年长期收缩徐变作用下的挠度指标	主跨跨中挠度(mm)	35.8 (1/6844)	282.8 (1/866)

六、社会效益

项目研究助力梁拱组合刚构桥从"理念"到"实践"、从"蓝图"到"建成",保障了国内首座大跨径梁拱组合连续刚构桥——礼嘉嘉陵江特大桥的高品质建设。研究团队培养出 20 余名桥梁工程师,组织高校、企业、研究机构、协会等产学研用合作,组织 20 余场大型技术交流活动,所形成的设计、施工技术及智慧建造方面成果,为后续同类型桥梁的设计与施工提供理论及实践经验,极大促进我国新型大跨径轻型混凝土梁建设发展,填补主跨在 250～350m 之间的轻型混凝土桥梁形式的空白。

大桥的建成对完善重庆"八横七纵"快速路网体系,保障穿山过江需求,增强重庆主城区对于渝西经济带辐射作用,加快推动成渝地区双城经济圈建设具有重要意义;项目建设期间三度鏖战嘉陵江 50 年一遇洪峰,较合同工期提前 3 个月实现运营通车,创造了"桥都"重庆桥梁施工的"礼嘉速度";多次被包括中央电视台新闻联播在内的国内外主流媒体报道,提升了中国建筑在基础设施建设方面的影响力,擦亮了中建基建设施品牌,为世界桥梁发展做出了贡献。梁拱组合刚构桥力学性能优异,具有极强的生命力,推力自平衡的受力体系使其不受桥位地形和地质条件限制,具有广阔应用前景,特别适用于山岭重丘地形条件下的高墩、大跨桥梁建设需求;研究成果及工程实践将极大地促进我国大跨径轻型混凝土桥梁建设的发展。

基于供需适配的低碳高效空调系统关键技术与工程应用

完成单位： 中国建筑西南设计研究院有限公司、重庆大学、中建三局集团有限公司、珠海格力电器股份有限公司、中海佳隆成都房地产开发有限公司-物业发展

完 成 人： 杨　玲、刘希臣、陈金华、熊帝战、李宏波、戎向阳、朱晓玥、司鹏飞、徐小平、张　晓、范钟引、侯余波、杨　杰、陈旭峰、魏明华

一、立项背景

在城镇化率持续提高的背景下，建筑运行碳排放占全国碳排放总量的 22％，其中空调系统的占比高达 30％以上，有效降低空调系统的运行能耗和碳排放是实现"双碳"目标的重要途径。

空调系统的供给与需求不匹配是造成高能耗的关键因素。空调系统由冷热源、输配和末端三大板块组成，其热量交换与输配依赖繁多的环节协同；空调系统全年运行参数宽幅，供需关系动态变化，供应与需求的交互机制异常复杂。以上情况决定了应以空调系统的供需适配作为切入点，从全局角度研究低碳高效空调系统构建中的技术应用决策及关键参数寻优。

目前，空调系统的构建普遍采用离散的技术优化模式，忽略了各板块的耦合制约关系，构架上缺失全局能效导向的优化方法；系统的供应侧与需求端存在品位错配，"高质低用"的现象普遍存在。以上问题极大地制约了空调系统供需适配的实现，难以有效地降低运行碳排放。

因此，项目组围绕基于供需适配的低碳高效空调系统关键技术，重点攻克以下关键问题：

1）在空调系统的构架方法上，整体方面缺乏对三大板块协同性的考虑，冷热源板块缺少高效适配全年变化负荷的优化方法，末端板块忽略了其形式与空调处理需求的相互作用关系。亟待建立三大板块协同的系统构建优化方法。

2）单一品位的冷源供应难以适应多种形式末端的需求，源侧效率与末端处理能力之间的矛盾突出。亟须建立提升供给侧与需求侧品位适配度的复合系统架构，研发适应复合品位系统的高效冷源制备技术及末端换热强化技术。

3）现有的技术及装备尚不能高效适应新型空调系统的需求，亟待研发提升供需适配能力的高效装备，为成果的落地应用提供支撑。

在国家计划、省部计划及国际科技合作计划等科研项目的资助下，系统地开展研究和工程应用，形成了"基于供需适配的低碳高效空调系统关键技术与工程应用"的创新成果。

二、详细科学技术内容

1. 供需适配的空调系统协同优化构建方法

关键技术一：能效目标导向的空调系统协同优化方法

揭示了决定系统性能的 3 个作用机制，建立了反映末端与环境热质传递真实过程的数学模型，提出了系统全局能效分析理论，解决了系统构建中的技术应用决策与关键参数优化难题。见图1、图2。

关键技术二：基于热泵技术的高效冷热源系统构架方法

建立了不同气候区热泵应用的适宜性架构和多维度评价体系，解决了多目标的设备配置优化问题。针对设计阶段快速迭代的特性，首次提出了"负荷平均温度"的定义及理论公式，建立了数据驱动型全

年动态运行能耗灰箱模型，构建了基于极小子集分析的优化设计方法，在保证准确度的前提下提高了冷热源系统多方案综合分析的效率。见图3、图4。

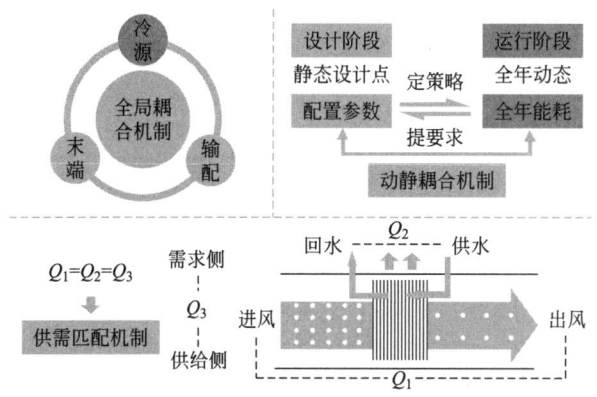

图 1　空调系统能效全局分析

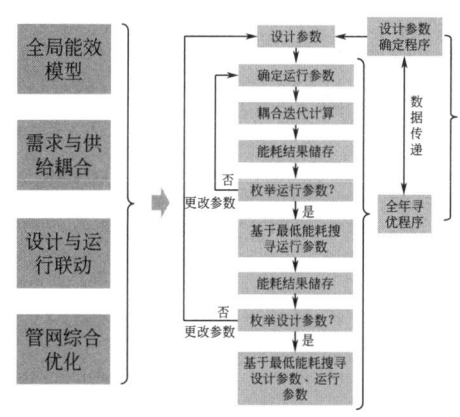

图 2　空调系统多维度协同优化设计方法

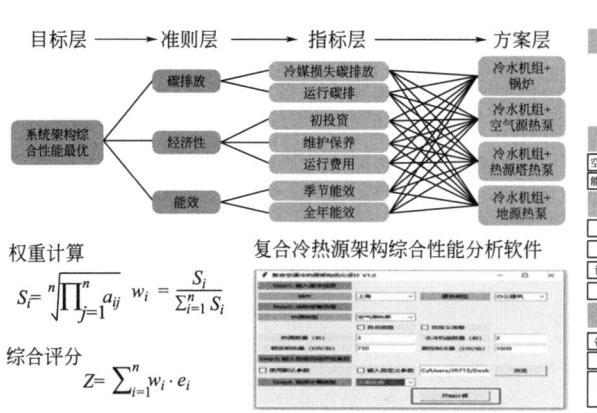

图 3　复合冷热源架构的性能评价体系

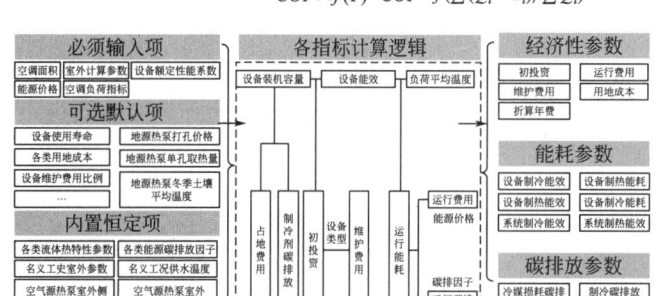

图 4　基于极小子集分析的冷热源配置优化设计方法

关键技术三：匹配空调真实处理需求的末端架构

厘清了无组织室外空气流入、不良温度梯度、不利操作温度等因素与无效空调负荷之间的作用关系；提出了不同季节有序利用渗风替代机械新风的方法，形成了近人员区环境控制理论；构建了降低空调处理需求的"辐射＋送风"多元空调末端架构，化解了需求侧环境营造与供给侧能耗难以兼顾的矛盾。见图5、图6。

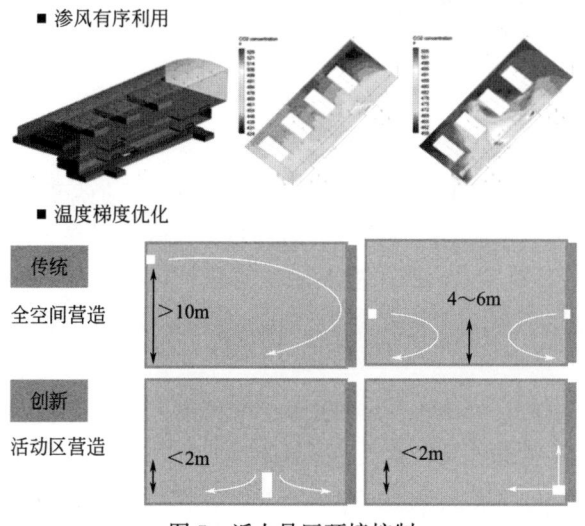

图 5　近人员区环境控制

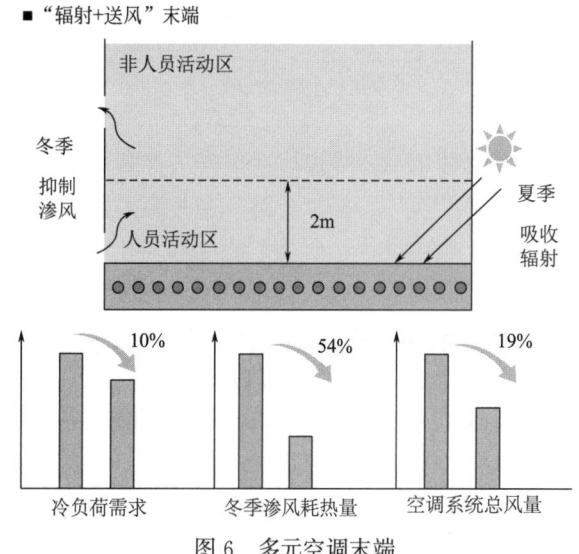

图 6　多元空调末端

2. 空调系统供需适配的节能低碳关键技术

关键技术一：双品位复合供能技术

创建了冷源双品位＋末端分级利用的复合系统架构，提出以全局能效最优和热湿环境保证为目标的双品位冷源全年运行控制策略，实现了冷源的分质利用，突破了单品位冷源无法兼顾源侧能效与末端能效、需求的技术难题。见图7。

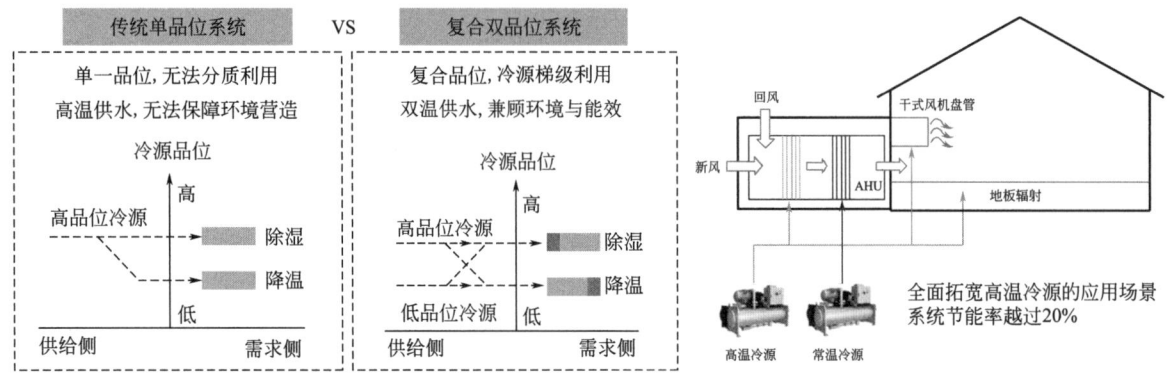

图7 供需适配的双品位复合供能技术创新

关键技术二：变温域适应性的高效冷源制备技术

研发了小压比变频气动技术，解决了小压比工况吸气流道阻塞的难题，叶轮效率提高至95％；研发了串列回流器流态均化技术，改善了二级叶轮入口气体的流动状况；提出了双极压缩制冷循环中间360°环形补气，制冷循环效率提升5％～6％。攻克了"小压比"工况下冷机运行效率偏离理论效率甚远的难题。见图8、图9。

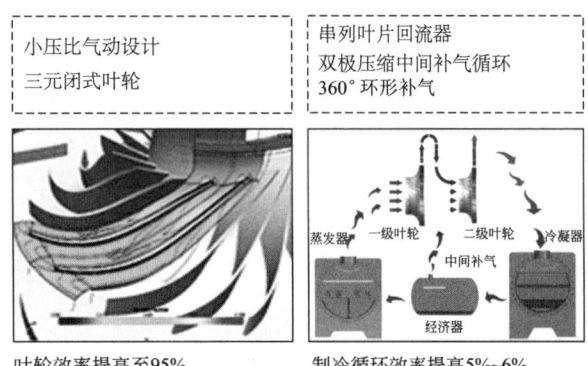

冷量(RT)	COP	IPLv	技术目标
300	8.83	15.12	在冷冻水出水温度16℃、冷却水进水温度30℃时，机组COP达到8.5以上，IPLV达到13.0以上
400	8.63	14.80	
600	9.37	16.06	
1100	9.47	16.50	

常规机组能效比：7.0

品位适配冷能效比：8.6

↓

能效提升22%以上

图8 冷水机组变温域适应性技术　　　　图9 性能提升

关键技术三：变温域适应性的高效末端强化换热技术

明确了换热管径、分路及翅片距对换热性能的影响规律，提出了小管径内螺纹铜管和交叉逆流多回路的高效换热设计，研发了波纹形多孔风道流线优化技术和风量温度智能啮合运行技术，实现了在无体积代偿的前提下，风机盘管冷风比高于行业标准规定20％以上，突破了变温工况下盘管供冷量难以满足需求的技术瓶颈。见图10、图11。

3. 提升供需适配能力的高效装备

关键技术一：效益增强互补的辐射换热技术与装备

创新了双层毛细管层间对流结构，实现了辐射换热与强制对流换热的集成增益互补；采用了盘管立体蛇形布置＋嵌合肋片结构，进一步扩展了换热面积，有效解决了常规辐射末端难以响应负荷需求的难题。见图12、图13。

■ 明确了换热管径、分路及翅片距变量对换热性能的影响规律

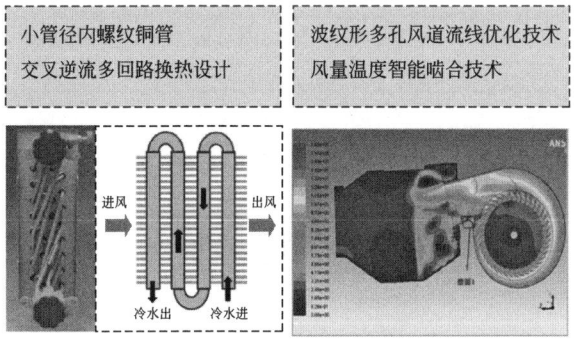

小管径内螺纹铜管	波纹形多孔风道流线优化技术
交叉逆流多回路换热设计	风量温度智能啮合技术

图 10　末端变温域适应性换热技术

规格	冷量(RT)	实测冷风比	行业规定指标
FPG-34WA/A	847	2.53	按行业标准《干式风机盘管》规定测试，冷风比高于2.0
FPG-51WA/A	1335	2.49	
FPG-68WA/A	1823	2.49	
FPG-85WA/A	2093	2.48	
FPG-102WA/A	2485	2.45	
FPG-136WA/A	3190	2.43	

在无体积代偿的前提下，冷风比高于行业标准规定20%以上

智能啮合风机节能30%以上

图 11　性能提升

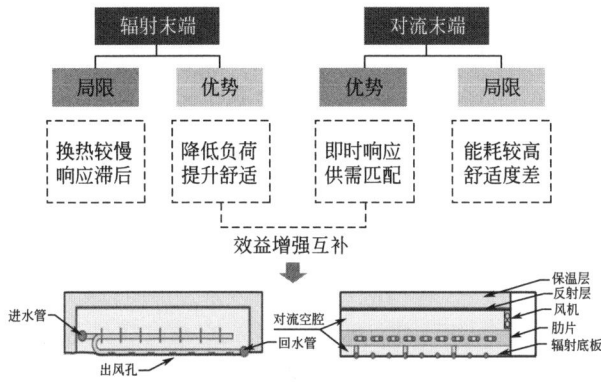

图 12　"辐射＋对流"换热效益增强互补

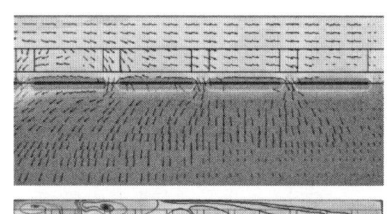

■ 流场及温度场分析
辐射板内部温度均匀
降低换热温差损失

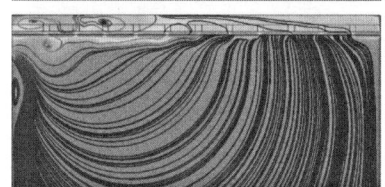

■ 房间降温过程分析
改善负荷响应能力
降温速率明显提升

图 13　装备性能提升

关键技术二：匹配处理要求的新风调控技术与装备

发明了新风机组基于处理工况的冷热盘管选择通过技术，解决了现有新风机组全年输配能效低的技术难题；发明了预处理＋深度处理的叠级调温调湿技术，解决了低能耗匹配全年变处理焓差的技术难题；基于新风机组的内置功能段和参数回馈，实现多种工作模式切换和新风的量、质按需调控。见图 14、图 15。

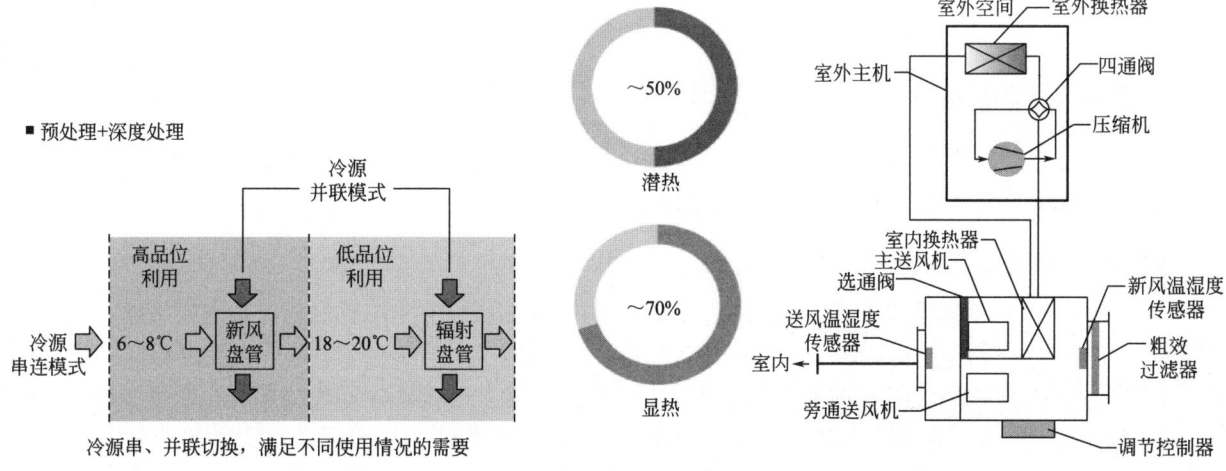

图 14　创新叠级调温调湿技术　　　　图 15　研发工况适配的新风机组装备

关键技术三：人员活动区精准供能的技术与装备

发明了地台式空气分布装置，首创了基于竖向"空气帘"与横向"空气湖"的多维度末端气流组织

设计，实现了人员活动区环境的精准营造。实测装置的耗电输冷比低至 0.073，输配效率较射流送风方式提高 20％以上，送风平衡率、诱导比和输配效率显著提升。见图 16、图 17。

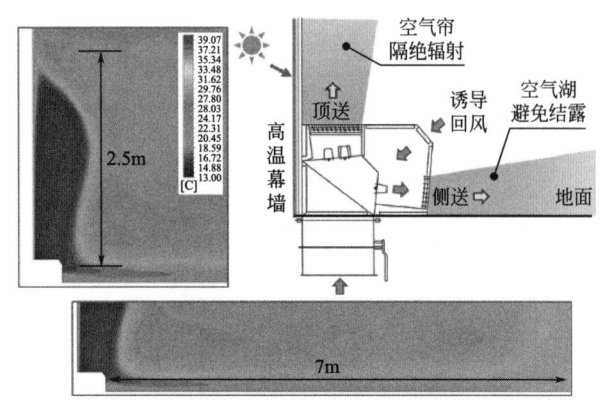

图 16　人员活动区精准供能技术

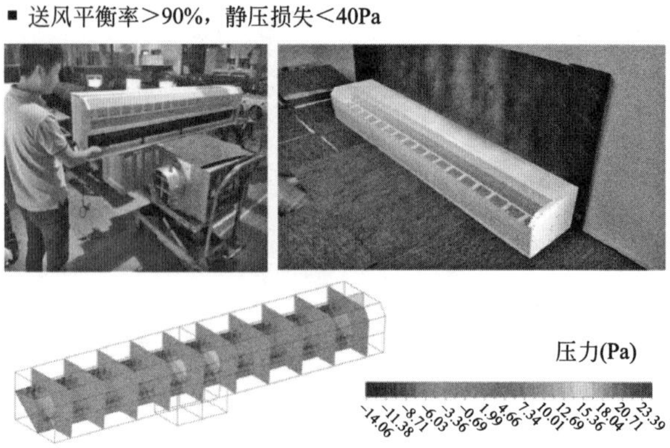

图 17　装备性能提升效果

三、发现、发明及创新点

创新点一：创建了供需适配的空调系统协同优化构建方法

揭示了决定空调系统性能的三个作用机制，提出了空调系统全局能效分析理论，建立了能效目标导向的空调系统协同优化设计方法。构建了多维度多层次复合冷热源架构的性能评价体系，提出基于热泵技术的高效冷热源系统构架方法。厘清了产生无效空调负荷的关键因素，构建了匹配空调真实处理需求的多元末端形式。

创新点二：研发了空调系统供需适配的节能低碳关键技术

创建了冷源双品位供应＋末端分质利用的复合系统架构，实现了供给侧与需求侧在品位上的适配，突破了单品位冷源无法兼顾供需两端能效的难题。研发了变温域适应性的冷源高效制备技术，制冷能效提升 22％以上；研发了变温域适应性的末端高效应用技术，设备冷风比提升 20％以上。

创新点三：研发了提升供需适配能力的高效装备

研发了辐射换热与强化对流换热的集成增益互补技术，解决了常规辐射供能与空调负荷需求不匹配的难题；发明了新风机组通路选择和叠级调温调湿技术，实现了新风供给动态匹配全年宽幅处理焓差。研发了降低空间热力分层高度、实现人员活动区精准供能的空气分布技术，发明了地台式空气分布装置。

研究成果获专利 45 项，其中发明专利 23 项；获软件著作权 10 套；发表学术论文 51 篇；出版专著 3 部；编制技术标准 14 部。

四、与当前国内外同类研究、同类技术的综合比较

较国内外同类研究、技术的先进性在于以下六点：

1）提出了空调系统协同优化方法。相较于同类研究孤立的单维度提效模式，本技术实现了全局耦合优化，能效目标可控。

2）提出了复合冷热源系统构架方法。相较于同类研究缺少共性整合方法的现状，本技术明确了不同气候区的适宜系统架构及容量配置方法，提出了"负荷平均温度"的定义，使系统决策效率提升 30％以上。

3）研发了双品位复合供能系统技术。相较于同类研究采用单一品质供能，无法兼顾供需两端能效的困境，本技术创新了分质利用的复合系统架构，提出了双品位冷源全年运行控制策略，系统节能率达 20％。

4）研发了变温域适应性冷源制备技术。创新了小压比变频气动技术和双极压缩中间补气技术，使高温冷源制备能效提升 22％。

5）研发了辐射集成换热技术与装备。相对于同类研究仅对单一辐射技术优化，强化换热效果有限的现状，本技术创新了双层蛇形环绕毛细管耦合风道设计，实现了辐射与强化对流集成增益互补，使辐射末端响应能力提升 35％。

6）研发了人员区精准供能技术及装备。相对于同类研究侧重供给侧，未从根源解决降需问题的现状，本技术采用多维气流组织方式，提出了降低需求的多元空调末端形式，可降低冬、夏空调能耗35％和 15％。

本技术通过国内外查新，查新结果为：在所检国内外文献范围内，未见有相同报道。

五、第三方评价、应用推广情况

1. 第三方评价

1）2024 年 6 月 25 日，四川工信科技技术评估有限责任公司在成都组织专家对中国建筑西南设计研究院有限公司牵头完成的"基于供需适配的低碳高效空调系统关键技术与工程应用"科技成果进行了评价。评价委员会一致认为："该成果总体达到国际领先水平"。

2）2022 年 11 月 22 日，住房和城乡建设部科技与产业化发展中心采取网络视频会议方式主持召开了由青岛国际机场集团有限公司、中国建筑西南设计研究院有限公司、清华大学完成的"青岛胶东国际机场 T1 航站楼空调系统节能关键技术研究与应用"项目科技成果评估会。评估委员会一致认为："该项目将先进暖通空调低碳节能技术进行集成创新，达到国际先进水平"。

3）2021 年 7 月 8 日，中国勘察设计协会在成都组织专家对中国建筑西南设计研究院有限公司牵头完成的"大型交通建筑空调系统协同优化方法"科技成果进行了评价。评价委员会一致认为：该成果达到了国际领先水平。

4）2019 年 9 月 24 日，中国制冷学会科技评估工作委员会在北京对清华大学与中国建筑西南设计研究院有限公司共同完成的"交通场站类建筑能耗指标与评价方法"项目组织开展了科技评估，评估专家一致认为：项目研究成果可以有效服务于交通场站建筑相关的系统设计和节能运行标准、规范的制定，提出的能耗指标与评价方法达到了国际领先水平。

5）2018 年 12 月 7 日，四川省制冷学会在成都组织召开了"地台式空气分布装置"技术评审会，专家组一致认定："装置与全空气喷口送风方式相比可实现节能 25％～27％，较之传统方式降低分层高度，更好地实现人员活动区的环境控制，有利于减少空调能耗"。

6）2009 年 10 月 24 日，广东省科技厅在珠海组织主持了由国家节能环保制冷设备工程技术中心、珠海格力电器股份有限公司等单位联合研发的"出水温度为 16～18℃的离心式冷水机组"鉴定会，鉴定委员会一致认为："该成果填补了国内高温离心压缩机产品和高温离心冷水机组产品研究的空白，针对高温离心式冷水机组压缩机的叶轮、扩压器、传动系统、回流装置、冷却系统等方面的技术创新达到国际领先水平"。

2. 推广应用

项目成果已在成都天府机场、青岛胶东机场、三星堆博物馆新馆等大型公共建筑中推广实施，应用工程建筑总面积约 1080 万 m²，有力地推动了大型空调系统设计及运维水平的提升，实现了大型空调系统的精细化节能，对建筑节能和绿色发展具有显著贡献，助力了"双碳"目标的实现。

六、社会效益

1. 完善了空调系统低碳设计理论和标准体系

提出的能效目标导向的空调系统优化构建方法解决了传统方法忽略空调系统性能三个耦合机制的问题；创建的供需适配的双品位复合供能系统，突破了单品位冷源无法兼顾供需两端能效的技术难题，研究成果被 14 项国家、行业及地方标准采用，完善了空调系统低碳设计理论和标准体系。

2. 推动了产业高质量发展

项目研发了多种适应不同系统架构及品位的高效应用技术，研制了集成高新设备技术与控制技术的装备，授权专利 45 项、软件著作权 10 项，推动了产业高质量发展。

3. 为我国建筑领域实现"双碳"提供支撑

项目协助超过 1000 万 m^2 的公共建筑显著降低空调系统能耗，经测算每年可节省建筑空调采暖能耗 10.65 万 tce，减少碳排放 18.98 万 tCO_2，为我国建筑领域实现"双碳"提供支撑。

二等奖

办公建筑零碳、健康与智慧建造一体化成套技术研究与应用

完成单位：中国海外集团有限公司、中海企业发展集团有限公司、香港华艺设计顾问（深圳）有限公司、深圳海智创科技有限公司、中海建筑有限公司、深圳市兴海物联科技有限公司

完成人：张智超、罗　亮、陈　竹、李　剑、尤　蕊、陈日飙、蒋　毅、王　冲、刘　恋、李永攀

一、立项背景

随着全球能源紧缺、污染严重、劳动力短缺等问题的凸显，建筑作为人类生活的场所，既是能源消耗大户，也与使用者的健康息息相关，更是智慧化的载体。当前，建筑实现"低碳、健康、智慧"已成为建筑业高质量发展的时代使命，同时也越来越受到社会和市场关注，成为建筑"高品质"的重要特征。

在不同的建筑类型中，办公建筑对于零碳、健康和智慧的应用需求更迫切。办公建筑存量大，建设量持续增长、用能总量大的特点，因而节能降碳和健康提升潜力大。办公建筑实现节能降碳，同时保障健康舒适对于建筑实现高品质至关重要。通过文献基础研究发现，目前理论研究领域中，以"零碳、健康、智慧"多目标整合技术体系集成研究基本缺失，针对（大型）办公建筑的全过程实施的一体化技术研究和集成应用仍然非常欠缺。同时，当前近零碳办公建筑示范项目多以小型试点项目为主，大型综合示范办公建筑类型较少。而同时满足"零碳、健康、智慧"多标认证的项目大型办公建筑示范项目仍然非常欠缺。

基于此，本研究旨在结合办公建筑的需求和特点，对办公建筑实现"零碳、健康、智慧"目标构建技术体系并对关键技术展开专项研发，同时结合中国海外大厦建设对技术体系进行伴随式技术应用和验证。中国海外大厦项目位于深圳后海总部基地，2020 年项目启动投资建设，2023 年 10 月竣工验收，2024 年 3 月陆续投入运营，成为全国最早响应国家双碳战略的零碳示范高层写字楼项目之一。

二、详细科学技术内容

1. 办公建筑零碳、健康、智慧一体化成套技术体系

创新成果：办公建筑实现零碳运维、智慧高效、健康舒适目标的全过程技术实施路径

创新应用包括 1 套技术体系＋3 项一体化技术＋15 个专项关键技术的零碳、健康、智慧一体化技术，解决大型高层办公建筑的核心难题。见图 1。

2. 零碳办公建筑设计、施工、运维一体化关键技术

创新成果一：被动优先的绿色办公建筑整合规划设计技术

创新应用被动式优先的整合规划设计技术，突破自然通风等被动式技术在大型高层建筑受限的难点，实现高层办公建筑本体节能率高达 59.1％。见图 2～图 4。

创新成果二：面向运营零碳的性能化设计整合关键技术

创新应用高层建筑性能化整合设计，实现高层办公建筑综合能耗水准为现有高层办公建筑最高水平，为亚热带地区近零能耗建筑和零碳建筑的推广实施提供成功案例。

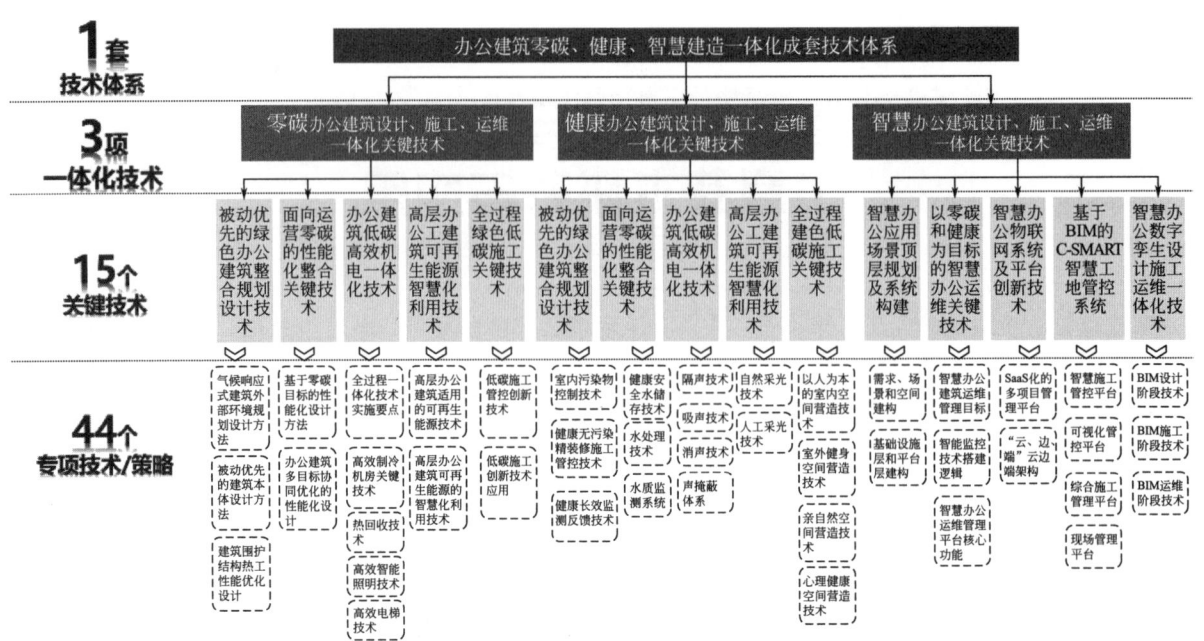

图 1 办公建筑零碳、健康、智慧建造一体化成套技术体系

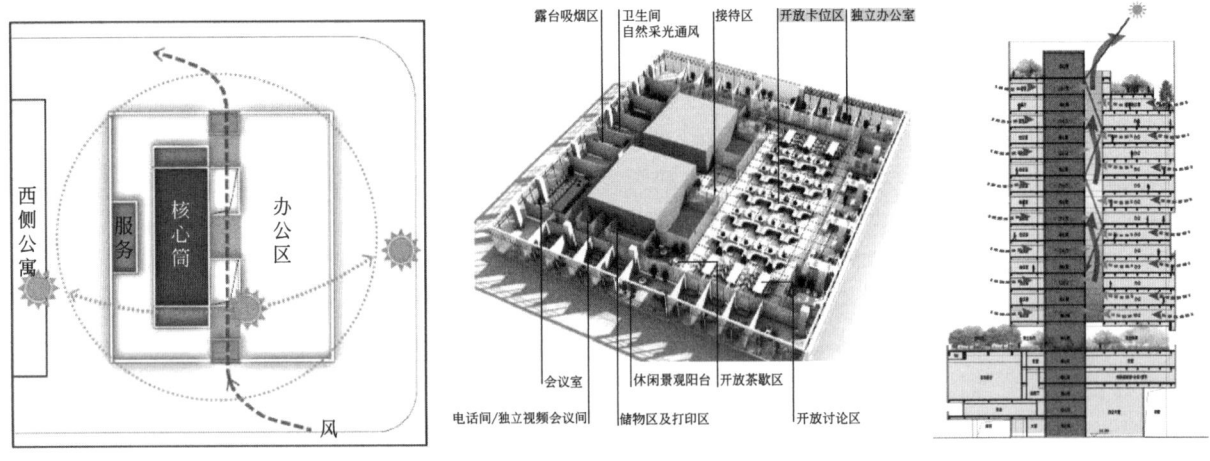

图 2 "偏筒＋双中庭＋边庭"设计实现最大化自然通风

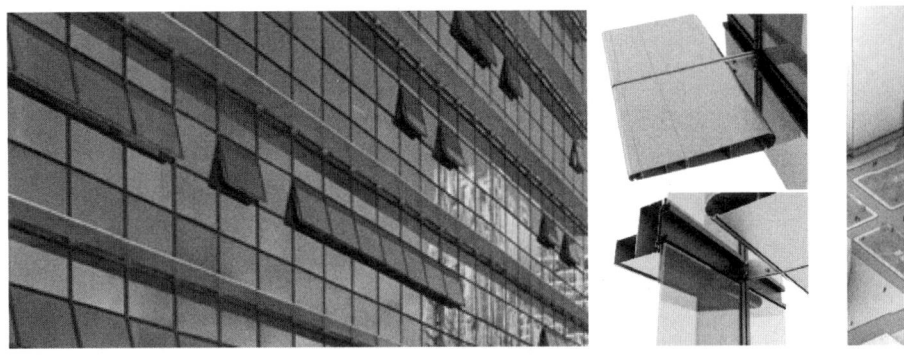

图 3 可开启外窗＋外遮阳＋高性能幕墙降低建筑空调负荷

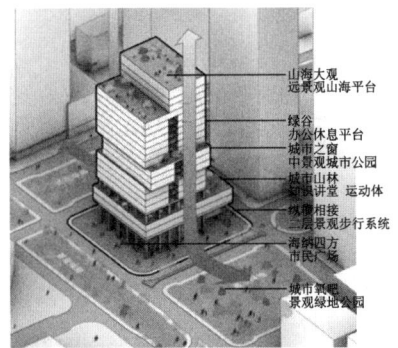

图 4 多层立体绿化实现降碳

创新成果三：办公建筑低碳高效机电一体化技术

开发应用办公建筑的高舒适度、高能效、低碳室内环境营造一体化机电技术，实现多项发明专利。主要性能指标如高效机房冷机的 COP 达 6.4，远高于国际标准一级能效 $COP \geqslant 5.0$ 的要求。见图 5、图 6。

图 5　高效空调系统云平台 图 6　高效空调系统

创新成果四：适用于高层办公建筑的可再生能源智慧化利用技术

创新应用一套适用于高层办公建筑的可再生能源智慧化利用技术，为高层办公建筑实现零碳提供技术思路。

创新成果五：全过程绿色低碳施工关键技术

首创应用 C-SMART 智慧工地平台，构建智慧工地标准，发明"基于碳中和云平台智能监测绿色施工工法"，实现施工阶段隐含碳排放低于零碳建筑标准中建议指标要求。见图 7。

图 7　智慧低碳施工管理系统 C-SMART

3. 健康办公建筑设计、施工、运维一体化关键技术

创新成果一：室内环境健康设计、施工、运维监测一体化技术

创新应用健康无污染精装施工管控和环境长效监测技术，实现了对室内空气、光、水、噪声的全方位控制，多项空气指标均满足国内外健康建筑最高标准要求。

创新成果二：办公建筑健康光环境技术

创新应用屋顶天窗采用可变色镀膜工艺，设置浅色可调节电动卷帘，智能调控采光时间，分时控制智能照明系统，节能的同时确保照明舒适性。见图 8、图 9。

创新成果三：办公建筑健康水环境技术

创新应用反渗透技术的管道式直饮水系统过滤等级可达 $0.0001\mu m$。水质溶解性多项指标远超同类办公项目。

图 8　屋顶采用可变色的镀膜透光玻璃天窗

图 9　自动卷帘实现遮阳与照明智能联动控制

4. 智慧办公建筑设计、施工、运维一体化关键技术

创新成果一：智慧办公应用场景顶层规划及系统建构方法

以办公建筑用户需求为导向，构建行业领先的基于人群细分需求的智慧办公顶层架构系统方法，弥补行业空白，拉通落地实践。

创新成果二：以零碳、健康为目标的智慧办公运维管理技术

开发中海低碳能耗管理平台，攻克了常规设备兼容性难题，实现了零碳、健康各项数据可量化，可监测，可管控。大幅提升能源管理、健康环境运维管理的精细化及效率。见图10、图11。

图 10　全过程碳管理平台

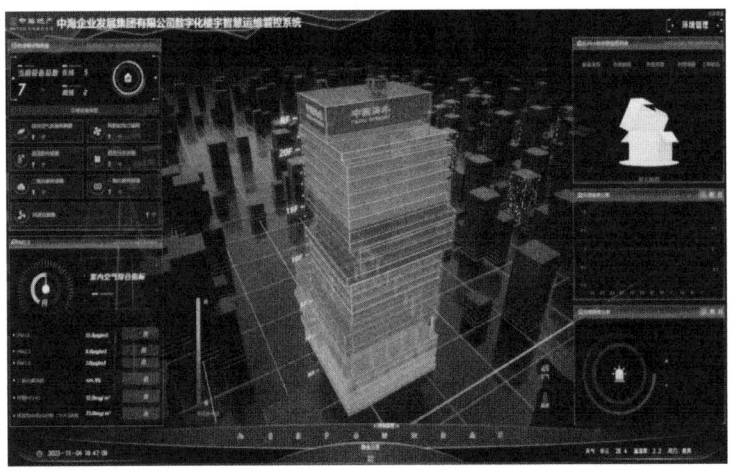

图 11　健康楼宇智慧运维管理平台

创新成果三：智慧办公建筑的物联网系统平台创新集成技术

首创 SaaS 化的多项目管理平台，实现了智慧运维全场景的迭代赋能，大幅提高了项目管理的精准度和响应速度。研发泛在终端智能全连接技术、建筑物联网标准模型接入技术、边缘网关自适应高可用技术、快速且细粒度的数据安全技术等。取得相关专利 6 项，软件著作权 3 项。

创新成果四：C-SMART 智慧施工管理平台

首创研用 C-SMART 智慧施工管控平台，实现施工效率提升 20％，95％以上机械全过程监管。极大降低安全隐患，提高工效。该项技术成果经中建集团成果评价达国际领先水平。见图 12。

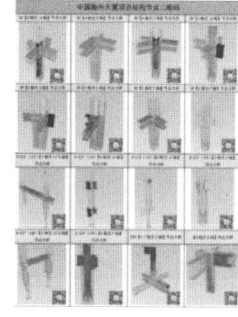

图 12　可视化施工管控平台

创新成果五：基于 BIM 的智慧办公数字孪生技术

创新应用开发基于 BIM 全过程一体化的数字孪生运维管理平台 BIM 承载各阶段数据进行拉通，实现数字孪生模型对各阶段场景与数据的实时呈现，取得相关专利 2 项。见图 13。

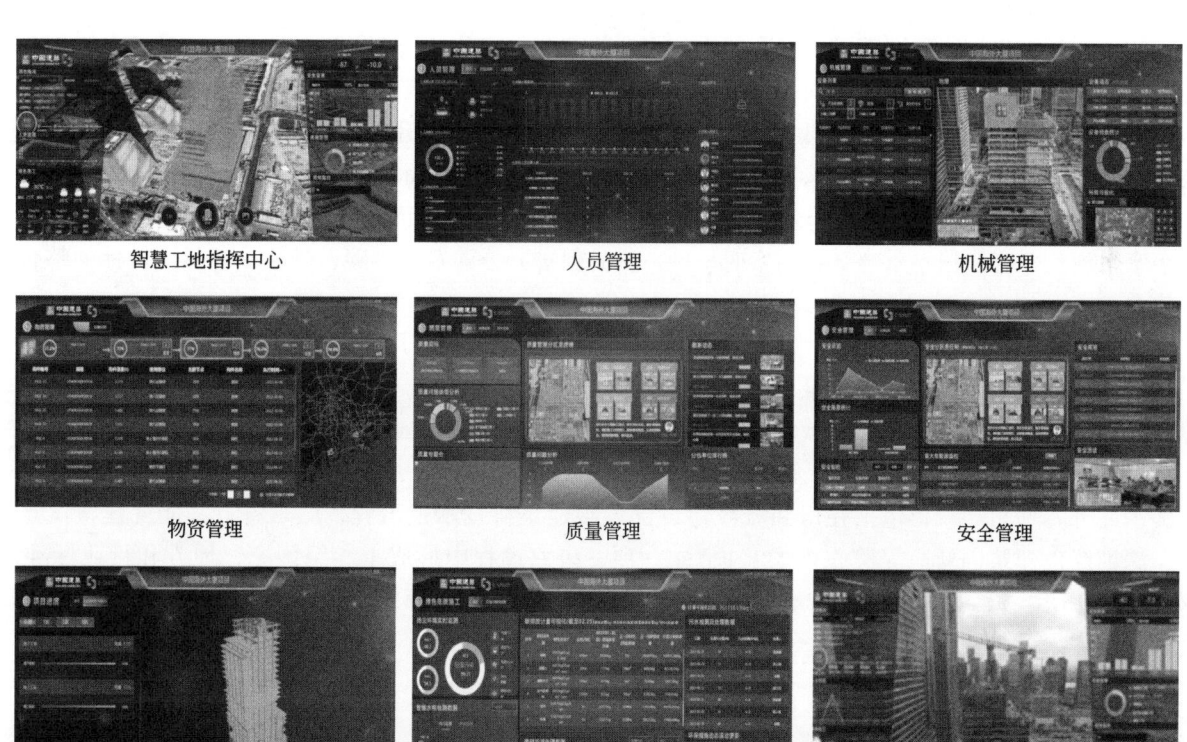

图 13　基于 BIM 的智慧办公数字孪生设计、施工、运维一体化技术

三、发现、发明及创新点

1) 构建"1+3+15"的零碳、健康、智慧建造一体化成套技术体系，解决高层办公建筑的核心难题，实现自主创新技术研发，为大型办公建筑实现节能降碳、智慧高效、健康舒适目标提供技术路径，实现办公建筑综合效益达到当前行业领先水平。

2) 研发零碳办公建筑设计、施工一体化技术，并在以下技术上取得突破性应用：

(1) 被动优先的绿色办公建筑整合规划设计技术，突破自然通风等被动式技术在大型高层建筑受限的难点，实现建筑本体节能率达59.1%。

(2) 创新构建夏热冬暖地区高层办公建筑近零能耗和零碳技术路径，通过性能化优化设计及整合技术运用，实现高层办公建筑综合能耗38.1kWh/（m²·a），能耗水准远超同类大型高层办公建筑。

(3) 开发适用于办公建筑的高舒适度、高能效、低碳室内环境营造一体化机电技术，实现多项发明专利。

(4) 首创C-SMART智慧工地平台，构建智慧工地标准，发明"基于碳中和云平台智能监测绿色施工工法"，降低施工阶段隐含碳排放。

3) 创新应用全程管控的健康建筑一体化技术，实现了对室内空气、光、水、噪声的全方位控制。

4) 研发了智慧办公建筑设计、施工、运维一体化技术，并在以下技术上取得突破性应用：

(1) 构建行业领先的基于人群细分需求的智慧办公顶层架构系统方法，拉通落地实践；

(2) 以零碳、健康为目标的智慧办公运维管理技术，开发"中海低碳能耗管理平台"，攻克了常规设备兼容性难题，实现了零碳和健康各项数据可量化、可监测、可管控，大幅提升能源管理、健康环境运维管理的精细化及效率；

(3) 首创基于物联网信息技术的SaaS项目管理平台，实现了智慧运维全场景的迭代赋能。构建了行业领先的新型建筑物联网系统及平台架构，多项软件著作权及专利支撑建筑空间大规模泛在终端全连接技术、物联网标准物模型轻接入技术、边缘网关修复技术、数据安全技术等多项技术实现突破；

(4) 首创应用C-SMART智慧施工管控平台，实现施工效率提升20%，95%以上机械全过程监管。极大降低安全隐患，提高工效，该项技术成果经中建成果评价达国际领先水平；

(5) 开发基于BIM全过程一体化的数字孪生运维管理平台，BIM承载各阶段数据进行拉通，实现数字孪生模型对各阶段场景与数据的实时呈现，提升促进办公建筑"零碳、健康、智慧"目标的整合实施效益。

5) 成果已在中国海外大厦、中海金融中心等4个项目获成功应用。

中国海外大厦项目获零碳建筑、近零能耗建筑、LEED、WELL等国内外最高等级认证。成为国内建成的、获得"零碳、健康"领域多标认证的大型高层办公建筑，国内建成的首个5A级近零能耗写字楼。中国海外大厦荣获SCAHSA全球新可持续城市与人居环境奖，中国（唯一）全球绿色智慧建筑范例奖。此外，项目还获得包括住房和城乡建设部零碳建筑科技示范工程、广东省近零能耗建筑试点项目、深圳绿色建筑创新一等奖在内的奖项共20项。研究过程中形成主参编国家、地方和行业标准14部，专利19件（其中发明专利12件）、软件著作权6项、形成省部级工法1项，发表论文9篇等，50余项科技成果。

四、与当前国内外同类研究、同类技术的综合比较

较国内外同类研究、技术的先进性在于以下多项：

1) 在零碳办公建筑设计、施工、运维一体化关键技术上：在高层办公建筑上利用偏筒、贯穿式中庭、自动开窗等被动式节能设计，实现建筑本体节能率59.1%，达到大型高层办公建筑行业最高水平，建筑综合能耗、降碳率均超越零碳标准及国内外同类建筑水平。通过利用高效机房技术，制冷机房系统全年平均设计能效比为6.4，高于国际ASHRAE一级能效标准。首创低碳智慧施工管控体系，实现施

工建造阶段的建筑隐含碳排放远低于现有零碳建筑标准指标。

2）健康办公建筑设计、施工、运维一体化关键技术方面：在办公建筑中应用无污染控制技术，细化各空间新风量指标，实现人均新风量远优于国际标准。采用健康无污染精装修管控及控制质量监测，高层办公建筑室内甲醛指标、TVOC指标等远优于国内外要求。采用健康水环境技术，办公用水质指标溶解性总固体、氯化物等远优于国内外要求。

3）智慧办公建筑设计、施工、运维一体化关键技术方面：建立基于物联网信息技术的SaaS项目管理平台，在边缘算力平均利用率提升到70%，远高于行业现有水平。建筑物联网标准模型接入技术设备接入物联网时间减少到20s，实现量级突破。研发应用C-SMART智慧施工管控平台，提高施工效率20%以上。

本成果形成的15项成套技术均通过国际查新，查新结果为：在所查国内外文献中，未见与所述内容相同的报道，本成果具有新颖性。

五、第三方评价、应用推广情况

1. 第三方评价

2021年8月31日，中国工程院院士、全国勘察设计大师等多位专家，出席中国海外大厦零碳示范项目设计专家评审会。专家一致认为，中国海外大厦打造了国内首个5A级高层写字楼近零能耗建筑和零碳建筑（运行阶段），技术方案可行，为亚热带地区近零能耗建筑和零碳建筑的推广实施提供成功案例。

2024年6月14日，中国建筑集团有限公司组织对课题成果进行鉴定。专家组认为，该项成果整体达到国际先进水平。其中，近零碳办公建筑设计施工一体化技术及C-SMART智慧施工管控平台达到国际领先水平。

此外，零碳健康智慧技术路径及示范应用获得社会各界广泛赞誉与认可，被评价称为中国践行双碳的示范工程、全产业链的低碳样本等。

2. 推广应用

本技术通过若干高层办公建筑的实践应用，形成4个示范项目，减少碳排放约20311.1t，创造直接经济效益6832.7万元。中国海外集团是国内最大写字楼发展运营商，自持办公物业达30座城市、80座甲级写字楼。本研究成果可拓展应用在中国海外集团开发新建项目和既有项目低碳健康和智慧化改造上，推广应用583万 m^2。此外，可通过行业技术标准，向全国不同地区的办公建筑进行应用推广，应用前景广泛。

六、社会效益

零碳、健康、智慧化建造一体化成套技术已经在多个高层办公建筑上进行应用，带来显著的经济和社会效益，带动形成一批试点示范项目。中国海外大厦项目应用零碳、健康和智慧化一体化技术，获得了显著的集成效益。

本研究通过构建办公建筑零碳、健康、智慧建造一体化成套技术，可以弥补行业集成技术体系研究的空白。同时，结合中国海外大厦示范项目技术应用及验证，为国内外（尤其是大型高层）办公建筑实现零碳健康智慧的建设目标提供可借鉴、可推广的建设经验和项目案例。

"大偏心核心筒" 超高层结构建造关键技术

完成单位：中建三局第一建设工程有限责任公司、同济大学、上海市建筑科学研究院有限公司

完成人：文江涛、王远航、樊冬冬、张文新、鲁　正、贾佰渠、朱黎明、张同生、李　娟、韩　松

一、立项背景

目前，超高层建筑主流设计多采用内筒外框的结构形式，其核心筒完全中置，建筑平面空间利用率较低。随着开发商对于空间利用率及观景视觉效果需求的增加，偏心筒设计形式由于其独特的空间优势被应用的越来越广泛。当前国内外已建成的偏置核心筒超高层建筑虽然有较多案例，但基本采用小偏心核心筒结构形式，高度超过 200m 以上的大偏心核心筒的结构形式属于空白。

大偏心核心筒结构由于布置不对称，其质心与形心分离，核心筒与框架因竖向刚度差异产生平面非对称的竖向变形，会引发结构水平变形，且随着结构高度增加，变形逐渐增大。上海铁狮门 F1-D 项目作为国内外首个采用大偏心核心筒形式的超高层建筑，高度达到 280m，设计院在设计初期经模拟验算，在不采用纠偏方法的基础上，结构封顶最大水平形变达 240mm，课题组以结构变形控制为目的，开展相关研究。

本课题技术路线拟通过设计优化、施工调控，辅以过程监测开展研究，设计方面：在揭示其差异性变形规律的基础上，指导结构设计选型与节点优化；施工方面：在厘清内力分布后分析选择最优工况，开展过程施工调控及建造技术攻关；监测方面：研发应用高精准度、智能化的技术与设备，实时反馈监测与预测数据对比，以更为实时精准的数据指导过程纠偏，验证技术可行性。

二、详细科学技术内容

1."大偏心核心筒"结构性能分析与设计优化方法

创新成果一：偏筒结构差异性变形分布规律揭示

提出了时变耦合效应分析方法，建立了增加湿度分布修正系数的混凝土 B3 模型，阐述了大偏心核心筒结构水平、竖向变形分布与发展规律，揭示了弹性、收缩、徐变在结构服役期间对结构变形发展的影响，填补了国内设计空白。服役期间：弹性＞徐变＞收缩。见图 1。

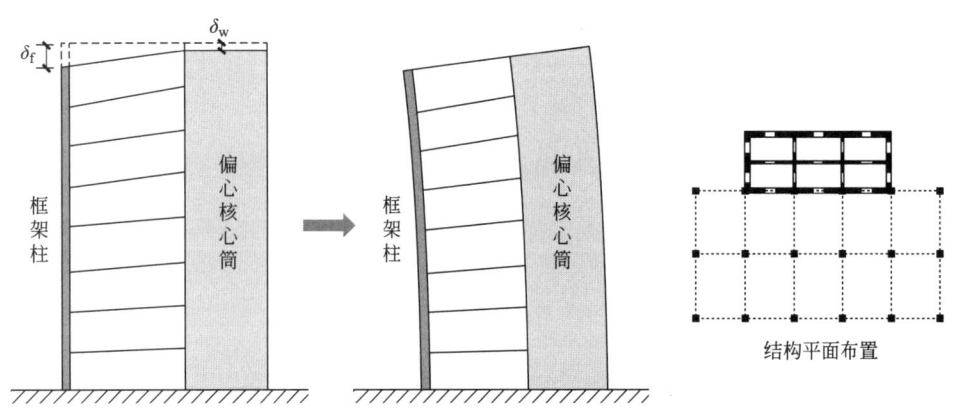

图 1　重力荷载下大偏筒结构的变形趋势

创新成果二：结构体系选型与协同变形控制

提出了"CFT框架＋斜向加强支撑＋外置RC核心筒＋加强层"的结构体系，建立了"大偏心核心筒水平预起拱"的设计方法（首次提出），采用了"预伸长框架柱"关键技术，有效地减少了结构设计阶段的差异性变形。见图2、图3。

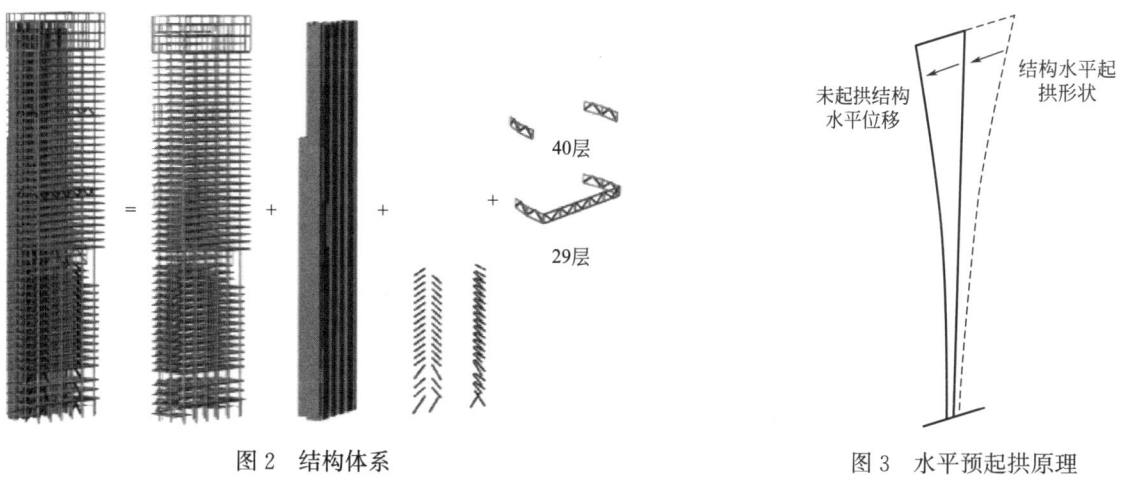

图2　结构体系　　　　　　　　　　　　　图3　水平预起拱原理

创新成果三：结构集中应力控制与设计优化

提出了屈曲约束支撑的布局优化设计方法，研发了带顶底角钢的椭圆孔自适应节点、消能减震伸臂桁架等系列关键技术，解决了偏筒结构局部应力集中问题。见图4～图6。

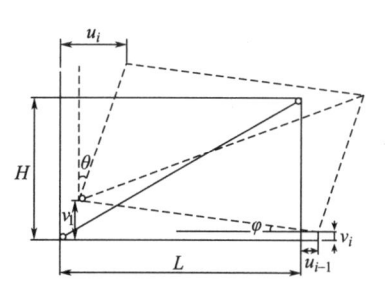  

图4　屈曲约束支撑的布局优化设计方法　　图5　消能减震伸臂桁架　　图6　带顶底角钢的椭圆孔自适应节点

2. "大偏心核心筒"结构变形调控与建造技术

创新成果一：施工内力分析与最优工况选择

提出了时变力学分析方法，建立了偏筒结构基于施工工况模拟与结构变形发展计算模型，揭示了不同工况下结构变形及内力的变化规律，解决了最优施工工况解无理论分析支撑的问题。见图7～图9。

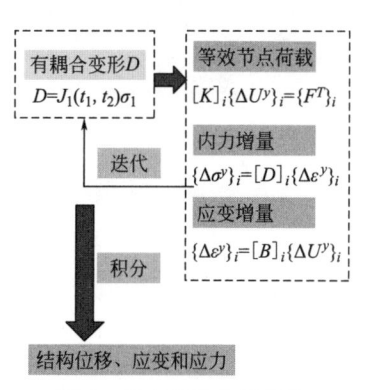 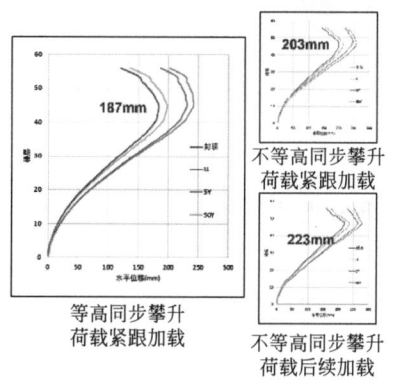 

图7　时变力学分析方法　　　图8　不同工况下结构水平变形　　图9　"等高同步攀升"最优工况

创新成果二：结构差异性变形施工调控技术

提出了基于"坐标系传递"＋变形监测数据驱动迭代校核的调控方法，通过将实测偏移数值带入计算模型得出下阶段预偏控制值，采用"水平补偿＋竖向补偿"双控的坐标控制，实现了偏筒结构在施工过程中的预纠偏。见图10。

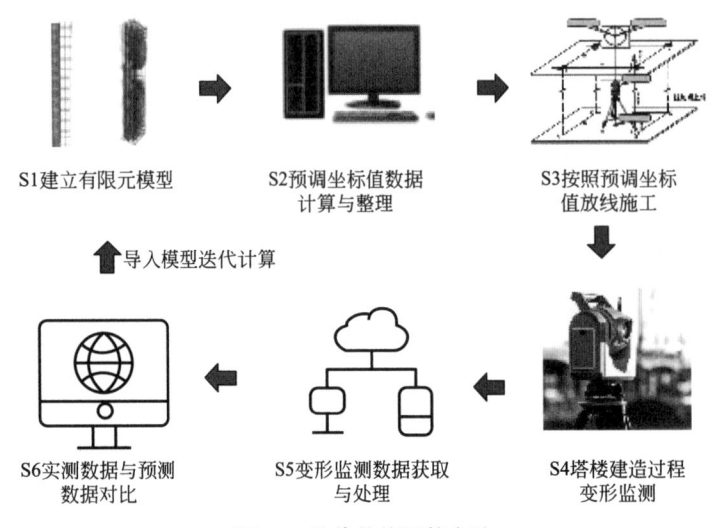

图 10　迭代校核调控方法

创新成果三：各专业综合配套建造施工技术

采用内框水平钢结构与竖向混凝土结构同步施工技术，解决了结构需要满足同步性施工的问题；创新了偏筒结构外附塔式起重机钢平台基础、偏置筒幕墙可翻转式双轨道、爬模下挂式附墙操作平台、竖向管道柔性接口装置，解决了特殊结构形式引发的建造问题。见图11～图15。

图 11　内框水平与竖向结构
同步施工技术

图 12　外附塔式起重机
钢平台基础

图 15　爬模下挂式附墙操作平台

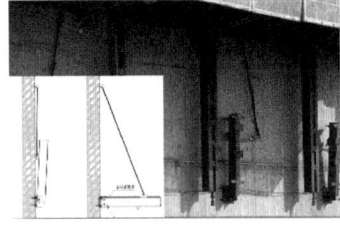

图 13　双轨道幕墙安装技术

图 14　竖向刚性管道柔性接口技术

3. "大偏心核心筒"超高层结构变形精准监测技术

创新成果一：多维度集成变形监测体系

率先提出了偏筒塔楼结构在建造及服役阶段集成 GNSS、倾角计、加速度计及三维激光扫描技术的组合监测体系，研发了多源异构数据融合技术，实现了复杂工程环境中的多维度变形监测。见图16～图18。

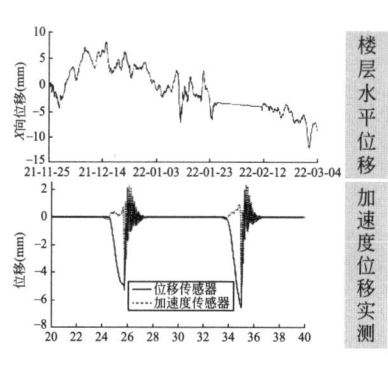

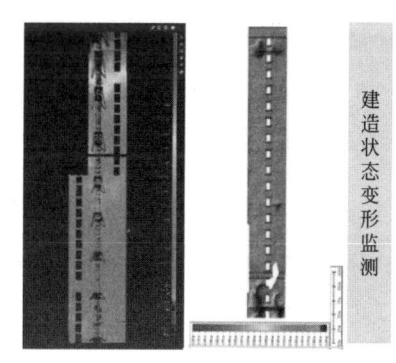

图16 水平变形监测　　　　　图17 竖向变形监测　　　　　图18 整体变形监测

创新成果二：无源无线形变感知监测技术

研发了基于射频识别技术芯片的贴片天线传感器，通过天线结构电磁仿真，实现了传感器的无源监测及数据无线通信，测量精度可达 0.5° 和 0.01mm 级。见图19～图22。

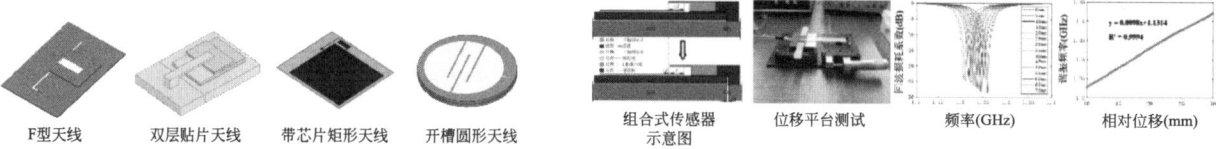

图19 多种传感天线模型　　　　　　　　图20 组合式位移传感器及试验研究

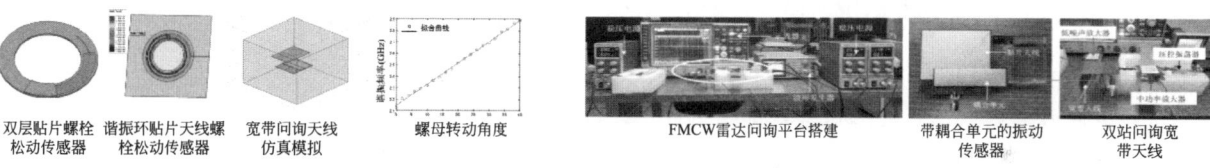

图21 无源无线螺栓监测传感器设计及仿真　　　　图22 雷达-天线问询平台及试验研究

创新成果三：智能化监测预警云平台

开发了传感器系统、数据采集与传输系统、数据存储与分析系统、数据发布及预警系统的智能化监测预警系统，实现了监测数据自动化采集、智能化处理，直观展示偏筒结构监测数据与预测数据实时对比分析。研发了多源异构数据融合技术，提出传感器温度效应修正模型与灵敏度系数计算方法，实现了相对误差均小于 5% 的修正效果。见图23、图24。

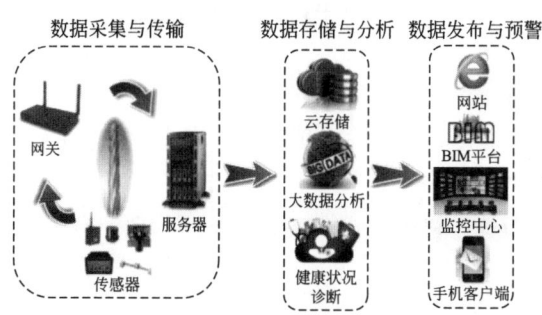

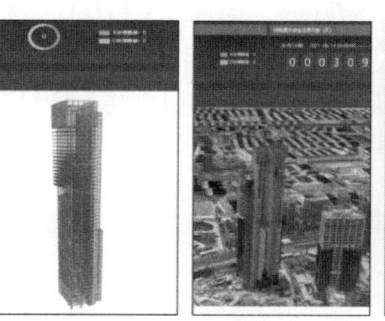

图23 监测预警系统组成　　　　　图24 核心筒偏置高层建筑结构三维可视化展示页面

三、发现、发明及创新点

1）提出了时变耦合效应分析方法，建立了修正的混凝土 B3 模型，精度提升 32%，成功揭示了偏筒结构差异性变形分布规律；

2）提出了针对水平、竖向位移控制的结构体系选型与协同变形控制控制方法，并提出应力集中释放的优化设计方法与策略；

3）提出了时变力学分析方法，建立了偏筒结构基于施工工况模拟与结构变形发展计算模型，实现了在对结构变形影响最小情况下的工况选择；

4）提出了基于"坐标系传递＋变形监测数据驱动迭代校核"的调控方法，采用"水平补偿＋竖向补偿"双控的坐标控制，实现了偏筒结构在施工过程中的预纠偏；

5）创新采用内框水平钢结构与竖向混凝土结构同步施工技术，发明了偏筒结构外附塔式起重机钢平台基础、偏置筒幕墙可翻转式双轨道、爬模下挂式附墙操作平台、竖向管道柔性接口装置；

6）开发了多维度集成变形监测体系，结合多源异构数据融合技术，实现了复杂工程环境中多维度变形精准监测；

7）研发了贴片天线传感器，实现了无源监测及数据无线通信，提升了测量精度；提出了传感器温度效应修正模型与灵敏度系数计算方法，使修正误差控制在 5% 以内；

8）开发了监测预警云平台，实现了监测数据自动化采集、智能化处理，可直观展示偏筒结构监测数据与预测数据实时对比分析；

9）在上海铁狮门双子塔项目、建设过程中新形成了参编标准 3 项，发明专利 11 项，实用新型专利 10 项，软件著作权 10 项，发表论文 22 篇，省部级工法 8 项。

四、与当前国内外同类研究、同类技术的综合比较

较国内外同类研究、技术的先进性在于以下三点：
1）设计方面，揭示了变形机理，提出了优化设计策略，为国内首次；
2）施工方面，提出了施工内力分析方法，研发了变形调控技术及配套的建造技术，技术更优；
3）监测方面，提出了多维度集成变形监测体系，研发了无源无线形变感知监测技术，并开发了智能化监测预警云平台，为国内首次。

本技术通过国内外查新，查新结果为：在所检国内外文献范围内，未见有相同报道。

五、第三方评价、应用推广情况

1. 第三方评价

2022 年 7 月 18 日，经由上海土木工程学会组织鉴定，专家委员会一致评价，"项目研究成果社会效益、经济效益和环保效益显著，对同类工程具有重要的指导意义，该技术成果达到国际先进水平"。

2. 推广应用

本研究成果成功应用于上海铁狮门项目（F1-D/F1-E），塔楼竣工 1 年后水平变形为 59mm（小于设计院结构验算要求限值 100mm），且远低于 240mm 的初始预测变形值，验证了本技术具备解决核心筒偏置超高层结构建造问题的能力。本研究成果同步应用于深圳招商银行总部等项目，为后续类似超高层建筑建造提供成套的关键核心技术，促进了核心筒偏置建筑的推广应用。

六、社会效益

本课题深入研究的"大偏心核心筒"超高层结构建造关键技术，旨在从根本上确保核心筒偏置的超高层结构具备高度安全性，同时推动实现更高利用率、更节约成本的超高层建筑设计理念的有效实施。这一研究不仅聚焦于技术层面的创新与突破，更着眼于实际应用的可行性与经济效益，力求在保障结构

安全的基础上，优化空间布局，减少不必要的材料消耗与建设成本。

　　该技术的成功研发与应用，将极大地促进国内超高层建筑市场的蓬勃发展，不仅为城市天际线增添更多亮丽的风景线，更在推动建筑业技术进步、提升建筑品质、促进绿色建筑与可持续发展等方面发挥重要作用。通过"大偏心核心筒"技术的应用，未来的超高层建筑设计将更加灵活多样，满足不同地域、不同功能需求的定制化建设，进一步推动我国超高层建筑领域向更高水平迈进。

夏热冬暖地区 170 米近零能耗建筑低碳智能建造关键技术与应用

完成单位： 中国建筑第四工程局有限公司、中建四局华南建设有限公司、广东省建筑科学研究院集团股份有限公司、建科环能科技有限公司、中建四局城市发展投资有限公司、中建四局安装工程有限公司

完 成 人： 黄晨光、周子璐、陈　凯、冯苛钊、桂峥嵘、任颜鑫、陈茂松、李根胜、张　腾、彭子祥

一、立项背景

随着全球对绿色可持续发展和智能化技术的日益重视，零能耗建筑与智能建造、建筑工业化已成为建筑业发展的核心方向。

夏热冬暖地区为建筑能耗较高的区域之一，标准工况下的供暖、供冷和照明系统运行能耗相较于其他气候区域有着显著的增加。然而，在全球范围内，针对夏热冬暖气候条件下超高层近零能耗建筑的建造，尚未有成熟的经验可供参考。根据测算，大型办公建筑（建筑面积≥20000m²）在标准工况下，夏热冬暖地区建筑供暖、供冷和照明系统的运行能耗比寒冷地区高 16%，比夏热冬冷地区高 9%，比温和地区高 45%，给项目的设计和实施带来了极大的挑战。挑战如下：建筑高度高、开发强度高、服务水平高、用能强度高；采用幕墙结构，空调负荷大，围护结构性能提升难度大；建筑高度过高对外立面开启存在限制，自然通风等被动式节能措施利用形式受限；屋面面积占总建筑面积比例小，可再生能源利用面积有限。

智能建造技术主要通过智能化设备和机器人替代人工完成施工作业，减少对人的依赖，达到安全建造的目的，同时提高现场的施工效率及质量。目前，国内外比较先进的智能建造设备是造楼机，集成吊挂大模板、吊挂操作架、布料机、喷雾降温、喷淋养护等系统提供了施工效率，实现了一定程度的自动化，但是挂架较窄、桁架内部通行不便、内部施工环境差，整个造楼机结构自重大且智能化程度较低，机器人对于现场施工环境下的高效智能装备适应性差、基于物联网协同还存在很多困难，给项目的智能建造带来了极大的挑战。

在建筑业市场整体下行环境下，建筑企业竞争加剧，"微利"模式下更需要精益的管理实现精细的成本控制。精益的管理常常受限于底层数据不真实、管理与数据连接未打通、成本管理的思维欠缺等方面，建筑企业想要在现状条件下实现高质量发展，必须解决数字化问题，实现数据赋能总承包管理。

基于以上背景，我们研究夏热冬暖地区 170m 近零能耗建筑设计及智能建造模式，解决设计不成体系、建造智能化偏低、总承包管理粗放等难题。

（1）在近零能耗设计层面，研究夏热冬暖地区的近零能耗建筑设计方案与技术，提出建筑师主导的超高层近零能耗建筑设计路径，填补夏热冬暖地区超高层近零能耗建筑技术空白。

（2）在智能建造层面，研究开发适用于超高层建筑的云端工厂智能建造技术，云端工厂集成轨道式机器人，打造少人化、无人化建造场景，提高施工现场智能化水平。

（3）在总承包管理方面，开发以施工现场为载体的工程数字孪生管控平台系统，以成本管控为核心，在各环节进行精细管理和实时管控，实现现场实时、安全、高效管控。

二、详细科学技术内容

1. 夏热冬暖地区 170m 近零能耗建筑设计方法与技术

创新成果一：建筑本体节能设计

首次在 170m 建筑中引入了太阳能烟囱，以避难层为分隔将太阳能烟囱分为 3 段，每段约 40m；在裙楼部分设计狭长的南北贯穿式 8 层冷巷，在冷巷顶部设置可开启天窗约 200m²，利用天井加强通风降温。并结合自然通风、天然采光，最大程度度降低建筑用能需求，实现本体节能率 51%。见图 1、图 2。

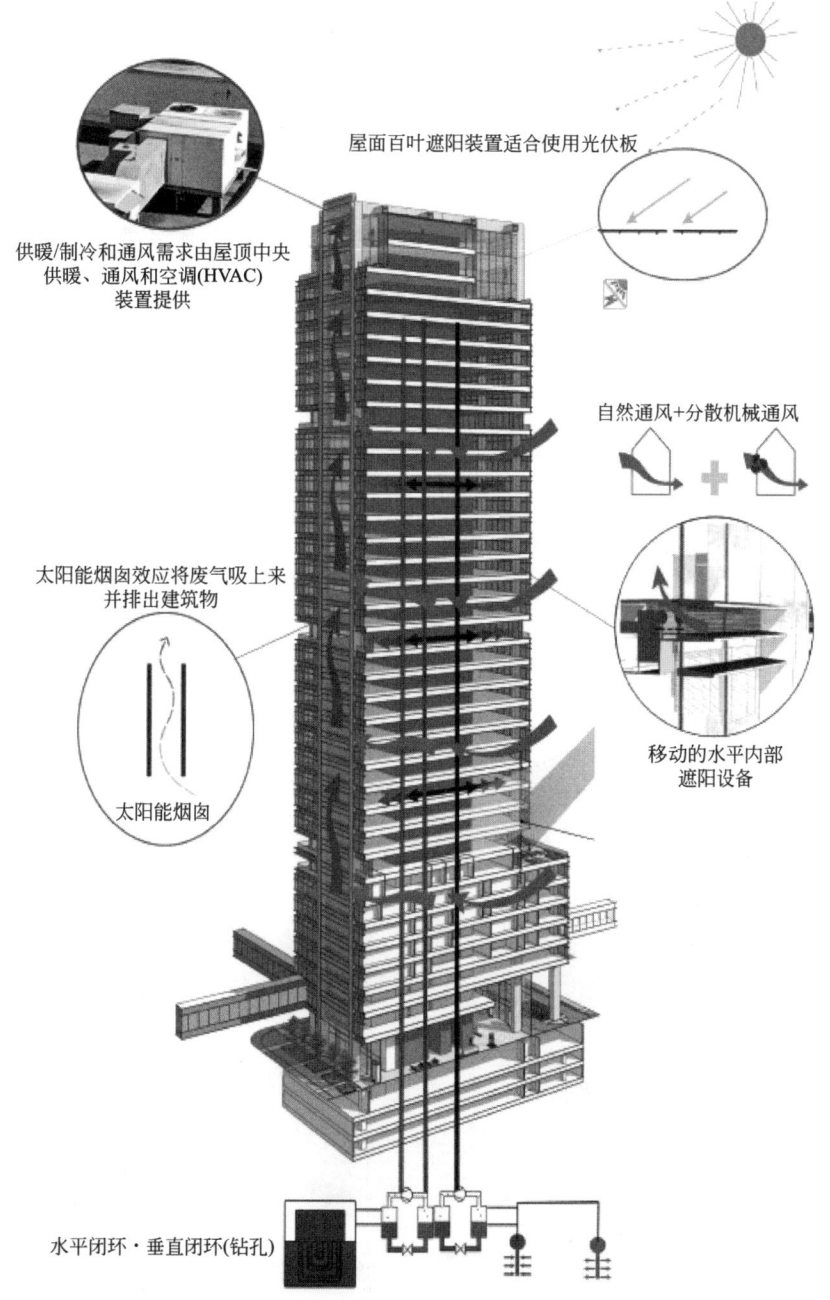

屋面百叶遮阳装置适合使用光伏板

供暖/制冷和通风需求由屋顶中央
供暖、通风和空调(HVAC)
装置提供

自然通风+分散机械通风

太阳能烟囱效应将废气吸上来
并排出建筑物

移动的水平内部
遮阳设备

太阳能烟囱

水平闭环·垂直闭环(钻孔)

图 1　太阳能烟囱原理图

创新成果二：能源系统能效提升技术

基于健康、舒适、低碳、高效目标，采用了分体式全热回收装置、高效制冷机房、智能照明系统、A 级高效电梯，最大限度地降低能源消耗，综合节能率 61%。见图 3、图 4。

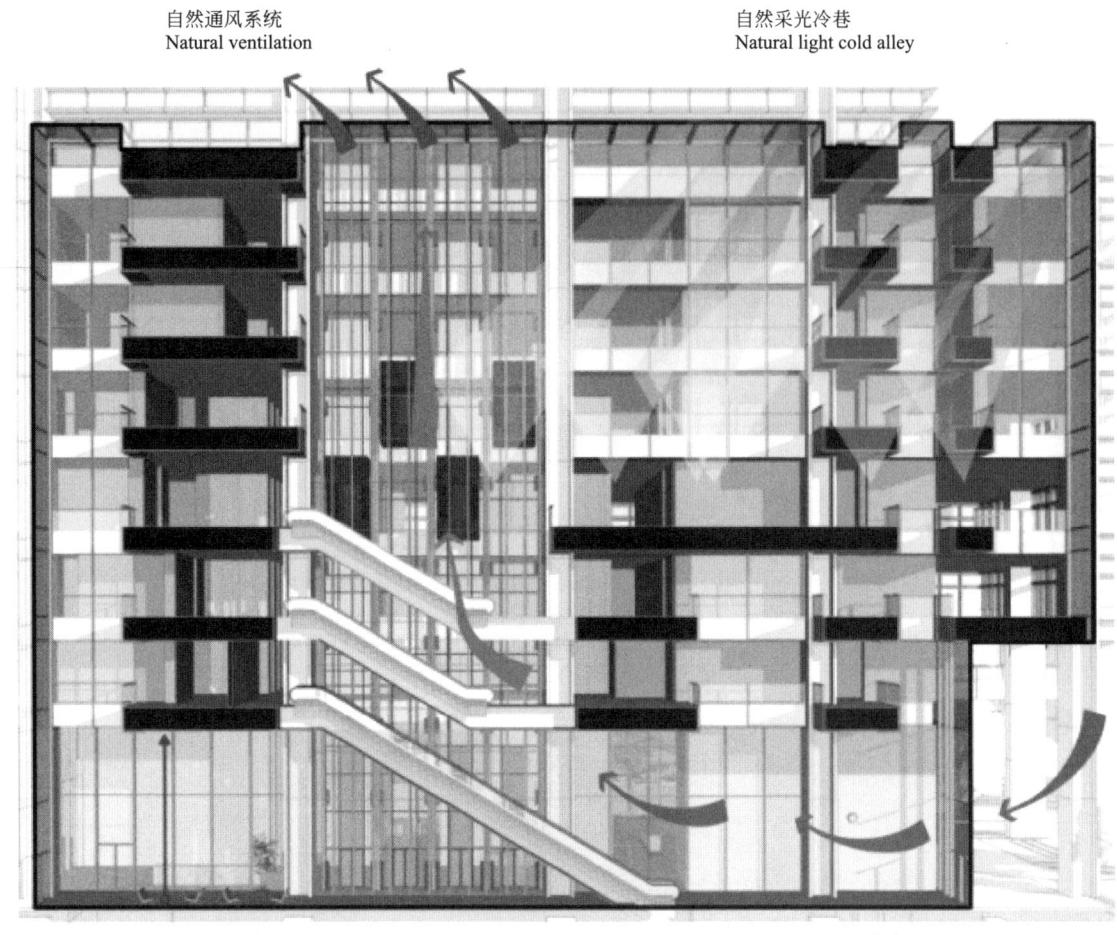

图 2　通高冷巷原理图

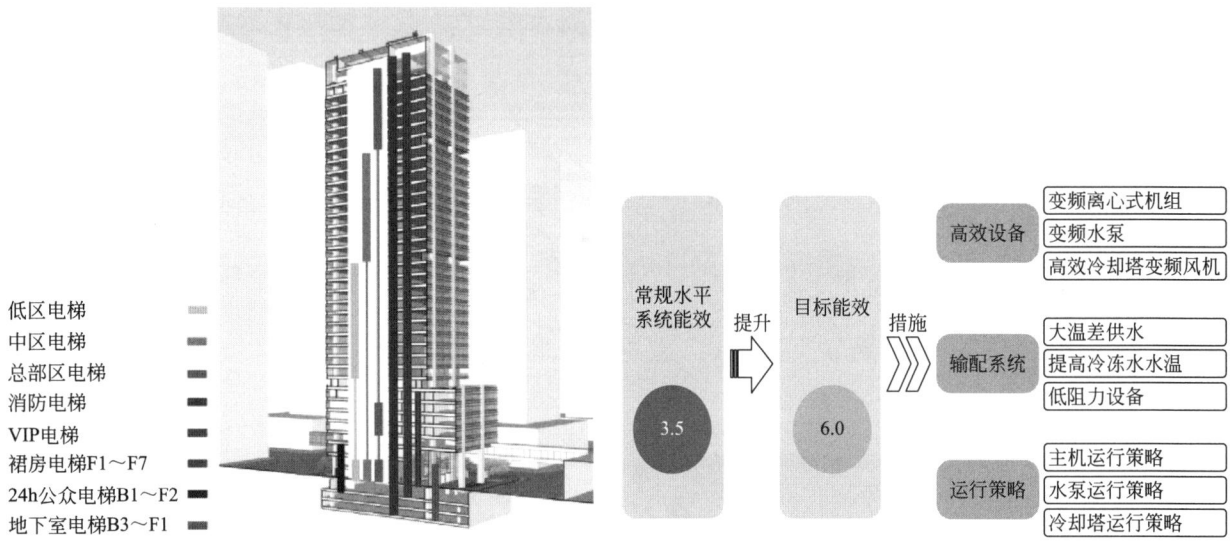

图 3　A 级高效电梯

图 4　制冷系统综合能效提升策略

创新成果三：可再生能源利用技术

　　研发了光伏遮阳多功能一体化单元幕墙系统，该系统融合了三银 Low-E 中空夹胶玻璃、700mm 三层横向遮阳光伏一体板和通风百叶，实现光伏发电优先自消纳，多余产能上传电网。见图 5、图 6。

图 5　三层遮阳光伏板

图 6　立面幕墙横向装饰翼光伏组件布置图

2. 云端建造工厂本体设计方法与技术

创新成果一：基于产品化的平台设计

创新研发了 KT 型桁架单元片，较 321 型贝雷架，12m 跨度下的材料用量轻 17%。采用柔性化设计，有效降低顶升及安装偏差对平台结构的不利影响。研发模块化高承载力的支撑系统，通过改变挂抓形式缩短附墙支撑系统作用点与剪力墙之间的距离，有效削弱上部荷载对剪力墙形成的面外弯矩。见图 7、图 8。

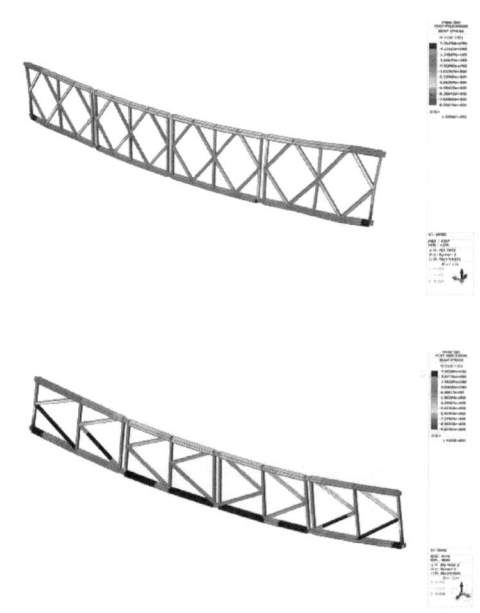

图 7　KT 型桁架单元片与传统贝雷架对比分析

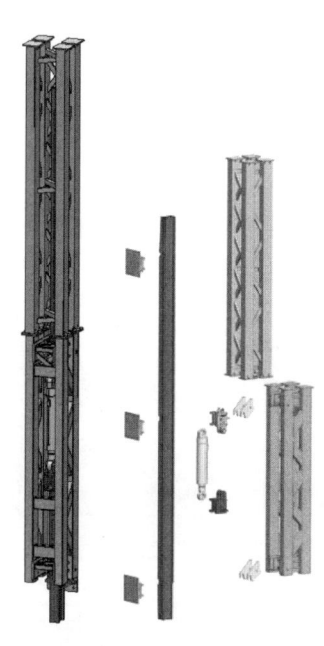

图 8　高承载力支撑系统

创新成果二：基于云端建造工厂的物理环境设计

通过拓扑优化技术，创新性地设计成鱼腹式桁架单元，解决桁架内通行困难的问题；集成施工登顶电梯，作业人员可搭载电梯到达任意楼层；开发了全天候作业系统，实现了喷雾和通风的智能化控制，为作业人员提供了一个类似工厂的施工环境。见图 9~图 12。

3. 基于云端建造工厂的轨道式建筑机器人集群技术

创新成果一：基于云端建造工厂的轨道式建筑机器人

搭建了立体化作业轨道；创新研发了钢筋抓取与转运机器人，实现钢筋抓取、立体运输；开合模机器人自动完成对拉螺杆安拆、模板开合作业；振捣、整平与抹光机器人实现混凝土自动振捣、高精度整平抹光；巡检机器人对施工安全和质量进行实时监控。采用机器人协同作业，标准层施工节约人工约10名，缩短工期1d。见图13～图18。

图 9　鱼腹式桁架单元

图 10　桁架内部大空间

图 11　施工登顶电梯

图 12　智能喷雾通风系统

图 13　钢筋抓取机器人

图 14　钢筋转运机器人

图 15　模板开合机器人

图 16　混凝土振捣机器人

图 17 桁架式整平抹光机器人

图 18 巡检机器人

创新成果二：基于云端建造工厂的虚拟环境设计

针对复杂施工环境下灵活高效智能协同组网机理这一关键问题，运用云边端架构，利用 5G 网络，融合星闪技术，实现广覆盖、高可靠、低时延以及大连接高效协同灵活智能组网。传输正确率高达 99%，最低传输速率不低于 10Gbps。见图 19、图 20。

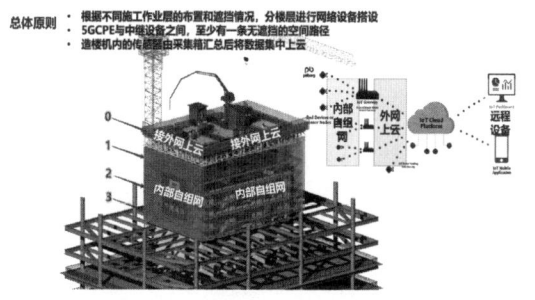

图 19 云端工厂内部组网原理图

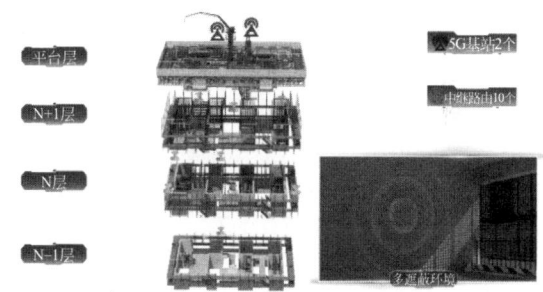

图 20 5G 基站和中继路由器分布图

4. 基于数字化技术的总承包管理技术

创新成果一：搭建精益化建模标准体系

建立了全过程精益化建模标准体系，丰富了的自适应模型库，建模周期缩短 30%，提高了行业的规范性和标准化水平。见图 21。

创新成果二：研发基于 BIM 精益建造管控平台

开发了精益建造管控平台，解决成本核算数据量大且复杂，信息化水平低下的问题，推动了工程过程结算和精细造价管控，结算准确率提升至 99%，实现政府、企业和项目的三方数据共享，提高了总承包管理的效率和精益建造水平。见图 22、图 23。

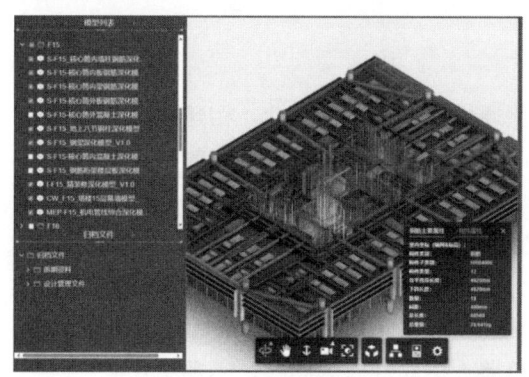

图 21 高精度 BIM 模型

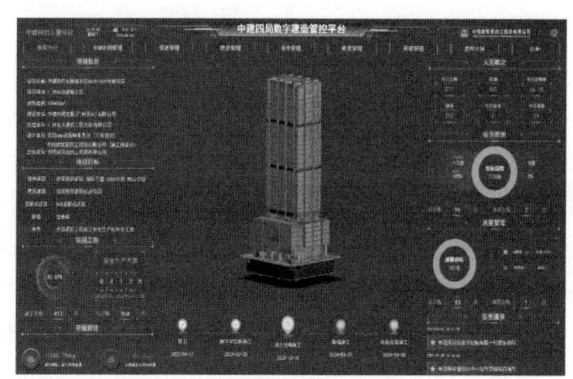

图 22 中建四局数字建造管控平台

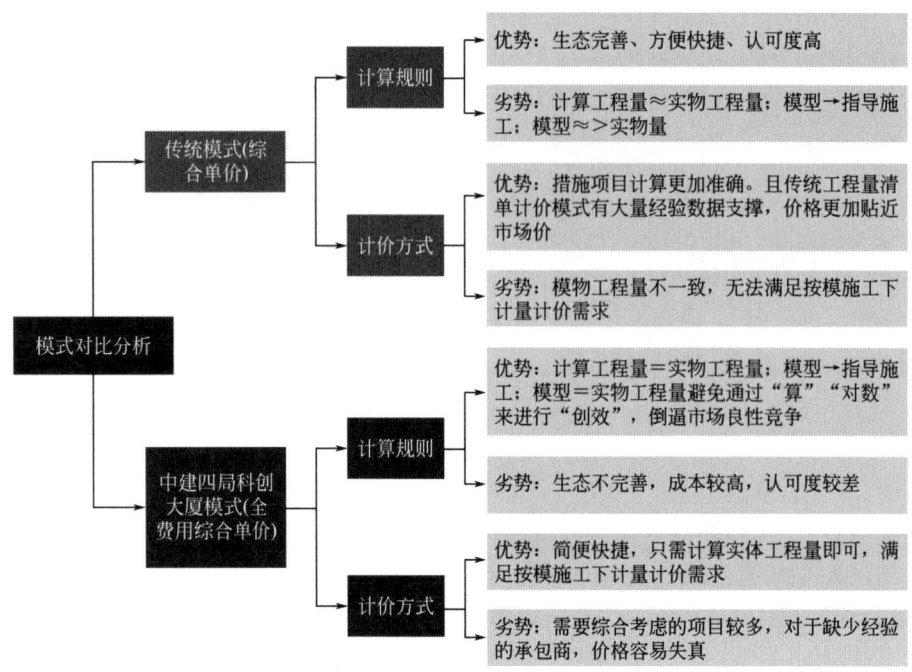

图 23 与传统计价模式对比

创新成果三：基于 BIM 的低碳建造管控技术

施工过程中，采用了一系列低碳建造工艺及材料，如电弧炉工艺钢材、高比例双掺混凝土、低碳光电模块化房屋，实现建造过程中的节能降碳。创新开发了碳排放监测管控平台，实现建造阶段全过程碳排放分时、分区、分类实时预测及动态监测，精细化管理实现减碳率达 59％。见图 24、图 25。

图 24 双碳监测建造管控平台

图 25 模块化光伏应用

三、发现、发明及创新点

1）在超高层建筑中首创"太阳能烟囱"，与围护结构外侧通风器形成耦合设计，构建出高效通风系统；"太阳能烟囱"以避难层为界分段设计，增强过渡季节的自然通风效果，实现良好的热舒适，降低建筑能耗。

2）开发了云端工厂系列产品，研发了 KT 型桁架，柔性结构单元能有效降低现场误差带来的不利影响；研发了高承载力新型附墙节点，对比同类型节点承载力提高一倍。

3）研发搭载云端工厂上的系列轨道式建筑机器人，涵盖钢筋、混凝土、模板作业机器人，通过物联网建立施工现场人机协同作业，解决复杂环境下地面移动机器人适应性差的问题，实现功效提升。

4）开发了基于高精度 BIM 模型的数字化管控平台，实现施工阶段资源、碳排放等智能化管理，并指导优化减碳措施，助推低碳建造；通过按模施工、按模计量、按模结算管理，推动了行业过程结算和精细造价管控的实施。

5）成果已在中建四局科创大厦项目成功应用，获授权专利 13 件，其中发明专利 7 件；省部级工法 3 项，软件著作权 7 件，发表论文 10 篇，著作 2 部，编制地方标准 2 部，获得了近零能耗建筑设计标识、绿建三星认证。

四、与当前国内外同类研究、同类技术的综合比较

较国内外同类研究、技术的先进性见表 1。

较国内外同类研究、技术的先进性 表 1

序号	科技创新	国内外标准及指标	本项目达到的技术指标
1	夏热冬暖地区 170m 近零能耗建筑设计方法与技术	全年综合能耗 75.3kW·h/(m^2·a) 全年碳排放量 40.8kgCO_2/(m^2·a)	全年综合能耗 29.4kW·h/(m^2·a) 全年碳排放量 16.7kgCO_2/(m^2·a) 本建筑实现本体节能率 51%，综合节能率 61%，可再生能源利用率 25.4%
2	云端工厂本体设计方法与技术	常规采用爬模＋人工作业方式，且为露天作业，工作环境差，临边负载作业存在安全风险，施工速度较慢	相比传统造楼，云端工厂的标准率从 80% 提高到 90% 及以上；采用标准化单元，安装效率也提高了 50%；用钢量节约了 50%，单点承载力提高了 1 倍
3	基于云端工厂轨道式建筑机器人集群	传统造楼机主要集成布料机、塔式起重机、施工电梯等大型运输设备。对于借助造楼机集成智能建造机器人作业产品国内没有相关报道	采用工厂化模式，有效改善作业环境，自研轨道式机器人，安全可靠，作业稳定快速，提高整体施工功效，标准层施工节约人工约 10 名，缩短工期 1d
4	基于数字化技术的总承包管理	欧美发达国家普遍使用 BIM 进行全生命周期数字化管理，而在国内 BIM 技术主要应用于设计可视化，而缺乏建造管理智能化、成本管控精细化的创新应用	以高精度的模型为数据底座，建立了一套基于高精度 BIM 模型的计量规则与计价方法成套成本管控技术，以及施工阶段资源、碳排放等智能化管理技术，用于加工生产、总承包管理，数据通过数字建造管理平台实现跨责任主体流通

本技术通过国内外查新，查新结果为：在所检国内外文献范围内，未见有相同报道。

五、第三方评价、应用推广情况

1. 第三方评价

2024 年 6 月 15 日，经中国工程院院士等专家鉴定等专家鉴定，该成果总体达到国际先进水平，其中超高层建筑"太阳能烟囱"高效通风系统设计方法达到国际领先水平。

2. 推广应用

"夏热冬暖地区 170 米近零能耗建筑低碳智能建造关键技术与应用"已经在多个项目进行应用推广，其中"云端工厂智能建造技术"在中建四局科创大厦项目、中建映花悦府项目、深圳坪山保障房项目、成都怡和新城项目、翁马铁路湘江特大桥项目；基于数字化技术的总承包管理陆续在 10 余个项目开展应用。

六、社会效益

本项目创新成果在中建四局科创大厦等 10 余个项目成功应用，邀请了各级领导及院士调研 100 余次，人民日报等 18 家重要中央媒体相继报道。中建四局科创大厦入选国家首批绿色低碳先进技术示范项目，为我国超高层写字楼落实碳达峰碳中和战略提供示范案例。社会效益显著，推广应用前景广阔。

碎粉岩高压大流量透涌水岩溶隧道水害处治与建造关键技术

完成单位： 中国建筑第七工程局有限公司、中国建设基础设施有限公司、中建交通建设集团有限公司、中建七局第一建筑有限公司、石家庄铁道大学、中国建筑一局（集团）有限公司、中建一局集团华北建设有限公司

完成人： 李芒原、郎志军、肖龙鸽、乔海洋、黄延铮、郜现磊、高新强、王利宁、彭　勋、苏海峰

一、立项背景

我国交通领域在建隧道上万千米，未来 10 年规划超 2 万千米，绝大部分位于中西部山区，中西部岩溶分部广泛，突泥涌水灾害频发。至今为止，隧道突涌仍是国内外隧道界公认的最为棘手且危害性极大的工程地质灾害之一。

隧道突涌具有突发性强、危害大性、影响持续时间长等特点（图 1），不仅容易造成大量人员伤亡、材料设备淹埋损坏、巨大经济和财产损失，且耽误工期，还会致使隧址区渗流场发生二次改变，导致大量地下水资源流失，严重破坏隧址区的生态平衡。

中国建筑第七工程局有限公司迎合时代背景，解决工作难题，联合各单位，依托在建长大隧道，通过多年的创新实践，在岩溶隧道透涌水水害处治与建造、挑战应对和研究成果方面取得长足的进步，形成了一套碎粉岩高压大流量透涌水岩溶隧道水害处治与建造关键技术，为长大复杂隧道突涌水处治与建造提供支撑，也为类似工程提供经验借鉴。

图 1　隧道突涌

二、详细科学技术内容

1. 创建了岩溶隧道掌子面前方防突安全岩柱厚度确定方法

创新成果一：破碎岩石"溶液加固＋取芯＋浸泡复原"取芯制样技术

针对岩质较破碎、节理裂隙发育的岩石（白云岩）在制备标准试件时极易出现开裂、破碎的问题，发明了取芯制样用加固溶液及取芯制样方法。通过按比例配制加固溶液、破碎岩石充分浸泡（图 2）、取出、岩石固结，然后切割、钻芯、制成芯样、有机溶剂处理等一系列操作，得到标准试件（图 3），有效攻克了岩样在制备标准试件过程中难成型、易破碎的问题，极大提升节理裂隙发育岩石的取芯成功率（图 4），通过试验揭示了破碎白云岩透涌水前后岩石力学特性变化规律，为突涌水后隧道围岩稳定性分析提供了基础数据。

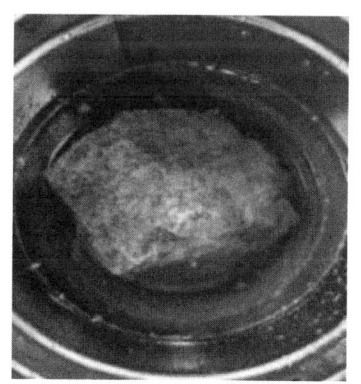

图 2　岩石被溶液浸泡效果

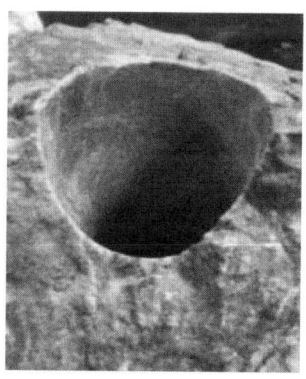

图 3　加固前、后取芯破碎程度对比

图 4　试件制作效果

创新成果二：隧道掌子面前方防突安全岩柱厚度判定技术

针对掌子面防突和降排水灾害处治，基于掌子面纵向位移尖点突变、岩体致裂损伤、裂隙岩体渗流-应力耦合和塑性区贯通等理论，揭示了不同埋深、不同溶洞内水压、不同开挖工法等条件下安全岩柱厚度规律，提出了掌子面前方防突安全岩柱厚度确定方法，以掌子面围岩塑性区与溶洞周围塑性区贯通时（图 5）的距离为安全岩柱厚度的上限，以掌子面纵向位移发生尖点突变时的位置作为最小安全岩柱的临界面，其到溶洞的距离作为安全岩柱厚度的下限，明确了安全岩柱厚度和最小安全岩柱厚度区间（图 6），为隧道突泥涌水灾害的预防和处治提供了基础数据、理论支撑和安全保障。

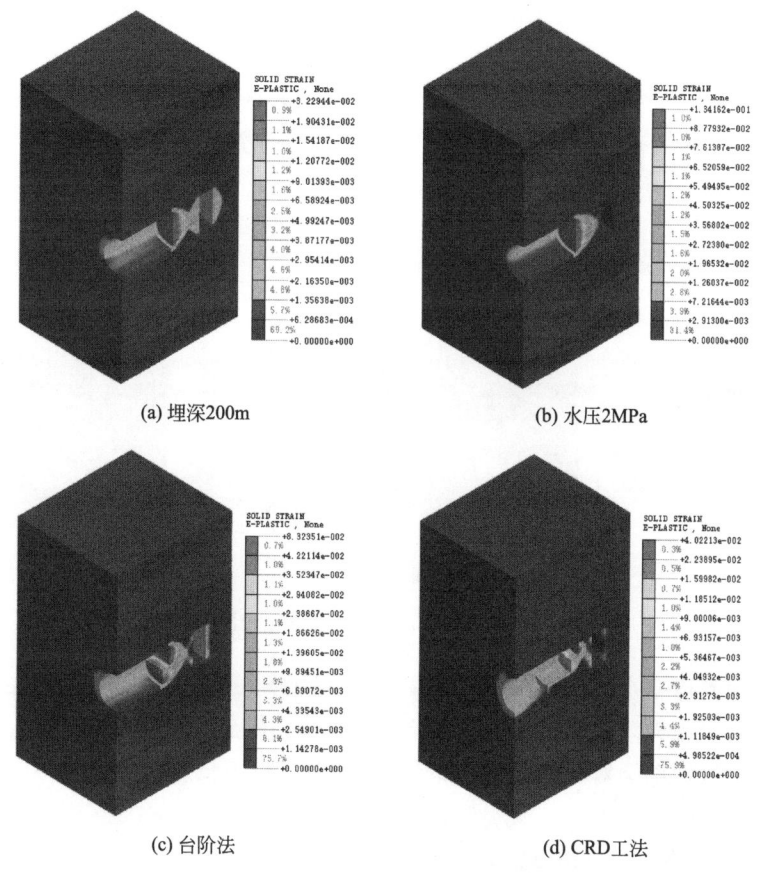

(a) 埋深200m　　　　　　　(b) 水压2MPa

(c) 台阶法　　　　　　　(d) CRD工法

图 5　不同埋深、不同溶洞内水压、不同开挖工法安全岩柱塑性区贯通图

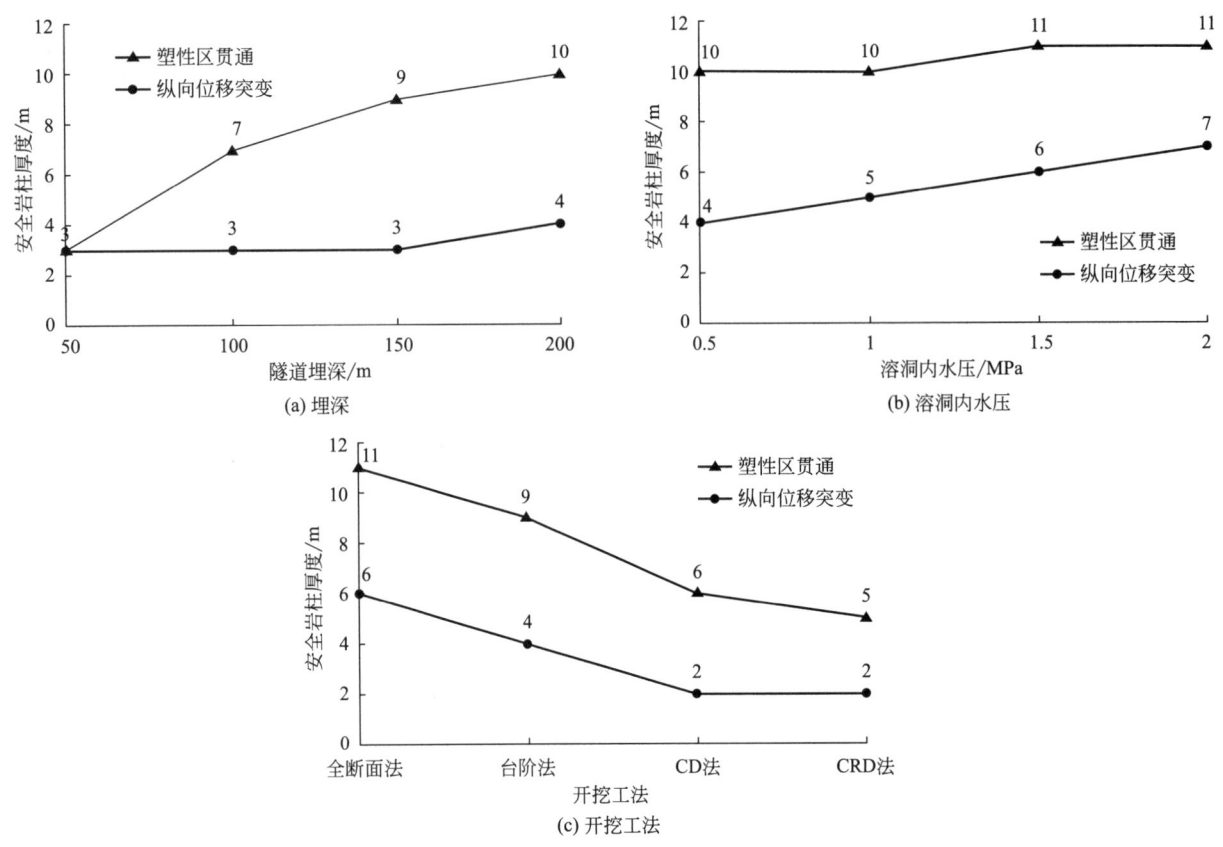

(a) 埋深

(b) 溶洞内水压

(c) 开挖工法

图 6　不同埋深、不同溶洞内水压、不同开挖工法最小安全岩柱厚度区间图

2. 揭示了隧道涌、积、排水前后整个过程洞身稳定性演化机理和特征

创新成果一：隧道长期浸水洞身稳定性影响分析技术

建立了隧道长期浸水洞身稳定性影响分析模型（图7～图9），模拟分析了隧道涌、积、排水、部分初支脱落前后主洞及斜井围岩渗流-应力、变形和塑性区特征，分析了富水岩溶隧道主洞及斜井发生涌水、积水前后、隧道采取分阶段降水前后及部分初支脱落等情况下围岩应力、位移变化特征、塑性区分布及初支受力特征，揭示了隧道涌、积、排水前后整个过程洞身稳定性演化机理和特征，为隧道长期积水排水后初支加固和涌水灾害处治提供了重要的理论依据和技术支撑。

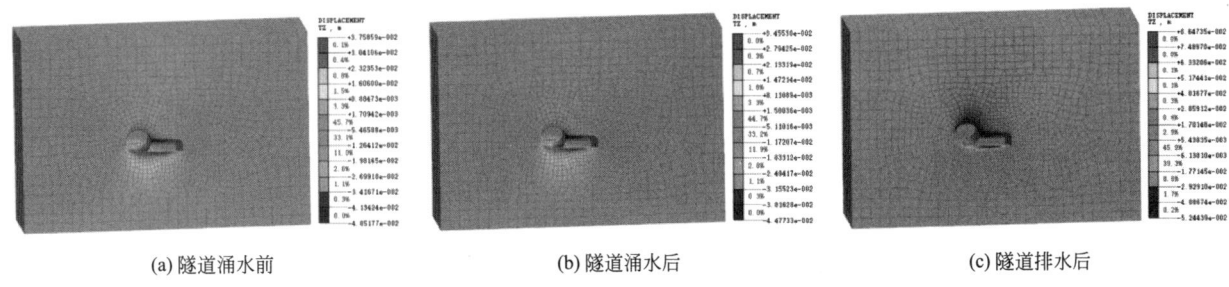

(a) 隧道涌水前

(b) 隧道涌水后

(c) 隧道排水后

图 7　隧道涌、排水前后围岩竖直位移云图（单位：m）

创新成果二：隧道周边有水压力溶洞对隧道洞身稳定性影响分析技术

创建了隧道周边有水压力溶洞对隧道洞身稳定性影响分析精细化三维数值模型，研究了隧道周边溶洞在不同溶洞水压和隧道埋深下对隧道稳定性的影响和渗流-应力耦合特征，揭示了溶洞内水压力对隧道洞身稳定性影响规律（图10）。

3. 首创了高水压岩溶隧道突发持续性大规模涌水处治技术

创新成果一：物钻结合、内外结合以及长短结合等综合超前预报技术

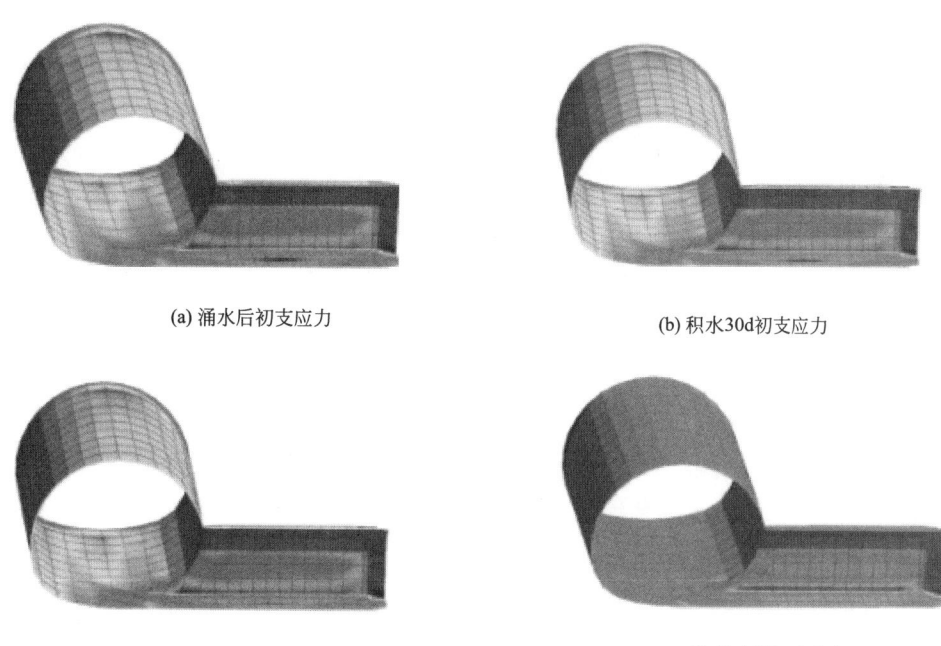

(a) 涌水后初支应力

(b) 积水30d初支应力

(c) 积水150d初支应力

(d) 排水后初支应力

图 8　隧道涌、排水前后不同时间初支最小主应力云图（单位：kPa）

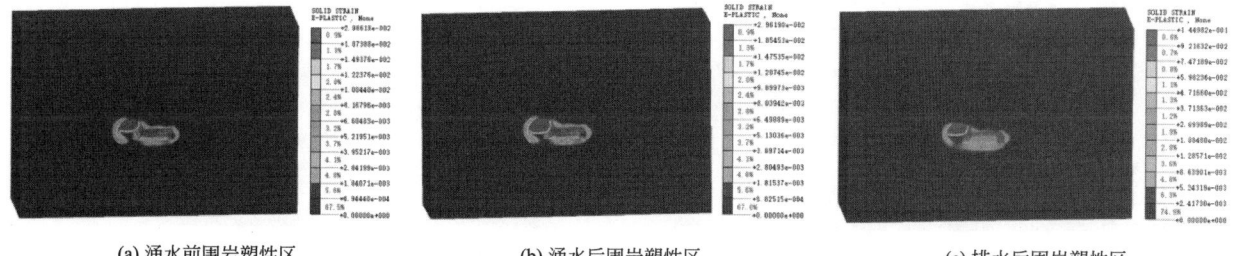

(a) 涌水前围岩塑性区

(b) 涌水后围岩塑性区

(c) 排水后围岩塑性区

图 9　隧道涌水、排水前后不同时间围岩塑性区分布图

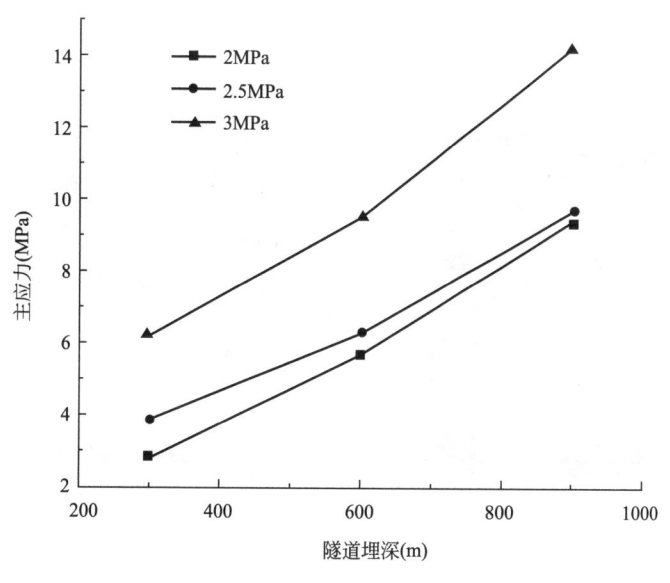

(a) 围岩应力与水压力关系曲线

图 10　溶洞存在时隧道围岩应力与水压力关系（一）

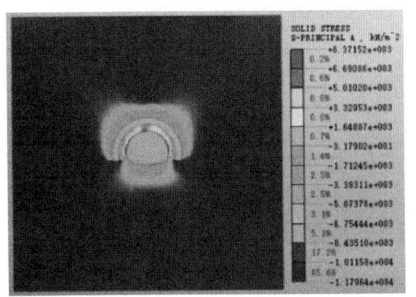 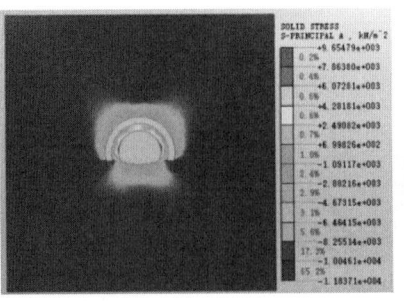 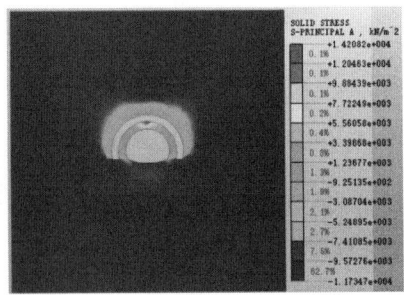

(b) 2.0MPa时围岩主应力　　　　(c) 2.5MPa时围岩主应力　　　　(d) 3.0MPa时围岩主应力

图 10　溶洞存在时隧道围岩应力与水压力关系（二）

研发了 AF3D-7b 三维雷达探测成像超前预报新技术（图 11～图 13、三维成像），结合其他物探和钻探等手段，形成了复杂地质隧道综合预报模型（图 14）。发展了物探与钻探相结合、洞内与洞外相结合、长与短相结合、二维与三维相结合，多种手段和措施相结合并互相印证的综合地质预报技术，助力精准识别掌子面前方断层破碎带、岩溶、水体、软岩等不良地质，保障了隧道的安全建造。

图 11　雷达检测

图 12　超前钻

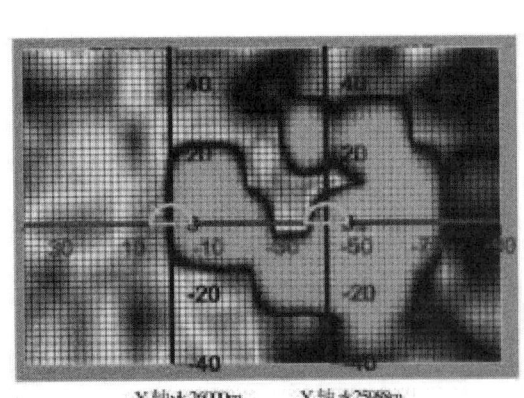

图 13　溶腔揭示

图 14　综合地质预报模型

创新成果二：先期高压泄水、后期有效封堵高水压岩溶隧道大规模持续性涌水处治技术

为应对隧道突发大规模持续性涌水，提出了先期高压泄水、后期有效封堵的涌水处治技术，发明了

隧道正洞分阶段高压泄水方法，即不采用斜井反坡抽排水，而采用隧道正洞高压泄水，依据掌子面水量大小分四个阶段实施（图15）。通过先期高压泄水，分阶段形成降压条件，为正洞掘进解除了巨大水头压力和水体突涌风险，为后期封堵和隧道施工创造了有利条件。构建了正洞钻孔高压泄水安全防护系统，研制了复杂破碎围岩防卡钻且可自动装卸钻杆 HM90AC 钻机，成功攻克了碎粉岩高压大流量水害处治难题。

第一阶段：超前探水泄水——采用超前钻孔边探水边尝试性泄水，掌子面同步推进。

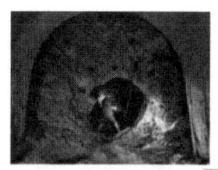
第三阶段：揭露岩溶通道泄水——左右洞交替掘进，采用综合地质预报技术，充分揭露岩溶通道泄水。

正洞先期分阶段高压泄水

第二阶段：钻孔释压泄水——单洞先行，预留安全岩柱厚度，施做消能墙（抗冲击挡水墙），钻孔释压泄水。

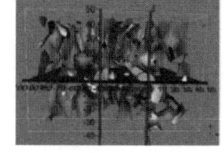
第四阶段：引水导洞泄水——采用引水洞横向迂回，通向水体，爆通泄水通道，排放掉剩余积水。

剩余积水从隧道口排出

图15　先期分阶段高压泄水

创新成果三：岩溶隧道有效封堵的注浆加固复合工艺

针对富水岩溶隧道注浆堵水采用全断面帷幕注浆功效低、进度慢的问题，开发了"周圈围堵＋区域加强"的注浆加固技术。浅层采用化学浆液或水泥-水玻璃浆液快速封堵，深层采用水泥-水玻璃和水泥单浆液持久堵水，形成以水泥单浆液和水泥-水玻璃为主，超细水泥、化学浆液为辅的注浆材料体系；并通过长短结合、快慢结合、浓稀结合、限压限速结合、限流限量结合、间歇复灌结合等工艺手段，形成了岩溶隧道有效封堵的注浆加固复合工艺（图16），保证了注浆堵水的加固效果（图17）。

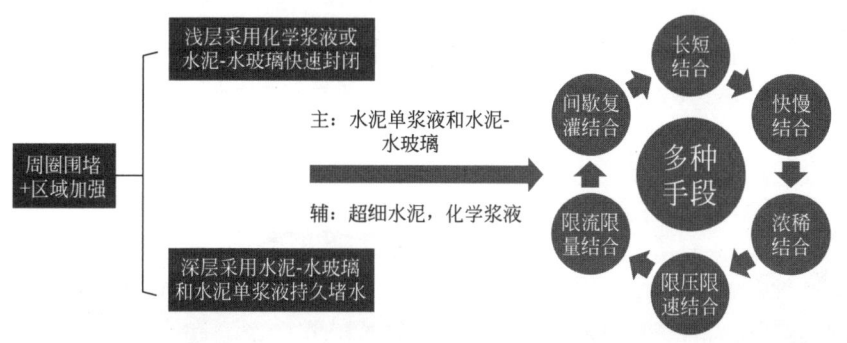

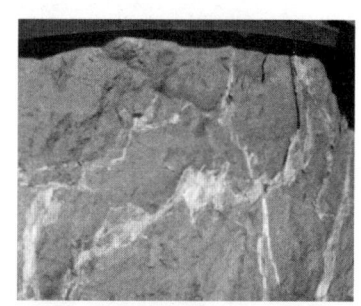

图16　岩溶隧道有效封堵的注浆加固复合工艺图　　　　图17　加固效果

创新成果四：隧道大规模突涌淹没段处治技术

为应对洞身长时间浸泡软化而容易引发的变形量增大、初支失效、洞身坍塌等不稳定性风险，有序推进淹没段处治，创制了"分层分段稳步清渣＋临时护拱＋洞身径向注浆加固，循环作业，逼近掌子面"的处治措施（图18～图21），径向注浆分拱顶、拱腰-边墙两次注浆，清渣之前拱顶裸露区域注浆，清渣和安装护拱后拱腰-边墙区域注浆。边加固边推进，直至安全穿越。

4. 开发了超长深埋高水压岩溶隧道灾害处治及建造关键技术

创新成果一："安全岩柱＋消能墙"安全防护体系

针对高压富水岩溶隧道施工所面临的大型突泥涌水处治和建造，构建了"安全岩柱＋消能墙"安全防护体系。通过合理预留安全岩柱厚度，为隧道防突奠定了安全基础。针对隧道突涌先期正洞泄水过程中泄水孔高压水柱对作业人、机造成的危害，构建消能墙安全防护体系（图22），钻机通过泄水孔钻孔泄水，为施工人、机提供了有效的安全屏障，保障了泄水施工的安全。

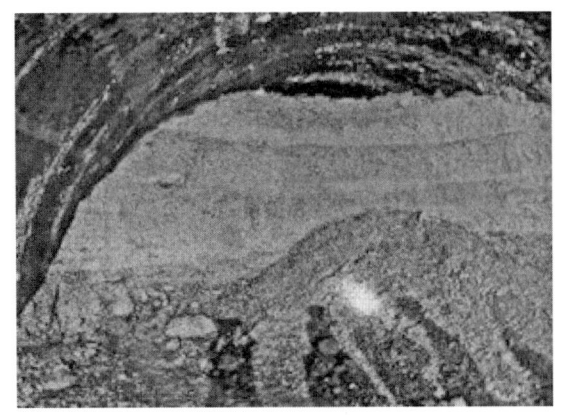

图 18　分段分层清渣

图 19　护拱加固

图 20　拱顶注浆

图 21　拱腰-边墙注浆

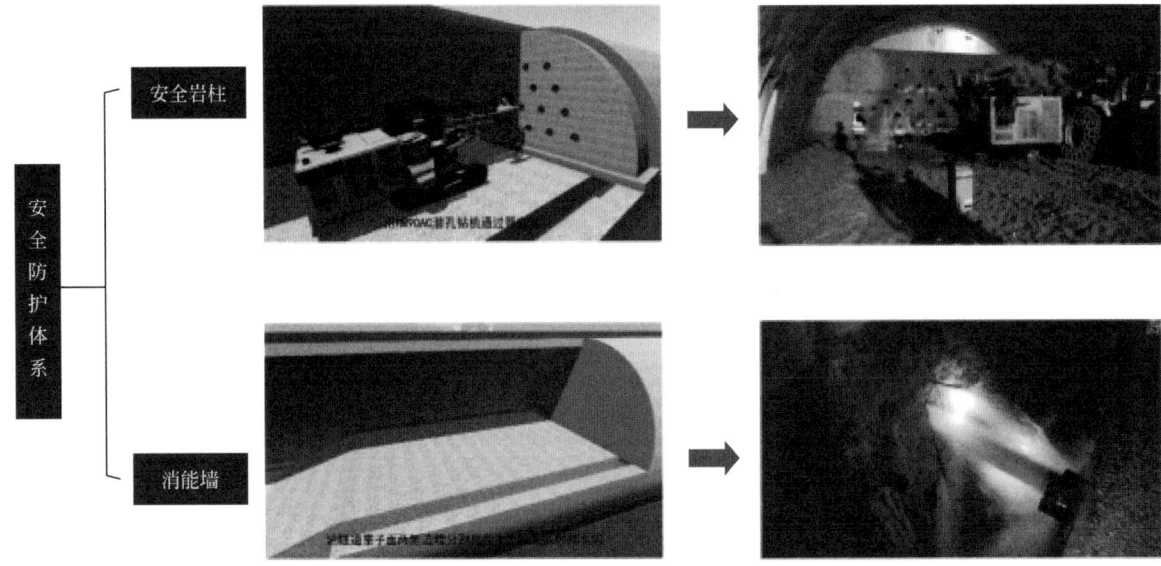

图 22　"安全岩柱＋消能墙"安全防护体系

图 23　换拱施工

创新成果二：隧道初支挤压大变形处治技术

针对隧道突涌以及洞身浸泡而引发的隧道初支变形侵限所采取的换拱处治，摒弃了以往所采取的洞渣回填反压换拱需要分层更换、接头难于控制、质量难以保证、处治工效慢等缺点，采用"台车法"换拱施工（图23），"微爆破＋破碎锤＋风镐"三者配合凿除，快速完成侵限部位的喷射混凝土拆除和换拱施工，大大提高了处治施工的效率。

创新成果三：隧道不良地质段施工综合处治技术

针对长大复杂隧道多种不良地质，开发了不良地质段施工综合处治技术。针对断层破碎带采取"大（中）管棚＋小导管双层＋局部加强注浆"处治技术，实现安全穿越；遭遇顽固型突涌水地质灾害，短期难以见效，采取横洞迂回，越过不良地质段，反向处治并正常掘进（图24）；通过富水段时采取"钻孔引排、泄压降压＋注浆堵水＋超前注浆加固、支护、再开挖＋周边径向注浆"相结合的措施安全越过富水段；遭遇岩溶采取"详细探查＋充分核实＋制定预案＋根据揭示形态分级分类施策"的措施完成岩溶处治；针对软弱围岩段采取"弧形掏槽预留核心土逐榀开挖（图25）＋及时封闭＋加强支护＋快速封闭成环"的措施稳步推进。

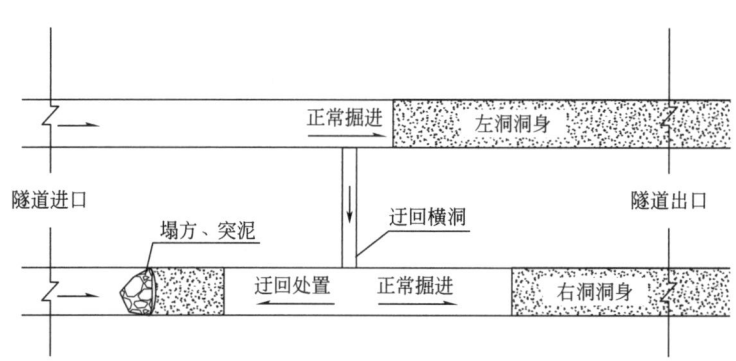

图 24　横洞迂回反向处治图

图 25　弧形掏槽预留核心土逐榀开挖

三、发现、发明及创新点

1）发明了针对松散破碎、节理裂隙发育岩石"溶液加固＋取芯＋浸泡复原"取芯制样方法；揭示了不同埋深、水压和开挖工法下安全岩柱厚度规律，提出了掌子面前方防突安全岩柱厚度确定方法。

2）揭示了隧道长期浸水洞身稳定性机理和演化特征；建立了隧道周边有水压力溶洞对隧道洞身稳定性的影响分析模型，揭示了溶洞内水压力对隧道洞身稳定性影响规律和渗流-应力耦合特征。

3）发展了物探和钻探相结合、洞内和洞外相结合等综合超前预报技术；提出了先期高压泄水、后期有效封堵的涌水处治技术、设备、材料和工艺；开发了岩溶隧道有效封堵的注浆加固复合工艺；创新性地提出了淹没段"分段分层稳步清渣＋临时护拱＋径向注浆，循环作业，逼近掌子面"的处治技术。

4）构建了安全岩柱＋消能墙安全防护体系，创制了隧道初支挤压大变形处治技术，综合开发了断层破碎带施工、顽固性涌泥涌渣反向处治、富水段施工、岩溶段施工和软弱围岩段施工关键技术等。

5）授权发明专利10项，发表核心以上论文15篇，主编标准1部，获批省级工法6项，软件著作权6项，主编专著1部。

四、与当前国内外同类研究、同类技术的综合比较

较国内外同类研究、技术的先进性有以下四点：

1）岩溶隧道掌子面前方防突安全岩柱厚度确定方法在明确了最小安全岩柱厚度的同时，进而明确了最小安全岩柱厚度区间，更加贴合实际，更利于有效指导现场施工。

2）隧道围岩稳定性和特征分析方法完整还原了隧道涌水前后及排水后、分阶段降水、长期积水的整个场景，揭示了隧道涌、积、排水前后整个过程洞身稳定性演化机理和特征，开创了行业先例。

3）针对隧道突发持续性大规模涌水提出的先期高压泄水、后期有效封堵的高水压岩溶隧道大规模持续性涌水处治技术、设备、材料和工艺，相比斜井反坡抽排水节约成本约80％，达到国际领先水平。

4）与传统的岩溶隧道灾害处治相结合，综合开发了超长深埋高水压岩溶隧道灾害处治及建造关键技术。

2024年3月11日，"碎粉岩高压大流量透涌水岩溶隧道水害处治与建造关键技术"进行国内外查新，结论为"国内外未见同类项目报道"。

五、第三方评价、应用推广情况

1. 第三方评价

2024年4月28日，河南省科研平台服务中心组织对课题成果进行鉴定，由中国工程院院士担任评委会主任的专家组对成果进行评价，评委会认为成果总体水平达到"国际先进"水平，其中部分达到"国际领先"水平。

2. 推广应用

研究成果推广应用于华丽高速营盘山隧道、104改线鼓岭隧道等多个项目，保障了多条隧道的安全建造，加快了工程进度，降低了施工成本，实现了长大复杂隧道工程的安全、绿色和低碳建造。

六、社会效益

本项目在长大复杂隧道建造方面形成丰富的经验积累和成果积累，实现了长大复杂隧道工程的安全、绿色和低碳建造，培养了一大批专业人才，推动了行业科技进步与发展，对支撑服务全国公路、铁路、水利领域重大交通基础设施建设具有重要意义。

通过先期高压泄水、后期有效封堵，成功解决了高水压岩溶隧道透涌水处治和地下水封堵难题，有效保护了隧址区的地下水资源，实现经济效益与环境效益的"双赢"。

当地政府、建设单位、监理单位、设计单位等相关单位以及专家学者给予了高度认可，获得了大量书面表彰奖励，赢得了"开拓创新奖""工人先锋号"等荣誉。项目先后在央广网、新华网、国资委、中国网、工人日报等重要媒体新闻报道百余篇，获得极高的社会评价。

大型复杂钢结构抗倒塌理论、设计及施工关键技术

完成单位： 中国建筑一局（集团）有限公司、西安建筑科技大学、中国建筑西北设计研究院有限公司

完成人： 钟炜辉、孟　宝、张　林、普永刚、周冀伟、王洪臣、曹雪峰、申张鹏、刘　航、冀　诚

一、立项背景

随着社会经济的不断发展，建筑结构呈现多样性和复杂化，兼之人们对建筑结构全生命周期内灾害防御能力提出了更高的要求，使得在其全生命周期内应具备应对各种灾害风险的能力，因此建筑结构的"多灾害综合防御"备受关注。当前结构设计与施工过程大多仅考虑抗震而未考虑其他偶然荷载引发的结构倒塌破坏，安全性有所不足，而钢结构建筑呈现出复杂多样的形式，如复杂多塔连体结构、超高层空间网格结构、超大悬挑结构等，这些复杂结构形式给结构抗倒塌理论分析、灾变仿真模拟、综合设计及施工带来挑战。围绕大型复杂钢结构抗倒塌，需要解决的技术难题主要包括：

（1）理论分析技术：不同倒塌模式下大型钢结构承灾演化机制较为复杂，目前结构的抗倒塌分析和评估多以经验为主，缺乏系统的抗倒塌理论体系；

（2）结构设计技术：目前结构设计以单灾害为主，而对于多灾害问题主要聚焦于结构的多灾害响应分析和损失评估的相关研究上，结构多灾害综合设计方法和设计优化平台尚不完善；

（3）防倒塌施工技术：由于施工过程中因结构荷载、边界及施工工艺等不确定因素变化对结构施工精度及抗倒塌鲁棒性的影响，使得如何避免施工过程中结构发生灾难性的倒塌，保证结构的安全性，成了工程建设单位的首要任务。

针对以上技术难题，并结合中建一局曲江电竞产业园场馆区项目超长跨度屋面网架、海口市国际免税城项目单层网壳与双层网壳相结合的大跨度结构，以及丝绸之路贸易产业中心项目超高悬挑钢结构等重大项目的施工难题，项目组先后立项国家自然科学基金、陕西省自然科学基金和中建一局科技研发计划项目，对大型复杂钢结构抗倒塌理论、设计及施工关键技术进行系统性的研究工作，创新搭建了理论、设计、施工全过程的研发体系和成果转化生态链，为后续钢结构工程建造全过程提供了良好的技术支撑。

二、详细科学技术内容

1. 基于区域协同的大型复杂钢结构抗倒塌评估理论

创新成果一：钢结构抗倒塌能力理论模型

针对连续倒塌模式下大型钢结构承灾演化机制的复杂性，通过多维模型试验和理论分析，系统揭示了梁柱子结构抗连续倒塌机制的性态演化路径和规律，构建了定量描述子结构抗倒塌能力的理论模型，为钢结构抗连续倒塌性能的量化评估提供了理论依据。见图1～图4。

创新成果二：基于倒塌全过程的整体结构性态理论表征模型

为揭示空间结构尺度下钢结构抗连续倒塌的层机制规律，在充分考虑材料、几何、边界等非线性影响因素的基础上，聚焦子结构间抗连续倒塌机制的协同工作，系统描述了整体结构层间空腹效应，建立了基于连续倒塌全过程的整体结构性态理论表征模型，提出了"节点先削弱后补强"和"结构空间协同补强"的抗连续倒塌性能提升方法，为有效提升复杂钢结构的抗连续倒塌能力提供了新方法。见图5～图8。

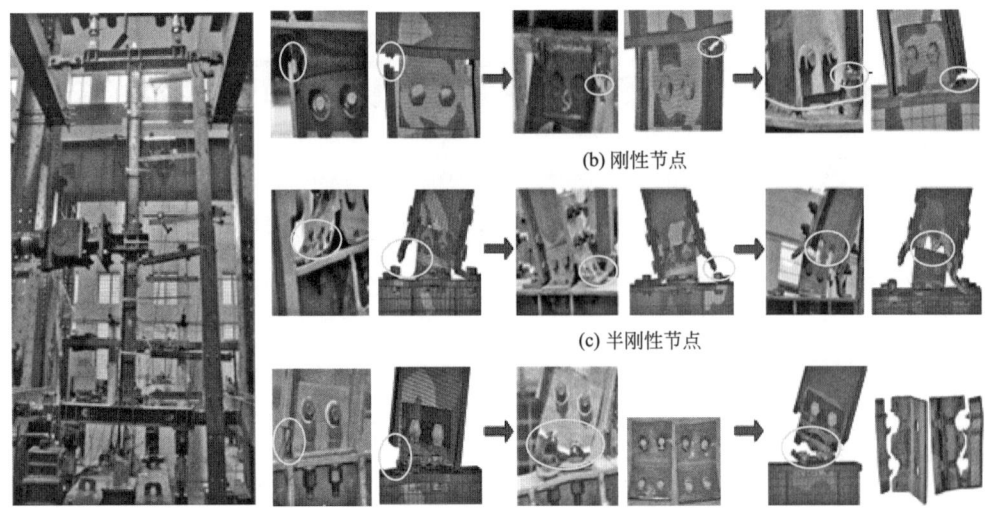

(a) 钢梁柱子结构拟静力试验　　　　　　　　　　(d) 铰接节点

(b) 刚性节点

(c) 半刚性节点

图1　钢梁柱子结构试件

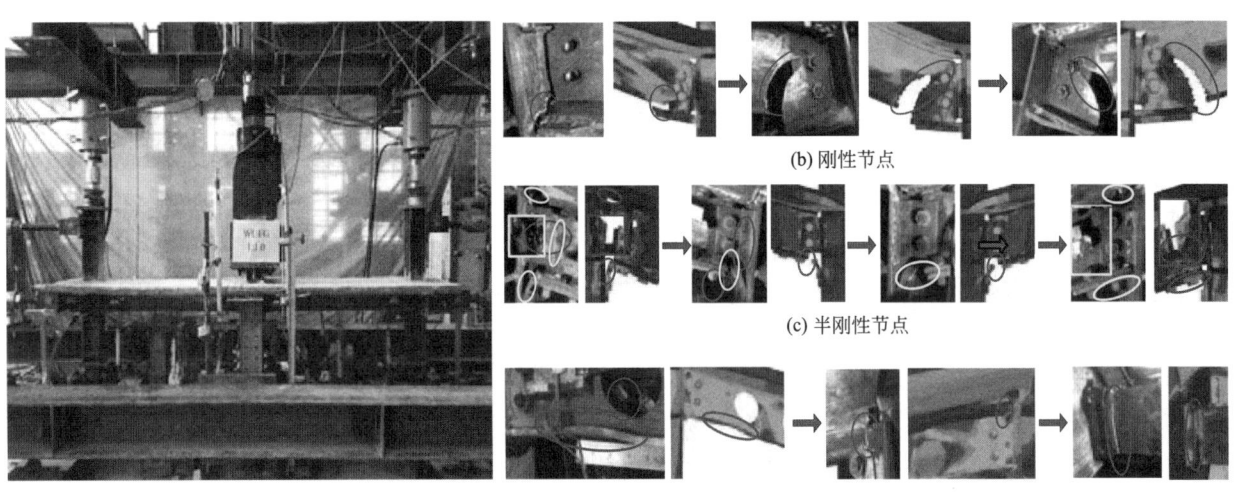

(a) 组合梁柱子结构静力试验　　　　　　　　　　(d) 蜂窝梁

(b) 刚性节点

(c) 半刚性节点

图2　组合梁柱子结构试件

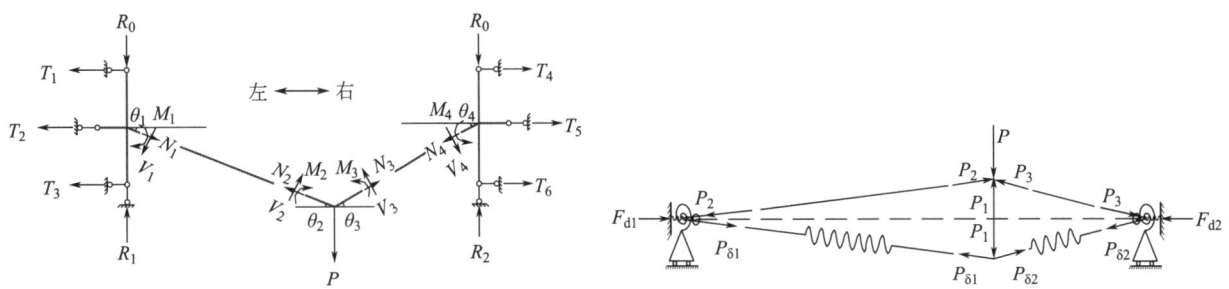

图3　梁机制和悬链线机制力学模型　　　　　　　图4　压拱机制力学模型

图 5 多层平面子结构

图 6 单层空间子结构

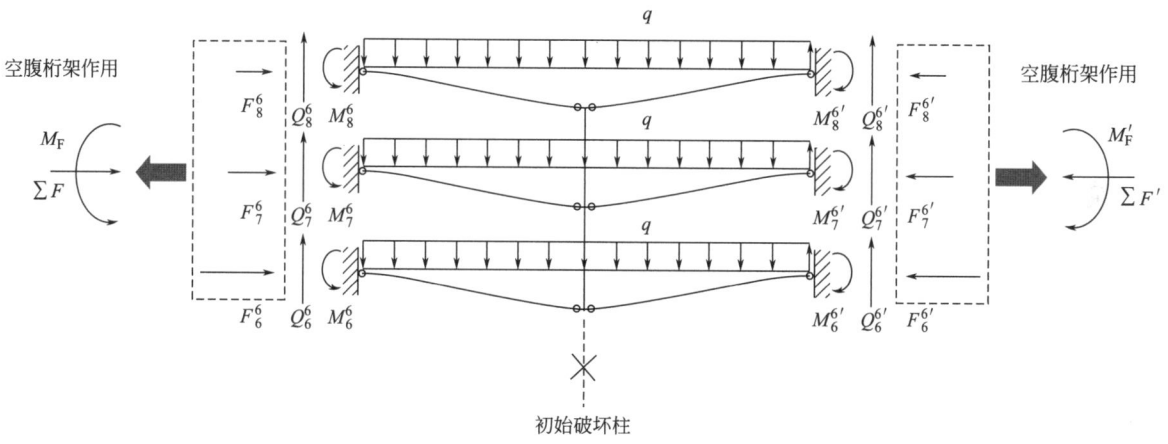

图 7 空腹机制力学模型

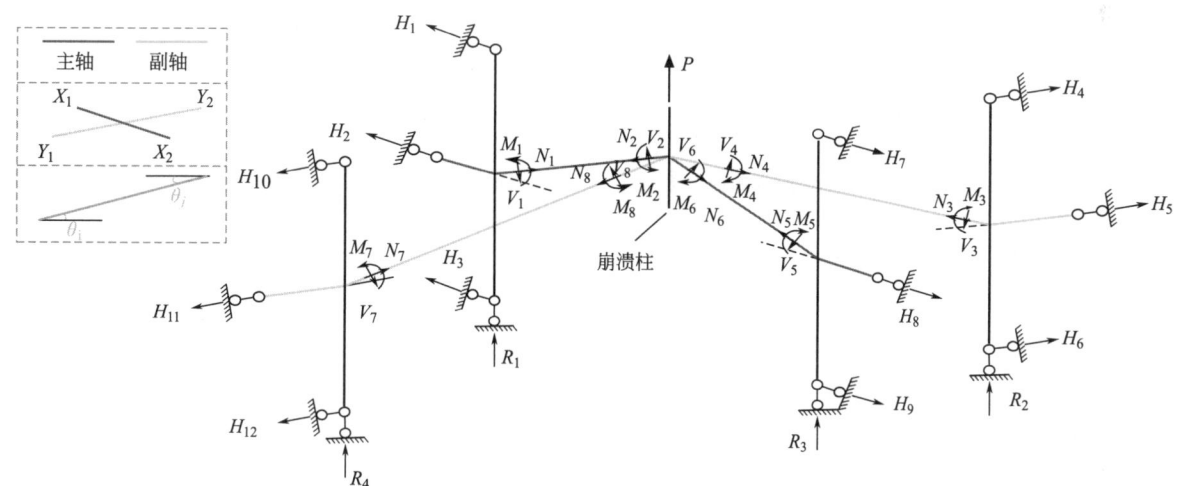

图 8 强弱轴力学分配分析模型

创新成果三：以区域协同为基础的钢结构倒塌极限状态评估理论

在充分考虑材料强度、几何尺寸及荷载等随机性因素的基础上，建立了以区域协同为基础的钢结构倒塌极限状态评估理论，实现了对大型复杂钢结构倒塌状态的量化评估。见图9、图10。

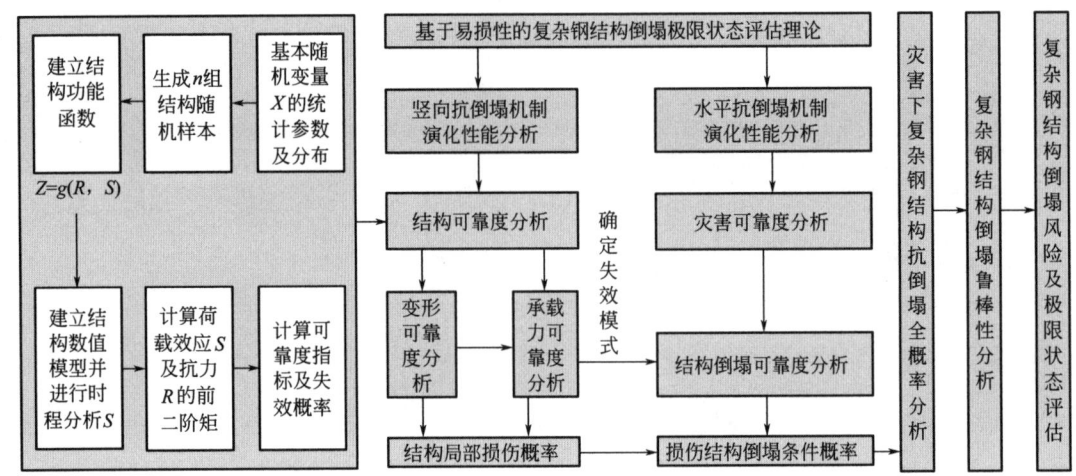

图 9　基于易损性分析的钢结构连续倒塌状态评估理论

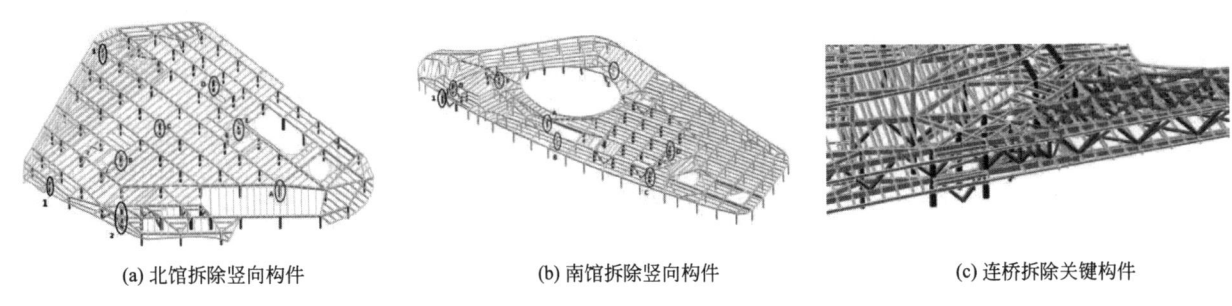

(a) 北馆拆除竖向构件　　　　　(b) 南馆拆除竖向构件　　　　　(c) 连桥拆除关键构件

图 10　西安城市展示中心（长安云）项目

2. 大型复杂钢结构区域协同的抗倒塌设计方法

创新成果一：钢结构区域协同的两阶段抗倒塌设计方法

为确保钢结构在非预期荷载作用下的整体安全性，提出了钢结构区域协同的两阶段抗连续倒塌设计方法，通过第一阶段"提升结构跨越局部破坏的能力"和第二阶段"遏制结构破坏的扩散"实现了"分区隔断，有限协同"的抗连续倒塌设计，为复杂钢结构抗连续倒塌设计提供了新方法。见图 11～图 15。

创新成果二：非预期荷载作用下的非线性弹簧组件模型

基于钢结构节点几何构型和可能发生的拉弯破坏模式，通过系统表征节点组件的力学行为，构建了节点在非预期荷载作用下的非线性弹簧组件模型，为工程结构的动力灾变仿真模拟提供了可行路径。见图 16、图 17。

创新成果三：设计施工一体化抗倒塌优化平台

为打破建筑结构多专业联合抗连续倒塌的建造技术壁垒，建立了设计施工一体化的抗连续倒塌优化平台，从而降低了建造成本并提高了工作效率，实现了围绕抗连续倒塌设计和施工的复杂钢结构一体化多专业协同建造。见图 18、图 19。

3. 大型复杂钢结构精益建造施工技术

创新成果一：基于深化设计的异形构件精准加工方法

针对异形构件放样精度不高且加工难度大的问题，创新性地运用局部三角形平面叠加式分割原理，总结形成了一套基于深化设计的异形构件精准加工方法，通过仿真获取异形构件的空间线形数据，并进行模块化分割后，采用机器人精准切割，构件制作过程中通过三维扫描获取实时数据与模拟数据进行交互和修正，有效地提高了异形构件的切割精度和抗倒塌鲁棒性。见图 20～图 23。

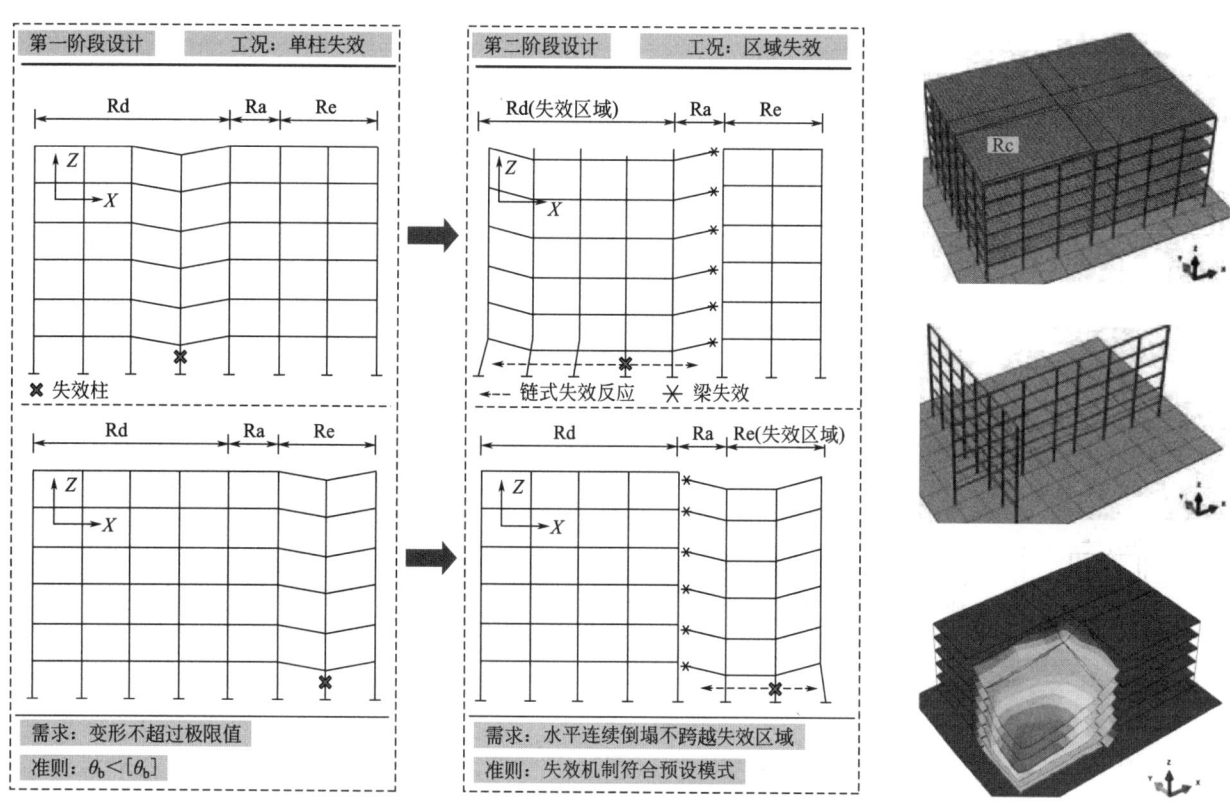

图 11　基于区域协同的两阶段抗连续倒塌设计方法

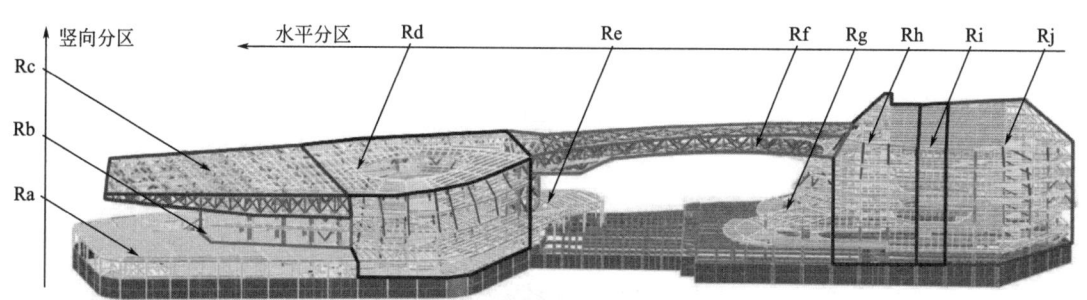

图 12　超常规连体结构

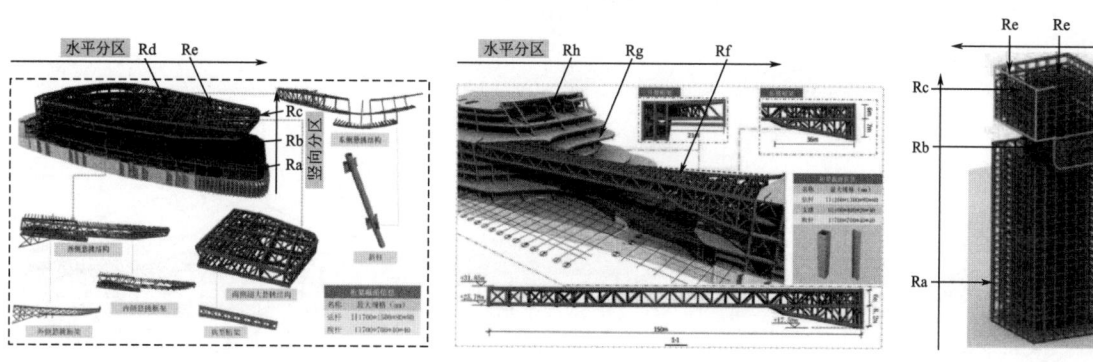

图 13　长悬挑桁架　　　　图 14　大跨度连桥桁架　　　　图 15　超高层钢结构

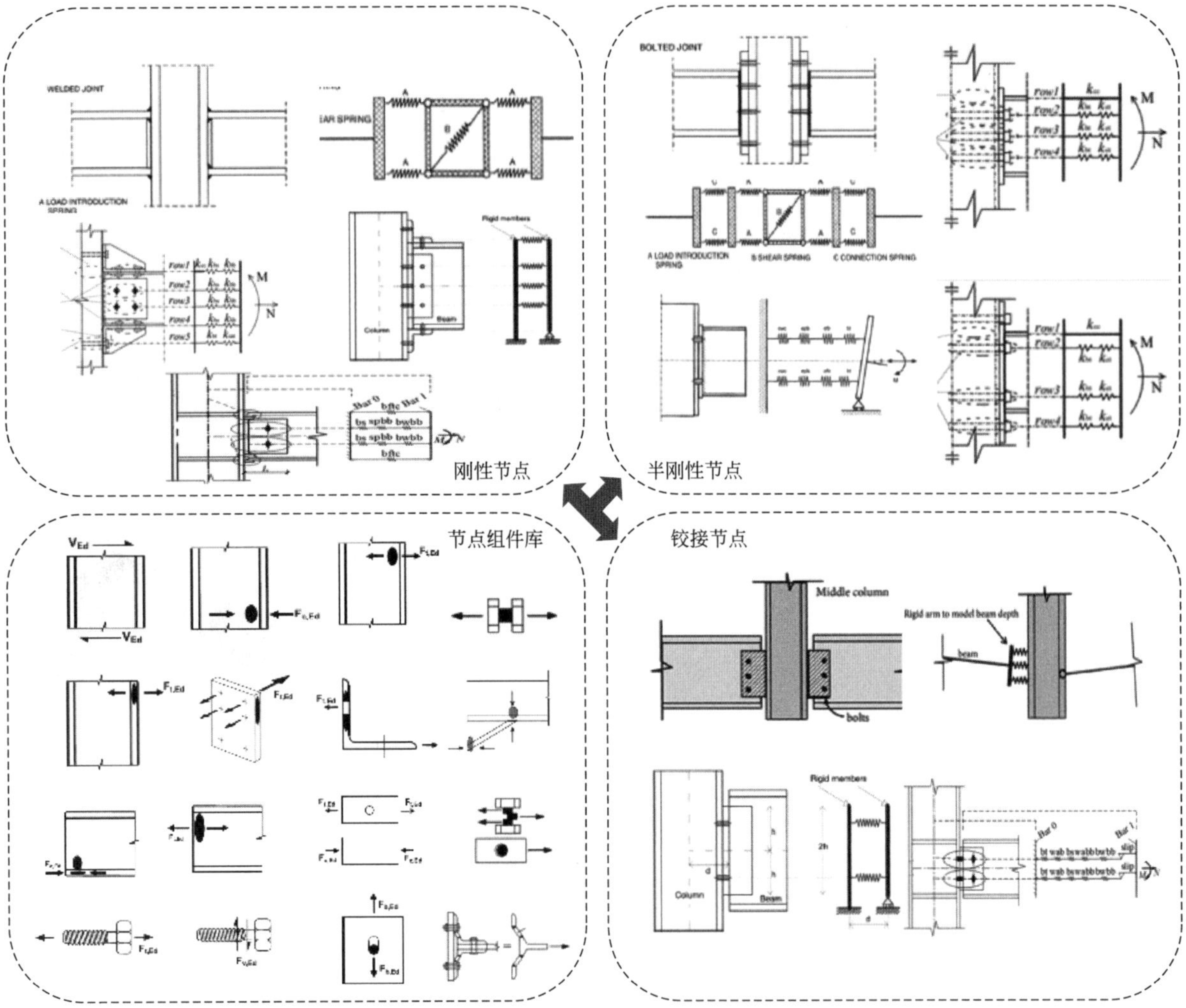

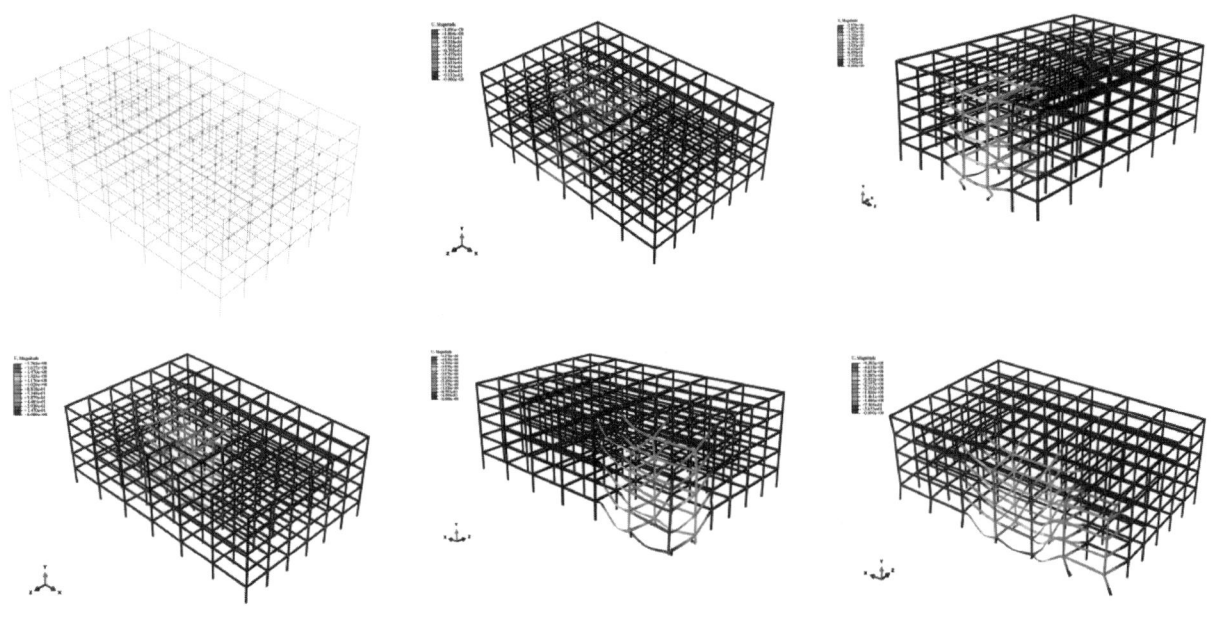

图 16　钢结构节点组件简化模型示意

图 17　基于组件模型的钢结构倒塌模拟

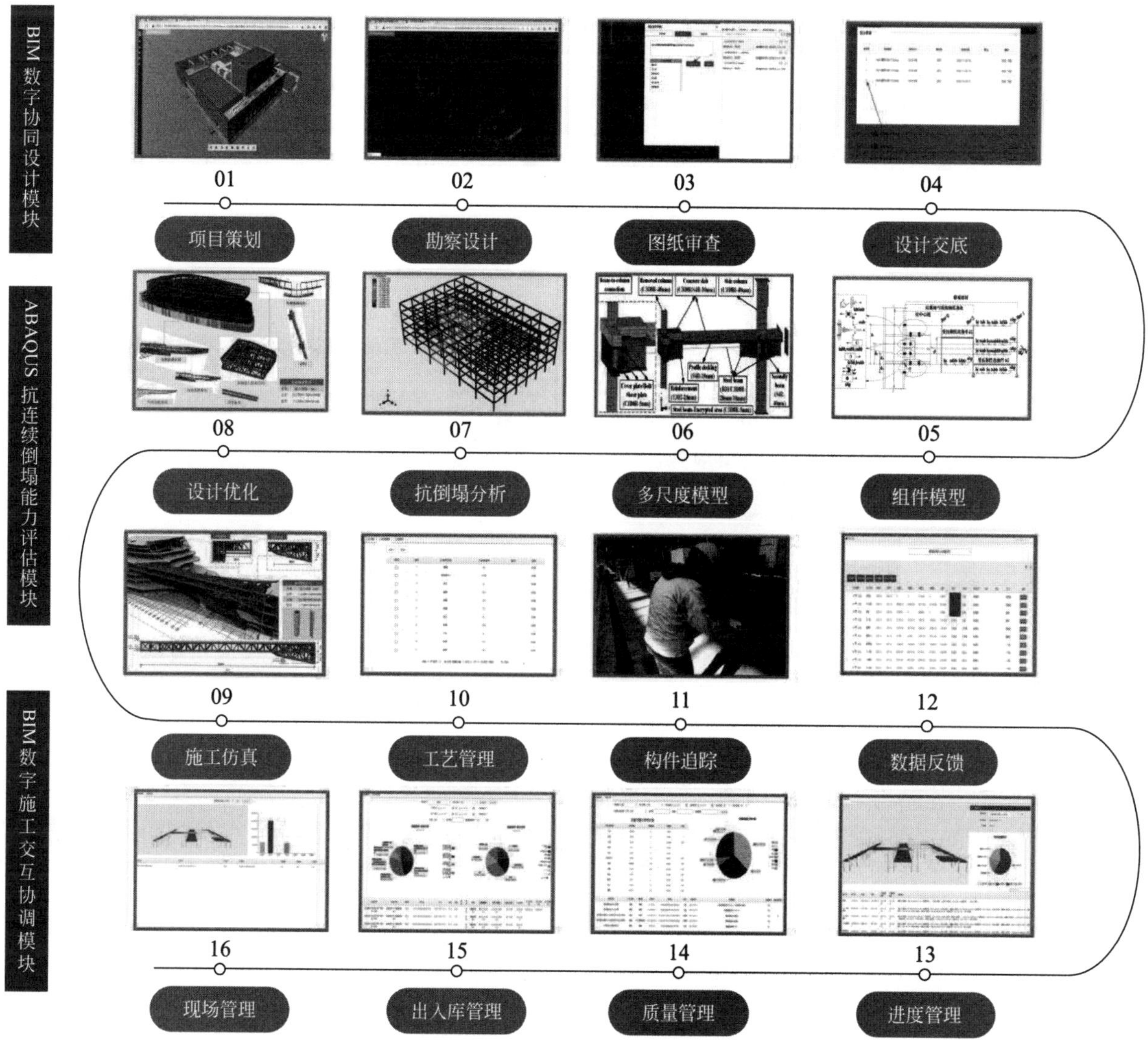

BIM数字协同设计模块
ABAQUS抗连续倒塌能力评估模块
BIM数字施工交互协调模块
01
项目策划
02
勘察设计
03
图纸审查
04
设计交底
05
组件模型
06
多尺度模型
07
抗倒塌分析
08
设计优化
09
施工仿真
10
工艺管理
11
构件追踪
12
数据反馈
13
进度管理
14
质量管理
15
出入库管理
16
现场管理

图 18　一体化抗倒塌建造优化平台流程图

设计进度展示
评估风险展示
设计优化展示
仿真交互展示
施工调整展示
项目进度展示
可行性研究
工程设计
抗倒塌分析
施工准备
工程施工
实时仿真交互
现场施工调整
工程竣工验收
BIM数字协同设计模块
项目策划
设计绘图
多部门协作
批量出图
图纸审查
设计交底
最终设计方案
结构设计优化
ABAQUS抗连续倒塌能力评估模块
组件模型库
多尺度模型
实时仿真交互
抗倒塌分析
设计方案优化
施工方案调整
施工方案调整
施工数据反馈
BIM数字施工交互协调模块
施工过程模拟
工艺管理
构件追踪
数据反馈
进度管理
现场管理
三维协同技术
构件库
自动化控制系统
分图合图
抗倒塌能力分析
组件模型库
ABAQUS调用
实时交互系统
Python脚本运行
数据接口
监控系统
统一用户认证

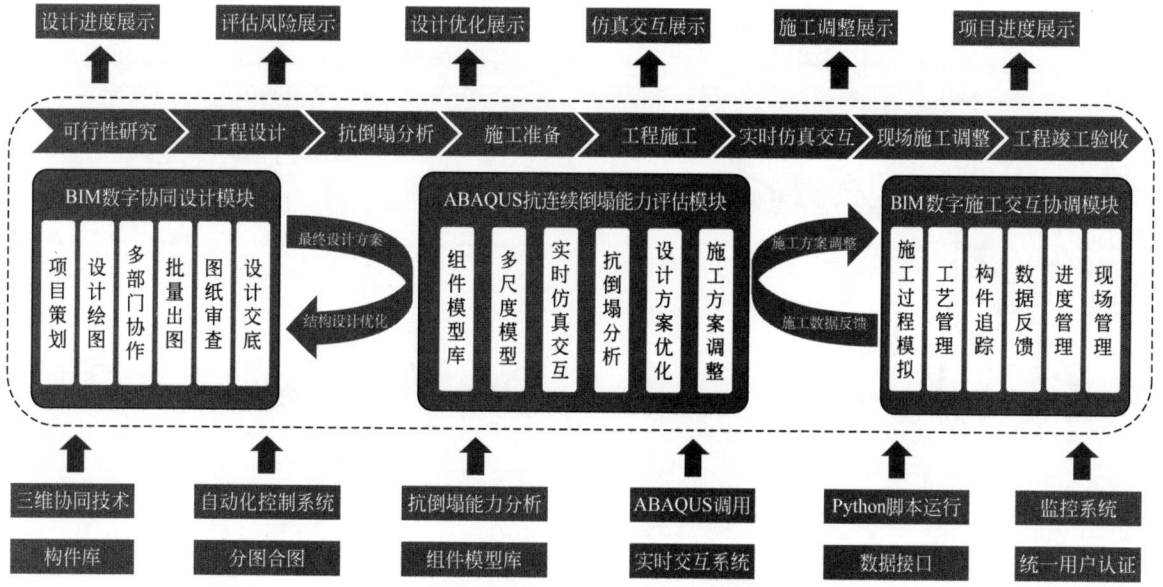

图 19　一体化抗倒塌建造优化平台功能架构图

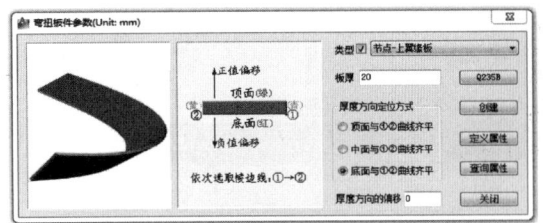

图 20　异形弯扭钢板的三维线性轮廓

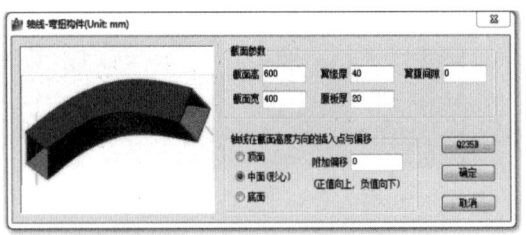

图 21　空间弯扭构件模型数据

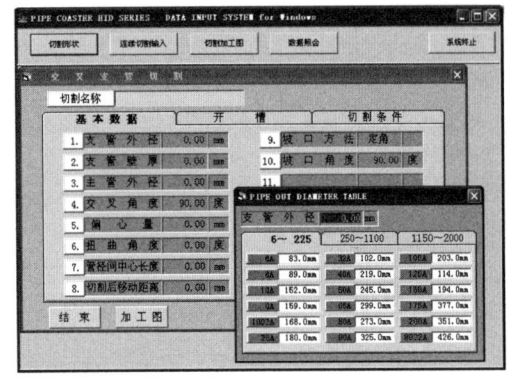

图 22　数据交互修正

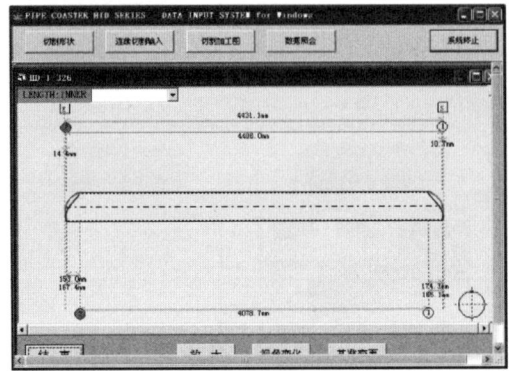

图 23　相贯下料

创新成果二：钢结构节点实时精确定位施工技术

围绕钢结构节点定位偏差大，影响建筑结构整体安全性和稳定性等建造难点问题，提出了钢结构节点实时精确定位施工技术，提高了结构的安装精度和整体牢固性，有效降低了结构施工过程中的倒塌风险。见图24～图28。

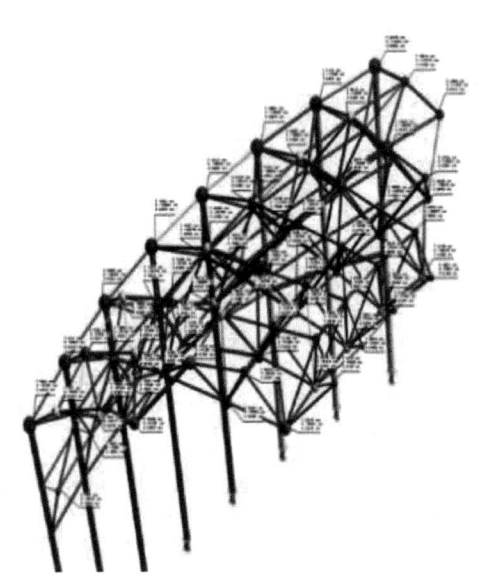

图 24　焊接点模型示意

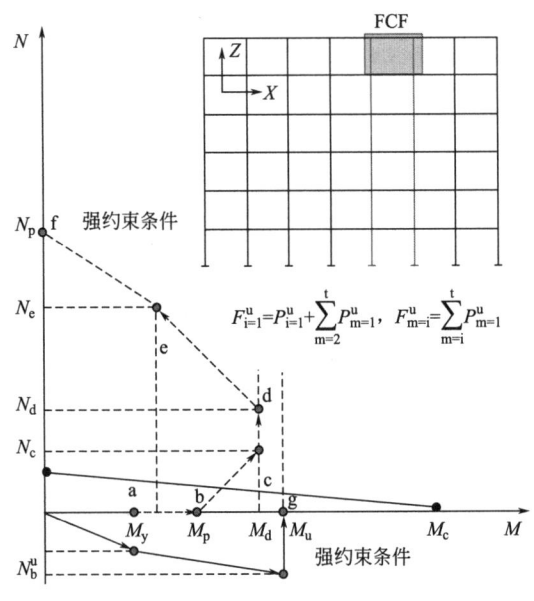

$$F_{i=1}^{u}=P_{i=1}^{u}+\sum_{m=2}^{t}P_{m=1}^{u}, \quad F_{m=i}^{u}=\sum_{m=i}^{t}P_{m=1}^{u}$$

图 25　定位放线

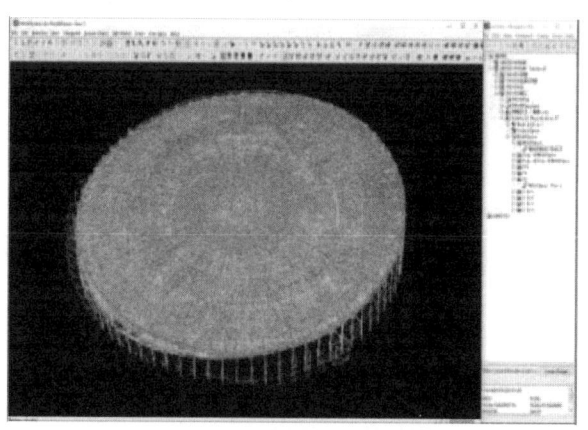

图 26 点云模型与理论模型对比

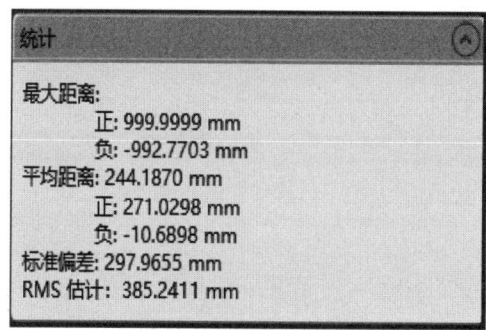

图 27 偏差分析及修正

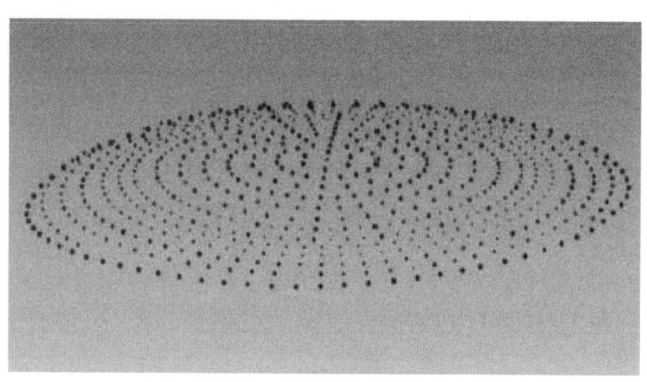

图 28 施工整体效果拟合

创新成果三：钢结构智能提升精准定位施工技术

为解决网架结构在提升过程中的安全性及场地限制的难题，创新性地提出了结构智能提升精准定位施工技术，采用多点同步智能提升与空间三维扫描数据实时交互纠偏的施工工艺，有效提高了整体结构的抗倒塌性能。见图 29～图 32。

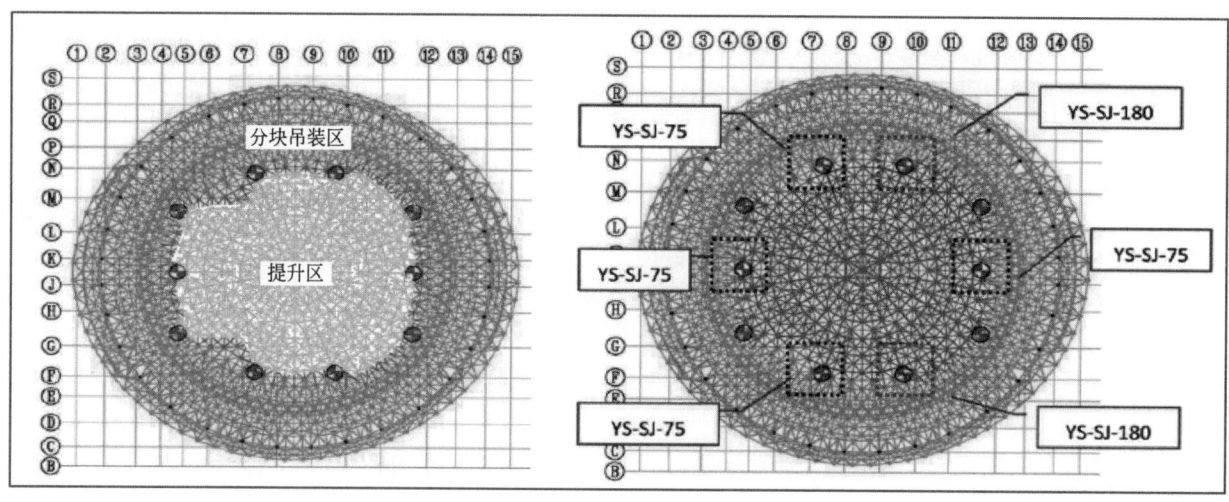

图 29 网架结构数字模型模拟

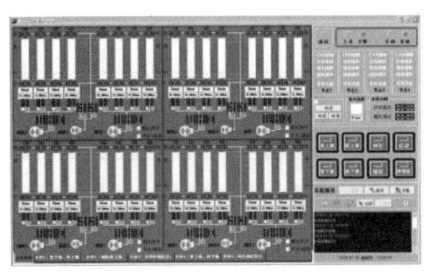  

图 30　提升节点控制系统　　　　图 31　同步传感控制系统　　　　图 32　提升阶段三维扫描

三、发现、发明及创新点

1）针对钢结构抗连续倒塌机制演化的复杂性，通过多维模型试验和理论分析，系统描述了子结构和空间结构尺度下钢结构抗连续倒塌机制的演化规律，建立了基于连续倒塌全过程的结构性态理论表征模型，提出了基于区域协同的结构抗倒塌评估理论和提升方法，为提升复杂钢结构抗连续倒塌能力提供了新方法。

2）为解决传统设计方法以单灾害为主，未考虑灾害之间的关联性问题，提出了大型复杂钢结构区域协同的抗倒塌设计方法，研发了反映节点灾变特征的组件模型及用于高效评估和预测结构抗倒塌能力的仿真技术，建立了建筑、结构及建造等一体化抗倒塌的多专业协同数字化设计优化平台，解决了大型复杂钢结构多灾害协同设计的难题。

3）针对大型复杂钢结构在施工过程中因结构荷载、边界及施工工艺等不确定因素变化对结构施工精度及抗倒塌鲁棒性的影响，研发了基于仿真模拟与空间三维扫描数据交互精准定位的异形构件精准切割制作，结构节点实时精确定位及结构智能提升精准定位的新型施工技术，有效地提升了异形构件、结构节点和结构本身的制作安装精度，降低了大型复杂钢结构倒塌的风险。

4）本项目在国家自然科学基金、陕西省科学基金和局市级研发课题等科研项目的支撑下，核心技术入编标准 3 部，获授权发明 10 项，实用新型 26 项，在国内外发表学术论文 27 篇，其中 SCI 收录 15 篇，形成省部级工法 4 项。研究成果在西安市曲江电竞产业园、海口国际免税城等重点工程得到了示范和应用，助推打造鲁班奖 2 项，产生了显著的经济效益和社会效益。

四、与当前国内外同类研究、同类技术的综合比较

较国内外同类研究、技术的先进性在于以下三点：

1）揭示了不同倒塌模式下的承灾演化机制，构建了基于整体可靠度的抗倒塌能力量化评估理论模型，提出了基于区域协同的大型复杂钢结抗倒塌评估理论。

2）研发了基于多尺度模型快速高效评估和预测结构抗倒塌能力的仿真模拟技术，建立了建筑、结构及建造等一体化抗倒塌的多专业协同设计优化平台。

3）研发了异形构件的机器人辅助精准切割、节点实时精确定位及结构智能提升等施工新技术，有效避免了因施工偏差大而引发整体结构抗倒塌性能下降的风险。

本技术通过国内外查新，查新结果为：在所检国内外文献范围内，未见有相同报道。

五、第三方评价、应用推广情况

1. 第三方评价

2024 年 6 月 23 日，相关成果经陕西省土木建筑学会组织的专家委员会评价。评价委员会一致认为，该成果总体达到国际先进水平，其中钢结构区域协同的抗倒塌设计方法达到国际领先水平。

2. 推广应用

本研究成果在中建一局曲江电竞产业园场馆区项目、海口市国际免税城项目、丝绸之路贸易产业中

心项目等多个项目进行示范应用，为工程项目的高质量安全建造提供了理论依据和技术支撑，有效指导了大跨空间结构项目的改造、施工，对降低安全风险，提升施工质量具有重要意义；并助推曲江电竞产业园场馆区项目、海口市国际免税城项目分别获得鲁班奖和中国钢结构金奖，经济效益、社会效益和环境效益显著，具有良好的示范引领作用，得到同行业的高度认可。

六、社会效益

本项目由中建一局（集团）有限公司和西安建筑科技大学、中国建筑西北设计研究院有限公司作为主要研发和推广单位，相关成果在曲江电竞产业园场馆区项目、海口市国际免税城项目、丝绸之路贸易产业中心项目等工程中得到了示范和应用，创造利润可观。

项目针对钢结构建筑灾变机制的复杂性，建立了钢结构建筑在不同倒塌模式下的防灾理论模型，提出了反映不同节点形式灾变特征的弹簧组件模型，构建了构件失效后的条件可靠度与全概率可靠度的分析模型。研发了适用于钢结构建筑快速高效评估和预测抗倒塌能力的仿真模拟关键技术，建立了建筑、结构及建造等一体化抗倒塌的多专业协同数字化设计优化平台，有效降低了设计成本并提高了工作效率。研发了结构抗倒塌区域协同施工仿真模拟、精确定位的防倒塌建造新技术，可有效降低了钢结构建筑在建造过程中的倒塌风险。项目完成的大量试验、理论模型及综合协同设计平台为工程界和学术界积累了宝贵的研究数据与技术支撑。

山区城市建筑边坡多因素跨尺度变形机理与控稳技术

完成单位： 中国建筑西南勘察设计研究院有限公司、四川大学、中国地质调查局成都地质调查中心（西南地质科技创新中心）、四川建筑职业技术学院

完成人： 陈正峰、叶　飞、周洪福、冯　静、黎　鸿、王者涛、文　兴、黄练红、钟　静、符文熹

一、立项背景

西南山区地形陡降、江河纵横、地质环境复杂、动力地质作用强烈，高陡斜坡形成后的变形往往难以控制，导致斜坡地质灾害频发，严重威胁区内安全，制约重大工程建设。高陡斜坡变形体一旦失稳，往往形成重大自然灾害，如：2000年4月9日发生的西藏易贡滑坡体积约 $3\times10^8\,m^3$，造成易贡藏布江断流拦蓄水量 $30\times10^8\,m^3$；2017年6月24日在四川茂县发生的高位滑坡堵塞河道2.0km，掩埋100余人；2018年10月10日和11月3日，西藏江达县白格村同一位置先后两次发生滑坡，堵塞金沙江形成 $4\times10^8\,m^3$ 的堰塞湖；2019年7月23日发生的贵州水城滑坡造成43人死亡、9人失踪。

不仅如此，西南山区生态脆弱、环境敏感、民族众多、经济滞后，山区城市土地资源十分紧缺，基础设施建设面临的生态环境问题十分严峻，成为制约山区城市发展的关键。当前，城市化进程伴生的对地球家园的改造活动快速扩张，越来越多的工程活动需要扰动城市不良边坡，以满足人类对住房、基础设施、矿产资源的需求。然而，人类活动对地球的改造也诱发了大量滑坡地质灾害，如：2016年7月深圳光明新区渣土受纳场重大滑坡；2019年8月重庆城口山体滑坡；2024年1月云南镇雄山体滑坡；2019年贵阳市南明区红岩地块边坡。

山区城市不良地质体边坡的安全稳定严重威胁人类生命财产安全，山区城市高陡边坡安全稳定与长期韧性服役成为学术界和工程界关注的热点和难点，也面临一系列科学技术问题：①复杂环境下高陡边坡岩土体力学特性精确测定；②复杂作用下高陡边坡时空动力响应规律判定；③高陡边坡变形多源数据融合监测与灾变预警。鉴于此，申请团队在科技部973计划、国家自然科学基金、中国地质调查局地质专项和国家重大工程等支持下，采用理论分析、模型试验、监测反馈、数值计算、程序开发等相结合的方法，历时20余年系统研究，创新了高陡边坡变形动态多源监测与安全数智防控技术，项目成果在贵阳红岩地块滑坡、澜沧江上游拉金神谷滑坡等重大项目中成功应用，保障了高陡边坡工程安全与长期韧性服役，节约工程投资5.69亿元，为我国基础设施安全建设和工程边坡长期韧性服役提供了理论依据和技术保障，取得显著生态、社会、经济效益，具有广阔的应用前景和推广价值。

二、详细科学技术内容

1. 岩土体基质渗流-管缝自由流耦合计算方法

创新成果一：创建岩土体基质渗流-管缝渗流耦合响应理论

创建了岩土体基质渗流-管缝渗流耦合响应理论，推求了基质渗流-管缝渗流耦合流速非线性分布显式表达，明晰了宏观水流运动对岩土体颗粒的细观力学效应，将拖曳力嵌入岩土体稳定性分析方法，量化了宏观水流运动对岩土体稳定性影响的贡献。

创新成果二：提出用系列瞬态 Mohr-Coulomb 参数精确描述非线性 Hoek-Brown 经验准则的方法

提出了用系列瞬态 Mohr-Coulomb 参数精确描述非线性 Hoek-Brown 经验准则的方法，引入了瞬态摩擦角作为中间变量，客观反映了 Hoek-Brown 岩体抗剪强度的非线性特征，提升了节理岩体强度参数取值的可靠性。

创新成果三：构建精确描述主应力空间塑性回映优化算法

构建了精确描述主应力空间塑性回映优化算法，实现了试算应力返回至组合屈服面的交线、交点、屈服面的精确执行，避免了迭代计算出现的不收敛问题，解决了塑性回映至位置交线、交点的奇异问题。

2. 嵌套叠加式变尺寸直剪仪，声发射 AE 与伺服控制 MTS 联合测试系统

创新成果一：嵌套叠加式变尺寸直剪仪（DSA 仪）的研发

研发的嵌套叠加式变尺寸直剪仪（DSA 仪），能执行不同开度、不同高度、不同水压梯度的渗流直剪压缩联合测试，消除了测试试样渗透特性和力学参数的尺度依赖性，为力学参数优化取值提供了依据。见图 1。

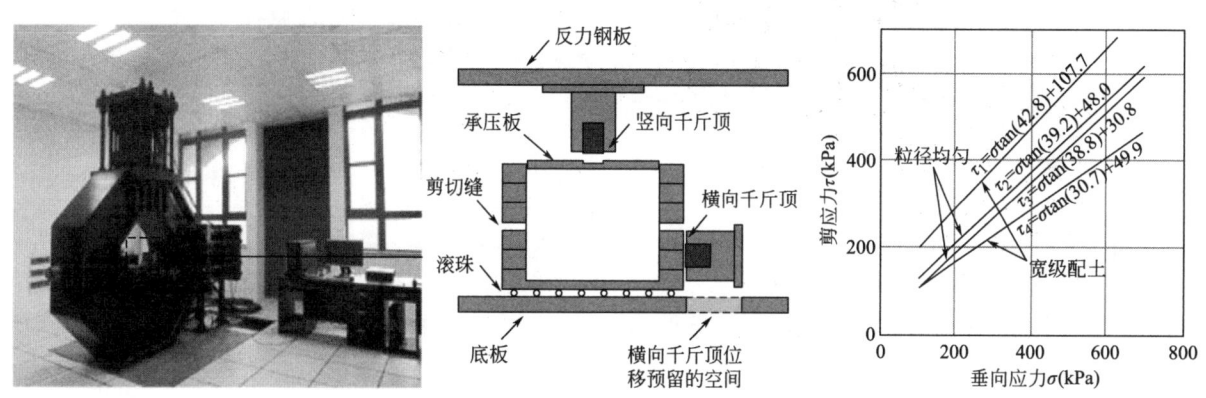

图 1 嵌套叠加式变尺寸直剪仪（DSA 仪）

创新成果二：创建声发射 AE 与伺服控制 MTS 联合测试系统

创建的声发射 AE 与伺服控制 MTS 联合测试系统，能实时定位流固耦合岩石试件的破裂成核、裂纹扩展，捕获渗流-应力耦条件下岩石力学响应，为揭示裂纹萌生→裂纹扩展→破裂解体提供了重要支撑。

创新成果三：模拟动力荷载对工程边坡岩体动力效应的循环冲击荷载测试装置的研发

模拟动力荷载对工程边坡岩体动力效应的循环冲击荷载测试装置，实现了动力冲击荷载量值、频率、持时的精确模拟，耦合了水平、竖直方向动力荷载效应，反映了动力作用下边坡失稳破坏模式与致灾机制。见图 2。

3. 提出三维整体变形的亚像素偏移追踪识别方法

创新成果一：建立山区城市不良地质体"空-天-地"变形信息一体化动态监测体系

建立了山区城市不良地质体"空-天-地"变形信息一体化动态监测体系，提出了融合无人机、三维激光扫描等非接触监测的不良地质体三维几何信息感知方法，克服了山区地形遮挡、数据缺失、精度不足等技术障碍。见图 3。

创新成果二：山区城市不良地质体三维整体变形高精度平均域矢量算法、亚像素偏移追踪算法的开发

开发了山区城市不良地质体三维整体变形高精度平均域矢量算法、亚像素偏移追踪算法，提高了山区城市不良地质体形变监测精度，形成了山区城市不良地质体坡表形变-块体转到-灾变演化智能预警技术。见图 4。

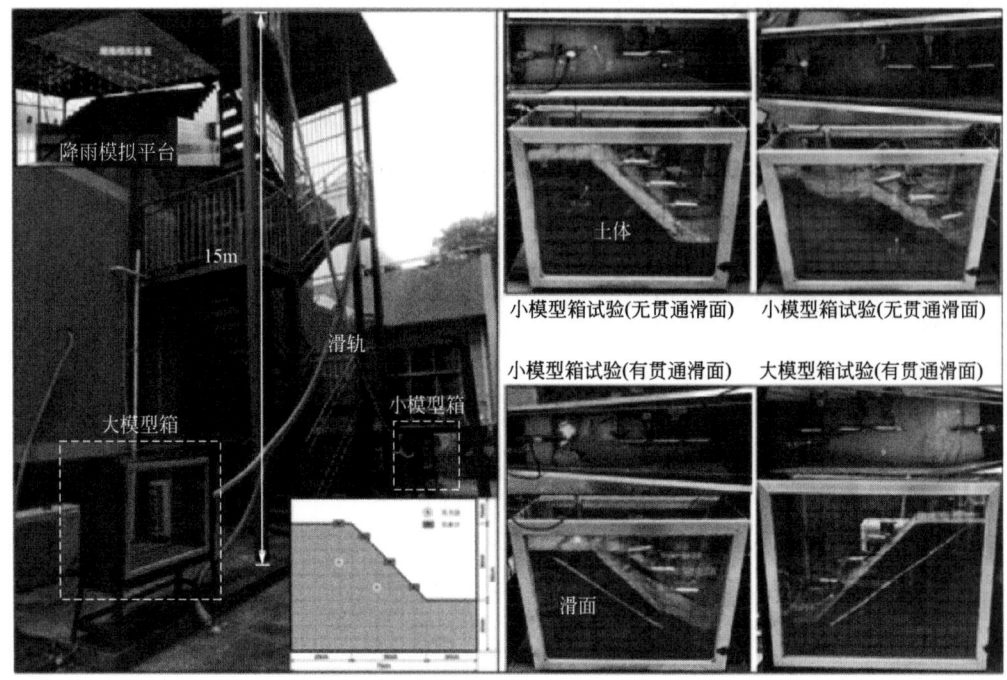

图 2 采用钢球动力冲击模拟动力作用的试验技术与方法

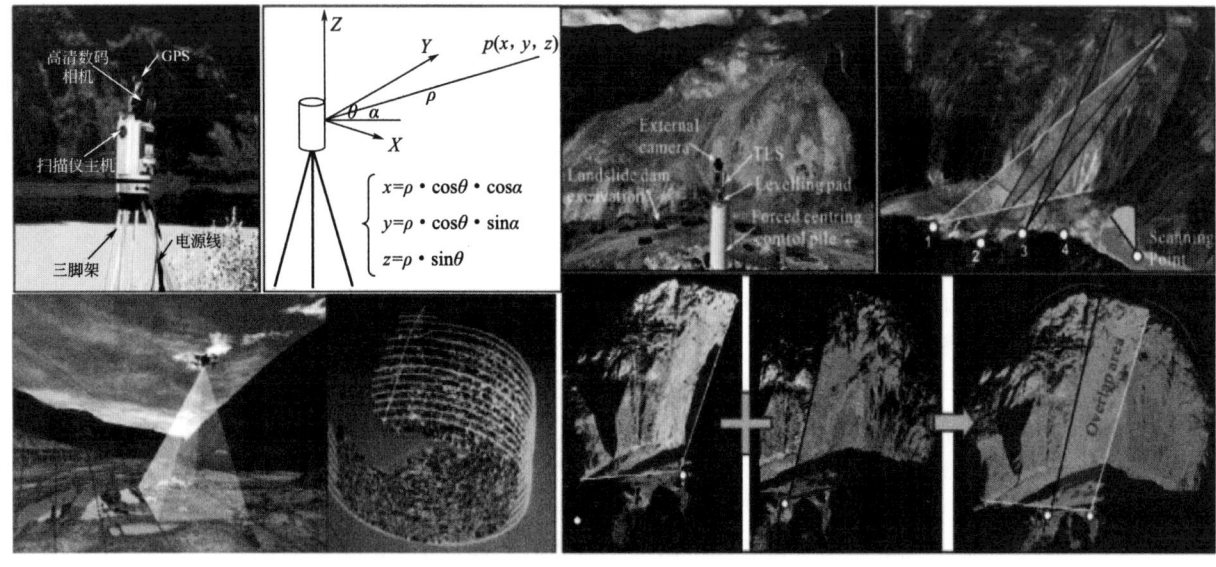

图 3 不良地质体"空-天-地"多源信息一体化动态监测

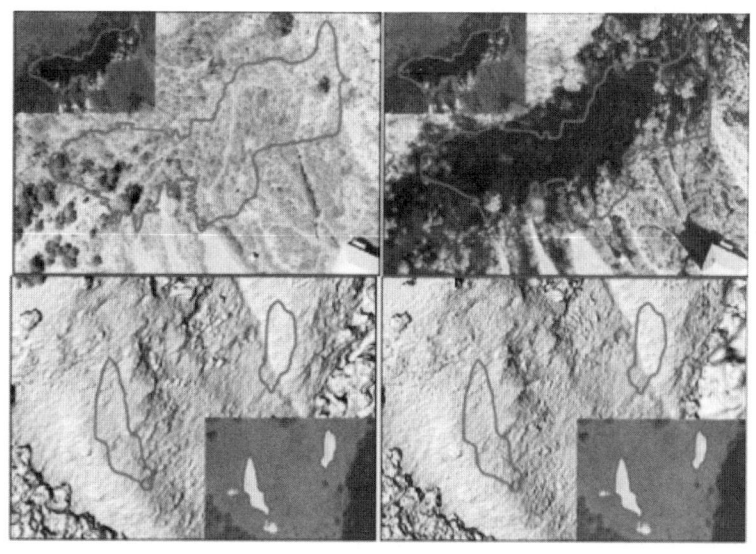

图 4　不良地质体形变监测与智能预警技术

三、发现、发明及创新点

1）创建了岩土体基质渗流-管缝自由流耦合计算方法，建立了精确描述主应力空间塑性回映，提出了系列切线方程匹配非线性强度包络线的变形评价理论，突破了现有自由流-渗流理论瓶颈。

2）研发了嵌套叠加式变尺寸直剪仪，开发了声发射 AE 与伺服控制 MTS 联合测试系统，形成了模拟动力荷载对边坡岩土体动力效应的循环冲击荷载测试技术，实现了多因素、跨尺度准确测试。

3）提出了三维整体变形的亚像素偏移追踪识别方法，建立了非接触监测信息的高精度平均域矢量处理技术，解决了边坡岩土体变形演化动态感知与趋势预测难题。

四、与当前国内外同类研究、同类技术的综合比较

较国内外同类研究、技术的先进性在于以下六点：

1）岩石基质渗流与管缝自由流耦合理论模型准确性优势。国内外研究仅满足单一条件，误差超过 30％；而本成果能够同时满足速度与切应力条件，误差低于 10％。

2）岩石基质渗流与管缝自由流耦合理论模型塑性区域优化能力优势。国内外技术的雷诺数适用于较低范围（1～10）；本成果显著提高了雷诺数适用范围（1～100），并实现了塑性区域的精确优化。

3）精确描述主应力空间塑性回映优化算法。国内外对主应力空间塑性回映的线性表示存在不收敛，本成果能精确匹配应力梯度，从而克服不收敛。

4）声发射 AE 与伺服控制 MTS 联合测试系统方面，国内外系统采用非耦合测试，不能定位和重构。本成果可采用长期变形的流固耦合，全过程三维定位重构。国内外系统仅适于连续介质或裂隙面。本成果适用于介质由连续到非连续的演化全过程。

5）国内外没有嵌套叠加式变尺寸直剪仪这样的专业设备，本成果研发的嵌套叠加式变尺寸直剪仪可进行多组合测试，消除尺寸依赖性。

6）本成果提出的三维整体变形高精度平均域矢量算法和亚像素偏移追踪算法，相比国内外现有技术精度更高，且可实现亚像素偏移追踪。

本技术通过国内外查新，查新结果为：在所检国内外文献范围内，未见有相同报道。

五、第三方评价、应用推广情况

1. 第三方评价

2024 年 4 月 25 日，经四川省土木建筑学会组织的鉴定委员会一致认为：项目成果总体达到国际领

先水平，具有广阔的应用价值和推广前景。

2. 推广应用

本项目的经济效益包括：节约工程投资 5.69 亿元。节约工程投资具体体现在：混凝土排桩的水泥用量、锚喷的水泥用量、支护锚杆的用量、混凝土的水泥及骨料用量等。计算依据如下：

（1）四川源长建设工程有限公司，2021—2023 年，1.10 亿元；

（2）武汉和纵盛地产有限公司，2019—2023 年，3.12 亿元；

（3）四川省公路规划勘察设计研究院有限公司，2015—2023 年，5800 万元；

（4）成都智瑞森科技有限公司，2021—2023 年，8635.6 万元；

（5）四川省先舟建设工程有限公司，2023—2024 年，300 万元。

此外，相关成果还被甘孜州国土资源局、泸定县国土资源局、冕宁县国土资源局、石棉县国土资源局、西昌市国土资源局等政府机关采用，为地方政府防灾减灾以及城镇和大型工程规划建设提供了技术支撑，为地方经济社会可持续发展做出了贡献。

六、社会效益

项目团队历时 20 余年系统研究，创新了高陡边坡变形动态多源监测与安全数智防控技术，项目成果在贵阳红岩地块滑坡、澜沧江上游拉金神谷滑坡等重大项目中成功应用，保障了高陡边坡工程安全与长期韧性服役，为我国基础设施安全建设和工程边坡长期韧性服役提供了理论依据和技术保障，取得了显著的生态效益、社会效益和经济效益，具有广阔的应用前景和推广价值。

项目研究过程中培养了一批高水平的科研、设计、施工、管理人才，为企业、社会积累了宝贵经验，为城市高陡边坡工程均可提供大量的技术支撑，产生了巨大的社会价值。

新型消除残余应力抗疲劳钢桥面技术开发及工程应用研究

完成单位： 中建安装集团有限公司、中建五洲工程装备有限公司、西南交通大学、深圳市市政设计研究院有限公司、同济大学、南京市公共工程建设中心

完 成 人： 刘福建、段永军、王洪福、潘春宇、陈建定、郑凯锋、许有胜、姜　旭、孙晓阳、冯霄暘

一、立项背景

随着我国工程技术的创新与发展，桥梁建设不断取得新突破。截至 2023 年底，我国公路桥梁数量已达到 107.93 万座，展现出国家在桥梁建设领域的卓越成就。正交异性钢桥面是现代钢桥的重要组成部分，具有自重轻、刚度大、承载能力强、施工便捷等优点，广泛应用于各类大、中跨径钢结构桥梁。但是，钢桥在服役过程中，正交异性钢桥面在交通荷载和环境因素等的共同作用下极易萌生疲劳裂纹，进而引发疲劳开裂问题，其中以顶板与 U 肋焊缝、横隔板与 U 肋焊缝、横隔板开孔处疲劳开裂问题尤为突出。疲劳开裂问题削弱了钢桥面的承载力、缩短了使用寿命，甚至威胁桥梁结构的安全，封桥维修不仅影响交通出行，还产生了高额的维修费用。目前，如何降低钢桥面疲劳开裂风险是钢桥领域的重要研究内容。

正交异性钢桥面是纵横向互相垂直的加劲肋（纵肋和横肋）连同桥面盖板焊接成的共同承受车轮荷载的钢桥面系统，其结构复杂，焊缝数量庞大，大规模焊接作业不可避免地引入可观且繁杂的残余应力场。残余应力是指存在于结构内部的自相平衡的应力，机械及压力容器等领域的相关研究表明，残余应力是影响焊接结构疲劳性能的重要因素，同时残余应力也会导致钢桥面结构变形，从而影响装配精度。

针对钢桥面疲劳开裂行业难题，参研各方以降低钢桥面残余应力，以延长疲劳寿命为目标，构建了多单位协同的一体化研发模式，从残余应力调控机理、退火工艺技术、残余应力检测技术、疲劳性能试验研究以及工程化应用等五个方面进行深入研究，形成了"新型消除残余应力抗疲劳钢桥面技术"成果。

二、详细科学技术内容

1. 新型钢桥面残余应力调控机理研究

创新成果：基于有限元软件进行二次开发，建立了钢桥面顶板与 U 肋焊缝的多尺度、热学－冶金学－力学多场耦合数值分析模型，对新型钢桥面焊接及退火过程中焊接接头的金相组织转变行为与焊接残余应力分布特性进行模拟，并与实测数据进行对比，确保模型的有效性。对焊后退火处理的焊接接头残余应力分布特性进行分析。研究焊后及退火处理后，焊缝、热影响区、母材的金相组织转变行为与残余应力分布变化特性，模拟结果发现，焊接过程中，焊缝金属熔化后再凝固、冷却收缩受到约束产生的热应力是残余应力的主要部分，同时焊接冷却阶段焊缝组织由奥氏体向贝氏体和马氏体转变，组织转变过程中，晶体体积增大，导致材料内部应力上升，形成残余应力。退火处理后，钢材的软化与蠕变、马氏体组织的减少与晶体体积减小，导致了残余应力的减少。该研究揭示了钢桥面焊接残余应力的分布规律和退火调控机理。见图 1、图 2。

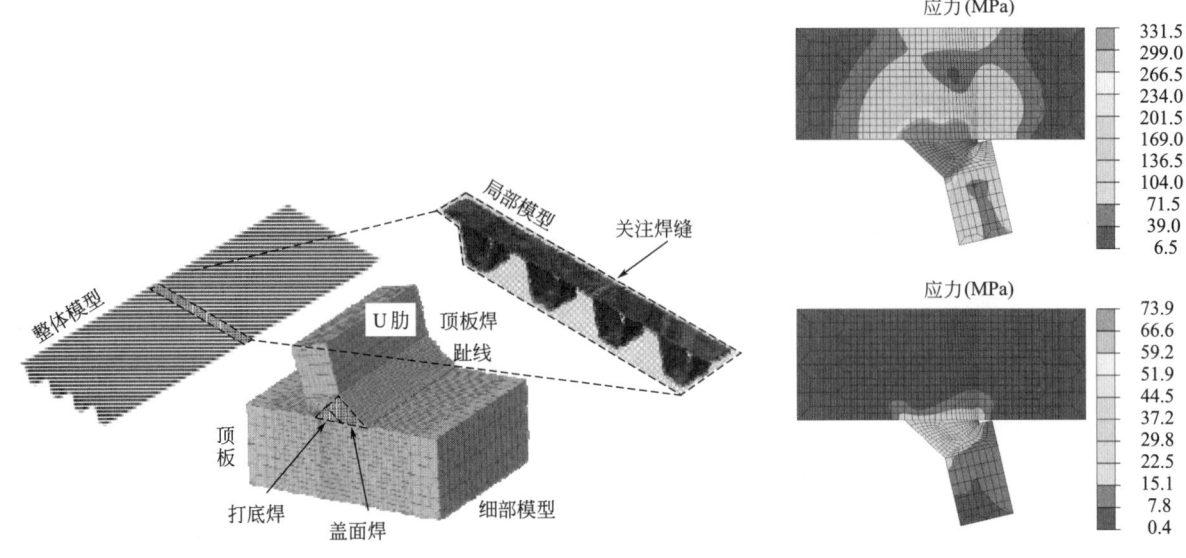

图1　钢桥面多尺度、多场耦合有限元模型

图2　退火前后残余应力数值模拟结果

2. 新型钢桥面退火工艺技术

创新成果一：结合钢桥面结构特点，设置多组退火工艺参数并开展了不同参数的对比试验研究，分析了试件焊接残余应力、材料强度、冲击韧性，硬度等力学性能随退火工艺参数的变化规律。试验发现在各族退火工艺下，试件的母材、焊缝区的硬度、屈服强度与拉伸强度略有下降、冲击韧性有提升，力学性能均满足相关标准要求。在保证材料力学性能的前提下，结合节能环保、工期等因素，最终确定了最优退火工艺。在该退火工艺退火下，钢桥面试件焊接残余应力下降80%，降幅明显。围绕新型消除残余应力抗疲劳钢桥面制造，从产品下料、组装、焊接、退火等工序形成了成套制造工艺。见图3、图4。

图3　退火工艺试验

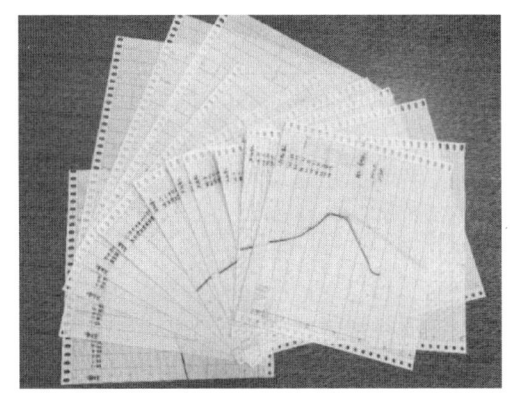

图4　热处理曲线图及说明

创新成果二：针对钢桥面服役期间U肋对接焊缝易出现疲劳裂纹的问题，研发了针对钢桥面U肋现场对接焊缝的退火处理设备，该设备能够使得电加热片平整和均匀的紧贴于现场施焊的U肋对接焊缝及顶板与U肋角焊缝处，实现了对U肋现场对接焊缝的局部退火处理。该装置携带方便，可重复使用，解决了现场焊缝应力消除的问题，降低了缝疲劳开裂的风险，提高了钢桥面疲劳性能和使用寿命。围绕该成果已发布《正交异性钢桥面板退火处理技术规程》《退火处理抗疲劳钢桥面板》两部标准。见图5。

创新成果三：提出了"数值仿真＋试验验证"的钢桥面变形的控制方法。通过试验实测钢桥面变形数据，对有限元模型进行修正，然后进行钢桥面在不同焊接工艺参数条件下的变形分析，并总结实用变形计算公式，由此确定钢桥面焊接时需要施加的预变形量。设计了钢桥面焊接反变形胎架，通过调节反

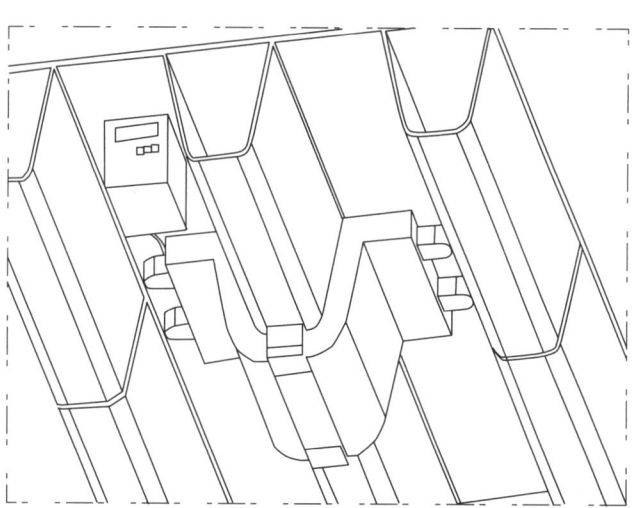

图 5　钢桥面现场退火处理设备

变形大小，达到精确控制钢桥面焊接变形的效果，减少了钢桥面焊接和退火后变形，提高了结构的装配精度，降低了制造成本，提高了桥面制作加工效率，对新型钢桥面退火工艺的推广具有促进意义。

设计了可重复使用的钢桥面退火防变形工装，工装采用模块化设计，可根据工程实际情况配合大型热处理炉共同使用，实现对正交异性钢桥面板整体退火，并防止桥面板变形，达到降低焊后残余应力的目的。该工装可以一个批次完成多个钢桥面板的整体退火，缩短工期，节约退火成本，实用性强，降低了生产成本。见图6～图9。

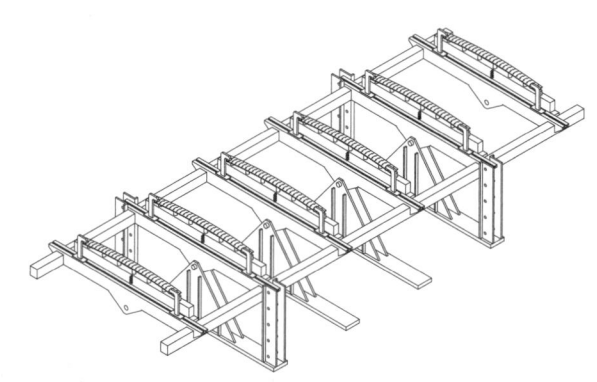

图 6　焊接反变形胎

图 7　桥面及退火防变形工装

图 8　大型燃气热处理炉

图 9　钢桥面装炉

3. 新型钢桥面残余应力检测技术

创新成果一：采用盲孔法、X射线法、超声波法等方法检测退火处理前后钢桥面顶板与U肋焊缝及附近残余应力的大小，分析残余应力分布规律。试验发现退火前后的残余应力变化及分布规律具有一致性，焊后残余应力区域主要分布于焊缝区与热影响区，此区域残余应力最高，随着离焊趾距离增加，残余应力值迅速下降；在各种试件及钢桥面构件上验证了退火处理对降低残余应力的有效性。对比几种残余应力检测方法的检测精度，结合钢桥面结构特点，提出了钢桥面焊接残余应力检测方法，规范了不同残余应力检测方法的测点布置，并对钢桥面残余应力检测时间、数据记录和验收标准做出规定，形成《正交异性钢桥面焊接残余应力检测标准》一本，为钢桥面残余应力检测提供指导。见图10。

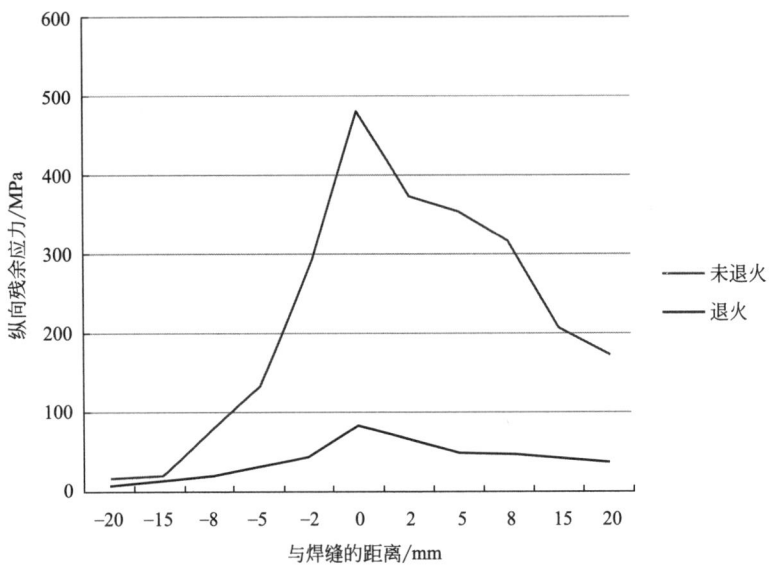

图 10　盲孔法残余应力检测结果

创新成果二：开发了针对钢桥面顶板与U肋焊缝的盲孔法残余应力检测的装置，通过设置可旋转的变角度连接装置，能够适应多角度角焊缝的钻孔定位，装置成本低，操作简便，解决了传统盲孔法应力检测设备无法适用的角焊缝钻孔问题，降低了残余应力检测的操作难度，提高了残余应力检测的准确性。见图11、图12。

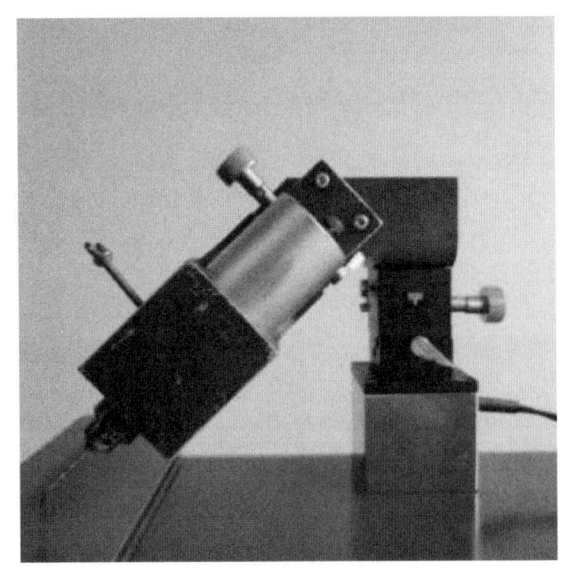

图 11　针对U肋焊缝的盲孔法残余应力检测的装置

图 12　盲孔法残余应力检测

4. 新型钢桥面疲劳性能试验研究

设计制作了钢桥面局部足尺及节段足尺模型试件，并对试验组进行整体退火处理。对以上试件进行疲劳加载试验。通过正弦波常幅多阶段循环加载方法与多测点不间断监测手段，基于名义应力法与热点应力法对退火钢桥的抗疲劳性能进行了试验研究，同时基于焊缝焊趾处的局部应力响应对顶板与 U 肋焊缝的疲劳裂纹扩展行为与疲劳断口形态进行了相应分析。对比研究了退火处理对钢桥面疲劳性能的影响，以验证该技术在实际工程中应用的有效性。试验结果显示，钢桥面疲劳裂纹以多处点裂源形式萌生，并逐渐汇聚成长为微小可见裂纹的生长过程为主要特点，随着继续循环加载，裂纹将逐渐沿焊缝的纵向和顶板板厚方向扩展，最终形成贯穿裂纹导致疲劳失效。关键测点处的应变下降率可以间接显示该处疲劳裂纹的扩展情况，与未经退火试件相比，退火处理降低焊接残余应力能有效延缓顶板与 U 肋焊缝疲劳裂纹的萌生和扩展，最终导致其疲劳强度的显著提高。经过退火处理试件的疲劳强度比未经退火处理试件高 20％以上，疲劳寿命提高 72％以上。见图 13～图 16。

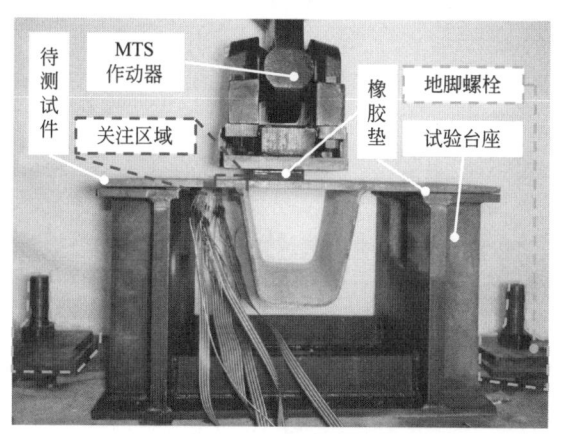

图 13　顶板与 U 肋焊缝细节疲劳试验

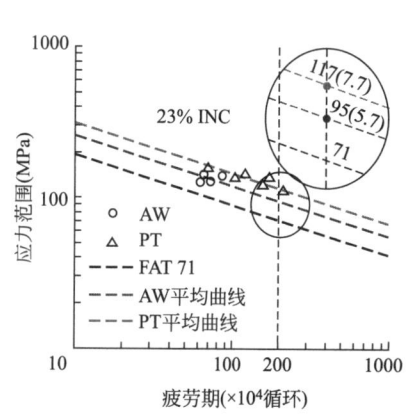

图 14　*S-N* 曲线

图 15　节段足尺模型加载

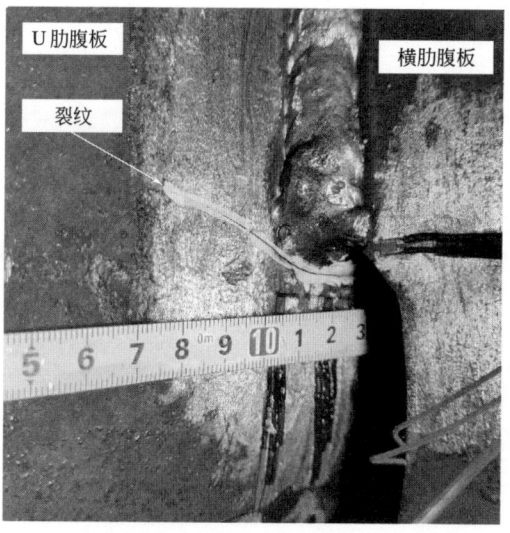

图 16　试件疲劳开裂

5. 新型钢桥面工程应用

创新成果：以合肥市畅通二环（西南环）宿松路节点改造工程 2 标段项目为研究对象，在行业内首次针对退火处理的钢桥面进行服役监测研究。通过设置应变传感器，收集新型消除残余应力抗疲劳钢桥面与常规钢桥面在相同交通荷载下的应变响应，分析应变变化规律。

经对比分析，退火处理钢桥面各测点数据序列间的差值明显小于未退火处理钢桥面，退火后钢桥面受力最不利测点拉应变平均值降低64%，表明退火后桥梁几何尺寸有所改善，钢桥面受力均匀性变好，退火处理对钢桥面在交通荷载作用下的疲劳性能具有提升作用。见图17、图18。

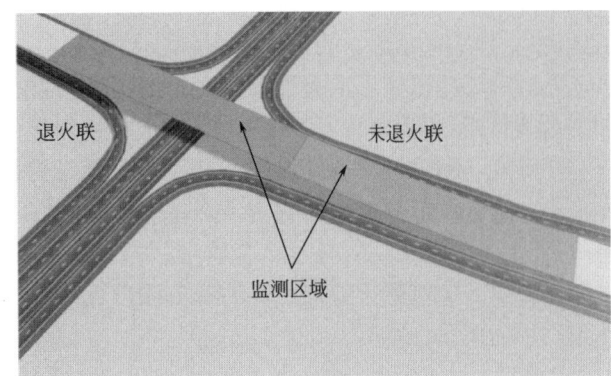

图17 监测位置示意

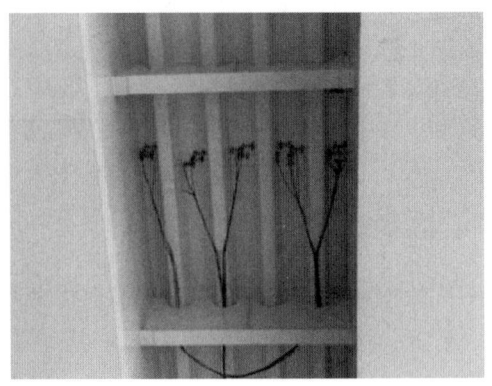

图18 应变传感器布置

三、发现、发明及创新点

1. 行业内首创钢桥面板整体退火工艺，焊接残余应力降低80%

2. 创新了钢桥面焊接残余应力的检测方法，规范了钢桥面残余应力的检测

3. 行业内首次开展退火处理钢桥面的疲劳试验及服役监测研究

四、与当前国内外同类研究、同类技术的综合比较

近年来，一些学者开展了正交异性钢桥面疲劳性能研究，从工艺角度提出单面焊双面成形、开口纵肋、U肋内焊及厚边U肋等技术，解决了焊缝的偏心受力，改善了接头的受力性能，但焊接残余应力诱导和加速疲劳开裂的问题并没有得到解决。

本技术通过国内外检索，部分学者在机械制造领域，对残余应力会引起零部件变形和开裂有一定的研究，但残余应力对大尺寸、结构复杂钢箱梁结构没有检索到相关前沿研究成果。

五、第三方评价、应用推广情况

1. 第三方评价

2024年6月20日，中国建筑集团有限公司组织对课题成果进行鉴定，由中国工程院院士担任评价专家组组长，专家组认为该项成果整体达到国际领先水平。

研究成果入选江苏省重点推广应用的新技术新产品目录，获评江苏省综合交通运输学会四新技术，为加快建设交通强国提供有力支撑。

新华社等多家主流媒体对该成果进行了宣传报道，单篇阅读量就超过190万次。

2. 推广应用

本技术可广泛应用于各类跨河桥、跨线桥、高架桥等各类桥梁项目，目前已经应用于合肥市畅通二环（西南环）宿松路节点改造工程2标段项目、南京市仙新路过江通道项目（试验段）、昆山市花园路（江浦路—水秀路）改造项目、南京市建宁西路桥梁工程等多个项目。

其中在合肥市畅通二环项目应用的专家评审会上，评审专家一致认为，该技术首次提出并应用了钢桥面退火工艺，对解决钢箱梁正交异性钢桥面疲劳开裂具有重大突破和创新。新型钢桥面板设计先进，制造工艺合理，热处理温控可靠，残余应力检测方案可行，检测结果表明退火后焊缝残余应力大幅下降，材料性能满足标准要求。

在仙新路过江通道新型退火钢桥面板试验成果评审验收会上，与会专家认为，该技术成果在国内外首次完成了新型退火正交异性钢桥面节段足尺模型疲劳试验，成果揭示了钢桥面整体退火对消减焊接残余应力的规律，并首次对正交异性钢桥面进行整体退火，工艺和装备合理可行。该技术成果能大幅降低了焊接残余应力，显著提高了疲劳强度，具有先进性和推广应用价值。

目前正在推动该成果在中吴大道西延智慧快速路桥梁工程项目、扬溧高速改扩建项目的推广应用。本技术项目应用的综合效益显著。

六、社会效益

我国桥梁工程的建设，已经由"以建为主"转为"建养并举"的发展模式。据统计，我国当前在役桥梁数量已超过百万座，有相当比例的桥梁面临着不同程度的病害和性能劣化问题。随着桥上交通向高速、重载、大流量方向发展，交通荷载对桥梁结构的服役质量和安全性能要求越来越高。在役桥梁的实际性能与服役安全、质量需求之间的矛盾日益突出。如何保障桥梁的安全性、耐久性和使用功能，已成为目前桥梁工程界的巨大挑战。针对这一问题，交通运输部发布的《关于进一步提升公路桥梁安全耐久水平的意见》中明确指出，需要加强公路桥梁基础理论研究，提升勘察设计水平，持续增强公路桥梁系统的韧性和服役性能。

本研究以降低钢桥面板焊接残余应力为主要技术路线，通过钢桥面板整体退火降低焊接残余应力，提升钢桥面疲劳强度，达到延长钢桥面板服役寿命的效果。显著降低正交异性钢桥面疲劳开裂的风险，为长大桥疲劳开裂问题提出新方案。同时，该技术有利于减少钢桥面服役期间的维修频率，从而有效降低全寿命周期成本。同时减少了由于道路封闭对交通带来的不利影响。技术的广泛应用将有助于提高我国桥梁工程的建设质量和耐久性，保障交通运输安全，对促进国民经济发展和社会进步具有深远的意义。

历史城镇修缮保护及性能提升关键技术研究与应用

完成单位： 中国建筑一局（集团）有限公司、中建一局集团东南建设有限公司、东南大学、北京中
建建筑科学研究院有限公司、中建一局华江建设有限公司

完成人： 黄　勇、淳　庆、杜鑫丹、董清崇、吕小龙、朱　琪、王长军、王春红、彭礼君、
李亨通

一、立项背景

我国现有 446 座国家级历史文化名城名镇、1000 多处各类历史街区、100 多万处不可移动文物和历史建筑，是见证中华文明演进过程的物质载体。这些项目一方面保存了当地以风土人情和建筑风貌为代表的历史文化底蕴，另一方面通过对传统城市功能的积极创新，带动了当地经济的发展，也更好地满足了现代城市居民的生活需求。如何从建筑-街巷跨尺度整体和科学保护历史城镇，是目前"城市更新"和"文化遗产保护"国家战略实施的重大技术难题。该项技术聚焦于古建修缮保护与城市更新改造领域，同时响应了中建集团在既有建筑及基础设施性能提升和智慧建造领域相关的关键技术研究方向，符合国家战略发展方向，具有非常巨大的推广意义。

二、详细科学技术内容

1. 历史城镇建筑遗产形制构造数字化技术

在国际上率先提出了基于 Revit-Dynamo 建筑与结构信息一体化的多元集成模型方法，首次将结构计算引入参数化 BIM 模型中，实现传统木构建筑遗产和砌体建筑遗产的形制构造数据和结构性能数据的多源融合。

该技术首先运用类型学理论对典型历史城镇建筑遗产的形制构造特征进行研究，通过对典型建筑遗产的平面、空间格局、结构体系及构造细节进行深度解析，从单个构件到单榀构架形式再到整体结构，提炼出典型类型建筑遗产的形制与构造特征，进而将这些特征转化为 BIM 参数化脚本。基于 Revit-Dynamo 平台，按照典型建筑遗产营造过程，通过设置关键点参数描述坐标点、设定路径线与截面，生成不同构件并以族的形式转入 Revit 中，实现 BIM 模型的快速生成，并通过力学参数与结构计算公式的添加，使其具备结构属性，生成建筑与结构信息一体化的多元集成模型，为历史城镇建筑遗产的结构分析、保护修缮及复原设计提供了精准高效的数字化技术支持。见图 1、图 2。

工业建筑遗产　　　　　　　　　　　民居建筑遗产　　　　　　　　　　　商铺建筑遗产

图 1　历史城镇不同建筑遗产类型的实景照片

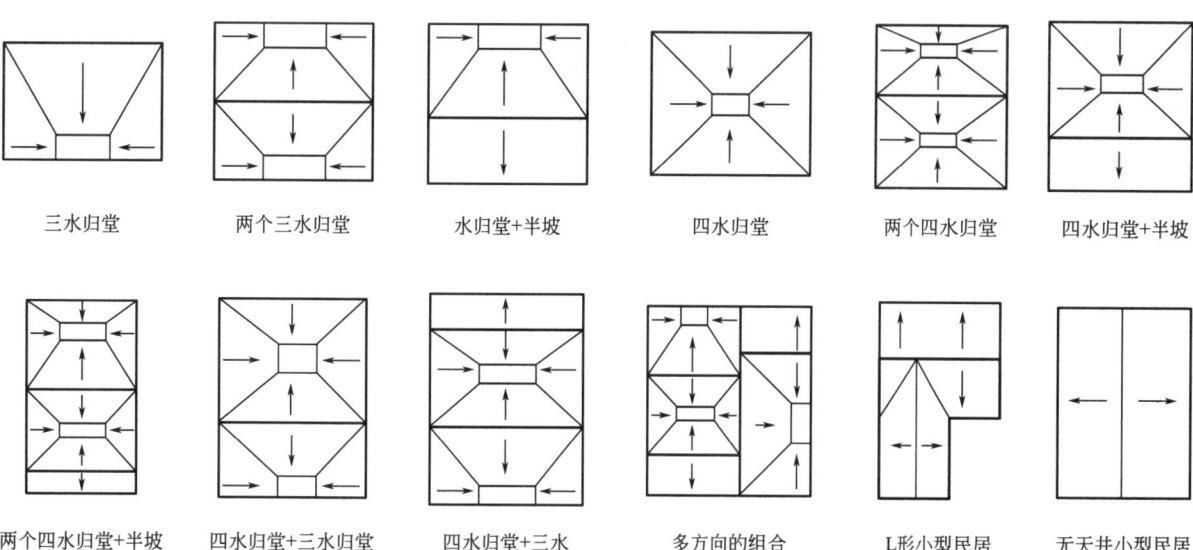

三水归堂　　　两个三水归堂　　　水归堂+半坡　　　四水归堂　　　两个四水归堂　　　四水归堂+半坡

两个四水归堂+半坡　　四水归堂+三水归堂　　四水归堂+三水归堂+半坡　　多方向的组合　　L形小型民居　　无天井小型民居

图2　历史城镇典型建筑遗产平面形式

2. 历史城镇建筑结构安全定量评估技术

该技术提出了木材、砌体劣化程度的判别和检测方法，分别建立了考虑劣化影响因素的木材和砌体弹塑性本构模型，提出了基于构件重要性的传统木构建筑遗产和砌体建筑遗产的结构安全定量评估方法。

通过标准材性试件与典型斗栱缩尺试件的人工模拟腐朽试验、对不同腐朽程度的典型斗栱缩尺试件进行竖向加载与水平低周反复加载试验，获取不同腐朽状态下标准木材材性的变化规律以及典型斗栱缩尺试件的破坏形式、结构性能退化规律等，研发出具有自主知识产权的一种简便射钉式木材腐朽检测仪器及评估方法。见图3。

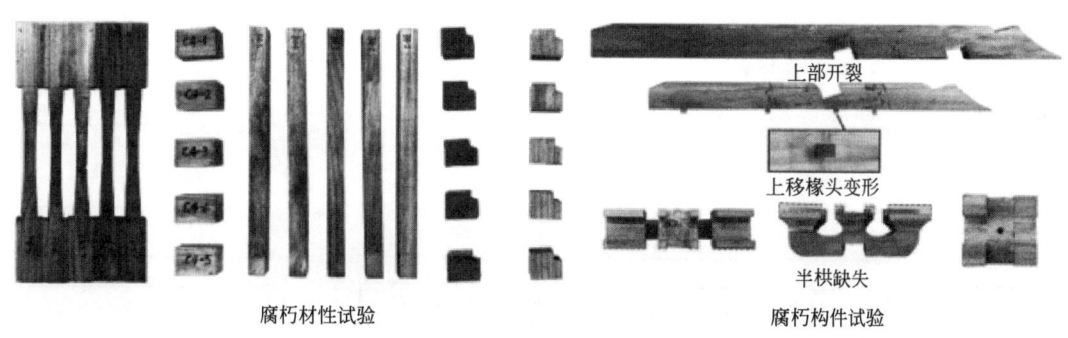

腐朽材性试验　　　　　　　　　　　腐朽构件试验

图3　木材腐朽劣化检测评估研究

通过对典型建筑遗产的砖材取样试验研究，揭示了砌体建筑遗产地上和地下、青砖和红砖的力学性能、微观组成、孔隙结构和超声波速等材料特性，阐明了砌体建筑遗产墙体在长期载荷和地下水盐环境作用下的内部微裂纹机理与性能劣化幅度。见图4。

同时，针对历史城镇典型建筑遗产类型，基于形制构造特征和营造工艺特点研究、构件重要性的考虑、采用改进的层次分析法，引入基于能量法计算获得的构件层级权重系数，最终建立了历史城镇典型建筑遗产类型的结构安全定量评估方法，从而为历史城镇建筑遗产安全状态的检测评估提供理论依据。见图5。

3. 历史建筑适应性加固修缮技术

该技术研发了基于风貌保护和结构安全双重要求下的多项适应性加固修缮技术，涉及地基基础、大木构架、围护墙体、屋面等方面。

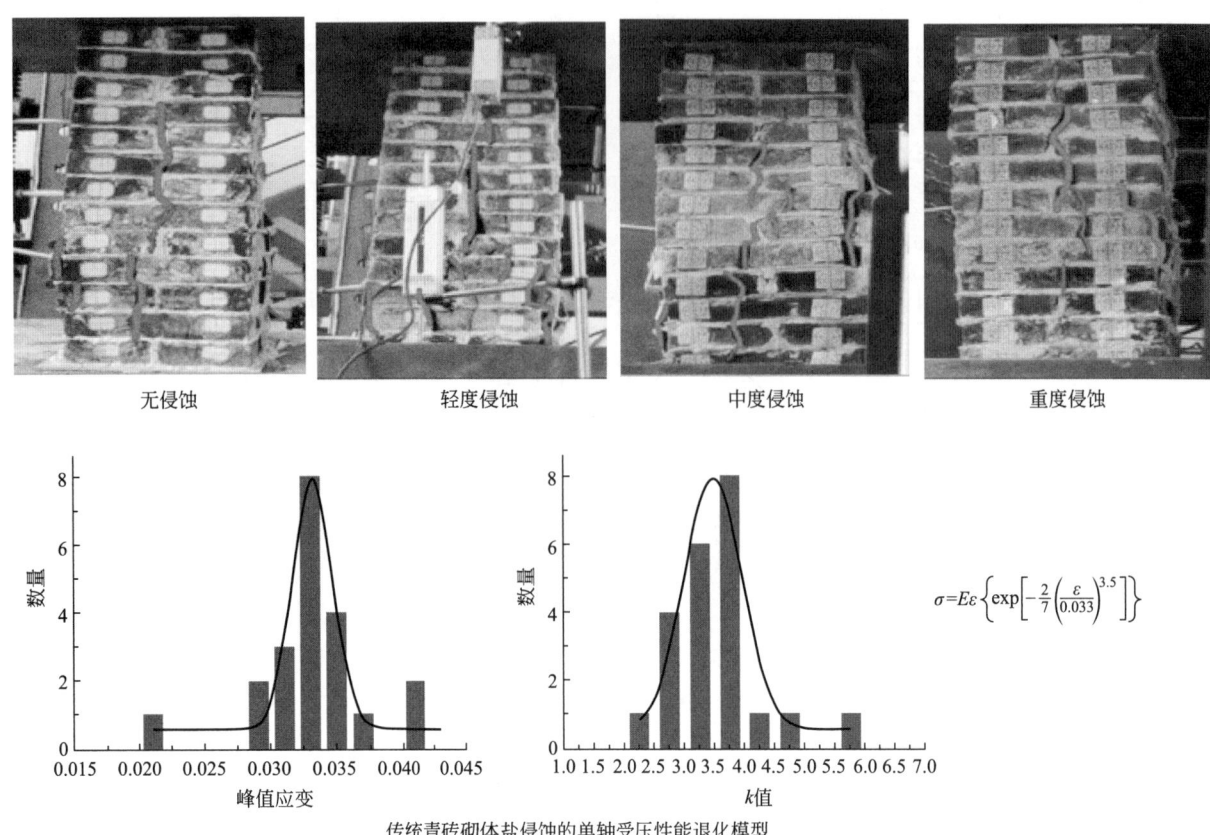

无侵蚀　　　　　　　　轻度侵蚀　　　　　　　　中度侵蚀　　　　　　　　重度侵蚀

$$\sigma = E\varepsilon \left\{ \exp\left[-\frac{2}{7}\left(\frac{\varepsilon}{0.033}\right)^{3.5} \right] \right\}$$

传统青砖砌体盐侵蚀的单轴受压性能退化模型

图 4　砌体劣化检测评估研究

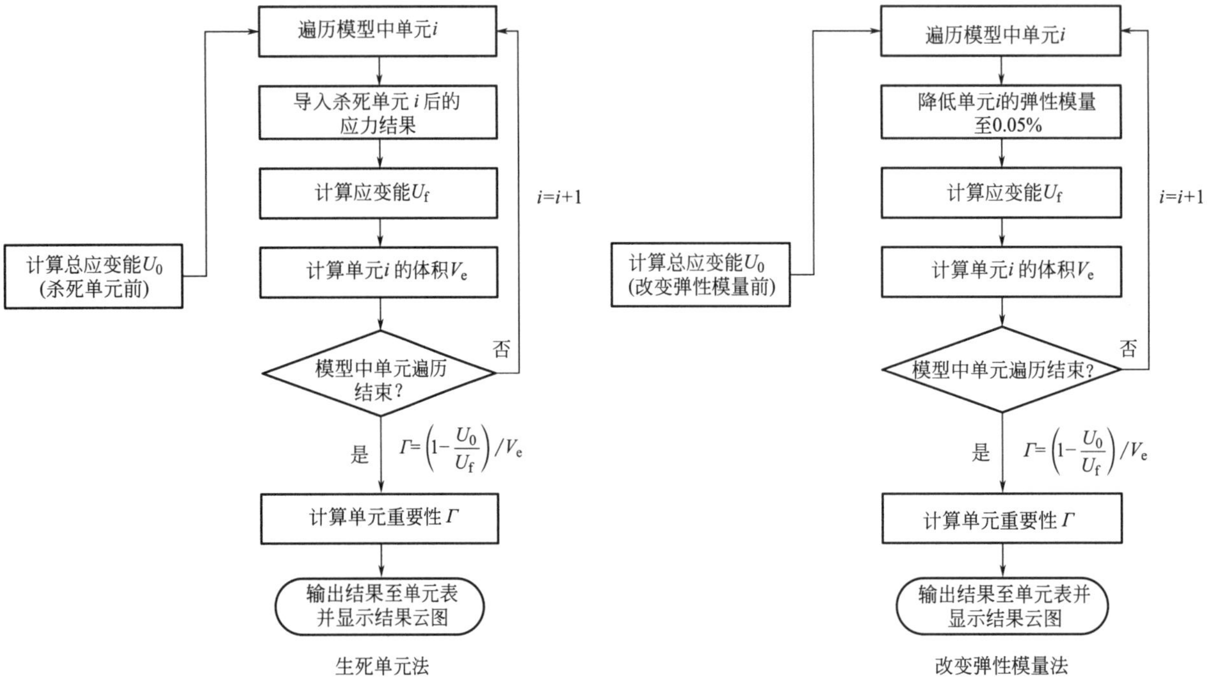

生死单元法

遍历模型中单元 i

导入杀死单元 i 后的应力结果

计算应变能 U_f

计算单元 i 的体积 V_e

计算总应变能 U_0（杀死单元前）

模型中单元遍历结束？　否　$i=i+1$

是　$\Gamma = \left(1 - \dfrac{U_0}{U_f}\right)/V_e$

计算单元重要性 Γ

输出结果至单元表并显示结果云图

改变弹性模量法

遍历模型中单元 i

降低单元 i 的弹性模量至 0.05%

计算应变能 U_f

计算单元 i 的体积 V_e

计算总应变能 U_0（改变弹性模量前）

模型中单元遍历结束？　否　$i=i+1$

是　$\Gamma = \left(1 - \dfrac{U_0}{U_f}\right)/V_e$

计算单元重要性 Γ

输出结果至单元表并显示结果云图

图 5　历史城镇建筑遗产的结构构件重要性分析方法

1）悬空加固砖柱法：

在不拆除历史城镇建筑遗产原砖柱的前提下，创新发明了一种悬空加固的砖柱结构及其施工方法，对砖柱基础进行加固修缮，实现了风貌保护和安全加固的双重目标。该技术通过将砖柱周围的结构梁支撑后，采用静压力一次将托梁与横梁压入原砖柱基底部土体，将砖柱托起，在砖柱底部空间浇筑混凝土，形成混凝土基础。该项技术解决了因传统施工方法需将房屋进行拆除而对历史城镇建筑遗产风貌产生不可逆破坏的难题。

2）压密注浆地基加固法：

单液注浆管为水泥浆，双液注浆管为水泥浆＋水玻璃。墙体内侧为双液注浆管，距离墙面 500mm，间距 1000mm 布置，外侧为单液注浆管，距离墙体 1000mm，间距 1000mm，与双液注浆管错开布置。注浆管采用直径 48mm 的钢管制作花管，管壁钻孔沿长度方向每 0.3m 布置 1 个，沿管壁周长均布 3 个，梅花形布置，孔口加焊护孔倒刺，钢管端部制成尖锥状。见图 6、图 7。

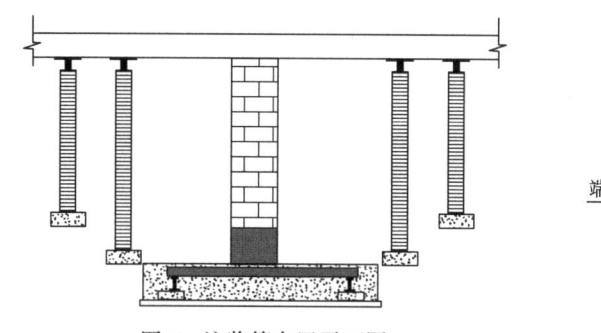

图 6　注浆管布置平面图

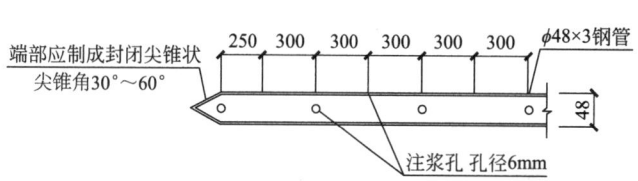

图 7　注浆加固剖面示意图

3）FRP 混杂纤维加固木结构技术：

具有轻薄、高强和易于施工等优点，特别适合用于大木构架的适应性加固修缮；纤维布采用专门的配套树脂类胶粘剂，可粘贴于木材表面，受弯加固时纤维布层数不大于 4 层。为了保证纤维布不发生剥离破坏，在额枋粘贴纤维布的两端各加一道环箍纤维布，再将底胶均匀涂抹于木构件表面，较好的提升了木柱的抗压承载能力。

4）装配式钢结构加固大跨度木屋架结构技术：

采用模块化钢结构的方式对木屋架节点处进行加固，在屋架顶角处设置钢夹板并用对拉螺栓拉结固定，通过屋架下弦与顶角之间的钢拉杆穿过上弦杆，且通过螺母固定，从而达到增强屋架顶角位置处强度的目的。在其他木屋架节点处，通过在节点处底部设置弧形托板与屋架支撑设置的钢结构套筒固定连接，增强节点处强度，并减少钢弦杆因张拉对木结构造成的损伤，形成稳定、安全的木屋架结构体系。

5）木结构整体同步提升技术：

建筑遗产往往室内标高较低，容易积水，该项目创新提出一种古建筑木结构整体提升方法，根据轴网搭设辅助施工及设备安放的满堂脚手架，安装智能电动葫芦，以及安装配套的柔性钢吊索。在柱-础与榫卯节点处放置无线应变传感器，测得数据传输入集成控制台，控制各电动葫芦起吊速度实现完成结构整体提升。

6）墙体防水修缮技术：

研发出一款无色、透明的纳米渗透亚光防水涂料，以提高老墙体的防水性能。经喷涂，在砌体构件、混凝土构件等多孔结构建筑表面形成透明防水层，实现表面防水；也可与水泥砂浆混合，其活性成分能促进水泥本身的水化，水化生成物增多，水泥石结晶变细，结构密实，提高了建筑表面的抗渗性。

7）墙体回顶扶正加固技术：

在保证墙体历史风貌的情况下，根据不同砌筑工艺、不同倾斜程度、不同地质及施工环境等影响，加固前将原有老墙破损墙帽保护性拆除，采用刚性杆件进行临时支撑。待地基加固完成后，逐步替换支撑杆件为可调节杆件，避免架体的重复搭设，达到了"修旧如旧"的目的。

4. 历史城镇基础设施性能提升技术

该技术建立了历史城镇基础设施性能提升相关标准和图集，研发了历史城镇道路性能适应性提升技术、现代模块及景观亮化提升技术和机器人智能巡检技术等，形成具有自主知识产权的智慧建造工具和流程，实现历史城镇街巷风貌保护和性能提升双重目标。

1）道路性能适应性提升技术：

研发出青石板路面系统、鹅卵石路面系统、窑砖麻面青石板路面系统等。既遵循了古法，又采用了新的隐蔽排水系统，解决了传统路面结构无法与周边历史建筑协调一致以及排水效果差的技术问题，也成功地复原了历史道路。见图8。

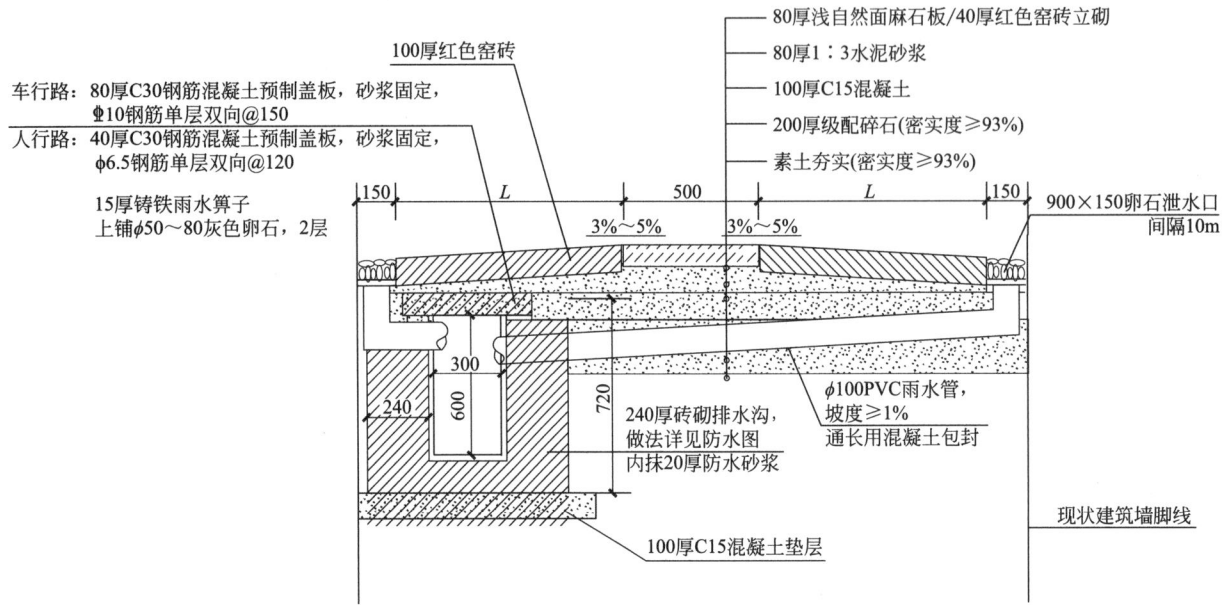

图8　道路性能适应性提升技术

2）现代模块功能提升技术：

研发了现代化功能模块与木构于一体的施工方法，通过将可逆可拆解的轻型钢结构现代化模块盒子与木结构相连接，解决了历史城镇建筑原有木结构房屋功能室内设置卫生间、淋浴间及厨房等用水较多的空间及宜居性能，满足当代人们的生活需求难题。见图9。

图9　现代模块功能提升技术

3）景观亮化提升技术：

结合历史元素，采用砖灯隐藏方式安装，灯面采用环氧树脂材质，经表面喷胶做旧工艺处理，使观感和质感与周边环境协调，达到昼间"视觉隐蔽"、夜间发光的目的。基于"见光不见灯"的理念，建立历史城镇景观亮化提升成套技术。

4）消防性能提升技术：

在保持历史建筑整体的原则下，提出了性能化的火灾危害分析法，同时针对历史城镇消防管理规范缺失的问题，制订了徽派风貌古城街区修缮改造消防技术指南，研发了符合历史城镇风貌特色的微型消防站，大大提升了历史城镇街巷的消防性能。

5）智慧建造运维技术：

形成了一套四足机器人辅助人工进行历史城镇项目巡检工作的新型管理流程。具备高度的智能化、自动化和远程化特点，能够通过机器人的运动控制和传感器数据采集，实现了全面、精准、高效的巡检；同时，还具备强大的数据处理和分析能力，能够对巡检数据进行自动分类、整理和分析，为历史城镇的维护和保护提供重要的参考依据。

三、发现、发明及创新点

1）建立了历史城镇建筑形制构造数字化技术，提出了基于 Revit-Dynamo 建筑与结构信息一体化多元集成模型方法，研发了基于 BIM 的传统木构建筑模型快速生成插件库软件系统，首次将结构计算引入参数化 BIM 模型中，实现传统木构建筑和砌体建筑遗产的形制构造数据和结构性能数据的多源融合。

2）构建了历史城镇建筑结构安全定量评估技术，提出了木材、砌体劣化程度的判别和检测方法，分别建立了考虑劣化影响因素的木材和砌体弹塑性本构模型，提出了基于构件重要性的传统木构建筑遗产和砌体建筑遗产的结构安全定量评估方法。

3）研发了历史城镇建筑适应性修缮保护技术，包括混杂纤维加固木结构技术、悬空加固砖柱技术、隐蔽式木梁柱节点加固技术、纳米渗透亚光防水涂料技术、古建筑屋面双面自粘高分子防水卷材技术等，实现历史城镇建筑风貌保护和结构安全双重目标；

4）研发了历史城镇基础设施性能提升技术，包括历史城镇建筑消防性能化改造技术、狭窄街巷地下管网一体化施工技术、机器人智能巡检技术、运维状态智能监测技术等，实现历史城镇街巷风貌保护和性能提升双重目标。

项目获得专利授权 39 项（其中发明专利 17 项），形成省部级工法 2 项，发表论文 52 篇（其中 SCI25 篇，EI12 篇，中文核心期刊 15 篇），授权软著 14 项，出版著作 2 部，主编地方标准 1 项、团体标准 1 项、国标图集 1 项。

四、与当前国内外同类研究、同类技术的综合比较

较国内外同类研究、技术的先进性在于以下七点：

1. 历史城镇建筑遗产形制构造数字化技术

率先提出了基于 Revit-Dynamo 建筑与结构信息一体化的多元集成模型方法，考虑了结构信息的多源数据融合。

2. 历史城镇建筑结构安全定量评估技术

首次建立了考虑构件重要性的传统木构建筑遗产和砌体建筑遗产的结构安全定量评估方法。

3. 历史城镇建筑 FRP 加固木结构技术

首次建立了适合混水面木构的外贴碳-芳-玻 HFRP 加固技术及适合清水面木构的内嵌碳-芳-玻 HFRPC 板加固技术。

4. 历史城镇建筑大木构架整体提升技术

创新性地提出了一种基于数据监控的满堂脚手架和神仙葫芦同步整体提升大木构架技术，节约造价超过 50%。

5. 历史城镇建筑墙体防水修缮技术

创新性地研发出一款无色、透明的纳米渗透亚光防水涂料，性能稳定、不变色且耐久性好。

6. 历史城镇建筑屋面防水修缮技术

基于历史建筑屋面特殊的构造特征，创新研发出一种新型的适用于历史建筑屋面的高分子柔性防水卷材，该卷材和木望板、望砖和灰浆有着优越的粘结性能。

7. 历史城镇建筑遗产运维智能监测技术

基于管理模块、监测模块和评估模块的系统研发，首次建立建筑遗产的运维状态智能监测技术，实现对建筑遗产进行实时三维可视化的安全风险预警和安全评估。

本技术通过国内外查新，查新结果为：在所检国内外文献范围内，未见有相同报道。

五、第三方评价、应用推广情况

1. 第三方评价

2024 年 6 月 5 日，中国建筑股份有限公司科技与设计管理部组织对课题成果进行鉴定，由中冶建筑研究总院首席专家担任评价专家组组长。专家组认为，该项成果整体达到国际领先水平。

2. 推广应用

本项目创新成果已在多个重要历史城镇修缮保护和性能提升项目中得到成功应用和推广：

1）景德镇陶阳里历史街区保护更新项目：

习近平总书记在景德镇市考察调研时指出，陶阳里历史文化街区严格遵循保护第一、修旧如旧的要求，实现了陶瓷文化保护与文旅产业发展的良性互动。

2）宜春万载古城保护更新项目：

保护和提升后的万载古城先后获批国家 AAAA 级旅游景区、第一批国家级夜间文化和旅游消费集聚区和江西省首批省级特色文化街区。

3）湖州市八里店镇潞村村落风貌改造项目：

保护和提升后的八里店镇潞村已获批浙江省第五批省级创建类特色小镇，成为世界乡村旅游大会永久会址和大会总部所在地。

六、社会效益

基于"修旧如旧"的保护修缮理念，尽可能保持其原有的风貌和结构。通过采用传统工艺与新材料新技术相结合的方式，降低了能源消耗，减少建筑废弃物的产生，实现节能减排；同时，提高了人民的生活品质，改善了老城环境，保障了人类健康，对进一步塑造城市形象具有重要意义。

富水环境装配式地铁车站全过程防水关键技术与巡检装备

完成单位：中国建筑第二工程局有限公司、中建二局第三建筑工程有限公司、哈尔滨工业大学

完成人：韩友强、唐　亮、杨国富、蔡吉泉、周　游、孔祥勋、陈　浩、田新国、魏云峰、崔怀春

一、立项背景

地铁通常由区间隧道和车站构成，车站作为地铁系统的重要组成部分和交通联络节点，在地铁工程中具有重要作用。如何快速、安全建立车站结构已成为了地铁工程建设的关键环节因素之一。随着技术的发展，装配式施工技术逐渐应用到地铁建设中来，相较于传统的现浇混凝土车站，装配式车站可以实现工厂机械化量产；可以提高构件尺寸精度，从而增加结构稳定性；可以降低制造过程中产生的粉尘污染，更加环保；可以加快施工进度，减少对地面交通和周围居民的影响。因此，装配式技术由于其施工速度快、占地少、节省劳动力、低碳环保等优点，已逐渐成为未来地铁建设的发展趋势。而东北地区降水充沛，且场地多含丰富的浅表地下水，势必给装配式地铁车站建设带来严峻的安全隐患和巨大的渗漏水防控挑战。

国内外，随着地下轨道交通行业的发展，构件预制施工拼装已成为交通运输技术发展的一个重要方向，对加快施工进度、提高工程质量、降低工程造价产生了积极影响，这是因为装配式拼装车站对改善地下施工环境具有重要作用。当前，装配式施工技术在国外地下工程中已得到了广泛应用，但国内对其研究仍处于起步阶段，设计和施工都尚未形成统一的模式和规范，对于装配式拼装车站关键施工技术仍待深入研究，以研究成果指导实际施工生产。我国装配式地铁车站的建设尚处于摸索阶段，尚不明确装配式地铁车站具体施工技术对车站工程质量的影响，致使装配式地铁车站施工方法缺乏科学、合理的指导依据。

通过对地铁装配式拼装车站施工技术进行系统深入的研究，不断完善装配式地铁站的施工技术，及时记录和处理施工中遇到的重难点问题，以补充装配式技术在地下工程领域的技术不足，为我国地铁工程建设提供新技术、新思路、新方法，提高装配式地铁车站施工效率，保障施工安全性，从而促进我国装配式地铁车站施工技术的发展和进步。

鉴于此，本研究针对富水环境装配式地铁车站全过程防水关键技术与巡检装备问题，采用现场监测、室内试验、理论分析、数值仿真等手段，聚焦装配式地铁车站抗渗止水方法、装配式车站拼装技术、装配式车站全过程巡检装备等，系统查明富水环境装配式结构接缝密封垫防水失效机制，关注装配式车站施工拼装技术、结构接缝防水性能提升与混凝土结构裂缝修复技术，以及地铁车站结构裂缝与渗漏自动巡检装备与可视化平台。研究成果将为富水环境装配式地铁车站工程建设的质量提高、进度加快及造价降低提供很高的技术保障，进一步提升我国对重大工程建设与施工风险防控能力，进而实现对富水环境装配式地铁车站建设技术的跨越式发展与整体升华。

二、详细科学技术内容

创新技术 1：发明自修复－防腐蚀－精拼装的装配式地铁车站结构防渗抗裂技术体系，有效抑制混凝土结构微裂隙产生和扩展，破解装配式地铁车站全周期防水难题。

1）研发微胶囊即时自修复－氧化石墨烯增韧的水泥基抗裂防渗胶凝材料

融合仿生学原理，建立适用于水泥基材微胶囊自修复理论体系。以硅酸钠和膨润土为微胶囊主要芯材，乙基纤维素为微胶囊主要壁材，通过优化组分比例，研发混凝土结构防渗功能型裂隙自修复氧石墨烯/微胶囊水泥基材料技术。开发自修复微胶囊喷雾法制备工艺，实现宽度小于1mm结构裂缝的自修复。实施混凝土结构多裂隙修复与防渗试验，明确多因素耦合作用下氧化石墨烯/微胶囊开裂行为及水化反应（图1），揭示氧化石墨烯/微胶囊自修复混凝土抗裂－防渗协同工作机制，提出表征自修复混凝土宏细观力学极限、疲劳损伤性能三阶段特征曲线，构建以动静组合荷载为基础的自修复混凝土损伤特征评价方法，建立氧化石墨烯/微胶囊水泥基材料剩余疲劳强度和疲劳寿命预测方法，揭示裂隙发育与自由水入渗行为机制（图2）。

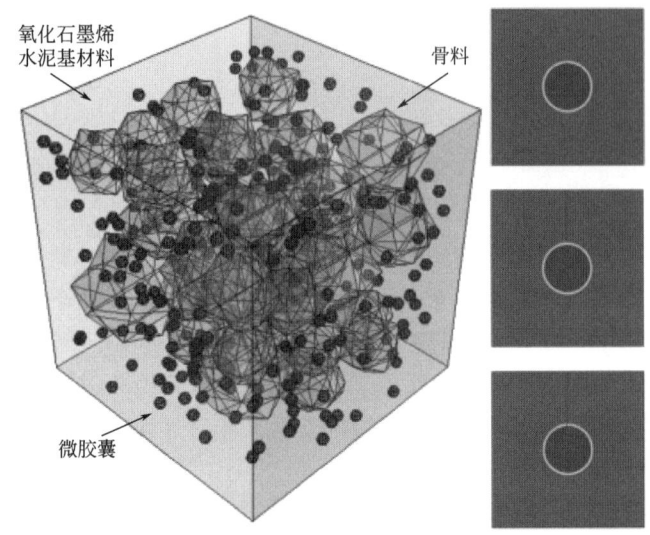

图1　微胶囊开裂行为

2）发明钢筋混凝土结构阻锈型复合抗腐蚀剂与水性环氧防腐涂层

针对传统环氧树脂涂层在寒区富水环境钢筋混凝土结构施工和运营期内钢筋腐蚀和混凝土冻胀难题，发明阻锈型复合抗腐蚀剂与水性环氧防腐涂层多元协同抗腐蚀－阻水技术体系（图3）。系统阐明复合涂层与阴极保护体系长期抗腐蚀－阻水协同作用驱动机制（图4），以氧化石墨烯/微胶囊混凝土的导电特性为基础，混凝土基体与电负性填料形成腐蚀电池，实现基材－涂层界面钝化，防止电化学反应进一步加深（图5）。混凝土外表面复合涂层有效阻断外部侵蚀离子和毛细水的入渗，保护混凝土内部钢材，减弱微裂隙受毛细水入渗影响而导致裂隙扩展，提高寒区地铁车站结构强度和长期服役性。

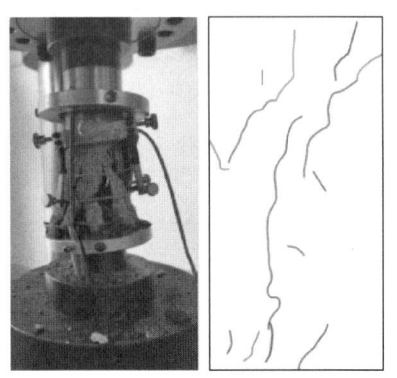

图2　裂纹发展与自由水入渗深度预测

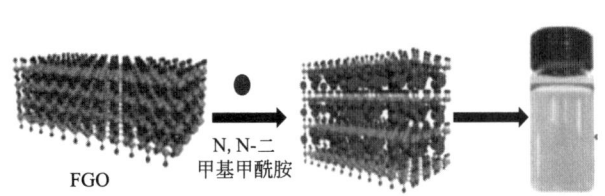

图3　FGO@NH$_2$-MIL-101制备流程

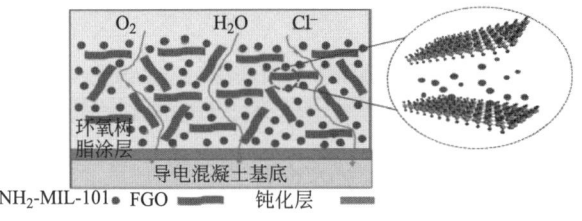

图4　复合涂层的防腐机理

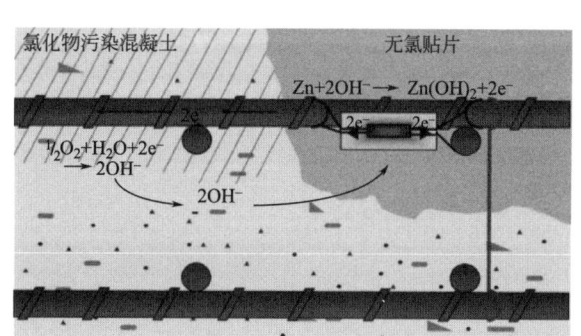

图 5　复合涂层与阴极保护协调体系长期抗腐蚀—阻水作用

3）建立装配式地铁车站流动式空间智能定位的高精度拼装技术

研发融合压力反馈控制方法的装配式地铁车站底板智能调平液压装置（图6），实现装配式地铁车站底板安装就位后进行智能微控四点精平，突破传统现浇混凝土底板凝固后无法调节的瓶颈。建立装配式地铁车站流动式空间智能定位方法（图7），采用根据柔性控制点的三维数据拼接技术，通过无线信号实现数据实时传输整合处理，车站拼装误差≤3mm。发明装配式地铁车站侧墙与顶板协同拼装工法（图8），实现施工现场底板构件、侧墙和顶板同步拼装的目的，克服传统装配式车站拼装手段无法交叉流水作业的短板，提高预制段构件的拼装效率。研发装配式地铁车站可视化智能监测平台，实现多类型灾害海量数据高效处理与实时响应，保障装配式地铁车站施工质量，破解装配式结构拼装误差诱发结构开裂的技术难题。

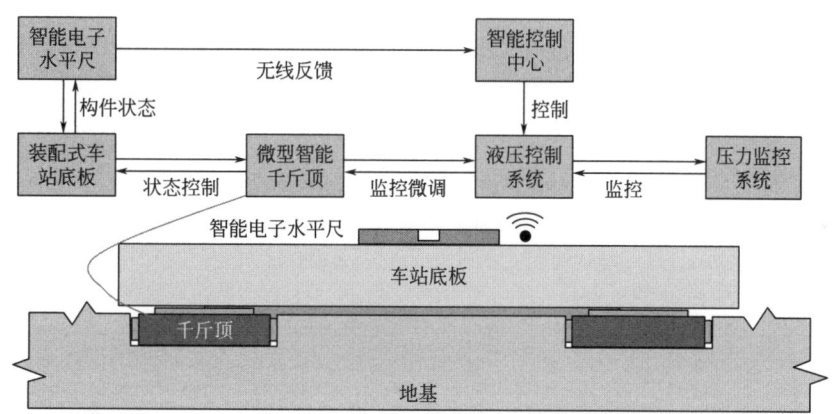

图 6　车站底板智能调平装置

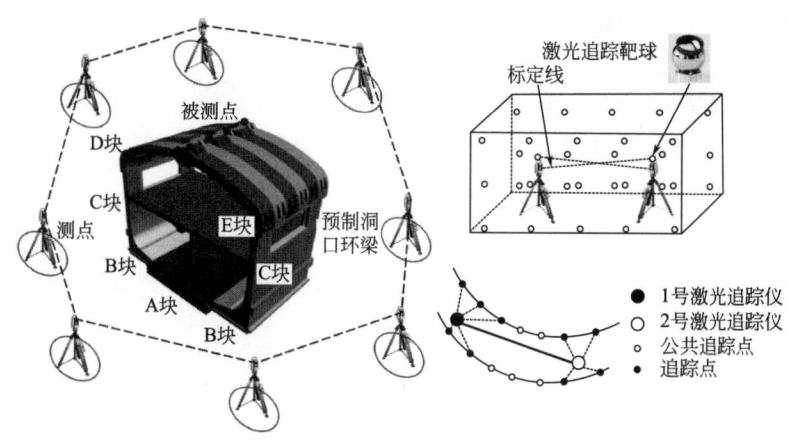

图 7　空间智能定位方法

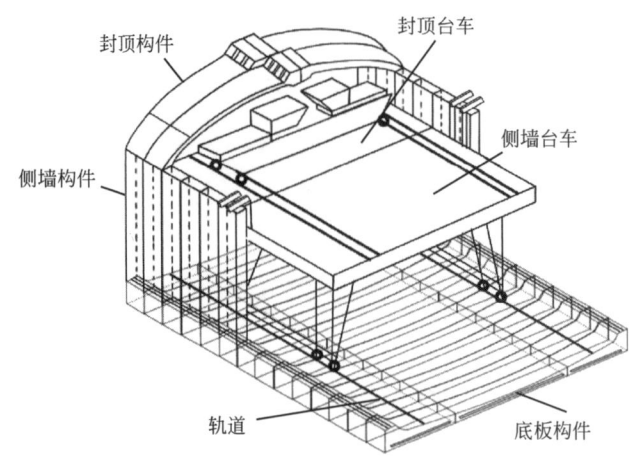

图 8　装配式车站协同拼装工法

创新技术 2：开发寒区装配式地铁车站管片连接缝防水关键技术，攻克传统衬砌防水技术难以高效控制装配式车站拼接缝渗漏水的技术难题。

1）发展考虑粘结强度损失的复合式密封垫防水失效机制分析理论

开发复合式密封垫低温压缩与防水效应综合分析试验平台，开展低温富水环境装配式地铁车站管片接缝复合式密封垫防水性能试验研究，查明装配式地铁车站管片接缝渗水模式，阐明复合式密封垫二次防水效应（图9），揭示密封垫接缝平均接触应力波浪式分布规律，甄选平均接触应力表征管片缝密封垫可靠服役与防水性能关键指标，通过试验明确温度影响的复合密封垫三阶段压缩曲线，探明复合式密封垫上下接触面粘结破坏形式与防水失效路径（图10），建立考虑环境温度－装配速度－装配精度耦合的密封垫界面平均接触应力唯象模型（图11），阐明密封垫与管片、密封垫与密封垫间界面粘结破坏机制。

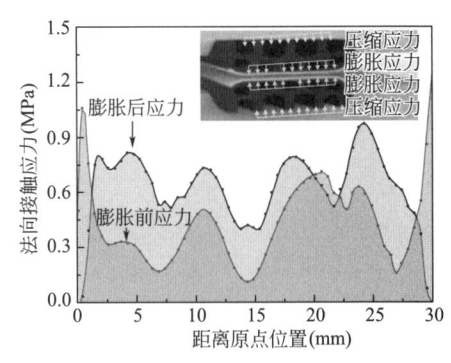

图 9　二次防水效应

图 10　低温密封垫粘结破坏图

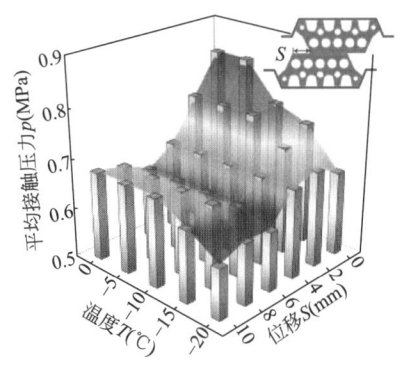

图 11　多因素效应接触应力唯象模型

2）建立装配式地铁车站拼装缝渗漏路径判别方法

通过开展富水环境装配式地铁车站拼装缝复合式密封垫防水性能试验（图12），分析建立的密封垫界面平均接触应力唯象模型，提出融合地下水压与装配压力的地铁车站拼装缝渗漏路径判别新指标，建立拼装缝潜在渗漏路径判别标准，构建装配式地铁车站拼装缝渗漏路径判别方法，实现装配式地铁车站拼装缝潜在渗漏路径预测，为装配式车站管片拼装缝防水性能提升提供方法支撑。

3）发明装配式地铁车站结构复合式新型密封垫技术

建立用于反演复合式密封垫防水失效过程的二参数超弹性本构模型，探明针对小闭合压缩力的密封垫综合性能优劣控制指标，揭示外轮廓面、支腿数量、开孔形式和孔隙率等多因素对密封垫防水性能的影响规律（图 13）。提出复合式密封垫截面优化准则，设计新型复合式密封垫截面形式（图 14），建立多层次衬砌膨胀橡胶复合密封垫高效防水技术（图 15），满足高寒富水区装配式车站施工的衬砌防水需求。

图 12　拼装缝渗漏路径

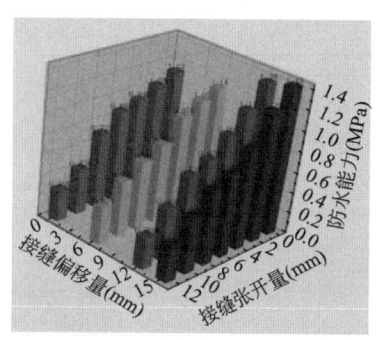

图 13　开孔对防水性能影响

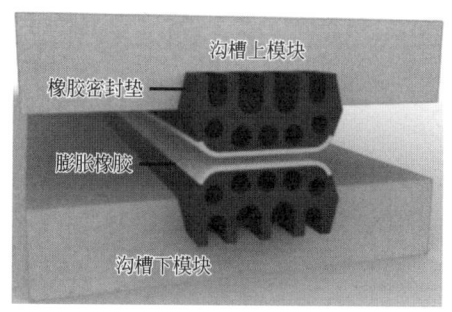

图 14　复合式密封垫

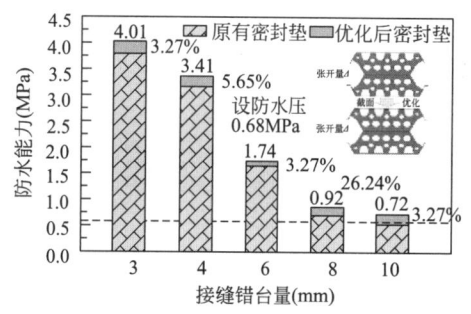

图 15　防水效果对比

创新技术 3：研发装配式地铁车站结构裂缝智能巡检与快速修复技术，解决装配式车站结构多尺度裂缝难以识别修复的难题。

1）建立融合注意力机制的车站结构多尺度裂缝特征快速识别方法

提出混凝土结构隐形裂缝无损显化方法，建立隐性裂缝入渗速率、入渗宽度、蒸发速率与损伤深度间的映射关系，实现混凝土损伤开裂超前无损识别与评估（图 16）。搭建混凝土结构多样化裂损数据库，构建融合 Yolo-v5—SENet 注意力机制与 U-Net 语义分割的混凝土裂缝目标检测优化算法（图 17～图 19），显著提高识别算法的容错度、准确度与迅捷度。开发"相似-差异算法（SDA）"，实现蛛网交错型裂缝的提取与量化，达到以双目视觉深度相机为载体的装配式地铁车站结构裂缝实时识别、定位与量化的目的（图 20）。

2）开发地铁车站结构裂缝与渗漏自动巡检装备与可视化平台

针对地铁车站复杂场景及高精度工程质量检测需求，集成搭载激光雷达、深度摄像机、红外热像仪等传感系统（图 21），形成智能化结构裂缝与渗漏自动巡检装备（图 22）；运用智能机器人动力学模型和混合变量优化算法，建立地铁车站结构的点云图，实现场景全方位空间定位与巡检路径规划；建立运用地下工程结构裂缝与渗漏自动巡检技术的多元感知信息融合数据库，构建运营地铁车站服役状态自主巡查数据管理系统；提出以数据驱动为基础的运营地铁车站病害评价和预警方法，搭建利用 B/S 架构的地铁车站健康状态智能监测与评估可视化平台（图 23），实现地铁车站服役状态信息高效处理与灾害实时预警。

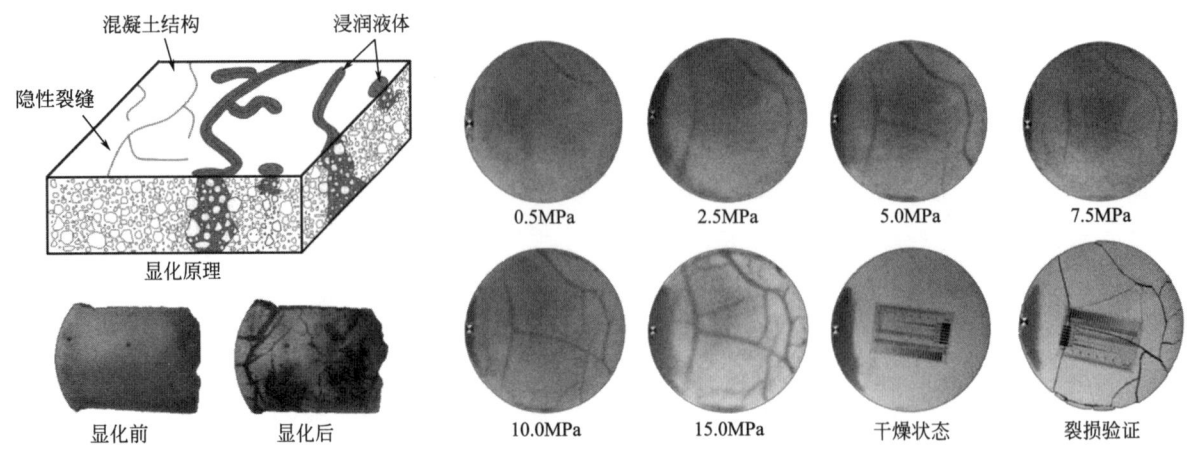

图 16 隐性裂缝显化原理应用

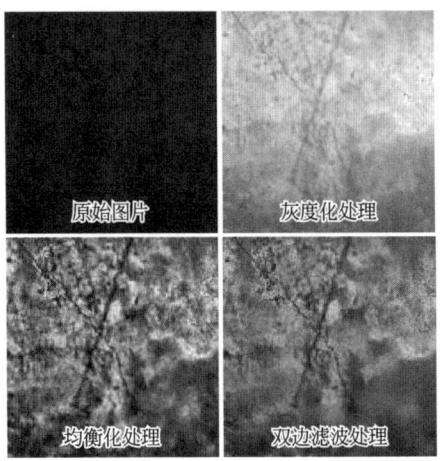

图 17 数字图像处理

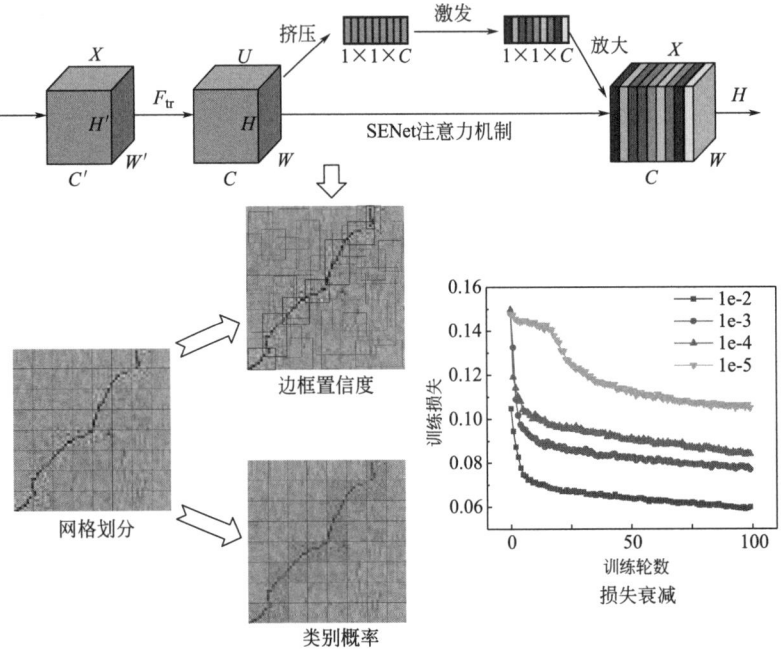

图 18 裂缝目标检测算法

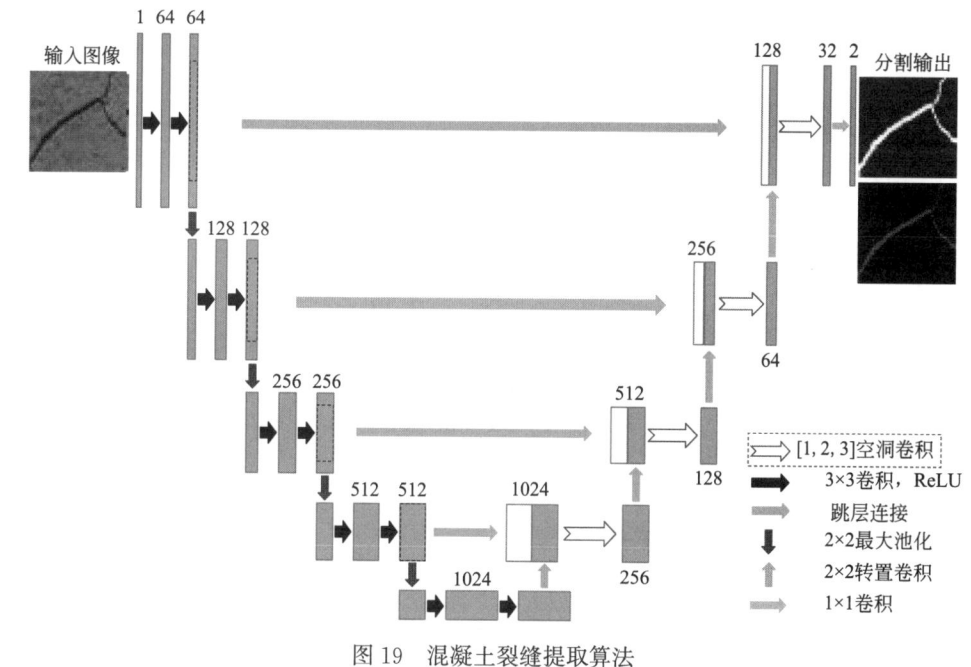

图 19　混凝土裂缝提取算法

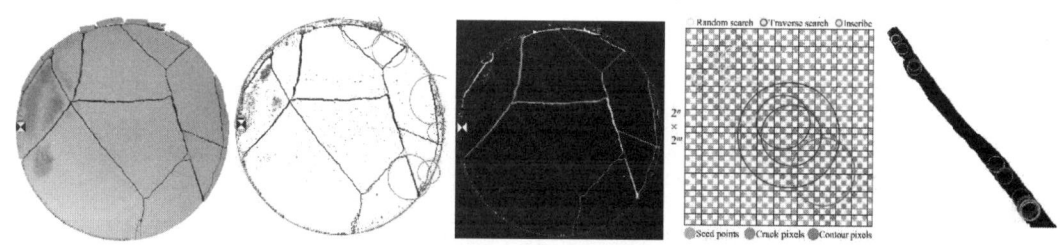

图 20　裂缝提取与量化

图 21　传感系统

图 22　自动巡检装备

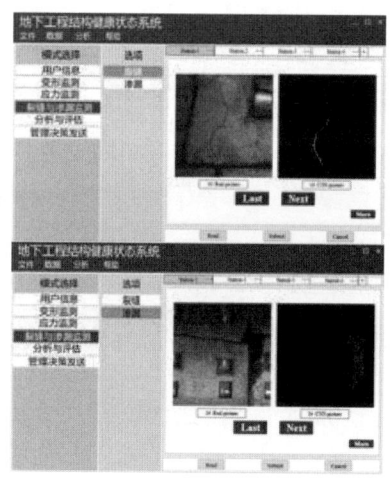

图 23　可视化平台

3）研发钛基金属有机框架增强环氧复合注浆材料修复混凝土结构裂缝技术

研发钛基金属有机框架（NH2-MIL-125/EP）纳米增强材料，评价不同类型钛基金属有机框架对环氧树脂初始黏度与初凝时间工作性能影响规律，揭示钛基金属有机框架对环氧树脂化学交联结构的影响效应与形成机制，明确 MIL-125/EP 和 NH2-MIL-125/EP 纳米增强材料的微观结构差异化特征，提出针对微结构理论的环氧复合材料优化与调控准则，发明高抗渗、长耐久的 NH_2-MIL-125/EP 纳米增强环氧复合注浆材料，具有凝结时间可控、初始黏度低（初始黏度小于 200mPa·s）、早期强度高（7d 强度大于 90MPa）、水下粘结性强（湿粘结强度大于 3.0MPa）且无收缩特性（图 24）。建立腐蚀—干湿耦合作用下自修复混凝土耐久性研究方法，明确多因素损伤条件下 NH_2-MIL-125/EP 增强环氧注浆材料性能演化规律，揭示 NH_2-MIL-125/EP 增强环氧注浆材料微观损伤机制（图 25）。开发 NH_2-MIL-125/EP 增强环氧衬砌裂缝充填—CFRP 板粘贴混凝土损伤联合修复技术（图 26），修复防水效果等级不低于二级，破解富水环境混凝土结构损伤修复与加固问题，实现运营地铁车站病害的精细、安全、高效治理。

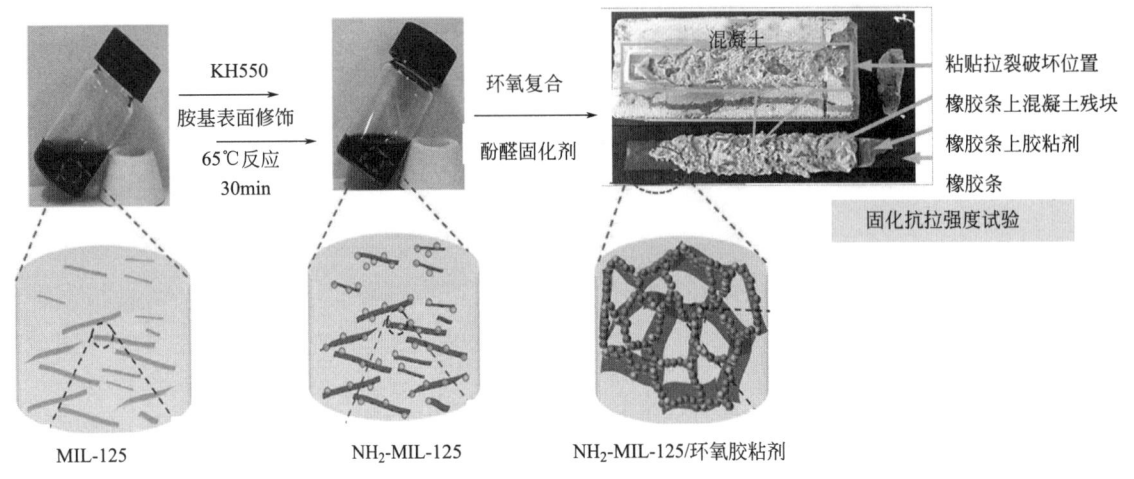

图 24　钛基金属有机框架纳米增强材料

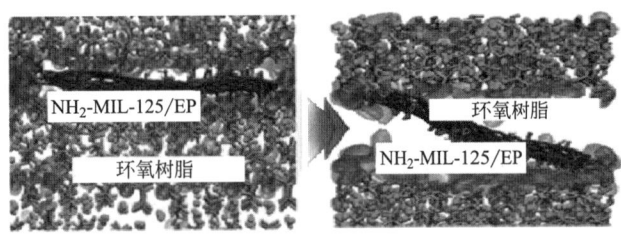

图 25　改性环氧微观损伤模型

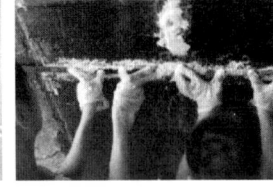

图 26　混凝土损伤联合修复技术

三、发现、发明及创新点

创新点 1：研发了微胶囊即时自修复—氧化石墨烯增韧的水泥基抗裂防渗胶凝材料，研制了钢筋混凝土结构阻锈型水性环氧防腐涂层，提出了装配式地铁车站智能定位的高精度动态拼装技术，构建了自修复—防腐蚀—精拼装的装配式地铁车站结构防渗抗裂技术体系。

创新点 2：提出了考虑粘结强度损失的复合式密封垫防水失效机制分析方法，建立了装配式地铁车站拼装缝渗漏判别准则，研发了装配式地铁车站结构复合式新型密封垫技术。

创新点 3：建立了融合注意力机制的车站结构多尺度裂缝特征快速识别方法，开发了地铁车站结构裂缝与渗漏自动巡检装备与可视化平台，创新了钛基金属有机框架增强环氧复合注浆材料修复地下混凝土结构裂缝技术。

在长春地铁 6 号线南部新城西站建设过程中共授权国家发明专利 7 项，实用新型专利 18 项，获省部级工法 1 项，主编技术指南 1 部，软件著作权 4 项，出版专著 1 部，发表论文 14 余篇，获工程建设奖励和成果认定 9 项。

四、与当前国内外同类研究、同类技术的综合比较

与当前国内外同类研究、同类技术的综合比较见表1。

与当前国内外同类研究、同类技术的综合比较　　　　　　　　　　　　　　　　　表1

技术内容	技术指标	本项目技术效益	国内外同类技术
创新点1	混凝土材料	考虑自修复微胶囊相容性、膨胀性和粘结性,实现宽度小于1mm结构裂缝的自修复	现有微胶囊设计只考虑芯材释放后的粘结性
	涂层材料	抗腐蚀－阻水性能好和湿粘结强、导电性和阻隔性能强、电化学阻抗值大	常用环氧树脂涂料,防腐和防水效果减弱速度快
	装配技术	流动式空间智能定位的高精度拼装技术,最大装配误差≤3mm	传统装配式结构定位与拼装精度较低
创新点2	失效机制	考虑粘结强度损失的密封垫防水失效机制分析理论	未考虑粘结强度损失
	渗漏路径	装配式地铁车站拼装缝渗漏路径判别方法	无法实现潜在渗漏路径预测
	密封垫	装配式地铁车站结构复合式新型密封垫技术,管片衬砌接缝密封槽处的防水性能提高10%以上	现有密封垫凹槽处易产生渗漏问题
创新点3	裂缝识别	融合注意力机制,模型感知范围和分割精度提升3%~5%	传统裂缝识别精度较低
	自动巡检	基于IMU传感器和轮速计的联合定位技术,提升巡检机器人路径规划及避障效率	地铁车站环境复杂机器人定位效果差、易丢失
	修复技术	钛基金属有机框架增强环氧复合注浆材料混凝土,裂隙补强加固优化效果提升94%	混凝土结构损伤修复程度不高

本技术通过国内外查新,查新结果为:在所检国内外文献范围内,除委托单位发表文献外未见相同报道。

五、第三方评价、应用推广情况

1. 第三方评价

2024年5月8日,黑龙江省住房和城乡建设厅科学技术委员会组织召开了项目成果鉴定会。经鉴定,研究成果总体达到国际先进水平,其中改性增强环氧复合注浆材料修复地下混凝土结构裂缝技术达到国际领先水平。

2. 推广应用

富水环境场地条件下,地下工程施工的一大重难点就是工程结构体系的防水问题,若地下工程出现渗水甚至涌水问题,将会严重威胁其内部作业及使用人员的生命安全。预制装配式工程与现浇施工的流程和方法不同,其防水工艺及施工技术也不同,现行技术、工法与装备难以保证富水环境装配式地铁车站施工与运维安全性。鉴于此,通过"产-学-研-用"一体化协同创新模式,由高等学校、施工单位与应用单位等组成科技攻关联合体,围绕防水失效问题突出的地铁地下工程,系统开展富水环境装配式地铁车站全过程防水关键技术与巡检装备的研究,在装配式地铁车站结构防渗抗裂技术、装配式地铁车站结构连接缝防水关键技术、装配式地铁车站结构裂缝智能巡检与快速修复技术等方面取得了显著的创新与应用成果，发明了多项具有很高推广意义的国家专利，制定和支撑制定企业技术标准等。

成果成功用于我国全国首个明盖挖加装配式施工地铁站长春地铁 6 号线南部新城西站工程、东三省首个叠落地铁隧道哈尔滨地铁 3 号线盾构隧道、京福铁路隧道工程、敦格铁路隧道工程、厦深铁路隧道工程，以及苏州、无锡地铁等多项地下工程防水性能提升与智能运维。

六、社会效益

项目研发的关键技术在国内多项城市地铁工程中进行技术应用，切实保障富水环境装配式地铁车站全过程安全，高效实施富水环境装配式地铁车站渗漏水精准防控，促进城市轨道交通行业持续健康的发展，助力"交通强国""都市圈发展"等国家战略，产生良好的社会效益。而且，项目开发高效材料、施工装备和调控技术，具有显著技术、安全、快捷、可靠和节减等优势，解决现行材料和装置等难以解决的技术难题，具有很好的推广应用前景。此外，成果成功用于我国全国首个明盖挖加装配式施工地铁站长春地铁 6 号线南部新城西站工程、东三省首个叠落地铁隧道哈尔滨地铁 3 号线盾构隧道、京福铁路隧道工程、敦格铁路隧道工程、厦深铁路隧道工程，以及苏州、无锡地铁等多项地下工程防水性能提升与智能运维，并为相关咨询与服务提供科学理论基础和可靠技术支撑。通过项目实施搭建不同学科、不同领域、不同行业之间的深度交叉与融合平台，培养与储备一批基础扎实的科技创新人才。

城市核心区既有建筑群功能转换与绿色更新建造关键技术与应用

完成单位： 中国建筑第四工程局有限公司、中建四局第六建设有限公司、同济大学建筑设计研究院（集团）有限公司、华艺生态园林股份有限公司、合肥市滨湖新区建设投资有限公司、讯飞智元信息科技有限公司

完成人： 龙敏健、翟光耀、章　明、王海军、崔立会、王建春、程龙树、胡优华、王　锋、姜殿洪

一、立项背景

城市核心区既有建筑群作为特殊的人文景观却因为城市的无序蔓延以及不具备前瞻性的城市规划，没有得到合理的保护与再利用而变得破碎化与孤立化，使得原本的历史文化意义逐渐消解。同时大量建筑用地使城市景观斑块连接度降低，且逐渐与后期规划建设的建筑与景观无法协调，逐渐沦为城市中的孤岛，这不仅造成土地资源的浪费，也对整个城市风貌以及城市生态环境造成不良影响。

城市核心区既有建筑群与城市的快速发展存在着较大的矛盾，目前城市更新的战略是要顺应城市发展规律，尊重人民群众意愿，以内涵集约、绿色低碳发展为路径，转变城市开发建设方式，坚持"留改拆"并举，以保留利用提升为主，严管大拆大建，加强修缮改造，注重提升功能，增强城市活力。但是，城市更新背景下城市核心区既有建筑群在更新全过程中存在四个难题：

（1）旧址与新城空间功能的脱节，周边丰富健全的交通网络与机场内部废弃的萧条景象形成鲜明的对比，城市核心区既有建筑群更新设计如何体现城市时代发展脉络，保留历史痕迹与文化价值，实现长效发展是转型的重点和难点。

（2）城市核心区既有建筑群建设年份不同，新旧不一，缺少量化的指标及工具，不利于系统评估剩余价值和提出改造目标策略。

（3）城市核心区既有建筑群体量大、建筑类型多、生态系统失调，如何同步绿色更新，恢复生机是难点。

（4）如何确保更新后的活力保持与生长，跟踪城市更新阶段性使用后评估结果，增强实用性和应变能力是持续更新的难点。

本研究与同济大学等单位合作，以合肥骆岗机场典型工业建筑为研究基础，逐步扩展至城市核心区既有建筑群的综合改造研究，针对城市核心区既有建筑群形成一套完整的评估-设计-建设-后评估全流程更新体系，并于城市更新项目示范应用。

二、详细科学技术内容

1. 城市核心区既有建筑群系统化诊断评估与更新设计技术

创新成果一：建筑群功能提升与绿色改造综合诊断评估方法

研发并应用了诊断评估工具，首次在城市核心区既有建筑群更新中设置七大诊断因子，包括区域设施完备度、区域功能混合度、区域交通便捷度、遗产特征度、空间结构适宜度、生态环境安全度、典型建筑安全度，建立了诊断评估体系。

建立了跨学科、可操作的快速识别诊断评估的因子数据检测方法，通过快速三维扫描、虚拟现实系

统模拟、无损检测等诊断评估技术，结合城市规划、建筑学、景观学等相关理论方法，可系统、直观、全面地识别城市核心区既有建筑群的现状情况。见图1、图2。

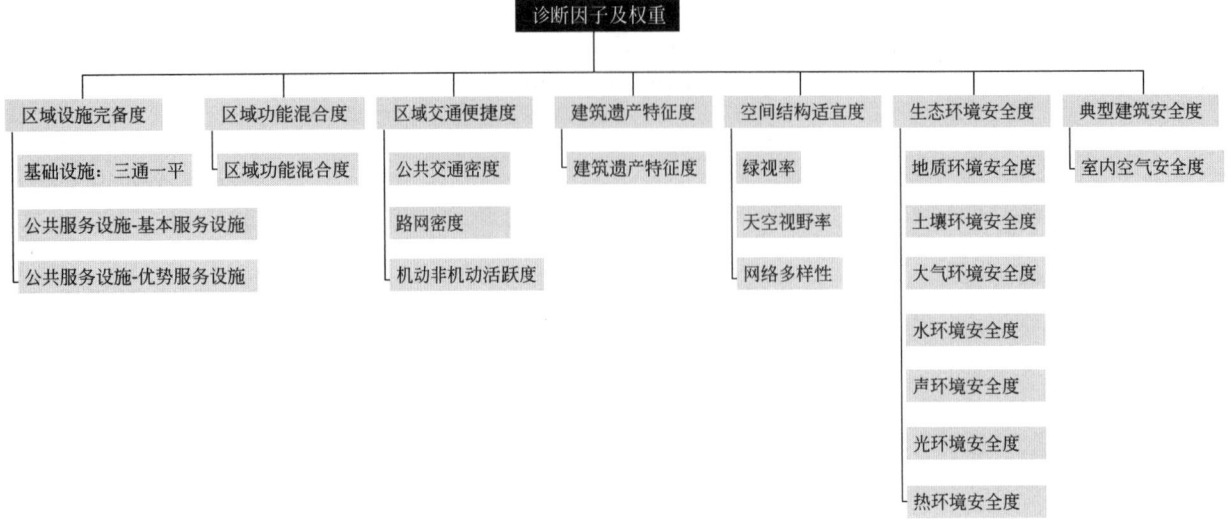

图1 诊断因子关系图

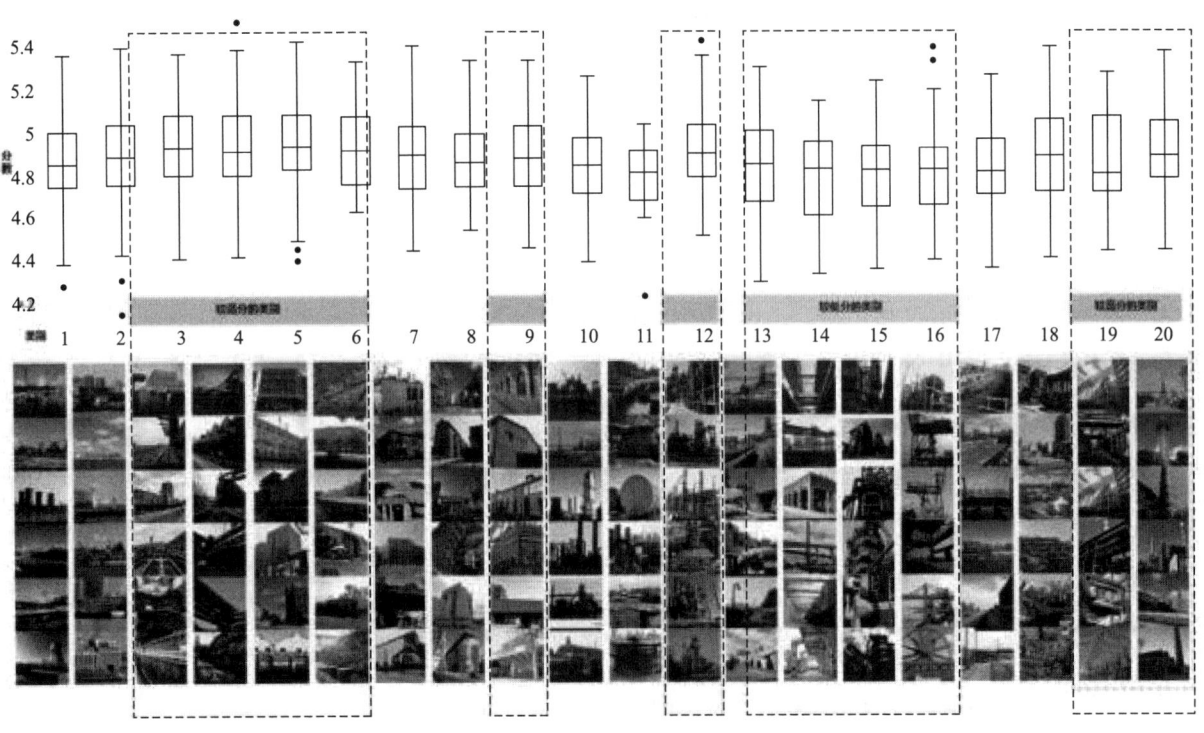

图2 建筑遗产特征度聚类分析

创新成果二：基于现状综合评估和多主体科学决策的更新区改造目标策略

创新构建了"城市-场区-建筑"纵向递进的空间层次关系，从"功能-空间-环境-运营"维度提出横向关联的策划方法，通过现状诊断评估方法-改造目标策略-三位一体设计方法，形成一套从区域到单体的功能提升与更新改造策划体系。见图3~图5。

创新成果三："三位一体"及跨学科全要素动态更新设计方法

首次在城市核心区废机场提出"规划设计、功能业态、商业运营"三位一体的更新设计路径，"两对照一结合"的设计原则，强调总设计师负责制引导下的跨学科全要素设计整合与动态更新，组织成立设计、招商、工程专班一体化推进，鼓励功能混合和用途兼容，发展新业态、新场景、新功能，避免出现建成即荒废的情况；在方案阶段，对照建筑物层高和柱网等独有特点明确商业业态，在施工图阶段，对照业态需求的功能布局和商业流线，施工阶段，结合商户装修图纸把水电点位等安装工程一次布置到位，从而在有限时间内保质高效推进项目进展，尽量避免了返工浪费情况。见图6、图7。

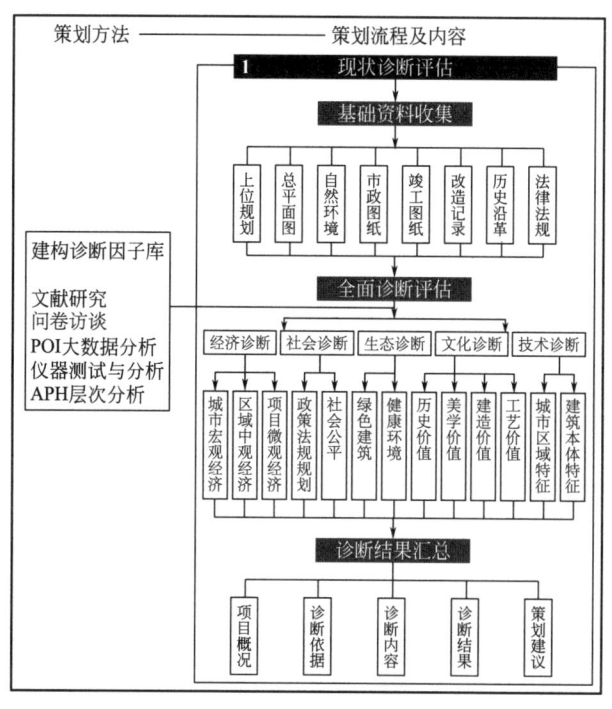

图3　现状诊断评估

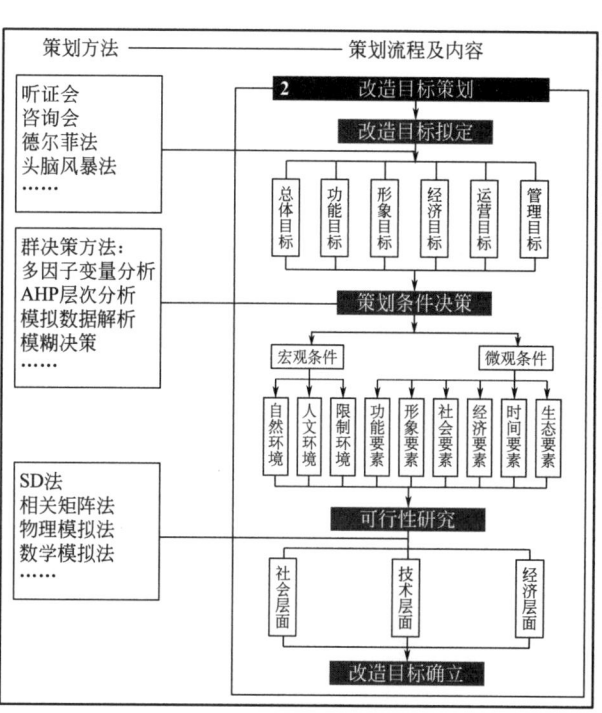

图4　改造目标策划

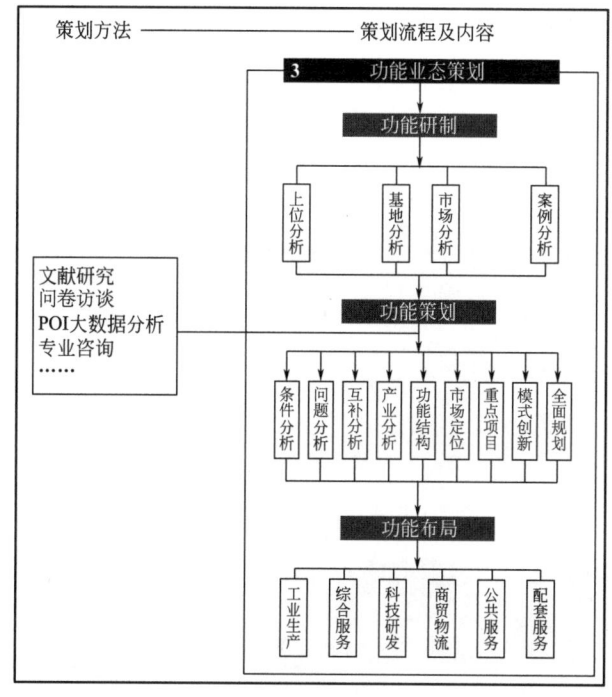

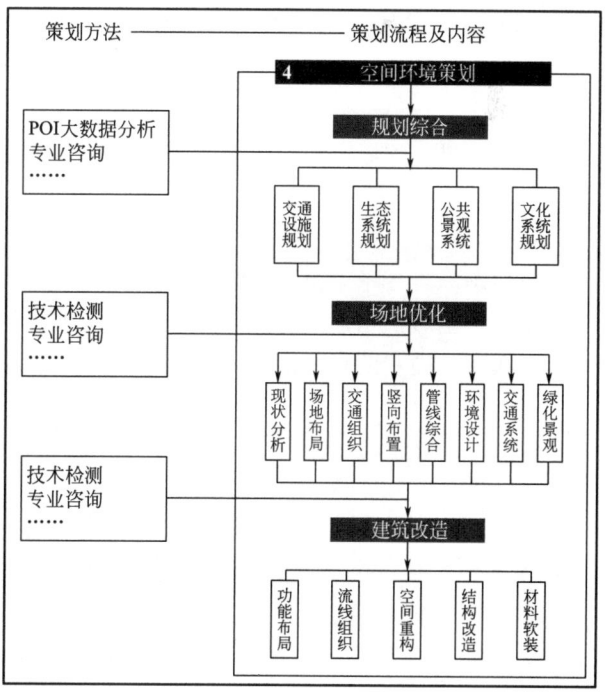

图5　改造实施策划

等级	类别	更新策略
更新单元规划	园区总体规划设计	完善空间结构；修复生态和完善功能；传承历史文化；塑造园区风貌
	园区绿色建筑专项规划	进行绿色专项诊断；确定园区绿色低碳改造目标与建筑技术；确定绿色建筑等级及改造措施
	园区交通专项规划设计	坚持绿色交通设计理念；与轨道交通衔接；多元化游线；停车场综合利用
	园区海绵专项规划设计	坚持海绵为先、灰绿统筹原则；加强韧性安全
更新项目设计	景观绿化	营造景观空间、体现地域文化特色；合理利用停机坪与机场跑道；植物选择多样性
	城市展园	体现城市特色；展示城市更新成果
	园博小镇	防止大拆大建，坚持留改拆原则；绿色低碳改造；保留街巷肌理；提升产业业态；增强街区活力

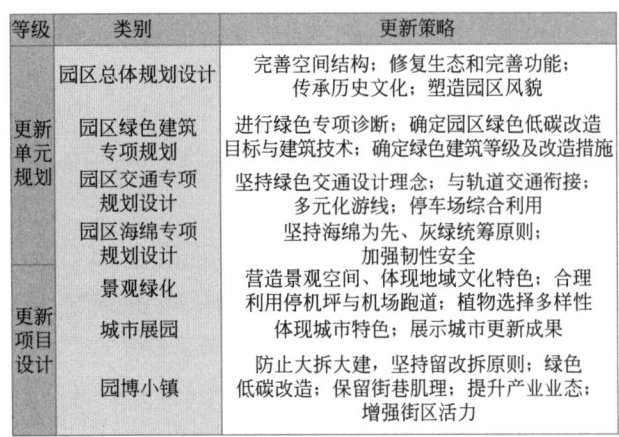

图 6　更新策略

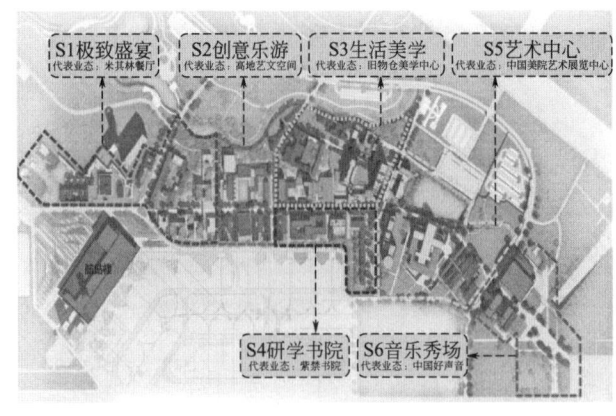

图 7　功能植入

2. 既有建筑群功能转化与生态活化技术

创新成果一：既有建筑群功能转化与绿色更新设计技术

首创大规模、多类型城市核心区建筑群片区化组团更新设计手法，解决了大规模多类型建筑杂乱无章、不成体系、转型困难的设计难题。

研发了比对重构激发场所记忆、公共赋能带动场所再生的设计方法，开发了大机库原位修复转型音乐秀场、维修车库原址复刻转型艺术殿堂等复杂建筑类型功能转化与绿色更新设计技术，实现了废机场建筑成功转型"食住行游购娱"六位一体的园博小镇。见图8、图9。

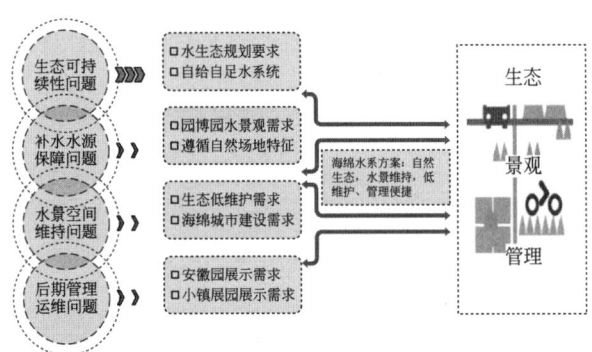

图 8　大机库原位修复转型音乐秀场

图 9　维修车库原址复刻转型艺术殿堂

创新成果二：城市核心区生态活化设计技术

研发了生态更新与造景一体化与建筑协调共生的设计手法，首次提出"不砍一棵大树、不外运一方土"的生态设计原则，发明了广玉兰冬季栽植与养护方法等，解决了园区杂林木、坑塘等多样性复杂环境下原生态修复与冬季苗木存活率低的难题。

发明了全域供水设计技术，在区域内实现了水系统的自平衡、自循环和自净化，年均节水率达到90%，实现了雨水的自平衡型雨洪一体化全域海绵。见图10、图11。

图 10　全域供水技术

图 11　建筑与原址树木和谐共生

3. 既有建筑群与原生态低碳更新施工关键技术

创新成果一：既有建筑群绿色低碳更新成套技术

采取同步更新的手段，创新提出保留式低碳节能微改造理念，研发了城市核心区建筑群落低碳改造成套施工技术，采取高延性混凝土等 9 种技术，解决了既有建筑群功能不足与改造建筑共生难题，通过保留式的施工方法，最大限度地还原既有风貌，实现修旧如旧，保留建筑面积 58615m²，实现了 76.2% 的保留率。见图 12、图 13。

图 12　高延性混凝土应用

图 13　保留式改造技术

创新成果二：场景记忆理念下原位复刻技术

研发了场景记忆理念下原位复刻技术，采用清水混凝土等 5 种技术，解决了典型建筑功能转化与环境融合难题，研发了大机库房屋吸声板支设结构、钢结构房屋顶面排水结构，实现绿色更新。见图 14～图 17。

图 14　PVC 覆膜

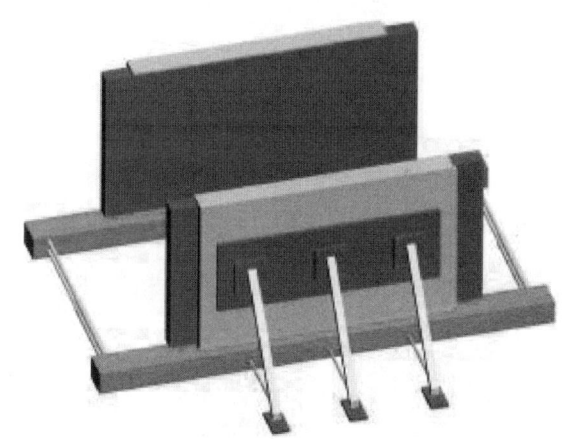

图 15　吸声板支设结构

图 16　单元式模板拼装

图 17　装 PVC 覆膜

创新成果三：既有建筑群固碳修复技术

研发了多类型建筑固废原地消纳技术，采用废旧瓦造景墙等5种技术，解决了既有建筑群拆除垃圾排放难题。开发了既有建筑红砖再利用外立面装饰、屋面老瓦循环利用、废旧材料就地造景、再生花园打造等循环技术运用，实现了场内固废不出场，减少建筑垃圾约1200t。见图18、图19。

图18　老旧砖瓦循环利用　　　　　　　　　　　图19　再生花园打造

创新成果四：基于降碳增汇的原生态再生营建关键技术

通过多模态无人机单木尺度树种分类识别技术结合智慧平台自动算法最大限度地保留生态基底，基于itree模型的高固碳植物群落构建配套土壤改良，发明了基于全冠移植的黏性土壤改善方法、一种基于云计算平台的病虫害监测预警系统等，开发了园区智慧管养综合服务平台，实现园区植物CO_2吸收量42.2t/d，O_2释放量32.8t/d。见图20。

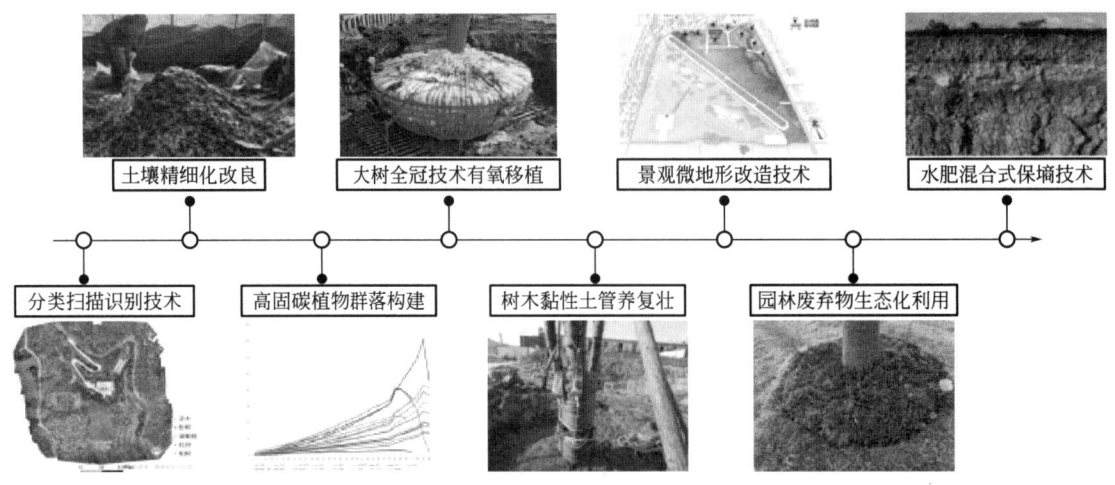

图20　园林更新与修复全流程管理

4. 城市核心区既有城建筑群更新后评估与智慧运维集成关键技术

创新成果一：城市核心区既有建筑群后评价体系

建立了城市核心区既有建筑群提升与改造综合影响力评估体系及后评估因子关键数据采集方法，通过"明确目标—场景搭建—数据采集—数据分析—完成评价反馈"构建既有建筑群五大维度影响力后评估模型（宏观发展、生态更新、活力感知、文化传承和运营管理），并搭建相应因子数据分析情景（仿真模拟类、地理数据类、问卷调查类），解决了既有建筑群更新改造后评估缺乏完整的研究体系和评价方法的难题。见图21。

场地风环境

1）明确目标 ⟶ 2）场景搭建 ⟶ 3）数据采集 ⟶ 4）数据分析

场地内风环境有利于室外行走、活动舒适和建筑的自然通风。在冬季典型风速和风向条件下，需满足：建筑物周围人行区距地高1.5m处风速小于5m/s，户外休息区、儿童娱乐区风速小于2m/s。过渡季、夏季典型风速和风向条件下，需满足：场地内人活动区不出现涡旋或无风区

通过模拟边界参数、风速与风级的等量关系及表现形式中进行数据选择、设置。

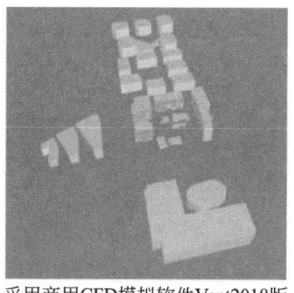

采用商用CFD模拟软件Vent2018版本建立物理模型

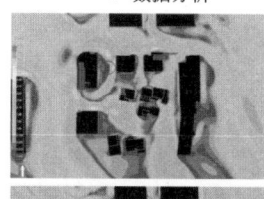
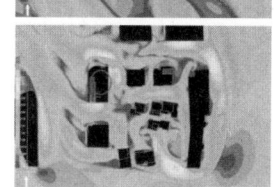

图21　仿真模拟类因子数据分析方法

创新成果二：基于人工智能的园区智慧运维集成关键技术

全国首次建立智慧园区大脑，应用星火大模型，建设一个平台、两张网络、三大主题、N个应用，通过开放协议统一接入园区内智能化终端和机电设备，构建全域感知智慧园区，实现园区设备的可视、可管、可控，提高管理效率，降低建设成本。见图22。

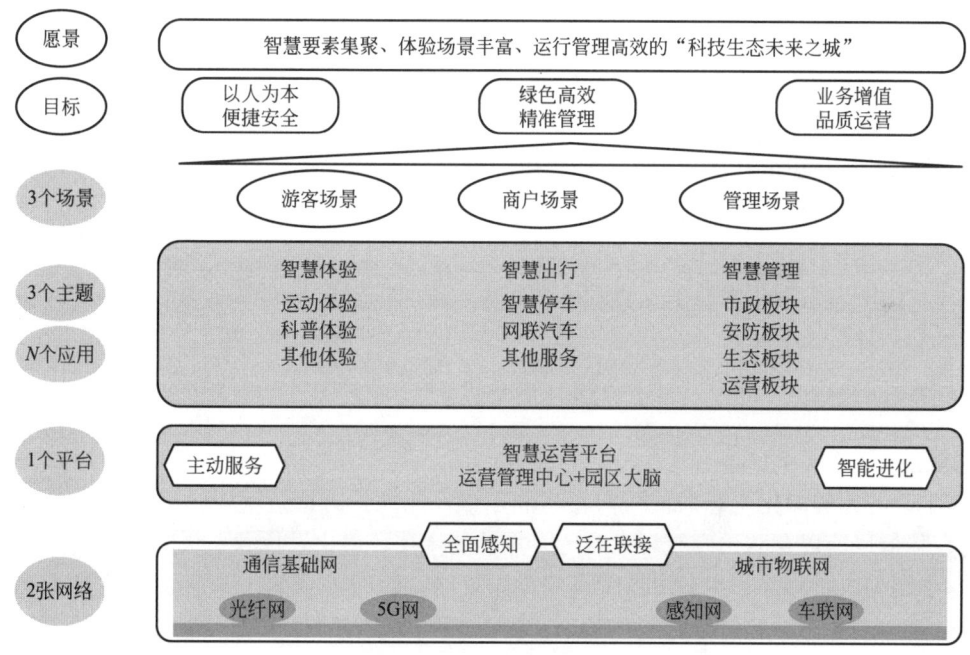

图22　智慧园区建设内容

三、发现、发明及创新点

1）创新研发了城市核心区既有建筑系统化诊断评估与更新设计体系，为城市核心区既有建筑群更新提供了量化的诊断评估指标和评估工具。

2）首次提出城市核心区既有建筑群"规划设计、功能业态、商业运营"三位一体更新路径，最大限度地保留原生态风貌，发挥再生利用价值，节省整体工期30%。

3）创新研发了降碳增汇园林更新与生态修复等技术，开发了园区智慧管养综合服务平台，全数保留原有乔木7713株，创造了良好的生态效益和经济效益。

4）全国首次搭建园区大脑，集成园区生命线、情景驱动城市超脑关键技术等15种智能应用，实现

可视化园区智能管理、智能出行、智能体验,长效持续更新。

5)本项目获得专利 26 项,其中发明专利 7 项;获得软件著作 4 项;参编国家标准 1 部,行业标准 2 部;获得省部级工法 12 项;发表学术论文法 8 篇。子技术"情境驱动的城市超脑关键技术及其应用"荣获安徽省 2022 年度科技二等奖。子技术"AI 虚拟人智能交互机"荣获 2023 世界 VR 产业大会 VR/AR 创新金奖。

四、与当前国内外同类研究、同类技术的综合比较

1)本项目对机场遗址进行更新改造,建成全世界最大的核心区中央公园。

2)与国内传统的既有建筑群改造技术相比,本项目不仅建立了城市核心区多类型建筑综合诊断评估与后评估方法,且采用修旧如旧、原位复刻、固废利用等多种技术,实现了建筑群大体量、多类型同步绿色改造施工,展示了时代背景,保留了历史记忆。

3)与国外技术对比,德国柏林的滕博尔霍夫机场等仅开发为跑道公园。本项目则通过三位一体、片区化组团同步更新,深度挖掘了园区的商业与文化价值,实现了城市核心区既有建筑群更新路径的扩展与延伸。实现园区植物 CO_2 吸收量 42.2t/d,是滕博尔霍夫机场公园的 4.23 倍。

4)本技术通过国内外查新,查新结果为:除本项目外,国内外未见相同文献报道。

五、第三方评价、应用推广情况

1. 第三方评价

1)既有城市工业区功能提升与改造后评估标准,经中国工程建设标准化协会组织评价达到国际水平。

2)城市园林绿化智慧管养综合服务平台,经安徽省科学家企业家协会组织评价达到国际水平。

3)城市核心区既有建筑群功能转换与绿色更新建造关键技术及示范应用,经安徽省建筑业协会组织评价达到国际领先水平。经院士、勘察设计大师等著名专家鉴定,整体技术达到国际先进水平。

2. 推广应用

本技术在合肥园博园城市更新项目得到成功应用,中央电视台及安徽卫视多次报道。

本项目成果共计产生直接经济效益 0.96 亿元,间接经济效益数十亿元。

六、生态及社会效益

1. 生态效益

1)园博小镇的园林绿化生态系统结构和功能多样,能维护并促进其有机物生产、制造氧气、截留陆源污染物、降低风速以及防治和减轻灾难等多重功能,在环境中发挥着积极的作用。

2)园博小镇构成了环保和生态可持续发展的重要区块,旨在成为一个融合自然、文化的绿色生态园区,成为合肥市的生态绿肺,给合肥市带来了巨大的生态效益。

3)水系设计按照海绵城市理念要求,突破传统公园水系设计思路,重点开展水资源保障、水环境维持、水生态、水安全提升四个方面的设计内容,通过海绵设施净化、水生动植物净化吸收、补水置换净化等,实现园区整体水系的自我净化、循环再生。

2. 社会效益

1)合肥园博园入选 2023 年全国城市更新典型案例。

2)《安徽合肥市:节水公园成为城市"幸福绿地"》成功入选 2023 中国节水十大经典案例。

3)2023 年 9 月 26 日园博会开幕。作为园博会系列中第一个以绿色低碳"城市更新"为核心的示范工程,开园就迎来了 40 万次/d 的国内外人员参观。自开园以来,举办各类活动 800 余场,打造了"永远有变化、永远不落幕"的高品质城市公园,截至目前超千万人入园参观。

全域场景融合的多业态建筑智慧一体化平台关键技术研究与应用

完成单位： 中建三局智能技术有限公司、中建三局城市投资运营有限公司

完 成 人： 李金生、肖　菲、寒安安、李　欣、吴善农、高　鑫、尤玉宇、何　冰、金　燕、
冷先凯

一、立项背景

近年来，随着信息化技术的不断发展，越来越多的建筑单元，如园区、社区、场馆、校园等引入信息化管理手段，并结合智能设备终端实现可感知的智能管理模式。通过数据融合支撑业务活动，如运营、管理、生产和生活等应用创新，从而提高服务质量和管理水平。应用逐渐丰富的同时，也给应用系统与应用系统、应用系统与基础平台之间的互联互通、高效融合带来了众多业务挑战：不同厂商的各平台、应用系统独立建设，技术语言不同，造成应用系统间彼此孤立，应用效果不佳；应用系统与应用系统、应用系统与基础平台之间点对点集成，耦合度高、维护成本大，并且容易造成技术绑架；整体业务缺乏统一标准规范体系、互操作接口不统一，数据难以聚合、资源开发利用和共享成效不高，信息资源相对封闭。

课题从以上问题出发，结合参研各方已有技术成果，开展课题研究并进行总结推广。

二、详细科学技术内容

围绕全域场景融合的多业态建筑智慧一体化平台建设关键技术，从智慧建筑的边缘端数据采集；数据全量聚融、异构数据对接；数据智能分析决策及其在智能建筑安防和节能上的应用三个方面梳理总结不同环节存在的问题及技术难点，遵循"边缘数据采集→数据全量聚融→智能分析决策→示范与运营指引"的技术路线，搭建全域场景融合的多业态建筑智慧一体化平台，实现多业态建筑"规划—设计—建设—运营"全生命周期智慧化管理。见图1、图2。

1. 全域场景融合的智瓴物联网关的关键技术

针对既有小区智能化提升中既有设备与智慧平台对接难的问题，提出多协议混合组包方法，将复杂异构的物联网连接协议转换为标准协议，实现大规模传感器信息采集；提出基于MQTT的设备轻量级自组网方案，实现无人自主组网和异常情况下的自恢复能力。研制全域场景融合的计算与通信一体化智瓴物联网关。设计一款物联网和互联网的"关口"设备智瓴物联网关，它为全域场景融合的多业态建筑智慧一体化平台提供边缘接入、数据采集、可靠传输、一级边缘计算等能力，为全域场景融合的智慧应用提供物联网支撑。见图3。

智瓴物联网关跟传统的物联网关相比，除应具备协议转换、泛在接入的功能，还需植入适用于建筑行业相关智能化设备的边缘算法，能便捷的实现远程运维管理，解决数据采集实时性较差、物联网拓扑连接复杂、设备联动响应慢的问题。单个设备对接效率平均提升20%以上，对接成本降低50%。

申报发明专利2项，软件著作权2项，主编团体标准1项。

2. 多业态、松耦合、可插拔式的建筑物联集成智瓴平台关键技术

针对建筑智慧化建设及运维实践中的复杂的、异构的数据对接难题，开发低代码拖拽式组装、多种数据源无侵入式集成的设备联动标准化模组、分布式消息中间件及大数据存储、分析组件，实现数据格

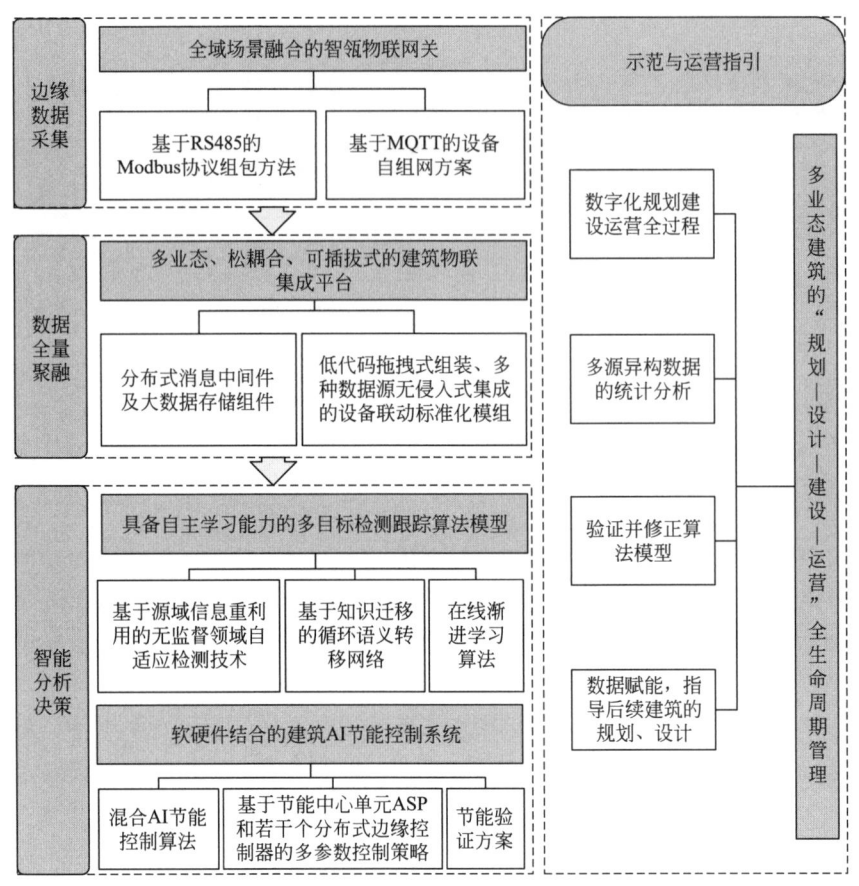

图1　技术路线

式的统一及标准化处理。基于数据、设备、消息和服务集成的物联集成方法，开发面向建筑行业常用应用系统边界交互场景的松耦合、可插拔式的物联集成服务平台。平台利用 RocketMQ、HBASE、HDFS、SOLR、HIVE 等技术，通过配置数据间的对应关系、清洗规则、整合方法等，构建低延迟、高并发、高可用、高可靠的分布式消息中间件及大数据存储组件，并结合内部协议转换、设备模型定义，建立设备物模型等方式，通过统一设备数据格式，设计规则组件，开发低代码拖拽式组装、多种数据源无侵入式集成的设备联动标准化模组，实现对包括 HDFS、HBASE、HIVE、SOLR、Elasticsearch 等多系统的支持，以及各类业务数据、设备数据的全量汇聚。同时，将内部服务和外部调用隔离，隐藏内部服务数据，保障服务的私密性和安全性。采用灵活的架构，简化开发，降低风险。聚焦应用和数据连接，实现多应用统一数据中心，满足多协议设备数据、多格式业务数据采集、处理、开放等常见场景的使用。

通过轻量化数据集成、设备集成、消息集成能力，实现了多种异构数据源间的安全同步，统一服务入口，支撑新业务的快速开发部署，解决了跨厂商、跨系统的数据对接和设备联动的难题，提升应用开发效率。同时，将内部服务和外部调用隔离，隐藏了内部服务数据，保障服务的私密性和安全性。产品实现 30 多种异构数据源间安全同步数据，单点支持 1 万多台设备同时接入，单建筑项目单系统搭建成本降低 60％以上，对接成本降低 20％以上，对接效率提升 25％以上。

申请发明专利 1 项，软件产品 5 项，软件著作权 8 项，标准规范 2 项。

3. 具备自主学习能力的多目标检测跟踪算法模型关键技术

设计一种自主学习的目标检测跟踪模型，针对一个监控场景进行自我学习，成为该场景的专用多目标检测跟踪系统。并且这种学习是自主完成的，易于扩展到其他监控场景中，使每个视频节点通过无监督的自主学习形成专用的模型，实现不同环境、不同成像条件下都有较好的检测跟踪效果。该模型提出

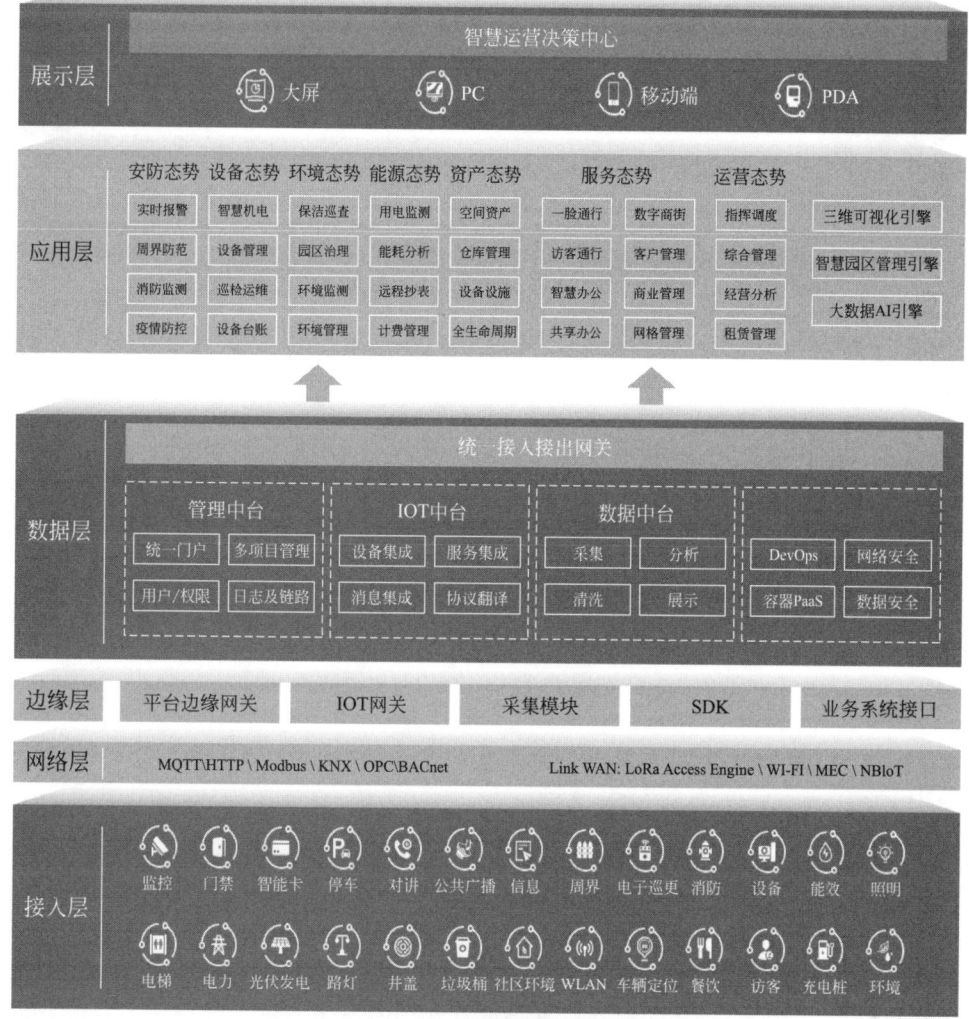

图 2　平台架构

图 3　智瓴 ZL1153 实物照片

了基于源域信息重利用的无监督领域自适应检测技术，通过构造置信度双阈值检测模型，根据检测置信度自动收集不同监控场景困难样本，结合自研的基于知识迁移的循环语义转移网络，自动搜索合适的特征空间，消除同类样本在不同领域间的差异，在此基础上，提出了在线渐进学习算法，将自动标注后的困难样本用于训练双阈值检测模型，减少错误标注样本对模型的影响，提升模型在不同建筑监控场景的自适应能力。整个模型架构如图 4 所示。

　　模型通过自主学习后，相对于 YOLO、SSD 等通用模型提升了 10%，比其他无监督学习模型提高了 5%。此外，模型可在无需人工干预情况下自动建立每个监控场景的目标检测跟踪系统，极大地提升了行人、车辆、人脸等各类目标识别、检测性能，以及监控摄像头对环境的自适应能力，减少了监控设备调试过程中数据采集和标注的时间成本与人力成本。

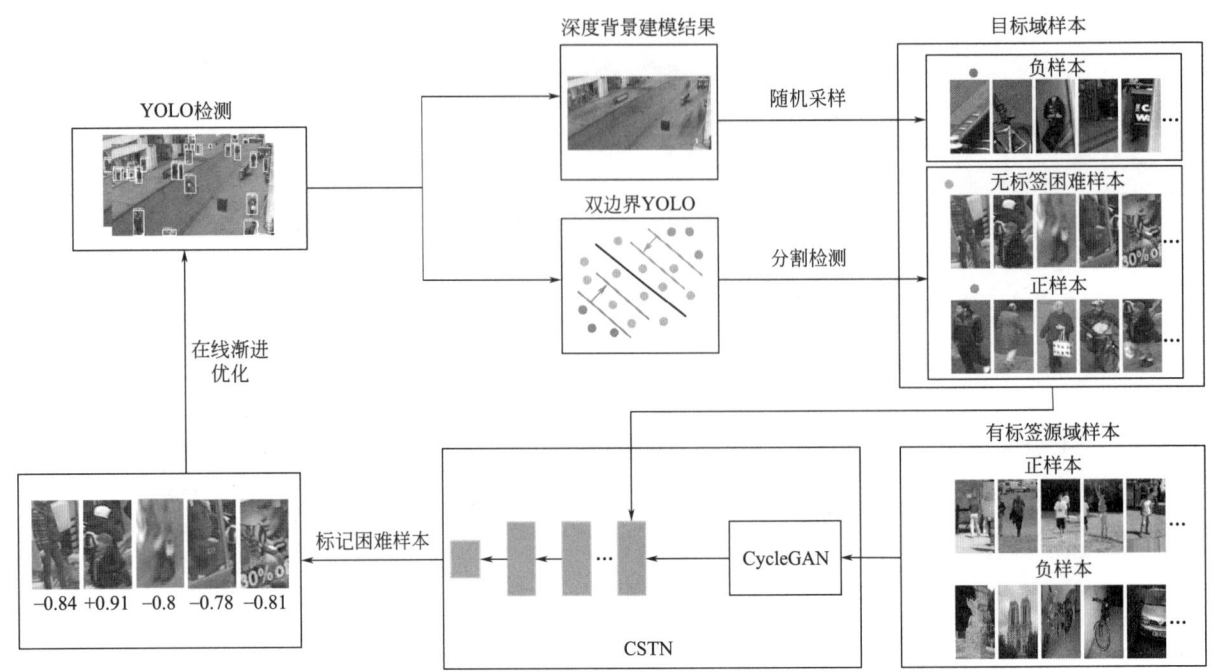

图 4　自适应学习的目标检测模型

申请发明专利 4 项，软件著作权 1 项，论文 5 篇。

4. 软硬件结合的建筑 AI 节能控制系统关键技术

针对建筑用能设备设计容量冗余导致能耗浪费、用能设备使用过程中控制精度不高、运行效率低、耗能高等问题，研发了软硬件结合的建筑 AI 节能控制系统。通过分层节能策略的最优控制，自动感知建筑环境并自决策优化控制参数，实现全链设备小时级的实时控制调优、区域级的精准控制以及实时状态的直观展示。系统由 1 个节能中心单元 ASP 和若干个分布式边缘控制器组成。在设备层级，通过若干个分布式边缘控制器实现用能设备的自动精准控制；在局部层级，搭载混合 AI 节能控制算法，结合实时采集的设备运行、终端负荷等控制参数，计算系统最佳状态点和最佳运行策略，实现分层节能策略的最优控制；在平台层级，根据室外气象、环境、客流、建筑负荷等控制参数，对系统运行状态再次优化，实现建筑环境的自动感知并自决策优化控制参数。

通过采用自主研发的建筑 AI 节能控制系统，替代传统 PLC、DDC 控制器，实现了小时级别的实时控制调优及分区域的精准控制，以及自动感知建筑环境并自决策优化控制参数。该系统能够主动感知建筑内人员分布及变化，对末端空调、照明等用能设备进行实时动态控制，构建"人来灯亮，人走灯灭"的智慧模式。经既有模式和节能模式交替运行效果验证，综合节能率最高可达 36.37％。

取得软件著作权 1 项，标准 2 项。

三、发现、发明及创新点

1）研发了全域场景融合的计算与通信一体化智瓴物联网关，解决了异构传感器信息兼容和物联网设备连接效率低的难题。经测试，在建筑智能化设备对接方面，相较业内传统工业物联网关，异构数据对接、跨设备对接更高效，单个设备对接效率平均提升 20％以上。

2）研发了多业态、松耦合、可插拔式的建筑物联集成智瓴平台，解决了跨厂商、跨系统的数据对接、数据融合和设备联动的难题。对比业内同类中台产品，单建筑项目单系统平均搭建成本降低 60％以上，平均对接成本降低 20％以上，平均对接效率提升 25％以上。

3）提出了具备自主学习能力的多目标检测跟踪算法，提升了模型在不同建筑监控场景的自适应能力。该模型可在无需人工干预情况下自动建立每个监控场景的目标检测跟踪系统，极大地提升了行人、车辆、人脸等各类目标识别、检测性能，以及监控摄像头对环境的自适应能力，减少了监控设备调试过程中数据采集和标注的时间成本和人力成本。

4）研发了软硬件结合的建筑 AI 节能控制系统，实现全链设备小时级的实时控制调优、区域级的精准控制以及实时状态的直观展示。经既有模式和节能模式交替运行效果验证，综合节能率最高可达 36.37%。

四、与当前国内外同类研究、同类技术的综合比较

较国内外同类研究、技术的先进性在于以下四点：

1. 研发了多业态、松耦合、可插拔式的建筑物联集成智瓴平台

一是研发了分布式消息中间件及大数据存储组件。利用 RocketMQ、HBASE、HDFS、SOLR、HIVE 等技术，通过配置数据间的对应关系、清洗规则、整合方法等，以及支持用户自定义清洗、转换、导入流程，实现对多种大数据存储组件的支持。二是开发了低代码拖拽式组装、多种数据源无侵入式集成的设备联动标准化模组。在应用自研分布式消息中间件及大数据存储组件的基础上，通过内部协议转换、设备模型定义，建立设备物模型，屏蔽设备终端接入协议和接入方式的差异性，实现数据格式的统一及标准化处理。

2. 研发了全域场景融合的智瓴物联网关

一是构建了基于 RS485 的 Modbus 协议组包方法。通过将点位按照集群信息分类，按照用途、时间轴与寄存器地址轴形成点位分布图，根据点位分布及环境与协议参数创建算法模型，实现以最少的设置数据包数量向传感器获取相应的应答数据包，从而增加查询效率及单个网关支持的点位个数。二是提出了基于 MQTT 的设备自组网方案。根据预设策略将组网设备划分为主设备和从设备，主设备和从设备分别通过 MQTT 协议与 MQTT 服务器建立通信连接，实现无人自主组网，降低设备组网的难度和出错率，提高异常情况下的自恢复能力。

3. 提出了具备自主学习能力的多目标检测跟踪算法模型

一是提出了基于源域信息重利用的无监督领域自适应检测技术。构造置信度双阈值检测模型，并根据检测置信度自动收集不同监控场景困难样本。二是设计了基于知识迁移的循环语义转移网络。自动搜索合适的特征空间，消除同类样本在不同领域间的差异，实现源域有标签样本和困难样本间的语义对齐及困难样本的自动标注。三是提出了在线渐进学习算法，将自动标注后的困难样本用于训练双阈值检测模型，减少错误标注样本对模型的影响，提升模型在不同建筑监控场景的自适应能力。

4. 研发了软硬件结合的建筑 AI 节能控制系统

该系统由一个节能中心单元 ASP 和若干个分布式边缘控制器组成。节能中心单元 ASP 搭载了混合 AI 节能控制算法，结合实时采集的设备运行、客流、环境、气候、终端负荷共 38 项控制参数，计算系统最佳状态点和最佳运行策略，将计算结果实时反馈至对应的分布式边缘控制器并追踪调节，同时提供可视化节能平台，直观展示核心控制器、前端传感器和后端用能设备的实时状态。

本技术通过国内外查新，查新结果为：在所检国内外文献范围内，未见有相同报道。

五、第三方评价、应用推广情况

1. 第三方评价

2023 年 7 月 21 日，湖北技术交易所组织对课题成果进行鉴定。专家组认为，该项目科技成果整体达到国际先进水平，其中智瓴物联网关和建筑物联集成智瓴平台达到国际领先水平。

2. 推广应用

项目自 2014 年启动以来，陆续推出了智瓴智慧园区平台、智瓴智慧社区平台、智瓴易行智慧停车平台、智瓴智慧场馆平台、智瓴智慧校园平台等一系列创新型产品。成果已在武汉东湖明珠智慧社区、中建光谷之星智慧园区、北京中建大兴之星智慧园区、深圳插花地智慧社区、贵州清镇城市级智慧停车

等 50 余个智慧项目运用，构建 500 多个应用场景，连接物联感知终端 140 余万个。

六、社会效益

通过探索全域场景融合的多业态建筑智慧一体化平台关键技术，形成了建筑全生命周期智慧化管理方法体系，社会效益显著：

一是引领行业转型升级，加快了建筑行业绿色化、智能化和精益化进程，推动了智能建筑和智慧城市的快速协同发展，促进了行业技术进步。

二是带动产业发展。该成果累计构建应用场景 500 多个，接入物联感知终端 140 余万个，服务用户 600 余万人。中建·大兴之星智慧园区项目作为国内首个全域场景智慧园区，受到国内多家主流媒体报道，引起行业内广泛关注。带动智慧城市产业上下游生态企业共同发展，直接或间接带动就业岗位超万余人。

三是促进人才培养。公司结合该技术的研发与应用，培养了过百名既掌握软件研发技术，又熟悉新城建、智慧城市、智慧园区等智慧＋业务的复合型人才，为企业及行业技术进步起到良好的推动作用。

装配式内嵌轻钢组合墙钢框架结构体系
抗震韧性提升研究与应用

完成单位：中建科工集团有限公司、西南科技大学、四川省建筑设计研究院有限公司、中建钢构股份有限公司、中建科工集团四川有限公司、中建钢构四川有限公司

完成人：沈洪宇、褚云朋、吴昌根、赵仕兴、邓勇军、高成子、张守贵、刘志强、郭金池、张兆强

一、立项背景

装配式内嵌轻钢组合墙钢框架结构体系具有抗震性能好、装配程度高、满足"四节一环保"、轻质高强等优点，国家在政策层面也不断推进装配式钢结构建筑的相关政策。但是随着社会的进步和建筑工业化的发展，装配式钢结构的应用仍然还存在一些痛点：

1）装配式内嵌轻钢组合墙钢框架结构体系虽对抗震有利，但随建筑高度增加，水平地震作用将增大，下部各层墙体承受剪力将增加，多层带来的墙体轴压增大将严重降低其抗震性能，二阶效应会更为明显。因此，需要对多层结构进行优化及改进以满足其对抗震能力的需求，并形成明确的抗震设计方法。

2）目前，对结构抗震性能分析主要采用试验和有限元分析方法，但采用精细化有限元法很难模拟构件间接触、自攻螺钉连接退化等性能，缺少对抗拔件进行增强的力学性能分析和楼层连接处的加强法研究。

龙骨间及龙骨与墙面板等连接处需大量简化，将导致模拟失真，大量接触及非线性使得结构建模复杂，分析效率低，大变形阶段计算难收敛。因此，大多是在设计及施工阶段通过构造加强以保证结构安全，进而导致工程风险增高或资源浪费的现象时有发生。

3）国内外现有低层、多层冷弯型钢结构体系，缺少对基于装配式轻钢框架内嵌组合墙体、联通式冷弯薄壁型钢模块化结构体系及其部品部件研究，需要加强对基于装配式内嵌轻钢组合墙钢框架结构及其施工方法的研究和应用。

课题从以上问题出发，结合参研各方已有技术成果，开展课题研究并进行总结推广。

二、详细科学技术内容

1. 建立了基于损伤性能的钢框架-内填冷弯薄壁型钢组合墙体结构体系抗震设计方法

创新成果一：建立了多层整体结构简化力学分析模型

开展组合墙体-楼板节点在低周往复荷载作用下的抗震性能试验，获得节点刚度、刚度变化及连接简化模型。开展双层墙体抗震试验，包括上下层组合墙体的简化模型，上下层墙体间连接简化力学模型，进而得到整体结构简化力学分析模型。见图1、图2。

创新成果二：揭示了结构抗震机理，明晰了抗震能力与墙体及节点抗震性能间的关系

通过低层整体结构振动台试验的文献调研及分析、试验室部件加载试验数据分析，得到组合墙体-楼板，双层墙体在加载不同阶段，部件的工作状态；通过测试元件，分析得到楼层梁、锚栓等的工作状态，推导出部件的工作机理。开展大量有限元计算分析，获得整体结构抗震能力与部件间抗震性能的关系，为结构基于性能化设计提供基础数据。

创新成果三：构建了结构震损状态、损伤指数及损伤等级间的关系，形成判定结构损伤状态的判定准则

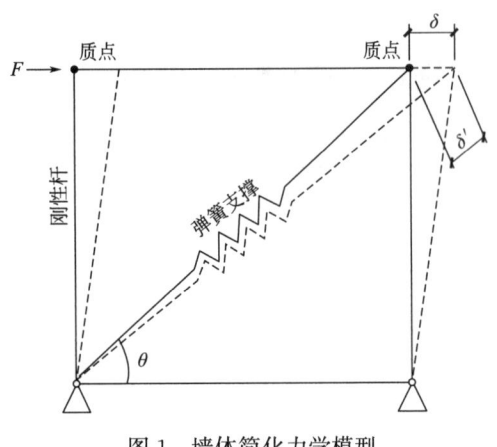

图 1　墙体简化力学模型

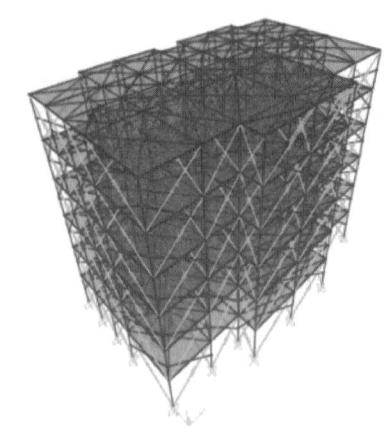

图 2　结构简化力学模型

依据国内外已完成的低层房屋振动台试验结论，结合双层组合墙体试验，获得结构损伤状态的表征指标；通过对损伤状态的分析，形成不同损伤等级下的破坏特征与对应的允许损伤指数，得到结构损伤等级与允许损伤指数间的对应关系，为结构基于损伤的抗震设计方法获得，提供损伤状态的判定准则。见表 1。

不同震害等级对应的损伤指标　　　　　　　　表 1

破坏等级	小震不坏		中震可修	大震不倒	
	基本完好	轻微破坏	中等破坏	严重破坏	倒塌
顶点位移角	1/250	1/150	1/125	1/75	1/50
层间位移角	1/250	1/125	1/100	1/50	1/25
损伤指数	0.01	0.2	0.4	0.5	1

创新成果四：建立了基于损伤性能的抗震设计方法

借助 SAP2000 中 Pivot 连接单元模拟墙体并进行简化，输入重要部件恢复力骨架曲线模型，利用公式计算其在不同地震强度作用下的损伤程度。调整组合墙体抗震能力，在满足结构"性能水准"抗震设防要求情况下，依据公式完成结构抗震设计，形成基于损伤的抗震设计方法。提高了计算效率，解决了效率低且大量简化造成计算精确性差的问题。见图 3。

2. 提出了框架-组合墙体间加强及组合墙体增强等系列结构抗震韧性综合提升方法

创新成果一：研发了层间加强部件和自适应膨胀钉，提高了构件间连接的抗破坏能力

楼层连接处为抗震薄弱部位，考虑内外墙墙厚及受力要求，研发了分别用于内外墙的层间加强部件；对加强部件开展承载性能研究，证明其能够很好满足多层结构对"强连接、弱构件"的抗震设计准则。加强部件与楼层连接处的抗拔锚栓配合使用，装配方便；通过荷载-位移试验曲线表明，其具有很好抵抗竖向及水平荷载作用的能力。同时能有效抑制抗拔件上自攻螺钉由剪切改为拉剪的受力状态变化，进而提高楼层连接处的抗震及抗风能力，有效保证了连接区域对上下层墙体和楼板的协调变形能力。见图 4～图 6。

创新成果二：建立了新的内墙、外墙增强方法

为避免地震作用下层间位移过大，加速底部楼层连接处的锚栓及自攻螺钉的失效，提出了对上下层墙体、纵横向墙体、墙体与楼板进行构造加强的方法。新增部件轻质易装配，位于墙体及楼板内，对建筑细部影响小，进而从整体上提高了结构抗震性能，通过试验对比，对比发现加强后抗震能力提升明显。见图 7、图 8。

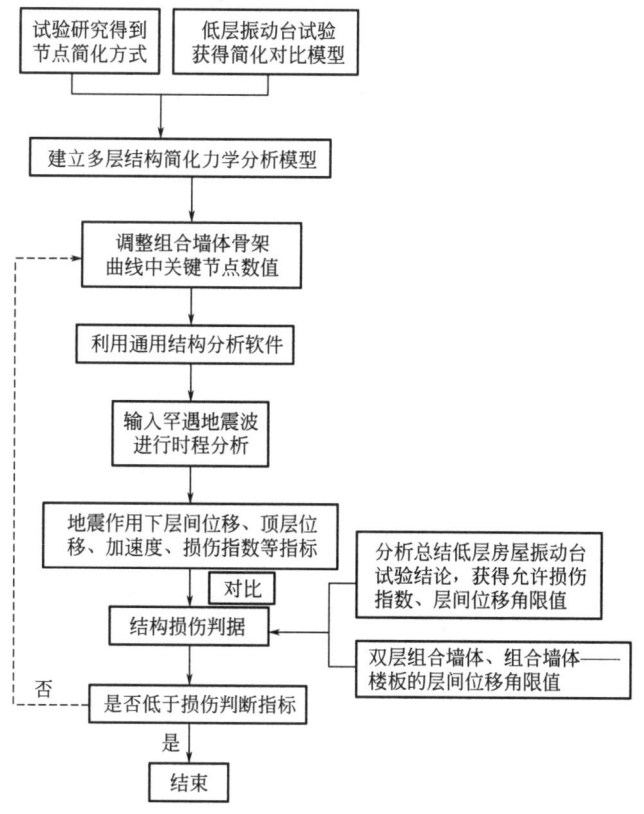

图 3 设计流程图

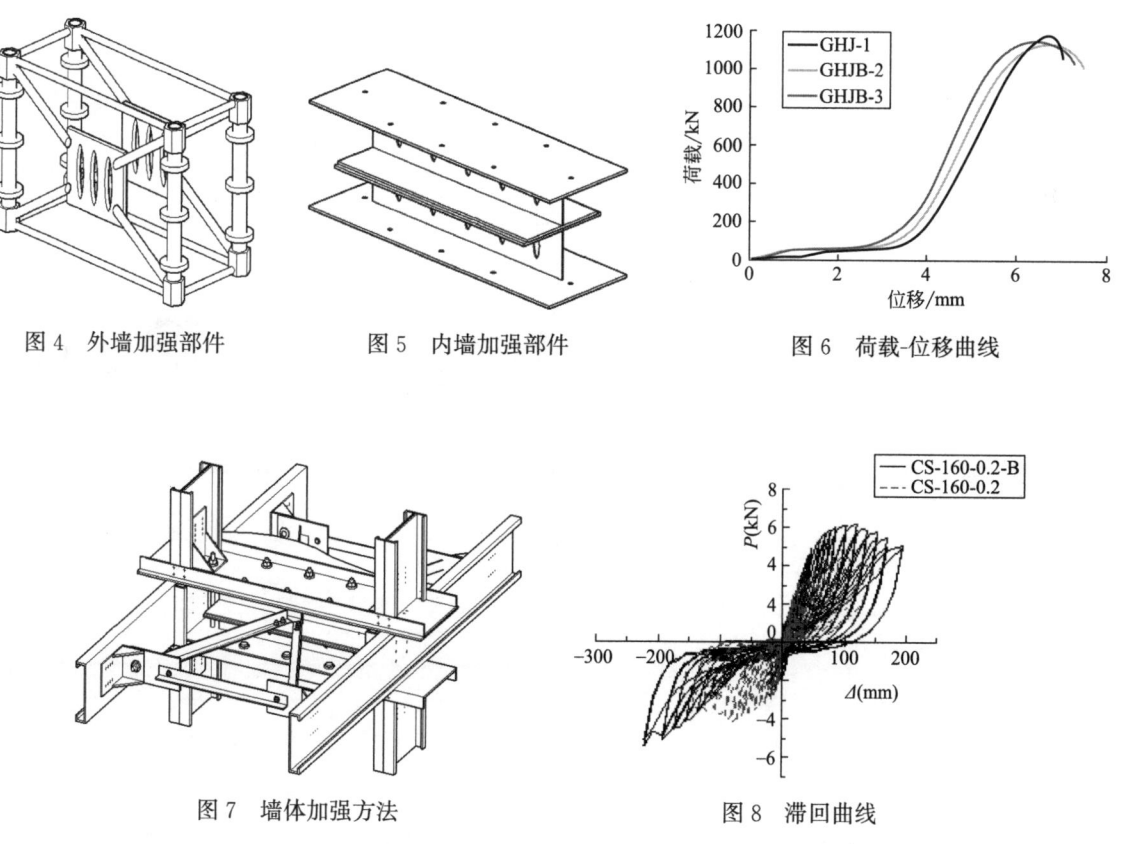

图 4 外墙加强部件   图 5 内墙加强部件   图 6 荷载-位移曲线

图 7 墙体加强方法   图 8 滞回曲线

创新成果三：提出了角钢加强节点抗震性能的构造改进技术

针对楼层连接处构造不连续带来的抗震薄弱问题，提出墙架柱连续，并采用角钢加强的构造改进技术，使结构体系传力直接，满足结构抗侧能力要求。解决了地震作用下薄弱部位过早破坏问题。

3. 提出了装配式钢框架-冷弯薄壁型钢模块化结构及其施工方法

创新成果一：研发了装配式配套部品部件，提高了建筑部品部件的配套率

开展轻质节能墙板、预制装配式型钢混凝土基础等配套部件研发。提高了配套率。一是研发具有明显止水路径，与钢梁可靠连接的预制叠合楼板。采用普通螺栓替代抗剪栓钉，拧紧螺母使得预制板被固定，改善了板的约束状态，减少了预制板下支撑的数量，为现浇层施工提供施工平台。研发了配套的滑动支座轻钢结构楼梯，提高了部品部件配套率。见图9、图10。

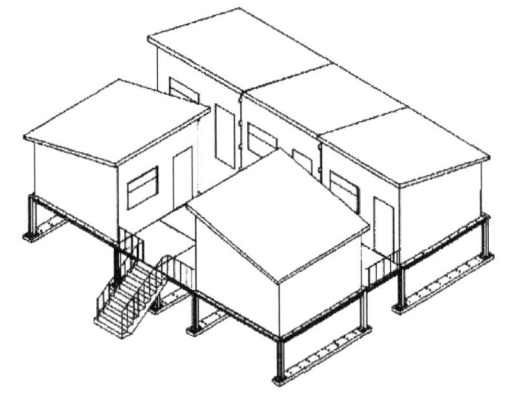

图9 轻钢框架-冷弯型钢模块化房屋

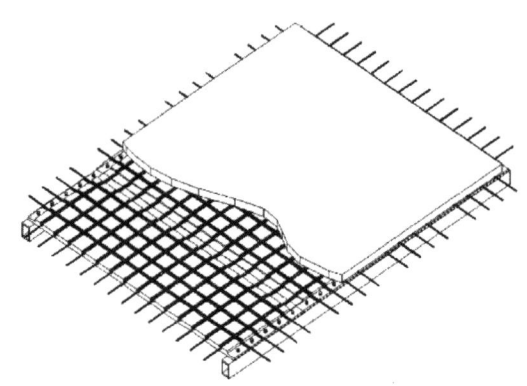

图10 预制叠合楼板

在潮湿环境下，研发了可应用于底层的装配式轻质承重墙体，保证承载力的同时，增强了结构的抗侧能力，提高了建筑的适用性，使得底层可作为封闭房间使用。

利用秸秆粉煤灰等工农业废弃物，开发了轻量化的预制节能内外墙体条板（图11）；研发配套条板生产模具，缩短了条板成型时间，同时提高成型质量；开展试验验证墙板是否满足相关力学性能要求。形成墙板与主体结构连接工艺，提高了墙板在高烈度抗震设防区的安全可靠性。

根据结构受力特性，研发预制条形基础及型钢混凝土柱下独立基础。基础单元块体在预制厂加工成型，装配时块体间水平采用咬合方式，竖向采用施加预应力锚杆拉紧的施工工艺，明显缩短了施工周期。见图12。

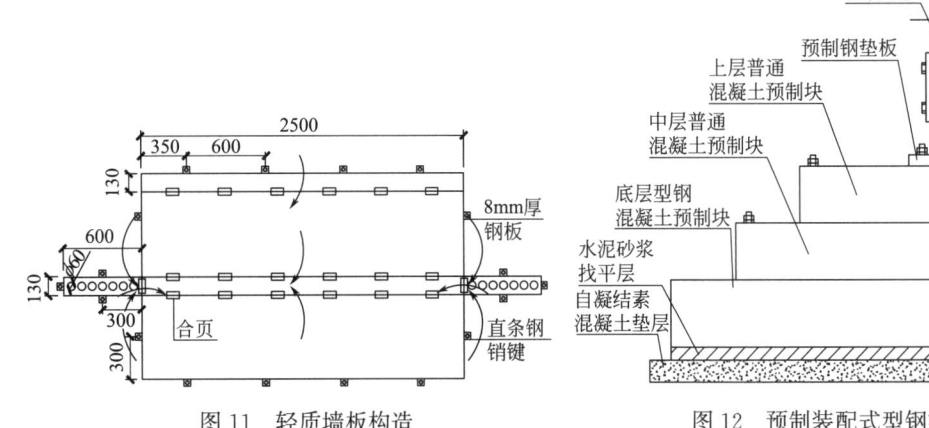

图11 轻质墙板构造

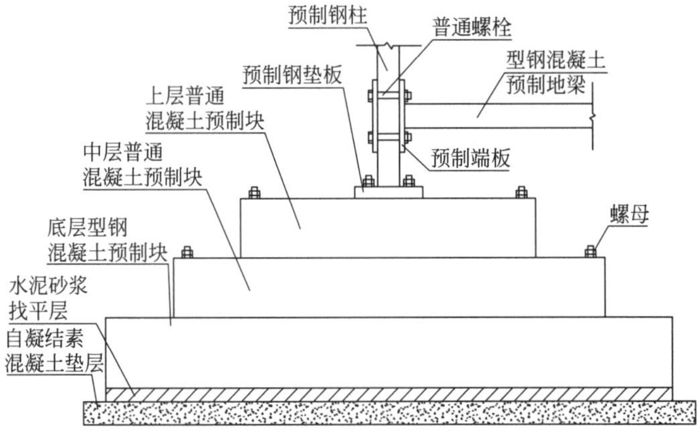

图12 预制装配式型钢混凝土柱下独立基础

创新成果二：形成了部品构件总装工艺质量控制方法

考虑轻量化及装配工艺难易程度，研发了梁柱构件快速装配方法，提高了装配质量及梁柱构件的承

载稳定性，保证了结构在强震及强风作用下的安全可靠性，提高了梁柱装配质量。依据结构受力特性，考虑装配容许偏差，优化生产工艺同时，基于建筑形制及结构细部构造要素，形成了总装质量控制方法。见图13、图14。

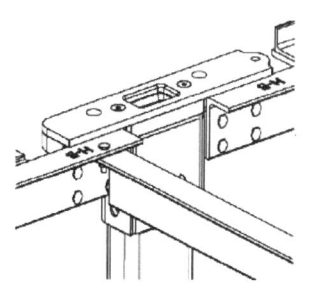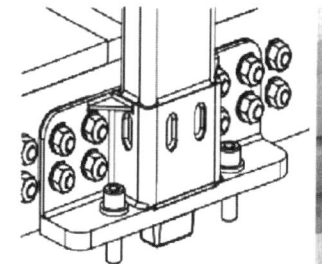

图 13　上层梁与柱连接　　　　　　　　　　　　　图 14　下层梁与柱连接

创新成果三：形成了基于装配式钢框架-冷弯薄壁型钢模块化结构的一体化建造方法

基于冷弯薄壁型钢组合墙结构，开展了轻质节能墙板、集成卫浴、外立面预制装饰部品、外墙飘窗及预制装配式型钢混凝土基础等配套部件、全装配式装修与装配式内嵌轻钢组合墙结构体系的匹配性研究，研究了钢结构住宅装配式装修节点、架空地面和轻钢龙骨墙声学提升技术，形成了基于装配式内嵌轻钢组合墙钢框架结构的一体化施工方法。见图15。

图 15　一体化装配式装修外立面及细部构造

三、发现、发明及创新点

创新点1：建立了基于损伤性能的钢框架-内填冷弯薄壁型钢组合墙体结构体系抗震设计方法

基于结构复合受力特征，引入结构整体损伤指数，提出了基于损伤性能的钢框架内填冷弯薄壁型钢组合墙体结构体系抗震设计方法。

该抗震设计方法，建立了框架-组合墙体的整体结构简化力学分析模型；揭示了结构抗震机理，获得了结构损伤状态的表征指标；构建了结构震损状态、损伤指数及损伤等级间的关系，形成了结构损伤状态的判定准则；基于满足结构"性能水准"抗震设防要求，建立了基于损伤性能的抗震设计方法。

创新点2：提出了框架-组合墙体间加强及组合墙体增强等结构性能综合提升方法

研发了内墙、外墙在楼层连接处的2种加强部件及自适应膨胀钉，解决了强震下由于楼层连接处过早失效，带来的抗震能力薄弱问题，使其更好满足了抗震设计中"强连接弱杆件"的构造要求。应用自适应膨胀钉，解决了强震及强风下构件拉脱破坏问题，提高了构件间连接的承载能力。

针对地震作用下层间位移过大、加速底部楼层连接处的锚栓及自攻螺钉的失效的问题，提出了对上下层墙体、纵横向墙体、墙体与楼板进行构造加强的方法，提高了结构整体抗震性能。

针对楼层连接处构造不连续带来的抗震薄弱问题，提出了角钢加强节点抗震性能的构造改进技术，综合提升了结构及组合墙体的整体承载性能，提高了结构及组合墙体耗能能力，解决了地震作用下薄弱部位过早破坏的问题。

创新点3：提出装配式钢框架-冷弯薄壁型钢模块化结构体系及其建造关键技术

依据结构受力特性和整体装配施工特点，研发了基于冷弯薄壁型钢的联通式轻钢框架-冷弯薄壁型钢模块化结构体系，解决了因过渡区刚度协调及应力集中造成薄壁构件局部挤压破坏的问题。

研发了梁柱构件快速装配方法，提高了装配质量及梁柱构件的承载稳定性，形成了基于装配式轻钢框架的部品件总装工艺质量控制方法。

基于建筑形制、结构受力特性及细部构造要素，形成了基于装配式内嵌轻钢组合墙钢框架结构的一体化施工方法，提高了建筑部品件配套率及抗破坏能力。

四、与当前国内外同类研究、同类技术的综合比较

较国内外同类研究、技术的先进性在于以下三点：

1）采用位移及耗能的双参数损伤模型，构建了判定结构损伤状态的判定准则，建立了基于损伤性能的抗震设计方法。

2）研发了系列层间加强部件、自适应膨胀钉、角钢加强改进节点，建立了新的内墙、外墙增强方法，研发了系列针对该类结构体系薄弱环节的楼层连接处及框架与墙体间的过渡区加强，层间加强、墙体性能提升方法，结构防灾韧性大为提升。

3）研发了框架-模块化冷弯型钢体系，开发了配套的预制叠合楼板，轻质承重钢筋混凝土墙体；研发了装配式配套部品部件，优化结构体系施工工艺，形成全装配式装修一体化施工方法。

本技术通过国内外查新，查新结果为：在所检国内外文献范围内，未见有相同报道。

五、第三方评价、应用推广情况

1. 第三方评价

2024 年 6 月 27 日，专家组评价，"装配式内嵌轻钢组合墙钢框架结构体系抗震韧性提升研究与应用"总体达到国际先进水平。

2. 推广应用

项目研发所形成的新型冷弯薄壁轻钢结构体系、绿色生态墙板-秸秆粉煤灰条板等成果项目在数十个项目中得到成功应用，支撑了公司国家级装配式建筑科创平台建设，取得良好的社会效益与经济效益，近三年支撑新承接项目合同额超 20 亿元，经济效益达 8000 万元。

六、社会效益

促进校企产学研用融合及人才培养，该项目由企业与高校优势互补，产学研用深度融合，锻炼培养了多名相关领域的高水平工程技术人员，培养了大批从事墙材建筑工业化的人才，实现了产品部件化、标准化、系列化、通用化，促进了产业工人培养。

推动了装配式钢框架结构技术进步，项目研究形成的基于损伤性能的钢框架内填冷弯薄壁型钢组合墙体结构体系抗震设计方法，促进了装配式内嵌轻钢组合钢框架结构体系应用，提高了房屋在强震作用下的正常服役能力及震后可恢复性，保障居住安全。

形成了装配式建筑工程科技示范，成果助力国内外数十项装配式建筑工程建设，形成了科技示范，支撑了省部级装配式建筑科技创新中心建设。多个项目应用项目关键技术，荣获住房和城乡建设部科技示范、四川省装配式建筑项目示范工程等荣誉，得到了社会良好反馈。

满足好房子标准，推动建筑业高质量发展，基于装配式框架-冷弯薄壁型钢结构的一体化施工，降低了施工造成的环境污染，同时大大减少了模板资源等消耗，有力地促进了乡村振兴和民居好房子建设，促进了城乡经济的可持续发展。

城市排水管网提质增效关键技术装备与集成应用

完成单位： 中建三局集团有限公司、中建三局绿色产业投资有限公司、清华大学、中建三局第一建设工程有限责任公司、中国市政工程中南设计研究总院有限公司

完成人： 汤丁丁、黄　霞、闵红平、陈广军、张利娜、阮　超、赵延军、周　艳、刘　军、赵　皇

一、立项背景

近年来，我国城市排水系统随着城市化进程发展快速，2022 年已累计建成排水管网 91.35 万 km，污水处理能力约 2 亿 m^3/d，对城市水环境改善起到至关重要作用。但排水管网存在着雨污混接严重、淤积破损故障严重、管网系统完整性不足等问题，入流入渗严重及输运调蓄能力不足引发的排水系统雨天溢流污染问题突出，导致了城市水体雨季反复黑臭、系统运行效能低等痼疾，已成为进一步提升城市水环境质量的瓶颈。排水管网提质增效对于持续改善环境质量，消除城市黑臭水体有着至关重要的作用，近年各大城市均认识到排水管网提质增效及溢流问题控制的必要性和紧迫性。中央财政于 2023 年四季度增发 10000 亿元专项债，资金重点用于城市排水防涝能力提升行动，排水管网是提升城市排水防涝能力的核心。排水管网提质增效及溢流污染是当前行业公认的热点和难点问题，行业前瞻性技术发展需求迫切。

城市排水具有分布广泛、深埋地下、结构复杂、不确定性高等特征，如何优化排水管网结构、提高排水管网运行效能，主要存在如下几个不足：

（1）复杂结构排水管网异常识别诊断机制方法不清：城市排水管网规模庞大、错综复杂，缺乏能够精准预测水质水量变化规律和溢流产生的诊断模型；同时管网环境条件恶劣，也缺乏管网故障快速精准诊断及定位的技术及装备。

（2）排水管网源头污染控制技术及装备欠缺：排水管网源头雨污分流改造困难、难以彻底分流，传统截流技术截污效率低，溢流污染零存整取，管网清淤扩容及修复大多依赖人工，安全事故风险高、作业效率低、操作繁杂、成本高。

（3）排水管网调蓄调控及处理能力不足：雨季排水管网输运调蓄能力不足是普遍问题，高负荷排水管网溢流污染是导致城市水环境质量提升和反复黑臭的瓶颈，如何提高排水系统适应调蓄调控能力和应急处理措施，是解决排水管网溢流污染问题的关键。

（4）排水系统设施运行联动调度粗放：城市排水系统设施多、上下游联动关系复杂、溢流控制难，设施达标与断面达标优化协同难，多设施全过程动态化模拟难度高，多目标协同调度及全要素管控难。

由于以上研究的不足，使得目前排水管网普遍存在的诊断改造效率低、溢流污染难于控制、缺乏系统标准和技术规范等问题，排水管网运行效能提升迫切需要优化的高效诊断技术、管网增容调控技术、溢流控制方法及相关设备。

二、详细科学技术内容

1. 排水管网异常识别及诊断技术

创新成果一：管网异常风险识别及动态评估模型

通过现场水量水质测试与模型规律分析相结合，表征实际管网基本运行条件下的流量液位耦合关

系，解析不同区域的水量水质基本变化规律特征，获得管网异常响应过程入流入渗、流速变化与沉积过程的特征，构建管网异常运行状态响应特征库；建立基于多特征同步解析的异常状态识别方法与效能动态评估模型，通过排水管网异常运行的关键特征参数与主要响应规律，评估不同管网区域动态降雨过程的溢流发生风险，识别并溯源区域管网异常故障特征，构建排水管网综合效能诊断评估方法，提高管网效能诊断效率和故障区位准确率。见图1。

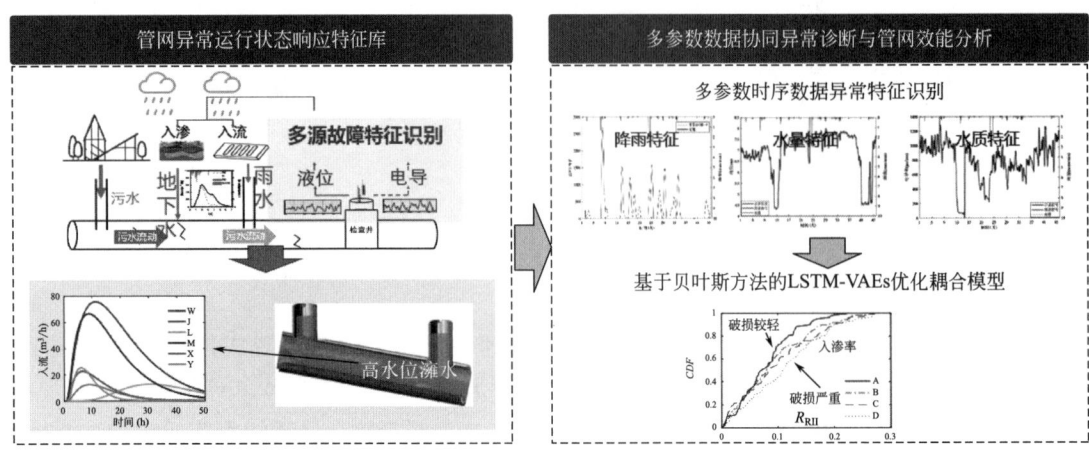

图1 管网异常风险识别及动态评估模型

创新成果二：全工况两栖检测机器人及智能诊断技术

针对现有管道检测机器人难以适应复杂多变管网环境条件问题，开发了适用于大中小不同管径且可非停运带水作业的系列两栖驱动检测机器人及复杂环境管网缺陷智能诊断技术，突破了机器人检测姿态感知定位、淤积环境行走越障、强化水下声学光学成像技术难点，实现了不同情景管网的故障缺陷高效检测。见图2、图3。

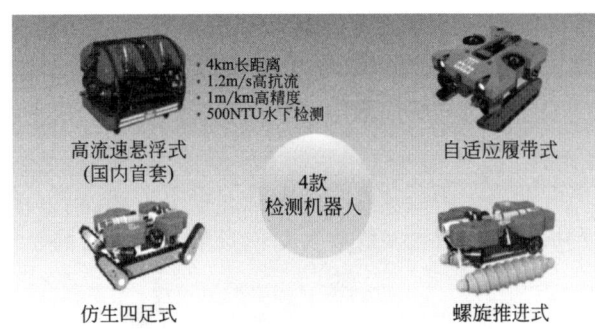

图2 全工况两栖检测机器人

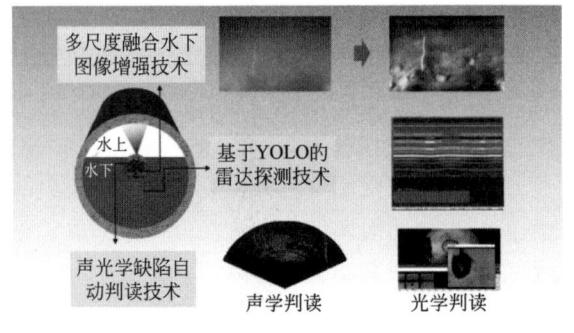

图3 复杂环境管网智能诊断技术

2. 排水管网源头污染控制技术

创新成果一：智能高效源头清污分流技术

优化了雨污管网分流改造工艺流程，制定了最优雨污管道改造策略，构建了精细化雨污分流改造施工工法；开发了基于水质检测识别污水混入、水量检测自动分流污水的智能源头清污分流控制技术，实现智慧高效截污；开发了水质检测及分流系列装备，研究了适用于干管的下开式智能分流井；通过基于不同雨晴的智能分流控制，实现晴天污水截污率100%，降雨污染负荷截污率达70%以上。见图4。

创新成果二：机械化原位维护机器人技术

开发了适用于复杂工况的广适应铲储一体化清淤技术以及一般工况的高效率泵吸式清淤泥浆浓度自适应控制技术，可适用于泥质板结、水位变化、垃圾混杂等复杂工况，满足颗粒物粒径800mm以下的杂质淤积物清淤，效率达到水下自然18m³/h，相对于人工清淤提升2～3倍，形成了满足复杂工况及一

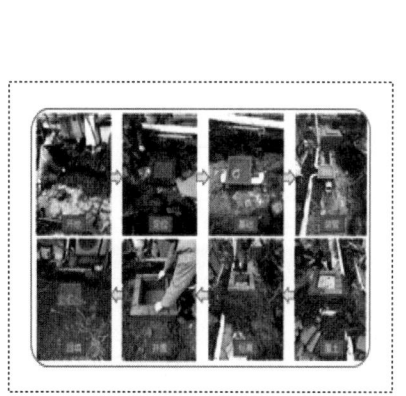
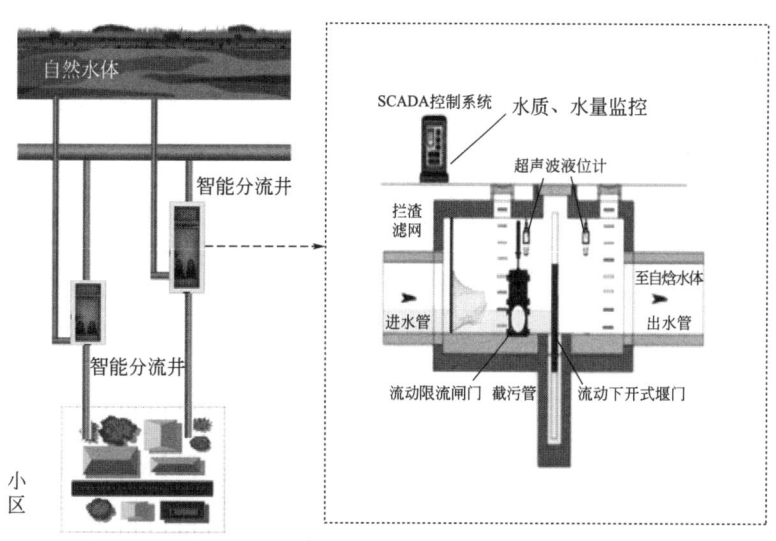

(a) 精细化雨污分流改造工法(省级)　　　　　　　　(b) 智能分流井

图4　排水管网智能高效清污分流技术

般工况全覆盖的系列化高效清淤扩容技术，填补了复杂清淤工况下高效清淤扩容技术的行业空白。开发了高抗折、耐腐蚀国产化排水管网内衬喷涂砂浆材料，研制了集存储-配料-拌合-输送-喷涂的一体式自动化混凝土高效喷涂修复技术，相对于传统人工喷涂修复，工效提高50%以上，喷涂距离达到500m，提高5倍以上，快速恢复管网排水功能。见图5、图6。

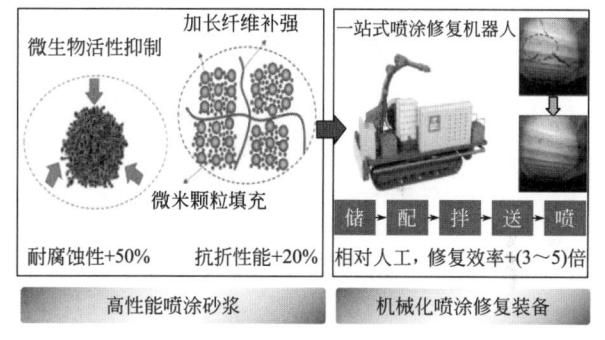

图5　工况全覆盖系列化高效清淤扩容机器人　　　图6　国产化高性能喷涂修复材料及喷涂修复机器人技术

3. 排水管网溢流调蓄控制及高效处理技术

创新成果一：分质分区动态高效调蓄技术

建立水质水量分析耦合的模拟模型，提出了调蓄池及处理设施优化设计方法，开发了分质分区调蓄控制技术，研制了调蓄池智能冲洗技术和设备，根据不同工况，将蓄水区分成多个蓄水室，显著提高了调蓄池空间利用率，提高了冲洗效率和洁净程度，提高了调蓄池运行效率20%，减少设备运行频次，降低调蓄池运维成本约30%。编制了国内首个溢流污染全过程控制的标准《城市排水系统溢流污染控制技术规程》、国内首个溢流调蓄设计建造及运维标准《合流制溢流调蓄及处理设施技术规程》，推动了全国排水管网溢流污染控制技术发展。见图7、图8。

创新成果二：多负荷溢流污染应急快速处理工艺技术

针对溢流污染水量波动大、污染物浓度变化大等问题，开发了溢流污染快速组合处理工艺。在低浓度负荷条件下，采用一级强化处理＋高密度沉淀池优化运行，后端接入生态驳岸深化处理的工艺技术，有效削减溢流污染。在高浓度负荷条件下，开发了臭氧-气浮一体化处理组合工艺强化处理技术，结合混凝气浮快速分离和臭氧氧化高效催化的优势，实现对溢流污水的快速高效处理，其处理效果显著。建

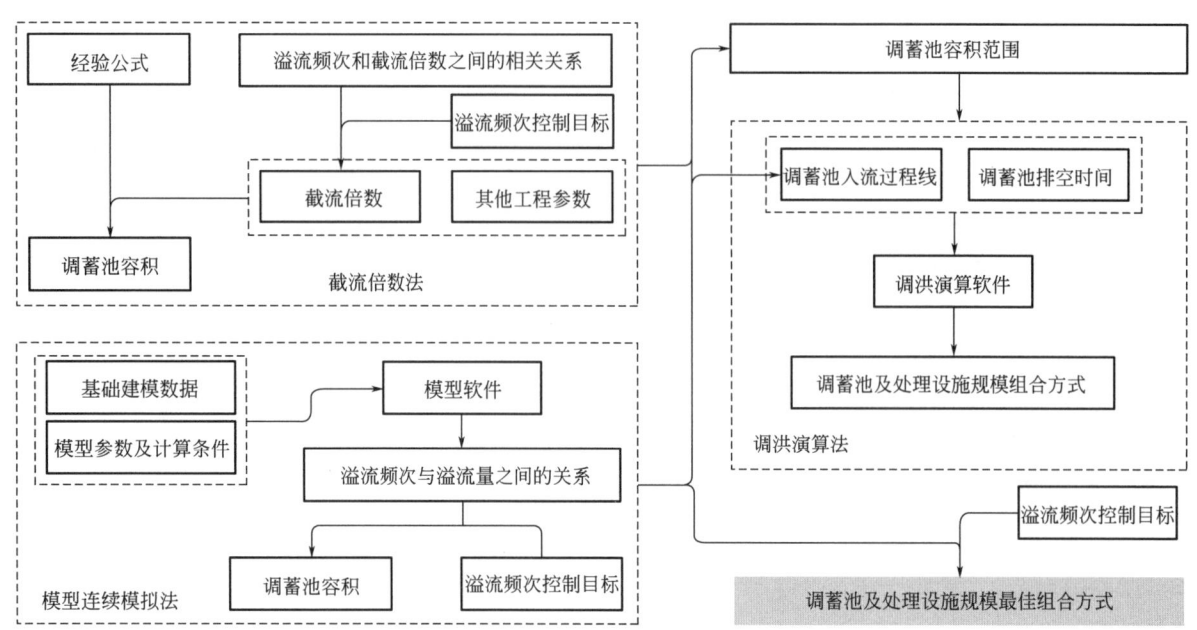

图 7 CSO 调蓄池及处理设施规模设计方法

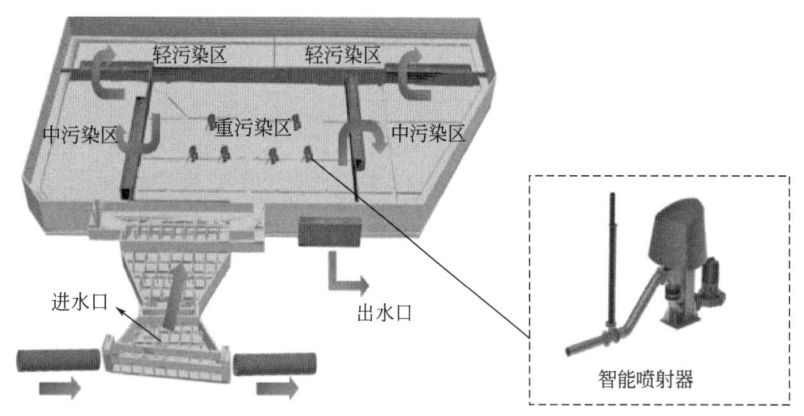

图 8 调蓄池分格示意图

立了我国规模最大的溢流调蓄强化处理设施群，调蓄处理能力最高可达 $10m^3/s$。见图 9。

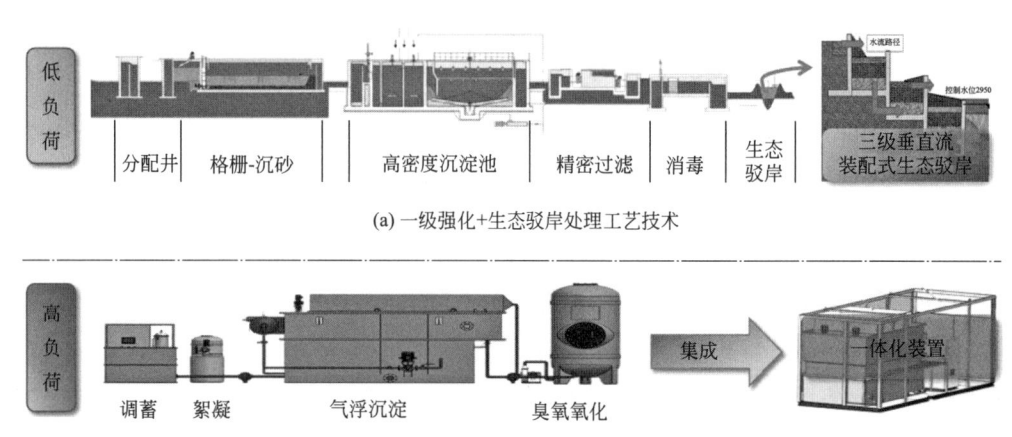

(a) 一级强化+生态驳岸处理工艺技术

(b) 臭氧-气浮处理工艺及一体化集成装置

图 9 溢流污染应急快速处理工艺

4. 排水管网多设施联动优化控制技术

创新成果一：源-网-站-池-厂多设施联合调度实时模型及技术

构建了源-网-站-池-厂水量水质耦合实时模拟模型，对排水系统"源头-过程-末端"全流程水量水质传输变化和全过程污染控制效果进行动态模拟分析，水动力模型计算精度达到90%，水质模型计算精度达到60%以上，按10min时间频次连续模拟预测排水管网水量水质变化过程；提出以河流断面水质达标为目标的排水管网多设施溢流污染控制联合调控策略，并通过调度模型对运行效果进行动态评估分析，建立了以河道断面水质达标为目标的管网、闸门、泵站、调蓄池、污水厂等设施水量水质调控参数及控制状态数据库，提出了基于控制模型的不同降雨条件下的多设施联合调度方案和控制策略。见图10。

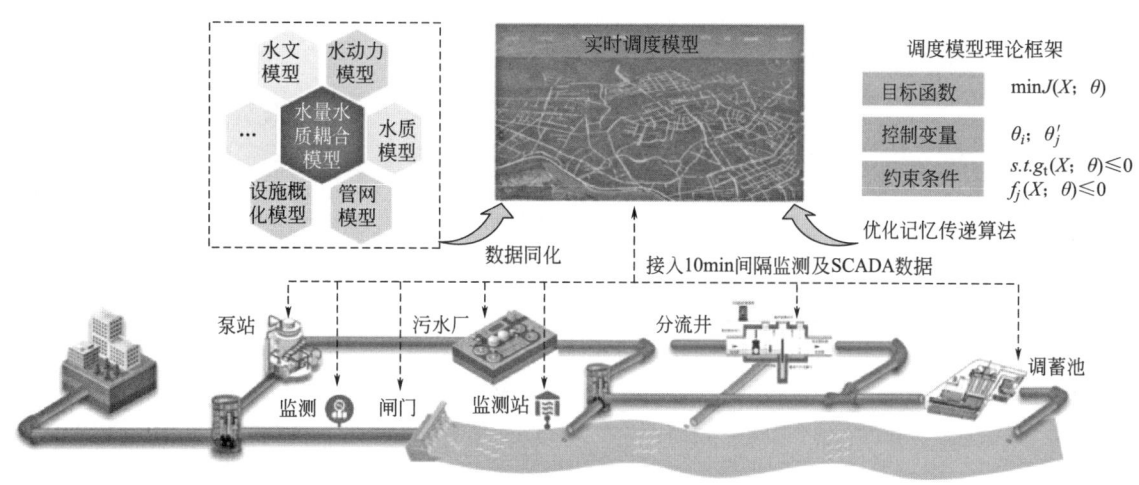

图10 源-网-站-池-厂多设施全过程污染控制联合调度模型

创新成果二：排水系统多设施联动控制智慧管控平台

集成源头智能分流井、管网调蓄集群设施、溢流应急处理装备、溢流口、泵站远程智能控制、污水处理设施等单元控制系统，形成排水系统全流程智能控制体系，实现了对排水管网全系统溢流污染的优化运行和协同控制；构建监测-预警-调度一体化的多设施联动控制智慧管控平台，提升不同降雨条件下的全过程污染控制效能，支撑40余座核心设施优化调控，突破了雨季河道断面水质稳定达标的难题，设施调控响应时间缩短到10min内，管网运行效能提升15%，水质达标率100%，合流制溢流频次削减80%。见图11。

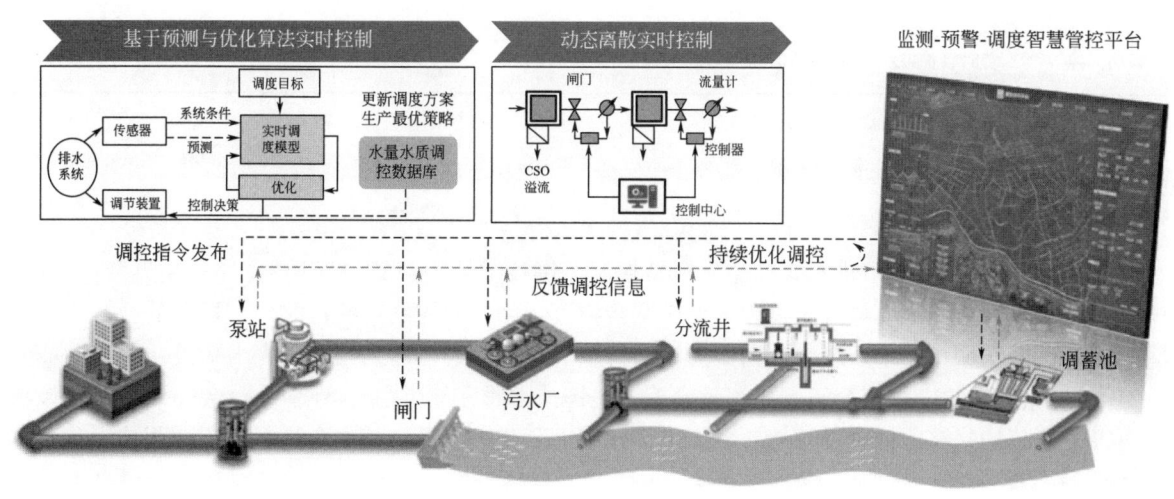

图11 排水系统多设施联动控制智慧管控平台

三、发现、发明及创新点

创新点 1：研发了适用于我国特有复杂管网条件的排水管网异常状态识别及效能动态评估模型与方法，开发了国内首台满足高流速长距离作业的水下检测机器人及适应复杂地形的系列两栖作业检测机器人，突破复杂排水管网精细化故障诊断难题。

创新点 2：研发了管网源头清污分流改造工法及智能高效的源头清污分流设备，开发了全球首台适应复杂工况的装载式清淤机器人、国内首台可 400m 长距离作业的泵吸式清淤机器人以及满足城市主干排水管网的一站式喷涂修复机器人等管网原位维护（清淤扩容及结构修复）技术装备，有效提升管网运行效能，实现排水管网溢流污染产生的源头控制。

创新点 3：建立了一种全系统溢流调蓄及处理方法，实现了从源头到末端、从设计到运维全方位全过程溢流污染的控制和削减，开发了适用于排水管网主干管大流量的分质分区调蓄技术，研发了耦合低负荷生态净化和高负荷快速强化应急处理组合工艺，实现了溢流污水分流分质分区多功能多设施高效联合调蓄及污染高效处理控制。

创新点 4：研发了以断面水质达标为目标的源-网-站-池-厂多设施联合调度模型及实时控制技术，开发了我国规模最大全过程多设施联合调度控制系统，提升了管网全过程污染控制效能。

四、与当前国内外同类研究、同类技术的综合比较

较国内外同类研究、技术的先进性如表 1 所示。

较国内外同类研究、技术的先进性 　　　　　　　　　　　　　　　　　　表 1

对比内容	技术先进性	国内外比较
创新点 1 识别诊断	率先提出管网异常评估新方法，效率提高 50%；突破全工况带水检测，判读效率提升 5~10 倍	国内首套高流速悬浮式检测机器人，全工况两栖检测机器人，填补行业空白
创新点 2 源头控制	突破智能高效原位维护，效率提升 3~5 倍；研发高效清污分流技术，雨天溢流削减 70%	全球首套装载式清淤机器人，国内最长作业距离泵吸式清淤机器人，建立国内首个雨污分流改造工法
创新点 3 调蓄处理	研发多情景多功能调蓄池，降低运维成本 30%；创新不同负荷溢流污水快速应急处理技术	全国规模最大溢流调蓄及处理设施群（10m³/s）
创新点 4 联动调控	实现以断面水质达标为目标的多设施联合调度实时管控；设施调控响应时间缩短至 10min	国内较早实现全系统（核心设施数＞40）联合调度控制

五、第三方评价、应用推广情况

1. 第三方评价

1）项目相关成果"城市排水管网溢流污染控制关键技术装备与集成应用"：评估委员会一致认为：该项目开发了国内调蓄规模最大全过程多设施联合溢流污染调度控制系统，取得了显著的经济、社会及环境效益，对推动城市排水系统溢流污染控制具有重要意义，整体达到国际领先水平。

2）项目相关成果"城市合流制溢流污染控制关键技术研究与应用"：评估委员会一致认为，该项目成果取得了显著的经济、社会及环境效益，整体达到国际先进水平，其中合流制溢流调蓄技术达到国际领先水平。

3）项目相关成果"城市暗涵机械化清淤关键技术及装备开发与应用"：评估委员会一致认为，该项目成果取得了显著的经济效益、社会效益和环境效益，整体达到国际先进水平，其中装载式暗涵清淤机

器人技术达到国际领先水平。

2. 推广应用

本技术成果主要解决城市排水管网溢流污染控制的难题,已在 30 余个项目成功应用,项目覆盖全国 20 多个城市,工程项目总投资近 300 亿元。开发的城市排水管网系列装备,服务于国内多个管网、水环境治理等工程,累计实现面积 1000 多 km^2 区域的排水管网效能提升及溢流污染控制,实现污染物削减:COD_{Cr} 削减 22645.65t/a,BOD_5 削减 12036.68t/a、氨氮削减 3548.22t/a、总氮削减 2613t/a、总磷削减 328.86t/a。

六、社会效益

1)推动行业技术进步及装备系列化发展,提高作业效率。本项目开发了排水管网效能评估模型,自主开发面向恶劣管网条件的智能故障检测、清淤维护与修复机器人系列装备,突破带水作业等管网疑难故障诊断效率,检测精度由 60% 提升至 90%,机械化清淤修复方法相对于人工效率提升 3~5 倍,有效推动排水管网提质增效。

2)守护城市地下管网安全,杜绝安全事故。本项目将有效推进城市排水管网运维的人工方式的机械化替代,守护了城市地下管网安全,减少安全事故风险,体现以人为本的核心理念。

3)培养高素质专业人才,提高技术技能素养。本项目实施期间,课题组共培养博士生 5 人、硕士生 15 人,骨干人才 50 多人。同时可新增就业人员,培养一批熟练工人,为振兴地方经济及我国环境产业的发展起到积极的推动作用。

城市轨道交通工程轨行区智能建造关键技术及设备研发与应用

完成单位： 中建安装集团有限公司、中建轨道电气化工程有限公司、上海铁申装备有限公司

完成人： 刘福建、顾建兵、刘　景、李　伟、王宏杰、贾玉周、张睿航、李雨亭、孙松峰、王会乾

一、立项背景

"十三五"期间，我国城市轨道交通运营线路增至 9192.6km，按照"十四五"规划，到 2025 年新增城际铁路和市域（郊）铁路、城市轨道交通运营里程各为 3000km。城市轨道工程的建设规模持续增长，发展前景广阔。

轨道工程、系统机电作为城市轨道交通站后工程两大核心内容，施工中仍存在诸多的技术难点及痛点亟待解决，具体如下：

轨排拼装施工阶段，受限于隧道的尺寸限制，大型铺设机不能进入隧道施工，需要在地上进行轨排拼装生产，拼装完成后再运至地下隧道铺设。轨排拼装过程主要是利用龙门式起重机结合人工作业进行操作，这种传统的人工拼装方式费时费力，且存在拼装一致性差、效率低等问题，导致铺设拼装工效和质量无法得到保障。

铺轨作业施工阶段，一般事先安装临时走行轨，铺轨机、轨料运输车均依靠走行轨进行轨排、混凝土等物料的长距离运输，运输量有限，交叉作业影响大，铺轨完成后还需拆除走行轨及填补空洞，消耗大量人财物。当前各类运输设备繁多、集成度差，功能单一，小曲线半径通过性差、多隧道断面适应性不足、安全性不高。

系统机电施工阶段，接触网、侧壁电缆、管道等的安装需要在管片上钻大量的安装孔，目前主要采用人工画线、人工手持冲击钻钻孔作业模式，不仅工程量大、效率低、成本高，而且影响工程质量，打孔位置过高的地方还存在安全隐患。

针对以上问题，本项目开展轨道、系统机电智能化装备及配套技术的研发与应用。研发了轨排智能化拼装设备，实现地铁轨排高度自动化拼装作业，提高了轨排生产效率和精度；研发了无轨化多功能轨道铺装设备，彻底解决铺轨过程中"轨道铺装先修路"的弊端，缩短建设周期，有效提高了施工效率质量；研制了地铁隧道自动打孔设备，自动机械化施工实现钻孔作业的高质、高效。

通过智能化施工装备安装及技术的研发与应用，全面提升项目履约创效能力，全面提升行业内施工机械自动化水平，助力城市轨道交通行业高质量发展与转型升级。

二、详细科学技术内容

1. 轨排智能化拼装设备及技术研究

通过视觉识别与定位技术、机器人控制技术、一体化取放和安装扣件技术研究和集成应用，首创了城轨轨排全工序智能拼装方法，实现了城轨轨排自动化组装和高效铺设作业。见图1。

关键技术1：基于视觉识别与定位的轨排扣件智能化搬运技术

研发了基于多种扣件几何特征的视觉识别与定位技术，利用机器视觉技术精确定位扣件和轨枕位置；基于中心线投影距离和神经网络的钢轨扣件紧度回归技术，实现扣件松紧度的识别和预测；构建了

多组扣件安装机器人协同工作体系，通过机器人运动轨迹规划控制其空间姿态，实现了在轨枕两侧同步扣件安装作业。见图2、图3。

图1　设备总体图

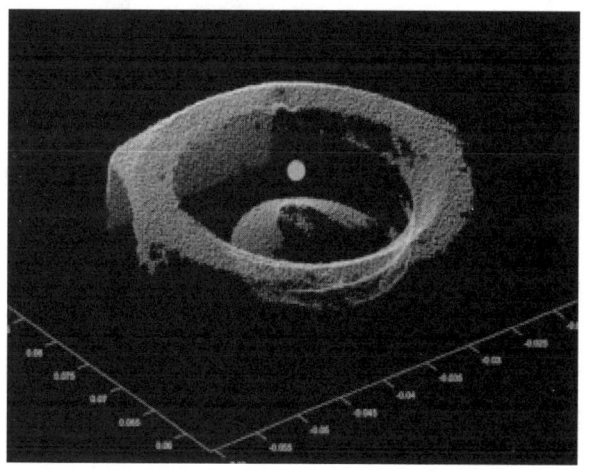

图2　几何模型特征识别

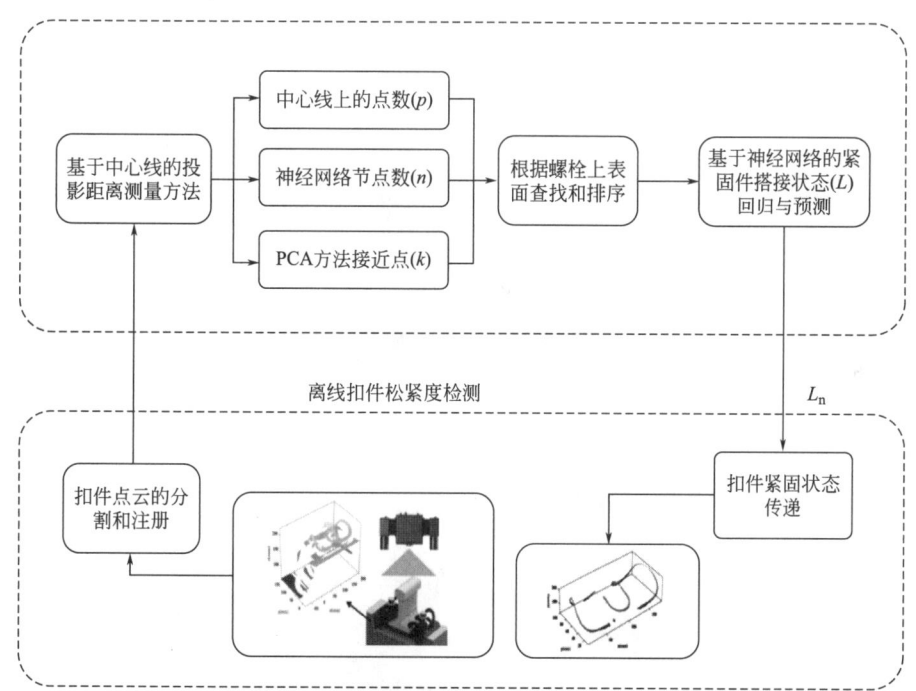

图3　扣件紧度回归技术结构框架图

关键技术2：轨枕和钢轨位姿精调技术

研发了轨枕位姿、钢轨位姿精调系统及方法，采用机器视觉技术感知轨枕和钢轨空间位置，控制各执行器精准运动，精确调整轨枕和钢轨位姿，实现了轨排各组件精准安装。见图4、图5。

关键技术3：一体化自动取放和安装扣件技术

研发了适用于多种类型扣件的一体化自动取放和安装紧固系统，扣件夹取采用基于电磁的一体化夹持技术，紧固采用基于三闭环负反馈PID调节的螺栓力矩伺服控制技术，实现了不同材质和形状扣件的自动化取放、安装和紧固状态的控制及自动化记录。见图6、图7。

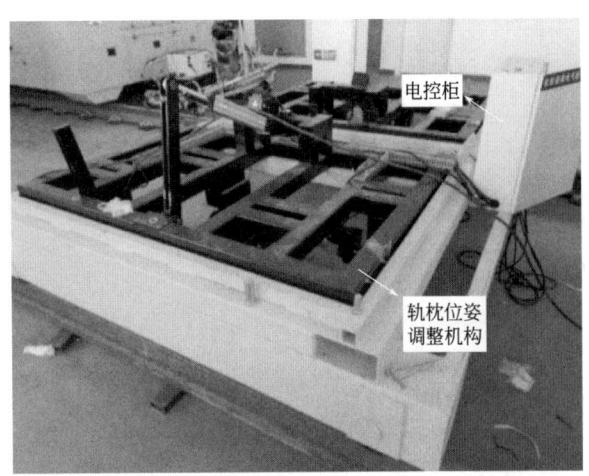

图 4　轨枕精调子系统

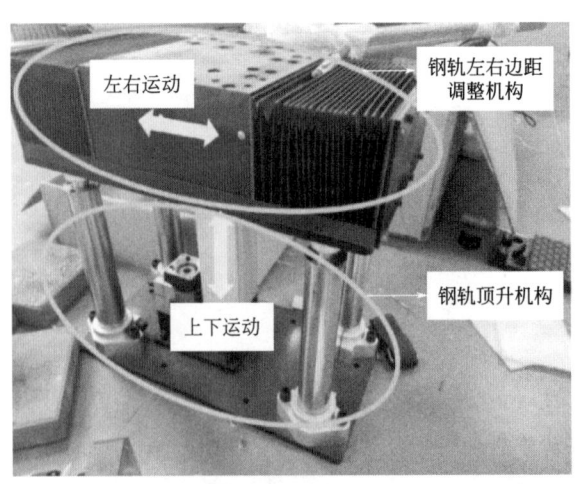

图 5　钢轨边距精调装置

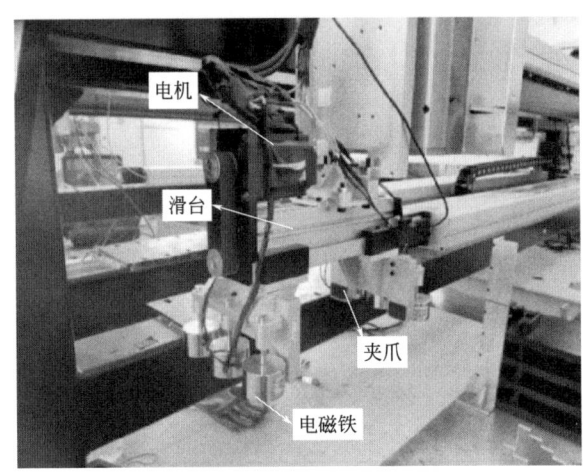

图 6　夹爪装置

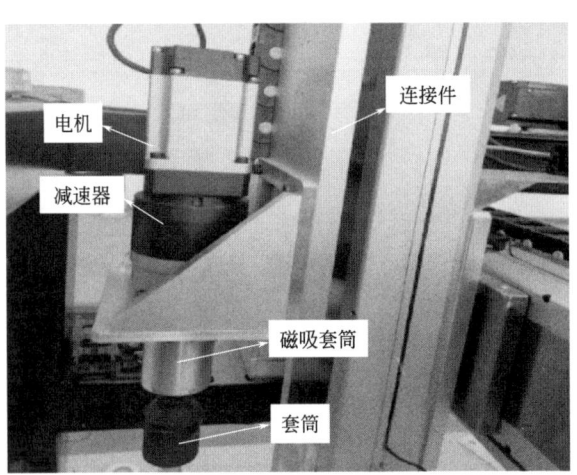

图 7　取放与拧紧一体化电动扳手

2. 无轨化多功能轨道铺装设备及技术研究

通过曲面自适应技术、一机多能施工技术、多传感融合技术的研发应用，形成了隧道内安全高效物料运输新工艺，实现了多工况多类型构件一机无轨化吊运安装作业。见图8。

图 8　设备总体图

关键技术 1：曲面自适应技术

研发了电子液压复合多模式控制系统和自由变跨体系，通过电液驱动机身结构横竖向自动调整、行走轮倾角自由调整、行走轮组差动补偿等技术，实现了走行轮行走面与隧道曲面弧线贴合，运行平稳。见图9、图10。

图 9　电子液压多模式转向　　　　　　　　　　图 10　走行轮与隧道壁贴合

关键技术 2：一机多能施工技术

研发了液压吊运体系及配套组合吊具，通过设备吊运姿态和组合吊具的调整单机可吊运 25m 整体轨排，配备特种混凝土搅拌罐可完成自密实浇筑作业，同时可吊运预制轨道板、吊运钢筋模板等零散物料，实现了铺轨作业时集吊运、铺装、浇筑全部工序于一机的多功能作业特点。见图11、图12。

图 11　吊运 25m 轨排　　　　　　　　　　　　图 12　吊运灰斗

关键技术 3：自行避障、纠偏和故障诊断技术

研发了多传感融合的智能化识别控制系统，通过设置避障参数、倾角阈值、故障代码进行多条件下灵活控制，实现了自动跑偏报警、遇障报警降速、故障自诊断功能，提高了作业安全性。见图13、图14。

3. 地铁隧道智能打孔设备及技术研究

通过六自由度钻孔机器人、智能化精准定位等技术的研发与应用，创新了地铁隧道智能打孔工艺，实现了隧道内设备安装精准定位和安全高效打孔作业。见图15。

图 13　超声波测距传感器

图 14　倾斜报警

图 15　设备总体图

关键技术 1：隧道全断面打孔控制技术

研发了适用于隧道全断面的六自由度打孔机器人技术，采用串联机构形式构建机械臂，进行机械臂运动学和动力学分析，基于自适应模糊终端滑模机器人控制技术、基于故障诊断的容错控制技术设计控制器，构建了机械臂姿态感知系统，通过对机械臂空间点位精确测量和计算，实现了全断面六自由度打孔作业。见图 16、图 17。

图 16　机械臂

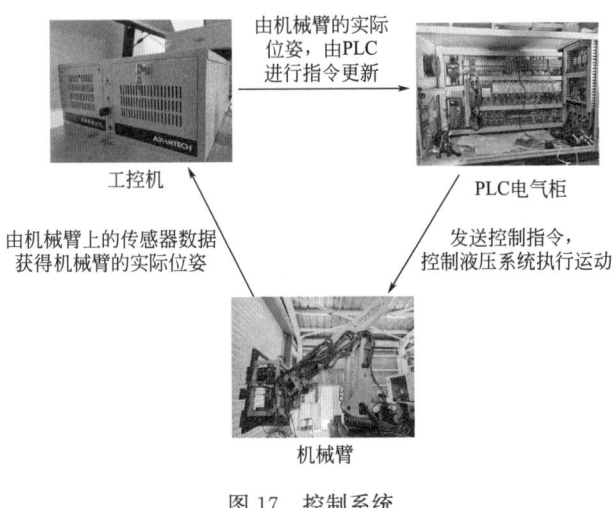

图 17　控制系统

关键技术2：孔位智能化精确识别与定位技术

基于图像识别和传感控制技术，构建区域视觉模型，研发了目标点位自主识别和打孔机械臂随动执行打孔动作智能系统，通过解算机构与孔位的空间位置关系，自动控制机械臂运动，实现自主寻点和自动化打孔。见图18、图19。

图18　视觉传感器

图19　孔位标识与打孔

关键技术3：高效精确打孔技术

采用多传感融合技术，开发了高效精确打孔末端执行机构，实时监测机构的位移，有效保证打孔深度和精度，打孔末端配置双钻头，实现双钻同步钻进，提升钻孔工效。见图20、图21。

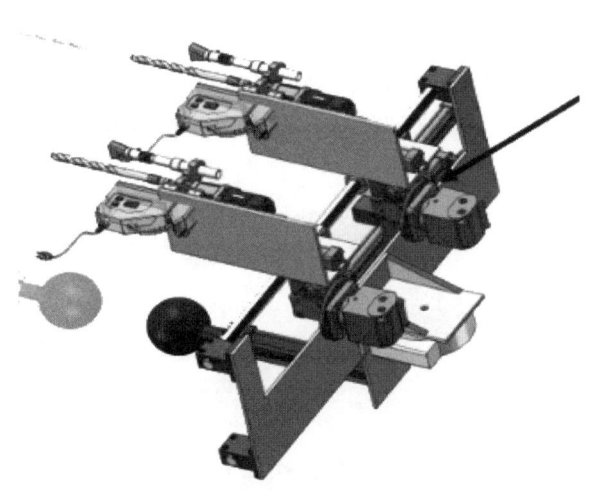

图20　连接机构

图21　双钻施工

项目获授权发明专利15件，国际发明专利3件，实用新型专利14件，获软件著作权3项，形成省部级工法4部，发表论文5篇（其中EI2篇、SCI1篇）。同时，该项目成果获得中国安装协会科技进步一等奖、中国设备管理协会技术创新成果一等奖、中国建筑材料流通协会"新基建杯"一等奖、中国市政工程协会四新技术、中施企协首届工程建造微创新大赛一等奖、2023年度江苏省安装行业协会科技创新奖一等奖等奖项，项目的创新性、先进性得到广泛的认可。

三、发现发明及创新点

1）研制了城市轨道交通工程轨排自动拼装成套技术及设备，通过视觉识别与定位技术、机器人控制技术、一体化取放和安装扣件技术研究和集成应用，建立了自动化精调轨枕和钢轨、一体化智能取放扣件的拼装体系，针对扣件松紧评估难题，提出了一种基于中心线投影距离和神经网络的钢轨扣件紧度回归方法，合理、快速、准确地识别扣件的松紧状态，实现了城轨轨排高度自动化的拼装作业，填补现有城轨轨排自动组装生产装备领域的空白，创新了轨排拼装工艺，提高了拼装速度和精度。

2）研制了城市轨道交通工程无轨化多功能运输技术及装备，通过曲面自适应技术的研发与应用，经全自动变跨和走行轮调整将设备调整成与隧道面相适应的状态，解决了在圆形、马蹄形、矩形等众多工况环境下的适应问题，通过多传感融合的智能化识别控制系统的研发与应用，设置避障参数、倾角阈值、故障代码并进行多条件下灵活控制，具备了自动跑偏报警、遇障报警降速、故障自诊断功能，提高了作业自主安全性，研发了液压吊运体系及配套组合吊具，通过姿态变形调整可完成整轨、轨料等物资一机多能运输，形成了隧道内安全高效物料运输新工艺，实现了多种工况下多类型构件一机无轨化吊运和安装。

3）研制了地铁隧道智能打孔技术及设备，通过六自由度钻孔机器人、智能化精准定位等技术的研发与应用，构建了六自由度隧道全断面打孔机器人系统和孔位智能化精确识别、自主控制打孔执行系统，针对设备具有大量的确定、不确定、已知、未知、线性和非线性控制参数，控制复杂的难题，提出了一种自适应模糊终端滑模控制方法，可在任意给定条件下，使所有的系统状态都收敛到所设计的理想状态，稳定、准确、快速地控制设备运动，实现了智能识别孔位和全径向自动化打孔，提高了钻孔精度和效率。

四、与当前国内外同类研究、同类技术的综合比较

本项目成果对比国内外及同类央企的同类研究、同类技术，具有以下优势：

1）轨排智能化拼装技术及装备。目前，地铁整体式道床施工中，轨排均采用人工隧道内散铺或铺轨基地人工铺装形式，国内外同类设备仅具有局部工序作业功能且智能化水平低，法国 ACIMEX 的设备仅具备轨枕的抓取和安放功能，德国 RAILONE 的设备仅具备挡板座、挡板、弹条、大螺栓等工序，不具备整轨拼装功能，国内中国铁建的设备只具备轨枕调整功能，且精度差，中铁科工研发的设备部分工序借助人工可沿路线完成整轨铺设，但只适应于大铁施工，而我单位设备具备整轨自主拼装能力，轨距精度偏差小于±2mm，轨枕间距偏差小于±5mm，优势明显。

2）无轨化多功能轨道铺装技术及装备。目前地铁轨排铺装施工中，国内外同类设备功能单一，不具备一机多工序协同作业能力且自主安全性不高，国外德、美等国的设备在铺装方面基本实现了全工序自动化但仅适用于大铁，国内中铁建设轨排铺装需两台设备配合，不具备单机吊运能力，中铁十五局的设备不具备单机吊运整轨排、混凝土灌等一机多作业能力，中铁四局研发的设备不具备避障、纠偏及故障诊断能力，而我单位设备一机多能，可单机 25m 整轨运输，混凝土灌运输等，具备避障、纠偏和故障自诊断功能，性能和功能具有很大优势。

3）地铁隧道智能打孔技术及装备。目前，地铁管壁打孔施工中，国内外同类钻孔设备自动化程度较低，打孔精度普遍不高，不具备全断面自主操作能力。德国 Herrent 设备需借助人工操作，不具备自主寻点能力；美国 Bechtel 设备仅用于电缆的安装；国内贵州国致研发的设备具备一定的自主功能但打孔精度不高，仅小于 10mm；中铁建设的设备可实现多类型打孔作业但执行系统自由度不足；而我单位设备具备位姿感知和孔位识别功能，可全断面六自由度打孔，钻孔位置与目标位置偏差小于 2mm，实现了高精度智能化自动打孔。

五、第三方评价、应用推广情况

1. 第三方评价

2024 年 6 月 17 日，中国建筑集团组织专家在北京召开了"城市轨道交通工程轨行区智能建造关键技术及装备的研发与应用"科技成果评价会，评价委员会一致认为，该成果总体技术水平达到国际先

进、部分技术达到国际领先水平。

2. 推广应用

本成果通过自主研发的 3 套施工技术及装备，有效地提升了城市轨道交通站后工程轨道工程和系统机电工程两个专业的施工效率与施工质量，降低了施工过程中的劳动强度及安全风险。

轨排智能化拼装技术及装备、无轨化多功能轨道铺装技术及装备和地铁隧道智能打孔技术及装备应用到长春地铁 2 号线东延工程和天津地铁 7 号线一期工程中。

六、社会效益

本成果契合国家"智能建造"和"交通强国"发展战略，提升了城市轨道交通施工过程中的机械化、自动化水平，大幅缩短工期，提升生产效率，对社会整体生产效率产生了积极影响，为安装工程技术发展注入了"新质生产力"。新技术应用提高了绿色化施工水平，降低工程碳排放，为实现"双碳"目标贡献了力量。成果分别在 2022 年中国国际服务贸易交易会，2024 年国际零碳城乡与零碳建筑及技术博览会亮相，受到业内的广泛关注和认可，进一步彰显了社会影响力。

七、环境效益

本项目成果有效提升了城市轨道交通系统机电及铺轨专业的环境保护效益，研发的轨排智能化拼装技术具有轨排生产线自动化组装的功能，以机械替代人工，提升了施工效率，间接降低了轨排拼装施工过程中的碳排放；研发的无轨化多功能轨道铺装技术具有轨行区铺轨材料高效运输和轨排快速铺设安装等功能，同时采用轮胎式无轨化运行，规避了传统铺轨机施工过程中对盾构管片的危害，有效地保护了施工过程中的环保效益，研发的地铁隧道打孔技术具有隧道内钻孔孔位精准定位及全过程无尘化钻孔施工的优势，降低了施工过程中的粉尘污染。成果全部采用新能源电池作为动力源，所使用的清洁能源进一步降低了施工过程中的碳排放，有效地提升了设备的环保效益。

复杂环境山岭隧道施工关键技术及变形预测研究

完成单位： 中国建筑一局（集团）有限公司、北京交通大学、中交公路规划设计院有限公司、北京市政路桥股份有限公司、中建一局集团华北建设有限公司、中建一局集团第五建筑有限公司、中建市政工程有限公司

完 成 人： 中国奎、苏海峰、赵瑞传、叶锦华、吴 杰、陈铁林、徐 巍、武永在、王维东、李 新

一、立项背景

从《交通强国建设纲要》来看，未来山岭隧道建设规模依旧庞大。然而，目前国内山岭隧道施工坍塌风险依旧很大，已经造成了大量的人员伤亡和财产损失。据不完全统计，通过对已报道的案例分析，隧道进出口浅埋段坍塌冒顶，隧道洞身段的空腔、溶洞突水突泥等突发性坍塌事件是造成目前国内山岭隧道施工大量人员伤亡的主要原因之一。目前，仍存在以下集中问题：

（1）提前预判山岭隧道超前地质预报方面，地震波法和瞬变电磁法探测均存在各自优缺点，单一的预测方法已无法满足高精度预报的需要。

（2）山岭隧道进口段浅埋段及深浅埋过渡段坍塌风险极大，变形机理及变形控制技术研究仍需要进一步加强。

（3）山岭隧道洞身段空洞、溶洞坍塌风险较大，需要对变形受力机理和处理技术形成系统性的研究归纳总结。

（4）隧道施工过程变形预测及变形控制方面，山岭隧道防止坍塌预警的变形预测技术发展仍然比较缓慢，国内外仍然缺少普及性强的坍塌预警应用系统，智能化变形预测背后基础理论仍需要进一步的深入研究。

本项目以国内典型山岭隧道工程为背景，通过理论分析、室内试验、现场试验、现场实测数据分析和处理新技术应用等研究手段，形成"复杂环境山岭隧道施工关键技术及变形预测研究"技术成果，同时将该技术成果应用至 10 多个类似隧道工程的设计和施工中，预防了隧道进出口段和洞身空腔、溶洞段隧道坍塌风险，保证了隧道工程建设的安全、经济和高效实施，推动了山岭隧道防坍塌技术的发展。

二、详细科学技术内容

1. 超前地质预报技术应用与研究

创新成果一：分析了国内超前地质预报系统在山岭隧道超前地质中围岩强度的变化和超前溶腔、溶洞探测优缺点和准确率，构架了多源地质信息融合超前地质预报系统。

1）TGP206 现场超前地质预报图

选择 TGP206 在七冲村二号隧道开展预报研究，从 TGP206 隧道超前地质预报结果和后期开挖验证的段落对比来看，TGP206 超前地质预报系统整体预报准确率可以达 80％以上，可有效预报岩性强度的变化，远距离预报准确率有所降低，短距离预报准确率较高。见图 1～图 4。

2）USEP21 地震预报系统岩体强度差异性短距离预报测试

选取 USEP21 预报系统在南村隧道进行超前地质预报测试研究，并进行开挖对比验证研究。研究结果显示 USEP21 地下工程超前地质预报系统对于软弱围岩的预测具有良好的效果，预测准确率可达 90％以上，具有良好的预测预报效果，可有效指导隧道施工。现场测试和开挖验证图如图 5～图 8所示。

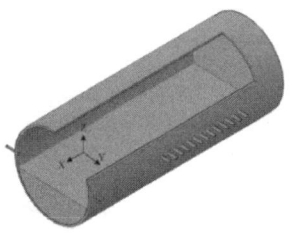

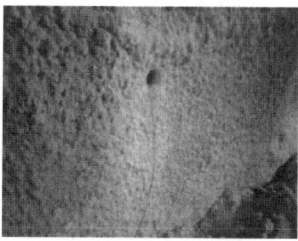

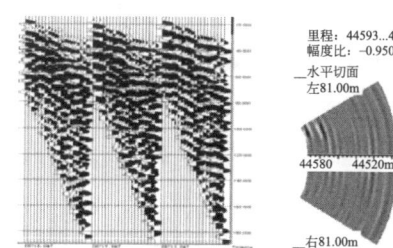

图1　现场布置示意图　　图2　数据采集激发孔　　图3　三分量记录波形　图4　地震波偏移归位成果图

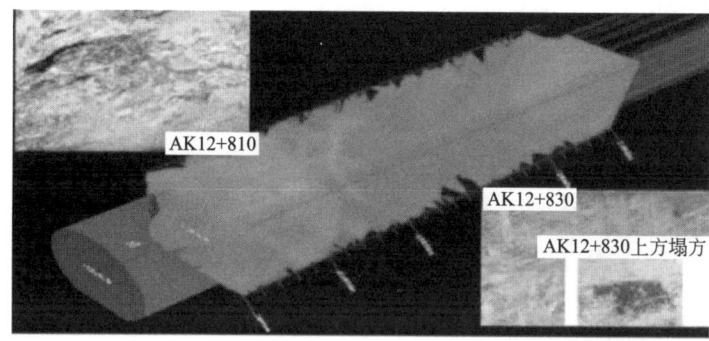

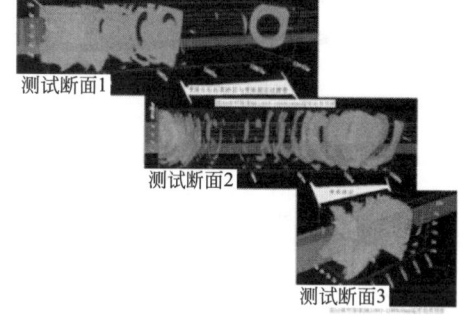

图5　地震反射波绕射叠加空间展布与实际开挖对比

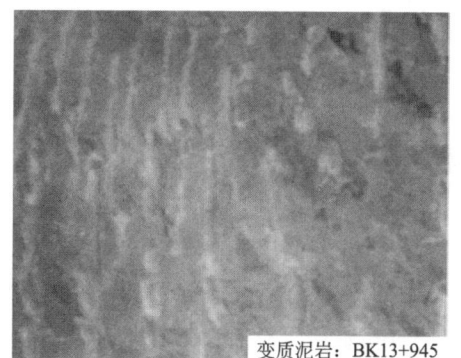

图6　现场开挖跟踪对应图

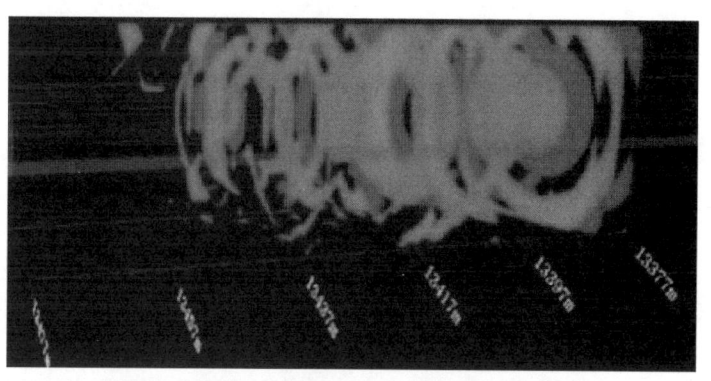

图7　波场进一步抽取主要反射界面三维成果图

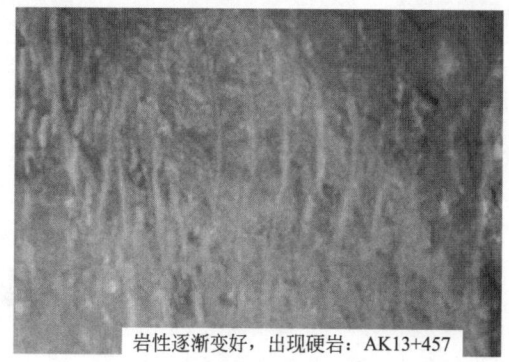

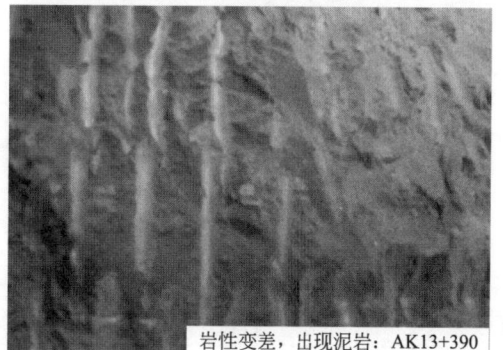

图8　现场开挖跟踪图

选取 USEP21 瞬变电磁法在南村隧道进行地质预报测试研究。从 USEP21 探测的软弱煤系地层及开挖验证来看，采用 USEP21 的瞬变电磁法可有效地探测到前方软弱煤系地层的分布，且预测距离可达

50m。图 9 为 L1～L4 测线煤层电磁感应异常图，图 10 为实际开挖对应图。

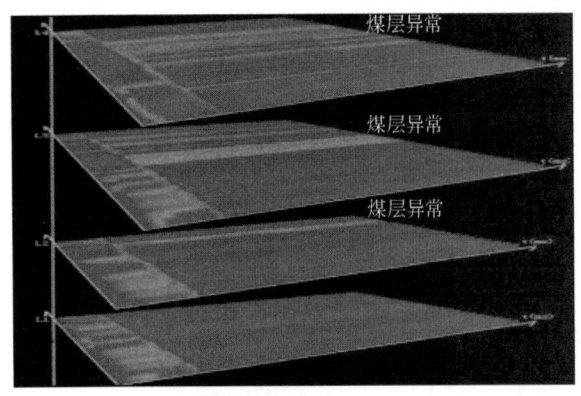

图 9　L1～L4 测线煤层电磁感应异常

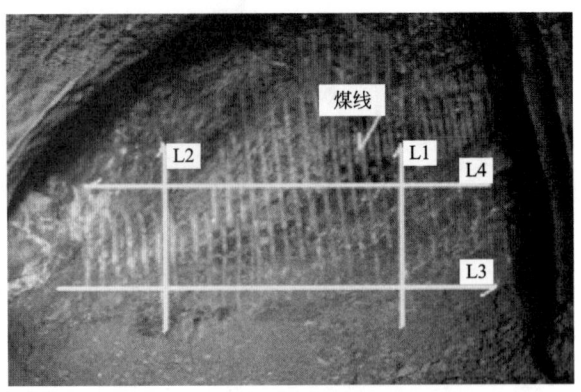

图 10　AK12＋805 掌子面煤层分布

3）多源地质信息融合超前地质预报系统构建

研发组基于 USEP21 系统提出多源地质信息融合的隧道地质超前预报方法构架如图 11 所示，该构架可为后续多源地质信息融合超前地质预报系统研究提供实现路径。

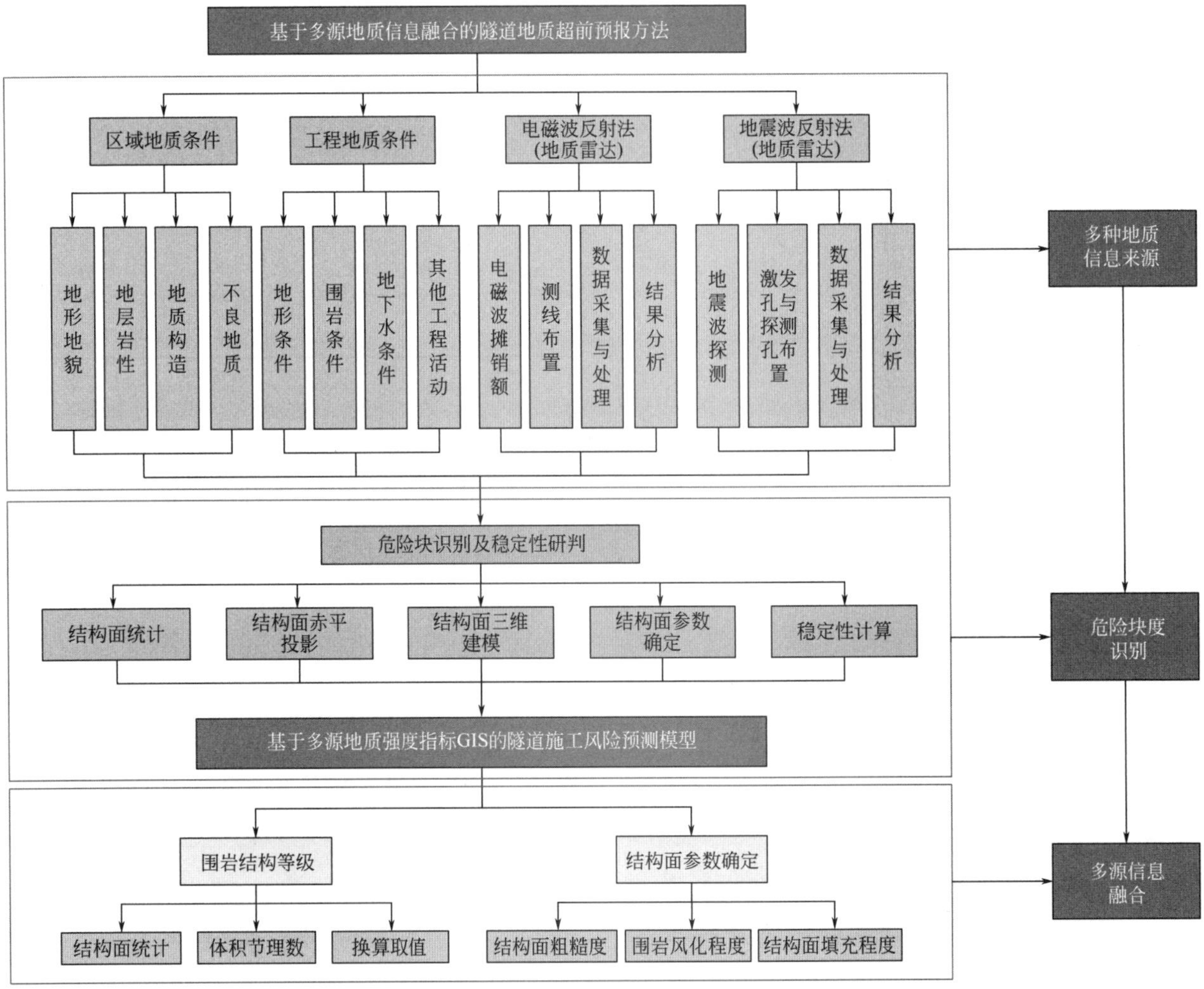

图 11　多源地质信息融合超前地质预报系统实现流程

2. 进出口段浅埋软弱破碎围岩隧道变形控制技术研究

创新成果二：根据围岩特征曲线和喷射混凝土、格栅拱架、型钢拱架、径向锚杆支护特性曲线，获得了格栅与型钢拱架初期支护适应性力学特征规律。基于深浅埋过渡段初期支护现场变形试验及初期支护破坏形式分析，提出了软弱破碎围岩隧道浅埋及深浅埋过渡段初期支护方式。

深埋隧道初期支护适应性对比研究，经计算获取的格栅拱架和型钢拱架围岩特征曲线法与不同类型支护特征曲线如图12所示。研究发现，对于软岩地层深埋隧道，型钢拱架初期支护及格栅拱架初期支护均可以满足隧道施工与运营安全性的需要。

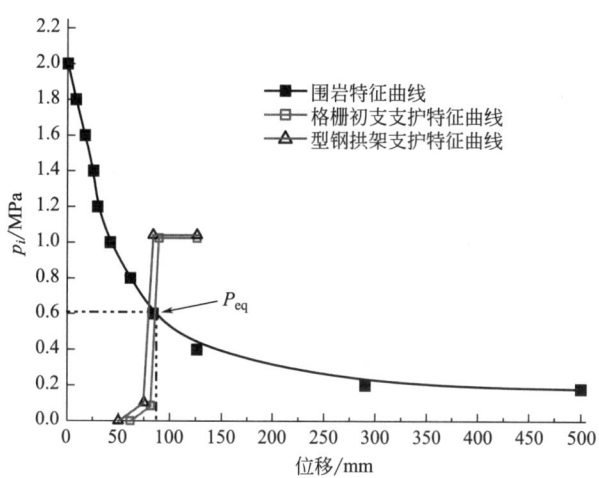

图12 拱顶围岩特征曲线与不同类型支护特征曲线

针对浅埋段初期支护适应性分析结果表明软岩南村隧道浅埋段以及过渡段建议采用型钢拱架初期支护，控制隧道的初始变形速率，防止隧道最终变形过大。见图13。

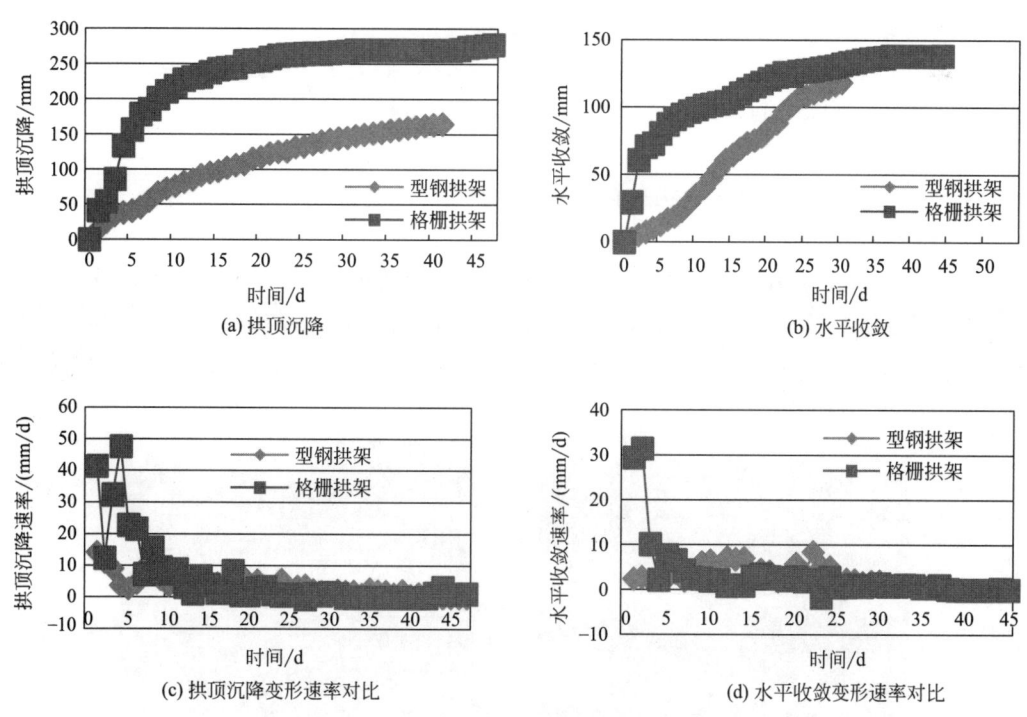

图13 试验段两种初期支护变形对比分析图

南村隧道软岩浅埋段采用格栅拱架初期支护隧道开裂情况分析，初期支护主要出现拱顶纵向裂缝、拱腰纵向裂缝、拱顶两侧环向裂缝及拱顶局部掉块。见图14。

(a) 初期支护破坏

(b) 拱腰部位开裂

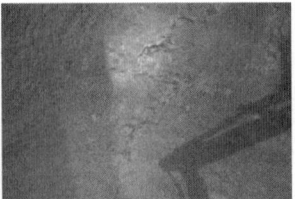
(c) 拱顶开裂

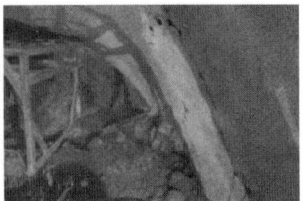
(d) 拱顶两侧开裂

图 14　格栅拱架初期支护破坏及开裂情况

为减小隧道变形对进出口软岩浅埋段软岩隧道施工工法进行了优化，提出了"型钢拱架＋CD法＋临时仰拱＋ϕ42锁脚锚管"综合治理的方式，可以减少软岩隧道约 20％的整体变形量。见图 15、图 16。

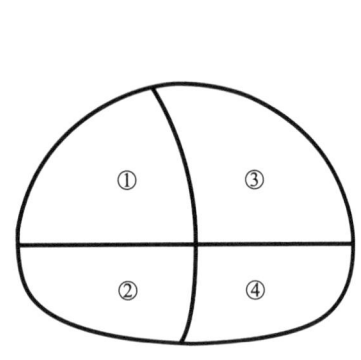

图 15　CD法施工开挖步序示意图

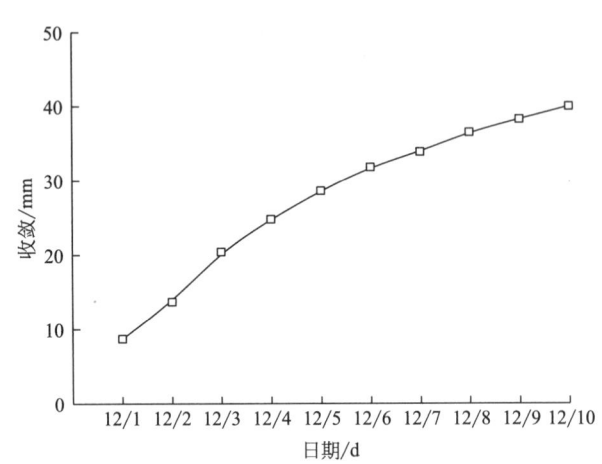

图 16　CD开挖方法隧道收敛典型变形曲线

3. 山岭隧道洞身近接空腔、溶洞施工关键技术研究

创新成果三：通过室内缩尺试验、数值分析和处理技术，研究了多种形式空腔、溶洞对隧道力学性能和变形影响，揭示了不同空洞条件下隧道力学和变形影响规律，形成了山岭隧道空腔、溶洞处理相应关键技术，现场应用效果良好。

1）针对衬砌背后空洞对围岩力学状态影响的试验研究

设计了 3 组室内相似模型试验研究，研究可知空洞的存在改变了围岩压力的分布规律，恶化了围岩与衬砌结果后之间接触状态，让围岩结构与衬砌结构处于一种不利的受力状态，最终降低了隧道结构安全性。

通过建立数值分析溶洞对隧道影响分析可知：同一施工工法下，溶腔位于隧道四周时，围岩位移均比其他分布部位的大，是溶腔分布最不利的部位。溶腔位于隧道底部时溶腔分布对于围岩的影响最小。数值模型如图 17～图 19 所示。

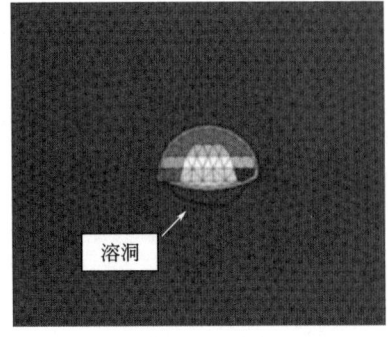
(a) 三台阶法施工

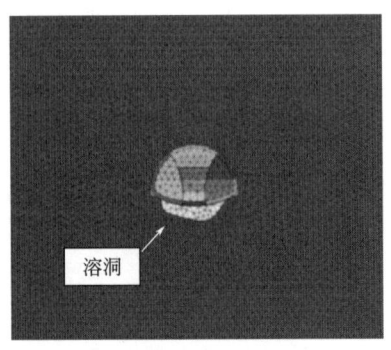
(b) 双侧壁导坑法施工

图 17　数值模型

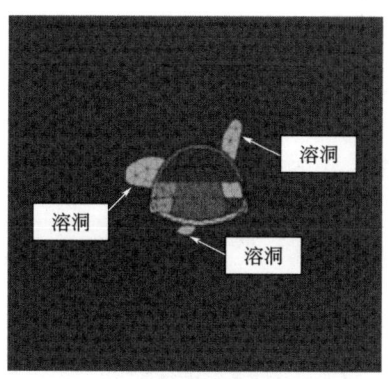 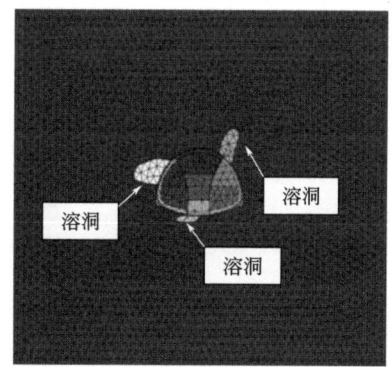

(a) 三台阶开挖法　　　　　　　　　　　(b) 双侧壁导坑法

图 18　数值计算网络模型

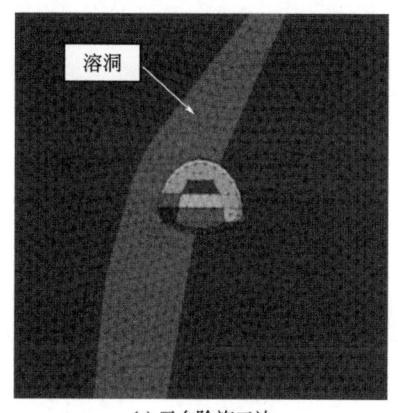 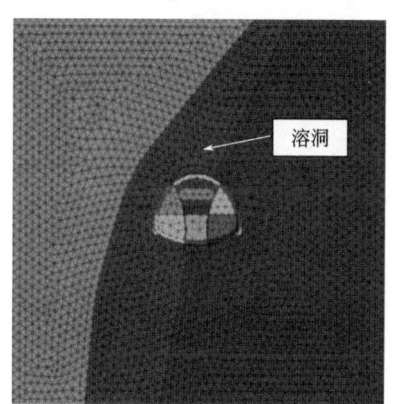

(a) 三台阶施工法　　　　　　　　　　　(b) 双侧壁导坑法

图 19　数值计算模型

为了研究隧道周边的空洞对隧道空间效应的影响，采用数值分析方法进行了详细的应力应变分析，计算模型如图 20 所示。

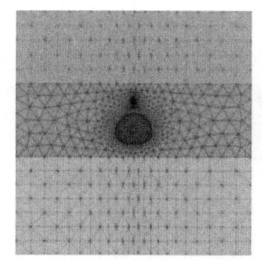 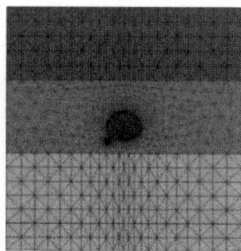 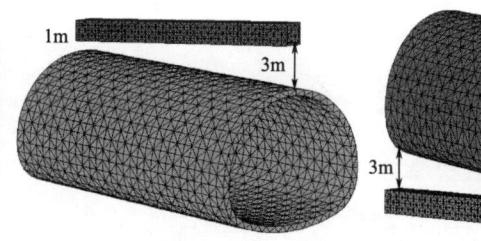

(a) 数值分析模型　　　　　　　(b) 两种数值模型巷道与隧道相对位置关系

图 20　两种计算模型

2）山岭隧道洞身近接空腔、溶洞处理技术研究

通过对国内不同类型空腔、溶洞典型案例处理技术归纳总结分析，图 21～图 23 为处理计算代表性的照片。

4. 山岭隧道变形规律分析及变形预测研究

创新成果四：基于隧道变形实测数据，分析了四种典型变形曲线，提出了一种提高精度的 BP 神经网络预测方法，形成了复杂环境山岭隧道变形预测技术。

1) 常规变形预测数据拟合分析研究

基于数值分析结果，对比分析约束损失理论目前研究的一些解析成果，对隧道纵向位移将随掌子面推进不断发展规律进行研究，图24～图26为计算结果。

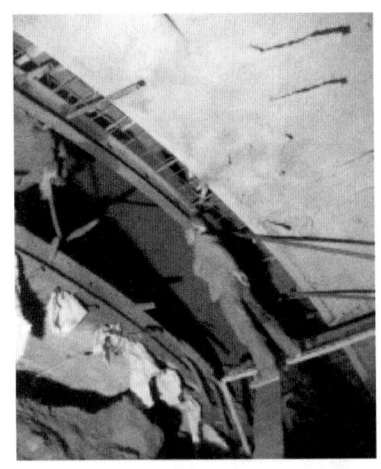

图 21 换拱时 BK13＋136～BK13＋140 的坍腔

图 22 多层钢管棚架坍腔加固处理

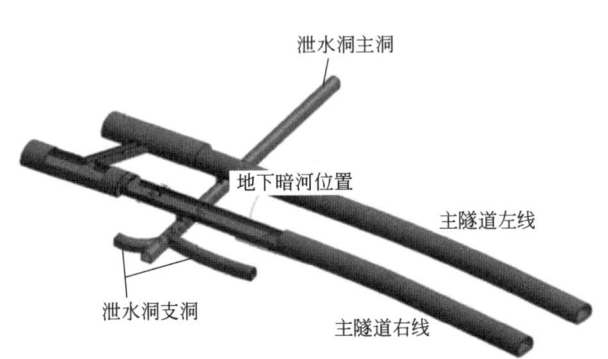

图 23 大型涌水隧道泄水洞处理位置走向

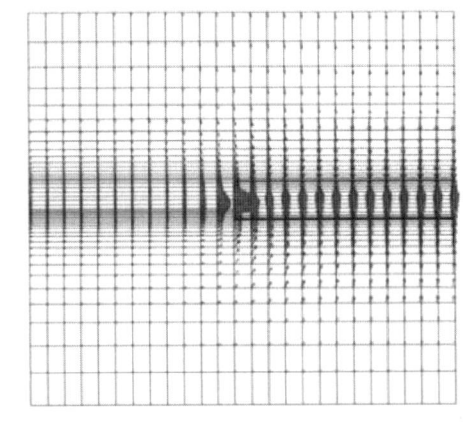

图 24 纵向位移矢量图

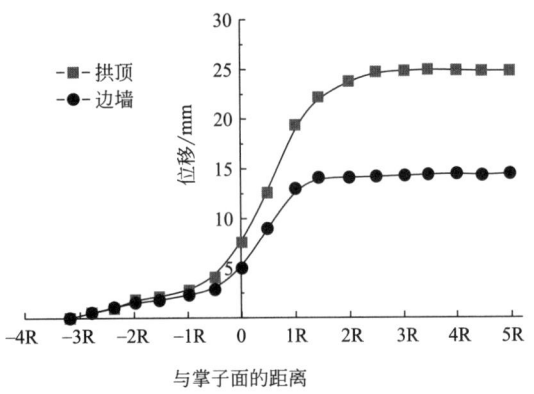

图 25 拱顶及边墙部位纵断面变形曲线

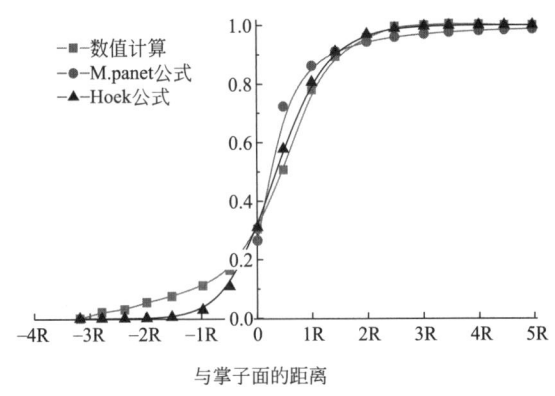

图 26 数值计算与已有公式对比图

通过选取 4 种典型的变形曲线对指数对数回归函数进行分析,同时提出一元多次函数模型进行对比分析。研究结果显示常规变形曲线采用指数函数 $u = ae^{-b/t}$ 具有很好的拟合效果,后期变形预测值也明确。针对变形异常的曲线采用指数函数或对数函数回归分析,相关性均较低,无法使用;此时,采用一元多次函数时,虽然对已获得数据具有很好的拟合效果,相关性较高,但是后期的变形预测趋势随幂次方的增大存在较大的差异,出现与变形规律不相符的现象。

2)BP 神经网络预测分析

基于 BP 神经网络基本理论研究结果显示,当保证训练样本充分,甚至包含变形异常曲线的数据样本时,BP 神经网络对常规变形曲线以及变形异常曲线均具有很好的预测效果。当常规的回归分析方法无法满足预测要求时,BP 神经网络无疑是一个重要的手段。

三、发现、发明及创新点

1)分析了国内超前地质预报系统在山岭隧道超前地质中围岩强度的变化和超前溶腔、溶洞探测优缺点和准确率,构架了多源地质信息融合超前地质预报系统。

2)根据围岩特征曲线和喷射混凝土、格栅拱架、型钢拱架、径向锚杆支护特性曲线,获得了格栅与型钢拱架初期支护适应性力学特征规律。基于深浅埋过渡段初期支护现场变形试验及初期支护破坏形式分析,提出了软弱破碎围岩隧道浅埋及深浅埋过渡段初期支护方式。

3)通过室内缩尺试验、数值分析和处理技术,研究了多种形式空腔、溶洞对隧道力学性能和变形影响,揭示了不同空洞条件下隧道力学和变形影响规律,形成了山岭隧道空腔、溶洞处理相应关键技术,现场应用效果良好。

4)基于隧道变形实测数据,分析了四种典型变形曲线,提出了一种提高精度的 BP 神经网络预测方法,形成了复杂环境山岭隧道变形预测技术。

5)该成果获得专利授权 14 项(其中发明专利 6 项),形成工法 8 项(其中省部级以上工法 5 项、国家级工法 2 项),发表论文 20 篇,获得软件著作权 1 项,主编著作 1 本。该成果已在华丽高速半岩子隧道、108 国道南村隧道和京秦高速东旧寨隧道等 10 多个国内复杂环境隧道项目成功应用,综合效益显著。

四、第三方评价、应用推广情况

1. 与当前国内外同类研究、同类技术的综合比较及第三方评价

2024 年 5 月 25 日,经国家一级科技查新咨询单位冶金工业信息标准研究院出具的查新报告得出结论:未见其他与所述"复杂环境山岭隧道施工关键技术及变形预测研究"内容相同的报道,该项目成果具有新颖性。

2024 年 6 月 5 日,中国建筑集团科学技术委员会举行"复杂环境山岭隧道施工关键技术及变形预测研究"技术成果鉴定会议,经专家委员会鉴定该成果总体达到国际领先水平。

2. 推广应用

成果直接应用于汉泉隧道、王龙山隧道、花鼓山隧道等国内 10 多个典型隧道工程项目中。该技术成果有关工程的新增销售额中,新增利润按照新增销售额的 7% 计,新增税收按照新增利润的 20% 计,近三年新增销售额为 53900 万元,新增利润为 3773 万元,新增税收为 754.6 万元,因此,该技术成果具有显著的经济效益。

获得专利授权 14 项(其中发明专利 6 项),形成工法 8 项(其中省部级以上工法 5 项、国家级工法 2 项),发表论文 20 篇,获得软件著作权 1 项,主编著作 1 本。成果应用的国内 10 多个复杂环境隧道均已安全顺利贯通,因此,该成果具有显著的综合效益。

五、社会效益

研究内容涵盖了山岭隧道易坍塌的复杂地质环境情况,该技术成果可为后续提供借鉴和参考,防止隧道出现坍塌事故。目前该技术成果应用的 10 多个隧道工程已顺利贯通,因此,该技术成果具有良好的社会效益。

华南海岸带河流微污染控制与生态修复技术集成

完成单位： 中国市政工程西北设计研究院有限公司、中建三局集团有限公司、中国科学院华南植物园、中都工程设计有限公司

完成人： 黄　鹄、昝启杰、任　海、杨园晶、史春海、胡　胜、熊志伟

一、立项背景

华南滨海城市是当前我国经济发展的重要区域，粤港澳大湾区更是我国建设世界级城市群和参与全球竞争的重要空间载体，是全国经济举足轻重的重要增长极，华南滨海城市环境保护和生态建设是国家战略的重要环节。

近年来由于华南地区的经济快速发展，海岸带因围垦造地、污染排放等人为干扰使得生态环境退化及生物多样性锐减，严重影响滨海湿地的生态安全。

如何将滨海湿地的适度利用和刚性保护协调起来，做到利用和保护两者的和谐，课题从以上问题出发，结合参研各方已有技术成果，开展课题研究并进行总结推广。

二、详细科学技术内容

1. 总体思路

本项目主要针对华南海岸带城市化进程和面源污染带来的海岸带河流水质恶化、淡咸水湿地退化和生物多样性减少的问题，在污水处理的基础上，通过水质再净化和生态系统恢复相结合，促进生物多样性恢复和保护。

具体包括：水污染特征研究、污染截流理论、污染雨水和河口污染含盐水处理、微生物与植物联合修复、驳岸动植物生境重建和修复等方面开展一系列基础和应用研究，总结出从"污水截流→污水净化→淡咸水湿地植被修复→流域水生态系统恢复与重建"的区域生物多样性恢复全链条理论和技术。见图1。

2. 技术方案

1）城市地表径流污染特征研究及精准施策

（1）街区径流采样策略特点和优势：

街区采样策略，是以雨水集水区或是采样的雨水管服务的区域为采样单元，用以反映由地表径流污染引起的总体污染特征。

其优点有：能够反映出研究区域的地表径流的总污染特征；没有忽略由地表径流流经雨水管渠冲刷而引起的污染；对于有漏失污水的雨水管渠系统，也可较精准计算。

（2）径流污染和初期效应：

研究发现初期雨水污染十分严重，就质量而言（同等水量下），其所携带的污染物达到普通生活污水的两倍以上，峰值甚至是点源污染的 4 倍以上，这部分重度污染雨水的直接排放将对受纳水体造成比点源污染更为严重的冲击。

（3）MFFn 法定量化初期雨水污染物质量去除率：

采用 MFFn 法来进行识别初期效应。通过 MFFn 法可以定量化污染物的去除率和需要截流的径流体积。

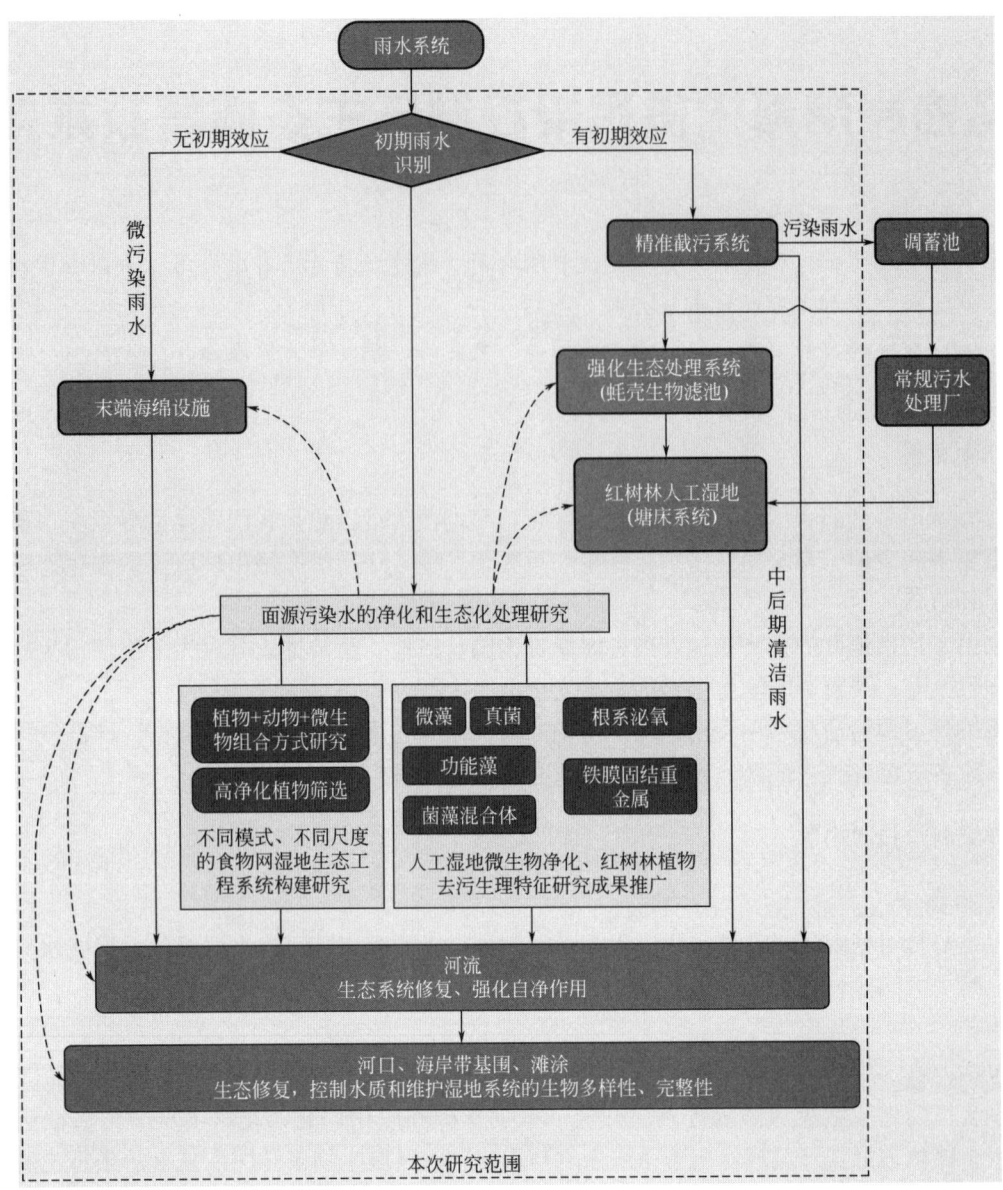

图 1　总体思路

根据该方法，界定深圳市研究区域初雨水为：在一定的区域范围内，自排水渠径流出现后 30min 左右时段对应降雨量为初期雨水。

（4）大流域面源污染控制的精准截流策略：

针对大流域面源污染控制提出了精准截流策略，即在汇水时间 30～40min 的排放口位置设置精准截流井，配合水质在线监测控制系统，将污染浓度高的初期雨水截流至截流干管，最终汇入径流污染控制调蓄池，雨后适时转输至污水厂处理。见图 2。

2）面源污染水的净化和生态化处理新技术

（1）人工湿地高净化植物筛选：

从植物着手，通过人工湿地中试系统和人工湿地微系统研究对人工湿地植物和水质进行调查检测，筛选出了 6 种高净化人工湿地植物，并研究了人工湿地植物筛选的有效方法。见图 3。

（2）治污型人工湿地生态工程构建模式：

以富氧化水体净化为抓手，从生态系统食物网完整性角度，构建了 3 种分别由植物、动物和微生物不同组合方式的人工湿地生态工程系统。

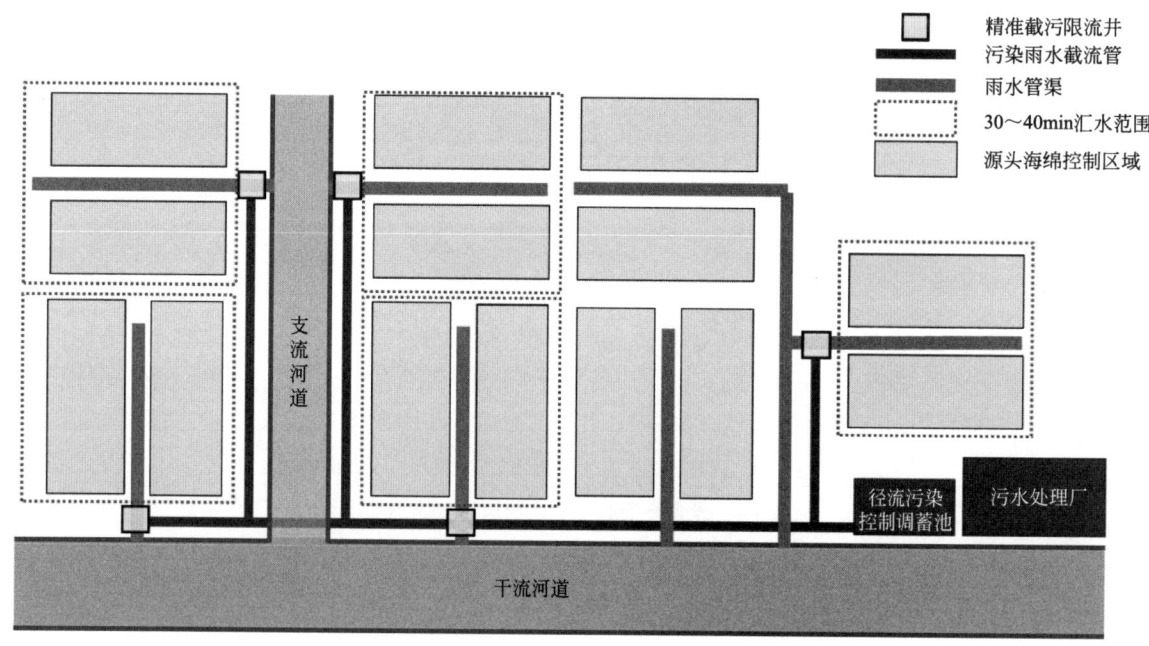

图2 大流域精准截流面源污染控制策略示意图

研究结果量化揭示了水污染治理系统环境、生态与经济特性的多尺度复合特征，不同功能特性相互间复杂的协同与权衡关系，以及与区域尺度上的外部性问题；为区域水污染理决策与规划提供了多尺度重合筛选新视角和方法学框架。

（3）红树林人工湿地工艺技术的研发：

利用红树植物对环境污染物去除的特殊效果，结合人工湿地的水处理工艺形式，组合成适用于南方海岸河流感潮段淡盐水条件下的水污染处理工艺。

经过近十年的运行，各湿地带对 COD、BOD_5、TN、NH_3-N、TP 的平均去除率在 50% 以上。

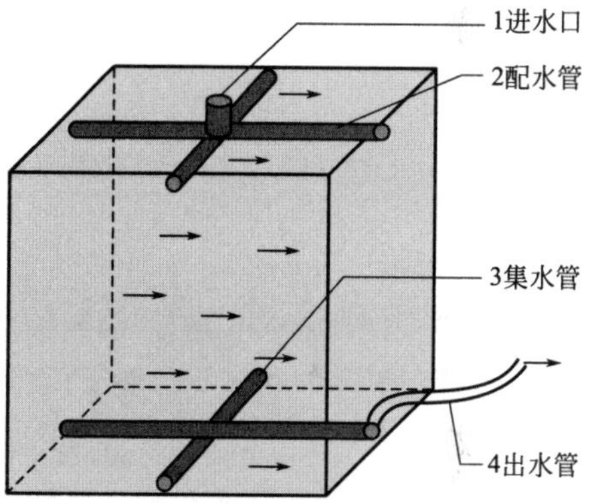

图3 盆栽微系统简图

（4）生物滞留塘的污水处理新工艺研究及应用：

A. 一种蚝壳填料的接触氧化工艺：

本项目在生物接触氧化工艺的基础上，利用城市固废——蚝壳、珍珠壳等作为生物膜载体，从流态、反冲系统等方面进行合理的改进、完善，辅以适当的生态措施，达到生态治污和废物利用的双重目的，并解决感潮河段交汇污水含盐浓度高的处理难题。

该技术于 2007 年在深圳市凤塘河口进行了中试，用于处理河口潮汐河流水质。该中试实验是 360m^3/d，COD、BOD、氨氮、总悬浮颗粒物的平均去除率均达到了 80% 以上，总磷去除率达到 50%。

B. 蚝壳海绵城市生物塘：

在蚝壳接触氧化工艺的基础上研发了一种用作海绵设施的无动力耗壳为主的生物床，可用于入海、入河雨水管（渠）的初（小）雨的径流污染控制。见图4。

在对深圳坪山河流域竹坑排洪渠的生物塘的接测结果发现，COD、NH_3-N、TP 和 SS 均有一定程度的去除效果。

3）以动植物生境重建为核心的海岸河流湿地生态修复的理论研究及新技术

本项目以滨海城市近海岸河流主要对象，研究高速城市化对河口及海陆交错带的生态影响，以及受损河道、河堤、湿地、绿地的生态修复工程技术。

A. 硬质河道生态修复技术：

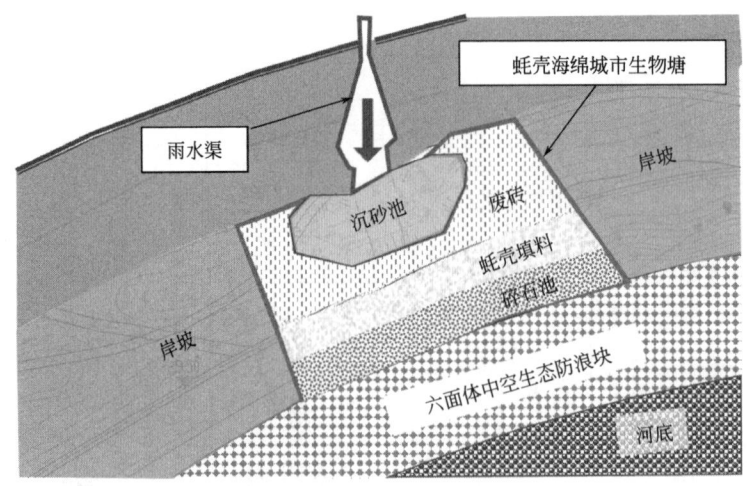

图4 蚝壳海绵城市生物塘构造示意图

滨海感潮河流的边坡设计通常需要考虑防浪、防洪、阻水等功能。现有常见的防浪边坡大多为硬质护岸，本项目研发了一种海滨生态护岸结构。

该护岸结构是在滨海岸坡上构筑具有长三角结构空腔的护岸主体，护岸主体在潮间带区域采用混凝土结构挡水层，潮间带以上区域可采用竹、木等天然材料分隔形成长三角形的生长区，生长区内自下而上依次填充纤维层、生态混凝土层、中壤土层、卵石层等形成固土保水层。种植的树苗或草本植物的品种和插种密度，可根据各工地范围、环境、水质情况等设计相关品种并达到净化美化环境的效果。见图5。

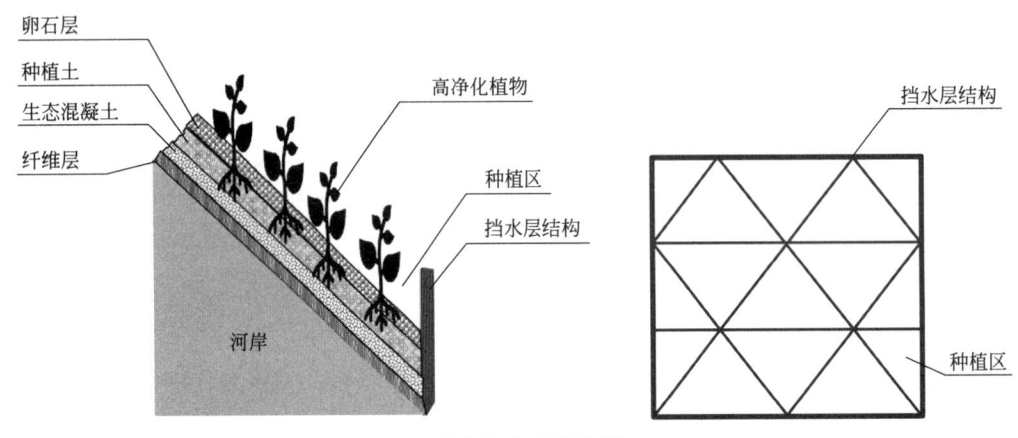

图5 海滨生态护岸结构相关设计图

注：纤维层由秸秆、竹条、干草等一种或多种编制而成；种植草木可根据环境情况按需求配置。

B. 部分红树工具种繁育技术：

针对部分非胎生红树树种造林技术缺失的问题，研发了海漆和无瓣海桑的种苗繁育方法。具体涉及专利"无瓣海桑的种苗繁育方法"和"一种红树植物海漆种苗繁育栽培的方法"。

C. 低潮滩非宜林地红树林恢复技术：

针对在滨海潮间带迎风面导致红树林不能自然生长问题，发明了一项泥滩种植红树林的方法（具体涉及专利"一种用于泥滩种植红树种苗的培育保护装置"）。见图6。

D. 围垦湿地鸟类栖息地修复技术：

本项目提出了一种通过集成基质修复、植被修复及水环境修复技术，形成一套有利于滨海水禽栖息的生态系统综合改造方法。见图7。

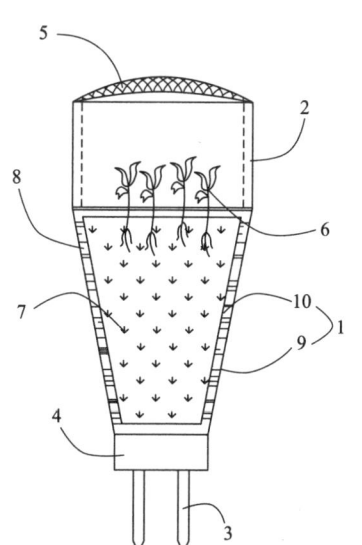

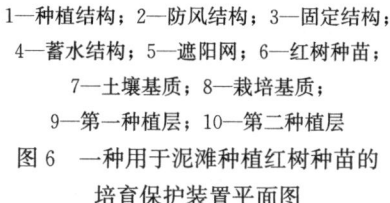

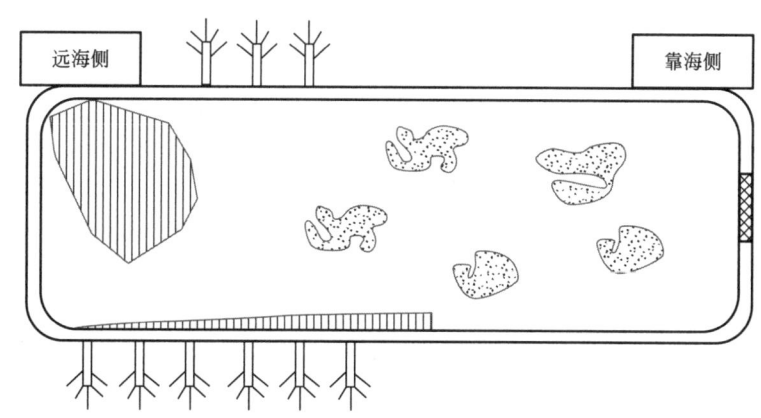

图7　湿地结构示意图

1—种植结构；2—防风结构；3—固定结构；
4—蓄水结构；5—遮阳网；6—红树种苗；
7—土壤基质；8—栽培基质；
9—第一种植层；10—第二种植层

图6　一种用于泥滩种植红树种苗的
培育保护装置平面图

4）以水生态恢复为核心的滨海水系规划策略

"河道""滩涂""海洋"是滨海城区共有的核心要素，水生态将是滨海城市建设的重要关注点。本项目从规划建设的角度出发，从防洪安全、水质安全和生态健康三个方面总结出滨海城区的水生态规划关键技术。

A. 人与自然共建的河道空间体系：

本研究创新提出滨海河道"一槽、两滩、多沟"空间布局，打造具有排洪、治污、人文、生态修复的多元复合功能，创建人与自然融合的生态化城市空间。见图8。

图8　滨海河道规划断面结构

B. 防洪与治污并重的浅埋雨水管道系统：

提出滨海城市排水规划关键技术：规划雨水管采用浅埋的雨水系统，排出口高于多年平均高潮位。

3. 关键技术

开创性地提出了海岸带河流微污染控制与生物多样性恢复的全过程技术链条。该链条包括初雨水识别→以植物、微生物的净化特性为核心的水污染净化技术→水质净化型驳岸植被修复技术→滨海生物栖息地修复技术。通过该技术链条实现治污和生态系重建双重效益。

三、发现、发明及创新点

创新点一：开创性地提出了海岸带河流微污染控制与生物多样性恢复的全过程技术链条。包括初雨水识别→以植物、微生物的净化特性为核心的水污染净化技术→水质净化型驳岸植被修复技术→滨海生物栖息地修复技术。通过该技术链条实现治污和生态系重建双重效益。

创新点二：率先揭示华南地区污染雨水径流的动态特征，针对有无初期效应研制出不同的治理策略，创新地应用雨天污染负荷沿河截污和海绵城市设施的布局设计，为后续深隧蓄污排污提供了新借鉴。

创新点三：首次提出"一槽、两滩、多沟"生态空间布局的滨海河道系统修复模式，系统形成独特的包含堤岸设计、场地竖向、浅埋雨水、治污海绵和咸淡交汇带生态修复等在内的海岸河流水系统规划关键技术体系，发明了适用于城市海陆交错带水污染治理及植被恢复与保护的规划关键技术。

创新点四：发现并筛选出6种人工湿地和河涌治理的高净化植物，以及对重金属、持久性有机污染物污染等净化能力强的5种红树植物，并与蚝壳填料和微生物群落整合，形成独特技术方法。

创新点五：发明了将硬质化河道改造为具有防浪、植被种植、动物栖息功能的新型护坡结构的新技术；筛选出阔苞菊等10种适于沿海滩涂湿地恢复的红树和半红树植物，以及野鸦椿等90余种乔灌木用于海岸带退化绿地的生态恢复；创新了低潮滩涂红树林定居造林新技术和滨海鸟类栖息地的生境修复技术。

四、与当前国内外同类研究、同类技术的综合比较

与国内外同类研究项目比，本成果在以下五个方面具有明显的创新特色和优势：

1）在微污染水处理新技术研发方面，本项目首次用木本红树植物建立人工湿地处理黑臭河水，十多年持续监测验证了该工艺的持久性、高效性、稳定性。使用蚝壳等作为水处理生态反应池的填料，研发出适应大流量冲击、黑臭河水和高盐度河口水的原位处理工艺，并实际应用，取得良好效果。

2）在驳岸修复技术研发方面，本项目采用专利护岸结构将防洪、水质净化、植被修复、生物栖息等功能复合，护坡纤维层采用可降解的天然竹条、干草编制而成，解决植被生长期采用的编织塑料材料难降解对生态环境的污染难题。

3）在红树林繁育造林技术研发方面，本项目研发的无瓣海桑和海漆的种苗繁育方法及泥滩种植红树苗的培育保护装置，大大降低了该种非胎生红树种苗繁育难度，丰富了滨海红树造林优质工具种的种类，有效扩大了滨海红树林修复的适用区域和范围。

4）在海岸基围生态修复技术研发方面，本项目通过增加基围和海洋的两栖类生物通道，营造能同时满足涉禽、游禽及光滩陆鸟等多种鸟类栖息的生境。

5）在暴雨径流污染特征研究方面，本项目在国内首先采取街区采样法作为径流采样策略，能够反映出地表径流的总污染特征及流经雨水管渠冲刷引起的污染；提出定量、定时的初雨水截流方法。

五、第三方评价、应用推广情况

1. 第三方评价

2020年6月13日，经专家组鉴定，本项目成果在华南海岸带河流微污染控制与生态修复技术集成方面，达到国际先进水平。

2. 推广应用

本项目关键技术成果在深圳、惠州、东莞、珠海等地区、超过50个工程项目（工程投资总额超过百亿元）中得到应用，包括"坪山河综合整治及水质提升工程""深圳福田区凤塘河口红树林修复工程"

"番禺区堤外滩涂红树林景观林带种植工程""黄浦区乌涌景观综合整治（东西支涌）"及普宁、揭阳等地污水厂绿化建设项目等。十余年来，改善的华南河流水质流域面域超过 $500km^2$，其中恢复滨海湿地面积超过 10 万亩，新种植红树林面积超过 3 万亩，大大提升了湾区水环境及生态健康。

应用本项目以水污染控制为目的的生态治理、生态修复技术，构建了海岸带绿地系统、河涌水质提升及人工湿地系统、红树林恢复集成示范点 16 个，并在广州、中山、湛江等地推广应用，丰富和发展了华南海岸带河流污染控制及水体生态系统修复的理论与方法。

六、社会效益

应用本项目关键技术修复后的坪山河公园、华侨城湿地、深圳湾公园、福田红树林生态公园等成为深圳重要的旅游休闲和科普教育基地，年客流量突破 3000 万人次，生态效益和社会效益十分突出。

其中，坪山河综合整治项目创建了国内将水质净化、河道治理、湿地生物恢复、科普教育于一体的高效生态修复示范，受到惠州、珠海、东莞、北海等华南地区 20 多个地方政府部门考察学习团的高度赞扬，成为滨海城市河流环境综合治理的学习样板，并成为同类环境的工程学习案例。华侨城湿地成为国内多所高等院校的研究和实习基地，每年为 1 万多人次的大中小学生提供环境教育和教学服务。

三等奖

节碳型污水高效脱氮技术装备开发与应用

完成单位：中建环能科技股份有限公司、中国科学院生态环境研究中心、嘉兴市联合污水处理有限责任公司、锡林郭勒环保投资有限公司

完 成 人：张鹤清、孙　磊、齐　嵘、王哲晓、隋倩雯、张荣斌、海　亮

一、立项背景

氮是诱发水体富营养化的重要原因，也是水污染防治的关键控制指标，污水处理厂的脱氮效能对保护水资源、提升水环境质量至关重要。随着我国经济社会不断发展，生态文明建设地位和作用日益凸显，对污水氮排放的管控愈发严格，部分地区要求总氮（TN）排放限制低至 10mg/L 甚至 5mg/L 以下。与此同时，随着重点流域地区 TN 纳入流域断面考核指标体系以及《重点海域综合治理攻坚战行动方案》等政策文件的提出，TN 削减成为水环境综合治理重点任务之一，对污水处理设施的脱氮能力提出了更高的要求。城市污水脱氮主要依赖于生物脱氮过程，已建成污水处理厂的生物脱氮能力普遍无法满足现阶段的高排放标准，TN 高效深度处理已经成为城市、建制镇、溢流污水处理设施升级改造的核心目标。

另一方面，为助力实现"双碳"战略目标，2022 年七部委联合发布《减污降碳协同增效实施方案》明确提出推进水环境治理环节的碳排放协同控制，污水处理行业面临着"减污""降碳"双重挑战。我国城镇生活污水 C/N 普遍较低，目前主要采用以异养反硝化滤池为代表的深度脱氮技术，需要投加大量有机碳源，药剂费用占比高达总成本的 10%～20%，大量的化学药剂使用也增大了处理过程的间接碳排放量，脱氮已成为污水处理过程中降碳增效的关键环节。同时，异养反硝化滤池对碳源的精准投加有较高要求，系统控制复杂，控制不当易造成出水 COD 超标等二次污染。因此，研发更加绿色经济的 TN 深度去除方法，实现污水脱氮技术低碳高效迭代，已成为污水处理技术领域的重要发展方向，但现有自养脱氮技术还存在载体性能不足、启动周期长、脱氮负荷低等问题，关键技术仍有待突破。

本项目针对以上污水处理过程中的关键问题，以提升处理效能、减少化学药剂消耗、降低运行成本、减少碳排放量为目标，研发新型低碳脱氮材料、工艺与装备，对响应国家节能减排号召，减少环境污染，提高经济、环境和社会效益都有着重要的意义。

二、详细科学技术内容

关键技术 1：低碳自养深度脱氮功能载体填料及制备技术

1）创新成果一：基于硫自养反硝化原理，优选载体制备原料，研究了主体材料、辅助材料及配比对脱氮性能的影响，通过配比正交实验确定了电子供体、碱度供体、协同电子供体材料的最优配比，形成了自养脱氮功能载体制备复合配方技术。

2）创新成果二：筛选载体成型工艺，确定了载体制备成型技术路线，开展了载体材料熔融成型过程研究，确定了载体成型粒径、强度等性能影响因素及其作用规律，完成脱氮功能载体填料工业化制备系统与设备设计研究，开发复合载体熔融水下成型、载体快速挤出成型制备技术及系统。

3）创新成果三：针对现有硫自养反硝化技术应用中的一些特有问题，开展功能强化型脱氮载体材料的探索性研究，针对硫自养反硝化微生物低温条件下脱氮效能下降的问题，开发磁核强化低温补偿型脱氮载体；以提升脱氮效能为主要目标，开发了缓释碳源协同自养强化脱氮载体。

4）创新成果四：完成载体填料特性研究与效能评估，分析了填料表观理化特性、微观结构特征及组分，通过实际工况下的连续实验考察了载体的脱氮效能，解析其微生物富集效能与群落特征，并对制备技术进行优化，最终形成 DN-E 低碳高效型、DN-Alk 碱度增强型、DN-Mag 磁核强化型以及 DN-HDS 碳源协同型 4 种新型低碳深度脱氮填料及其制备技术。载体无需外加有机碳源即可实现污水深度脱氮，直接脱氮成本降低 50％以上，成分均一、结构稳定、抗压强度达 138.4N，比表面积达 $40m^2/g$，脱氮能力达到 $0.8kgNO_3^- -N/(m^3 \cdot d)$，脱氮深度达到 2mg/L，具有良好的脱氮性能。见图 1。

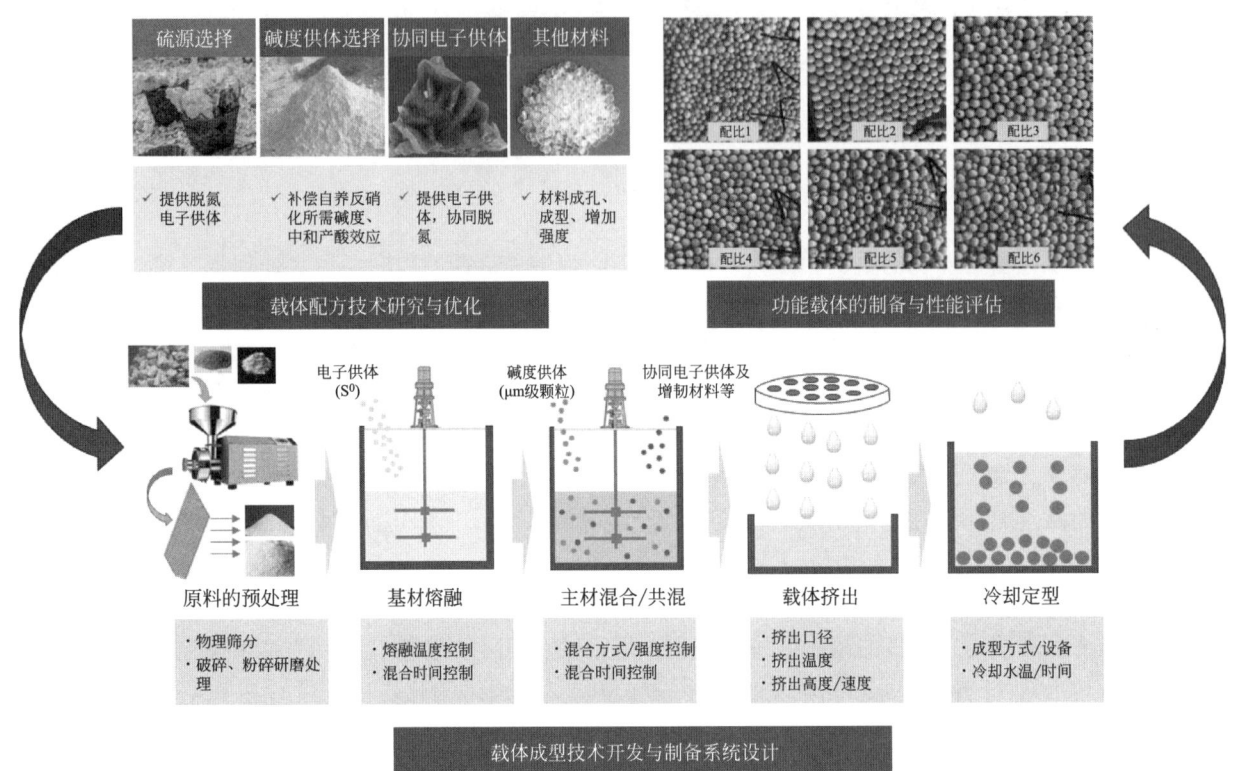

图 1　低碳自养脱氮功能载体填料开发与制备

关键技术 2：低碳深度脱氮系统调控与运行技术

1）创新成果一：基于新型功能载体填料，设计深度脱氮处理系统，通过小试、中试验证系统脱氮性能，评估了低碳深度脱氮功能载体在不同工况下的脱氮负荷与去除效率，分析了进水溶解氧、水温、HRT 等因素对脱氮效能的影响，明确关键工艺参数及取值范围。同时，开发系统反洗维护技术，提升运行稳定性。最终形成完整运行工艺与系统设计方法，脱氮能力达到 $0.8kgNO_3^- -N/(m^3 \cdot d)$，脱氮深度达到 2mg/L。

2）创新成果二：开展关键限制条件下脱氮系统调控与强化运行技术研究，开发系统接种及外加电子供体强化快速启动技术，低温条件下系统启动时间缩短至 5～10d。开发高溶解氧、低温等限制条件下的系统调控强化运行技术，通过运维方式的优化调整以及溶解性电子供体的添加提升了系统的脱氮效能，在水温 10～12℃，进水溶解氧 5mg/L 条件下系统仍可保持较高的脱氮效能，提升了技术的适用性与稳定性。

3）创新成果三：通过添加有磁黄铁矿的脱氮功能载体与 A/O 工艺耦合以及硫酸盐还原菌的加入，在其厌氧段构建自养耦合异养反硝化系统，减少碱度消耗和加快反硝化速率，降低系统硫酸盐产率。见图 2。

关键技术 3：污水低碳高效深度脱氮一体化装备设计制造技术

1）创新成果一：为满足城镇、分散污水处理以及溢流污水应急治理等领域高标准排放需求，开发新型低碳少维护污水深度脱氮滤池装备，开展脱氮滤池主反应器及分区设计研究，开发布水布气装置，

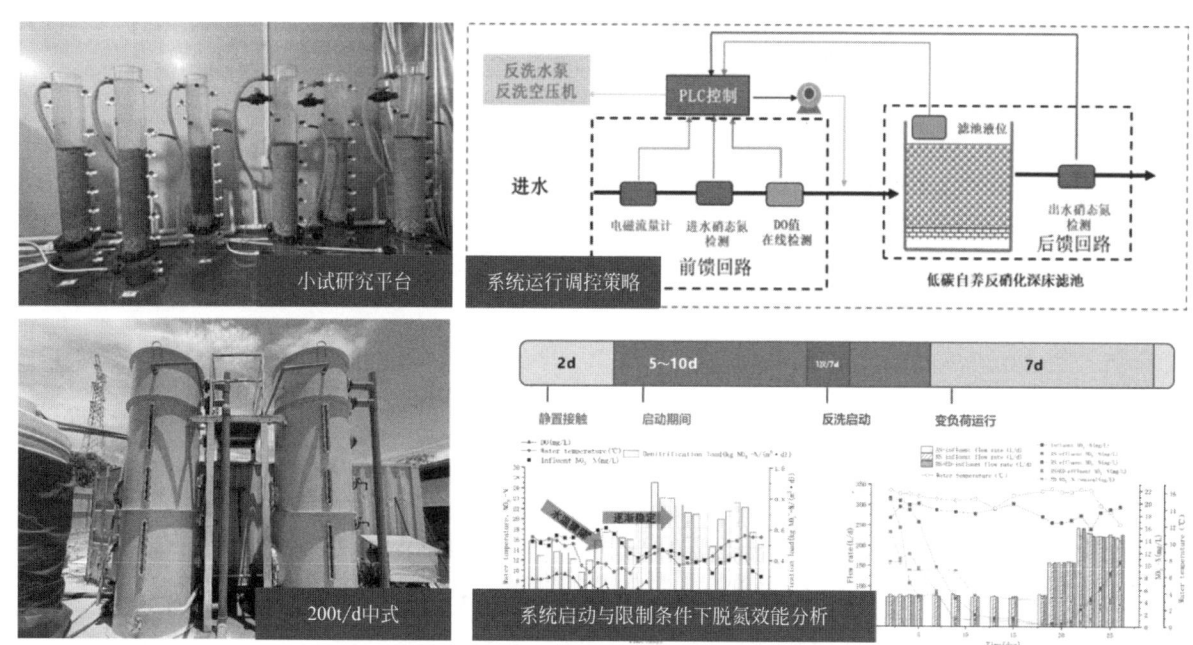

图 2 低碳自养深度脱氮系统调控与运行技术开发

开发装备系统运行工艺与自动化调控策略，形成 20～1000m³/d 规模 LCDT 型自养脱氮滤池系列装备。

2）创新成果二：开展磁介质生物反应器耦合自养深度脱氮系统设计研究，设计关键部件与设备单元，开发关键耦合单元沉淀池自反洗技术，降低沉淀池运行中对滤池系统的影响，形成 30～300m³/d 规模 LCBR 型低碳高效脱氮一体化系列装备。

3）创新成果三：于四川成都、江苏南通等地开展装备工程应用技术研究与技术经济性分析，通过 100m³/d、200m³/d 规模装备产品的工程应用，验证一体化装备性能，技术装备可稳定达到地表水环境准Ⅳ类标准（TN＜10mg/L）处理要求，降低药剂成本 50％以上。见图 3。

图 3 低碳高效深度脱氮装备开发与应用

关键技术 4：技术碳减排与生态效应分析

1）创新成果一：系统研究考察了载体填料制备过程和系统运行阶段的碳排放情况，核算了技术脱氮过程中材料使用带来的间接碳排放与运行过程的直接碳排放，通过载体全生命周期碳排放分析以及一体化装备实际运行中温室气体动态箱采样检测分析，完成了技术装备碳排放特性评估，技术 CH_4 和 N_2O 排放因子均显著低于 IPCC 推荐的缺省值，碳减排效应显著。

2）创新成果二：针对技术所采用的新型载体填料以及脱氮过程产生硫酸盐的特征，开展了生态效应分析，通过系统出水发光细菌急性毒性及硫化物浓度考察技术装备的生态环境效应，确定了本技术的生态安全性。见图 4。

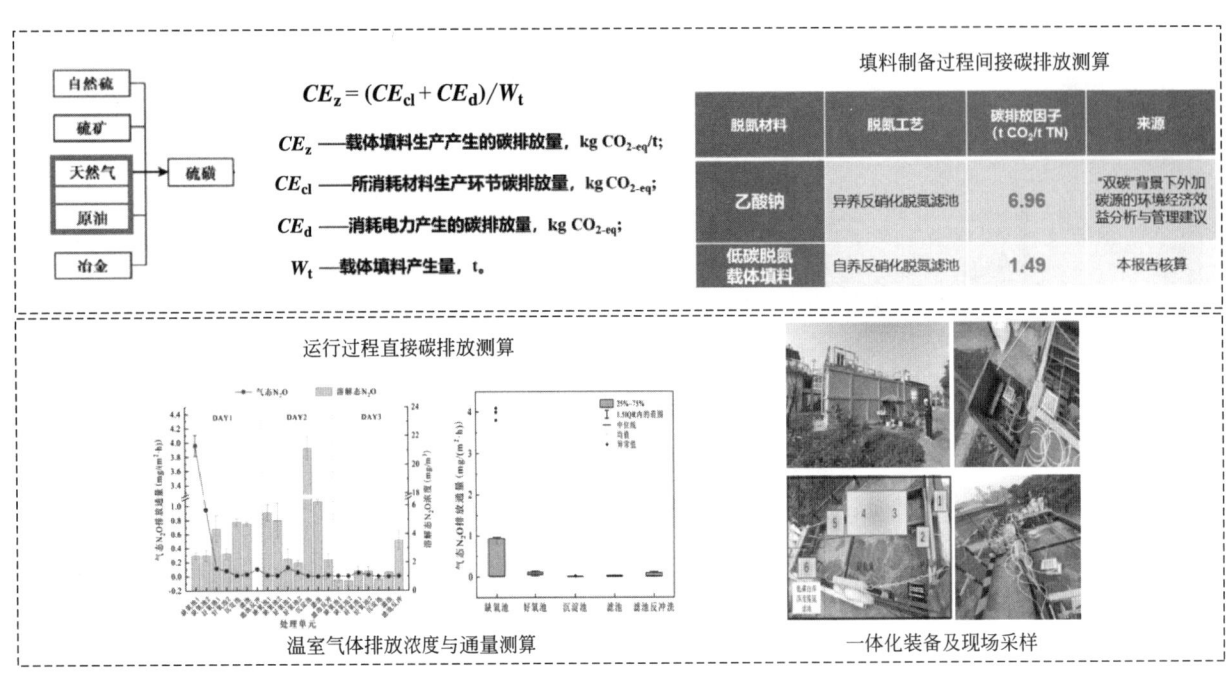

图 4 技术装备碳减排效应评估

三、发现、发明及创新点

1. 发明了磁核强化低温补偿型脱氮功能载体材料

创新性地结合了湿式熔融成型与干式粘合成型技术，实现载体双层结构特征，通过磁性粒子负载，使得载体在交变磁场下内外层磁性粒子产生磁致热效应，利用载体内部升温作用提升低温条件的适应性；通过在载体内外层材料配方的调控丰富了载体的功能，载体外层添加少量磁性粒子，并结合碱度供体、成孔材料等，提升载体表面疏松度、增大比表面积、增加了微生物附着量；内核磁性粒子含量更高，有利于载体使用后期的回收。载体兼具生物载体、电子供体、碱度供体多重功能，无需外部药剂投加，即可实现自养深度脱氮，并且通过制备工艺优化，解决了载体成分与结构均一化等问题，实现载体高机械强度、高表面积及高脱氮负荷的统一。

2. 发明了载体材料非熔融快速成型批量制备技术

针对现有以单质硫为主要生产原料的制备技术生产过程能耗高、系统复杂等问题，发明了一种以硫磺为主材免熔融快速成型的低碳脱氮载体制备技术与制备系统，通过材料配方中加入有机缓释碳源与有机化合物，结合系统揉压粘合成型、挤出切割造粒技术，使得硫磺无需熔融，在更低的温度条件下即可实现载体快速成型。技术大幅降低了载体制备系统能耗，同时，实现自养异养协同脱氮。该制备技术较湿式熔融成型技术制备系统更为简化，操作方式与生产规模的设计更为灵活，成品率高，可实现脱氮功能载体的低成本高效生产。制备技术成型温度由 120℃降低至 100℃以下，单套系统制备规模可覆盖 15～5000kg/h。

3. 开发了低碳深度脱氮系统快速启动与强化运行调控技术

针对硫自养反硝化系统低温条件适应性差、硫酸盐产率较高的问题，开发了外加溶解态电子供体、磁黄铁矿改性载体硫酸盐还原强化的自养脱氮运行调控技术。利用常规接种组合外加电子供体强化启动的方式，将系统驯化启动时间缩短至 5～10d；通过外加溶解态电子供体强化脱氮的方式，提升系统对低温、高溶解氧环境的适应性。

4. 开发了磁介质生物反应器耦合自养深度脱氮的全流程总氮消减技术和一体化装备

以提升全流程脱氮效能为目标，开发了磁介质生物反应器耦合自养深度脱氮的全流程 TN 消减技术，形成生物二级处理与自养深度脱氮耦合运行工艺，提升全流程脱氮效能。针对低碳脱氮功能载体以及一体化装备的特性，设计了装备的清洗维护系统与运行策略，优化池体主体结构、布水装置及反洗布水、布气单元结构等，开发了基于周期及过滤液位高度的双重反洗控制策略，有效地保证了系统的稳定运行；污水低碳自养深度脱氮一体化装备，相较于构筑物式的反硝化滤池处理设施，一体化装备集成度高、占地面积小，且具有较强适应性。

5. 系统分析了基于硫自养反硝化原理的污水脱氮系统碳排放特性

系统研究了低碳深度脱氮功能载体制备过程、载体使用过程以及耦合一体化装备污水处理过程的碳排放特性，揭示了基于硫自养反硝化原理的污水自养脱氮技术与系统的碳排放因子分布规律。

节碳型污水高效脱氮技术装备开发与应用项目形成 4 种新型材料、2 类新型装备，授权专利 36 项（发明专利 11 项），论文 35 篇（SCI 论文 9 篇），参编国际/国家标准 4 项，成果经鉴定达到国际先进水平，并成功入选住房和城乡建设部"2023 年建设行业科技成果目录"。见图 5。

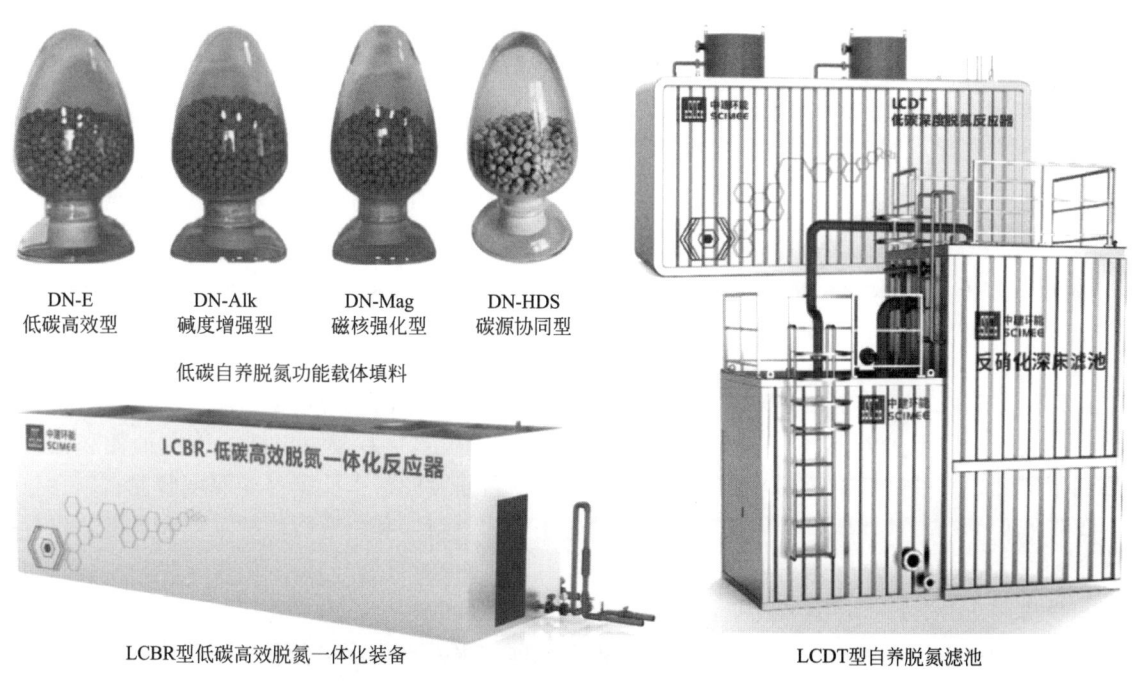

DN-E
低碳高效型   DN-Alk
碱度增强型   DN-Mag
磁核强化型   DN-HDS
碳源协同型

低碳自养脱氮功能载体填料

LCBR型低碳高效脱氮一体化装备

LCDT型自养脱氮滤池

图 5　项目关键技术产品

四、与当前国内外同类研究、同类技术的综合比较

较国内外同类研究、技术的先进性在于以下四点：

1）低碳深度脱氮功能载体及制备技术：当前国内外硫自养脱氮载体制备工艺中存在的工序复杂、耗能大、耗时长（1～2h）、成品率低、强度低（＜50N），制备场地占地大等问题。本项目发明的磁核（磁热）强化进水低温补偿可回收型脱氮功能载体材料结合湿式熔融成型与干式粘合成型技术，提升低温条件的适应性并可实现回收，项目发明的载体制备技术及系统具有熔融速度快、精准控温、成品率高且强度高等特点，熔融时间缩短至 2～10min，强度＞100N，单位占地面积产能提升 40％。

2）低碳深度脱氮系统调控与运行技术：当前国内外针对脱氮多采用投加有机碳源的方式，运行成本及碳排放量大的问题，现有硫自养反硝化脱氮技术则存在低温条件下启动困难（15~30d）、脱氮负荷低 [<0.3kgNO$_3^-$-N/(m^3·d)] 等问题。项目开发的低碳自养脱氮系统调控运行与低温快速启动技术，系统脱氮能力达到 0.8kgNO$_3^-$-N/(m^3·d)，脱氮深度达到 2mg/L，启动时间缩短至 5~10d，提升系统对低温、高溶解氧环境的适应性。

3）污水低碳高效深度脱氮一体化装备：当前国内外硫自养脱氮装备多存在系统运行不稳定、出水酸化、硫酸盐升高等问题，且未见磁介质生物反应器耦合自养深度脱氮的全流程总氮消减技术装备相关报道。本项目开发出规模 20~1000m^3/d 的低碳少维护深度脱氮滤池以及耦合磁介质生物反应器的一体化低碳深度脱氮装备，运行高效稳定，出水水质可达到地表准Ⅳ类标准，运行成本较传统工艺节省30%以上。

4）基于硫自养反硝化原理的污水脱氮系统碳排放特性研究：现有污水处理过程温室气体排放研究主要集中在典型污水处理工艺，新型氮转化过程的温室气体排放特性研究鲜有报道，排放规律不明。项目系统研究了功能载体制备与使用过程以及装备处理过程的碳排放特性，揭示了基于硫自养脱氮原理的自养脱氮全过程碳排放规律，技术装备的 CH$_4$ 和 N$_2$O 的排放因子均低于 IPCC 推荐的缺省值。

本技术通过国内外查新，查新结果：在以上国内外检索范围内，未见与本项目特点相同的报道。

五、第三方评价、应用推广情况

1. 第三方评价

2023 年 12 月 25 日，住房和城乡建设部科技与产业化发展中心在北京主持召开了科技成果评估会，评估委员会认为：该项目具有创新性，总体达到国际先进水平，具有推广应用价值，同意通过评估。

2. 推广应用

项目形成的材料、工艺、装备等研究成果可广泛应用于市政、溢流、建制镇与分散污水处理以及水环境治理等领域，可以有效去除污水中的 TN 和 SS 污染物，提升水质，相比传统技术具有明显的技术优势，应用市场前景广阔。目前，相关技术装备研究成果得到了快速的转化，共累积工程应用项目 13项，累积实现经济产值近 2 亿元。

六、社会效益

节碳型污水高效脱氮技术装备开发与应用项目研究成果可更加高效稳定地去除废水中的总氮，削减氮污染物排放总量，促进生态环境的改善。项目开发的低碳技术与装备可以减少能源消耗和化学品投加，节约了资源，显著降低市政污水处理成本。同时，项目研发的污水低碳自养深度脱氮材料、技术与装备大幅降低化学药剂的使用，利用低碳排放量的电子供体材料，利用低能耗的工艺和设备，以优化能源、资源利用方式，降低电、水、化学药剂等消耗，并通过对运行过程的稳定调控减少污水处理过程中氮氧化物的排放；并且，通过减少污染物排放和促进水资源回收利用，恢复和保护水生态环境。项目成果对水污染防治、水环境保护具有积极意义，有助于我国污水处理行业实现减污降碳协同增效目标，具有显著的社会效益和环境效益。

城市水污染治理与水体生态修复工程关键技术研究及应用

完成单位： 中国建筑第四工程局有限公司、中建四局安装工程有限公司、中建三局第一建设工程有限责任公司、中建三局绿色产业投资有限公司

完 成 人： 陈朝静、周子璐、王　丽、何　伟、罗　杰、张凤清、程　剑

一、立项背景

水作为人类最为珍贵的资源，当前受到了非常严峻的污染。随着社会发展，水质安全已经成为严重影响我国国民经济发展的制约因素。我国 90% 的城市水域污染严重，南方城市总缺水量的 60%～70% 是由于水污染造成的。以贵州为例，随着城市化的不断发展，工业区和人口的增长，贵州城镇水体黑臭现象愈发严重，已经影响到了城市的形象和人们的健康生活，成为贵州社会经济发展和生态文明建设的一个重要制约因素，亦成为各级政府和社会各界密切关注的焦点。习近平总书记 2021年 2 月视察贵州时，就生态环境建设提出了明确要求。总书记强调，要牢固树立生态优先、绿色发展的导向，统筹山水林田湖草系统治理，加大生态系统保护力度，不断做好"绿水青山就是金山银山"这篇大文章。

国家和贵州已经将"治水提质"和黑臭水体治理摆在了突出的位置。黑臭水体破坏了城市河道生态系统，给自然生态环境带来严重污染。"水十条"明确指出要强化城镇生活污水治理，按照国家新型城镇化规划要求，到 2020 年，全国所有县城和重点镇具备污水收集处理能力，县城、城市污水处理率分别达到 85%、95% 左右。根据相关测算，"十三五"期间，我国城镇人口从 6.02 亿提高到了 6.59 亿，这使得一个城市需要更加先进的水处理技术和设备。

由于城镇化发展速度快、环境基础设施建设滞后、水环境治理系统性科学性不足等原因，我国很多城市面临水环境污染、水生态破坏和水域空间萎缩等突出问题，水环境的恶化不仅影响城市的正常发展，对城市居民健康和城市生态安全也构成了严重威胁。解决城市水体水质污染问题，恢复水体的生态功能和社会功能，成为改善城市人居环境、确保城市可持续发展的关键措施。

项目组通过相关课题的研究和工程实践，总结梳理出目前城市水环境治理存在的主要问题。

（1）在初雨治理方面：由于雨水面源污染负荷较高，现有雨水处理技术包括自然沉降、调蓄转输、絮凝沉淀等单一处理技术，处理效率低，去除效果有限。

（2）在排水管道清淤方面：管道清淤困难，易产生杂质沉淀和污泥淤积，且由于管道空间狭窄，不便于使用大型机械清理淤泥。

（3）在河湖底泥处理方面：黑臭淤泥缺乏精细化的分类方法，使得治理措施缺乏针对性；且黑臭河道清淤存在场地制约、外运限制、排水限制，清淤后堆积的淤泥和排放的滤液过程中容易造成二次污染。

（4）在城市水质修复方面，水体中表面漂浮物增多，不易收集；常用的湖泊污染治理曝气装置的过滤结构在使用过程中消耗过大，曝气成本提高；常用的河道淤泥打捞装置易对河道上的淤泥进行过度深捞，造成河床原生结构遭受破坏。

（5）在城市管网信息化管理方面：①城市排水管网系统各业务系统的数据零散，无法快速地获取数据、了解数据、定位数据、使用数据；②水体水质监测断面和城市内涝区点多面广，缺少有效的技术手

段实时监控和及时预警；③各类业务系统积攒了大量的业务数据，缺少有效的技术手段和工具挖掘数据价值等问题。

针对以上问题，开展了4项关键技术研发，包括：城市雨污水控制及管道清淤关键技术、城市河湖底泥高效处理与资源化利用关键技术、城市水体垃圾自动化收集及复氧净化关键技术和城市排水管网智慧化管理关键技术，形成了城市水污染治理与水体生态修复关键修复技术。

二、详细科学技术内容

1. 城市雨污水控制及管道清淤关键技术

1) 技术集成一：基于海绵城市的初雨净化及资源化利用技术

创新成果一：研发了雨洪强化净化与调蓄贮存水保持技术

将化学沉淀、植物生态净化、功能填料截留吸附、往复式生态净化等技术结合。通过高效原位截污反应器、调蓄贮水塘富氧、植物稳定塘、强化人工湿地的循环处理，对初雨面源进行高效净化。该技术对初雨的氮磷污染物去除率30%～70%，对COD、SS去除率近90%。见图1。

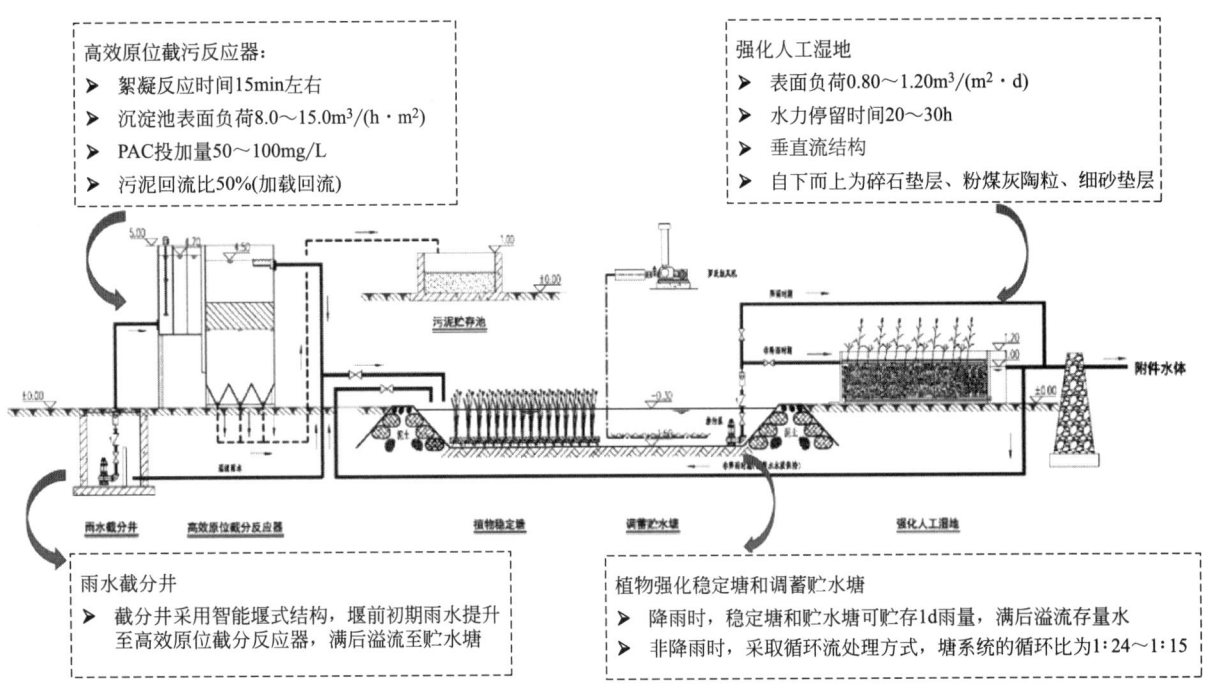

图1　雨洪强化净化与调蓄贮存水保持技术工艺流程图

创新成果二：研发了沿河分散式面源污染削减与持续净化技术

利用人工快渗＋反应墙PRB技术＋功能材料技术，构建沿河分散式面源污染削减与持续净化技术，通过坝体中的水质净化材料对径流中的污染物进行拦截。初雨面源污染通过多孔组合材料滤式反应坝处理后，氮、磷等污染物去除率20%～28%，COD和SS去除率近80%。

2) 技术集成二：城市排水管道疏通与清淤技术

创新成果一：研发了城市排水管道疏通与清淤技术的集成

研发了化工污水处理管道装置、工厂用下水道淤泥清理装置、排污管道内壁清理装置。其中，化工污水处理管道技术采用自适应沉淀装置，可实时快速清除沉淀物，减少沉淀；工厂用下水道淤泥清理技术通过搅碎机构带动清理组伸入下水道，并通过防抖机构防止搅碎机构在搅碎淤泥时发生晃动，解决了管道淤泥沉淀堵塞的问题。针对不同施工环境，研发了多种便于管道施工的装置，包括适用于暗挖管道的洞口止水加固装置、顶拉管快速装填顶推装置、适用于邻水建筑明排和暗排的综合排污系统。见图2、图3。

图2 工厂用下水道淤泥清理装置

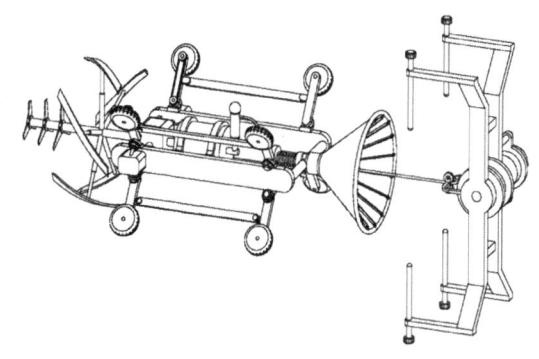

图3 排污管道内部的清理疏通装置

创新成果二：研发了城市排水暗涵机器人清淤技术

研发了一种装载式暗涵清淤机器人，通过机器人新型清淤系统、智能化控制系统以及多元化监测系统的研发，提升了机器人对复杂清淤工况的适应能力及操控的便捷性、可靠性。见图4。

六路比例式液压驱动

图4 装载式暗涵清淤机器人

2. 城市河湖淤泥高效处理关键技术

1) 技术集成一：河湖疏浚底泥生态治理及资源化利用成套技术

创新成果一：研发了底泥原位处理与上覆水生态净化技术

通过研究不同覆盖材料、不同覆盖厚度、不同级配、不同扰动强度对上覆水水质的影响，探明了抛石挤淤对水质的改善程度，揭示了抛石挤淤前后底泥"溶解-释放"规律；以麦饭石为新型覆盖材料的内河底泥清淤覆盖技术，构建分隔底泥层与水体层的底泥覆盖层，即麦饭石净化基层，改善内河上覆水水质，实现河道水质从Ⅴ类水提升至Ⅳ类水。发明了一种以麦饭石为主要材料的固结钝化剂改性配方，构建了有效隔绝底泥和上层水体的改性钝化层，配合菌种底泥改良剂的投放进行生态重建，形成了具有自净功能的生态活性底泥层，有效活化底泥，分解消化有机物和营养盐，提高了河道水体的自净能力。见图5、图6。

创新成果二：黑臭底泥上覆水原位曝氧-高级氧化净化技术

研发了一种具有高催化活性、大接触面积、高寿命、绿色低成本、可再生的电极材料，并将太阳能与电极材料连用进行供电。该技术应用于河道排水箱涵出口，用于应急除黑除臭。批量生产了廉价活性铁电极与高性能双层金属催化材料，构建了原位曝氧与原位产生羟自由基和活性四价铁等集成技术体系，可有效去除黑臭底泥上覆水和脱水上清液中有机微污染物，重金属和新型有机污染物。技术和装备体系已在贵州局部地区推广示范。见图7。

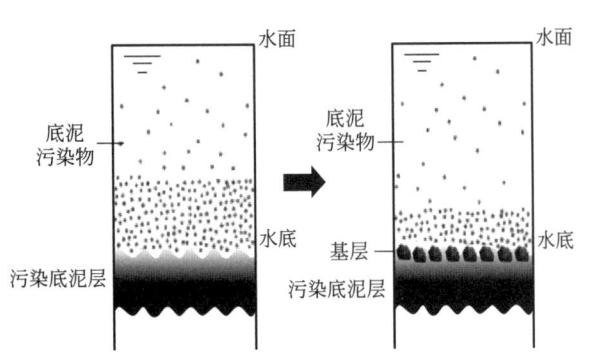

图5 河道底泥麦饭石覆盖技术原理示意图

图6 河道底泥麦饭石钝化技术现场照片

图7 研发的电化学体系对野外实际难降解有机污染物的去除

2）技术集成二：黑臭河湖底泥快速脱水及滤液处理成套技术

针对河网地带累积底泥污染严重、疏浚处置困难等问题，集成研发了黑臭河道底泥快速脱水及滤液处理成套技术，采用除杂除砂＋高压板框压滤＋生物强化MBR工艺，脱水后泥饼含水率小于50%，滤液经处理后出水优于一级A标准。此外，研发一种黑臭河道底泥快速脱水处理装置，该技术结合电机、风扇和加热电阻丝，实现了底泥中水分的快速蒸发，降低了底泥回河二次污染的可能性。见图8。

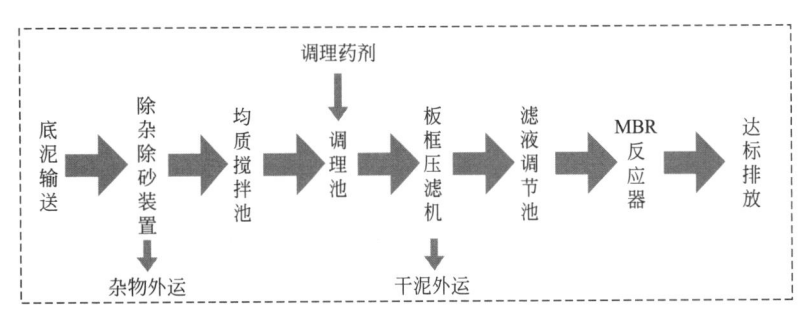

图8 黑臭河湖底泥快速脱水及滤液处理成套技术工艺流程图

3. 城市水体垃圾自动化收集及复氧净化关键技术

1）技术集成一：河道垃圾自动化清理技术

创新成果一：一种自动化水面垃圾汇集装置

研发了一种自动化水面垃圾汇集装置，该装置通过堤坝、石阶、溢水口、过滤网、浮板、传动轴等设施的联动，实现了水体中垃圾的收集。

创新成果二：一种急流槽垃圾自动清理装置

研发了一种急流槽垃圾自动清理装置，该装置通过设置的过滤机构可进行水流与垃圾的分离；通过设置的固定机构可卡住拦板，给工作人员足够的时间对垃圾进行清理。实现了垃圾自动汇集清理，减少了污染水质的可能性。

2）技术集成二：城市水体净化曝气复氧技术

创新成果一：研发了湖泊移动式风能曝气装置

研发了一种湖泊移动式风能曝气装置，该技术通过设置集气罩、回流管和气箱，使得在曝气过程中部分浮出水体的空气可以被集气罩收集，并通过回流管排至气箱的内腔，从而可以被气泵再次利用，可有效去除空气中的灰尘，降低了滤芯的负担，减少了滤芯的消耗。

创新成果二：研发了结合复氧和人工造流的河岸滩涂湿地水质净化技术

开发了"曝气充氧塘＋多级改良型滞留沟式滩涂湿地"组合工艺。采用固定式节能曝气，气水比为 $(1.0 \sim 1.5) : 1.0$；多级改良型滞留沟式滩涂湿地主要利用河道下游或城郊存在的滩涂湿地局部改造而成，并设置滞留沟。该技术对常规污染物去除率为 $50\% \sim 80\%$，痕量毒害物的去除率为 $40\% \sim 50\%$，能有效削减排入河道的各类污染物，适用于城市河道水污染原位治理。见图9～图11。

图9　提升泵井、曝气充氧塘、滞留沟式滩涂湿地

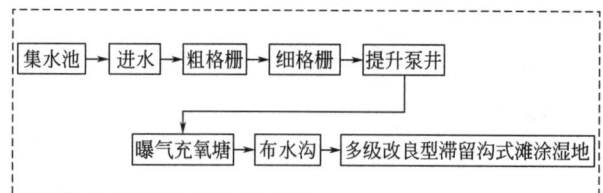

图10　河岸滩涂湿地水质净化工艺流程图

图11　边坡急流槽垃圾自动清理装置

4. 城市排水管网智慧化管理

创新成果一：城市排水管网数据监测管理系统

基于排水管网信息数据库，利用GIS技术、视频技术、Web技术等，研发排水管网数字化管理平台，达到信息互通、共享，实现管网信息可视化监管、风险预警、智能管控。

创新点二：检查井数据监测管理系统

采用一体化微功耗无线智能排水管网监测设备，进行水量和水质数据采集，基于排水管网事故灾变控制理论和应急决策理论，建立城市排水系统"入流-输送-出流"全过程留痕、溯源、追踪监测技术，以及排水系统的流量、流速、水质等排水信息准确及时获取和追溯技术，实时识别进入管网的污水来源及其位置、溢流漏水及其位置、泄漏污染物及其位置，及时发现排水系统异常状况。取代城市水务主管部门人工巡检排查排水管网异常状况的传统管理手段。

创新成果三：排水管网模拟分析与评估技术

研发城市下垫面格栅化编码产汇流技术，建构城市区域暴雨径流产汇流模型、雨水在分排水单元区的径流路径和径流量分析方法、城市区域水文模型、产污量模型和排水管网流体力学模型，识别雨水进入管网的流量及其对污水处理厂进水浓度的影响，评估管网系统的排水能力与其需求的匹配性、排水设计标准合理性及排水排污目标可达性。取代传统根据历史经验预测内涝风险手段，做到精准评估、智能管控。

三、发现、发明及创新点

1. 雨洪强化净化与调蓄贮存水保持技术

针对降雨初期 6～8mm 初雨面源处理，提出了"高效原位截分反应器-植物稳定塘-调蓄贮水池-强化人工湿地"工艺，高效原位截分反应器包括反应区和沉淀区，可去除初雨面源中的大部分污染物，植物稳定塘、调蓄贮水池和强化人工湿地形成循环回路，对 COD、SS、氮磷等污染物进行循环持续净化处理。

2. 沿河分散式面源滤坝式反应墙净化技术

针对沿河分散初雨面源治理，将土壤快渗 MSL、组合填料滤坝式反应墙 PRB 和功能材料技术结合，滤坝式反应墙第一段选用铁屑、海绵铁等填料，第二段选用沸石和石灰石，第三段选用火山岩和陶粒，对雨水面源中的 COD、氮磷等污染物进行拦截和净化；该技术采用无动力设计，水力负荷高，可与河堤合建。

3. 河湖疏浚底泥生态治理及资源化利用成套技术

研发了以麦饭石为新型覆盖材料的内河底泥清淤覆盖技术，提出了主成分分析和聚类分析联用评价分析法，揭示了抛石挤淤前后底泥"溶解-释放"规律，构建了分隔底泥层与水体层的麦饭石净化基层，有效抑制底泥内源污染物的释放。研发了内河底泥生态重建净水技术，发明了一种以麦饭石为主要材料的固结钝化剂改性配方，构建了有效隔绝底泥和上层水体的改性钝化层，配合菌种底泥改良剂的投放进行生态重建，形成了具有自净功能的生态活性底泥层，有效活化底泥，分解消化有机物和营养盐，提高了河道水体的自净能力。

4. 城市智慧排水管网技术

1）基于传统的 SWMM 分布式水文水利模型，动态模拟城市管网系统产、汇流过程与污染物浓度变化过程。利用循环神经网络（RNN）可根据数据时间动态变化趋势自我修正的学习能力，通过数据关系辅助描述模型产汇流及污染物浓度变化物理过程，解决传统 SWMM 模型中部分参数未知或难以设置的问题。最后通过 SA-PSO 优化算法，寻找模型全局最优参数配置，形成更好的模拟效果。

2）通过神经元网络算法，利用氨氮、COD、浊度等不同水质监测指标间相互关系，形成不同水质监测指标准确性的智能判别与精度耦合校正算法，达到进一步提升实时监测设备监测精度的目标。另外，结合监测数据的时间序列关系，利用 LSTM 模型的预测能力，实现对水质监测指标变化趋势的预测功能，对未来潜在的水环境风险问题进行预警与评估。

四、与当前国内外同类研究、同类技术的综合比较

较国内外同类研究、技术的先进性在于以下六点：

1）对初雨的氮磷污染物去除率 30%～70%，对 COD、SS 等污染物去除率近 90%，氮、磷等污染物去除率 20%～28%，COD 和 SS 去除率近 80%。解决了初雨净化、收集、存储以及资源化利用补充河道等问题。

2）解决了工业污水和建筑排水管道沉淀淤积堵塞，暴雨时造成溢流污染的问题，实现了污水的有效输送，提高了排污效率，降低了暴雨溢流的风险。

3）针对底泥原位处理与上覆水净化，发明了一种以麦饭石为主要材料的固结钝化剂，可分解底泥中硝化有机物和营养盐，提高了河道自净能力；针对黑臭底泥上覆水或脱水上清液的处理，发明了一种具有高催化活性、大接触面积、高寿命、绿色低成本、可再生的电极材料，并探索了将太阳能与电极材料连用的供电技术，提高了水处理效率，降低了成本；针对清淤后底泥的处理，研发了一种黑臭河道底泥快速脱水处理技术，实现了底泥水分的快速蒸发，提高了底泥的脱水效率。

4）研发了一种自动化水面垃圾汇集装置，解决了流速缓慢水体漂浮垃圾不易收集的问题；研发了一种急流槽垃圾自动清理装置，解决了流速快的水体垃圾快速收集的问题。针对湖泊水体溶解氧低的问题，研发了湖泊移动式风能曝气装置，解决了户外灰尘过大、气泵过滤结构消耗过大、曝气成本高等问题。

5）针对排水管网信息采集落后，缺少有效的技术手段和工具挖掘数据价值的问题。研发了城市排水管网数据监测管理系统、检查井数据监测管理系统、排水管网模拟分析及评估技术。解决了排水管网信息采集和管理方式落后、数据不统一的问题，实现了管网和检查井可视化监管、风险预警和智能管控等功能。

本技术通过国内外查新，查新结果：未见国内外有集成本委托项目技术特点的文献报告，该研究成果具有新颖性。

五、第三方评价、应用推广情况

1. 第三方评价

2023 年 5 月 15 日，经广东省环境科学学会及专家组鉴定：本技术整体达到国际先进水平，其中"初雨污染控制和底泥分类处置方面"达到国际领先水平。

2. 推广应用

本技术共应用 13 个水环境治理项目，包括安徽省舒城县水环境（厂-网-河）一体化综合治理 PPP 项目、遵义虾子河黑臭水体治理工程、襄阳市护城河清淤工程设计施工总承包项目、佛山良安水系水环境综合治理项目 EPC、贵州双龙航空港经济区水环境综合整治项目、仁寿柴桑河、泉龙河河体整治项目、中山市未达标水体综合整治工程（小隐涌流域）EPC＋O 项目、福州市鼓台水系统综合治理 PPP 项目、福州市仓山三江口片区水系综合治理 PPP 项目、大理洱海环湖截污工程、漳州台商投资区水环境综合治理 PPP 项目（一期工程）、增城区中心城区污水处理系统工程 PPP 项目等，共产生经济效益 30223.07 万元。并得到主流媒体的广泛报道和传播，具有显著的示范效果。

六、社会效益

本技术按照"控源截污-内源治理-生态修复-智慧排水-集成示范"总体思路，聚焦城市初雨处理及应用、暴雨管道的溢流污染、河湖黑臭水体污染、水面垃圾增多、水体溶解氧降低等是城市水环境综合治理领域需要重点解决的难题。通过产学研联合攻关，开发出城市水污染治理与水体生态修复工程关键技术体系，解决了雨污水处理，底泥污染治理，水生态修复和智慧管网管理等问题，推动了城市河湖水体源头减排、过程控污理念的实施，促进了水环境治理行业的技术进步。

该成果目前应用于 13 个水环境治理项目，均实现了水环境治理的效果，改善了城市水质，保障了城市水安全，提升了土地价值和人民生活品质。并受到主流媒体的广泛宣传，其中佛山良安水系水环境综合治理项目 EPC 被今日头条、中国报道、央广网、人民日报等评论为"佛山南海美丽河湖样本"，彻底解决了河道污染现状，改善了村民生活环境；福州市鼓台水系统综合治理 PPP 项目被福州日报、生态环境部作为福州黑臭水体治理示范城市的代表项目；贵州双龙航空港经济区水环境综合整治项目受到贵州日报的报道，通过水环境综合治理，推进双龙航空港经济区的发展；襄阳市护城河清淤工程设计施工总承包项目被中国新闻网、荆楚网、新浪网、湖北日报、襄阳之声等媒体以"千年护城河改造后重焕光彩"为主题广泛报道，打造了城市新名片，成为广大市民和游客的必游之地；大理洱海环湖截污工程受到云南卫视、大理州人民政府网、央视新闻联播等媒体报道，洱海主要水质指标变化趋势总体向好，良好的生态环境也助推了全域旅游发展。

本技术成果为城市水污染治理和水体生态修复提供技术支撑，促进了水环境治理行业的发展，有利于创造良好的水景文化，改善居民生活品质，发展公益事业和维护社会稳定，有益于贯彻生态文明建设思想，落实了城市的可持续发展战略，产生了良好的社会效益。

基于建筑领域大模型的供应链资源管理与商机平台技术研究与应用

完成单位： 云筑信息科技（成都）有限公司、中建电子商务有限责任公司

完 成 人： 陶　锋、张　勇、张自平、刘毅强、陶赵文、谷满昌、张琪浩

一、立项背景

习近平总书记在党的二十大报告中强调"加快推动数字产业化和产业数字化。加快数据资源开发利用及其制度规范建设，打造具有国际竞争力的数字产业集群，加大企业数字化赋能力度。"《"十四五"数字经济发展规划》提出全面深化重点产业数字化转型，推动传统产业全方位、全链条数字化转型，提高全要素生产率。建筑业作为国民经济的支柱产业，具有上下游产业链长、参建方众多、设备材料繁杂、人员流动快等特点。大宗物资采购环节是建筑产业价值链中的关键一环，其会直接影响到工程建造进度、企业成本支出、工程的质量和安全性等，因此采购环节良好的管理和运作对整个建筑产业链的顺利进行和健康发展至关重要。然而一方面，建筑行业供应链采购环节具有采购价格不透明、支付模式复杂、决策流程长、信息化水平低等特点，信息化前景广阔；另一方面，建筑行业客户对单点信息化需求升级为系统数字化需求，提高建筑行业数字化水平，解决行业内生需求是实现建筑产业高质量发展的必然要求。

在此背景下，围绕数字建筑平台的解决方案有望成为解决客户需求的核心利器，助力建筑行业数字化水平的加速提升。云筑信息科技（成都）有限公司希望通过加强基于建筑领域大模型的供应链资源管理与商机平台技术研究与应用的投入，打造一体化数字平台，以资源共享、统一标准、统一渠道为重点，从项目的采购需求、建材的价格数据、建筑企业的资质数据、供应商的评价数据到产品的质量评估数据，建设一体化的数字化交易平台，加强大宗物资供应链管理，立足服务市场交易主体，简化交易环节，公开服务流程、工作规范和监督渠道。

课题从以上问题出发，结合参研各方已有技术成果，开展课题研究并进行总结推广。

二、详细科学技术内容

中建集团作为建筑行业的排头兵响应国家战略，倾力打造了基于建筑领域大模型的供应链资源管理与商机平台，打通精准展示-智能推荐-促进合作的服务全流程，为建筑行业数字化转型助力。

本项目旨在通过构建一个集成化的供应链资源管理与商机平台，以大模型算法引擎为核心，实现建筑领域供应链的数字化转型。该平台将为采购单位和供应单位提供一个高效、透明的协同工作空间，从而优化资源配置，提升项目执行效率，并增强市场竞争力。见图1。

创新成果一：建筑领域大模型技术架构

围绕大模型在数据需求、可靠性、多样性和解释性等方面的局限，研究面向大模型的强化学习物料对齐技术、面向大模型可靠性的强化学习技术、面向大模型的持续增量学习技术研究以及大模型可解释性技术。这包括利用预训练的模型参数、共享模型结构和结合源场景与目标场景特征进行微调，以此来处理建筑领域中各类问题，如物料属性查询，安全规范制度等。项目还包括对预训练模型的灾难性遗忘问题的研究，旨在在微调特定任务时保持其他相关任务的性能不下降。见图2。

创新成果二：问答式寻源模型

供应链资源管理与商机平台大模型，通过大量采购问题训练，使用意图识别、语义向量化、微调训

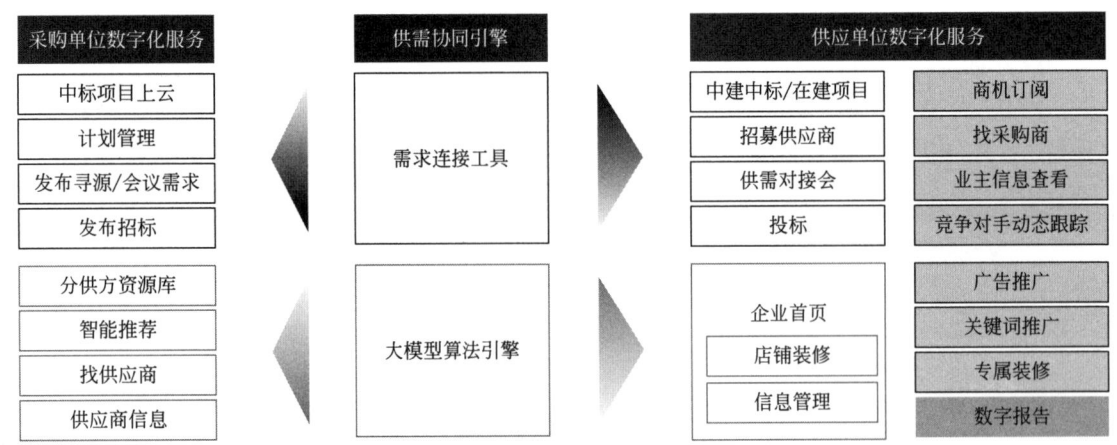

图 1 基于建筑领域大模型的供应链资源管理与商机平台整体架构

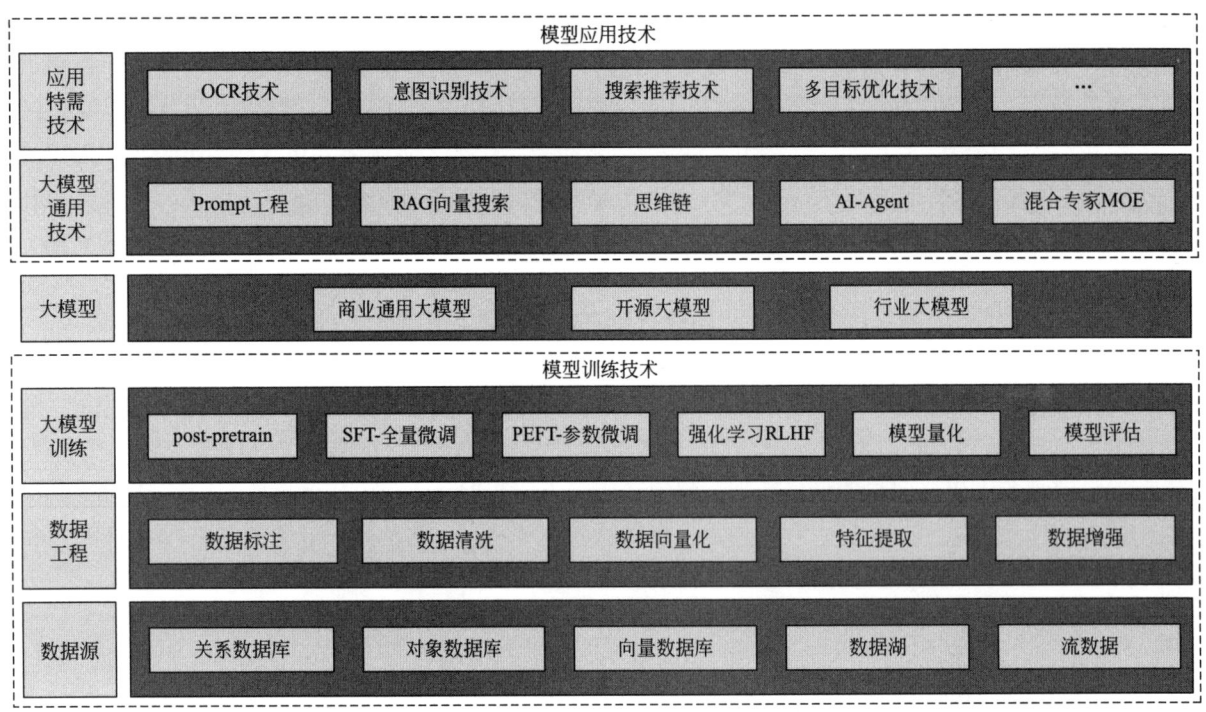

图 2 大宗物资采购云平台

练、模型校验、强化学习能力，整合供应商、材料、价格相关数据，将数据转化成有效信息提供给用户。

使用大模型，相对于传统的搜索推荐主要具备以下 3 点优势：

（1）利用大模型整合信息能力和生成式能力。不必去多个零散系统查询整合信息，在一个地方统一自然语言式的应答。

（2）利用大模型语义理解能力。满足复杂语义类的问答需求，之前都是通过简单的关键词检索。

（3）利用大模型复杂信息提取能力。大模型抽取非结构化文本数据中的关键信息，作为供应商画像中重要的部分。

创新成果三：结合 AI 或者领域小模型反馈的强化学习对齐技术

使用结合 AI 或者领域小模型反馈的强化学习对齐技术，解决包括建筑物料数据缺失、强化学习算法学习效率低、奖励机制设计困难以及供应链评估指标缺失等问题。AI 反馈的强化学习（RLAIF）与人类反馈的强化学习（RLHF），实现大模型不可靠数据生成情况的显著降低。

创新成果四：面向小样本、弱监督以及增量数据的大模型持续增量学习技术

针对训练数据短缺、数据关联性弱等现状，提出了面向小样本、弱监督以及增量数据的大模型持续增量学习方法，解决了现有大模型需要大规模高质量训练数据的问题。

通过迁移学习将已学习的知识或模型从一个任务迁移到另一个任务，小样本学习中，利用在大规模数据集上预训练的模型，通过微调（fine-tuning）来适应小样本数据集，帮助模型更好地从有限的样本中学习。在弱监督场景中，利用多示例学习来从一组相关的示例中学习标签，从而减少对单个示例的依赖。

创新成果五：大模型可解释性技术

不同于传统的机器学习或者深度学习模型，超大的模型架构和海量的学习资料使得大模型具备了强大的推理泛化能力。通过特征重要性分析、可视化技术、模型透明化、模型调整技术及分布式对抗技术，解决大模型可解释性能力弱、可信程度低的问题。

创新成果六：建筑材料数据共创库

项目用训练数据，打造标准材料数据库，对收集到的大量的建筑材料数据进行数据挖掘清洗。提供包括材料的品牌、价格、所属区域、供应商等多维度信息给用户查询。建筑智能材料库是一个基于数据采集、标准化清洗、存储、处理和用户接口的信息管理系统，应用于建筑工程领域，旨在帮助用户更加有效地选择和使用建筑材料信息数据，打破各平台系统的材料数据互通壁垒。见图3。

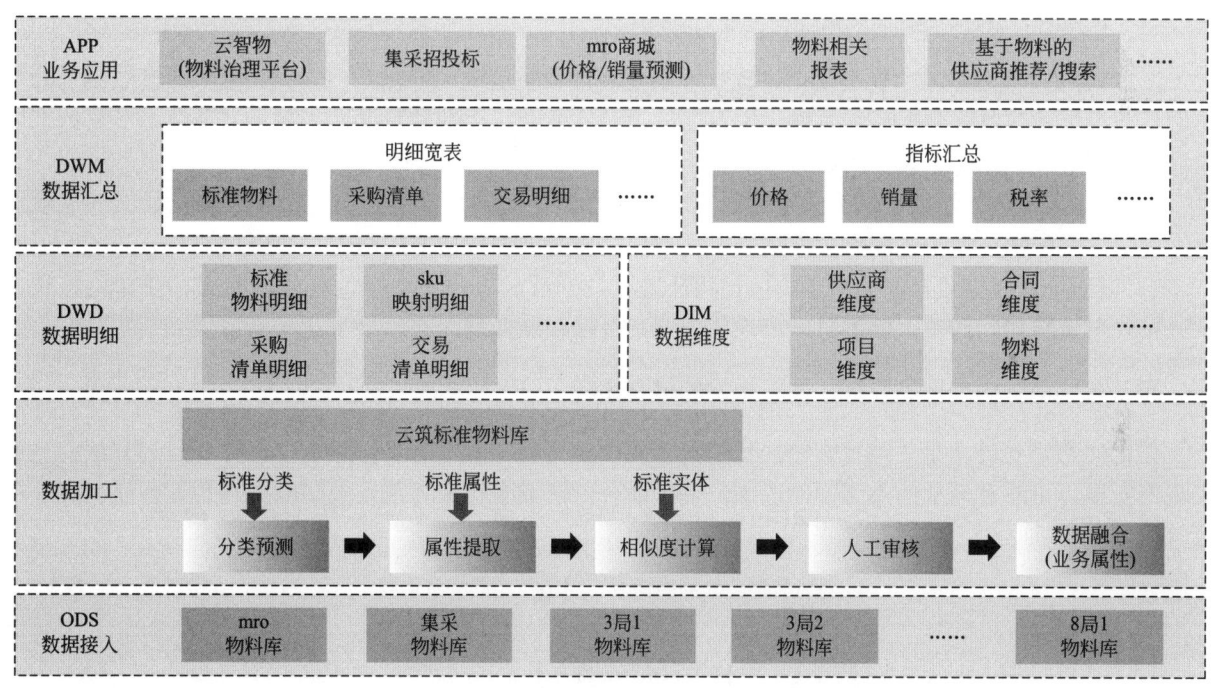

图3　建筑材料数据共创库

创新成果七：基于大模型的寻源平台

针对建筑行业采购管理缺位、交易不透明、成本高企、效率低下等痛点，云筑通过统一的规范化管理，缩短流程、信息传递时间等，让采购更有效率。云筑在行业内创新构建了线上阳光集采模式，将寻源、招标动作全面线上化，打通"相互认识建立意向-阳光招采透明合规-线上履约全程便捷"的服务全流程，打造高效供应链作业链条，提供从采购计划发起、招标到结算支付的一条龙服务，成交规模在业内首屈一指。通过标准在线商城、SaaS商城、定制化商城、API对接等多种数字化采购方式，云筑以自营供应链对接建筑物资商品源头，在保障商品和服务质量的前提下，为客户采购提供丰富的商品选择，实现合理的降本增效，让建筑零星物资采购不再费时费力。

寻源撮合交易平台，撮合供采双方，减少信息不对称，提高资源利用率；通过平台大数据分析，精准匹配供求信息,提高交易效率;整合行业资源,建立供方资源库,拓展乙方寻源渠道;提供专业知识培训和案例分享,提升行业整体水平。见图4。

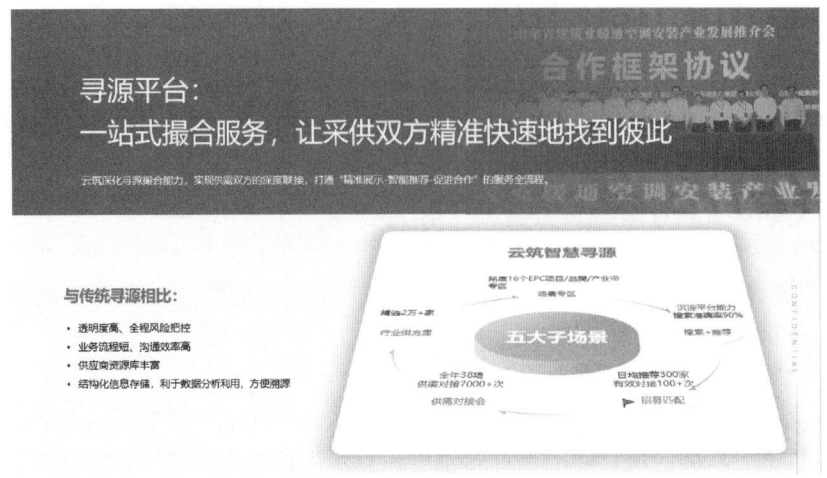

图4　供应链资源管理与商机平台

三、发现、发明及创新点

1) 结合 AI 或者领域小模型反馈,提出匹配建筑领域供应链的强化学习对齐技术,通过数据预处理与增强解决了建筑物料数据缺失、强化学习算法学习效率低、奖励机制设计困难、大模型不可靠数据生成以及供应链评估指标缺失等问题。

2) 针对训练数据短缺、数据关联性弱等现状,提出了面向小样本、弱监督以及增量数据的大模型持续增量学习方法,解决了现有大模型需要大规模高质量训练数据的问题。

3) 提出了大模型可解释性技术,通过特征重要性分析、可视化技术、模型透明化、模型调整技术及分布式对抗技术,解决大模型可解释性能力弱,可信程度低的问题。

四、与当前国内外同类研究、同类技术的综合比较

强化学习对齐技术是一种旨在使强化学习智能体的行为与人类的目标和期望保持一致的方法,从而实现更安全、可靠和有益的人工智能应用。在国内外的研究对比中,基于不同应用场景,各有特点。在建筑领域,本项目处于国际先进水平。见表1。

与当前国内外同类研究、同类技术的综合比较　　　　　　　　　　　　表 1

方向	国内	国外
研究重点	国内研究更侧重于将强化学习对齐技术应用到特定领域,如医疗、建筑、金融等,以解决实际问题。例如在医疗领域,研究如何让智能医疗诊断系统的决策与医生的判断和患者的需求相契合,通过对医疗数据的分析和模型的训练,提高诊断的准确性和可靠性	国外研究团队对于强化学习在通用大语言模型等大型人工智能系统中的对齐研究投入较大。例如,OpenAI 等机构积极探索如何让强大的语言模型与人类的意图和价值观保持一致,研究如何更好地利用人类反馈的强化学习(RLHF)等技术,让模型生成更符合人类期望的回答
技术方法	国内在技术方法上更多地是结合国内的实际数据和应用场景进行调整。注重强化学习对齐技术的工程实现和实际应用,强调技术的可扩展性、稳定性和效率	国外在算法创新上较为领先,不断提出新的强化学习算法和改进策略用于对齐。对于多模态数据的利用和多模态融合的研究较为积极,尝试将图像、文本、语音等多种模态的数据结合起来进行强化学习对齐
数据资源	国内拥有庞大的人口基数和丰富的应用场景,能够产生大量的数据。例如在移动互联网、电子商务等领域,用户的行为数据、交易数据等规模巨大,为强化学习对齐技术的训练提供了充足的素材	拥有丰富的高质量数据资源,并且数据的多样性较高,在数据标注方面有较为成熟的体系和规范,能够保证标注的准确性和一致性

面向小样本、弱监督以及增量数据的大模型持续增量学习方法，解决了现有大模型需要大规模高质量训练数据的问题。在国内外均有相关的研究和应用，总体先进性与国外并跑。

国内研究较多地采用数据增强技术，通过对现有少量数据进行变换、扩充等操作来增加数据的多样性，提高模型的学习效果。在资源受限的情况下，国内研究关注模型的压缩和优化技术，以提高大模型在小样本、弱监督和增量数据场景下的运行效率和性能。例如，采用模型剪枝、量化等技术降低模型的存储和计算需求，使其更适合在实际应用中部署。

强化学习在国外的大模型持续增量学习研究中也受到较多关注。通过设计合适的奖励机制，让模型在与环境的交互中不断学习和优化，以实现对新数据的有效学习和对旧知识的保留。例如，利用强化学习来优化模型的参数更新策略，使其在增量学习过程中能够更好地平衡新知识的获取和旧知识的遗忘。

本技术通过国内外查新，查新结果：在所检国内外文献范围内，未见有相同报道。

五、第三方评价、应用推广情况

1. 第三方评价

本项目开发的"基于建筑领域大模型的供应链资源管理与商机平台技术研究与应用"，针对建筑物资采购寻源效率低、采购人员价格获取困难、合作采购方质量参差不齐等技术难题，采用市场调查、应用技术试验、理论研究与数值分析等手段进行了技术研发并通过供应链资源管理应用实践。2024 年 6 月 2 日，中科合创（北京）科技成果评价中心组织专家，线上召开了云筑信息科技（成都）有限公司、中建电子商务有限责任公司共同完成的"基于建筑领域大模型的供应链资源管理与商机平台技术研究与应用"项目科技成果评价会。

经专家组讨论，专家评价认为，该研究成果在建筑领域达到国际先进水平，建议加强推广应用。

2. 推广应用

目前，本项目已经形成了规模化应用。项目成果覆盖国内绝大部分的省市，及海外 18 个国家及地区，目前平台累计招标次数超 130 万次，覆盖超 80 万家供应商，平台现有物料 195 万条，累计交易金额超 8 万亿。2021—2024 年，平台服务会员费超 15 亿元，云筑海外业务达成合作的客户包括 9 个二级单位（四大海外机构）、13 个三级单位：中建香港、中建澳门、中建南洋、中建阿尔及利亚、中建国际、中建八局（中建八局海外、中建八局西南、中建八局一、八局总承包）、中建三局基建投、中建五局（中建五局三、中建五局华南）、中建四局海外、中建二局华东等。

云筑海外业务累计达成合作国家有：新加坡、沙特阿拉伯、埃及、马来西亚、柬埔寨、巴布亚新几内亚、越南、乌兹别克斯坦、毛里求斯、印度、尼加拉瓜、马尔代夫、刚果（布）、刚果（金）、赤道几内亚、科特迪瓦、巴基斯坦。

六、社会效益

云筑网拓展招投标服务，向招标前服务延伸，运用平台 80 万＋供方资源库为采购提供寻源能力，利用平台数据与采购需求挖掘，对采购寻源过程中重点关注信息进行挖掘，了解到采购重点关注 5 大维度信息并完成对应供方能力建设；为投标单位、材料商、供应商、运营商等不同的客户群体提供信息资源服务。

本项目的成功研发，将为我公司今后 5～7 年内的主要产品布局做好基础，纵观目前的国内外市场，我公司平台具有明显的技术先进性和性价比，其必将为公司带来新的盈利增长点。我公司将会持续创新，加大研发投入和拓宽销售渠道，持续对建筑全产业链大数据库进行优化改进，为我公司在电子信息领域奠定地位，为公司发展壮大打下坚实基础。

综上所述，系统具有多方面的直接经济效益和社会意义，可以为建筑行业提供更快、更准确、更可靠的智能材料信息和解决方案，促进建筑行业的可持续发展和社会进步。

高浓度复合污染场地地下水异位修复关键技术研究及应用

完成单位： 中建生态环境集团有限公司、中国环境科学研究院、天津大学、中建环能科技股份有限公司

完成人： 金涛、沈志强、何理、张鹤清、孙立东、周韬、刘晓静

一、立项背景

全球工业的快速发展及产业格局的演变，据统计世界各地产生了超过 500 万个工业污染场地，不仅威胁区域生态安全及人体健康，还消耗大量的人力、物力和财力，对其进行污染管控和治理修复。据统计，我国存在高达 50 多万块工业企业搬迁遗留的污染场地，原有工业用地置换成城市建设用地，原场地存在的土壤、地下水严重污染，对未来居住或办公人员的身体健康构成潜在风险，急需高效快速的解决办法，保护地下水资源，盘活土地资源再利用。

2015 年国务院印发的《水污染防治行动计划》明确指出，到 2020 年全国水环境质量得到阶段性改善，严格控制地下水超采情况，初步遏制地下水污染的加剧趋势。为保护生态环境，保障人体健康，加强污染地块环境监督管理，规范污染地块地下水修复和风险管控工作，2018 年国家颁布《土壤污染防治法》、2019 年发布《污染地块地下水修复和风险管控技术导则》等政策文件，详细阐述了水土污染一体防治措施制度，加强地下水污染防治能力，强化工业地下水污染防治，有计划开展地下水污染修复。2021 年，生态环境部等印发的《"十四五"土壤、地下水和农村生态环境保护规划》要求，土壤环境风险管控进一步强化，地下水污染防治稳步推进。

高浓度复合污染场地多数具有污染物种类复杂多样、浓度高的特点，是"化学定时炸弹"，严重威胁人体健康和环境安全。针对高浓度复合污染场地地下水污染的特点，以及目前地下水修复存在重修复轻调查、修复技术装备单一、修复时间紧等问题，从风险评估模型、修复智能循环控制系统、关键技术、模块化装备等方面对高浓度复合污染场地地下水异位修复关键技术进行研究，依托天津、石首等地下水修复项目开展更深入的技术研发和应用示范，提升高浓度复合污染场地地下水修复的技术水平。

二、详细科学技术内容

1. 基于不确定因子地下水污染风险评估模型

针对地下水污染修复的管理和优化过程进行研究，基于数值模拟模型和不确定优化手段，对地下水修复方案进行决策分析。在优化管理过程中，考虑各修复方案对场地风险控制情况，引入健康风险评价体系对地下水环境公众关切进行研究，补充环境标准约束限制过于宽松可能导致忽略人体健康受损的情况，提出了一种用于地下水修复管理的模糊随机健康风险约束的优化模型，引入模糊随机参数使健康风险约束变为不确定性约束，最终建立基于随机参数不确定性、健康风险不确定性、模型结构不确定性的地下水污染风险评估模型，对地下水修复管理提供决策支持。见图 1。

2. 污染场地水土一体化修复智能循环控制技术

提出污染场地水土一体化修复智能循环控制系统，通过实时检测污染场地的实际情况，自动判断当前污染场地所处状态，数据驱动实现优化与控制，并做出决策，选择最优的修复方式，并优化设备运营绩效，能够对污染场地进行精准修复，且节省资源能耗、修复效率高、效果好。包括实时监控子系统、

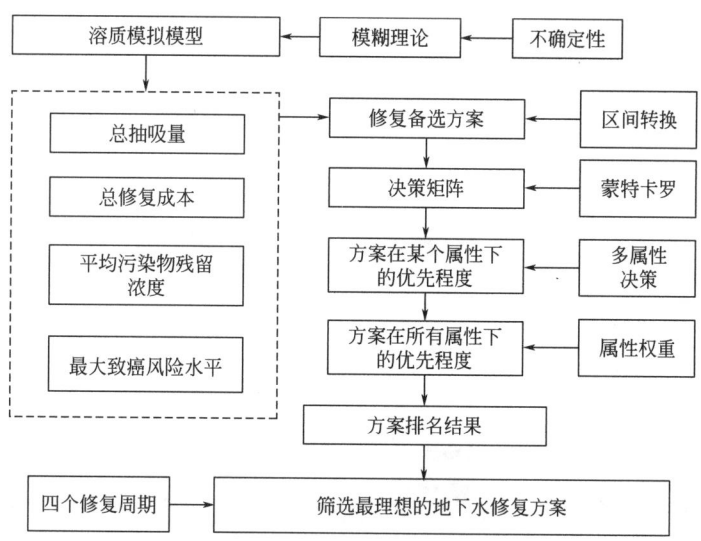

图 1　基于不确定因子地下水污染风险评估模型基本框架图

智能评估与分级子系统、土壤污染和地下水污染修复子系统和修复结果智能检测子系统，其中，实时监控子系统用于实时监测污染场地信息，并将其传输至智能评估与分级子系统，该系统对监测到的信息进行判断，做出决策，选择相应的修复子系统进行修复，并通过修复结果智能检测子系统进行修复效果的评估。见图 2、图 3。

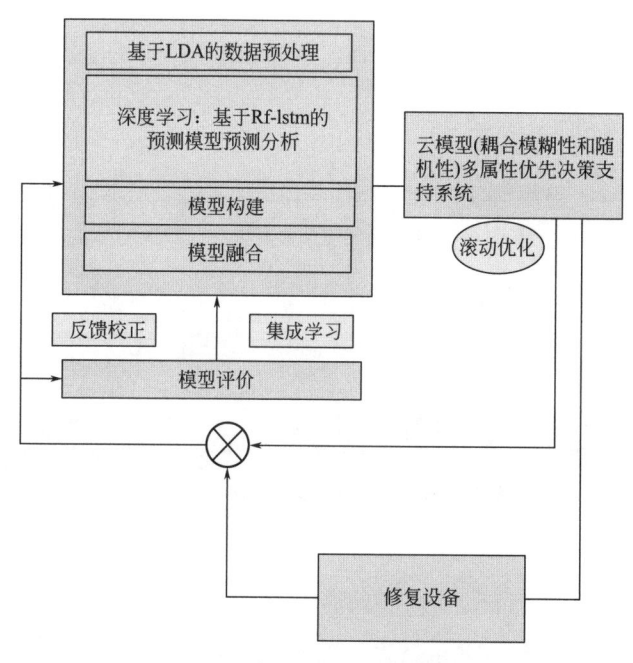

图 2　智能优化控制系统

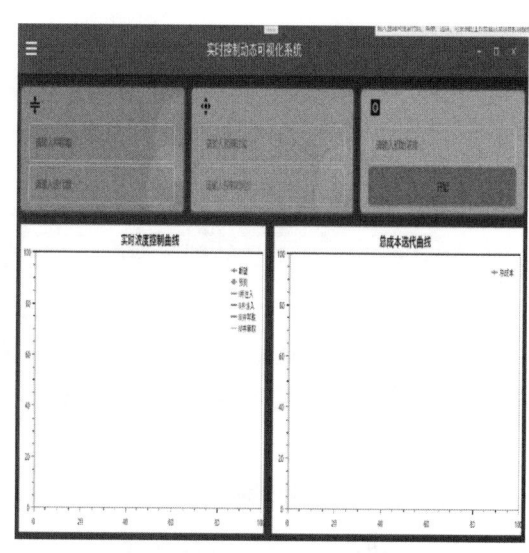

图 3　实时控制动态可视化系统

3. 多级非均相芬顿催化氧化处理高浓度复合污染地下水技术

开发了新型的非均相芬顿催化氧化反应器，降低催化剂使用量和反应产泥量，以关键单元异相催化氧化反应器为重点，开展了新型流化床反应器主体及关键构件的设计与优化，研发了多级非均相芬顿催化氧化技术，同时开发了一种基于单原子的原子簇催化剂，第一次通过在生物炭上加载铁原子簇来激活 H_2O_2，制备过程中制备液可以循环使用，大大降低了制备材料的成本。该催化剂对污染物去除效果显著，具有广泛的适应性。见图 4、图 5。

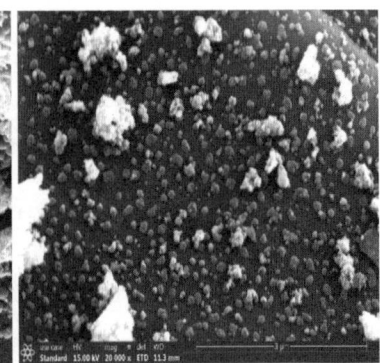

图 4　非均相芬顿催化氧化反应器实验装置　　　图 5　生物炭和铁原子簇催化剂扫描电镜图

4. 模块化全物化处理高浓度复合污染地下水技术

搭建系统小试平台，开展全流程模块化工艺设备集成设计和系统控制技术研究，研发了高浓度复合污染场地地下水全物化模块化处理设备，针对不同应用场景需求进行工艺调整与系统优化设计，根据污染物特征进行技术组合，处理后出水中目标污染物达到排放标准，化学污泥产量较传统工艺减少50%以上。见图6、图7。

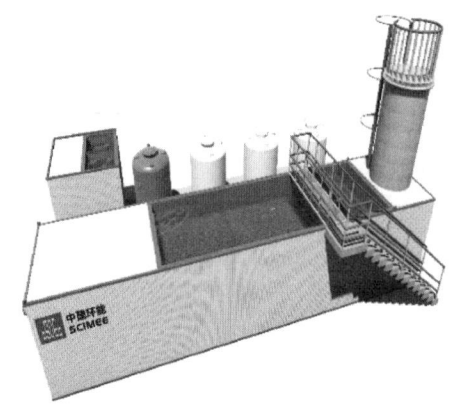

图 6　模块化处理设备模型图　　　　　图 7　不同模块化处理单元

三、发现、发明及创新点

针对高浓度复合污染场地地下水污染情况复杂、污染物浓度高的特点，以及目前地下水修复存在着重修复轻调查、修复技术装备单一、修复时间紧等问题，通过建立地下水污染风险模型、研发以多级非均相芬顿催化氧化为核心的组合技术及装备等，形成了原创性的高浓度复合污染地下水异位修复关键技术和模块化装备，并进行工程示范应用，推动我国地下水修复产业的发展，提高高浓度复合污染场地地下水修复的技术水平。

主要创新点如下：

（1）提出了基于不确定因子的地下水污染风险评估模型，预测地下水修复实施效果的准确率达到了95%，同时开发了污染场地水土一体化修复智能循环控制系统。

（2）研发了多级非均相芬顿催化氧化技术及生物碳负载铁原子簇催化剂，提高了反应效率，减少了污泥产量，处理成本降低了约 30％。

（3）研发了高浓度复合污染场地地下水全物化模块化处理设备，可根据污染物特征进行技术组合，处理后出水中目标污染物达到排放标准，化学污泥产量较传统工艺减少 50％以上。

该成果获得授权专利 18 项（其中国际专利 1 项、国内发明专利 6 项），发表论文 8 篇（其中 3 篇 SCI，4 篇中文核心）。

四、与当前国内外同类研究、同类技术的综合比较

较国内外同类研究、技术的先进性在于以下四点：

1）应急医院建造和运维过程中，通过气流管理（室内空气压力梯度、空间空气消毒）、人流管理（一站式信息平台技术、基于健康码的智慧防疫）和检验管理（非接触式红外测温技术）三个方面的应用，形成应急传染病医院安全防疫关键技术。

2）应急医院利用 5G 及云平台技术，布置有 5 大类 17 个信息化系统，如医护对讲、视频监控、综合布线、网络与 WIFI，以及 HIS（医院信息系统）、PACS（医学影像管理系统）、RIS（放射科信息管理系统）、VR/AR 远程医疗系统、APP 在线互动平台等，为医院的快速运营提供了坚实的软硬件基础。

（1）在复杂的地下水污染环境下，现有的管理决策分析已无法满足实际需求。本项目基于不确定因子地下水污染风险评估模型通过不确定多属性决策研究方法进行准确的风险评估并筛选最佳的地下水污染修复技术方案。

（2）现有修复工艺和装备难以满足工程化和智能化的重大需求，缺乏基于过程评价的智能控制，成本偏高。本项目污染场地水土一体化修复智能循环控制技术通过实时检测污染场地的实际情况，自动判断当前污染场地所处状态，决策最优的修复方式，能够对污染场地进行精准修复。

3）现技术存在药剂用量大，利用率低，产生大量浮渣、浮沫，影响后续处理等问题。本项目多级非均相芬顿催化氧化处理高浓度复合污染地下水技术通过设置特殊的混合和布水方式，合理的循环回流系统，出水区排渣系统，避免 OH^- 自身发生淬灭的问题，保证催化剂的流化状态，同时及时有效地去除反应浮渣和浮沫，提高反应效率及药剂利用率，保证处理效果。

同时，开发的生物炭负载铁原子簇催化剂具有相当单原子的催化效率和微量铁浸出，可以高效活化过氧化氢 H_2O_2，普适性好，生产成本低。

4）目前，地下水异位修复成套装备研究和应用较少，单一技术装备受限。本项目构建高浓度复合污染地下水全物化处理技术及模块化装备，可应对复合污染场地地下水复杂的水质条件，根据污染物特征进行技术组合，实现污染物高效去除，化学污泥产量减少 50％以上，可实现快速安装调试并投入使用，实施周期节省 3～6 个月以上，适应性强，便于运输。

本技术通过国内外查新，查新结果：在所检国内外文献范围内，未见有相同报道。

五、第三方评价、应用推广情况

1. 第三方评价

2024 年 6 月 6 日，中华环保联合会在北京组织召开了由中建生态环境集团有限公司、中国环境科学研究院、天津大学、中建环能科技股份有限公司完成的"高浓度复合污染场地地下水异位修复关键技术研究及应用"项目科技成果评价会。专家组认为，该项成果总体达到国际先进水平，其中在污染场地水土一体化修复智能循环控制系统方面的研究达到国际领先水平。

2. 推广应用

本技术已成功在天津农药股份有限公司地块污染土壤及地下水修复项目、石首市张城垸老垃圾填埋场整治工程项目、酒泉市金塔县北河湾某企业偷排废水区域地下水修复工程等项目中进行工程应用。通过项目经验的进一步总结和优化，使成果具有更大的推广应用价值。

六、社会效益

本研究依托实际工程，落实行业需求，对高浓度复合污染场地地下水异位修复关键技术进行研究，践行党中央生态文明思想，树立"绿水青山就是金山银山"理念，落实《"十四五"土壤、地下水和农村生态环境保护规划》要求，进一步强化土壤环境风险管控，稳步推进地下水污染防治。地下水具有重要的资源属性和生态功能，在保障城乡生活生产供水、支持经济社会发展和维系良好生态环境中发挥着重要作用。经修复处理达标的地下水可以用于纳管或回灌，对水资源的日益紧缺起到极大的缓解作用，有效解决污染场地地下水污染的问题，对于维护地下水资源的安全具有重要意义。

通过应用本项目的相关技术研究成果，助力地下水修复项目的实施，有助于改善污染场地的地下水污染现状，提高地下水环境的质量，保障居民身心健康，促进和谐社会构建。同时，提高当地招商引资吸引力，利于经济发展。

大型覆土式液化烃储罐建造关键技术研发及应用

完成单位： 中建安装集团有限公司、中建五洲工程装备有限公司、中建安装集团黄河建设有限公司

完成人： 刘长沙、蒋 俊、刘 杰、李 翊、邓浩吉、孙敬庭、李道明

一、立项背景

目前，国内石油化工企业储存液化烃主要使用地上压力球罐储存。由于液化烃易挥发、爆炸等原因，历年来液化烃球罐事故层出不穷，据不完全统计，2004 年至今发生较大及以上安全事故 19 起，造成人员死亡 105 人、经济损失 3 亿余元，提高危化品储存装备的本质化安全水平迫在眉睫。

2022 年 3 月 10 日，应急管理部印发了《"十四五"危险化学品安全生产规划方案》（应急〔2022〕22 号），《规划方案》中要求认真落实中共中央办公厅、国务院办公厅《关于全面加强危险化学品安全生产工作的意见》，坚持安全第一，把本质安全提升作为核心任务，突出化工园区安全提质、"工业互联网＋危化安全生产"等重点方向，实施一批本质安全提升工程。

国外自 20 世纪 50 年代开始使用覆土罐，至今尚未出现过安全事故。国外知名石油公司（如 BASF、Deutsche Shell 等公司）均使用大型覆土式储罐替代大型球罐储存液化烃。随着我国经济的迅速发展，国内已开始有覆土式储罐应用。覆土式储罐储存液化烃不仅提高了储存的安全性，而且还节省了占地面积和缩小了与周围相邻设施的安全间距，考虑到覆土式储罐受外部火灾影响小，相对地上球罐要更安全，产生次生灾害的概率小等特点。目前，覆土式储罐的建造大多按照国外的设计标准，国内覆土式储罐的制造及安装施工均无对应的参考标准，国内亟须发展覆土式液化烃储罐相关技术，取代地上球罐指日可待，市场前景较好。

二、详细科学技术内容

1. 基于多工况作用机理下覆土式储罐薄壁结构优化

采用《卧式容器》NB/T 47042—2014 标准中的解析公式计算了覆土式储罐内压载荷、覆土、内部真空及基础反力产生的外压载荷；采用"弹性基础梁"模型进行有限元分析，计算了不同工况下罐体上部载荷发生变化和基础不均匀沉降共同作用下储罐的轴向弯矩分布；校核了内部加强圈在不同工况的载荷组合作用下的强度、稳定性分析与校核。见图 1～图 4。

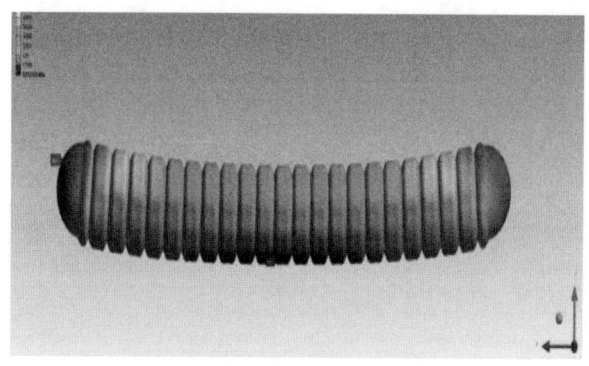

图 1　正常工况下变形应力分析图

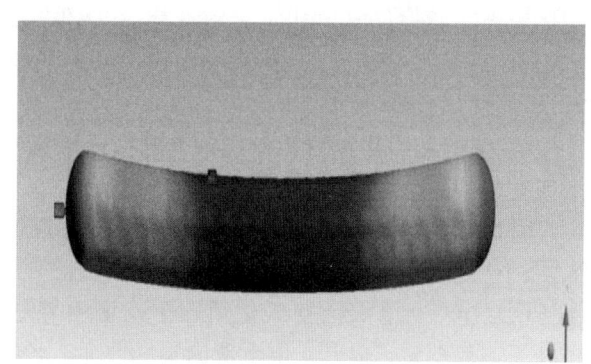

图 2　真空工况下变形应力分析图

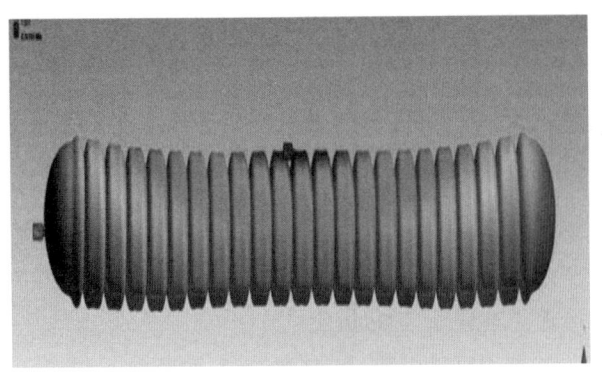

图3 液压工况下变形应力分析图

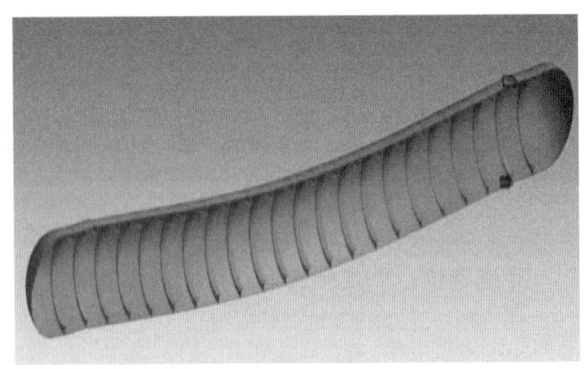

图4 吊装工况下变形应力分析图

2. 覆土式储罐炉内分段热处理技术

针对覆土式储罐热处理过程，采用热处理试验与有限元模拟相结合的方法，确定现场热处理参数变化范围，得到保温时间对覆土式储罐结构性能的影响关系，形成热处理工艺设计、热工计算、加热与控制系统及控温测温系统等技术，提升了储罐热处理质量和工效。见图5～图7。

图5 有限元分析

图6 筒体进入热处理炉

图7 热处理过程图

3. 覆土式储罐砂床结构及覆土稳定性研究

针对覆土式储罐砂床结构施工过程，根据力学计算和有限元模拟结果，设计并搭建了运输通道两侧的砂床结构，解决了砂床基础运输通道侧壁结构易坍塌问题；通过表层铺设防渗透层、减小边坡角和延长挡土墙的方法，解决罐顶和边坡坍塌的问题；通过采用固体废弃物原位循环利用技术将开槽施工的余土和沙壤土用于覆土施工，避免了罐体表面的腐蚀，并对罐体表面进行了加强。见图8～图10。

4. 基于光固化和阴极电位保护的覆土罐化学稳定性与耐腐蚀研究

针对覆土罐罐壁在自然环境下易出现锈蚀的问题，开发了一种光固化与阴极电位保护相结合的防护方法，进行了基于阴极电位保护的覆土式储罐化学稳定性与耐腐蚀试验，增强了储罐寿命，提升了覆土罐的安全性能。光固化施工时采用了自然光替代紫外光、高强磁铁加固等措施，提高了施工效率，保证了施工质量。见图11～图13。

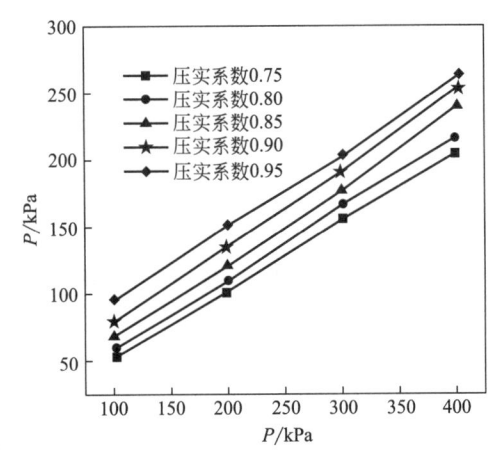

图8 不同压实系数的直剪试验

图 9 砂袋做挡土墙

图 10 覆土稳定性虚拟仿真

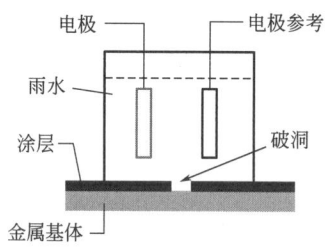

图 11 阴极电位保护试验

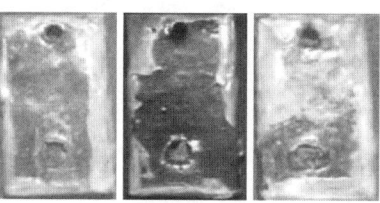

图 12 测试不同电位储罐耐腐蚀

图 13 光固化高强磁铁加固

5. 基于 SPMT 的覆土罐顶升、运输、就位方法

针对大型覆土式储罐自走式模块化平板车（简称 SPMT）运输过程，通过对顶升鞍座和运输鞍座的设计及优化，解决了传统顶升鞍座主体结构强度不够、传统运输鞍座钢丝绳紧固不方便的问题；采用了 SPMT 运输就位方法，有效地解决了储罐运输不便的难题。见图 14～图 16。

图 14 覆土罐整体运输、顶升鞍座效果图

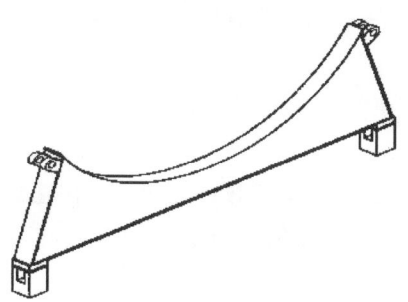

图 15 覆土罐专用顶升鞍座设计图

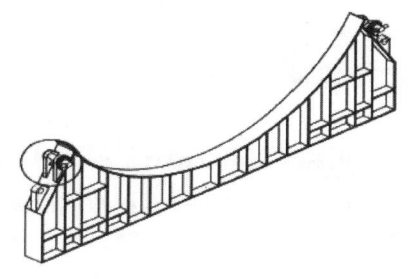

图 16 覆土罐专用运输鞍座设计图

6. 基于分布式光纤的覆土式储罐全生命周期运维预警技术

通过微型定点分布式应变传感光缆、碳纤维复合基应变感测光缆、塑封铠装分布式温度传感光缆、光纤光栅土压力计、BOFDA 型双端高精分布式光纤应变解调仪、DTS-ROTDR 光时域分布式光纤温度测量仪和便携式光纤光栅解调仪等设备和技术，创新采用分布式光纤监测技术对罐体温度、应变和土压力开展监测，解决了无法从外部观察覆土罐罐体状态的困境，有效监控了罐体的运行状态，同时为罐体的覆土、水压试验和投料等过程提供数据支持和运维保障。见图 17～图 19。

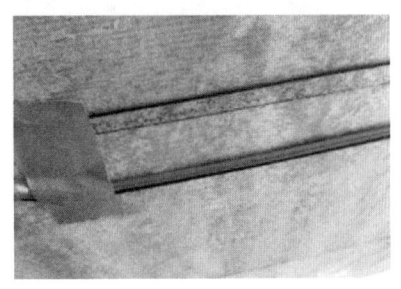 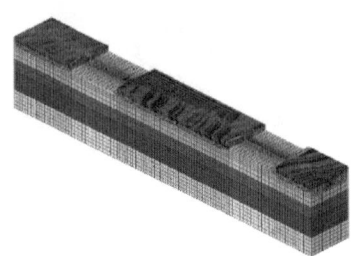 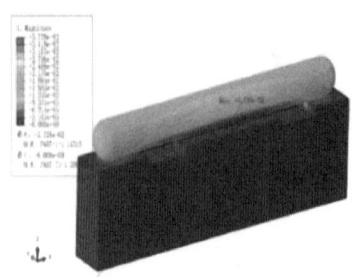

图 17　光纤监测布设图　　　　　图 18　沙床基础模型图　　　　　图 19　光纤监测数据图

三、发现、发明及创新点

1）研究了基础不均匀沉降作用下覆土式储罐力学模型和设计方法，基于有限元法对覆土式储罐在多种工况作用下的应力与变形进行分析，实现了覆土式液化烃罐结构优化设计，提高了安全性能。

2）提出了热处理试验与有限元模拟相结合的方法，建立了覆土罐热处理模型，确定了现场热处理参数变化范围，得到了保温时间对覆土式储罐结构性能的影响关系。并研发了多燃烧器精确温控热处理系统，实现加热范围内的温差小于 30℃，热处理后焊接残余应力下降了 25%，提升了储罐热处理质量和工效。

3）通过压实试验测定土样的最大干密度和最佳含水量、直剪试验测量土样在不同压力下的剪切强度，确定砂床物理力学参数。为保证罐与连接通道的密封性，创新设计了运输通道两侧的砂床结构，解决了砂床基础运输通道侧壁结构易坍塌的问题。利用有限元软件 Plaxis2D 建立数值模型来模拟覆土式储罐的施工过程，分析了不同压实系数、坡度、覆盖层厚度对储罐边坡稳定性的影响，为储罐的安全、稳定提供重要的理论依据和技术支撑。

4）针对覆土罐罐壁在自然环境下易出现锈蚀的问题，开发了一种光固化与阴极电位保护相结合的防护方法，进行了基于阴极电位保护的覆土式储罐化学稳定性与耐腐蚀试验，有效改善了覆土罐罐壁的腐蚀情况，增强了储罐寿命，提升了覆土罐的安全性能。光固化施工时采用了自然光替代紫外光、高强磁铁加固等措施，保证了施工质量，提高了施工效率。

5）发明了一种大型覆土罐的运输就位方法，提炼出了覆土罐顶升、运输、就位过程中的"三大施工步骤、七项施工要点"，解决了覆土罐在制造完成后不方便运输的难题，提高了覆土罐运输的安全性；设计、优化了覆土罐专用的顶升鞍座和运输鞍座，解决了顶升鞍座主体结构强度不够、运输鞍座钢丝绳紧固不方便的问题。

6）根据覆土罐覆土后的受力特点，在覆土罐底部（受力最大位置）、轴向（监测泄漏）和下方（监测砂床基础变化）的砂床中布设了分布式光纤，构建了覆土罐安全运行的模型；同时根据傅里叶定律，综合泄漏点、罐内和环境温度的热辐射影响，形成温度与距离的参数方程；发明了一种基于分布式光纤的应变和温度智能监测系统及方法，实现对覆土罐结构性能的在线监测、诊断和预测，可以有效提升安全性能评估的精准度和可信度；同时，为罐体失效提供了预警，降低运维成本。

四、与当前国内外同类研究、同类技术的综合比较

本成果在提升覆土式液化烃储罐经济性、安全性方面具有良好的效果，对类似项目有较大的借鉴和

推广意义。在国内首次开发了覆土式液化烃储罐设计、制造、安装、监测成套技术，并成功实现了工程应用。形成了液化烃覆土式储罐制造、安装的企业标准，为后期同类项目的施工提供依据。

2024年5月7日，经山东省科学院情报研究所国内外查新（报告编号：202415311022），得出以下结论：除密切文献1-4（均为该项目承担单位的成果）外，国内外未见有与查新项目研究大型覆土式液化烃储罐建造关键技术内容相同的文献报道。主要参数与国内外同类技术对比表如表1所示。

主要参数与国内外同类技术对比表　　　　　　　　　　　　　表1

序号	技术内容	技术特点	国内外相关文献	对比结果
1	基于多工况作用机理下覆土式储罐薄壁结构优化	基于有限元法对覆土式储罐在多种工况作用下的应力与变形进行分析，实现了覆土罐结构优化设计	文献1-3	同类技术，未述多种工况作用下的应力与变形分析
2	覆土式储罐炉内分段热处理技术	将数值分析与试验相结合，提出了精准的热处理工艺，形成了覆土罐现场热处理的方法，降低了焊接残余应力	文献4	同类技术，未述及精准的热处理工艺
3	覆土式储罐砂床结构及覆土稳定性研究	通过压实试验测定土样的最大干密度和最佳含水量等参数在不同压力下的剪切强度，确定砂床物理力学参数	文献6-7,10	无同类技术
4	基于光固化和阴极电位保护的覆土罐化学稳定性与耐腐蚀研究	开发了一种光固化与阴极电位保护相结合的防护方法，有效改善了覆土罐罐壁的腐蚀情况	文献9	课题组成果，国内首创
5	基于分布式光纤的覆土式储罐全生命周期运维预警技术	发明了一种基于分布式光纤的应变和温度智能监测系统及方法，实现对覆土罐结构性能的监测、诊断和预测	文献5,8	同类技术，未述及分布式光纤全生命周期运维

五、第三方评价、应用推广情况

1. 第三方评价

2024年4月15日，中国科技产业化促进会在北京主持召开了由中建安装集团有限公司等单位联合研发的"大型覆土式液化烃储罐建造关键技术研发及应用"科技成果评价会。评价组一致认为，该项目技术难度大，创新性强，具有完全自主知识产权，整体技术达到国际先进水平。

2. 推广应用

研发团队通过对关键技术的总结，形成了科技成果《大型覆土式液化烃储罐建造关键技术研发及应用》。科技成果的关键核心技术先后在公司承建的山东京博生物科技有限公司50m³卧覆土储罐施工项目、山东京博智能储运一体化示范项目中成功应用，有效提高了液化烃储存装备的本质化安全水平，该成果的应用推广得到了业内的一致好评。通过本课题的研究，提升了公司在大型覆土式液化烃储罐建造方面的施工能力，为公司承接类似项目打下了坚实的基础，带来了新的经济增长点；掌握了大型设备的制造、运输方法，提高了公司大型设备的制造、运输能力，增强了公司的综合实力。

六、社会效益

采用大型覆土式储罐储存液化烃，不仅可以提高了危化品储存装备的本质化安全水平，而且还可以节省占地面积和缩小与周围相邻设施的安全间距。本技术的依托项目在国内首次开发了覆土式液化烃储罐设计、制造、安装、监测成套技术，并成功实现了工程应用。突破了传统地上球罐难以消除安全隐患的瓶颈，对于保障能源储存安全和人民生命健康具有重大的意义。未来，大型覆土式储罐将得到越来越广泛的应用，而大型液化烃覆土式储罐设计与建造技术，必将随着覆土式储罐的推广得到更广泛的应用和发展。

超高层建筑临时支撑结构稳定控制技术研究与应用

完成单位：中国建筑一局（集团）有限公司、中建交通建设集团有限公司、哈尔滨工业大学（威海）、北京交通大学

完 成 人：钱宏亮、王化杰、刘嘉茵、赛　菡、王玉泽、谢　楠、杨晓毅

一、立项背景

我国超高层建筑发展极为迅速，目前已经成为世界上拥有超高层建筑最多的国家，而临时支撑体系是超高层建筑建造过程中重要的施工保障措施。但因人们对临时支撑体系受力机理认识不足，其计算理论严重落后于工程应用发展，制订的标准、规范数目繁多且不统一，甚至有相互矛盾的观点，同时存在材料、监管、产品质量等种种问题，导致临时支撑体系坍塌事故频发且呈上升趋势。这就要求对超高层建筑施工期间的临时支撑结构展开深入研究，充分了解超高层建筑临时支撑结构的失稳机理，并提出措施增强临时支撑结构的稳定性。

在超高层建筑施工的关键临时支撑技术中，施工荷载的合理取值、超厚底板钢筋临时支撑的整体稳定分析与控制、爬模支撑系统的稳定分析与设计是制约其安全发展的核心关键问题。首先，荷载的合理取值是确定支撑结构施工安全性能的重要基础，但是施工荷载的取值与施工工艺、作业模式、平台类型等密切相关，传统的针对脚手架等模板体系的施工荷载不再适用于超厚底板、爬模支撑等结构体系，且缺乏支撑系统动力荷载的取值依据，都大大制约了超高层结构支撑系统的安全设计和合理使用，其次，超厚底板钢筋临时支撑的高度往往可以达到 $5\sim7m$，稳定性问题突出，且作为临时支撑体系，其构件初始缺陷和施工缺陷往往比结构构件更为突出，大大增加了其整体稳定的安全隐患，但是一直以来超厚底板钢筋临时支撑整体稳定性一直没有得到很好的研究，其使用多依据经验，缺乏科学的理论支持和标准体系的建立。另外，爬模支撑系统的整体稳定及优化分析也有待进行更深入的研究，尤其是角部悬挑爬模的整体承载性能，一直没有得到很好的认识，缺乏方便工程应用的设计方法。

通过对超高层建筑临时支撑结构失稳机理及稳定性控制技术研究，可以形成系统的超高层相关临时支撑系统安全施工及稳定控制关键技术，并形成一批具有自主知识产权的相关临时支撑精细化建模分析方法及高效合理的临时支撑体系，研究成果可以有效地提高支撑结构施工的安全性及稳定能，减少相关施工发生率，降低工程施工的风险成本，提高综合施工效率，且优化后的临时支撑体系在提高施工质量的同时，可以更加合理的配置资源，减少供料浪费，节约施工成本，增加项目综合效益，通过将研究成果在多项 200m 以上超高层建筑上进行示范工程应用，将有效加快研究成果的推广应用，进而产生巨大的社会经济效益。

二、详细科学技术内容

针对超高层建筑临时支撑体系受力机理认识不足、计算理论落后工程应用发展等问题，以天投国际商务中心、深湾汇云中心等工程为依托，开展临时支撑系统稳定控制分析与设计应用技术研究，主要技术方案如下：

（1）结合核心筒爬模施工临时平台、重型机械设备、超厚底板钢筋的临时支撑结构各自特点，采用现场调研、实际测量、分析统计等方法对施工过程中人员、设备、操作、堆积材料等活荷载的概率分布模型及取值进行研究，给出建议取值。

（2）通过调研、实测、试验等方法对临时支撑初始缺陷、半刚性节点刚度进行研究，建立超高层建筑临时支撑结构的精细化建模方法。

（3）采用非线性全过程数值模拟及试验的方法，对临时支撑结构破坏模式进行研究，获得其失稳机理。

（4）采用结构优化、体系创新、合理构造措施等结构设计方法对临时支撑结构稳定控制进行研究，给出相应措施及解决方案，并通过工程应用对上述研究内容进行验证。

1. 超高层建筑临时支撑结构荷载取值分析技术

创新提出了高层结构关键临时支撑施工荷载及动力作用统计方法及取值技术，包括超厚底板钢筋临时支撑施工活荷载取值、爬模支撑工施工荷载取值、泵管撞击动荷载取值、电梯爬升时支撑动力效应放大系数取值等。见图1～图5。

图1　超厚底板施工活荷载网格法调研图

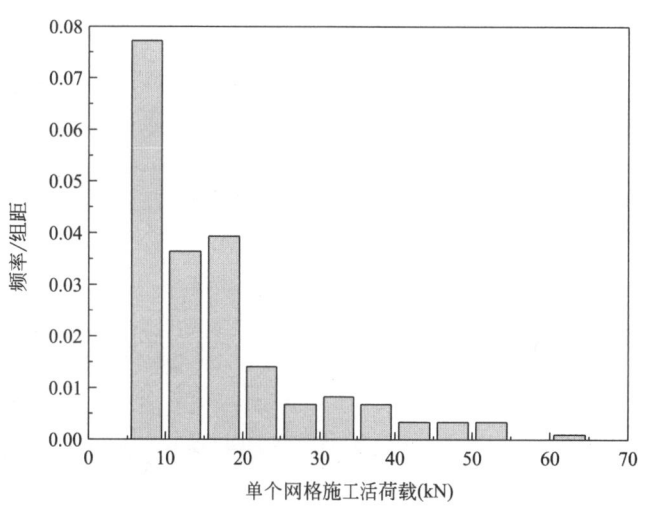

图2　超厚底板施工活荷载概率分布曲线

图3　爬模外筒架体立面图及各平台荷载分布情况

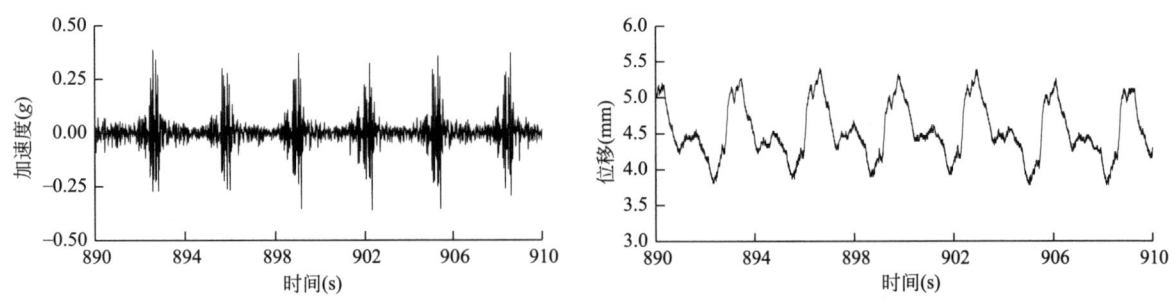

图 4   布料杆加速度和相对位移测试结果

图 5   施工电梯应变测点设计

2. 超厚底板临时支撑稳定分析及控制技术研究

创新成果一：超厚底板钢筋临时支撑整体稳定精细化分析技术

掌握了施工临时支撑构件的初弯曲缺陷及焊接连接缺陷模式及分布概率，开发了初弯曲缺陷和焊接缺陷等效模拟方法，建立了超厚底板钢筋临时支撑整体稳定精细化分析技术。见图6～图9。

创新成果二：超厚底板钢筋临时支撑体系的整体稳定性控制及标准体系设计

揭示了不同参数和缺陷模式对超厚底板钢筋临时支撑整体稳定承载性能的影响规律，提出了超厚底板钢筋临时支撑标准化体系，并建立了便于工程应用的临时支撑体系优选截面查询表格。见图10～图13。

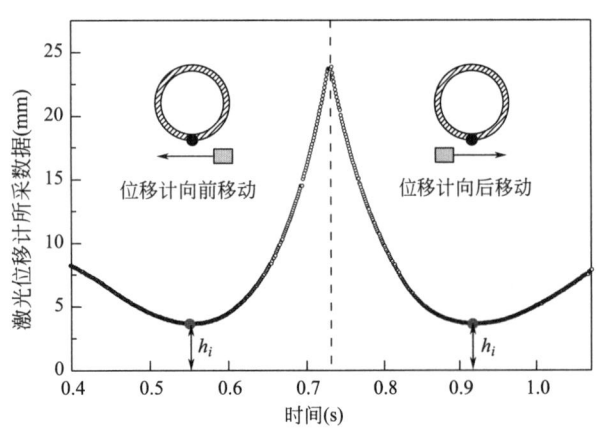

图 6   临时支撑圆管构件初弯曲测量数量采集

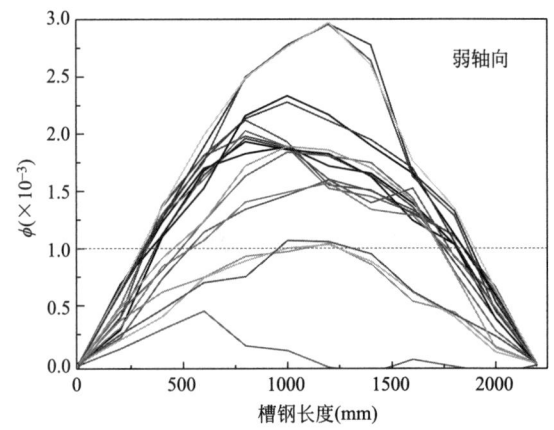

图 7   临时支撑槽钢构件初弯曲测量结果

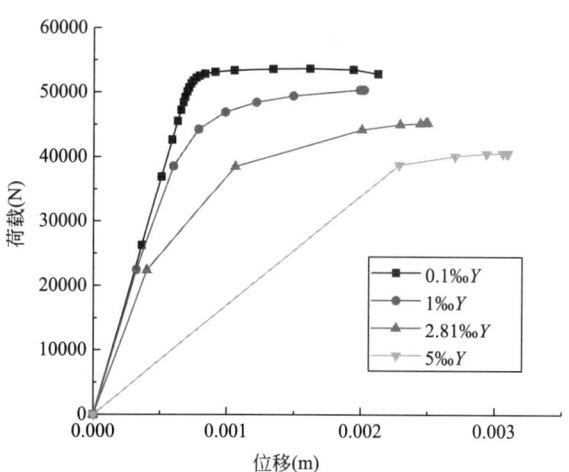

图8 不同初始弯曲条件下槽钢杆件的荷载位移曲线

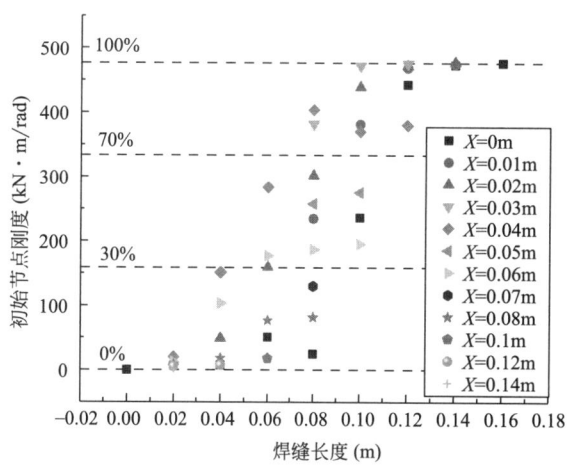

图9 随机连续焊缝下槽钢构件节点刚度

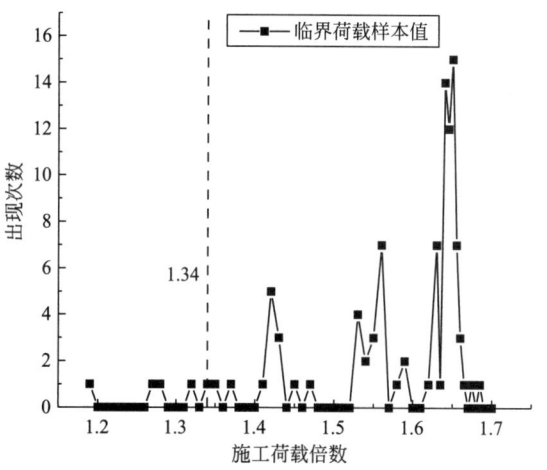

图10 临界荷载样本概率密度曲线

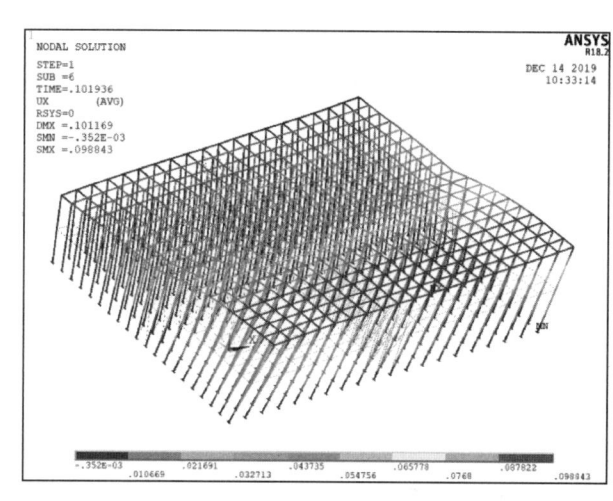

图11 带随机缺陷结构体系失效模式

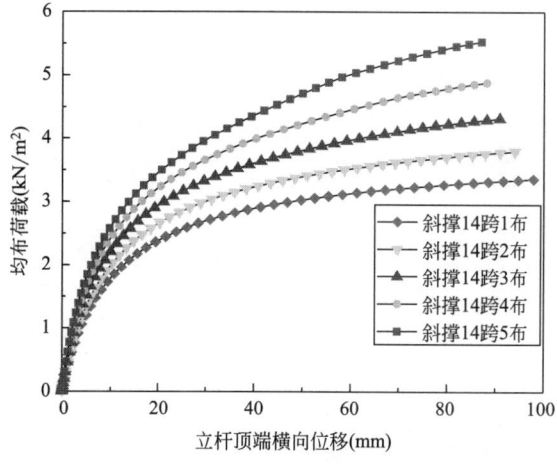

图12 不同方案体系的荷载位移曲线

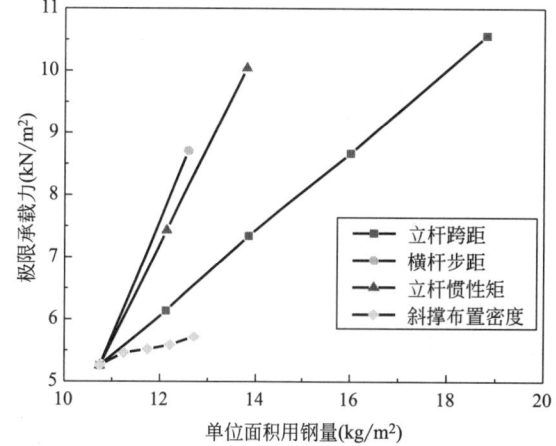

图13 极限承载力—单位面积用钢量关系曲线

3. 混凝土结构爬模支撑系统稳定分析及优化技术

创新成果一：角部悬挑爬模支撑体系稳定分析及优化技术

设计并完成了首个角部悬挑爬模支撑系统稳定加载试验，揭示了角部悬挑爬模支撑的工作及其薄弱环节，掌握了角部悬挑爬模支撑的稳定承载性能，并通过参数分析制定了不同悬挑长度和荷载需求下的角部悬挑爬模支撑系统快速查询选取表格，为角部悬挑爬模支撑系统设计和安全应用提供了重要支撑。见图14～图17。

图14 角部悬挑爬模支撑结构足尺稳定加载试验

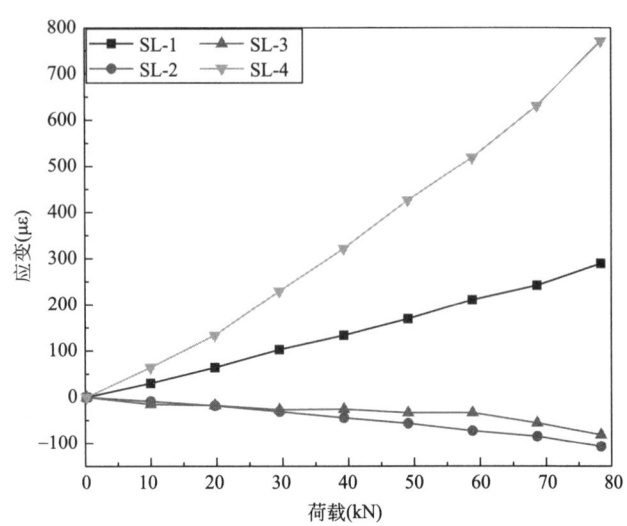

图15 角部悬挑爬模关键支撑构件试验数据

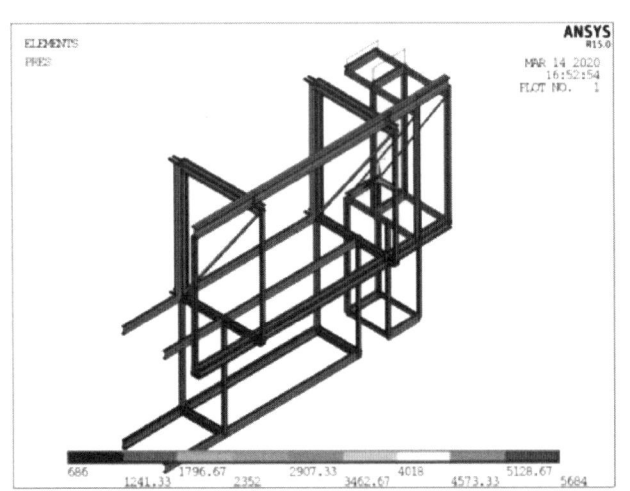

图16 角部悬挑爬模支撑结构稳定加载试验模拟分析

ANSYS模拟计算表(豁口尺寸1000mm)			
项次	上部主梁构件类型	下部主梁构件类型	极限状态类型	承载力(kN)
1	175×250H型钢	20a双槽钢	安全使用	14.21
2			构件屈服	44.78
3			体系失稳	73.34
4		16a双槽钢	安全使用	12.64
5			构件屈服	41.83
6			体系失稳	69.42
7		14a双槽钢	安全使用	9.90
8			构件屈服	40.09
9			体系失稳	68.26
10		12a双槽钢	安全使用	8.43
11			构件屈服	38.16
12			体系失稳	66.64
13	150×150H型钢	20a双槽钢	安全使用	10.68
14			构件屈服	40.58
15			体系失稳	73.48
16		16a双槽钢	安全使用	9.21
17			构件屈服	35.05
18			体系失稳	63.59
19		14a双槽钢	安全使用	8.04
20			构件屈服	33.32
21			体系失稳	62.42
22		12a双槽钢	安全使用	7.06
23			构件屈服	28.64
24			体系失稳	54.88

图17 角部悬挑爬模支撑结构标准选用表

创新成果二：标准爬模支撑系统施工监测及承载性能优化技术

提出了标准爬模支撑系统施工监测及承载性能优化技术，包括标准爬模体系的施工仿真及监测方法，液压自爬模系统爬升机位优化方法，为架体整体安全性评估提供了可靠依据。见图18～图20。

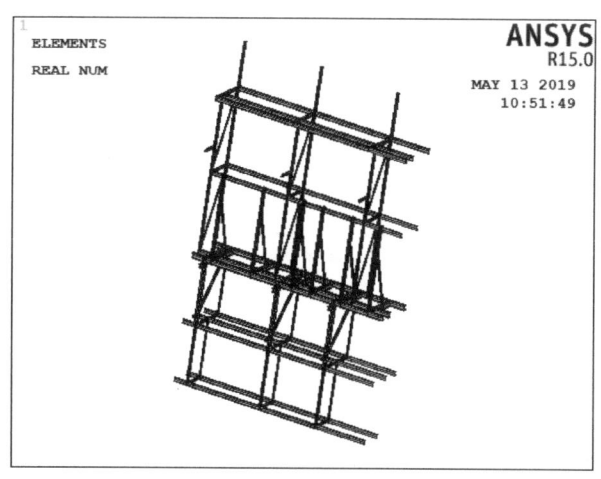

图 18　液压爬模架体精细化数值分析模型

图 19　液压爬模架体关键构件应力与应变监测

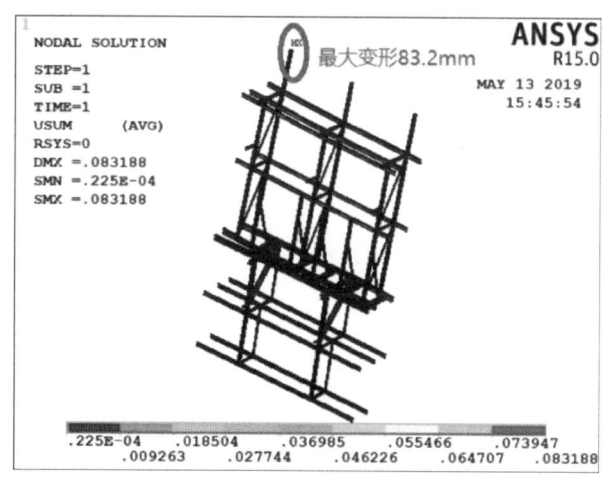

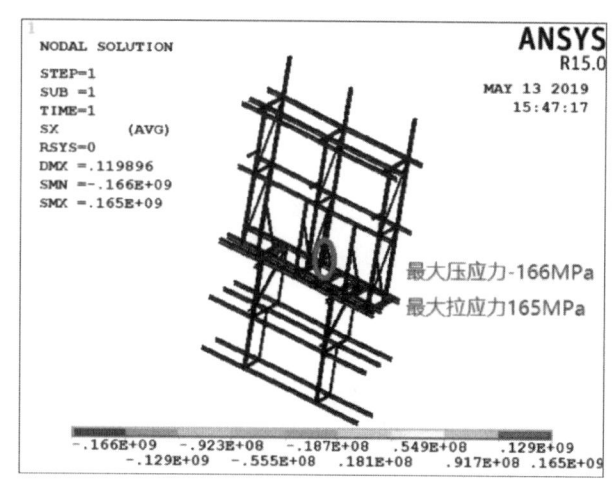

图 20　爬模机位优化后施工工况下架体的变形图和应力云图

三、发现、发明及创新点

1）创新了临时支撑施工荷载取值方法，提出了临时支撑施工活荷载取值，为临时支撑系统的安全、经济设计提供了荷载依据。

2）研发了考虑初始缺陷效应的临时支撑布设分析方法，形成了不同厚度底板临时支撑标准化设计体系。

3）研发了爬模支撑系统稳定控制分析技术，总结了爬模支撑系统的稳定承载性能变化规律，形成了爬模支撑系统承载能力快速选用图表。

4）本项成果授权专利 10 项，其中授权发明专利 6 项，发表科技论文 21 篇，其中 SCI 论文 6 篇、EI 论文 3 篇、核心期刊论文 2 篇，获得省部级工法 1 项，出版专著 1 部。成果已在天投国际商务中心等 6 个项目成功应用，提高了临时支撑结构施工的安全性和稳定性，经济和社会效益显著，具有良好的推广应用前景。

四、与当前国内外同类研究、同类技术的综合比较

本项成果主要创新点经国内外查新未见相同报道，具体创新点与国内外同类技术分析见表 1。

国内外同类研究综合比较统计表　　　　　　　　　　　　　　表 1

项目	对比点	国内外技术现状	本项目技术水平
创新点 1	临时支撑荷载取值	未开展超高层建筑关键临时支撑施工荷载取值研究	提出了关键临时支撑施工荷载取值建议，填补了空白
创新点 2	临时支撑稳定分析方法	采用简化或经验设计方法，受力机理不明确	建立了符合实际应用的临时支撑整体稳定精细化分析方法
创新点 3	角部悬挑爬模支撑系统稳定分析	无角部悬挑爬模支撑系统稳定分析研究	首创了角部悬挑爬模支撑系统稳定加载试验，并给出了系统快速选取表格

五、第三方评价、应用推广情况

1. 第三方评价

2024 年 6 月 18 日，本项目研究成果"超高层建筑临时支撑结构稳定控制技术研究与应用"经中建集团组织科技成果评价，整体达到国际领先水平。

2. 推广应用

本项目研究成果丰硕，不仅成功构建了一套系统的超高层相关临时支撑系统安全施工及稳定控制关键技术，还形成了一批具有自主知识产权的相关临时支撑精细化建模分析方法及高效、合理的临时支撑体系。这些创新成果可以有效地提高支撑结构施工的安全性及稳定性，减少相关施工事故的发生率，降低工程施工的风险成本，提高综合施工效率；并且，优化后的临时支撑体系在提高施工质量的同时，可以更加合理地配置资源，减少供料浪费，节约施工成本，增加项目综合效益，在 200m 左右的超高层建筑上具有良好的推广应用前景。目前，该研究成果已经在天投国际商务中心、深湾汇云中心等多个超高层建筑中得到了成功应用，获得了显著的经济效益和社会效益，应用效果良好。

六、社会效益

本项成果深入剖析了超高层建筑临时支撑结构关键部位的工作性能和应力变化规律，探索了如何通过优化设计和改进施工方法来提高临时支撑结构的安全性和稳定性，并结合实践经验和理论分析，提出了一系列切实可行的改进措施。通过本项成果的研究，不仅丰富了临时支撑结构领域的理论知识，更在实际应用中产生了显著的影响，有效提高了临时支撑结构的安全性和稳定性，降低了相关施工事故发生率，为超高层建筑工程的提质增效提供了有力支持。

本项成果符合可持续发展战略的要求。在当前全球资源日益紧张、环境问题日益严峻的背景下，提高建筑施工的安全性和综合效率，减少资源浪费和环境污染，已成为建筑行业的重要发展方向。本项成果正是在这一背景下应运而生，可为建筑行业的可持续发展做出积极的贡献。

高烈度区超高层建筑混合减震关键技术研究与应用

完成单位: 昆明中海房地产开发有限公司、云南省设计院集团有限公司、昆明理工大学、香港华艺设计顾问(深圳)有限公司

完 成 人: 马玉波、王　杨、王晓刚、胡彬彬、张占国、陈　龙、刘　昶

一、立项背景

近年来,随着减震技术飞速发展,采用减震技术的建筑物越来越多。但是,随着高烈度区建筑高度越来越高,结构体系越来越复杂,设计难度和总造价也大幅增加。越来越多的高层建筑(如办公楼、酒店)和重要多层建筑(如博物馆、剧院)的设计中采用单一消能减震技术手段,已经难以满足设计的多水准要求。本项目提出的高烈度区混合减震耗能技术是一种新型减震技术,目的是在不同水准地震作用下充分发挥各耗能器的优势,达到减震效率的最优化,以更低的成本,实现更好保护人身和财产安全的作用。

多遇地震作用下屈曲约束支撑(BRB)能为主体结构提供附加刚度,在设防地震或罕遇地震作用下屈服耗能。BRB在提供刚度的同时,会增加输入结构的地震作用,进而增加主体结构的承载力需求。阻尼器在地震作用下提供刚度,并可为主体结构提供附加阻尼。但附加阻尼比过大,会造成阻尼器数量大幅增加,减震效率较低。BRB与阻尼器混合被动控制并列混合控制模式,可以充分发挥两种阻尼器的特性,更好地达到预期的减震效果。

对比不同阻尼比的反应谱曲线可知,传统抗震结构与BRB减震结构阻尼比为0.05,设置BRB后结构刚度变大,周期变短,地震作用变大。设置阻尼器后能提供附加阻尼,使得如结构总阻尼比增加,结构刚度不变,周期不变,地震作用减小。采用BRB与阻尼器混合被动控制,结构刚度提高,周期变短,同时能提供一定的附加阻尼,地震作用有所减小。在构件尺寸不变且阻尼器总数一致的前提下,BRB和阻尼器混合减震结构的周期介于BRB减震结构与传统抗震结构之间。混合结构附加阻尼比也比单一阻尼器减震结构小,地震作用介于传统抗震结构与阻尼器减震结构之间,综上,混合减震具有相比单一产品减震或者传统非减震明显优势。

现有文献仅对个别实际工程混合减震进行分析,或者以个别工程为基础对传统抗震结构、单一被动控制及混合被动控制的结构响应及抗震性能等进行对比分析。如何合理地设置混合减震,从理论上解决混合减震的设计方法,是有待解决的关键技术问题。昆明中海房地产开发有限公司先从高烈度区超高层建筑混合减震进行研究,并走向实验探索与战略化、规模化推进,核心是通过技术研究与项目应用实践总结,实现从设计、建设、运维全过程的技术研究与应用,降低企业在高烈度区或超高层建筑成本、经济有效的抗震,提高集团的核心竞争力,也为房地产行业的高效节能做出应有的贡献。

二、详细科学技术内容

1. 总体思路及技术方案

本项目由昆明中海房地产开发有限公司牵头策划研究方案,中国海外集团有限公司、昆明中海房地产开发有限公司、昆明理工大学、云南省设计院集团有限公司、香港华艺设计顾问(深圳)有限公司多家单位参与协同研发。

本项目以中海寰宸商务中心项目(建筑总高度220m)为对象,提出一种新型的高烈度区超高层建

筑结构混合消能减震技术。所谓混合减震技术，是指同一个结构单体上采用两种或者两种以上减震产品进行消能减震的技术。提出的高烈度区混合减震耗能技术是一种新型减震技术，目的是在不同水准地震作用下充分发挥各耗能器的优势，达到减震效率的最优化。以更低的成本，实现更好地保护人身和财产安全的作用。对国内超高层减震项目调研，目前落地项目采用混合减震技术极少，落地超高层项目中，绝大多数项目采用非减震或者单一减震形式，如天津117大厦仅采用屈曲约束支撑进行消能减震，昆明恒隆广场仅采用金属阻尼器进行消能减震，重庆来福士仅采用耗能连梁等。

针对中海寰宸商务中心项目，研究采用屈曲约束支撑（Buckling restrained brace，BRB）＋金属连梁阻尼器（Coupling beam damper，CBD）混合减震技术的超高层项目是国内首例。混合消能减震技术是指同一个结构单体上采用两种或者两种以上减震产品进行消能减震的技术。混合消能减震结构综合利用多种消能构件，同时为结构提供足够刚度和附加阻尼，具有更为全面的抗震性能。

本项目采用BRB与金属连梁阻尼器混合被动控制并列混合控制模式，可以充分发挥两种阻尼器的特性，更好地达到预期的减震效果。

对比不同阻尼比的反应谱曲线可知，传统抗震结构与BRB减震结构阻尼比为0.05，设置BRB后结构刚度变大，周期变短，地震作用变大。设置金属连梁阻尼器后能提供附加阻尼，使得如结构总阻尼比增加，结构刚度不变，周期不变，地震作用减小。采用BRB与金属连梁阻尼器混合被动控制，结构刚度提高，周期变短，同时能提供一定的附加阻尼，地震作用有所减小。在构件尺寸不变且阻尼器总数一致的前提下，BRB和金属连梁阻尼器混合减震结构的周期介于BRB减震结构与传统抗震结构之间。混合结构附加阻尼比也比单一阻尼器减震结构小，地震作用介于传统抗震结构与阻尼器减震结构之间，综上所述，混合减震相比单一产品减震或者传统非减震具有明显的优势。见图1、图2。

图1　整体效果图

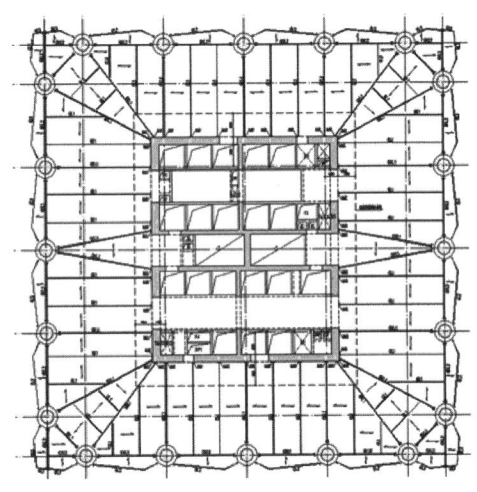

图2　标准层平面布置图

本项目的研究思路是：先通过分析地质条件，建筑方案、结构方案，确定阻尼器类型，对建筑功能是否有影响，结构对阻尼的需求目标。随后对不同类型阻尼器混合消能减震的不同结构方案对比分析，寻求混合消能减震综合抗震性能、经济性好的混合减震方案。最后综合地质条件，通过对最优方案得减震分析得到混合消能减震的设计图，通过以上分析得到混合消能减震结构阻尼器协同消能减震机理、设计方法。

2. 研究方法

本项目以中海寰宸商务中心项目为研究对象，通过理论分析研究采用屈曲约束支撑（BRB）＋金属连梁阻尼器（CBD）混合减震技术。混合消能减震结构综合利用多种消能构件，同时为结构提供足够刚度和附加阻尼，具有更为全面的抗震性能。结合阻尼器原材料力学变形性能，对阻尼器减震耗能过程进行数值模拟，在此基础上，利用PKPM、YJK、SAP2000等软件，确定混合减震性能目标设定、方案比选、结构消能协同工作机理等。

1）通过理论分析设定阻尼器选型及混合减震性能目标

如何进行阻尼器选型及混合减震性能目标设定是混合消能减震控制的关键之一，混合是将消能减震技术中两种或两种以上的减震装置混合使用，如何均衡发挥不同阻尼器作用的并列混合减震，每一种减震装置充分发挥减震作用，尤其是在高烈度区超高层复杂结构中，因此对结构选定合理的阻尼器，设定合理的减震性能目标是混合减震技术成功的实施的关键。

2）通过理论分析比选混合消能减震方案

如何确定混合减震方案本项目的关键技术。目前，常见位移型产品有屈曲约束支撑、金属阻尼器、耗能连梁、防屈曲钢板墙，速度型阻尼器有黏滞阻尼器、黏滞阻尼墙等，每种产品各有优势及特点。高烈度区超高层建筑结构体系复杂，分析难度大。如何选择合理的减震产品与结构匹配，发挥不同阻尼器的消能减震作用，满足结构承载和耗能需求是结构混合消能减震成功的重要因素。

3. 通过理论分析结构消能协同工作机理

混合控制消能减震在各烈度地震作用下均能有效减小结构层间位移角，同时有效耗散地震能量为结构提供附加阻尼。混合控制消能减震结构在一定程度上综合利用屈曲约束支撑和阻尼器的优势，使两者的优势互补：在小震作用下阻尼器耗能为结构提供附加阻尼，填补了屈曲约束支撑无耗能的缺陷；在大震作用下屈曲约束支撑屈服耗能，为结构提供刚度，使得混合控制消能减震结构在耗能能力下降不多的情况下，结构层间侧移也得到较好的控制。因此，混合控制消能减震结构能在各烈度地震作用下耗散地震能量，控制结构振动，为结构提供附加阻尼，具有更为全面、良好的抗震性能。因此，两种及以上消能减震产品如何在同一单体与结构协同工作机理，发挥最大的承载和耗能能力是本课题的重点解决的问题，为类似工程提供设计理论指导。见图3～图5。

 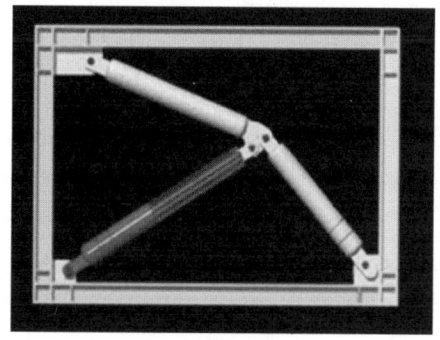 

图3　悬臂式阻尼桁架示意图　　图4　销轴连接黏滞阻尼器示意图　　图5　连梁阻尼器示意图

4. 具体研究内容

1）确定 SATWE 软件或 YJK 软件中结构的减震目标，确定消能减震器参数和数量，以及消能减震器的安装位置及形式；

2）计算附设减震器的减震结构在多遇地震作用下的结构响应；

3）进行弹性时程分析，复核性能指标；

4）罕遇地震作用下，进行弹塑性位移验算，承载力不足的构件进行相应调整，最后完成与阻尼器相连的连接构件和结构构件的设计。

5. 研究重要里程碑节点

1）2020年5月，完成 SATWE 软件或 YJK 软件、SAP2000 中结构的减震目标分析，确定消能减震器参数和数量，以及消能减震器的安装位置及形式；

2）2021年6月，完成算附设减震器的减震结构在多遇地震作用下的结构响应分析；

3）2021年8月，完成进行弹性时程分析，复核性能指标；

4）2021年8月，罕遇地震作用下进行弹塑性位移验算，承载力不足的构件进行相应调整，最后完成与阻尼器相连的连接构件和结构构件的设计；

5）2021 年 6 月起，开始针对项目使用减震产品进行研发、申请专利、参编规范等。

三、发现、发明及创新点

1. 提出了屈曲约束支撑和金属耗能连梁阻尼器组合应用新型结构体系

在高烈度地区的超高层建筑中首次采用金属耗能连梁与屈曲约束支撑混合减震，提高了结构抗震性能，实现了"小震不坏、中震可修、大震不倒"的抗震性能目标。

2. 研发了耗能连梁与屈曲约束支撑混合应用减震技术，形成了相应的设计方法

采用混合减震技术，既提高了结构刚度（提高率达到 8%～10%），减小了结构变形，又改变了结构刚度分布，减少了结构自重；阻尼器消能构件或消能装置率先进入塑性耗能状态，既提高了结构阻尼（提高 10%左右），又实现了完全控制结构扭转，减轻了地震作用效应，更好地满足了结构抗震性能目标。

3. 研究形成了高烈度区超高层建筑组合减震结构的施工技术和方法

项目采取创新减震产品，研发出多项专利技术，编制多项消能减震技术标准，形成了新的施工技术和方法。多种减震产品混合使用，实现混合消能减震、降低高烈度区超高层建筑建设的能耗，打造高品质、低能耗、低碳的超高层建筑，实现超高层建筑建设的绿色发展。

其先进性为：

（1）积极引领行业，打造示范项目：中海寰宸商务中心项目为我国高烈度地区首个超高层采用耗能连梁和屈曲约束支撑混合减震的示范项目。

（2）创新技术应用，实现高烈度区超高层建筑混合减震：通过建筑布局、结构方案及混合减震的高耗能利用设计，中海寰宸商务中心项目成为高烈度地区第一个实现耗能连梁和屈曲约束支撑混合减震建筑项目。

四、与当前国内外同类研究、同类技术的综合比较

本项目在高烈度区超高层混合减震技术方案，其性能指标超过日本、美国及我国台湾地区的同类技术。减震产品最早由日本东京工业大学和田章教授提出（1987），但实现产品化和工程应用日本为 20 世纪 90 年代，美国和我国台湾地区为 21 世纪初。本项目的应用系我国大陆地区率先实现多种产品混合利用和工程应用且具有自主知识产权的同类技术，其技术指标超越了国外同类技术。

1. 提高结构抗侧刚度

充分利用剪力墙结构的整体空间筒体效应，结合住宅的建筑特点，构成平面内多个有效筒体，产生束筒效应，提高了整体结构抗侧刚度和承载能力。平面扭转不规则，属于高烈度地区的超 B 级高层建筑，通过采取一系列措施，使结构具有良好的抗扭刚度，满足了层间位移角等各项规范规定的指标要求。通过大震动力弹塑性分析，连梁最早出现塑性铰，耗散地震能量，部分构件进入塑性而未破坏，最大层间位移角满足高规要求，实现了结构"大震不倒"的抗震性能目标。与单一阻尼器及国内外同类型相比，可以大幅度提高结构刚度，提高率达到 8%～10%。

2. 控制结构扭转效应

通过在结构薄弱部位增加阻尼器，改变结构刚度分布，减小荷载，减少地震作用，从而减小地震作用对结构的影响，效果明显；同时，由于结构刚度均匀分布，一定程度上减少结构自重，减轻地震作用效应，满足了结构抗震性能目标。目前，单一阻尼器与国内外同类型相比，可实现完全控制结构扭转。

3. 提高结构阻尼

在风或小地震时，这些混合减震阻尼器或消能装置具有足够的初始刚度，处于弹性状态，结构具有足够的侧向刚度。当出现中、强地震时，随着结构侧向变形的增大，阻尼器消能构件或消能装置率先进入非弹性状态，产生较大阻尼，大量消耗输入结构的地震能量，使主体结构避免出现明显的非弹性状

态；并且，迅速衰减结构的地震反应（位移、速度、加速度等），从而保护主体结构及构件在强地震中免遭破坏，确保主体结构在强地震中的安全。与单一阻尼器及国内外同类型相比，可以大幅度提高结构阻尼，结构阻尼可提高 10% 左右。

五、第三方评价、应用推广情况

1. 第三方评价

2024 年 6 月 14 日，中国建筑集团有限公司在深圳组织召开了由昆明中海房地产开发有限公司等单位完成的"高烈度区超高层建筑混合消能减震关键技术研究与应用"项目科技成果评价会。评价意见为：

1）项目提供的技术资料齐全，符合科技成果评价要求。

2）该成果针对高烈度地震区超高层建筑结构抗震特点，以昆明中海商务中心等工程为依托，研发了一套高烈度区超高层建筑混合消能减震关键技术，有效提升了超高层建筑结构抗震性能，创新成果如下：

（1）提出了屈曲约束支撑与金属连梁阻尼器组合应用的新型结构体系。

（2）研发了耗能连梁与屈曲约束支撑混合应用减震技术，形成了相应的设计。

3）研究形成了高烈度区超高层建筑组合减震结构的施工技术和方法。该成果获得专利授权 9 件、软件著作权 5 件，主编方标准 3 部，发表论文 14 篇。成果已在昆明中海宸商务中心、昆明市综合交通国际枢纽建设等 6 个项目成功应用，减少了资源消耗、降低了工程成本、保证了质量安全，综合效益显著，具有广泛的推广应用前景。

评价委员会一致认为，该成果总体达到国际先进水平。

2. 推广应用

昆明中海寰宸商务中心位于昆明市核心地段巫家坝旧机场内，项目地下室层数为 4 层，超高层建筑总高度 220m。采用该混合减震技术，工程综合造价节省约 4000 万元，取得了显著的经济和社会效益。本项目技术在工业建筑、办公楼、商业建筑及大型公共建筑中的广泛应用，包括昆明市综合交通国际枢纽建设项目、中铁昆明总部大厦建设项目、昆明新火车南站综合枢纽汽车客运服务中心等多项国家重要新建工程及大型改造与加固工程，节省工程造价 2.64 亿元。本项目技术通过技术转让、合作研发等形式，实现了成果的转化和产业化。

六、社会效益

本项目技术在工业建筑、办公楼、商业建筑及大型公共建筑中的广泛应用，包括昆明市综合交通国际枢纽建设项目、中铁昆明总部大厦建设项目、昆明新火车南站综合枢纽汽车客运服务中心等多项国家重要新建工程及大型改造与加固工程，节省工程造价 2.64 亿元。本项目技术通过技术转让、合作研发等形式，实现了成果的转化和产业化。

本项目技术被我国 3 部有关建筑抗震安全的重要技术规范所采纳，提升了我国工程建设防震减灾标准规范的技术水平。

市政供水供热管网智慧巡检关键技术研究与应用

完成单位：中建五局安装工程有限公司、湖南大学、深圳智远声达科技有限公司、湖南钜达程水务
有限公司

完 成 人：杨　勇、许　宁、刘鑫铭、彭　波、张建峰、张佳佳、屈　波

一、立项背景

我国管网漏损率居高不下。2015 年，国务院"水十条"中明确，2020 年管网漏损率应控制在 10%
以内。据统计，部分省份平均漏损率远高于发达国家水平。国家要求战备水源建设。目前，长距离、大
管径的原水管网因漏损、爆管、污染等事故造成大量水资源与能耗方面的浪费，不利于水资源的可持续
发展。国家节水型城市要求。2021 年，《"十四五"节水型社会建设规划》明确，全面推进节水型社会
建设，进一步降低管网漏损。涉及国家大数据安全，宜在国内自主开发研究。管网漏损监测和智慧运维
系统直接影响到水资源调控、能源供给、国家安全等方面，同时被列为 2020 年中国工程领域的 108 项
"卡脖子"难题之一。

目前国内企业和研发机构还没有突破该项技术，无法提出全面成熟的解决方案。我国管网的智能化
监测和检测技术目前几乎还处于空白状态，管网的运维工作主要以人工为主，需要投入大量的人力和财
力，而且只有在管网上发生大的异常点和故障时才能被工作人员检测到，很多暗漏点或是漏损量不是很
大的点很难在第一时间发现，长期下来不仅造成很大的经济损失，还容易产生管网压力不足、爆管事故
等一系列的问题。更为严重的是，如果漏点发生在主要桥梁或地下管廊上，容易造成桥梁或路面坍塌等
公共安全事故。另外，在能耗方面国内大多也是粗放式管理，水厂的制水、供水并不精确考虑到某个时
段的用水需求，造成能耗方面的极大浪费。

本项目以供水管网建设项目为载体，整合给水排水工程、信息化工程、系统工程、土木工程等专业
领域，主要从供水管网漏损高精度监测和管网运维系统开发两方面展开研究，实现管道管网的全状态实
时监控预警，形成各个区域管网全要素指标的超高清数字资产管网系统。

二、详细科学技术内容

1. 供水管道超精度监测技术

创新成果一：数据高速接收和高性能边缘计算算法

1）搭建了数据高性能边缘计算体系架构

管道由于各类传感器的接入，会生产大量的感知数据，这些数据往往会实时上传至云处理中心并产
生决策，这对现场网络环境、网络传输带宽、数据传输安全性、服务器算力等要求极高，而且会经常发
生数据响应不及时的情况。

本技术将计算节点算推至数据源处，能快速处理管道感知数据并反馈至用户眼前，解决了安装环境
网络不稳定导致的数据丢失等问题，减少数据传输距离，降低网络延迟，数据的响应能力和处理效率提
高了 80%，进一步增强了数据隐私性和安全性。见图 1。

2）优化了传感器数据高性能边缘计算算法

本项目将潜艇的声呐感知探测技术用于供水管道的高频监测上，并创新性地提出了一种动态非参贝
叶斯模型和一种基于前向滤波后向采样的块 Gibbs 推断算法的传感器网络盲校准方法，可准确估计传感

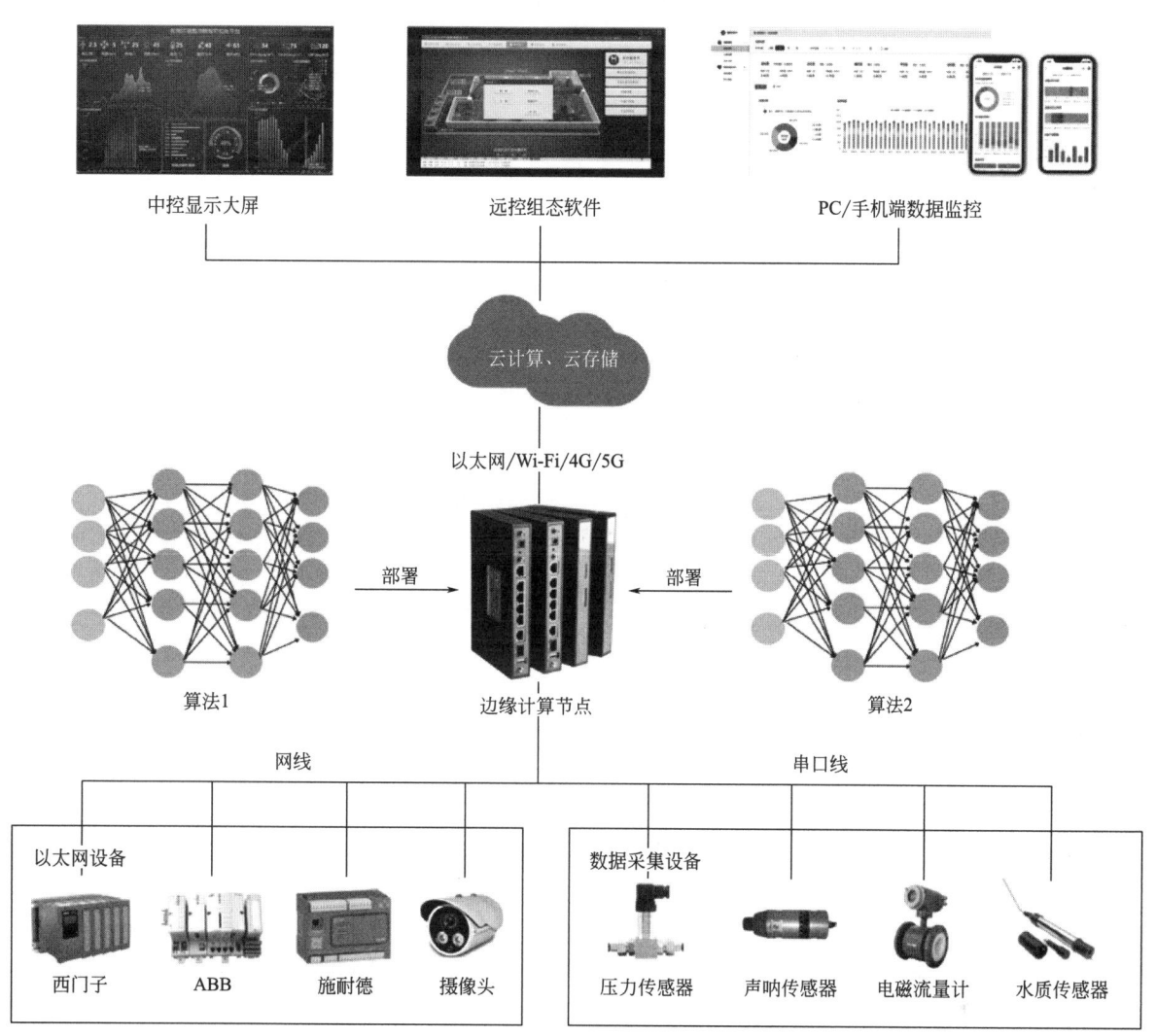

图1 数据高性能边缘计算体系架构

器的增益和偏移量，校正传感器的输出信号，过滤绝大部分权值低的噪声数据，更准确地反映被测量物理量的真实值，极大地提升了传感器监测的准确性和可靠性，从传统的传感器 2 次/d 提升至 128 次/s，5min 之内对全管网状况的高速扫描和全面评估。

创新成果二：多维度超传感超精度管道监测技术

1）形成了多模态多维度的管网综合数据漏损监测与定位方法

创新了一种多维度融合监测系统，对不同来源、不同模式表示的信息有机结合起来，融合声呐传感器、高频压力传感器等多种传感器的信息，可以在较短时间、以较小的代价获得到单类传感器所不能得到的信息。见图 2。

2）提出了基于小波分析高频压力信号的漏损快速分析方法

建立了管网布局的等效图形模型，应用分析小波系数的变化，对管道漏损、管道破裂等突发事件进行精准定位，将现有的探寻故障精度从 100m 级提升至 10m 级，提升 10 倍。见图 3。

3）建立了地下管道多维度超精度传感器监测系统。

该系统主要由超精度传感器、数据采集与传输终端、太阳能电源系统等组成，打造出一套更加高效、安全、智能的管网监测系统。形成了地下管道传感器监测系统施工工法，规范了监测布点与安装工艺，确保传感器多点安装的准确性和可靠性，减少了设备的损坏和故障率，同时采用太阳能供电系统，节能环保效果明显。见图 4。

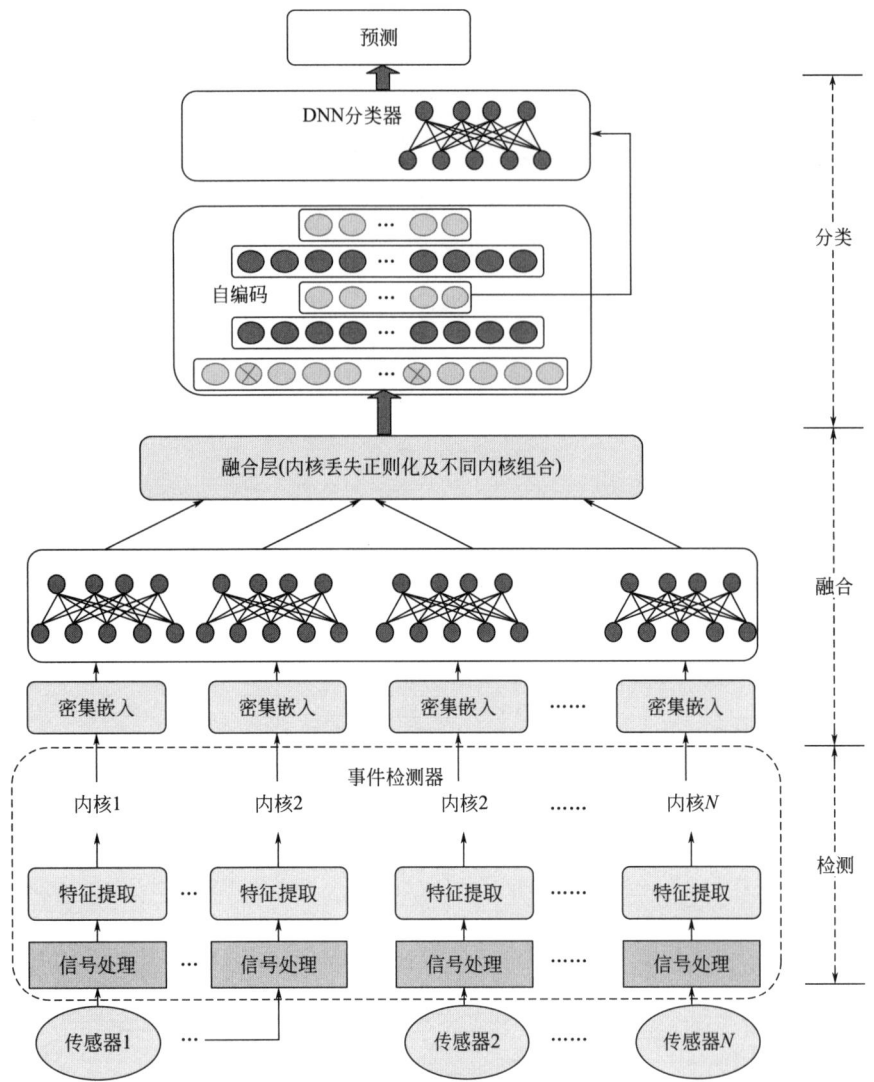

图 2　模态数据融合框架

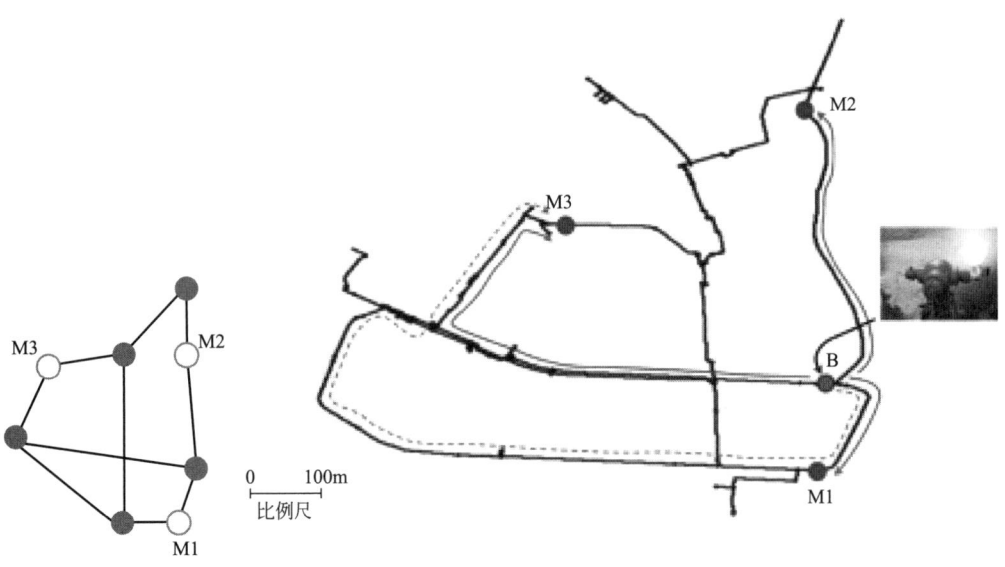

图 3　部分管网布局和等效图形模型

 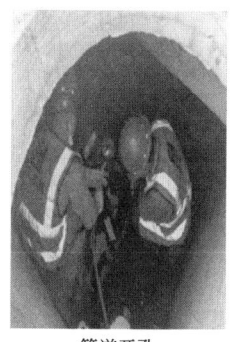  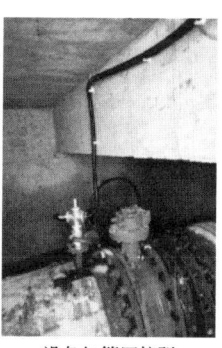 

| 监测站立杆埋设固定 | 管道开孔 | 设备组装及试压 | 设备与管网接驳 | 数据线与接收器安装 |

图 4　地下管道传感器监测系统施工工艺流程

2. 基于多重信息维度分析的超高清数字资产模型管网系统

创新成果一：形成了管道异常监测智能报警系统

形成了爆管预警和漏损监测两大功能模块。通过大数据分析，在线监测高频压力瞬变，确定故障来源，识别处于高压力下具有爆裂、高泄漏风险的管网。分析供水管网泄漏规律，并结合积累的管网泄漏历史数据，建立相应的泄漏预警分析模型并进行预测。警报模块可对近 6 个月的警报信息进行分析。风险检测模块可通过"定性＋定量"分析报警报数量和管道维护保养情况，同时展示当月和上月各风险区域的评分对比，帮助用户了解长期重点风险防范区域。见图 5。

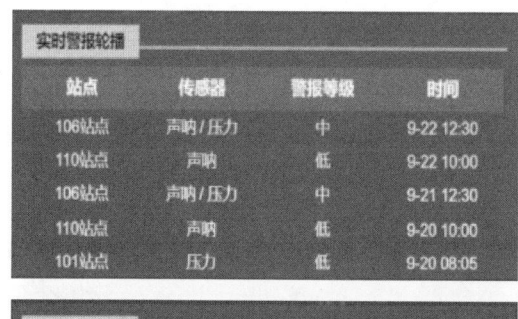  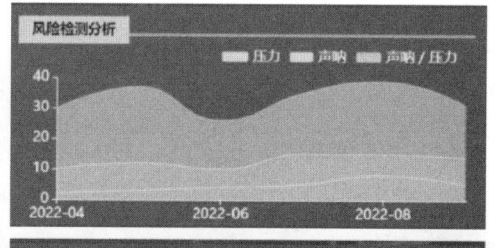 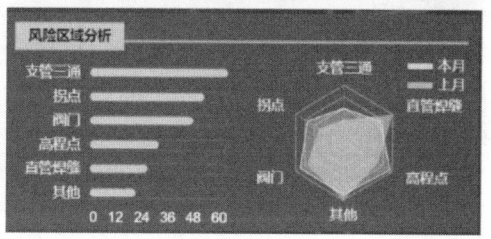

图 5　实时报警与风险分析

创新成果二：基于超高清数字资产模型的供水管网智慧运维系统

1）建立了基于管网资产和站点监测为主的管网 GIS 系统。

该系统实时监测个站点的状态详情，包括压力与流量数据、站点警报数据以及站点编号、地址等静态信息，操作人员可以通过 GIS 系统查看传感器的位置、工作状态、采集数据等信息，实现了对传感器等数字资产的集中管理和监控，提高了管网运行的稳定性和数字资产的安全性。

2）建立卷积神经网络-长短期记忆网络管道运行数据异常监测模型

使用卷积神经网络进行特征提取，使用长短期记忆网络捕捉数据的空间相关性和局部模式，通过两种网络融合使用，判断管道运行数据是否存在异常。见图 6。

3）搭建了基于高清数字资产模型的供水管网运维系统

涵盖了实时净水水质分析、实时管网疲劳监测、管网异常报警、大数据收集可视化等 9 大功能，解决了传统运维方式中故障响应速度慢、数据管理难集中、人工投入成本高等问题，实现了 24h 全网不间断监测，通过平台即可全面掌握管网运行状况，提高了管网故障预警和预测维护能力。见图 7。

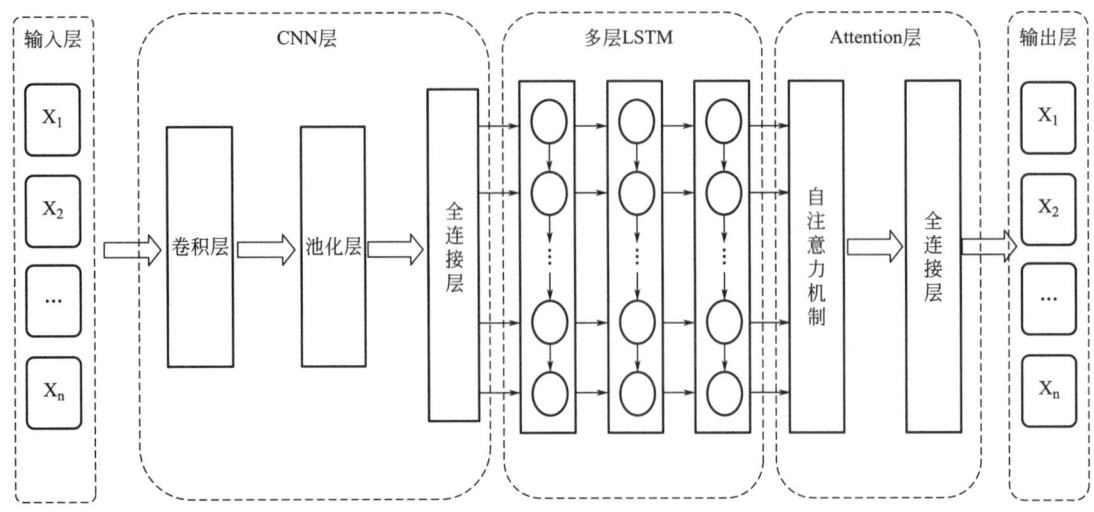

图 6　数据异常检测模型

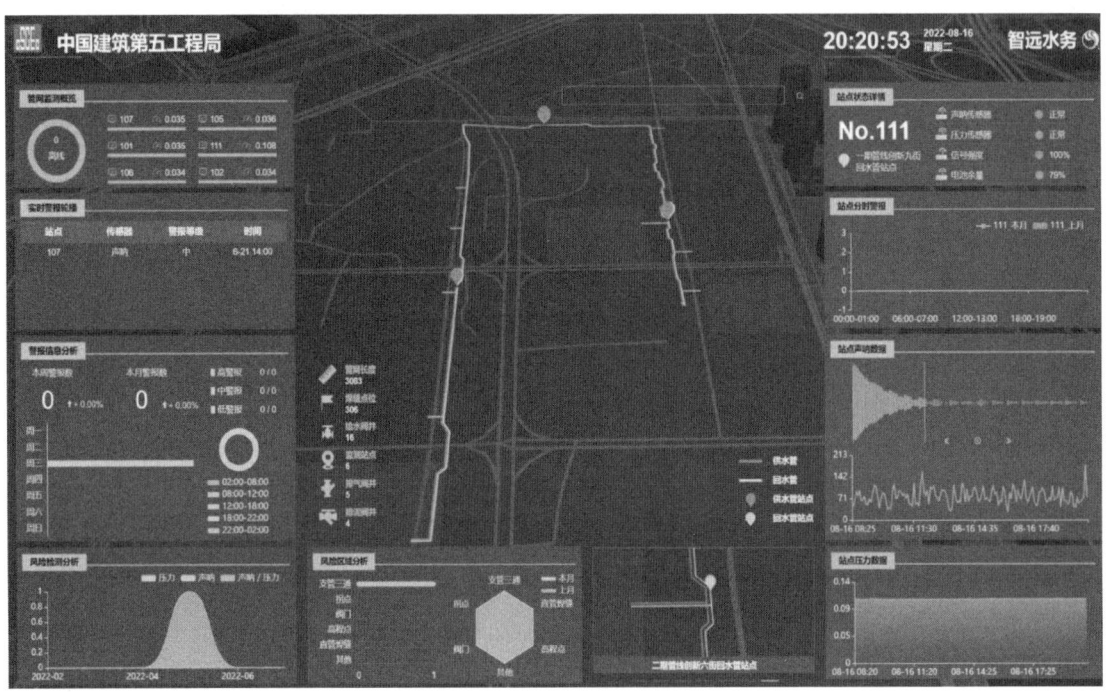

图 7　智慧管网运维系统平台

三、发现、发明及创新点

1) 搭建了数据高性能边缘计算体系。解决了安装环境网络不稳定导致的数据丢失等问题，减少数据传输距离，降低网络延迟，提高了供水管网监测数据的响应能力和处理效率，增强数据的隐私性和安全性，为整个供水管网监测体系的构建提供了理论基础。

2) 创新性地提出了一种动态非参贝叶斯模型的传感器网络盲校准方法。可准确估计传感器的增益和偏移量，监测数据接收频率大幅提升，从传统的传感器 2 次/d 提升至 128 次/s，可 5min 内对全管网状况进行高速扫描和全面评估，为数据的深入分析和预测提供支撑。

3) 提出了多模态多维度的管网综合数据漏损监测与定位方法，形成了地下管道多维度超精度传感器监测系统，提高了管网监测效果，实现了漏损（突发）事件的高精度监测与定位。将现有的探寻故障精度从 100m 级提升至 10m 级，精度提升了 10 倍多。

4）建立了基于管网资产和站点监测为主的管网 GIS 系统，可以通过 GIS 系统查看传感器的位置、工作状态、采集数据等信息，实现了对传感器等数字资产的集中管理和监控，提高了管网运行的稳定性和数字资产的安全性。

5）建立 CNN-LSTM（卷积神经网络-长短期记忆网络）管道运行数据异常监测模型，开发了管网智能报警与风险分析模块的系统，解决了经典机器学习方法无法捕捉时间序列数据中的时空关系和长期依赖而导致的监测准确率偏低问题，提高监测系统的准确性。

6）搭建了高精度数字资产模型的供水管网智慧运维系统，涵盖了实时净水水质分析、实时管网疲劳监测、管网异常报警、大数据收集可视化等 9 大功能，解决了传统运维方式中故障响应速度慢、数据管理难集中、人工投入成本高等问题，实现了 24h 全网不间断监测，提高了管网故障预警和预测维护能力。

四、与当前国内外同类研究、同类技术的综合比较

较国内外同类研究，技术的先进性见表 1。

较国内外同类研究，技术的先进性
表 1

序号	对比点	国内外同类技术	本技术优势
1	数据高速接收和高性能边缘计算算法	公开文献中，建立基于 TD（触发时差的拟合）法的供水管网实时定位系统，每 5～10min 发送一次数据	监测采集数据接收频率大幅提升，从传统的传感器每天仅能采集 2 次（2 次/d），提高至 128 次/s，5min 内对管网状况的高速扫描和全面评估
2	多维度超传感超精度管道监测技术	公开文献中，报道了采用包括水压、流量等时间序列数据，也包含管径、管材等空间序列数据的时空数据分析深度学习模型；使用流量、压力传感器和加速度计的多传感融合数据的模糊逻辑算法来进行水管网泄漏检测	基于声呐、高频压力等数据的多模态数据融合的管网漏损快速分析与定位技术，将现有的探寻故障精度从 100m 级提升至 10m 级
3	基于多重信息维度分析的超高清数字资产模型管网系统	公开文献中，报道了基于 BIM 技术的供水管网系统的规划建设方法重点研究 BIM 在供水管网项目施工建设中的作用；报道了采用 BIM 术，结合物联网技术 BP 神经网络管网分时段宏观模型、中水供水系统优化运行模型等，对水流量，水压等数据进行检测，出现异常时及时排查	建立完整、完善的供水管网 BIM 高清数字模型世界，实现了与监测传感系统互联互通，搭建了基于高清数字资产模型的供水管网运维系统，建立了管网资产 GIS 系统和 CNN-LSTM（卷积神经网络-长短期记忆网络）管道运行数据异常监测模型，涵盖了实时净水水质分析、实时管网疲劳监测、管网异常报警、大数据收集可视化等 9 大功能

本技术通过国内外查新，查新结果为：在所检国内外文献范围内，未见有相同报道。

五、第三方评价、应用推广情况

1. 第三方评价

2024 年 1 月，在中国安装协会的成果评价会上，专家组给予高度评价，一致认为该成果总体达到国际领先水平。

2. 推广应用

该成果已成功运用于深圳市前海合作区支路一期、二期（供冷管网）项目、深圳市前海合作区 4 号冷站项目等多个工程项目中，可广泛适用于供水管网建设、污废水管网改造、能源站、消防管网、节水型城市、节水型写字楼、节水型医院、建筑管网改造等工程，具有广泛的推广应用价值。

六、社会效益

通过市政供水供热管网智慧巡检关键技术的总结和运用，可帮助业主充分了解管网运行情况，解决了以往存在的管网运行实时数据难获取等问题，提高供水管网系统管理的可靠性和效率，为业主带来

了可观的经济效益和社会效益。

通过在主干管道、分支管道的关键节点处安装多传感高精度监测站点，采用由太阳能供电的低功耗数据传输终端，全天候不间断地采集管网压力等数据。整合与分析所有的采集数据，并通过直观的图表、地图等形式进行综合显示和可视化。业主方可通过平台全面掌握管网运行状况，实现供水管网的智能化管理和运维，提高管网的可靠性、稳定性和效率，减少故障和损失，迅速响应突发事件，降低运维成本，提升供水服务的质量和用户满意度。

基于数字孪生的高速公路智慧建造管理平台及配套装备研发与应用

完成单位： 中国建设基础设施有限公司、中建华东投资建设有限公司、同济大学、武汉大学

完 成 人： 宫志群、邓 非、廖少明、许 锋、杨世廷、张栋樑、张 峻

一、立项背景

近年来，我国公路建设保持着快速增长、良性发展的态势，规划、在建和运营线路规模进一步扩大。截至 2023 年底，全国公路总里程 544.1 万 km，其中高速公路 18.4 万 km，新改扩建高速公路超 7000 条。预计到 2025 年，我国公路通车里程达 550 万 km，其中高速公路建成历程达 19 万 km。

大型复杂公路项目的增多、项目精细化管理的迫切需求、施工方式的改进、工程信息碎片化加重以及不可抗风险等因素致使工程项目管理数字化成为目前迫切的需求。加之传统的粗放式管理带来的公路项目建设资源消耗和碳排放量大，不符合国家双碳战略要求。管理复杂工程系统的有效决策需要集成和分析多源数据，需要建立一个统一的数据集成管理平台。数字孪生技术创建相应物理对象的可视化和数字模型，用于在整个生命周期中进行模拟、监控、分析和其他操作，是解决这些问题的有效解决方案。目前，在建设管理领域，数字孪生的实际应用仍处于原型阶段，对工程项目管理进行数字孪生探索性实践非常必要。

南通绕城高速公路项目是《江苏省高速公路网规划（2017—2035 年）》中规划的省道高速公路，对南通做大做强中心城市、增加国家级沿海运输通道保障能力、推动沪苏通融合发展具有十分重要的意义。路线全长约 65.9km，设计速度 120km/h，总投资 149.2 亿元。项目建设面临征地拆迁协调量大、土源供应及存储短缺、既有道路航道通行保障难度大、工期紧张、对制架梁效率要求高、枢纽施工复杂交通疏导次数多、工程质量安全管控难度大等问题。

课题从以上问题出发，结合参研各方已有技术成果，开展课题研究并进行总结推广。

二、详细科学技术内容

1. 考虑生命周期、模型映射、服务功能以及数据完备性的四维度项目数字孪生平台成熟度评价模型

根据数字孪生实时映射、全生命周期、孪生服务的特点，结合已有成熟度模型的研究，综合考虑生命周期维度、模型映射维度、功能维度及数据完备性维度，提出了工程项目管理数字孪生模型和多维度数字孪生泛化成熟度模型，在模型四种维度之间采用德尔菲法，依据具体服务需求对上述四个维度的权重进行科学确定，解决了数字孪生评估和优化的路径问题。见图 1、图 2。

2. 实景三维模型数据与 BIM 的无缝融合技术及配套装备

创新成果一：高速公路 UAV 智能巡检成套装备及高精度摄影测量技术

创新性提出自动巡检、建模与匹配融合方案，有效解决大尺度物理空间数据自感知、复杂环境高精度空间数据采集处理等问题，并结合实景三维与 BIM 无缝融合数据，形成"成套装备-数据融合"的数据精度循环优化模式，最终通过集群化全自动解算，获取影像地面分辨率能达到 1.5cm。精度控制主要从倾斜摄影后处理软件流程入手，包括多视影像预处理、特征匹配、多视影像联合平差和密集匹配。见图 3～图 5。

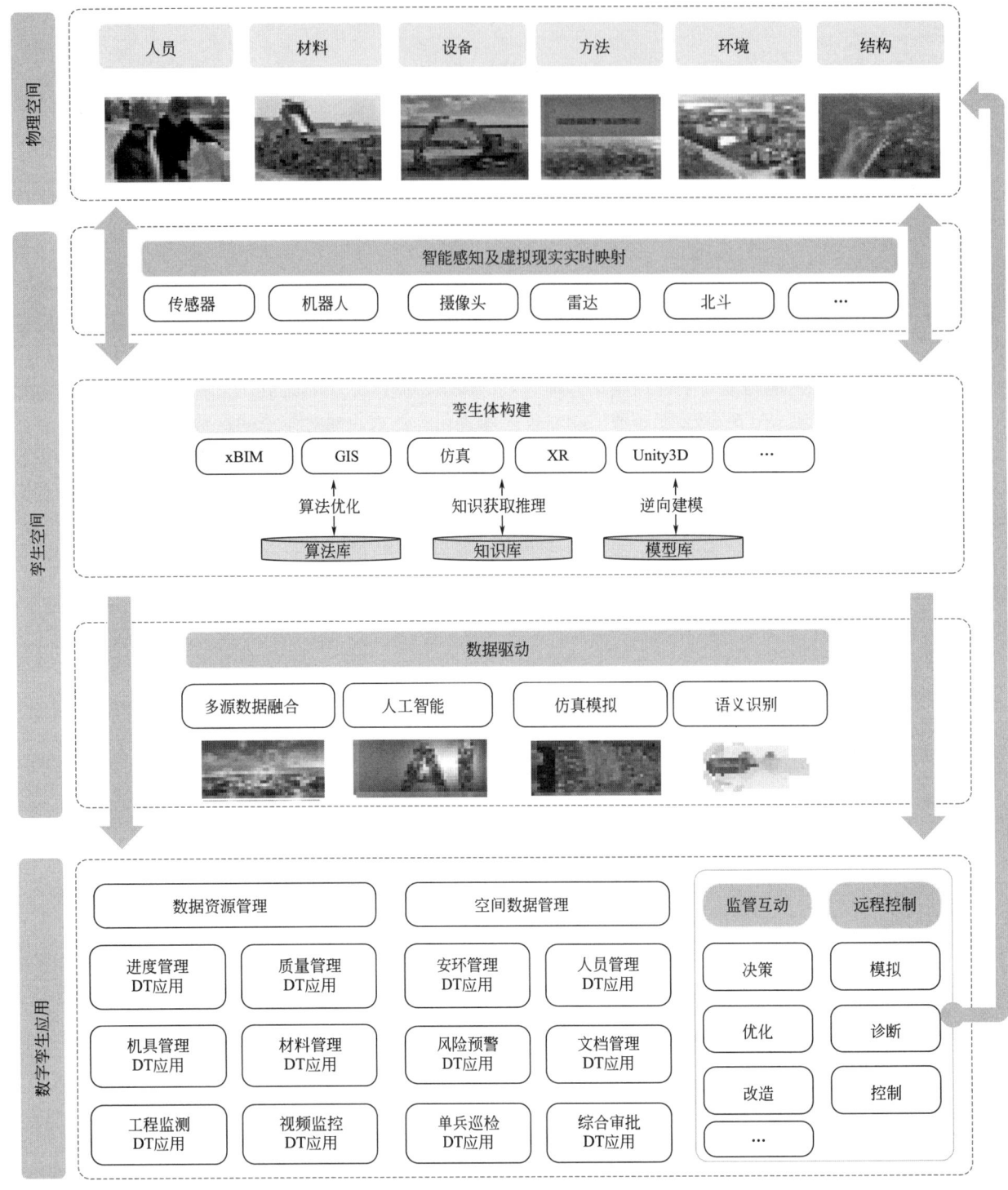

图 1　工程项目管理数字孪生模型

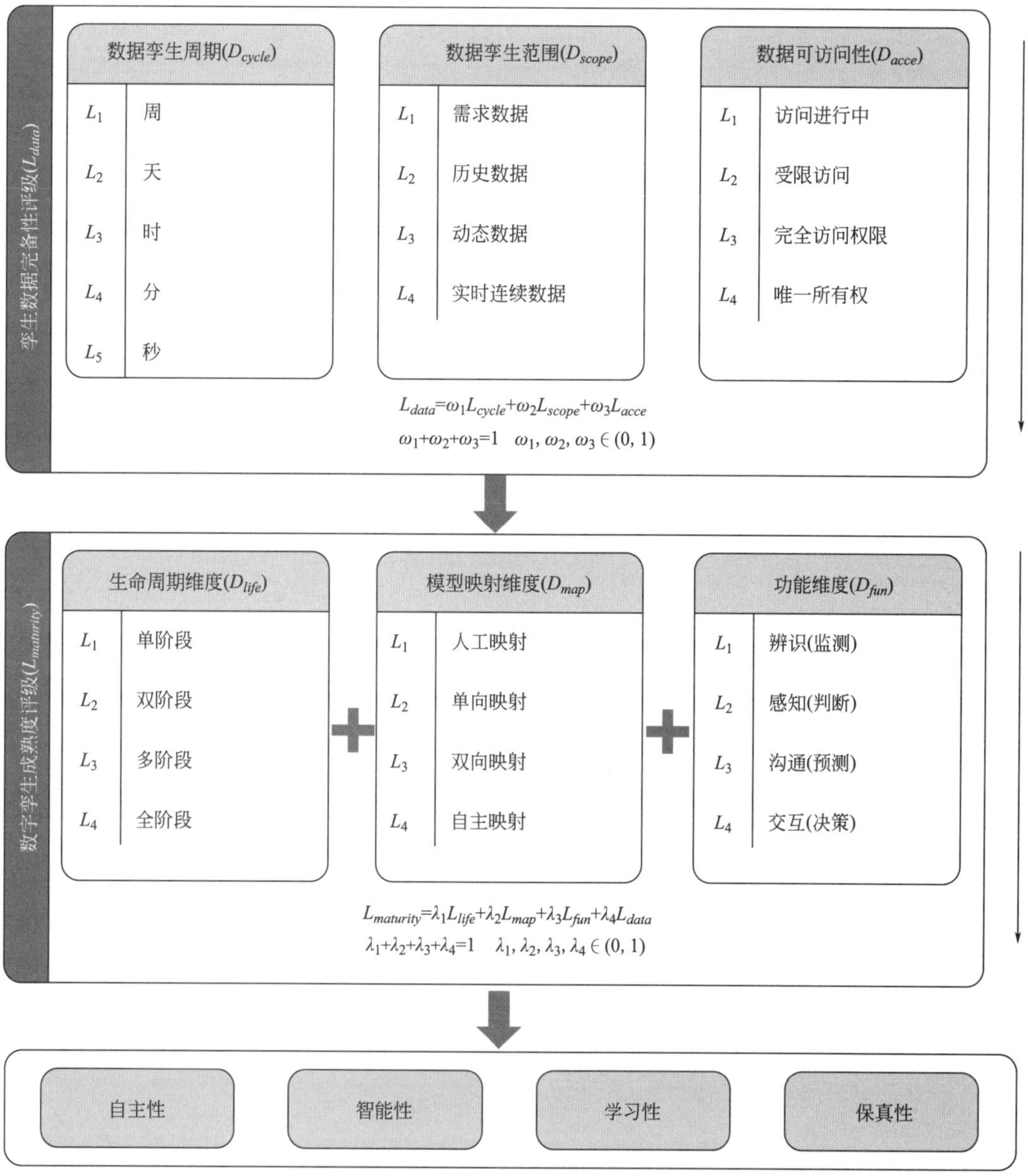
孪生数据完备性评级(L_{data})
数据孪生周期(D_{cycle})
L_1 周
L_2 天
L_3 时
L_4 分
L_5 秒
数据孪生范围(D_{scope})
L_1 需求数据
L_2 历史数据
L_3 动态数据
L_4 实时连续数据
数据可访问性(D_{acce})
L_1 访问进行中
L_2 受限访问
L_3 完全访问权限
L_4 唯一所有权
$L_{data}=\omega_1 L_{cycle}+\omega_2 L_{scope}+\omega_3 L_{acce}$
$\omega_1+\omega_2+\omega_3=1 \quad \omega_1, \omega_2, \omega_3 \in (0, 1)$
数字孪生成熟度评级($L_{maturity}$)
生命周期维度(D_{life})
L_1 单阶段
L_2 双阶段
L_3 多阶段
L_4 全阶段
模型映射维度(D_{map})
L_1 人工映射
L_2 单向映射
L_3 双向映射
L_4 自主映射
功能维度(D_{fun})
L_1 辨识(监测)
L_2 感知(判断)
L_3 沟通(预测)
L_4 交互(决策)
$L_{maturity}=\lambda_1 L_{life}+\lambda_2 L_{map}+\lambda_3 L_{fun}+\lambda_4 L_{data}$
$\lambda_1+\lambda_2+\lambda_3+\lambda_4=1 \quad \lambda_1, \lambda_2, \lambda_3, \lambda_4 \in (0, 1)$
自主性
智能性
学习性
保真性

图 2　多维度数字孪生泛化成熟度模型

■自主起飞
■智能巡检
■模式切换
■精准回巢
■远程控制
■快速充电
■视频实时回传
■无人机场
■中央控制系统
■远程通信控制系统
■远程精准起降系统
■安全防护系统

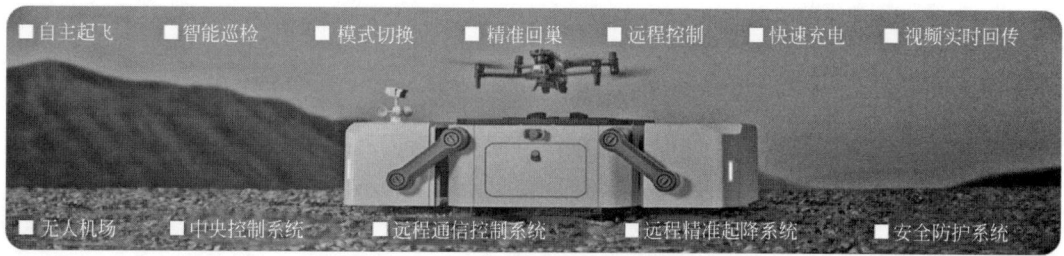

图 3　UAV 智能巡检成套装备

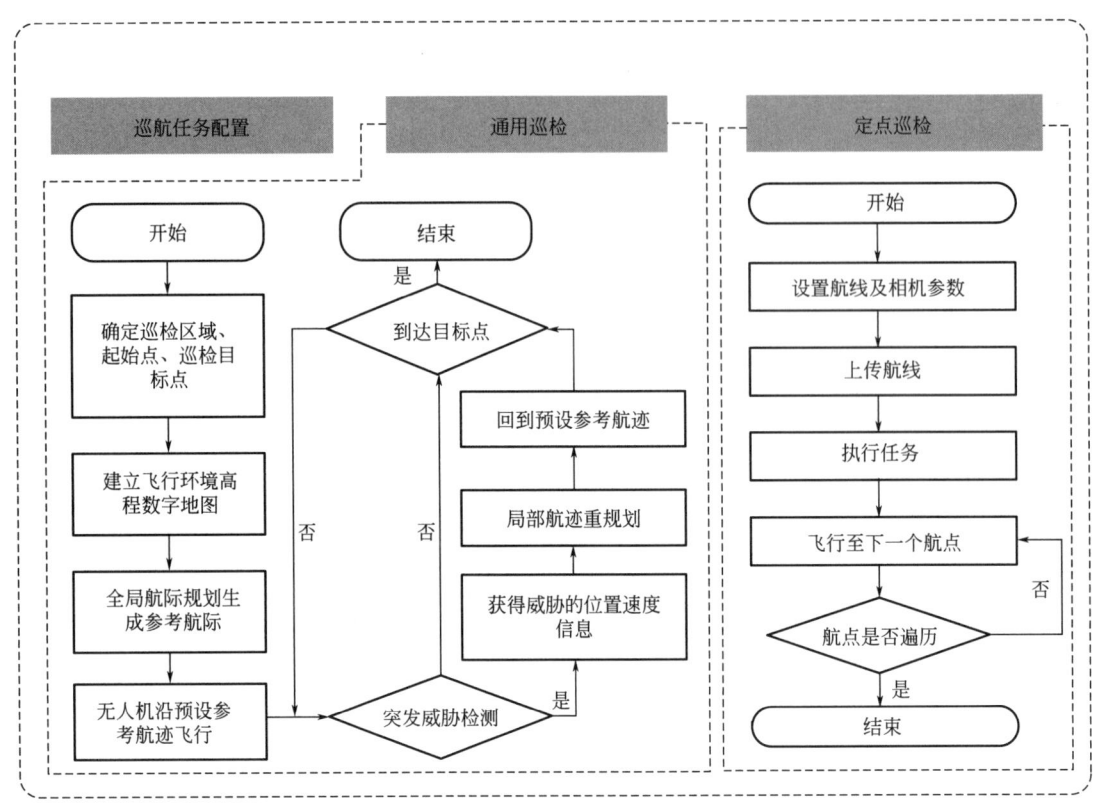

图 4　多机协同自动巡检测量方案

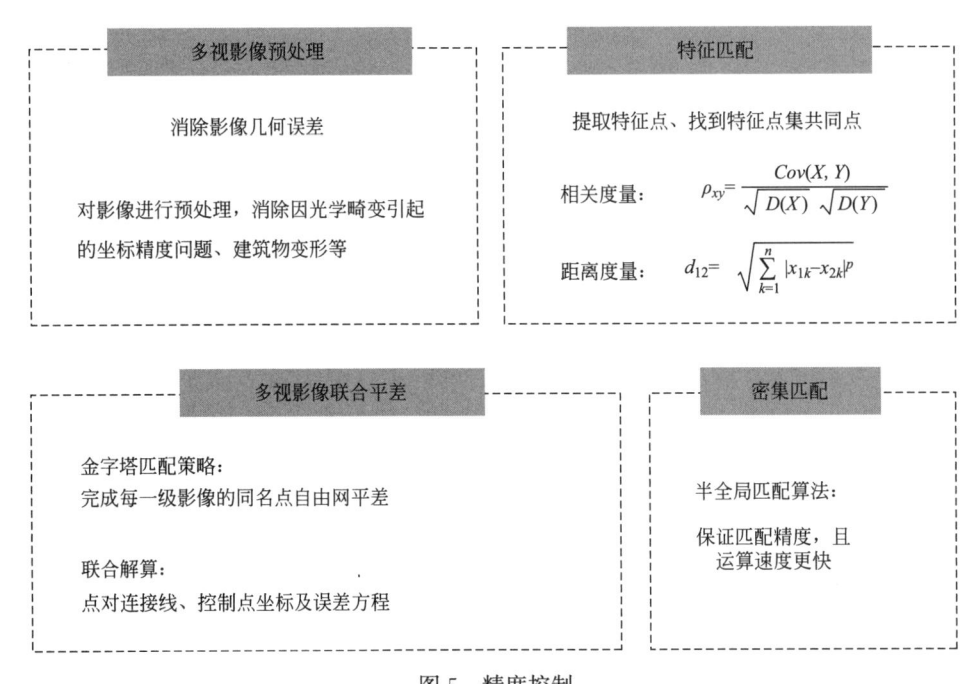

图 5　精度控制

创新成果二：路基施工质量全息检测装置

全息智慧杆监测布置主要着眼于高速公路填方工程的稳定性，实现对填方过程中软土路基的失稳监控与预警，进一步为实现施工风险的识别与动态演化分析，解决了隐蔽空间数据自感知和全生命周期工况自动识别问题。见图 6。

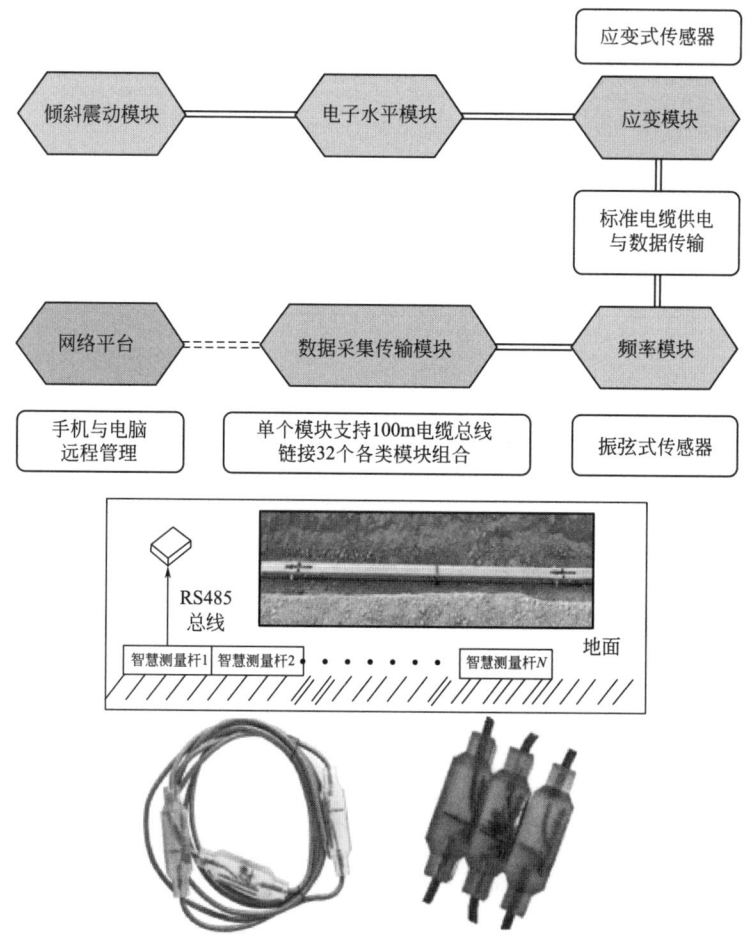

图 6 路基施工质量全息检测装置

创新成果三：基于 UAV 航拍数据的高精度实体三维建模技术

通过跨视域多时空影像匹配、多源影像稳健定向和分布式空三、特征驱动的智能化三维重建、视点相关的自动无缝纹理映射等手段，研发了基于 UAV 航拍数据的高精度实体三维建模技术，解决了跨尺度多源影像智能化处理、高精度高仿真三维模型生成等关键难题，形成高速公路智慧建造全生命周期厘米级高精度三维数字底座，实景三维模型精度优于 5cm。见图 7～图 10。

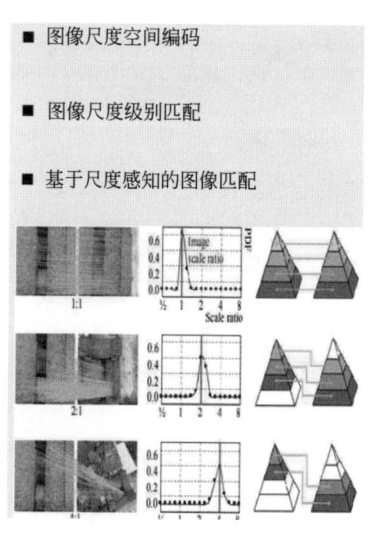

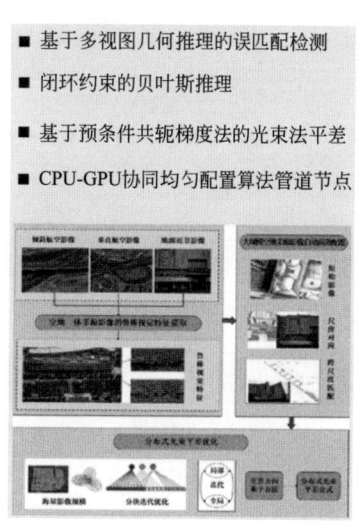

图 7 跨视域多时空影像匹配技术　　　图 8 多源影像稳健定向和分布式空三技术

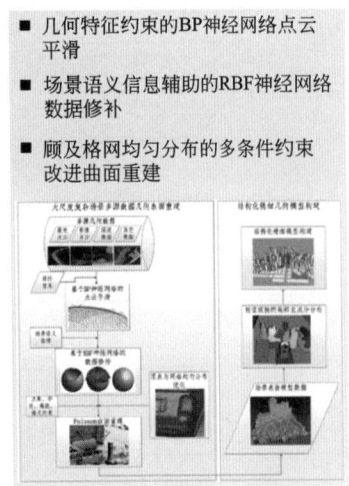

- 几何特征约束的BP神经网络点云平滑
- 场景语义信息辅助的RBF神经网络数据修补
- 顾及格网均匀分布的多条件约束改进曲面重建

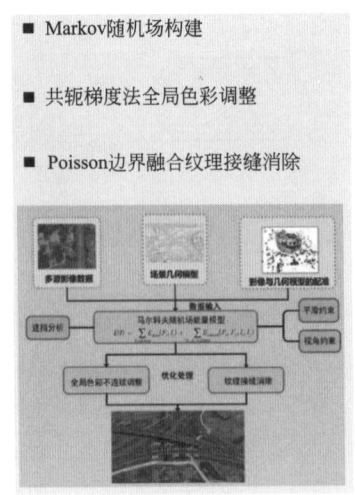

- Markov随机场构建
- 共轭梯度法全局色彩调整
- Poisson边界融合纹理接缝消除

图 9　特征驱动的智能化三维重建技术　　　图 10　视点相关的自动无缝纹理映射技术

创新成果四：实景三维测绘与 BIM 数据无缝融合技术

通过模型重构、格式转换、空间位置配准、语义映射、LOD 基于三级缓存的 BIM 高性能可视化等操作，突破多源异构数据融合及应用难题，实现高精度实景三维测绘与 BIM 数据的无缝融合，达到融合误差≤2 个像素，有效提高构筑物与周围地理环境的联动分析和协同应用水平。见图 11。

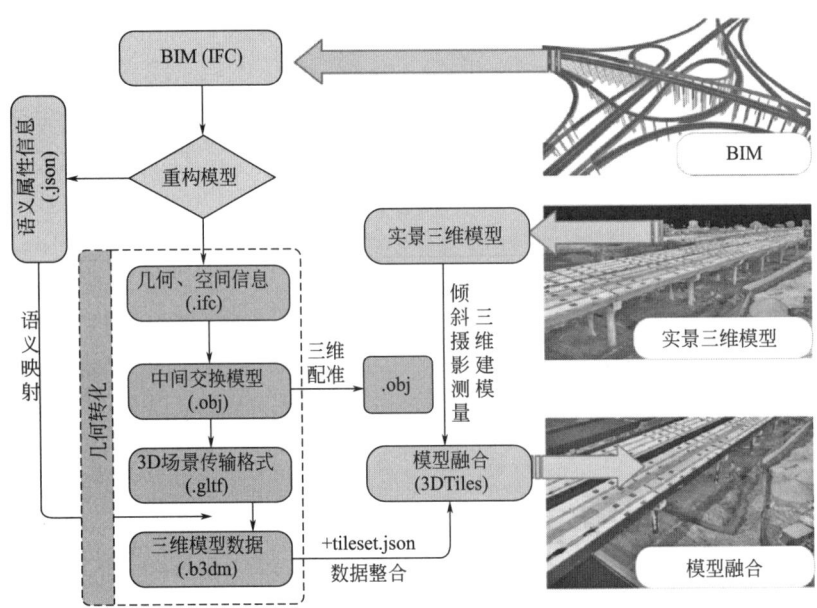

图 11　高精度实景三维测绘与 BIM 数据无缝融合技术路径

3. 高速公路智慧建造管理平台构建方法及质量风险管理创新应用

创新成果一：施工过程风险评价方法

通过构建以一维卷积神经网络与长短期记忆神经网络联合的机器学习模型，提出基于多源信息大数据的施工过程风险评价方法，实现对施工广义风险自动识别及风险演化预测。

创新成果二：基于多维、多期、多源数据融合比对的进度管控技术

通过基于三维点云的施工进度监测技术，实现进度融合比对与管理，研发了基于多维、多期、多源数据融合比对的进度管控技术，对施工进度进行实时对比监测、偏差分析预警，实现构件级进度管理可视化、精细化和智能化，优化施工管理质效。见图 12。

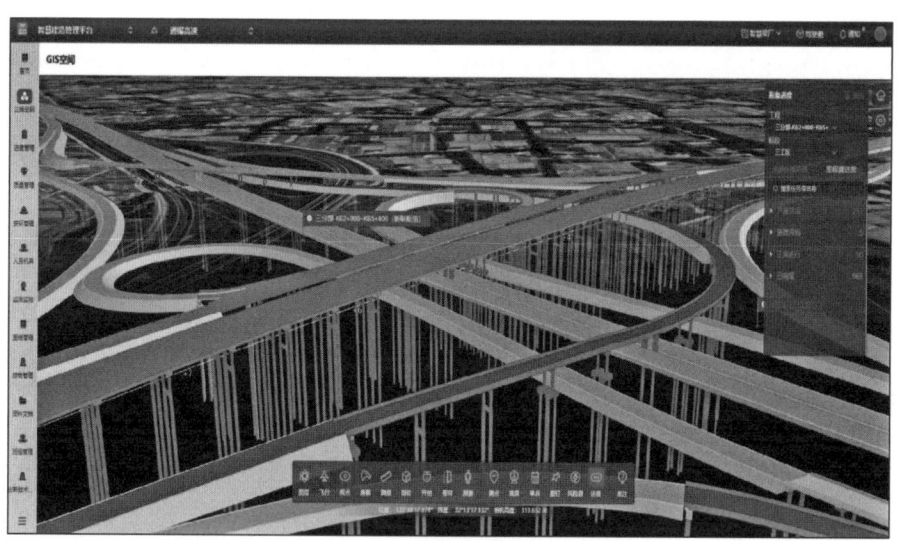

图 12　进度管理可视化

创新成果三：面向钢箱梁顶推的全过程实时监测与协同反馈技术

融合无人机高机动性和地面相机的稳定性，基于数字孪生模型，构建面向钢箱梁顶推的全过程实时监测与协同反馈的智能施工模式，创新实现实时监测并解算钢箱梁位移量、可视化呈现顶推状况、顶推过程全程记录可回放，有效辅助钢箱梁顶推精准化施工。见图 13～图 15。与传统方法的对比分析见表 1。

图 13　三维模型＋影像叠加展示

图 14　顶推偏移值实时反馈

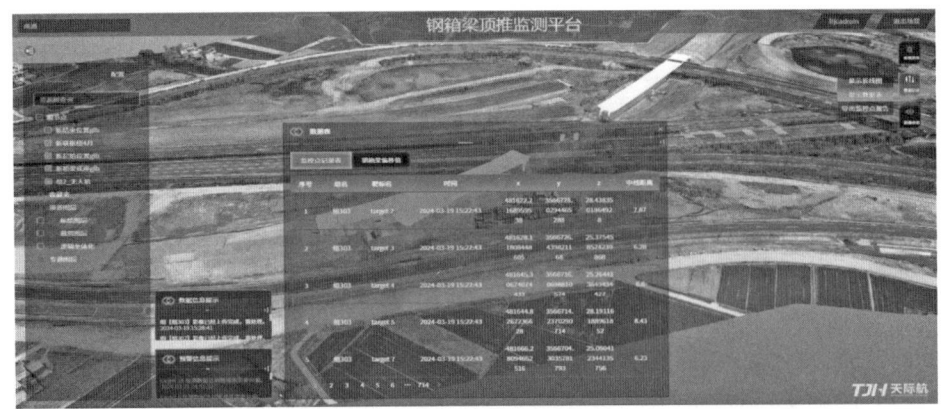

图 15　顶推过程全程记录

与传统方法的对比分析　　　　　　表 1

对比处	传统方法	本方法
监测频率	阶段点监测	全过程监测
计算效率	>1h	10～15min
监测成果	文字性描述	可视化呈现
监测精度	两者精度都是毫米级	
管控模式	人工监测、纸质化管理	自动监测、数字化管理

三、发现、发明及创新点

1）创建了考虑生命周期、模型映射、服务功能和数据完备性四个重要维度的多维度数字孪生成熟度模型。模型区分了数字孪生功能丰富度与完成度，实现了针对具体服务功能进行评估的成熟度评估过程。

2）建立了"物理空间-孪生空间-孪生服务全生命周期"数字孪生模型构建方法，实现了高速公路全生命周期"一模到底"，提高了项目管理效率。

3）研发了实景三维模型数据与 BIM 的无缝融合技术及配套装备，同时通过构建数据转换处理模型，建立多层次 LOD，分层分级映射 BIM 语义信息、转化 BIM 几何信息，并通过空间特征与影像特征的交互印证，实现实景三维模型数据与 BIM 的无缝融合。融合精度优于 2 个像素，并将融合数据成果引入飞行环境预适应、智规划机制，提升无人机巡检装备的智能化及精细化水平。

4）提出了高速公路智慧建造管理平台构建方法及质量风险管理创新应用。以技术驱动数字化转型为理念，按照"1＋3＋8＋N"架构体系（即 1 个数据底座，数据、模型、报表 3 个引擎，综合、技术、质量、生产、安全、班组、计量支付、档案 8 个功能板块，N 个应用场景）打造公路智慧建造管理平台，建立现代化的公路工程管理指挥中心。平台可实现项目管理业务与数字化深度融合，且已完成长大线性工程上的首次全过程大规模应用。同时基于高速公路全生命周期质量病害大数据分析，平台可形成全线质量风险分布热力图，为项目质量风险管理找准重点管控方向及方法。

5）项目累计获授权国家专利 18 件（其中发明专利 12 件）、软件著作权 17 项、发表 SCI、EI、中文核心论文 14 篇，获批省部级工法 2 部，成果总体达到国际先进水平。相关成果已在南通绕城高速公路、青岛海洋活力区地下环路工程、青岛上合广场项目推广应用，有力地推动了我国公路工程智能建造水平的提升。

四、与当前国内外同类研究、同类技术的综合比较

较国内外同类研究、技术的先进性在于以下六点：

1）首次针对工程项目管理提出，综合考虑实时映射、全生命周期、孪生服务、多维度模型映射维度、功能维度以及数据完备性维度的数字孪生泛化成熟度模型。

2）建立了"物理空间-孪生空间-孪生服务全生命周期"数字孪生模型构建方法，打通了高速公路全生命周期"一模到底"路径，提高了项目的管理效率。

3）从时间维度提出基于项目数据全生命周期管理、各阶段数据颗粒度层次、更新频次。与工程现状、项目管理业务的同步，提升管理实时性和准确性的同时减少无效更新。

4）本项目开发适应高速公路全生命周期的自主飞行软件，构建无人机多机多目标协同飞行智能巡检装备，并采用无人机智能巡检融合 BIM、GIS、IoT 等多源异构数据，提供了广泛适用的一体化巡检与管理技术支撑。

5）研究了厘米级精度的实景三维地理实体与构件级 BIM 的融合机制，实现影像、视频、实景三维模型、BIM、点云等多源数据的融合精度优于 2 个像素，数据轻量化压缩比不低于 60%，提高数据在设计、施工、养护和管理上的精确性和实用性。

6）通过建立模型数据集成与场景构建的整体框架，实现从几何信息、语义信息、LOD 三个部分综合生成的大范围场景快速调度的数据融合展示和分析系统。

本技术通过国内外查新，查新结果为：在所检国内外文献范围内，未见有相同报道。

五、第三方评价、应用推广情况

1. 第三方评价

2024 年 6 月 27 日，《基于数字孪生的高速公路智慧建造管理平台及配套装备研发与应用》完成了中国交通运输协会组织的科技成果评价，专家的评价结论为"该成果总体达到国际先进水平"。

2. 推广应用

本项目依托南通绕城高速公路项目，形成的基于数字孪生的高速公路智慧建造管理平台及配套装备成果具有重要的理论意义和极强的实践价值。成果不仅可直接应用于高速公路工程建设，也可推广应用于复杂施工管理、严苛环境保护等其他类型的长大线型工程建造与管理中，有效提升我国在长大线型工程智慧建造的水平与能力。相关成果已在南通绕城高速公路、青岛海洋活力区地下环路工程、青岛上合广场项目推广应用。

本项目在应用过程中取得了显著的经济效益，在南通绕城高速公路项目经济效益约 800 万元、青岛海洋活力区地下环路工程经济效益约 1912 万元、青岛上合广场项目经济效益约 1735 万元。近三年累计创造经济效益 4447 万元。

六、社会效益

该项目已在南通绕城高速公路工程建设中大规模全过程应用，是交通强国建设试点任务（公路智慧建造）项目，应用过程产生管理行为数据十万余条、工程要素数据百万余条，有效地保障了项目建设安全，提高了施工质量，一次检测合格率提高 3%，新联枢纽工期节约 6 个月，管理效率提高 70%。本成果引起各界广泛关注。交通运输部科技司、交通运输部品质工程调研组、江苏省交通运输厅、南通市政府、市人大、中建集团领导、其他同行企业先后来到项目进行调研，累计接待 600 余次，2 万余人观摩、交流。相关成果和经验被新华网、中国江苏网、筑龙网等媒体及集团内部公众号报道，树立了良好的社会形象，已成为全国高速公路智慧建造的标杆，社会效益显著。

数据驱动的工程建造质量追溯成套技术、标准与应用

完成单位： 中建科技集团有限公司、中国电子技术标准化研究院、蚂蚁科技集团股份有限公司、北京工业大学、中移湾区（广东）创新研究院有限公司

完成人： 曾　涛、杨　宏、林冠辰、樊则森、田春雨、苏衍江、李　萌

一、立项背景

在"质量强国""数字中国""数字住建"等国家战略决策背景下，建筑行业大力推进数字化转型和新型建筑工业化，其根本路径是加快推动智能建造与新型建筑工业化的协同发展。传统工程质量管理面临机遇与挑战，迫切需要进行重大变革以适应新的生产范式，利用新一代信息技术对质量管理理念、方法的改进与创新，从而最大化提升全生命期工程建设质量、提高工程建造效率、减少缺陷并降低成本。此外，数据作为关键生产要素和创新引擎作用的价值日益凸显，质量4.0与数据要素理论的结合，为当下工程建造质量管理提升提供了很好的理论指引。

现阶段，工程建造质量追溯需要重点解决以下问题：

一是数据采集方面，缺乏有效的工程建造质量追溯信息采集方法及采集设备研究和应用，质量追溯数据信息记录多为纸质、手签，往往是"有记录无数据"。

二是数据传输与处理方面，缺乏易部署的工程建设现场通信保障设备，以及高速、高可靠、低时延的传输与边缘端数据处理的集成应用技术。

三是数据可信方面，缺乏追溯信息高效采集、自验证、高可靠、可溯源与防篡改的技术手段，还缺乏面向监管各方的数据信任机制，数据碎片化、不完整、易篡改、可追溯性差，跨主体追溯与可信保障难，传统人工为基础的追溯与监管模式亟待升级。

四是数字化相关标准方面，缺乏可规模应用所需要的数字化相关标准支撑，比如可信物联网、边缘计算、移动设备生物特征识别等数字化基础标准以及面向工程建造场景的自动识别与数据采集相关标准。

二、详细科学技术内容

1. 基于区块链的质量追溯关键技术

创新成果一：基于区块链的工业化建造全生命期质量追溯技术

聚焦工业化建造供应链，将区块链的去中心化、不可篡改特性与建筑业的质量管理深度融合，研发形成基于区块链的工业化建造全生命期质量追溯技术，覆盖了从部品部件设计、生产、施工、运维的建筑全生命周期，利用区块链作为分布式账本记录每一个环节的质量检测数据、责任主体信息。通过加密算法确保数据的真实性和完整性，使得任何关于质量检验的记录都变得透明且可追溯。通过生物特征识别技术将物理世界的个人身份和数字世界的个人身份关联起来，确保每一条追溯信息的录入都与真实人员直接关联，增强了数据的安全性和操作的便捷性。

创新成果二：基于区块链的套筒灌浆质量追溯技术

聚焦关键监管环节，结合区块链、物联网为代表的新一代信息技术，研发形成基于区块链的套筒灌浆质量追溯技术，将施工项目的原材料质量信息、灌浆信息、施工工艺信息、灌浆责任人、监管人员及

灌浆后成品质量等关键追溯信息关联起来，实现了对套筒灌浆事件的高效、安全质量追溯。

创新成果三：智能套筒灌浆机及质量追溯采集终端

聚焦关键装备，研发了智能套筒灌浆机，实现无纸化记录，灌浆原料的生产批号、照片、灌浆实时数据和现场录像均可以上传至云端进行保存。通过将灌浆数据上传至区块链，确保了数据的完整性和不可抵赖性。研发的套筒灌浆质量追溯采集终端，采集到的数据通过"数据指纹"算法进行处理，生成具有时间戳的哈希值集，为每项灌浆事件创建了独特的数字标识。这些数据经过数字签名验证后，安全上传至区块链网络，实现了数据的不可篡改性和完整性保障。

2. 工业化建造自动识别与数据采集关键技术

创新成果一：复合集成标识技术

研发了一种基于自动识别技术的部品部件复合集成标识技术，兼顾现有各识别技术优点，实现部品部件生产、运输、施工、运维全过程对数据采集与自动识别的应用需求，打通了部品部件的全过程、多场景应用。

创新成果二：三合一数据载体

研发了一种新型复合集成标签，复合了有源 RFID＋无源 RFID＋二维码，具有承载标识编码信息、供自动数据采集设备快速读取等功能。

创新成果三：工业级自动识别终端

开发了工业级的智能终端，实现数据的高效采集。手持移动终端，即数字一体化移动业务终端，具有工业级、指纹、人证合一、人脸识别、GPS、二维码/无源 RFID 读取等功能；固定式终端，适用于预制构件全过程关键物流路径的自动、批量、远距离识别。见图 1、图 2。

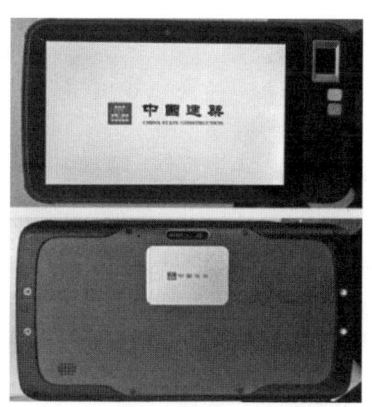

图 1　数字一体化移动业务终端

图 2　固定终端读写器

创新成果四：质量追溯管理 APP 软件

发了移动平台上的预制构件管理软件，基于 RFID 技术实现对预制构件信息采集，在云平台上对构件的管理数据进行分析和整理，实现对构件生产、运输、存放、安装等施工全过程的实时动态管理。见图 3。

3. 高效可信数据基础设施关键技术研究

创新成果一：便携式 5G 专网一体机及其配套软件系统

研发了便携式 5G 专网一体机，可为无网络覆盖的偏远或临时性工程现场提供稳定、高速的网络连接。它是集轻量化核心网、5G 基站、边缘应用于一身的小型一体化 5G 专网便携设备，具备便携、稳定、按需可扩展、敏捷交付的特性，可以为用户快速提供 5G 专网覆盖服务，满足客户 5G 专网下沉、快速交付和极简运维的要求。

创新成果二：面向工业化建造场景的网络与数据处理关键技术

针对工业化智能建造应用场景，聚焦数据驱动的建造质量追溯体系，研究成果以工业互联网、区块

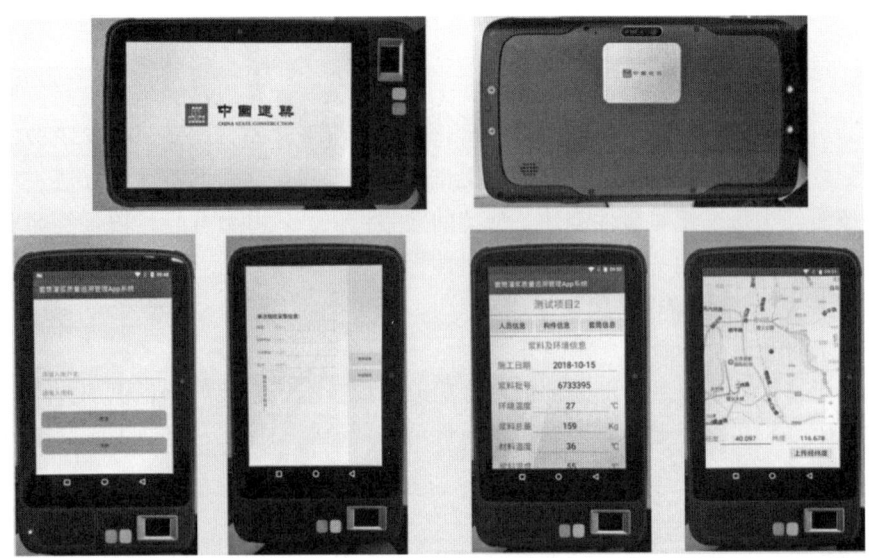

图3　APP软件（生产/运输/施工＋套筒灌浆）

链、边缘计算等技术为基础，结合5G/B5G通信技术，搭建面向工业化智能建造场景的网络架构和数据存储溯源平台；提出了基于边缘计算和区块链的可信数据溯源方案，搭建边缘智能新技术与标准测试床，设计了一种结合实时边缘计算的TSN测试框架，搭建的TSN测试平台在工业现场进行了深入的实时性能测试。

4. 基础共性工程数字化相关标准

创新成果一：企业标准《工业化建造编码与自动识别应用标准》

本标准建立了建筑行业首个基于国际GS1体系的应用标准，首次提出并建立了以系统应用主线（"分类-标识-解析"）为基础的工业化建造编码与自动识别应用框架，填补了行业空白。以此为基础的国际标准《AIDC Application in Industrial Construction》ISO/IEC 8506已正式发布，引领了该领域的国际标准化方向。

创新成果二：国家标准《物联网 边缘计算 第1部分：通用要求》GB/T 41780.1—2022

本标准提出了物联网边缘计算的系统架构和功能架构，并规定了功能要求，旨在从物联网视角规范边缘计算的设计，指导边缘计算的开发，促进边缘计算在物联网系统中的应用。本标准内容可为工程建造中边缘节点的构建和边缘数据的处理提供参考。

创新成果三：国家标准《物联网 电子价签系统 总体要求》GB/T 42409—2023

本标准给出了物联网电子价签系统的结构，规定了系统接口、功能和安全要求，旨在指导各行业物联网电子价签系统的设计、开发和应用。本标准内容适用于电子标签在建筑工业品仓储、物流协同管理等方面的应用，有助于构建以电子标签为载体的工程建造质量追溯体系。

创新成果四：国家标准《信息技术 移动设备生物特征识别 第7部分：多模态》GB/T 37036.7—2023

本标准内容可为工程建造质量追溯数据采集手持终端的指纹识别、面部识别等多模态识别技术应用提供参考，对提高数据的安全性，产品互联互通性，降低开发成本具有重要意义。

创新成果五：国家标准《信息技术 移动设备生物特征识别 第9部分：测试方法》GB/T 37036.9—2023

本标准内容可为工程建造质量追溯数据采集手持终端应用生物识别特征技术测试提供参考，可促进技术与产业发展，保障技术应用的质量和安全。

创新成果六：行业标准《物联网感知数据可信框架》

本标准的标准化对象为物联网数据的可信管理，规定了物联网数据可信管理技术要求，提出了数据可信管理支撑、数据可信采集、边缘侧可信数据处理、数据可信传输、平台数据侧可信处理等可信管理要求。可为工程建造质量追溯数据的可信管理提供参考。

创新成果七：四项国际标准《IEEE Standard for Device Trusted Extension：Software Architecture》《IEEE Standard for Performance Evaluation of Biometric Information：Fingerprint Recognition》《IEEE Standard for Performance Evaluation of Biometric Information：Facial Recognition》《IEEE Standard for Biometric Multi-modal Fusion》

四项国际标准主要涉及了生物识别相关标准，包括指纹识别、面部识别及多模态融合标准，还有设备信任扩展标准：软件架构，为工程建造质量追溯数据采集手持终端的指纹识别、面部识别等多模态识别技术应用提供参考。

5. 数据驱动的工程建造质量追溯与监管新模式

将工业 4.0 与数据要素理论作为指导，以系统化思维、工程数据作为主线，将区块链、物联网、5G 等新一代信息技术和方法与工程建造的质量管理需求深度融合与集成创新，探索建立了数据驱动的工程建造质量追溯整体解决方案和新模式。建立了工程建造质量追溯应用框架，分为识别与采集、解析与交互、追踪与溯源、应用与服务四个层级。通过对部品部件等对象进行编码标识，并采用二维码或 RFID 等数据载体技术、工业级的智能识别终端技术、UWB 实时定位技术进行关键环节质量数据的识别与采集，利用区块链技术实现数据的可信防篡改，借助标识解析与关联交互能力实现预制构件质量数据的正向可追踪和逆向可回溯，从而达到工业化建造全流程质量追溯的目标。

三、发现、发明及创新点

1. 模式创新

首创"数据自动识别与采集＋数据高效传输与处理＋数据可信＋基于生物特征识别的可信身份鉴别＋数据标准化"的数据驱动的工程建造质量追溯新模式，包括工程建造质量追溯框架、成套技术和基础共性数字化相关标准，为数字经济时代工程质量数字化管理实践提供理论指导。

2. 技术创新

研发了基于 5G 和区块链的工程建造质量追溯成套技术与装备，助力工程质量追溯体系实现信息化、数字化与智能化，有力填补了传统建筑业的技术空白。通过跨行业融合与技术创新，研究团队研发了基于区块链的工业化建造全生命期质量追溯技术、基于区块链的套筒灌浆质量追溯技术、复合集成标识技术，开发了便携式 5G 专网一体机、三合一复合集成 RFID 标签、工业级自动识别终端等装置，并研发了相关管理软件系统。解决了传统工程建造质量追溯有记录而无数据、效率低、及时性差、完整性差、跨主体追溯与可信难等问题。

3. 标准创新

研制了一系列基于区块链、物联网等新一代信息技术的基础共性工程数字化相关标准，解决了传统工程建造质量追溯数字化及标准化程度低的问题，助力推动工程建造质量追溯体系的系统化与标准化。

四、与当前国内外同类研究、同类技术的综合比较

1）通过对国内外数据库进行查新检索，以及对检索结果进行阅读、分析对比，本成果形成的数据驱动的工程建造质量追溯成套技术与标准，在国内外公开文献中，未见相同的文献及成果报道，本成果技术具有创新性。

2）与传统工程建设质量追溯方法相比，本成果技术具有：质量追溯信息标准化程度高、信息采集／存储高效、追溯信息防篡改、监管模式提升等优势可广泛应用于通过区块链进行质量追溯的综合业务场景中，具备显著性的新颖性和创造性。

（1）提升工程质量管理效率。通过实时数据的快速传输和处理，工程管理人员能够及时获取关键信息，从而快速响应并解决现场质量问题。这大大减少了因沟通不畅或信息延迟导致的误差和返工。

（2）增强数据透明度和信任度。通过区块链、生物特征识别技术的应用确保了参与方可信身份鉴

别、数据的真实性和不可篡改性，所有参与方都可以实时访问和验证工程数据，这种透明度有助于建立供应链上下游之间的信任，增强数据的信任度。

（3）推动跨行业技术协同创新。工程建造行业的传统作业方式与信息化先进技术相结合，推动了两行业的技术协同创新，催生了新的业态和业务模式，带动了上下游产业的共同发展，加速整个产业链的升级。

（4）促进跨行业技术标准融合应用。工程建造行业的技术标准与信息化行业的技术标准相结合，形成共通的标准体系，不仅有助于提升建筑行业的信息化水平和工作效率，还能够推动行业的可持续发展和国际化。

五、第三方评价、应用推广情况

1. 第三方评价

本项目主要成果"基于 5G 和区块链的工程建造质量追溯成套技术研究与应用"被由院士组成的专家组评定为"总体达到国际先进水平"。

2. 推广应用

本项目主要成果已在北京市"张各长村住宅项目"、徐州市"中建 PPEFF 体系综合示范项目"、广州市"广州白云机场三期扩建工程（航站楼指廊）"中示范应用。

六、社会效益

工程建造领域引入新一代信息技术，通过跨界融合创新，形成数据驱动的工程建造质量追溯成套技术，通过数据的深度分析和挖掘，能够更准确地掌握工程建造的各个环节和细节，从而发现并解决潜在的质量问题。这不仅有助于减少工程质量事故的发生率，还能够提升工程的使用寿命和性能稳定性。工程建造质量追溯领域引入区块链技术，通过理念、方法、工具、标准、管理模式的创新，将有助于提高工程建造整个供应链的透明度与管理质量，提升建筑全生命期管理水平，同时也助力中国建筑业走向国际市场、践行国家"一带一路"倡议。

硬岩地层地铁工程智能建造应用研究

完成单位：中国建设基础设施有限公司、中建青岛投资建设有限公司、山东大学

完成人：闫赫赫、余繁显、张波、肖禹航、李彪、宋浩天、王瑞睿

一、立项背景

城市地铁作为一种安全、快捷、高效、环保的交通形式，成为许多大城市解决交通问题的首要选择。然而，当前硬岩地层地铁施工中存在着 TBM 掘进参数与开挖爆破决策对人工经验过度依赖、地铁车站大跨度暗挖支护体系不完善的现状，易导致 TBM 掘进效率低、成本高，爆破超欠挖严重，施工风险高等问题，严重制约着施工进度和质量，极大地影响施工效益。

对此，本研究通过率先提出了基于多元约束与目标优化的 TBM 控制参数决策方法，基于构建高精度岩-机映射模型，将 TBM 机器限制和综合成本转换为掘进参数的约束和寻优，实现控制参数优化决策；并对地铁车站爆破参数及区间隧道掘进参数智能优化研究，明确了隧道炮孔布设机制，分析光面爆破效果关键表征指标，建立动态映射体系，构建了超欠挖数据智能预测模型；此外，通过引入深井预应力锚杆支护体系，实现快速安全施工，以此解决现场施工细度不足的问题，形成可在全国地下隧道网络建设工程推广应用的成套技术与方法体系，实现了硬岩地铁隧道的智能开挖、稳定控制和高效施工。

二、详细科学技术内容

研究内容一：率先提出了基于多元约束与目标优化的 TBM 控制参数决策方法，挖掘基于室内大模型试验与离散元数值模拟的 TBM 刀具破岩物理规律，提出了基于物理规律与数据挖掘的双驱动岩-机映射构建方法，建立了多子系统控制参数安全映射和 TBM 整机控制参数可行域，实现了城市地铁区间隧道 TBM 掘进参数智能优化。

1. 基于室内大模型试验与离散元数值模拟建立了 TBM 刀具破岩物理规律。

构建了 TBM 刀具破岩物理规律是建立岩-机映射关系优化与控制参数的有效方法。对此，采用颗粒离散元（PFC）数值模拟方法，模拟不同岩体条件下刀具破岩物理过程，同时开展了多块不同强度岩体的线性切割试验，探究了不同围岩强度与切割参数下的破岩切片形成规律与滚刀荷载变化规律。上述物理规律将作为先验信息引入数据挖掘方法中，为提升挖掘计算精度奠定了基础。见图 1。

2. 提出了基于物理规律与数据挖掘的双驱动岩-机映射构建方法

更为精确的岩-机映射关系是实现 TBM 控制参数优化的前提。采用现场拾取、筛分与监测等感知方法，提取了表征 TBM 岩渣与振动的关键指标，将其作为输入参数与已知物理量，用于 TBM 岩-机映射模型的构建过程中。将含滚刀破岩物理规律的岩-机映射关系作为约束引入深度神经网络的损失函数当中，以减弱由异常数据样本对模型精度造成的负面影响，进而基于物理规律与数据挖掘双驱动的 TBM 岩-机映射关系。该映射关系将被作为目标函数或约束条件用于构建 TBM 控制参数优化方法。见图 2。

3. 建立了多子系统控制参数安全映射和 TBM 整机控制参数可行域

利用已建立的双驱动岩-机映射，以青岛地铁隧道 TBM 的刀盘推力、扭矩及出渣量等多个子系统的指标额定值为依据，分别构建多个用于检验控制参数合理性的约束条件，据此进一步提出了控制参数可行域。该可行域可在已知岩体参数的前提下，得到满足各子系统正常工作的控制参数。见图 3。

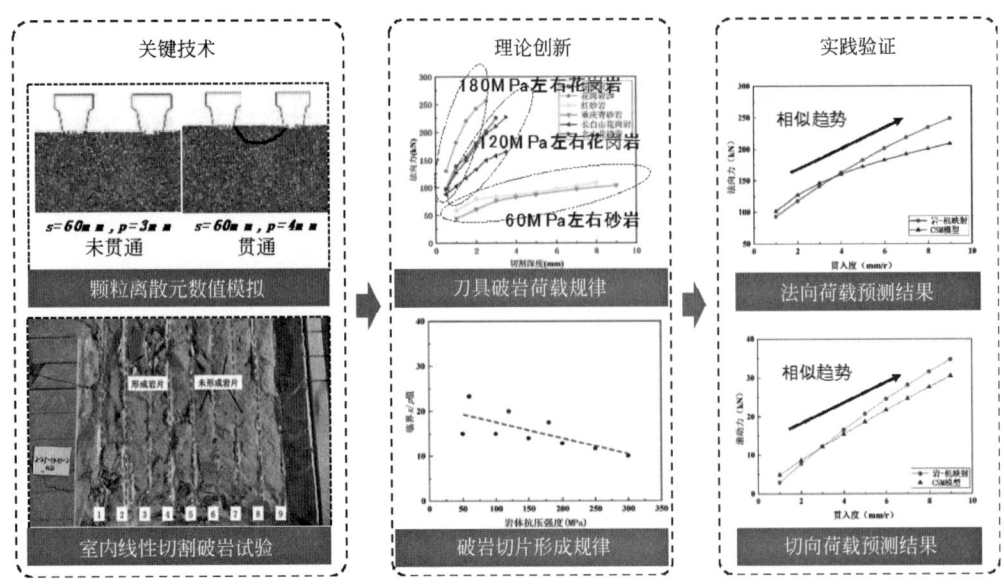

图 1　TBM 刀具破岩物理规律及验证

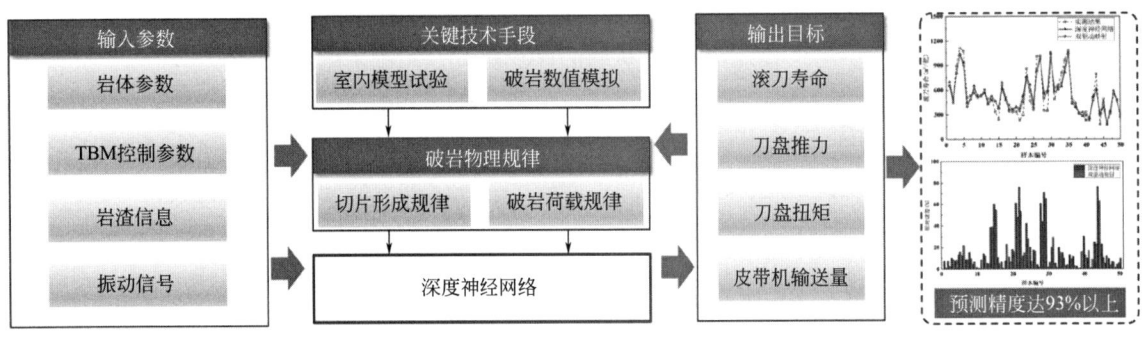

图 2　双驱动 TBM 岩-机映射构建方法

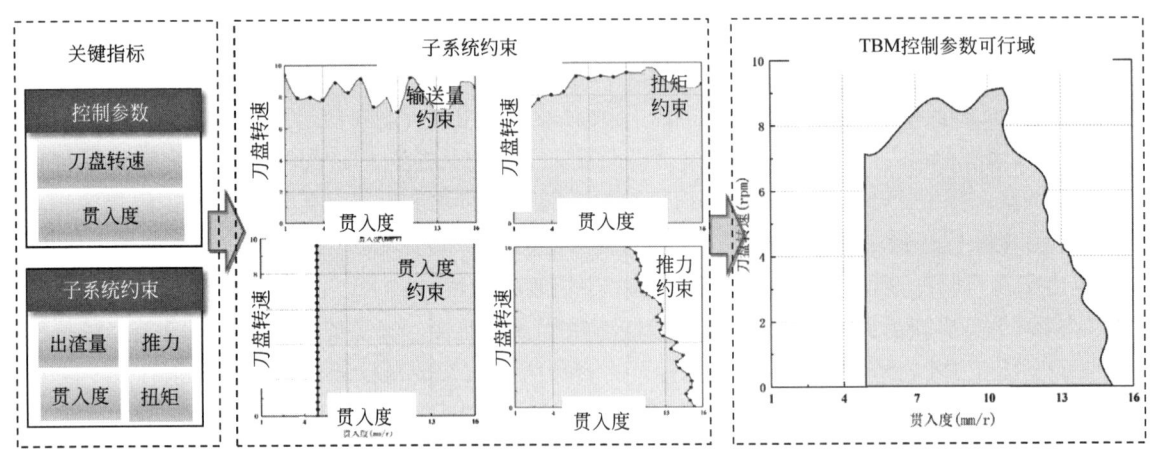

图 3　TBM 控制参数可行域

4. 提出了城市地铁区间隧道 TBM 掘进参数智能优化方法

基于多元约束与目标优化的 TBM 控制参数决策方法是优化 TBM 控制参数的可行思路。对此，利用已构建的岩-机映射，构建了以包含掘进速度与刀具寿命在内的 TBM 掘进成本为综合优化目标，进一步建立了不同岩体条件下综合优化目标与控制参数间的映射关系；进而在贯入度与刀盘转速的可行域范围内进行寻优，得到掘进成本最低时对应的控制参数组合作为参数优化结果。见图 4。

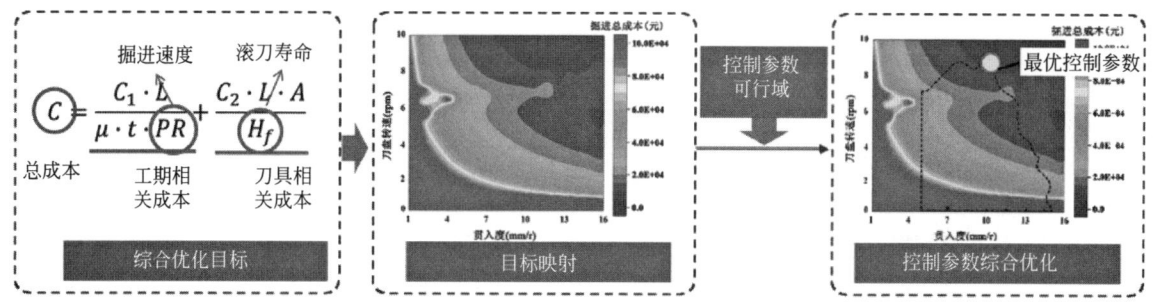

图 4 TBM 控制参数智能优化方法

研究内容二：针对钻爆隧道爆破精准成型，明确了不同轮廓线类型隧道炮孔布设机制与装药量匹配算法，研发了多类型隧道爆破智能设计平台，配套了移动端工程交底程序，实现了隧道爆破方案的智能与快速设计；分析了隧道光面爆破效果关键表征指标，建立了岩石回弹值、爆破方案和超欠挖点云数据的动态映射体系，研发了超欠挖数据智能预测模型，实现了隧道爆破精细控制。

1）系统开展了多类型隧道光面爆破方案收集，分类型提取掌子面炮孔位置数据，得到了隧道光面爆破炮孔位置模型。

2）参考了爆破方案正向设计，建立了多类型隧道爆破智能设计平台，配套了移动端工程交底程序。

参考了爆破方案正向设计流程，确定了炮孔装药量、起爆顺序等关键指标，明确了多类型隧道爆破智能设计平台核心功能，采用平台云服务、3D 可视化等手段建立了多类型隧道智能设计平台，配套了移动端工程交底程序，在双子山隧道、马鞍山隧道、青岛地铁石山路段等复杂隧道成功应用。见图 5。

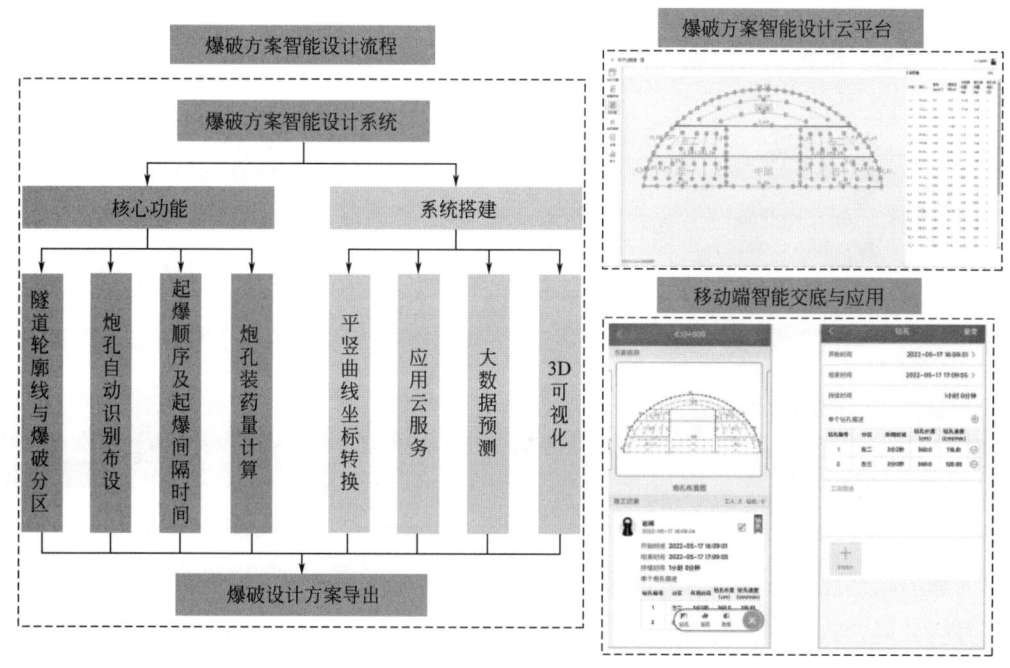

图 5 隧道爆破智能设计平台

3）收集了爆后隧道超欠挖数据，搭建了岩石回弹值、爆破方案、点云数据动态映射体系，采用 BP 神经网络迭代训练，建立了超欠挖数据智能预测模型，有效解决了爆破精准成型问题。见图 6。

研究内容三：首次在城市轨道交通领域引入了预应力系统锚杆，采用新材料预应力锚杆（NPR 锚杆），开挖过程中进行主动支护，同时补充了主动支护锚杆体系产品，减少了开挖过程中的坍塌事故，提高了施工效率。在大跨度暗挖车站主体施工中创建了多种联合支护体系，取代了传统的小断面门式钢架进洞体系，显著提高了施工效率，降低了安全风险，节约了施工成本，同时也解决了大跨度暗挖施工

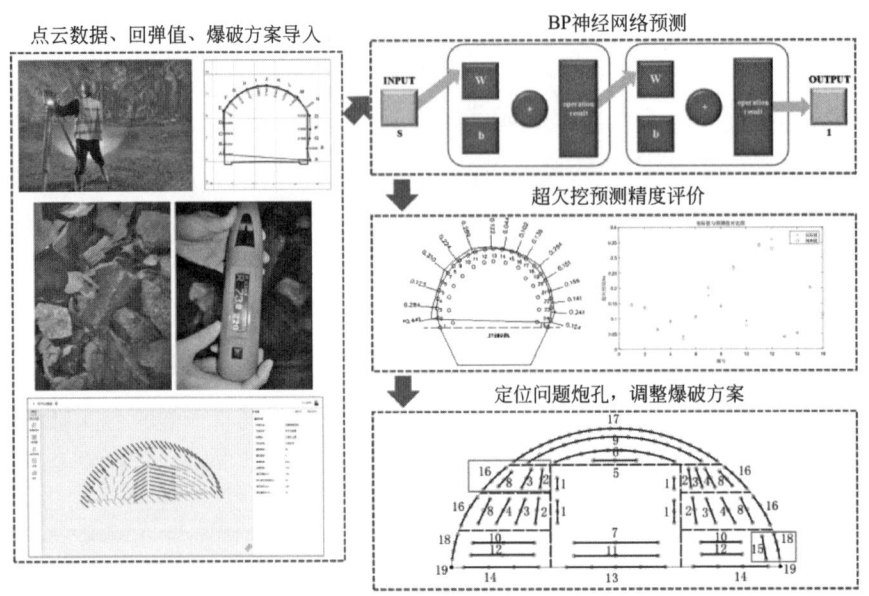

图 6　超欠挖数据智能预测模型

困难的问题。

1. 采用新材料——预应力锚杆

充分地发挥围岩的承载能力，更快地对围岩施加应力，减少开挖过程中的坍塌事故且对周围环境影响较小，而且更加节省时间，加快施工进度。通过工程类比，数值模拟分析优化拱盖支护参数，将二衬拱盖优化为初支拱盖，拱部 CD 法开挖优化为台阶法开挖。见图7。

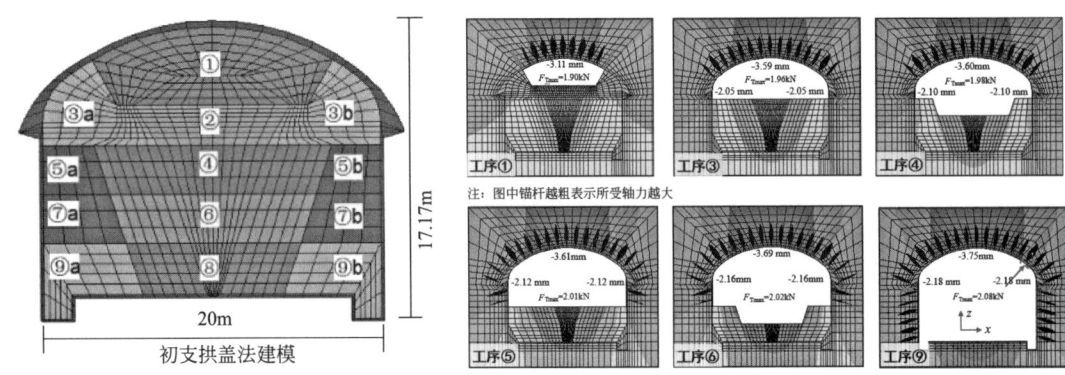

图 7　初支拱盖法支护分析

针对浅埋硬岩暗挖隧道小微变形特点，采用了以拉应力区、塑性区、安全系数为主要分析指标的数值计算分析方法开展参数设计。通过材料性能比选，工效对比，从效用和施工等方面考虑，采用新型预应力锚杆取代中空锚杆，减少拱部锚杆作业量，发挥主动支护效应。新方案通过预紧力使工程更安全，拱架、锚杆材料用量减少约40%，每站工期缩短4个月，更环保，更经济。引入预应力系统锚杆，充分发挥了主动支护效应，实现了暗挖大断面隧道的快速建造。见图8。

2. 创新性地采用了预应力锚杆＋格栅钢架＋网喷混凝土联合支护体系

创新性地采用了预应力锚杆＋格栅钢架＋网喷混凝土联合支护体系，具有施工工序简单、施工难度小、拱架间距大等优势；同时，取消了大跨度中的竖向支撑，减少支撑安装拆除时间，加快施工进度，并且减少施工难度，因此施工效率更高。与传统门式钢架支护法相比，极大地节约了型钢、钢筋及混凝土用量，同时后期拆除钢筋混凝土结构量较少，施工成本降低。见图9。

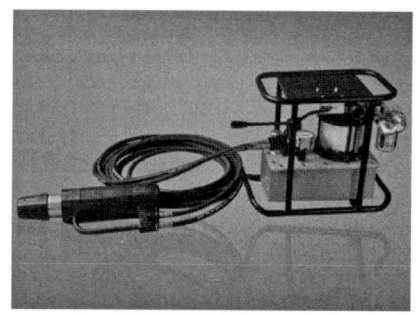

图 8　预应力锚杆及施工设备

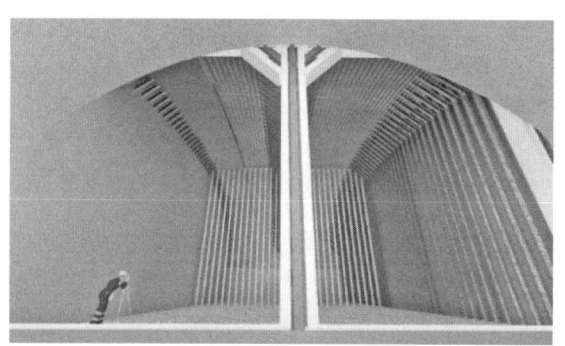

图 9　传统设计与施工情况

3. 主体挑高段进车站正线马头门施工，创新采用了超前小导管（管棚）＋受力转换钢拱架＋格栅钢架＋网喷混凝土的联合支护体系

挑高段进车站正线马头门位置，小导管（管棚）施工完成后，架设外侧 3 榀型钢钢架＋内侧 2 榀格栅钢架作为转换托梁；3 榀型钢钢架之间采用钢板连接，型钢钢架顶部与接口段初支格栅预埋件钢板采用楔形钢板焊接；型钢钢架内侧联立 2 榀车站主体格栅钢架，与型钢钢架采取可靠连接；钢架固定完成后，喷射混凝土，从而形成完整的受力转换体系。本体系整体取代国内外大跨度暗挖车站采用的传统门式钢架体系，显著提高了施工效率，降低了安全风险，节约了施工成本。见图 10。

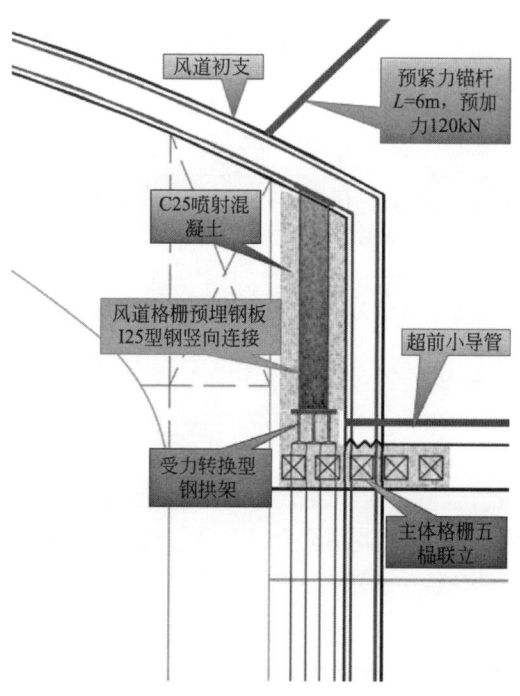

图 10　联合支护体系示意图

三、发现、发明及创新点

针对硬岩地铁隧道施工过程中 TBM 掘进参数依赖人为经验和爆破法超欠挖严重的难题，建立了掘进机长距离多变硬岩掘进参数智能优化方法和爆破成型质量参数智能优化方法，形成了成套关键技术、装备及工法，实现了硬岩地铁隧道智能开挖、稳定控制与高效施工。项目的主要创新点归纳如下：

1）率先提出了基于多元约束与目标优化的 TBM 控制参数决策方法，通过收集分析了施工过程中各种监测数据及掘进机械设置参数，研究了岩机相互作用规律，提出了智能算法，构建了数据容量大、适应性强、实用性好的掘进机智能辅助决策大数据平台，实现了最小破岩比能、最优掘进速度进行安全、快速的掘进。

2）针对钻爆隧道爆破精准成型，明确了不同轮廓线类型隧道炮孔布设机制与装药量匹配算法，研发了多类型隧道爆破智能设计平台，配套了移动端工程交底程序，实现了隧道爆破方案的智能与快速设计；分析了隧道光面爆破效果关键表征指标，建立了岩石回弹值、爆破方案和超欠挖点云数据的动态映射体系，研发了超欠挖数据智能预测模型，实现了隧道爆破的精细控制。

3）首次在城市轨道交通领域引入了预应力系统锚杆，采用新材料预应力锚杆（NPR 锚杆），开挖过程中进行主动支护，同时补充了主动支护锚杆体系产品，减少开挖过程中的坍塌事故，提高了施工效率。在大跨度暗挖车站主体施工中创建了多种联合支护体系，取代了传统的小断面门式钢架进洞体系，显著提高了施工效率，降低了安全风险，节约了施工成本，同时也解决了大跨度暗挖施工困难的问题。

四、与当前国内外同类研究、同类技术的综合比较

较国内外同类研究、技术的先进性在于以下三点：

1）掘进机长距离多变硬岩掘进参数智能优化研究提出了基于物理规律与数据挖掘的双驱动岩-机映射构建方法，建立了多子系统控制参数安全映射和控制参数可行域，实现了 TBM 掘进参数的智能优化。同类研究及同类技术仅从模型试验或现场数据挖掘单方面进行掘进参数优化，精确度和全面性不足。

2）多轮廓类型隧道爆破参数智能优化研究明确了不同轮廓线类型隧道炮孔布设机制，提出了隧道光面爆破炮孔位置计算公式，研发了多类型隧道爆破智能设计平台，建立了超欠挖数据智能预测模型，实现了爆破精准成型。同类研究及技术多集中于露天采矿工程领域，仅适配特定工程；仅考虑炮孔布置或爆破振动，未考虑现场工人实际作业情况，存在设计简单而落地难的问题。

3）大跨度暗挖车站主动支护应用研究首次在城市轨道交通领域引入了预应力系统锚杆，采用了新材料预应力锚杆（NPR 锚杆），开挖过程中进行主动支护，同时补充了主动支护锚杆体系产品，减少了开挖过程中的坍塌事故，提高了施工效率。在大跨度暗挖车站主体施工中创建了多种联合支护体系，取代了传统的小断面门式钢架进洞体系，显著提高了施工效率，降低了安全风险，节约了施工成本，同时也解决了大跨度暗挖施工困难的问题。同类研究及技术多大多采用传统锚杆施工工艺及支护方式，施工难度大、安全风险高、施工效率低。

五、第三方评价、应用推广情况

1. 第三方评价

2024 年 5 月 25 日，中国城市轨道交通协会专家和学术委员会在北京主持召开了"地铁硬岩开挖与掘进智能化控制关键技术及应用"科技成果评价会。专家组认为，该研究成果具有创新性，总体技术达到国际先进水平，具有推广应用价值。

2. 推广应用

成果在青岛、杭州、济南等多个城市地下隧道工程中就得到了快速推广应用，产生了巨大的经济效益，部分用户还出具了使用情况的反馈意见，均给予了很高的评价。

技术的应用得到了中国网财经、北京青年报官网、大众日报、青岛新闻网等多家新闻媒体的争相报道，报道中对提高施工效率方面的作用予以了充分肯定。

六、社会效益

1）项目建立了基于多元约束与目标优化的 TBM 控制参数决策方法建立了多子系统控制参数安全映射和 TBM 整机控制参数可行域，推动了 TBM 向智能化方向发展的技术革新。

2）项目建立了多类型隧道爆破智能设计平台，配套了移动端工程交底程序，建立了超欠挖数据智能预测模型，可优化爆破设计方案，推动了地下工程爆破领域的技术创新。

3）通过本项目的实施，突破了 TBM 法掘进参数智能优化和钻爆法超欠挖及高质量成型，实现了地铁硬岩开挖与掘进的安全高效施工，提供了宝贵的施工经验，值得进一步推广与应用。

4）首次在城市轨道交通领域中引入使用了煤矿巷道的预应力锚杆支护体系，打破了行业壁垒，创建了多种主动联合支护体系，形成了大跨度暗挖车站主动支护关键技术，推动了地下工程开挖支护领域的发展。

5）通过本项目的研究，为企业、科研院所等培养了大批理论水平高、实践能力强的科研和专业技术人员，储备了大量人才。

西安地铁穿越敏感区域绿色建造关键技术创新与实践

完成单位：中建丝路建设投资有限公司、中建八局轨道交通建设有限公司、西安建筑科技大学、中国建筑第六工程局有限公司

完成人：令狐延、陈　锟、张玉军、韦晓霞、阮　雷、朱湘旭、张玉伟

一、立项背景

随着地铁建设的发展，我国逐步修建了大量的水下盾构隧道，并积累了大量工程经验。当前，盾构法水下隧道施工通常采用泥水平衡盾构，施工过程中需要充足场地设置泥浆池及相应的配套设备，然而与大直径盾构穿越大型河道、湖泊等富水地层不同，地铁盾构在下穿城市核心区的景区大型景观水域过程中，不单单需要考虑如何在富水砂层条件下如何完全快速进行盾构穿越施工、联络通道暗挖施工，同时还要考虑到诸多生态保护方面的不利因素影响：

（1）大型景区内可利用施工场地狭小且极为有限，无法满足泥浆池及配套设施场地需求；

（2）盾构施工中所产生的泥渣，因处在城市核心区地理位置内，流塑状态渣土在外运所中会产生的遗洒、扬尘等环境问题，同时外运成本的问题也更加敏感；

（3）在景区大型景观水域盾构同步注浆对水源的污染问题也同样不容忽视，由于盾尾间隙被地下水充填，极易造成同步注浆作业时普通注浆浆液的离析、胶凝材料流失等问题，在对管片上浮控制难度增大的同时，流失的胶凝材料还会污染景区水域，对生态环境产生严重影响。

因此，在景观水域进行区间穿越施工，不但需要考虑如何安全快速穿越本身的施工技术，更需要关注寸土寸金的施工场地、施工过程中的水体保护、景区既有构（建）筑物的沉降控制，以及盾构泥渣外运的环境影响，同时渣土运输耗费大量人力、物力也是需要考虑的重要因素。从现有成果来看，在地铁盾构穿越既有景观水域方面，多集中在下穿施工参数优化、渣土改良方面，而对绿色施工方面鲜有提及。

鉴于此，本课题成果从绿色、环保、低碳的"双碳"战略为理念，通过分析现有盾构下穿富水砂层大型景观水域所存在的问题，分别从传统土压平衡盾构机的技术改造、掘进保水微扰动、渣土资源化利用、管片抗浮绿色施工、冻结法暗挖施工等多种途径，实现地铁隧道绿色建造技术，积极践行"双碳"战略，相应研究成果可为类似地层施工提供有力参考，创造更大的经济效益和社会效益。

二、详细科学技术内容

1. 基于地铁穿越城市敏感区域施工扰动机理的地层沉降控制技术

创新成果一：基于 Peck 法和随机介质理论的地表沉降预测方法

引入 Peck 法中地层损失的概念，结合随机介质理论，建立一种基于 Peck 法和随机介质理论的地表沉降预测方法，根据地层沉降预测提出针对性控制对策。

创新成果二：盾构穿越城市敏感性地层沉降综合控制技术

创新提出富水敏感性地层施工层面滞留水封堵控制、降水引起地表沉降控制、盾尾漏水漏浆的设备改造的综合控制技术。见图 1。

2. 地铁穿越城市富水敏感区土压平衡微扰动施工技术

创新点一：土压平衡盾构螺旋机筒体磨损预警与快速修复施工技术

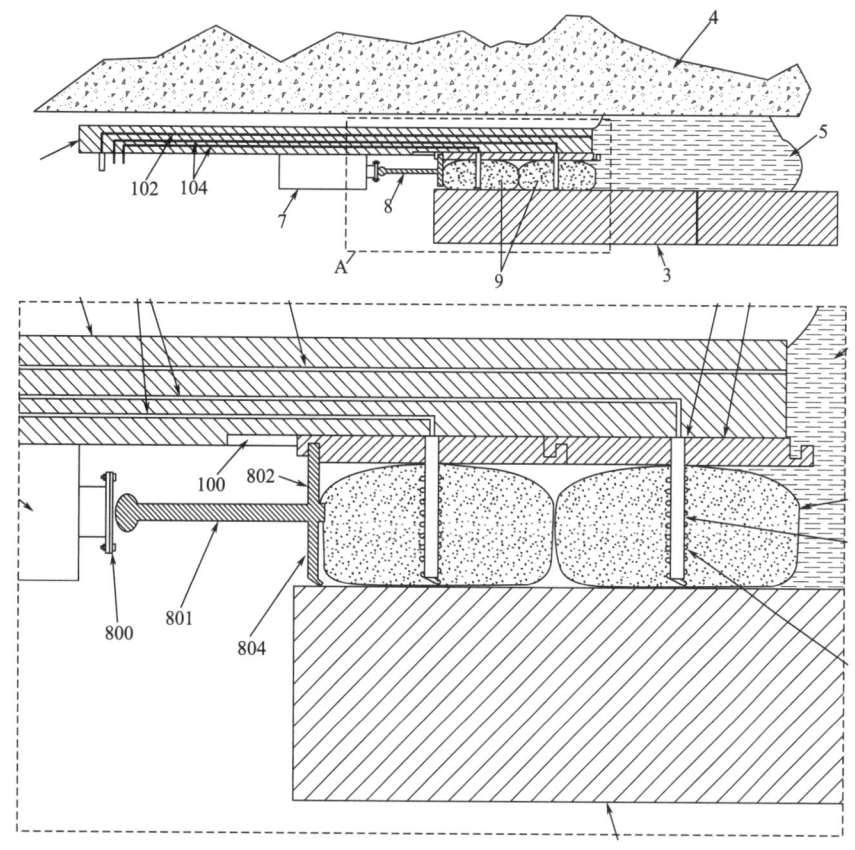

图 1 充气盾尾密封装置

针对富水砂层条件下螺旋机筒体因磨损量过大修复困难的问题，提出螺旋机筒体磨损预警与快速修复施工技术，可实现螺旋机筒体内壁磨损过大时的信号预警功能，具有筒体磨损提前预警、筒体磨损的快速修复、筒体修复质量显著提高的优点。见图 2。

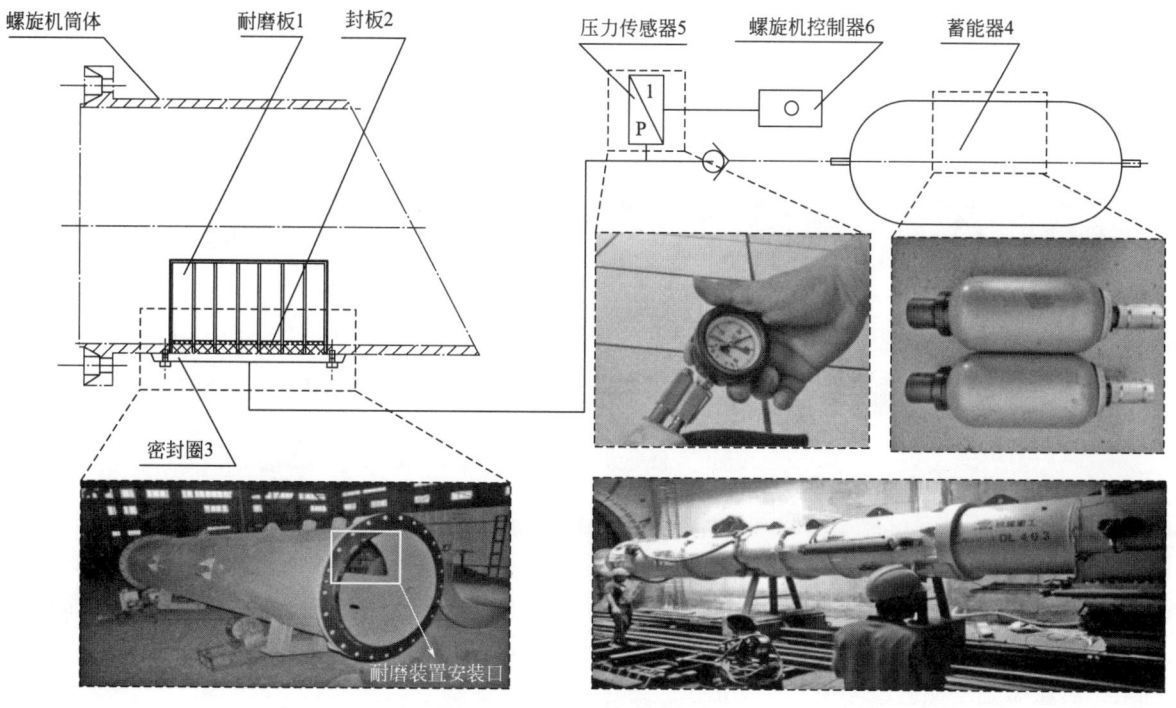

图 2 预警与快速修复技术

创新点二：土压平衡盾构保水微扰动施工技术

基于对富水砂层盾构的试验积累，提出"渣土改良、参数优化、泄水降压、双液浆止水环、停机保压"的盾构保水微扰动施工技术，确保了富水砂层盾构施工安全，同时确保了既有河（湖）床及其他构（建）筑物结构的稳定。见图3。

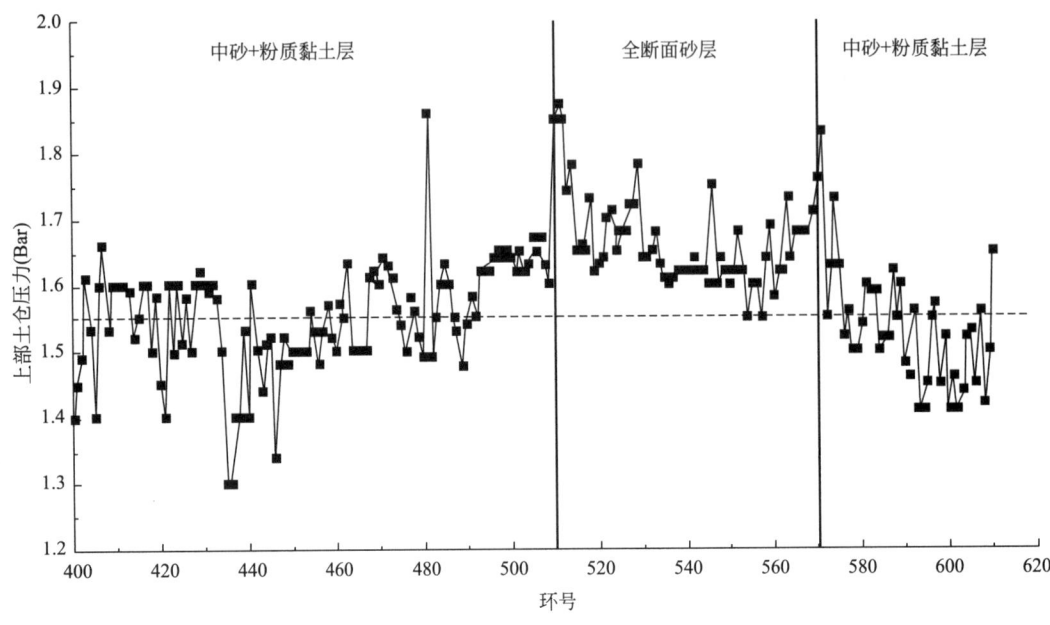

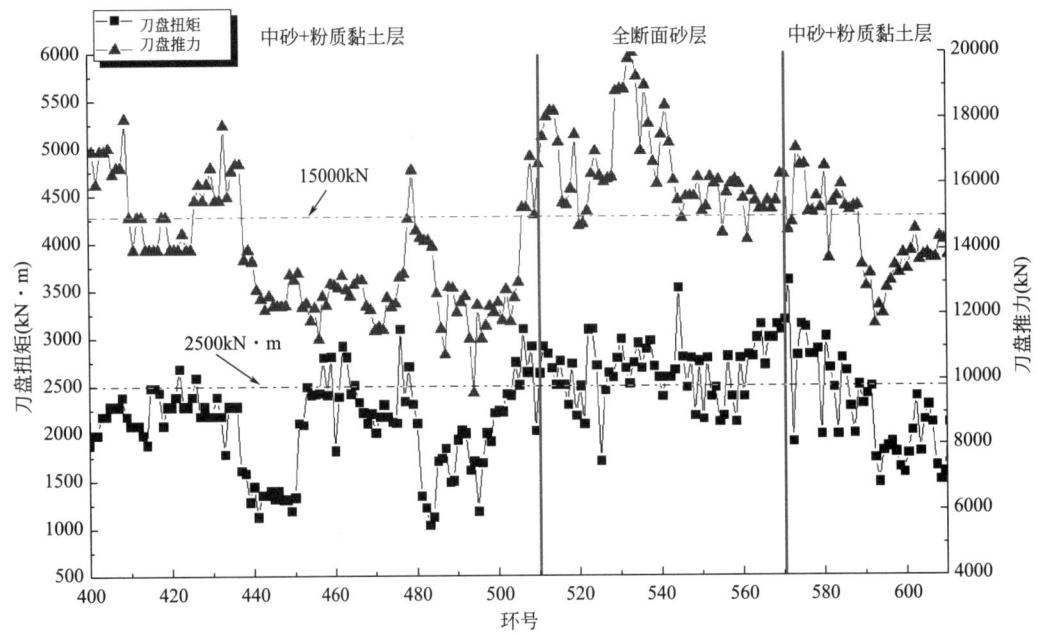

图3　掘进参数与地层关系图

创新点三："管片自抗浮＋时间可控抗水分散注浆"动态盾构管片抗浮施工技术

针对富水环境下盾构管片盾构管片脱环后上浮迅速、上浮量大且不易控制的问题，通过自研采用气囊膨胀控制盾构隧道管片上浮的施工技术，并结合时间可控的盾构抗水分散同步注浆浆液及配制方法，提出了"一环气囊、三环注浆、放气补浆"的动态盾构管片抗浮绿色施工技术，在保证管片精准抗浮的基础上，真正做到了绿色、环保。见图4。

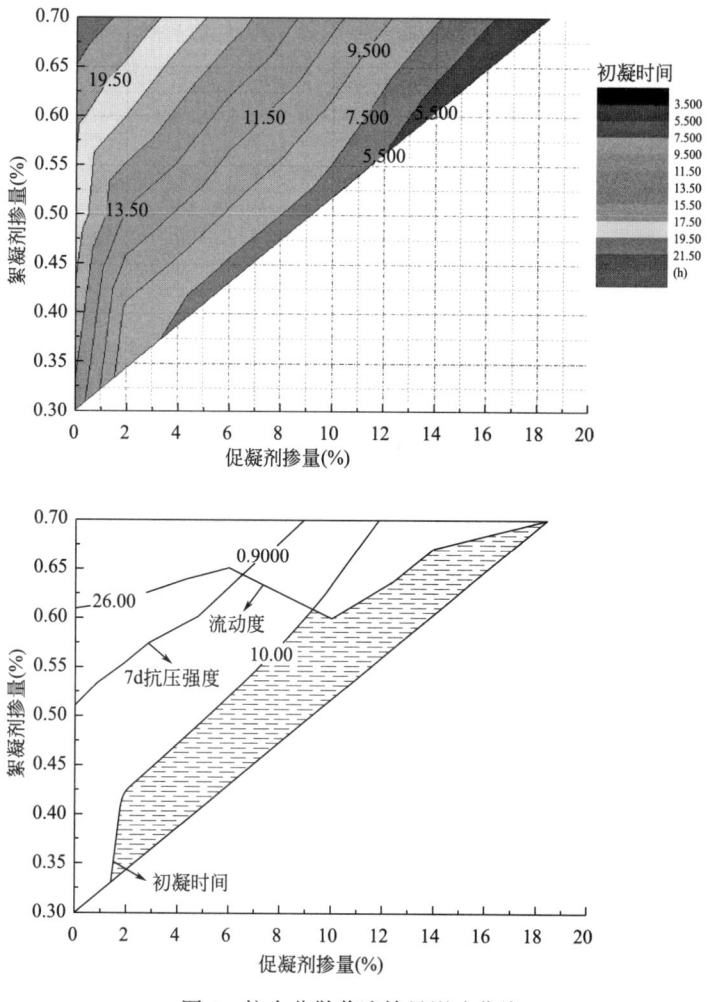

图4　抗水分散浆液掺量影响曲线

3. 盾构弃渣资源化利用关键技术

创新点一：富水环境下盾构渣土全过程高效脱水技术

针对富水敏感景观区环境下场地狭小，无法满足常规泥浆处理技术的使用条件，以盾构渣土最大的脱水效率、最大限度地节地为原则，提出"渣池脱水＋车载挤压脱水"两阶段盾构渣土脱水技术，大大节省渣池用地。见图5。

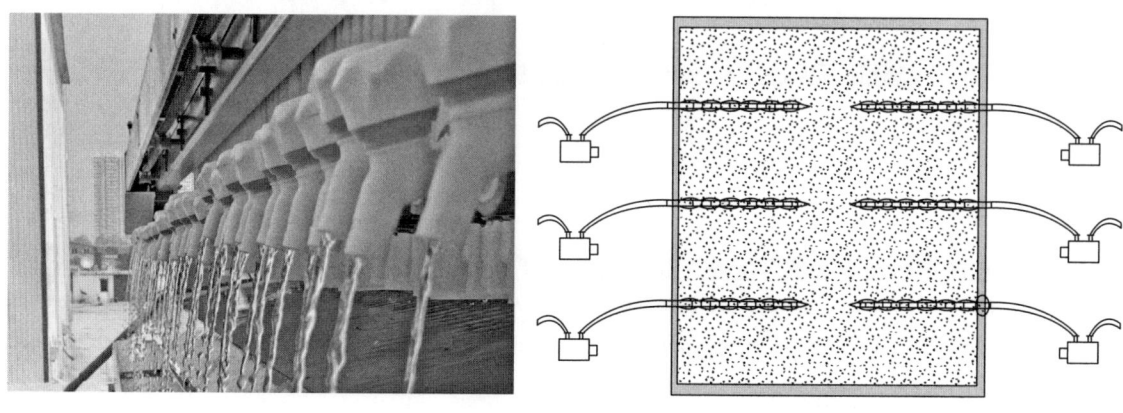

图5　"渣池脱水＋车载挤压脱水"两阶段盾构渣土脱水技术

创新点二：盾构渣土脱水条件下资源化利用技术

引入"渣土脱水→渣土固化剂改良→资源化利用"新思路，通过正交实验法开展不同性质的固化剂配方改良及提升，在两阶段盾构渣土脱水技术基础上，提出一种利用脱水盾构渣土制备的高强免烧砖，并能降低传统免烧压结砖的制造成本，具有很好的经济效益和环境效益。见图6。

图 6　脱水盾构渣土制备的高强免烧砖

4. 临近基坑降水扰动条件下联络通道冻结法施工关键技术

基于联络通道与铺轨交叉施工的便捷性要求，提出了"一站两供三机"的冻结站布置方式，在满足供冷的同时，实现左线开挖右线铺轨的交叉施工要求，有效地减小了传统条件下交叉施工对关键工期的影响，也保证了联络通道结构的稳定和成型质量。见图7。

图 7　联络通道开挖施工

三、发现、发明及创新点

1) 明确了地铁穿越城市敏感区域施工扰动机理，建立了考虑施工扰动的地层沉降计算方法。

2) 提出了敏感地层土压平衡盾构适应性机械改造方法，形成了土压平衡盾构保水微扰动施工技术。

3) 提出了"渣池脱水＋车载挤压脱水"两阶段盾构渣土脱水技术，研制了渣土改良配比方案，有效解决了盾构渣土资源化利用问题。

4) 探明了富水砂层联络通道冻结法温度场时空演化规律，提出了适用于富水砂层的冻结法施工技术，在西安地铁首次成功应用。

5）项目成果共授权发明专利 8 项、实用新型 3 项、获批省级工法 2 项、发表论文 7 篇；获得陕西省建设工程科学技术进步一等奖，同时培养了专业技术人才 30 余名。通过本成果的实施，依托项目先后获得陕西省绿色施工科技示范工程、"中建杯"优质工程金奖、国家优质工程奖等诸多奖项。

四、与当前国内外同类研究、同类技术的综合比较

较国内外同类研究、技术的先进性在于以下五点：

1. 基于土压平衡盾构下穿景区富水地层适应性机械改造方法

1）螺旋机筒体磨损预警与快速修复施工技术为本项目首创，经过西安地铁盾构工程实践验证，技术已发展成熟，并获得省级工法证书，为国内领先技术；

2）盾构始发及接收盾尾气囊密封技术为本项目首创，可有效解决传统盾尾刷＋油脂密封技术在泥浆压力大以及管片发生错位时容易失效问题，获得国家发明专利。

2. 浅埋富水砂性地层土压平衡盾构保水微扰动施工技术

相关研究成果多集中于盾构下穿施工的安全质量技术保障，对地上既有环境影响方面研究较少。本成果着重从水体保护、既有构（建）筑物绿色和谐的角度出发，提出的保水微扰动关键技术为国内先进水平。

3. 盾构渣土脱水→渣土固化剂改良→资源化利用技术

当前，盾构渣土资源化利用主要集中于砂、土分离，提取可利用部分资源；或是采用通过添加机制砂、建筑垃圾的制砖路线。本技术优势在于：从渣土高效堆放、高效外运、直接资源化利用的全过程流程考虑，提出渣土外运成本最低化、制砖渣土预处理最简化的新方案，并获得国家专利，可实现企业的降本增效。本技术属于国际领先水平。

4. "管片自抗浮＋时间可控抗水分散注浆"的抗浮绿色施工技术

本技术充分利用气囊膨胀抗浮速度快的特点，同时兼以抗水分散同步注浆耐久性好、浆液不离析、快速凝结的特点，在有效保护水资源的同时，实现了管片快速、绿色抗浮的目的，并获得国家发明专利，本技术属于国际领先水平。

5. 富水砂层联络通道冻结法施工技术

传统冻结法仅从开挖安全性角度考虑技术参数，本技术在考虑技术参数基础上，实现与铺轨交叉施工的冻结站配置方案。

本技术通过国内外查新，查新结果为：在所检国内外文献范围内，未见有相同报道。

五、第三方评价、应用推广情况

1. 第三方评价

2024 年 4 月 17 日，陕西省建筑业协会在西安组织专家对课题成果进行评审。专家组一致认为，项目研究成果总体上达到了国际先进水平。

2. 推广应用

本课题成果于 2019 年 6 月～2020 年 1 月在西安地铁十四号线盾构穿越奥体灞河景区成功运用，并于 2022 年获得陕西省绿色施工科技示范工程证书，2023 年先后获得"中建杯"金奖及国家优质工程奖；2022 年 5 月～2022 年 12 月成果在西安地铁八号线盾构穿越曲江池遗址公园景区（5A 级景区）应用，并分别获得住房和城乡建设部、陕西省住房和城乡建设厅绿色施工科技示范工程项目立项。

六、社会效益

本成果的应用，确保了西安地铁十四号线创下了开工到开通运营 34 个月的全国最快纪录，且未发生环保舆情事件，作为十四届全运会重点配套工程，十四号线的如期竣工通车，也标志着中国建筑圆满完成一项重大政治任务。同时，随着八号线曲江池西站～曲江池·寒窑站区间的贯通，顺利实现了盾构

施工与遗址公园正常开放的和谐局面，承载了中国建筑的重大政治责任，进一步彰显了中建集团的企业实力与企业担当，产生了良好的社会效应。

通过两个项目的成功实施，不但显示了中国建筑集团先进的施工技术水平和科技管理水平，公司的综合水平大幅提升，竞争能力全面提高，还有力地促进了中国建筑集团在西安轨道交通市场形成与"两铁"三足鼎立的市场格局，对中国建筑集团持续拓展西北城市轨道交通市场具有重大的战略意义。

全装配式钢-混凝土混合框架结构体系研究与实践

完成单位：中国建筑第八工程局有限公司、上海中建东孚投资发展有限公司

完成人：亓立刚、马明磊、陈越时、张士前、阴光华、华晶晶、雷　克

一、立项背景

大力推广装配式建筑是我们建筑工业化转型升级的重要战略，近期多地出台政策规定或鼓励公共建筑项目采用装配式建筑，装配式公共建筑市场潜力巨大。公共建筑一般采用框架结构，目前常用的装配式框架体系包括装配式混凝土框架结构和装配式钢框架结构。然而，上述体系存在各自的不足：装配式整体混凝土框架结构现浇量大，同时施工时需要大量支撑和模板。装配式钢结构施工效率高，但较高的成本制约着这种体系的发展。

基于上述因素，装配式钢-混凝土混合框架结构体系近年来得到越来越多的关注。钢-混凝土混合框架采用预制柱-钢梁组合的形式，可以充分发挥两种材料的优势，降低成本并提高施工效率。目前，国内外公司已开展针对此类技术的研发，包括日本大成建设以及国内的中建科技和潍坊昌大。

日本大成建设对于此类节点连接技术有着充分的研究，目前已经进行了大规模的商业应用。但日本在设计中没有考虑组合梁效应，导致节点经济性不佳；中国建筑集团科技体系采用了预制柱和节点区一体化预制的方法来规避节点区出牛腿的预制构件生产问题。但是，此种构造节点内部仅依靠钢筋传力，节点适用性差；同时，节点处还需要再安装钢牛腿之后再进行钢梁安装，构造复杂，未能有效提高施工效率。潍坊昌大在节点区采用了钢牛腿外伸的构造，便于与钢梁的连接，但该节点的工业化水平较低、现场工作量大，不建议进行研究推广。

综上所述，装配式钢-混凝土混合框架结构体系还存在诸多问题：

（1）缺乏符合我国国情的新型高效建造混合框架结构体系，现有体系具有现场工作量大、工业化水平不高、节点施工难度大等缺点。

（2）尚未形成装配式钢-混凝土混合框架体系的成套计算设计方法，特别是缺乏对组合梁效应的考虑，导致该类型的结构体系经济性较低。

（3）针对复杂异形构件生产过程中的模板及生产技术研究较少，尚未形成专用的模板体系、定位方法及高精度的验收手段。

（4）目前，现有的混合框架体系施工多采用传统的工具和施工方法，施工质量和精度主要依靠人力判断，效率不高。

二、详细科学技术内容

1. 新型全装配式钢-混凝土混合框架结构体系

创新成果一：免模板免支撑钢-混凝土混合框架结构体系

研发了一种新型全装配式钢-混凝土混合框架结构体系，梁柱节点全预制，施工效率高，采用钢筋桁架楼承板，实现免模免支撑。柱和节点可单独预制，也可整体预制为一个构件。

创新成果二：高效节约节点连接构造

研发新型节点连接形式，采用十字形钢骨构造，提升钢梁的锚固性能以及对于不同梁截面的适应性；研发梁端负弯矩区组合梁构造，通过组合效应节约钢梁用钢量5%～10%。见图1。

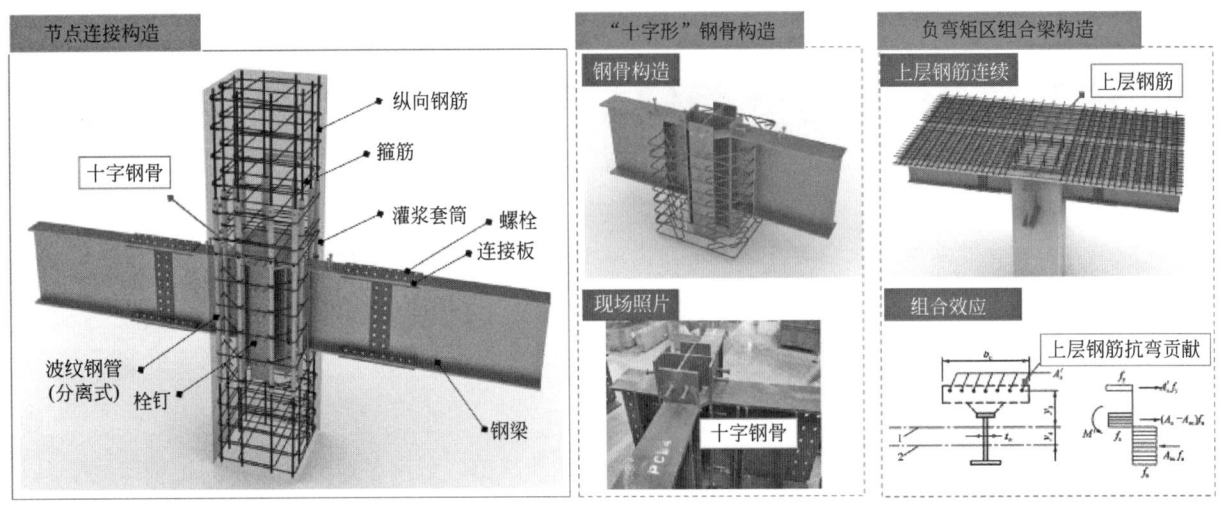

图 1　节点连接构造

创新成果三：分离式节点波纹管连接技术

预制节点中竖向预埋有金属波纹管，构件制作完成之后会在预制节点内部形成竖向孔洞。下部预制柱中的竖向钢筋可以穿过预制节点，之后进行灌浆作业，使得预制节点和预制柱形成整体。采用波纹管灌浆连接具有施工简便、质量易于保障的特点，更加适用于高空作业。见图 2。

1. 安装预制节点　　2. 安装钢梁，节点波纹管灌浆　　3. 安装钢筋桁架楼承板　　4. 楼板浇筑　　5. 安装上层预制柱并灌浆

图 2　分离式节点波纹管连接技术

2. 全装配式钢-混凝土混合框架结构体系设计方法

创新成果一：节点连接设计关键技术

依据《组合结构设计规范》JGJ 138—2016 和《装配式混凝土结构技术规程》JGJ 1—2014，建立节点抗剪承载力和接缝抗剪承载力计算方法，提出波纹管连接的构造设计。见图 3。

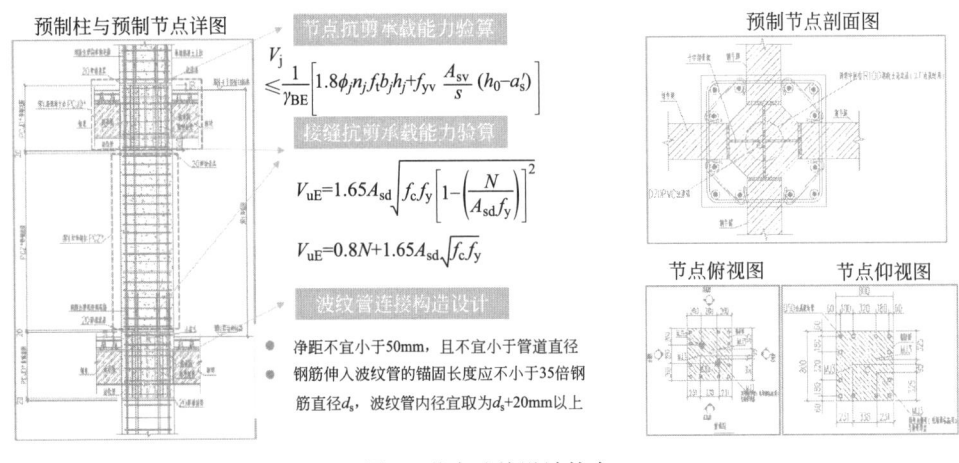

图 3　节点连接设计技术

创新成果二：灌浆波纹管连接预制柱抗震性能试验和节点抗震性能试验

借鉴并行工程管理思路，建立并行团队，在建设过程中业主、设计、施工、采购、供应商、服务、维保等各协作单位同时参与、高效决策、快速协调冲突，同时明确接口划分，检查接口一致性，最大限度地穿插平行施工，实现了应急工程的总体统筹、高效运行。

创新成果三：自动化设计软件

联合盈建科（YJK），研发了自动化设计软件，用户按照建模、前处理、计算、结果查看的流程进行操作，思路简单、明确。软件具有节点与组合梁参数化建模，自动分析计算和出图等功能，简化了设计工作量，同时保障了设计质量。

3. 全装配式钢-混凝土混合框架结构体系高精度生产技术

创新成果一：组合可调式预制构件精准定位技术

研发组合可调式预制构件精准定位模具，提升牛腿以及波纹管的安装精度。

当预制节点单独预制时，采用立式制作的方式。牛腿通过设置在侧面板上的定位孔进行定位，定位孔由组合四片钢板拼接而成；波纹管通过内衬有刚性圆管，通过底部定位柱定位。

当节点与预制柱整体预制时，采用横式制作的方式。当底部需要有牛腿伸出时，在模具底部设置底部定位孔进行定位。模具需要进行架空处理。当牛腿较短时，可以直接对于模具进行加高；当牛腿较长时，可在底部设置架体进行架高。见图4。

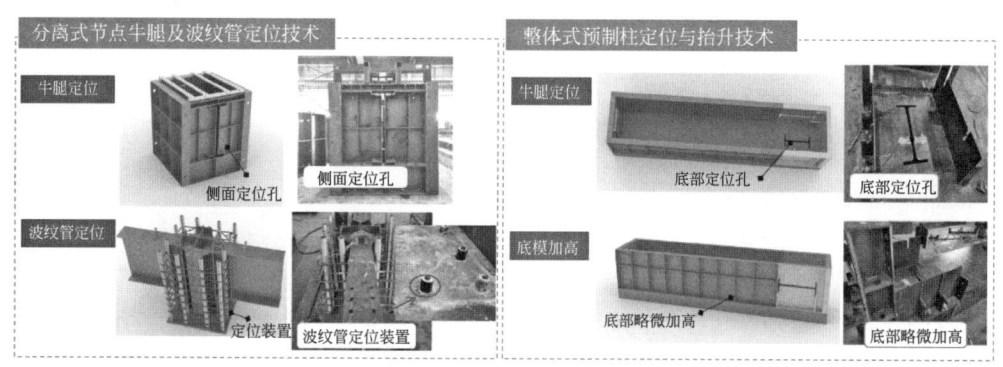

图4 高精度生产关键技术

创新成果二：箍筋接驳机械连接技术及装备

创新应用分阶段逆向设计方法，基于现有热轧型钢材料，先进行深化设计确定上部荷载，再进行基础设计，过程中插入材料采购；并运用EPC项目管理思维，充分结合现场的场地条件、施工部署、市场资源情况优化设计，真正实现了设计、施工、采购一体化。见图5。

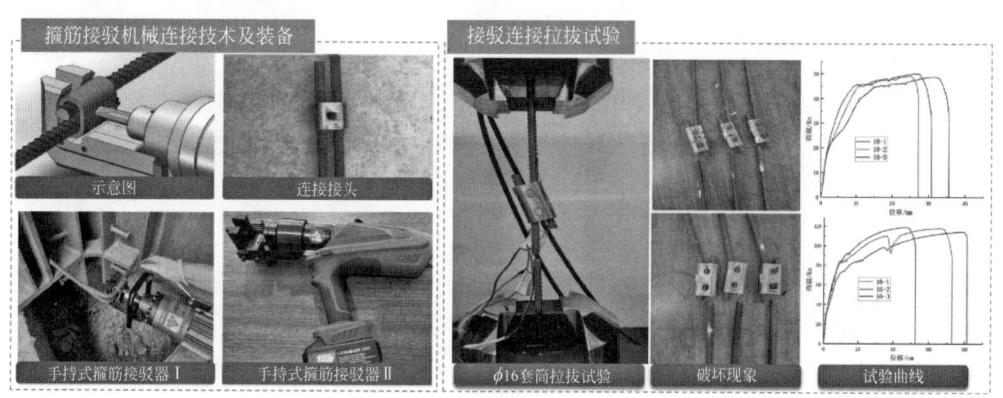

图5 箍筋接驳机械连接技术及装备

4. 全装配式钢-混凝土混合框架结构体系高效施工技术

创新成果一：转换层钢筋精准定位技术

项目研发了转换层钢筋精准定位技术，面向现浇向预制构件转换时预留钢筋精度要求高的需求，采用双层定位钢板，对于钢筋的间距及垂直度进行控制，确保预制柱的顺利安装；采用全站仪对钢板的整体位置进行定位，确保钢梁的顺利安装。

创新成果二：构件安装精度调节技术

针对钢梁安装的精度要求高的需求，通过工序进行调节，先安装钢梁，后进行灌浆，提升钢梁的容差；另外，对于标高，通过工装进行调节，预制节点（柱）的顶端预理有螺栓孔，可以安装螺栓进行预制构件标高调节，保障满足钢梁的安装需求。见图6。

图 6　构件安装精度调节技术

创新成果三：预制柱智能调姿技术及装备

采用气压控制及防扩散技术，用四道密闭措施使房间漏风量小于5％。在此基础上分区域逐级对通风系统进行调试，通过以新风为主、排风为辅的调试控制，满足负压梯度之间的值不小于5Pa，最终实现气流合理的组织与过滤排放。

创新成果四：智能套筒灌浆技术及装备

针对灌浆质量控制之中灌浆料接缝封堵、搅拌质量和灌浆质量等痛点研发智能灌浆机，可实现对拌合用水量、搅拌时长及灌浆流量、压强的标准化控制，配套研发工具式封堵，实现质量提升。工具式封堵采用金属杆件和柔性填充表面复合而成，可多次周转，重复使用。智能灌浆机采用搅拌灌浆一体化设计及远程控制，现场可节约1～2人，同时提升25％的灌浆合格率。见图7、图8。

图 7　预制柱智能调姿技术及装备　　　　图 8　智能套筒灌浆技术及装备

创新成果五：设计-生产-施工全过程集成应用系统

依托国产化BIM平台，搭建装配式建筑一体化建造系统，研发与全装配式钢-混凝土混合框架结构体系相适配的工业化组件，实现钢梁（1～4个）与钢骨连接节点的参数化快捷创建。依项目需要，钢节点与预制混凝土柱可独立建模，也可合并为整体构件。单个参数化组件只需1～2min即可完成创建和调整，后期修改也十分方便，提升建模工效20％～30％，设计-生产数据无缝对接助推生产效率提高 60％。

三、发现、发明及创新点

1）提出了一种全装配式钢-混凝土混合框架结构体系，研发了预埋钢骨、下沉式接缝构造和分离式节点波纹管连接技术。

2）开展了装配式节点抗震性能的理论分析和试验研究，形成了该结构体系的设计方法，并开发了配套结构设计软件。

3）研制了专用模具、箍筋机械式连接设备，形成了钢-混凝土装配式节点高精度生产技术。

4）研发了预制柱高精度施工技术、灌浆机的可视化控制技术和工具式接缝封堵技术。

5）本成果形成专利 19 项（发明专利 16 项）、计算机软件著作权 3 项，投稿/发表论文 13 篇，工法 4 项，开发了结构设计软件和一体化建造平台，编制企业标准 1 项，主编中国工程建设标准化协会标准《全装配式钢-混凝土混合框架技术规程》。

四、与当前国内外同类研究、同类技术的综合比较

装配式钢-混凝土混合框架结构体系已有类似案例，但均存在着不足。例如日本大成体系，高空套筒灌浆操作不便，没有考虑组合梁效应；中建科技体系，节点抗震性能较低且节点施工比较复杂。在设计层面，国内外尚未提出针对采用灌浆波纹管连接的设计方法。同时，针对复杂异形构件生产过程中的模板以及生产研究很少，也尚未形成专用的模板体系和定位方法及高精度的验收手段；此外，现有的混合框架体系施工多采用传统的工具和施工方法，施工质量和精度主要依靠人力判断，效率不高。

相较于国内外装配式钢-混凝土混合框架结构体系，本项目提出了新型全装配式钢-混凝土混合框架结构体系，系统建立了全装配式钢-混凝土混合框架结构体系的设计方法，编制结构设计软件，实现软件化出图。设计了专用的模具以保证预制构件中各个组件的精确定位，并研发机械式的箍筋连接技术，简化箍筋穿过钢骨作业的工作。研发了预留钢筋精准定位、结构体系高精度施工工艺，同时开发了智能预制构件调直设备、工具式封堵和智能灌浆机等装备群，提升现场作业效率。

本项目通过理论研究与抗震性能试验研究相结合辅以数值模拟的方法，提出了该新型体系的设计计算方法，并根据规范编制了结构设计软件。而且，结合实际工程应用，从建筑设计、构件生产、安装施工、质量验收等方面，提出整体解决方案，形成了完整的理论体系、设计方法和成套建造技术。

五、第三方评价、应用推广情况

1. 第三方评价

2021 年 11 月 22 日，上海市土木工程学会在上海组织召开了由中国建筑第八工程局有限公司承担的"全装配式钢-混凝土混合框架结构体系"项目成果鉴定会。专家委员会一致认为，该科研成果总体达到国际先进水平。

2. 推广应用

本技术已在临港中建总部基地、同济智科、临港科技城等上海地区多个项目成功应用，累计应用面积 7 万 m²，经济效益 510 万元。其中，临港新片区 PDC1-0401 单元 K01-01 地块 2 号楼、3 号楼，建筑面积 42237.6m²，高度 59.4m，地上 11 层，体系应用范围为标准层，较传统装配式结构，降低了加工成本 10％，降低综合成本 5％，提高安装效率 30％；瑞庭时代上海智能动力系统（二期）项目模组厂房，建筑面积 15501.2m²，高度 23.7m，地上 3 层，经过测算，有效地减少了构件的吊重和运输成本，成本与钢结构约降低 26％；宁德时代（上海）智能科技一体化电动底盘研制项目 PTO 厂房，建筑面积 13031.8m²，地上 2 层，经过测算，成本与钢结构约降低 28％。

六、社会效益

该体系积极响应国家"十三五"规划纲要，提出了"创新、协调、绿色、开放、共享"的发展理

念，助力实现建筑工业化提倡的"两提两减"建造目标。体系可以提高装配式框架结构的经济性，施工快、成本低、质量好，具备市场竞争力。体系有助于提高建筑工业化和智能建造水平。体系的设计、生产和施工技术要求均高于现有装配式结构，同时采用了大量的智能化设计生产和施工技术，应用有助于提高各环节的工业化和智能化水平。体系可形成一体化建造模式。成果应用形成"投资、研发、设计、生产、施工和运维"一体化建造模式，充分发挥装配式建筑优势。本体系经济效益和社会效益良好，具有较大的市场竞争力和广阔的应用前景，对推动建筑工业和装配式建筑的发展具有重要意义。

寒冷地区居住建筑围护结构节能降碳成套技术研究与应用

完成单位： 中国中建设计研究院有限公司、中建方程投资发展集团有限公司、中建八局第二建设有限公司、山东建筑大学

完成人： 左长安、辛同升、陈兴涛、邹苒、王伟龙、吴克辛、陈琦

一、立项背景

居住建筑是我国建筑能源消费及碳排放的主要来源。近 10 年来，其全过程能源消费量及碳排放量在行业中占比始终大于 60%。其中，围护结构是影响建筑节能降碳的关键因素之一。尤其是我国寒冷地区占全国国土总面积的 1/3，由于需要兼顾冬季保温和夏季隔热，其居住建筑围护结构的节能降碳技术及其参数的不确定性更加突出。

2024 年 5 月，国务院印发《2024—2025 年节能降碳行动方案》明确指出，"要大力推动墙体保温材料的轻型化和基础原材料制品化，加强绿色设计和施工管理，研发和推广新型建材及先进技术"。高性能的居住建筑围护结构成为推动建筑行业绿色低碳发展，进而助力"好房子"建设及"双碳"战略的关键环节。因此，如何实现寒冷地区居住建筑围护结构全生命周期的节能降碳目标、已成为当前亟待解决的重要问题。

当下寒冷地区居住建筑围护结构存在缺乏系统性的节能降碳理论体系；在应用中存在标准缺失滞后问题；缺乏适宜性的围护结构构造体系；与可再生能源利用的结合度不足等问题。上述缺憾导致我国寒冷地区居住建筑围护结构难以满足新时期我国建筑节能降碳高质量发展的要求。

课题从以上问题出发，结合参研各方已有技术成果，开展课题研究并进行总结推广。

二、详细科学技术内容

1. 创新点一：提出了寒冷地区居住建筑围护结构的节能降碳多因素全流程成套技术理论

针对当前寒冷地区居住建筑围护结构节能降碳技术种类庞杂以及实际应用存在"重要素而轻系统""重阶段而轻周期"的缺憾，本项目立足寒冷地区居住建筑围护结构节能降碳技术系统化集成的现实需求，按照"设计方法→协同技术→低碳评价"的思路，率先建立了面向寒冷地区居住建筑围护结构的节能降碳多因素全流程成套技术理论。

1）创新成果一：建立了寒冷地区居住建筑围护结构的节能降碳多因素协同设计方法

构建的成套设计理论模型、系统评价指标体系、设计建造集成策略，从设计层面，有效解决了寒冷地区建筑围护结构系统化节能降碳设计方法缺失的难题。

2）创新成果二：形成了寒冷地区居住建筑围护结构的节能降碳全流程协同技术体系

基于"材料研发→构造设计→建造施工→运维监控"的逻辑思路，从技术层面，攻克了建筑围护结构低碳建造的全流程协同的关键难题。

3）创新成果三：构建了寒冷地区居住建筑围护结构的 DAE 碳平衡诊断理论模型

根据"碳排放计算边界限定（Definition）→碳平衡系数核算模型（Accounting）→碳评价模型（Evaluation）"的技术路线，从低碳层面有效地解决了对围护结构低碳性能进行简易、快速评估的科学决策难题。

见图1～图3。

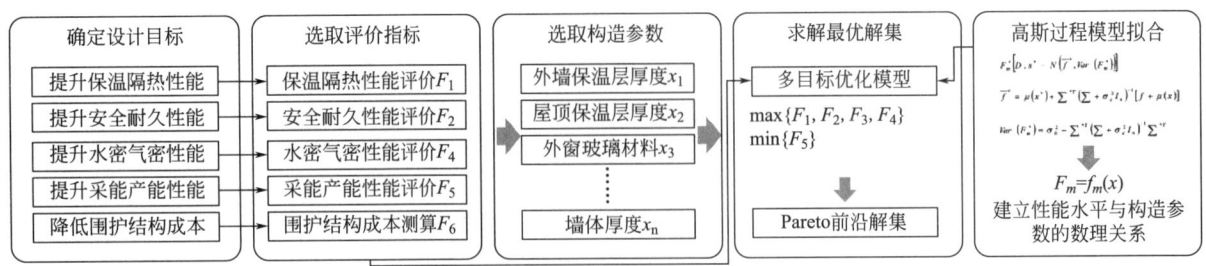

图 1　围护结构的节能降碳成套设计理论模型

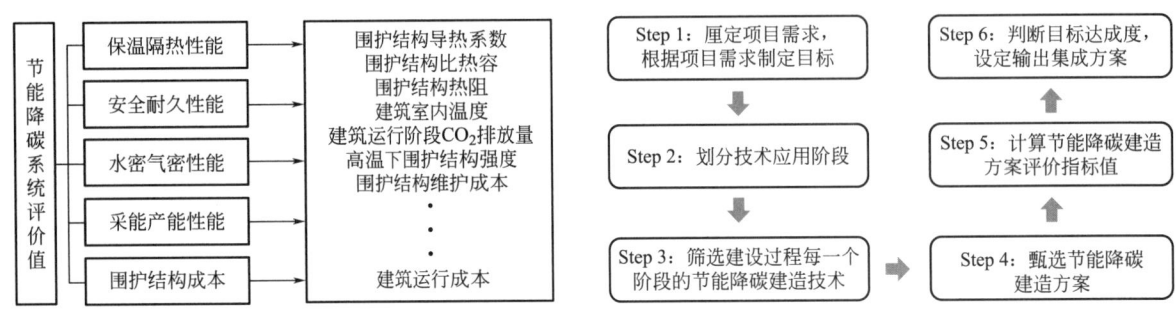

图 2　围护结构的节能降碳系统评价指标体系　　　图 3　围护结构的节能降碳设计建造集成策略

2. 创新点二：形成了寒冷地区居住建筑围护结构的节能降碳技术标准体系

首次构建了以全过程节能降碳为导向的居住建筑围护结构技术标准支撑体系，由高性能低碳化透明围护结构的标准体系和节能安全一体化非透明围护结构的标准体系两部分构成；标准体系涵盖了材料、设计、施工、验收和运维等各个质量控制环节的内容；标准体系中国家标准与地方标准相配合；工程建设标准与团体标准互相支撑，结构优，层次清，分类明。标准体系不仅解决了设计中标准缺失滞后的问题，更为新型材料和技术的推广应用提供了科学依据，对促进建筑行业的绿色发展、提升建筑能效、保障建筑安全具有深远影响。

1）创新成果一：构建了寒冷地区居住建筑节能安全一体化非透明围护结构的标准体系

针对外墙体等非透明围护结构，从提升墙体系统构造、设计要求、性能指标、工程验收等方面制定了节能安全一体化非透明围护结构的标准体系，标准的制定对促进行业的绿色发展、提升建筑能效、保障建筑安全具有重要意义。

2）创新成果二：构建了寒冷地区居住建筑高性能低碳化透明围护结构的标准体系

围绕着门、窗等透明围护结构，从提升门窗产品质量、性能指标、评价标准、质量验收等方面制定了高性能低碳化透明围护结构的标准体系，标准的制定对提升门窗性能、优化产品质量，降低生产成本，增强市场竞争力，促进行业健康发展具有重要意义。

3. 创新点三：研发了寒冷地区居住建筑围护结构节能降碳的关键技术与产品

针对建筑围护结构中的保温层易脱落、防火性差、密闭性差等痛点问题，从提高围护结构保温隔热、安全耐久、密闭防渗三个方面，研发了基于保温隔热的高性能隔离式纳塑材料产品及构造技术、基于安全耐久的一体化复合墙体产品及构造技术、基于密封防渗的低能耗围护结构产品及构造技术。

1）创新成果一：研发了基于保温隔热的高性能隔离式纳塑材料产品及构造技术

为解决现有保温材料燃烧性能与保温性能相互冲突问题，研制出国内首个燃烧性能 A 级的三星绿色保温材料—隔离式纳塑板系列产品，在同样节能效果下，厚度比传统 A 级保温材料厚度减少了一半以上。见图 4～图 6。

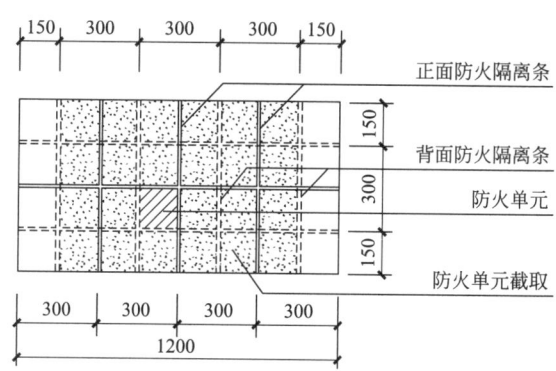

图4 隔离式纳塑板　　　　　　图5 隔离式纳塑板构造图

正面防火隔离条
背面防火隔离条
防火单元
防火单元截取

图6 隔离式纳塑板保温系统实体火灾试验

2）创新成果二：研发了基于安全耐久的一体化复合墙体产品及构造技术

针对因节能要求提高导致的外墙保温材料过厚、自重大、易脱落、防火性能提升困难等问题，构建了分级分类的安全耐久技术体系和复合式构造防火保温技术体系，研发了高性能保温与结构一体化成套技术产品体系，解决了多项行业共性问题，实现了保温时限寿命周期向与墙体同寿命的转变。见图7。

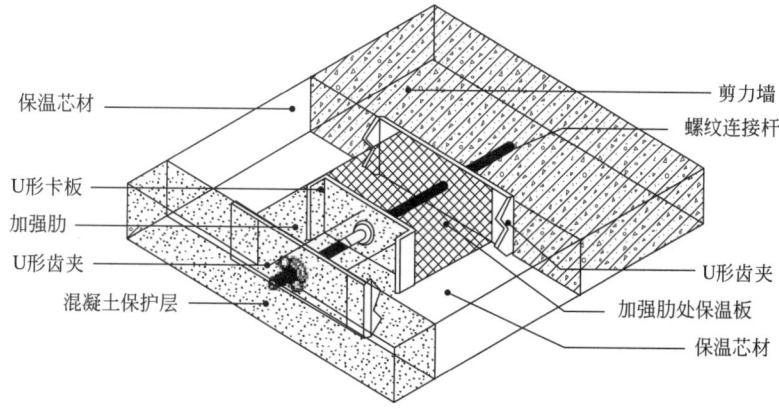

保温芯材
U形卡板
加强肋
U形齿夹
混凝土保护层
剪力墙
螺纹连接杆
U形齿夹
加强肋处保温板
保温芯材

图7 保温与结构一体化技术体系

3）创新成果三：研发了基于密封防渗的低能耗围护结构产品及构造技术

创新性地构建的"门窗-墙体-屋顶"密封防渗成套技术体系，有效地解决了围护结构冷桥等薄弱部位的热量损耗问题，有效地提高了建筑能源的使用效率。见图8～图10。

4. 创新点四：构建了寒冷地区居住建筑围护结构光伏光热一体化成套应用技术

现有建筑光伏光热材料易碎、运维成本高、效率低下；与建筑外立面一体化困难；在推广应用中存在成本高、效率低、寿命短等问题。创新性地构建了防火保温储能一体化隔离式纳塑光伏板设计及构造技术，研发了高耐久性钒钛黑瓷太阳能集热模块与建筑一体化构成技术。

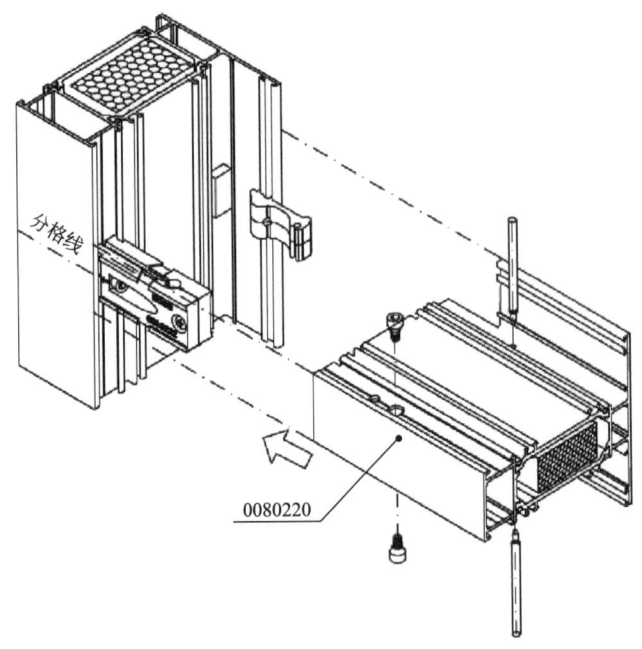

图 8　高性能低能耗的门窗系统

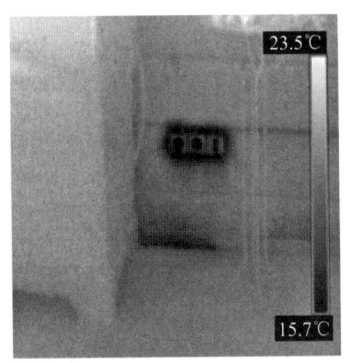

图 9　建筑墙体密封防渗技术

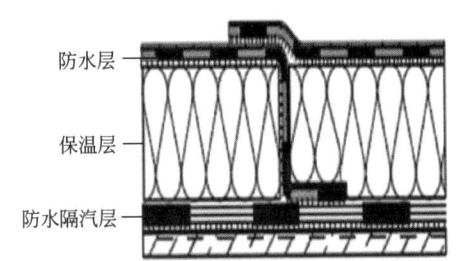

图 10　屋面防水保温干法技术

1）创新成果一：构建了防火保温储能一体化隔离式纳塑光伏板设计及构造技术

项目研发了以低密度、高强度、低导热、高防火性的高性能隔离式纳塑保温板为基体，经工厂化预制与光伏组件结合形成具有保温、防火、装饰和发电功能的隔离式纳塑光伏一体板，从根本上解决传统材料保温、防火不兼容及工程应用安全性的难题。见表1。

隔离式纳塑光伏板设计及构造技术　　　　　　　　　　　　　　　　　表1

	构造层名称	组成材料	构造示意图
1	基层墙体	混凝土墙体及各种砌体墙体	
2	粘结层	粘结砂浆	
3	连接件	锚固组件	
4	保温层	隔离式纳塑外贴板	
5	隔热层	空气隔热变相层	
6	饰面层	太阳能光伏板	

2）创新成果二：研发了高耐久性钒钛黑瓷太阳能集热模块与建筑一体化构成技术

为解决我国目前太阳能集热器普遍存在的设备成本高、综合效率低、使用期短等显著问题，项目研发了钒钛黑瓷太阳能集热模块，延长使用寿命到 50 年；并且，通过与建筑的一体化安装构造技术，成功解决了实现太阳能集热模块的预制化和标准化生产施工。见表 2。

钒钛黑瓷太阳能集热模块与建筑一体化安装构造　　　　　　　　　　表 2

瓦屋面		压型钢板屋面	
嵌入式构造	架空式构造	嵌入式构造	架空式构造

三、发现、发明及创新点

本项目立足寒冷地区居住建筑的现实需求，按照"理论方法→标准体系→节能技术→产能技术"的思路，搭建了寒冷地区居住建筑围护结构节能降碳成套技术。

1. 理论方法

提出了寒冷地区居住建筑围护结构的节能降碳多因素全流程成套技术理论。建立了寒冷地区居住建筑围护结构的节能降碳多因素协同设计方法，形成了寒冷地区居住建筑围护结构的节能降碳全流程协同技术体系，构建了寒冷地区居住建筑围护结构的 DAE 碳平衡诊断理论模型。

2. 标准体系

形成了寒冷地区居住建筑围护结构的节能降碳成套技术标准体系。从提高墙体性能等方面，构建了建筑节能安全一体化非透明围护结构的标准体系；从提高门窗产品质量等方面，构建了建筑高性能低碳化透明围护结构的标准体系。

3. 节能技术

研发了寒冷地区居住建筑围护结构节能降碳的关键技术与产品。针对建筑围护结构中的保温层易脱落、防火性差、密闭性差等痛点问题，从提高围护结构保温隔热、安全耐久、密闭防渗三个方面，研发了基于保温隔热的高性能隔离式纳塑材料产品及构造技术，研发了基于安全耐久的一体化复合墙体产品及构造技术，研发了基于密闭防渗的低能耗围护结构产品及构造技术。

4. 产能技术

构建了寒冷地区居住建筑围护结构光伏光热一体化成套应用技术。为实现了建筑围护结构与可再生能源利用的高度融合，研发出围护结构防火保温储能一体化隔离式纳塑光伏板设计及构造技术，研发了高耐久性钒钛黑瓷太阳能集热模块与建筑一体化构成技术。

5. 成果应用

项目主参编标准规范 75 部、标准图集 52 项，取得专利 130 项、软件著作权 23 项，发表论文 76 项，取得工法 10 项，研究成果成功应用于北京、天津、济南等诸多城市的数百项工程，荣获 30 余项奖励。

四、与当前国内外同类研究、同类技术的综合比较

针对项目提出的寒冷地区居住建筑围护结构的节能降碳全要素全流程成套技术理论中的节能降碳多因素协同设计方法、节能降碳全流程协同技术体系和 DAE 碳平衡诊断理论模型，形成了寒冷地区居住建筑围护结构的节能降碳成套技术标准体系中的高性能低碳化透明围护结构的标准体系和节能安全一体

化非透明围护结构的标准体系；研发了寒冷地区居住建筑围护结构节能降碳的关键技术与产品中的基于保温隔热的高性能隔离式纳塑材料及产品应用技术，基于安全耐久的一体化复合墙体关键构造技术体系，基于密封防渗的低能耗围护结构关键技术及产品；构建的寒冷地区居住建筑围护结构的光伏光热综合利用智慧化成套应用技术中的围护结构光伏发电能源监控一体化智慧协同运维技术，防火保温储能一体化隔离式纳塑光伏板设计及构造技术，高耐久性钒钛黑瓷太阳能集热模块与建筑一体化构成技术。以上技术及其包含的各分项协同技术的研究内容与技术创新成果，以"中国科技项目创新成果鉴定意见数据库（中国知网）""中国学术期刊数据库（万方数据）""中国国家知识产权局专利检索系统""Ei Compendex（工程索引）"等 38 个国内外成果与文献数据库进行查新检索，在所查的国内外文献范围内，除项目自身发表专利文献涉及查新内容外，未见其他相同或类似报道，本项目具有新颖性。综上所述，本项目在国内外有关技术领域具备创新性。

五、第三方评价、应用推广情况

1. 第三方评价

2024 年 6 月 19 日，中科合创（北京）科技成果评价中心组织专家，在北京召开了由中国中建设计研究院有限公司、中建方程投资发展集团有限公司等单位共同完成的"寒冷地区居住建筑围护结构节能降碳成套技术研究与应用"项目科技成果评价会。专家组审阅了相关资料，听取了成果总结汇报。经质询和讨论，专家组认为该项成果总体达到国际先进水平。

2. 推广应用

本技术曾应用于中国中建设计研究院有限公司设计的北京广华新城居住区 616 地块职工住宅建设项目，中建八局第二建设有限公司承建的济南经十一路安置房工程（A-3、A-4 地块）、中建方程投资发展集团有限公司投资开发的郑州高新技术开发区天健湖壹号项目、天津·津南区葛沽镇项目，潍坊昌大建设集团有限公司承建的山东省潍坊市泰和上筑项目、山东省潍坊市丰麓苑被动式住宅项目，山东华建铝业集团有限公司投资开发的山东省潍坊市上郡华府被动式住宅项目、山东省华建铝业皇山社区中心项目等众多典型性工程。基于长期实践，累积了大量关于寒冷地区居住建筑围护结构节能降碳创新实践经验，形成了一系列有效的成套技术研究成果，有效地解决了寒冷地区居住建筑围护结构节能降碳面临的复杂问题，使其更加具有推广应用价值。

六、社会效益

1. 推动居住建筑节能降碳的深入发展

本项目不仅可以持续提高居住建筑领域能源利用效率、降低碳排放水平，更为建筑设计院、施工单位、科研机构等开展相关工程设计与课题研究提供实证，有助于寒冷地区居住建筑围护结构节能降碳技术的标准化与可行性推广，对于推动我国高品质住宅的绿色低碳发展具有重要意义。

2. 为人民营造健康舒适、绿色低碳的居住空间

坚持以人民为中心的发展思想，不断实现人民对美好生活的向往。相关技术已在多个项目中应用，并取得了良好的效果，推动居住建筑从"规模型"向"品质型"转变。通过探索研究高性能建筑技术，编制标准化技术图集，加快提升居住建筑领域的绿色低碳发展质量。

3. 推动区域高品质居住建筑的发展

本项目通过试点示范项目建设，打造了一批精品住宅项目，形成了一批技术研发和开发建设龙头企业，充分发挥了示范引领作用。其中，多个住宅项目获得鲁班奖、詹天佑奖等具有影响力的奖项，对推动高品质住宅建设具有积极的带动作用。

大跨度双向悬垂支撑空间钢结构体系
关键技术与应用

完成单位：中建海峡（厦门）建设发展有限公司、中建海峡建设发展有限公司、中国建筑第七工程
　　　　　局有限公司、中国建筑设计研究院有限公司

完成人：王　耀、黄流灿、涂闽杰、黄金城、徐洪广、张　浩、贺　颖

一、立项背景

德化县霞田文体园体育馆和游泳馆项目由中国工程院崔愷院士主笔设计，遵循"蔓藤城市"设计理念，最大限度地保留山体绿地，构筑生态网络，建设体育公园和宜居园区；结合体育馆和游泳馆建造场地现状，充分利用起伏较大的地形地貌和现存的福建省传统民居，规划独具德化风貌特色的文体园区。

霞田文体园体育馆和游泳馆位于泉州市德化县隆中路与环城南路交叉口东侧，总建筑面积约 $16558m^2$。本工程两馆分别设有一层地下室，局部为人防地下室。建筑由屋面钢结构部分与下部混凝土框架结构组成。体育馆屋面高度 27.5m，游泳馆屋面高度 26.9m。两馆屋面选择均采用双向悬垂支撑空间钢结构体系，屋面为单层杆件，杆件布置方向为沿柱网正交。沿屋脊设置四肢空间网格主拱，高度为 4.6m。

双向悬垂支撑空间钢结构体系由中部的四肢空间网格主拱及两侧悬垂结构组成，属国内首创大跨度钢结构屋面体系。该体型在长短两个结构方向均有效利用悬垂结构的受拉/拉弯合理化承载模式，有效降低大跨度结构构件尺寸，充分提升建筑外观通透效果，节约钢结构材料用量，全面体现节材、绿色、低碳的设计方法。见图1。

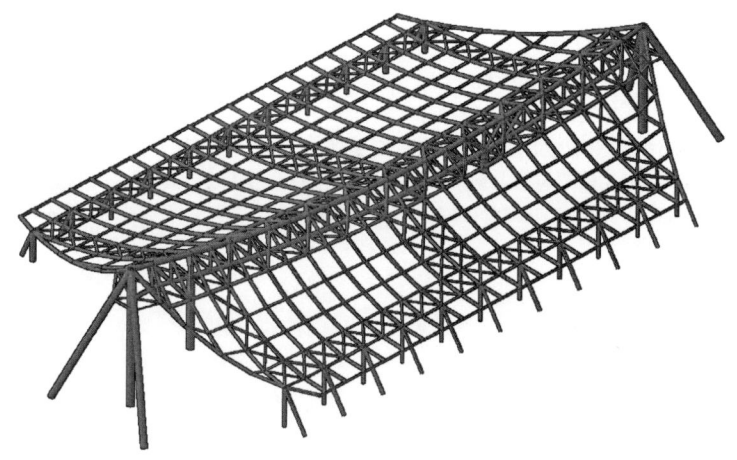

图1　霞田文体园体育馆三维轴测图

二、详细科学技术内容

1. 双向悬垂支撑空间钢结构体系设计理念

基于钢结构存在一定的弹性变形范围，通过对双向悬索刚柔结合体系进行改进，将柔性索和刚性支撑替换成劲性索，然后对劲性索施加预应力，从而首创了一种双向悬垂支撑空间钢结构体系，并通过数

值模拟对该结构体系进行分析，评估结构的安全性和稳定性。

双向悬垂支撑空间钢结构沿屋面长方向设置悬垂桁架，沿屋面短方向设置两跨连续悬垂梁，悬垂桁架的两端通过支撑柱进行支撑，两跨连续悬垂梁的中部（即两跨连续悬垂梁相互靠近的一端）与悬垂桁架连接，两跨连续悬垂梁的端部（即两跨连续悬垂梁的另一端）通过支座进行支撑，使得两跨连续悬垂梁构成人字形，整体形成中间高、两边低的结构。见图2。

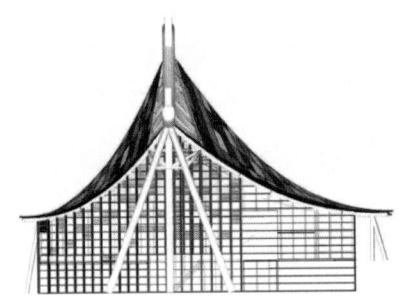 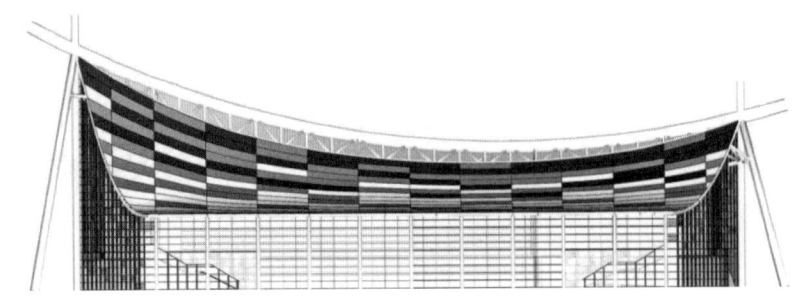

图 2　双向悬垂支撑空间钢结构示意图

与现有技术相比，本项目提供的屋面双向悬垂支撑的空间钢结构，通过在屋面长方向设置悬垂桁架，在屋面短方向设置两跨连续悬垂梁，可以有效改善长方向和短方向水平承重构件的竖向荷载承载模式，采用高效率的受拉承载或者受拉为主的拉弯承载模式替代现有技术中相对低效率的抗弯承载模式，节约结构材料用量，有效提升整体结构的经济合理化水平。

同时，充分利用建筑方案外形的典型特征，在保证其建筑美学特征的前提下，对其具备的结构合理化典型特征加以提炼和利用，构成建筑、结构合理化的融合性设计方案，有效实现结构承载模式合理控制要求，真正意义上实现建筑、结构方案的一体化设计控制，属于公共建筑设计方法的重要技术革新。

由于对劲性索轴向施加预应力存在较大困难，基于劲性索存在一定的弹性变形范围，可以通过间接获取预应力的方法，具体过程如表1所示。

预应力加载过程示意　　　　　　　　　　　　　　　　　　　　　　　　　　　表 1

步骤	施工内容	示意图
第一步	安装主桁架和屋盖钢结构（两者之间处于断开状态），在主桁架上安装拉索（主桁架与屋盖钢结构处于断开状态）	主桁架初始位置　屋盖钢结构初始位置　下拉　下拉临时支撑　固定支座　固定支座　下拉索
第二步	利用拉索将主桁架分级张拉至设定值，然后将两侧屋盖钢结构与主桁架连接	主桁架下拉位置　屋盖钢结构初始位形　下拉临时支撑　固定支座　固定支座　下拉索

续表

步骤	施工内容	示意图
第三步	拆除拉索,主桁架发生回弹,带动屋盖钢结构发生向上位移,回弹过程中屋盖钢结构获得预应力	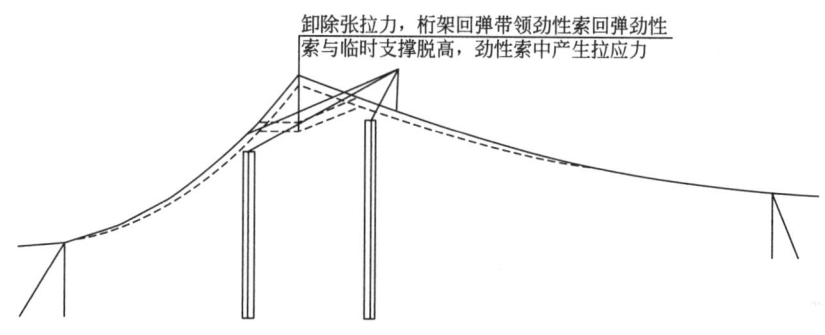

2. 双向悬垂支撑空间钢结构施工技术

提出了一种双向悬垂支撑空间钢结构"刚性预应力"施工方法,采用屋盖主桁架下方设置预应力下拉装置对主桁架施加预应力,然后通过焊接或销轴连接的方式将主桁架和两侧的悬垂梁进行连接,最后逐步放张预应力下拉装置实现主桁架带动两侧悬垂梁向上反弹的设计效果,最终实现两侧悬垂梁刚性预应力的加载。

两侧屋面结构与主拱连接完成后,按照施工顺序分组分级放张临时拉索的张拉力,主拱回弹带领劲性索回弹,劲性索与临时支撑脱离,劲性索中产生拉应力。见图3、图4。

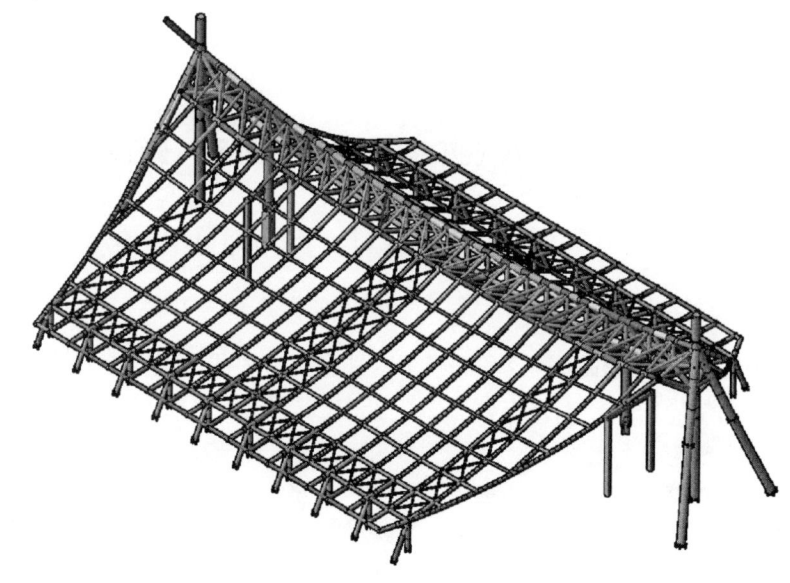

图 3　施工过程说明图

图 4　两侧屋面与主拱连接完成示意图

两侧屋面结构与主拱连接完成后，按照施工顺序分组分级放张临时拉索的张拉力，主拱回弹带领劲性索回弹，劲性索与临时支撑脱离，劲性索中产生拉应力。

3. 基于结构目标位形的找形分析方法

提出了基于结构目标位形的找形分析方法，通过大型有限元计算软件对整个刚性预应力加载和放张的过程进行了加载和放张全过程施工仿真分析，最终实现了设计最终形态的力学和形状完美统一。

1）计算说明

计算软件采用通用有限元分析软件 midas Gen，按照体育馆图纸建立结构的整体模型，构件规格、边界条件等和图纸一致，结构自重由程序自动计算，采用施加初拉力的方法来达到施加预应力的目的，按照实际施工过程对整个施工过程进行仿真模拟计算。整体计算模型见图 5、图 6。

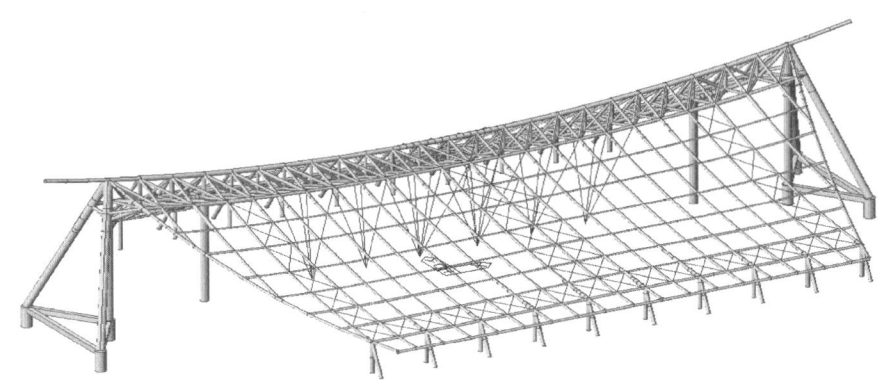

图 5 整体模型三维图

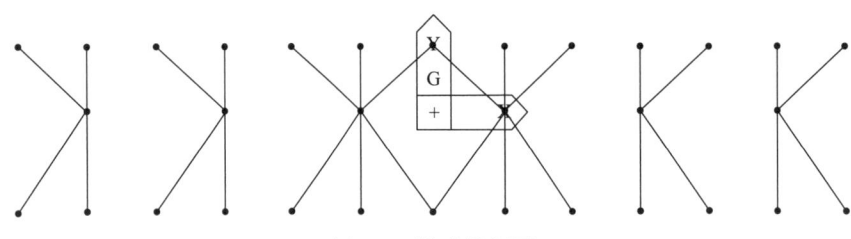

图 6 下拉索俯视图

2）计算结果

1）在对下拉索施加预应力后，为了保证主拱下挠与设计原计算一致，小屋面一侧单点施加 300kN 的拉力，大屋面一侧单点施加 508kN 的拉力。

2）在对下拉索施加预应力后，小屋面一侧下挠 157mm，大屋面一侧下挠 303mm。但是由于下拉索斜向张拉，最大侧向位移 86mm，满足设计要求。

3）在施工步 CS4 拆除下拉索后，屋面回弹，小屋面一侧下挠 84mm，大屋面一侧下挠 228mm，满足设计要求。

4. 钢结构综合健康监测技术

形成了复杂钢结构健康监测点位布置技术。整个刚性预应力加载过程中，主桁架的下拉力值大，合力达到了 12000kN，主桁架竖向位移大，主桁架跨中竖向位移达到了 280mm，两侧摇摆柱压应力达到了 240MPa。

形成了完整的施工过程监测技术。基于主桁架受力大、变形大的特点，整个加载过程中对主桁架、摇摆柱和悬垂梁关键点布置了应力传感器，对主桁架跨中及支座两侧布置了位移传感器，对下拉装置下节点承台上布置了位移传感器，有效地监控了整个加载过程中的结构安全，并通过实测值与理论值的过程比对，结合结构实际刚度推导，完美地实现了结构力和形的统一，获得了很好的施工效果。

结合结构分析计算、施工工序及现场实际情况，开展应力、位移和索力三个参数的监测，具体监测

内容如下:

1) 应力监测

摇摆柱支撑点附近的主拱区域、主拱与大 A 柱连接区域等关键部位的变形监测采用表面智能数码弦式应变计。并设置摇摆柱应力测点,测点布置在摇摆柱跨中位置,并沿截面对称布置,具体测点位置详见图 7。

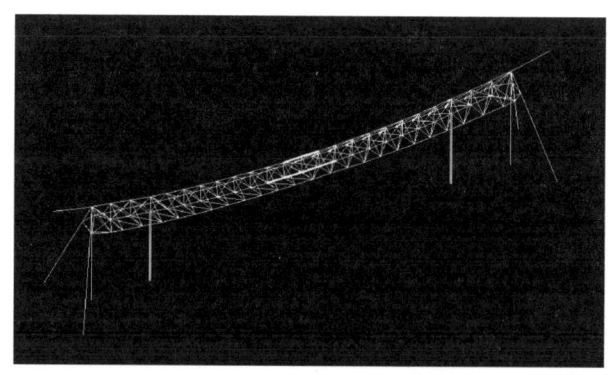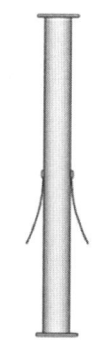

图 7　摇摆柱应力测点

2) 位移监测

在拉索施加预应力的节点、主拱的角点等采用静力水准仪进行竖向位移监测。并在主拱部分节点水平位移监测,并采用人工全站仪进行监测,具体测点位置详见图 8。

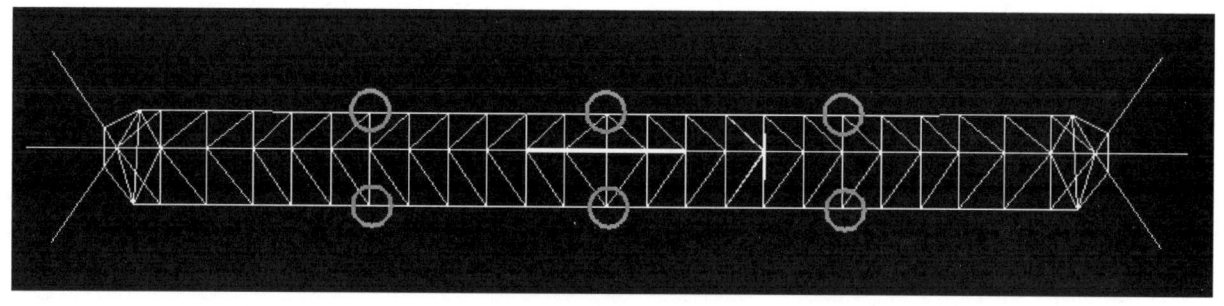

图 8　摇摆柱位移测点

3) 索力监测

在体育馆和游泳馆的部分拉索施加预应力的部位采用锚索计进行索力监测。见图 9。

5. 钢结构自动化综合监测系统

研发一套钢结构自动化综合监测系统,提供"可视、可信、可靠、可控"的数据依据以及建议措施,通过大数据趋势分析自动化跟踪监测及动态化控制、预警。让数据"发声",打破信息孤岛,有效做到由"事后处理"到"事前预防"的改变,减少安全隐患事件的发生。

该系统主要由六个模块组成,分别为监测工程数量、进度消息数量、数据告警数量、设备告警数量、消息通知、告警消息。其中,进度消息数量、数据告警数量、设备告警数量主要是以曲线图的形式呈现数据,利用曲线的升降变化来表示被研究现象发展变化趋势。在测点数据曲线中选择项目、监测因素、测点名称、监控类型、Y 轴极值来查询测点数据的单测点单曲线图、单测点多曲线图、多测点多曲线图及表格数据。见图 10~图 12。

图 9　索力计安装照片

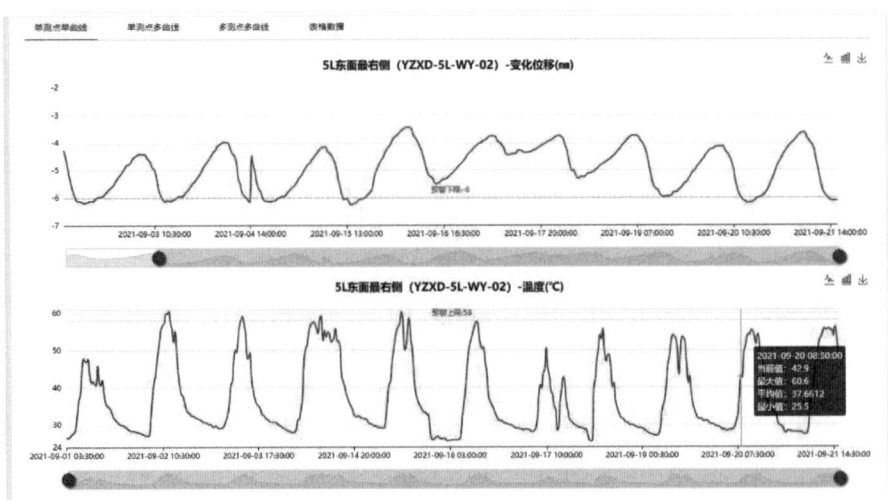

图 10　单测点单曲线显示图

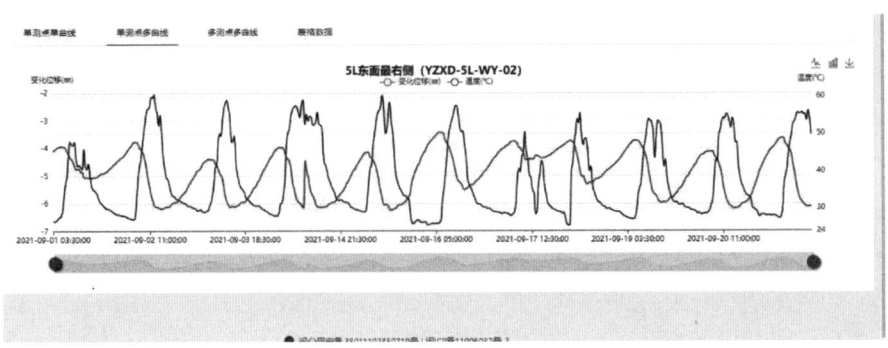

图 11　单测点多曲线显示图

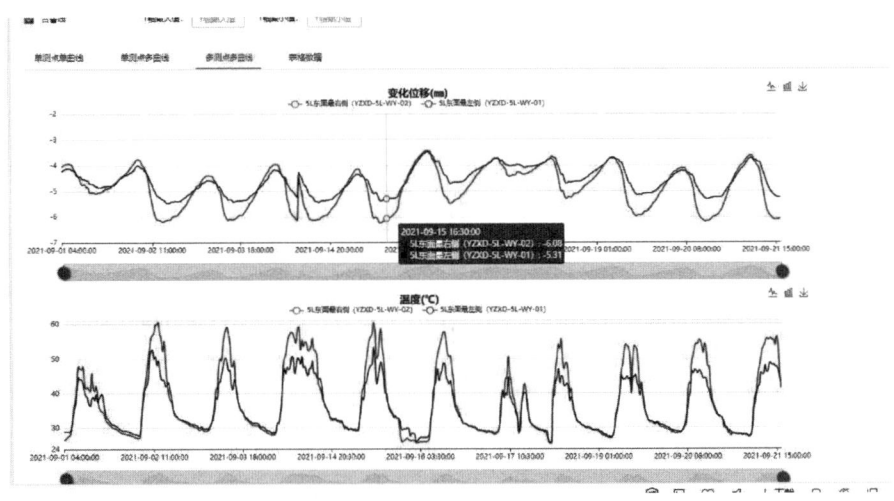

图 12　多测点多曲线显示图

6. 可调节预应力加载装置研制

发明了一套完整的高精度可伸缩式的刚性预应力加载装置，通过在刚性预应力加载装置上设置一个止推装置，实现了预应力加载过程中可张可放的施工效果，并在加载装置下方设置压力传感器，可实时监测预应力加载力值，有效保障了整个张拉和放张过程结构的安全和预应力加载控制，最终实现了整个结构体系力形全过程控制。大幅降低了施工安全风险，缩短了张拉和放张周期，极大地节约了施工成本。

装置示意图见图 13、图 14。

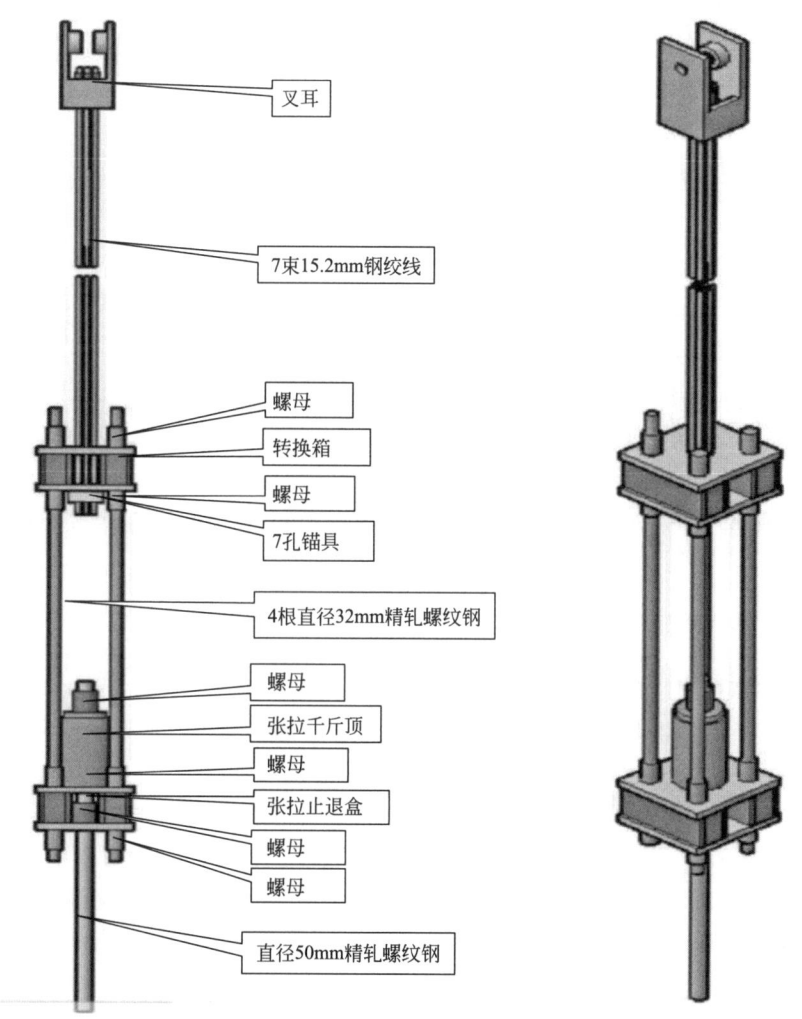

图 13　预应力加载装置前视图及轴测图

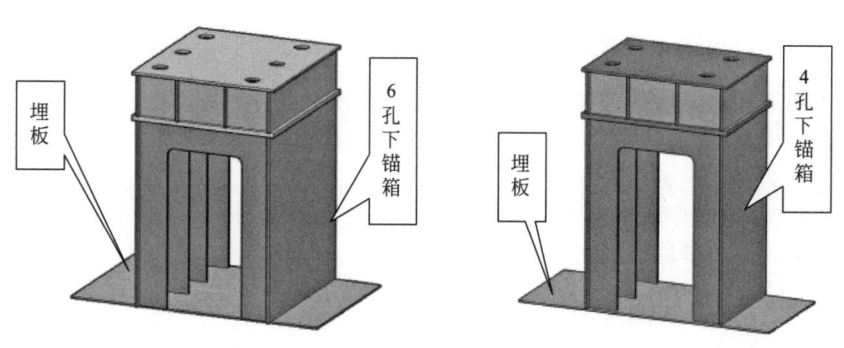

图 14　下锚箱示意图

三、发现、发明及创新点

1. 双向悬垂支撑空间钢结构体系设计理念

基于钢结构存在一定的弹性变形范围，通过对双向悬索刚柔结合体系进行改进，将柔性索和刚性支撑替换成劲性索，然后对劲性索施加预应力，从而首创了一种双向悬垂支撑空间钢结构体系，并通过数值模拟对该结构体系进行分析，评估结构的安全性和稳定性。

2. 双向悬垂支撑空间钢结构施工技术

提出了一种双向悬垂支撑空间钢结构"刚性预应力"施工方法，采用屋盖主桁架下方设置预应力下拉装置对主桁架施加预应力，然后通过焊接或销轴连接的方式将主桁架和两侧的悬垂梁进行连接，最后逐步放张预应力下拉装置实现主桁架带动两侧悬垂梁向上反弹的设计效果，最终实现两侧悬垂梁刚性预应力的加载。提出了基于结构目标位形的找形分析方法，通过大型有限元计算软件对整个刚性预应力加载和放张的过程进行了加载和放张全过程施工仿真分析，最终实现了设计最终形态的力学和形状完美统一。研发了一套钢结构自动化综合监测系统，具有人机交互界面可视化；涵盖温度、构件位移、构件内应变变化、张拉索力等方面的实时稳定监测；超限预警；多端协同等功能，实现了钢结构自动化综合监测。

3. 可调节预应力加载装置研制

发明了一套完整的高精度可伸缩式的刚性预应力加载装置，通过在刚性预应力加载装置上设置一个止推装置，实现了预应力加载过程中可张可放的施工效果，并在加载装置下方设置压力传感器，可实时监测预应力加载力值，有效保障了整个张拉和放张过程结构的安全和预应力加载控制，最终实现了整个结构体系力形全过程控制。大幅降低了施工安全风险，缩短了张拉和放张周期，极大地节约了施工成本。

四、与当前国内外同类研究、同类技术的综合比较

传统的平面网架体系按网格形式分类有：

（1）交叉平面桁架体系，其中有两向正交正放网架、两向斜交斜放网架、两向正交斜放网架、三向网架；

（2）四角锥体系，其中有正放四角锥网架、正放抽空四角锥网架、斜放四角锥网架、星行四角锥网架、棋盘形四角锥网架；

（3）三角锥体系，其中有三角锥网架、抽空三角锥网架、蜂窝形三角锥网架；

（4）单向折线形网架。

以上平面网架体系均为双层或多层杆系，即，由上弦杆、下弦杆和腹杆组成，屋盖结构体系上弦杆和部分腹杆为压杆，下弦杆和部分腹杆为拉杆，整个结构受压杆稳定性的制约，压杆用钢量较大，结构体系较烦琐。

双向悬垂支撑空间钢结构体系在传统平面网架的基础上，充分利用钢结构的抗拉强度，屋盖主桁架通过向下施加预应力，然后连接两侧单层悬垂梁，最后释放主桁架下方预应力的方式带动两侧悬垂梁向上反弹从而实现了两侧悬垂梁被动施加预应力的效果，充分地发挥了钢材的抗拉强度，极大地节约了用钢量，同时结构整体外观轻盈，取得了良好的经济效益和社会效益。

本技术通过国内外查新，查新结果为：在国内外未见相同文献报道，具有新颖性。

五、第三方评价、应用推广情况

1. 第三方评价

2024 年 1 月 28 日，福建省土木建筑学会组织有关专家对"大跨度双向悬垂支撑空间钢结构体系关键技术与应用"项目进行鉴定，由中国工程院院士担任评价专家组组长。专家组认为，该成果达到国际领先水平。

2. 推广应用

本技术成功应用于霞田文体园项目，采用刚性预应力加载施工方法，解决大跨度钢结构屋盖施工长期存在的工序复杂、周期长、风险性高等问题，取得了良好的经济、技术与社会效益，对推动大跨度钢结构屋盖的高效安全施工具有重大意义。

六、社会效益

大跨度双向悬垂支撑空间钢结构体系关键技术在霞田文体园项目中成功实践，通过创新性施加预应力将两侧坡屋面悬垂钢结构由受压模式转变为受拉模式，优化了结构整体受力，提升了公司在大型大跨度钢结构建筑建造方面的技术水平，树立了良好的企业品牌和形象，为行业提供一种未来新的借鉴，从而实现整个行业对于类似结构施工技术水平的提升。

霞田文体园项目由中国工程院院士设计，项目建成后将改善提升德化县基础设施，优化人文环境，促进区域及其周边地区的经济发展。党的十八大以来，全民健身活动得到前所未有的重视，相关政策不断完善，投入力度不断加大，可以预见，未来全国各地将兴建大量体育场馆，大跨度双向悬垂支撑空间钢结构体系关键技术与应用，将为大跨度钢结构建筑尤其是体育场馆的建造提供有力的支持。

大跨度无环索弦支网壳体育馆设计建造关键技术研究与工程应用

完成单位： 中建科工集团有限公司、北京工业大学、中南建筑设计院股份有限公司、浙江大学
完 成 人： 张耀林、薛素铎、陈 韬、成能名、李宏胜、周军红、许 贤

一、立项背景

近年来，随着国内体育场馆大量兴建，大跨空间结构的应用和发展显著加快。体育场馆的平面多为圆形或椭圆形，有环索预应力空间结构因其结构体系简洁、高效而被广泛应用。有环索预应力空间结构具有以下特征：环索提高了结构工作效率，造就了轻盈的大跨度屋盖；环索的作用极为重要，是结构的关键构件；环索与其他索的索力悬殊，环索承受着巨大拉力；由于环索较粗或由多根索组成索束，索夹节点重量偏大、构造复杂。

本项目依托瓯海奥体中心项目体育馆探索了无环索弦支网壳结构关键技术应用，其屋盖是国际首次在实际工程中采用的无环索弦支网壳结构。与有环索技术相比，无环索技术具有索与索彼此独立，局部断索不直接导致其他拉索的松弛失效，抗连续倒塌能力强；荷载传递明确直接，索力显著降低，索力分布均匀；用索量少、索夹小型化；不均匀荷载抵抗能力强等优点，本项目技术主要针对无环索弦支网壳的结构设计理论、结构优化、施工建造等难题开展研究工作。

二、详细科学技术内容

1. 无环索弦支网壳结构设计理论

创新成果一：发明无环索弦支网壳结构新体系

无环索弦支网壳结构体系最显著的特征是不含环索，通过拉索弦向布置且相互交叉的方式避免环索的出现。无环索技术增强结构抗连续倒塌能力：索与索之间相对独立，索的两端直接与外部支承连接，断索不会直接导致其他索的松弛失效；索与索是相互交叉的位置关系，有效增加了荷载传递路径，断索后与之交叉的索可作为备用荷载传递路径阻止局部损伤的蔓延；无环索技术降低用索量及施工难度：索的平面投影是直线，从上部构件传来的荷载可以直接传递至支座，荷载传递简洁、直接，索力的减小可以在一定限度上减小用钢量，降低张拉施工和节点设计的难度。见图1。

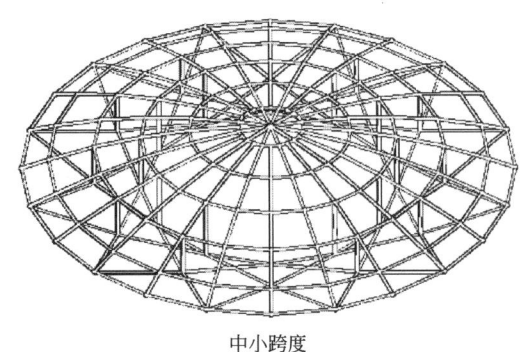
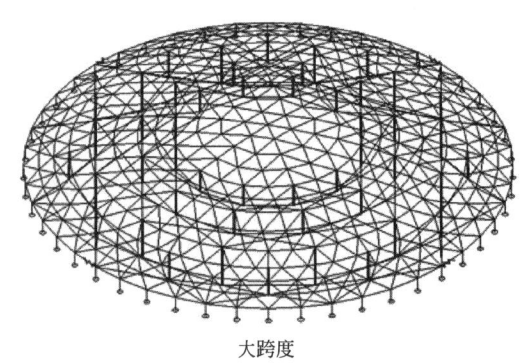

中小跨度　　　　　　　　　　　　大跨度

图 1　无环索弦支网壳结构示意图

创新成果二：提出无环索弦支网壳结构的索系层数、撑杆优化方法

通过综合分析索系层数方案对网壳部分总应变能、最大竖向位移、结构承载力的影响程度，确定最优索系布置方案。对最优索系布置方案进行静力性能参数分析，研究撑杆高度、拉索预应力、初始几何缺陷对结构刚度和承载力的影响。

提出撑杆跳格方法优化无环索弦支网壳结构的撑杆数量。在系统分析不同跳格方案对整体结构的刚度和稳定性的基础上，分析最优撑杆跳格方案和优先跳格顺序。根据分析结果，确定最终撑杆方案，实现降低用钢量和结构构件工作效率高效化的目的。见图2、图3。

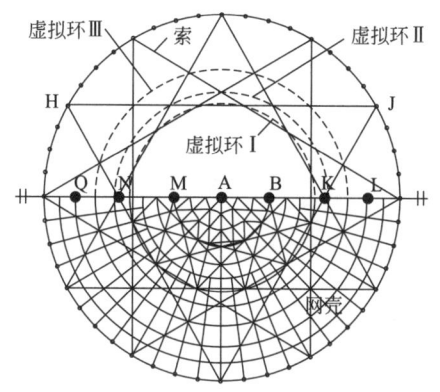

图2 无环索弦支网壳结构撑杆跳格分析模型示意　　图3 不同跳格方案下的节点竖向位移对比

创新成果三：提出一种评价无环索弦支网壳结构拉索重要性的改进应变能法

针对无环索弦支穹顶结构的拉索及撑杆重要性评价提出了一种改进应变能法，该方法仅考虑断索或撑杆后上部网壳应变能的变化及分布情况。即以上部网壳总应变能变化量峰值为主要评价指标，以上部网壳杆件应变能变化率标准差为辅助评价指标。利用改进应变能法，可有效区分无环索弦支穹顶结构不同部位拉索及撑杆的重要性。该方法可为其他大跨度空间结构，尤其是刚-柔组合结构的杆件重要性评价方法提供借鉴与参考。见图4。

2. 无环索弦支网壳结构设计方法

创新成果一：研发组合预应力体系弦支穹顶建模计算机辅助系统

推导了无环索弦支网壳结构上部网壳和下部索系的节点坐标通项公式。基于节点坐标通项公式，确定了控制目标几何形态的独立变量。采用数学表达式明确了几何形态中节点和单元的位置关系法则。在此基础上，编制计算机软件程序实现了无环索弦支网壳结构的参数化几何建模，实现了无环索弦支网壳结构的高效形态创建。见图4、图5。

式（1）给出了无环索弦支网壳结构下部索系节点平面坐标 R 分量的计算表达式，式（2）给出了 ϕ 分量计算表达式。

$$R_i = R_1 \cdot \cos\left(\frac{PC \cdot \pi}{PN}\right) \cdot \sec\left[\frac{(PC+1-i) \cdot \pi}{PN}\right] \tag{1}$$

$$\phi(P_{i-j}) = (j-1) \cdot \frac{2\pi}{PN} + \frac{\pi}{PN} \tag{2}$$

创新成果二：提出弦支网壳结构支座径向滑动、环向固定的设计方法

屋盖结构在竖向荷载作用下将对支承环梁产生较大的轴力，也将产生较大的支座剪力进而在支承柱中产生较大的弯矩。设计中对比了支座径向由固定到完全释放，采用了不同的刚度进行了分析比较。对支座由完全固定到完全释放，采用不同的径向刚度进行了比较分析。结果表明，支座径向释放能有效地减小支座的径向剪力，并能大大地减小环梁的轴力，而结构的整体稳定性基本不变。该支座约束形式在不影响结构冗余度的前提下减小了屋盖结构对下部结构的不利影响。见图6。

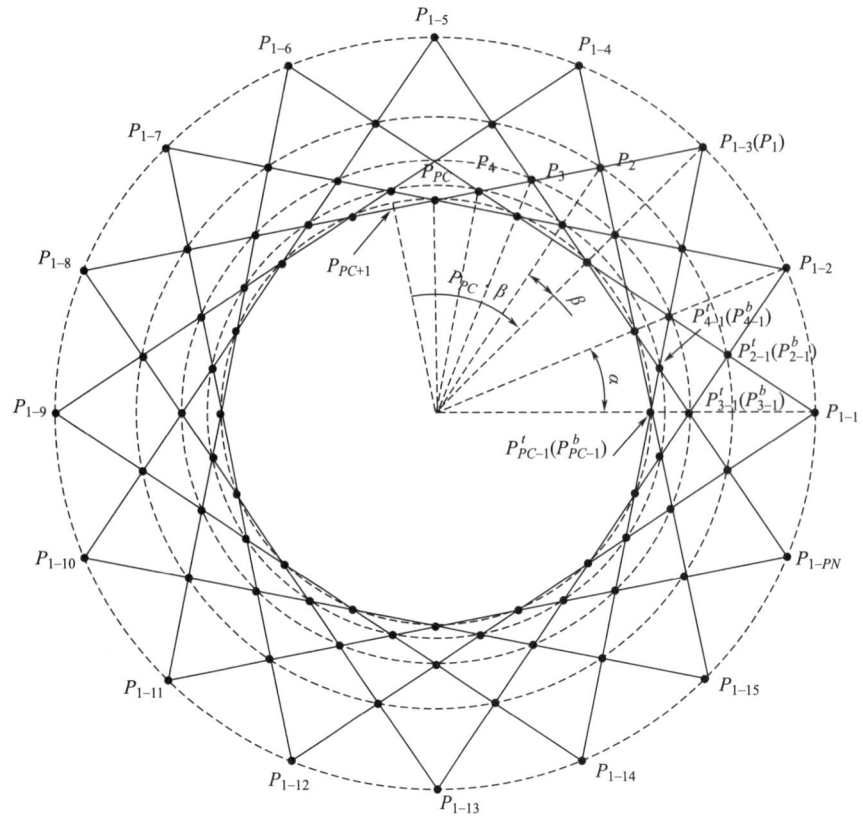

图 4　无环索弦支网壳结构下部索系节点平面位置剖析

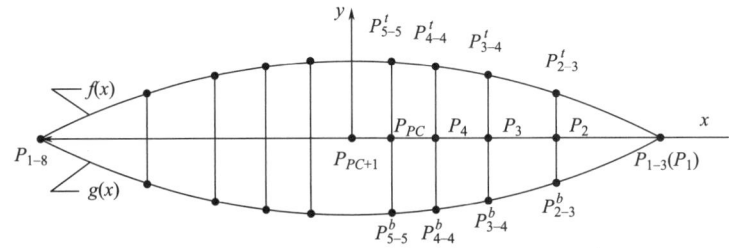

图 5　无环索弦支网壳结构下部索系节点竖向位置剖析

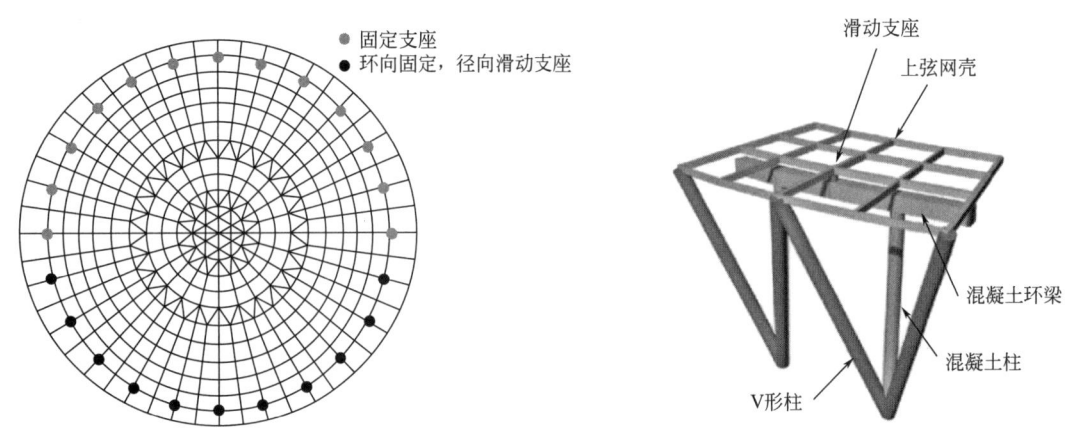

图 6　无环索弦支网壳结构支座布置

创新成果三：发明角度可调的交叉索节点万向夹具

传统索夹节点的设计多数只能使索在某个单一方向上转动，或者通过钢索与夹具直接发生摩擦或挤压而实现多方向转动，对钢索造成一系列扰动，不利于结构安全。此外，传统索夹的内部构造尺寸较大，造成索夹节点处自重大，外形不美观。项目在拉索交叉处创新发明了一种角度可调的交叉索节点万向夹具，如图7、图8所示。索夹由外部座体、上球形夹、下球形夹组成。索夹外部座体分为上、中、下三部分，通过贯通座体的螺栓相连，座体内设两个球形槽，上下球形夹分别安装于上下球形槽内，座体侧壁开设贯通圆孔。夹持在球形夹上的拉索两端自圆孔穿出并可随球形夹自由转动，座体侧壁圆孔与拉索之间保持一定间距，以保证转动时拉索不与座体侧壁接触，有效地保证了钢索的承载力。

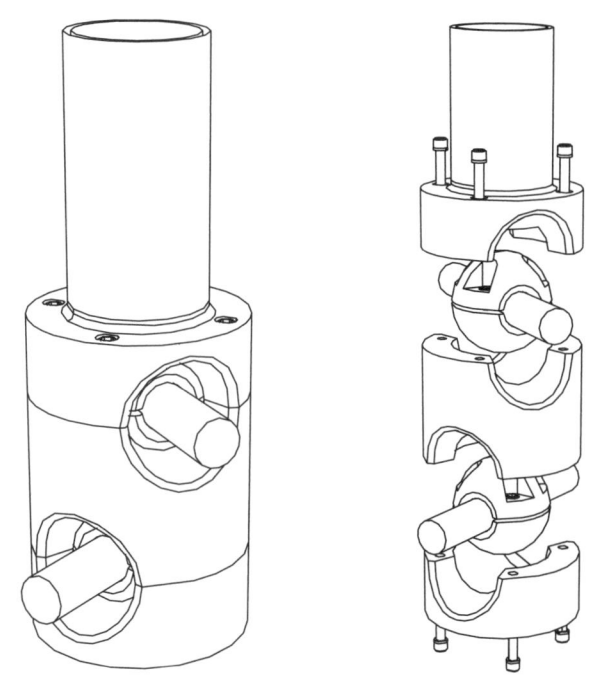

图 7　索夹节点示意图

图 8　索夹节点实景图

3. 无环索弦支网壳结构成套设计理论、设计方法、建造监测技术

创新成果一：大跨度网壳结构分级提升与异形多肢支撑柱建造技术

研发了三肢变截面不规则倾角 V 形混凝土圆形柱脚的模板加固体系，用 BIM 三维空间定位技术对关键点坐标进行精准控制。设计专用型钢支撑架固定悬空钢柱锚栓定位板，保证了钢柱锚栓定位板的安

装精度，解决了常规的模板体系无法有效保证异形柱截面的难题。见图9。

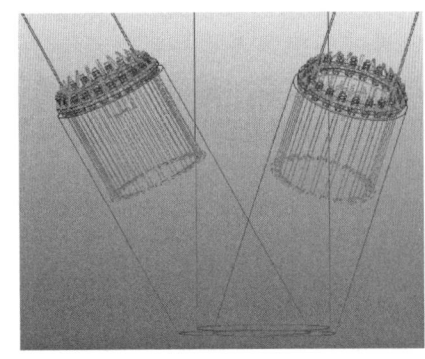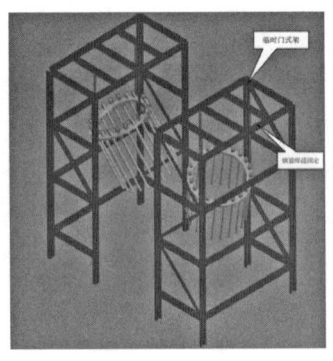

图9　三肢变截面不规则倾角 V 形柱脚施工工艺

　　针对无环索弦支网壳结构屋盖中心环梁及内环索网结构安装，研发了中心环向钢梁地面拼装结合整体分级提升技术。设计了网壳结构地面拼装胎架及分级提升与临时支撑胎架体系，内环拉索与中心屋盖同步在地面拼装时安装就位，随屋盖结构整体提升。提升一定高度后，安装拉索撑杆和二次提升。就位安装完毕后进行拉索张拉和胎架卸载，有效地提升了大跨度网壳结构的安装效率和施工安全。见图10。

(a) 中心环向钢梁地面散拼　　　　　(b) 内环索、撑杆安装　　　　　(c) 中心环向钢梁整体提升

图10　大跨度单层网壳屋盖结构提升施工

　　创新成果二：大跨度无环索弦支网壳结构内外交替分批分级张拉施工技术

　　为实现索结构张拉后索与支撑杆件的内力均衡和精度控制，提出了有限元计算的施工过程仿真技术，对索张拉的加载方式、加载次序及加载量级进行模拟分析，研制了索结构张拉采用"由内到外再由外到内分批分级张拉"施工技术。提出分级张拉对拉索进行由内向外第一级张拉至张拉力的70%，然后对拉索进行由外向内第二级张拉至张拉力的100%，以达到设计索力。保证了斜交索系的索力和结构形态的安装精度，解决了斜交复杂索网张拉的精准控制问题。见图11。

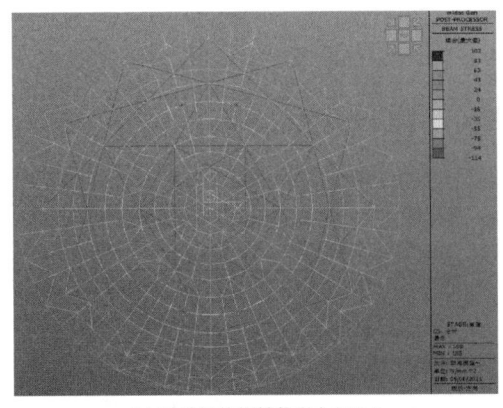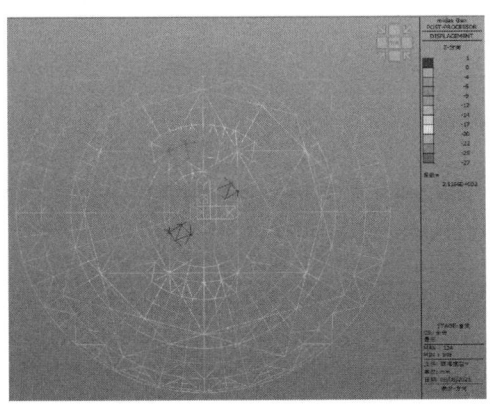

(a) 屋盖结构钢结构应力(MPa)　　　　　　　　(b) 屋盖结构竖向位移(mm)

图11　屋盖结构仿真计算

创新成果三：大跨度空间钢结构物联网远程无线监测技术

提出了模块化、低功耗的大跨度空间结构无线传感技术，研发了无线传感设备，实现多类参数同网采集，通过采集机制优化、休眠模式优化、传输方式优化、供能模块优化，实现了模块化、低功耗的大跨度空间结构无线传感技术。见图 12。

体育馆网壳钢梁应力传感器

体育馆索应力传感器

体育馆V形柱应力传感器

体育馆应力-应变收集站

图 12 模块化传感技术示意

搭建了大跨空间结构物联网远程监控与预警平台，建立了国内首个大跨空间结构物联网远程智能无线监测平台，高度集成了传感、网络、应用等子系统，实现了结构监测、评估、预警的无缝衔接与信息共享，填补了我国在大跨空间结构在线可视化安全监测的空白。提出了大跨空间结构监测数据处理与评估技术，连续索张拉过程全程监测数据并对数据进行处理分析，确保施工过程的安全性，对施工的准确性进行评估。见图 13、图 14。

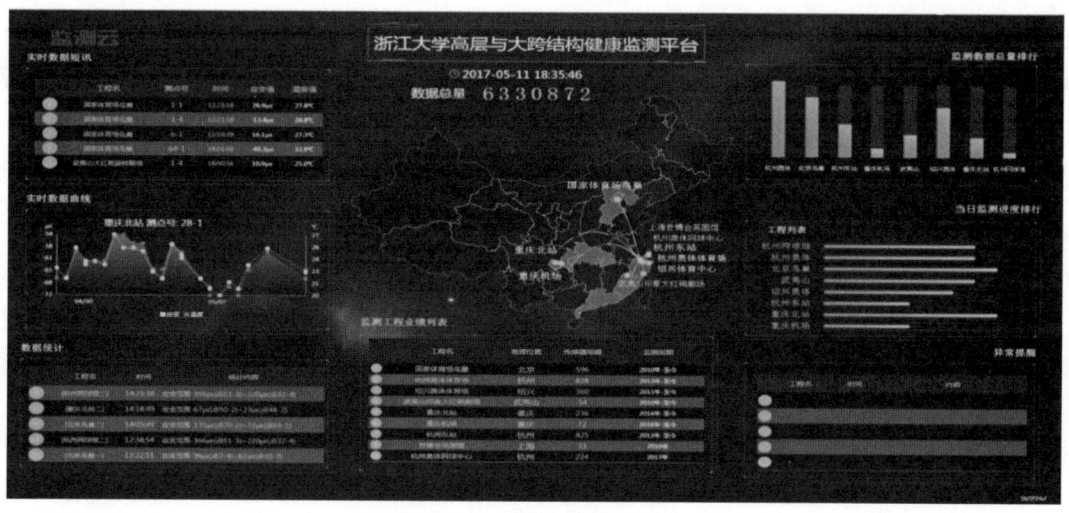

图 13 信息综合管理平台

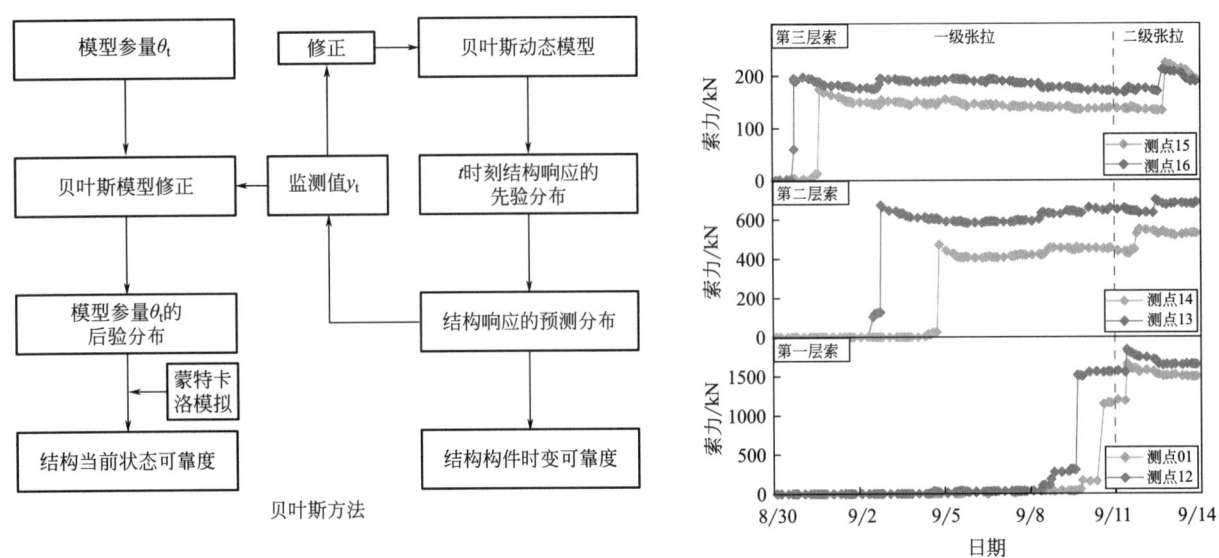

图 14　全过程数据监测

三、发现、发明及创新点

1）研发了轻盈、简洁，建筑效果好、抗连续倒塌能力强、用索量少、施工张拉端少、不均匀荷载抵抗能力强的新型无环索弦支网壳结构体系，实现了大跨度空间结构性能提升和结构轻量化。提出索层、撑杆优化方法，提出评价拉索重要性的改进应变能法，形成无环索弦支网壳结构成套设计理论。

2）开发了组合预应力体系弦支穹顶建模计算机辅助系统，实现了无环索弦支网壳结构高效形态创建；提出了弦支网壳结构支座径向滑动、环向固定的设计方法，大幅度减小屋盖对下部结构的不利影响，提高工程经济性；创新发明了一种角度可调的交叉索节点万向夹具，解决了无环索弦支网壳结构索张拉的多向转动难题。

3）针对无环索弦支网壳结构及异形多肢支撑柱，提出了大跨度单层网壳结构分级提升及不规则倾角多肢柱的柱脚节点施工方法，解决了大跨度屋盖结构吊装效率低、高空作业多及支撑结构精度控制难的问题；针对无环索弦支网壳结构提出并应用了斜交索网分区分级张拉的施工方法，解决了斜交复杂索网张拉的精准控制问题。研发了大跨空间结构物联网远程智能无线监测平台，实现了结构监测、评估、预警的高效衔接和信息共享。

4）本项目技术已授权发明专利 9 项、实用新型专利 7 项，软件著作权 3 项，科技论文 9 篇，省级工法 2 项，研究成果整体达到国际先进水平，其中大跨度无环索弦支网壳结构内外交替分批分级张拉施工技术达到国际领先水平。

四、与当前国内外同类研究、同类技术的综合比较

较国内外同类研究、技术的先进性在于以下 9 点：

1）新型无环索弦支网壳结构体系，实现大跨度空间结构体系应用的进步及大跨空间结构的轻量化。

2）无环索弦支网壳结构的索系层数、撑杆优化布置方法，为无环索弦支网壳结构的优化设计提供理论基础。

3）评价无环索弦支网壳结构拉索重要性的改进应变能法，可有效区分无环索弦支穹顶结构不同部位拉索及撑杆重要性，为刚-柔组合结构的杆件重要性评价方法提供借鉴。

4）组合预应力体系弦支穹顶建模计算机辅助系统，实现了无环索弦支网壳结构高效形态创建。

5）弦支网壳结构支座径向滑动、环向固定的设计方法，大幅度减小屋盖结构对下部结构体系的影响，提高下部结构的工程经济性。

6）基于斜交拉索的索杆万向绞节点，首次用于无环环索结构，实现了撑杆上下端节点的多向转动。

7）大跨度网壳结构分级提升与异形多肢支撑柱建造技术，提升了大跨度网壳结构的安装效率和施工安全，解决了异形多肢支撑柱锚栓定位精度难和柱截面尺寸控制难等问题。

8）斜交索网分区分级张拉技术，创新应用由内向外、再由外向内的二级张拉方法，保障了安装精度。

9）大跨度空间钢结构无线智能健康监测技术，创新性对监测数据进行收集和集成汇总，形成大跨空间结构物联网远程智能无线监测系统，填补了我国在大跨空间结构在线可视化安全监测的空白。

本技术通过国内外查新，查新结果：在所检国内外文献范围内，未见有相同报道。

五、第三方评价、应用推广情况

1. 第三方评价

2022年9月9日，江苏省土木建筑学会对课题成果进行鉴定。鉴定委员会认为，该成果技术先进，实用性强，应用前景广阔。研究成果整体达到国际先进水平，其中大跨度无环索多向张弦穹顶结构施工技术达到国际领先水平。

2023年8月2日，浙江省技术经纪人协会对课题成果进行鉴定。鉴定委员会认为，研究成果创新性强，整体达到国际先进水平，其中大跨度无环索弦支网壳结构内外交替分批分级张拉施工技术达到国际领先水平。

2. 推广应用

目前"沿海地区大跨度无环索弦支网壳体育馆综合建造关键技术"已经形成成熟的理论体系，相关技术成果瓯海奥体中心项目得到了成功应用，同时在桐乡市全民健身中心、郑济高铁山东段站房、上海松江南站等项目进行了推广应用，上述技术推广应用在提高项目施工安全性，缩短施工周期，降低项目施工成本方面皆取得了良好效果。

六、社会效益

项目的研究成果提升了生产效率，大大减少对环境的影响，达到降本增效、节能环保的目的，大幅减少场馆施工措施和后期运营的费用，起到了良好的示范作用，依托项目瓯海奥体中心项目属于亚运工程，各类宣传在人民网、新华网、浙江卫视、亚运组委会官网、浙江之声等省级以上媒体，具有极大影响力。

通过本成果的成熟运用，为今后大型沿海体育场馆类建筑的设计和施工提供了参考。本项目研究过程中积极响应国家绿色低碳的发展方针，为该技术的推广应用奠定了良好基础。项目的无环索弦支网壳、长线条铝板内排水系统、静压箱与吊顶一体化设计与施工方法等多项技术，达到行业首例和行业领先水平，具有极好的行业示范和引领作用，进一步推动了大跨度空间结构行业技术的进步。

复杂环境下大型会展高效建造施工技术

完成单位：中国建筑第八工程局有限公司

完成人：王宜彬、赵　鹏、宋　波、陈　鹏、隋杰明、张　杰、许本盈

一、立项背景

国外会展业发展状况现代展览始于19世纪末。目前，欧洲、北美、澳洲以及亚洲的香港、新加坡，展览业已发展为一个成熟的产业。广交会是中国历史最长、规模最大、商品最全、采购商最多且来源最广、成交效果最好、信誉最佳的综合性国际贸易盛会。四期项目是在原有一、二、三期功能成熟的基础上的扩建项目，周边环境复杂，建设周期远短于国内其他同等规模的大型展馆。

该项目具有环境受限、结构复杂、造型多变、工期紧张等特征，技术要求高，建造工期短，主要体现在以下四个方面：

1. 环境受限

在展馆区域下方，存在过江隧道和规划地铁交叉穿过，地铁、隧道、展馆不同业态、不同设计、不同业主，空间及工期关系复杂，存在基坑区域重复共建、结构共同受力共建等特点。若不进行一体化统一设计和施工，则地铁无法盾构、隧道无法通行、会展工期严重受阻。不但无法满足各自的功能需求，更无法满足展馆建设的工期要求。

2. 结构复杂

展馆为双层大跨度预应力钢筋混凝土框架结构，地下铁隧馆交互转换，地上结构形式多样，且展馆屋盖钢桁架跨度119.5m，两侧支撑结构不等高，高差1.8m，体量巨大。如不能快速按照完成，则直接影响后续各专业插入施工；东登录厅结构形式为380m"钢框架＋钢桁架"组合体系，最大悬挑32m。如按照常规方式平行施工，则对整体工期不利，后续各专业无法快速插入施工。

3. 造型多变

外围护体系幕墙采用桁架斜向拉索式玻璃幕墙，高度和角度分别为28m和78.7°，幕墙空间定位及张拉技术是其中难点；金属屋面系统面积大，单张金属屋面板达到136m，其直立锁边形式和板型加工安装直接影响施工工期，且与多专业交叉，现场施工组织难度大。

4. 装修造型复杂、专业穿插多

高大空间双曲异形GRG顶棚最高点13.2m，面积3500m²，内置吸声棉，表面渐变式穿孔，工艺复杂。宴会厅超高活动隔墙单片总长43.8m，单片质量为730kg，工程量大，安装精度标准高。由于装修工期紧迫，通过优化设计方案，采用装配式部品化施工技术，有效解决难点痛点，实现高效建造。

为保证工程优质、安全、高效建造，企业于2022年进行课题立项，针对上述难点开展系统研究运用，为后续类似工程建设提供借鉴。

二、详细科学技术内容

1. 铁、隧、馆共建区域基坑支护一体化设计与施工技术

创新点一：铁、隧、馆共建区域基坑支护一体化设计与施工技术

创新将地铁转换梁基坑与隧道基坑合二为一支护设计，解决相互交叉重叠难题。创新采用"传力板带＋抽条开挖＋双排搅拌桩固土"无内撑支护体系，解决转换梁条形深基坑群的支护与开挖难题，有效

避免大面积开挖，共计节省工期 38d。见图 1。

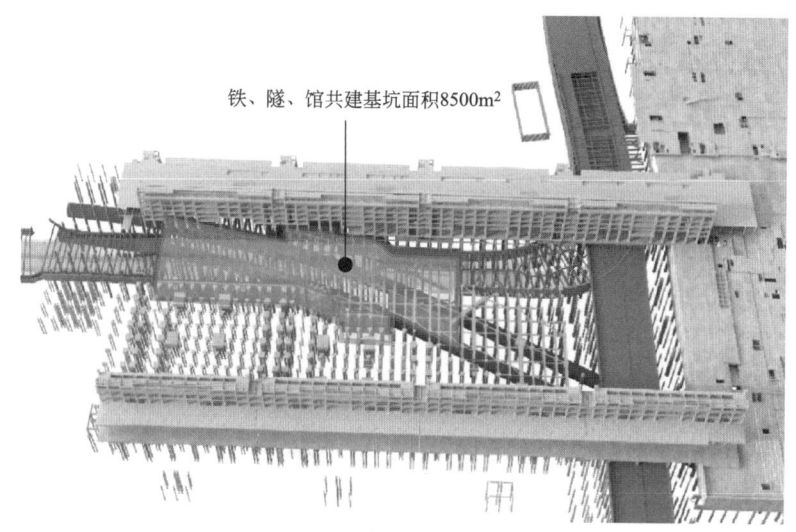

图 1 转换梁基坑与隧道基坑合二为一

创新点二：地铁超大截面劲性梁托换与隧道"梁板合建"施工技术

首次提出地铁超大截面劲性转换梁与隧道底板"梁板合建"施工技术，减少开挖深度近 1m；钢筋采用"逆绑法"，绑扎效率提高 30%。见图 2。

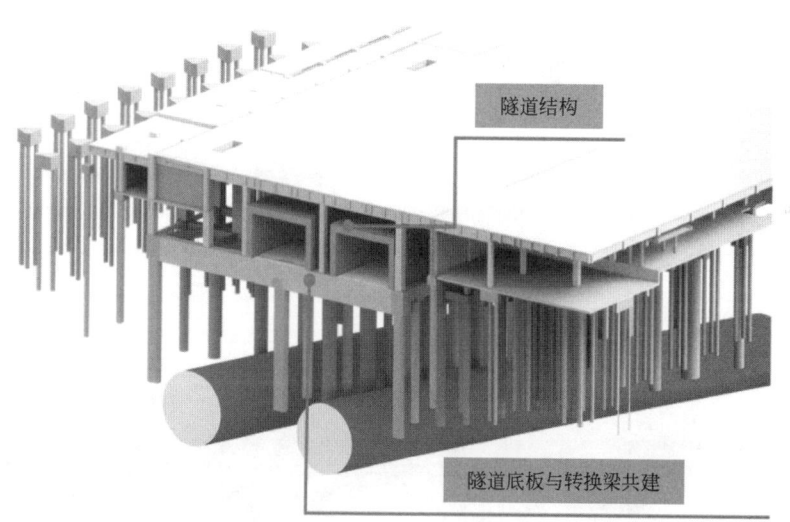

图 2 转换梁与隧道底板"梁板合建"施工技术

创新点三：隧道区域中间"桩柱一体化"高效施工技术

为确保展馆工期，采用"盖挖逆作"工艺，隧、馆之间设中间桩柱，实现会展零层板先行施工，推动展馆主体结构的优先实施。

创新采用"先插法式桩柱一体化"施工技术，同时优化钢管柱的加强套筒、剪力环、外壁环板及防反涌箅子等装置，显著提高中间桩柱施工效率，节省工期 74d。见图 3、图 4。

2. 复杂"飘"状大跨度屋盖钢桁架安装技术

创新点一：大跨度预应力倒三角钢桁架高空快速拼装技术

针对倒三角钢桁架结构特点，创新研发一种装配式、自稳定钢桁架高空安全拼装胎架及拼装技术；研发一种可转动式快速脱胎管桁架临时支撑体系。此胎架为国内首次采用组合式高空平台转动式拼装胎架，可实现大跨度钢桁架高空快速拼装、快速卸撑。见图 5、图 6。

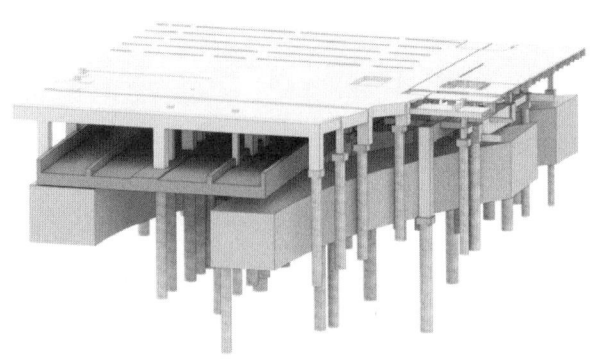

图 3 中间"桩柱一体化"

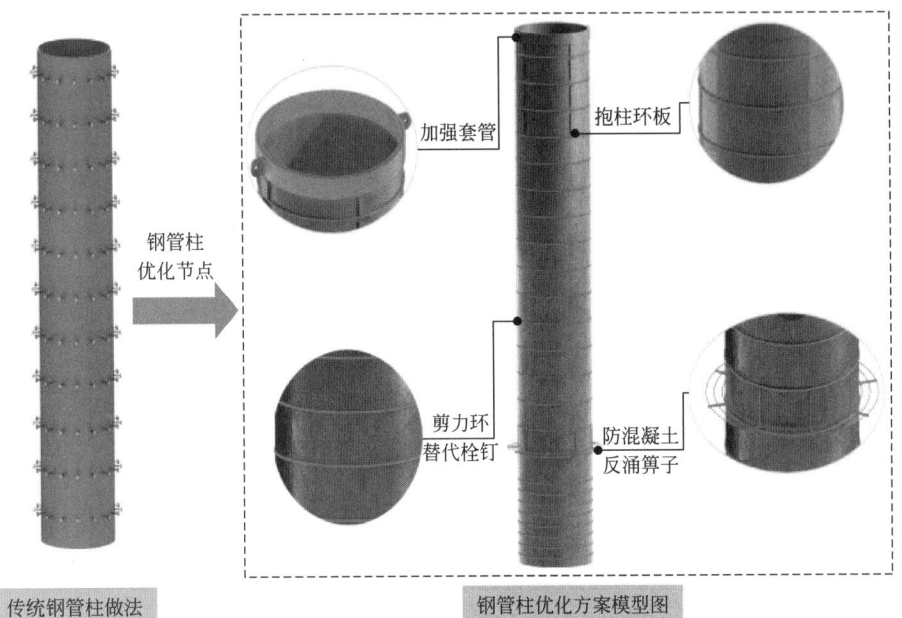

图 4 中间桩柱优化措施

图 5 高空安全拼装胎架搭设动画演示

图 6 可转动式快速脱胎管桁架施工动画

创新点二：超长管桁架预应力钢绞线快速穿束及张拉施工技术

创新采用"多束整穿"施工技术，通过分级、分步、对称同步穿束、张拉，保证了管桁架 119.5m 超长预应力筋与保护管同心同向，有效避免了钢绞线回缩以及钢绞线与孔道摩擦引起的预应力损失，实现了超长管桁架预应力钢绞线的快速穿束与张拉。见图 7。

创新点三：基于等节奏流水施工的大跨度钢桁架滑移技术

针对结构工期紧、制约因素多的难题，创新采用与土建结构等节奏流水施工技术，实现钢桁架滑移

图 7　预应力钢绞线现场施工

单元连续拼装、多次滑移就位，节省工期 28d。见图 8、图 9。

图 8　展馆等节奏流水施工过程照片

图 9　C/D/E 展馆滑移就位 B 展厅 1-2 拼装

创新点四：大跨度倒三角"鱼背式"管桁架不等高双轨滚动滑移技术

针对屋盖两侧支撑结构不等高、滑移距离超长，发明一种滚针式滑靴装置，两端设置双滑轨，抵消南北支座 2.5m 高差侧向力，实现了 119.5m 跨倒三角"鱼背式"管桁架不等高连续同步稳定滑移。见图 10、图 11。

图 10　滚针式滑靴装置示意图

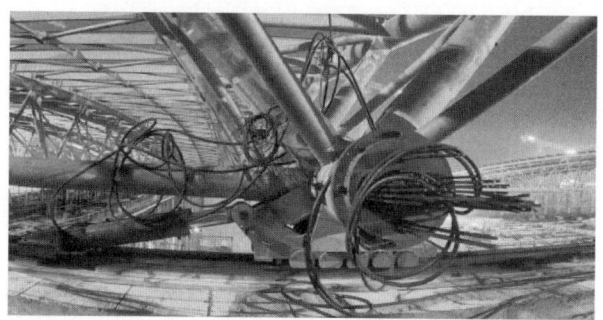

图 11　管桁架不等高双轨滚动滑移视频

创新点五：超长"钢框架＋钢桁架屋盖"组合结构体系跨内剖面式倒退吊装及卸载技术

研发了一种用于大型履带起重机行走的栈桥工装，发明一种"钢框架＋钢桁架屋盖"组合体系跨内剖面式倒退吊装施工方法，实现 380m 超长钢结构的快速、精准安装，节省工期 30d。见图 12。

图 12　钢框架与钢桁架跨内吊装施工过程照片

3. 大型会展外围护体系高效安装技术

创新点一：高大空间超高桁架斜向拉索式玻璃幕墙施工技术

创新设计"钢桁架＋横向三索＋竖向单索"张拉体系，采用"先横向单索，再竖向直索，后横向双索"的张拉方法，解决 28m 超高桁架斜向拉索式幕墙空间的定位和张拉难题。创新采用"内外高空车配合、电动吸盘辅助"施工方法，实现外倾 12°玻璃幕墙的高效、精准安装，缩短工期 30d。见图 13、图 14。

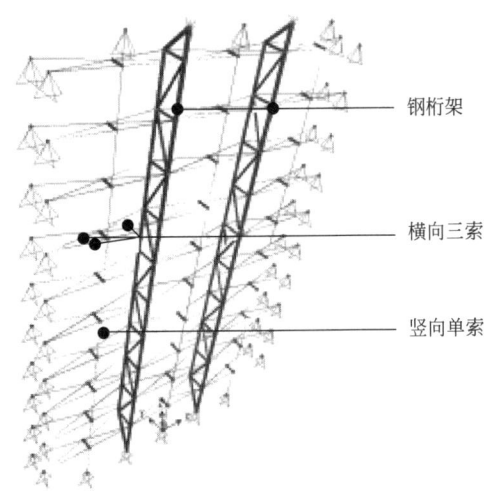

钢桁架

横向三索

竖向单索

外高空车　内高空车

图 13　桁架＋横向三索＋竖向单索　　　　　图 14　内外高空车配合

创新点二："长龙式"360°直立锁边金属屋面安装技术

创新"长龙式"360°直立锁边安装方法，创新采用"38m 举高车高空水平出板＋万向轮，小车长龙式接力运输"组合方式，实现单张超长 136m 直立锁边屋面金属板整体安装。

4. 装饰装修部品化装配设计与施工技术

创新点一：高大空间异形 GRG 顶棚系统装配式施工技术

精品展厅宽 51.5m，GRG 顶棚高 13.2m，呈双曲异形顶棚造型，GRG 单元板共计 3256 块。创新采用"GRG 集成吊顶装配式模块体系施工方法"，通过"多模具组合＋模块化定制＋装配式安装"的方式，提升高大空间异形顶棚一次成型安装效率，节约工期 18d。见图 15、图 16。

创新点二：超高活动隔墙装配式集成安装技术

宴会厅超高活动隔墙单片高 12.2m，宽 1.2m，总长 43.8m，单片质量为 730kg，饰面为布纹蜂窝铝板。将饰面板与骨架工厂集成加工、现场整体吊装，提高 43.8m 长、12.2m 高活动隔墙的安装效率和精度。

图 15　空间尺寸示意图

图 16　装配式部品化组装实景图

创新点三：超大装饰防火门高效施工技术

针对防火门在安装过程中，采用焊接方式易造成门框变形，易破坏精装防火门饰面，创新性地将装饰面层与防火门集成一体化加工，发明一种门框机械固定装置，实现现场免焊安装，提升 5m 高超大装饰防火门的安装精度和工效。见图 17、图 18。

图 17　门框预制过程图

图 18　装饰防火门完工照片

三、发现、发明及创新点

1）创新采用"铁、隧、馆共建区域基坑支护一体化设计与施工技术"，利用"传力板带＋抽条开挖＋双排搅拌桩固土"无内撑支护措施，提高三重交互区域基坑支护施工效率；首次提出地铁超大截面劲性梁托换与隧道"梁板合建"施工技术，创新采用大截面地铁劲性托换梁"钢筋逆绑法"加快地铁劲性托换梁施工工效；研发隧道区域中间"桩柱一体化"快速施工技术，实现会展零层板先行施工。

2）首次提出一种装配式、自稳定钢桁架高空安全拼装胎架及拼装技术，研制一种高空可转动式快速脱胎管桁架临时支撑体系，实现 120m 预应力倒三角钢桁架高空快速高效拼装；研发一种滑移顶推装置及其使用方法，创新双轨液压同步滑移施工技术，实现 120m 钢架屋盖不等高超长距离、等节奏多次、可连续同步高效滑移就位。研制一种用于大型履行走的栈桥工装，发明一种"钢框架＋钢桁架"组合体系剖面式倒退施工方法实现超长"钢框架＋钢桁架"组合结构跨内快速精准吊装的同时，为下步的工序穿插创造条件。

3）创新采用"高大空间超高桁架斜向拉索式玻璃幕墙施工技术"在地面拼装，整体进行装配式安装，首次提出"钢桁架＋横向三索＋竖向单索"系统先进行"拉索不张拉安装"，实现超高桁架斜向拉索式幕墙高效安装；发明"长龙式"360°直立锁边安装方法，创新采用"水平出板＋小车搬运"组合方式，实现单张 136m 直立锁边屋面金属板整体安装，提高工效。

4）创新采用"GRG 集成吊顶装配式模块体系施工方法"，实现了 GRG 双曲面异型吊顶的高效施工；创新采用"超高活动集成隔断墙装配式安装技术"，实现了隔断骨架和装饰面板单元式工厂化预制和现场装配式高效安装：研发一种铝板单元块间快速装配式连接的装置，实现超大室内墙面铝板单元块集成化高效快速安装；创新采用超大防火门固定技术，进一步提高超大防火门结构安全及施工工效。

四、与当前国内外同类研究、同类技术的综合比较

见表 1。

与当前国内外同类研究、同类技术的综合比较　　　　　　　　　　　表 1

主要创新成果		与国内外相关技术比较
创新技术一	铁、隧、馆共建区域基坑支护一体化设计与施工技术	创新将地铁转换梁基坑与隧道基坑合二为一支护设计，创新采用"传力板带＋抽条开挖＋双排搅拌桩固土"无内撑支护措施系，研究成果国际先进
	地铁超大截面劲性梁托换与隧道"梁板合建"施工技术	首次提出地铁超大截面劲性转换梁与隧道底板"梁板合建"施工技术，减少开挖深度近 1m；钢筋采用"逆绑法"，绑扎效率提高 30%，研究成果国际先进
	隧道区域中间"桩柱一体化"高效施工技术	创新采用"先插法式桩柱一体化"施工技术，同时优化钢管柱的加强套筒、剪力环、外壁环板及防反涌箅子等装置，显著提高中间桩柱施工效率，研究成果国际先进
创新技术二	大跨度预应力倒三角钢桁架高空快速拼装技术	在装配式高空拼装平台上安装可转动式快速脱胎管桁架临时支撑体系，提高拼装效率，研究成果国际先进
	超长管桁架预应力钢绞线快速穿束及张拉施工技术	创新采用"多束整穿"施工技术，保证管桁架 119.5m 超长预应力筋与保护管同心同向，实现了超长管桁架预应力钢绞线的快速穿束与张拉，研究成果国际先进
	基于等节奏流水施工的大跨度钢桁架滑移技术	创新采用与土建结构等节奏流水施工技术，实现钢桁架滑移单元连续拼装、多次滑移就位，研究成果国际先进
	大跨度倒三角"鱼背式"管桁架不等高双轨滚动滑移技术	发明一种滚针式滑靴装置，两端设置双滑轨，抵消南北支座 2.5m 高差侧向力，实现了 119.5m 跨倒三角"鱼背式"管桁架不等高连续同步稳定滑移，研究成果国际先进
	超长"钢框架＋钢桁架屋盖"组合结构体系跨内剖面式倒退吊装及卸载技术	研发一种用于大型履带起重机行走的栈桥工装，发明一种"钢框架＋钢桁架"组合体系剖面式倒退施工方法，实现 380m 超长"钢框架＋钢桁架"屋盖快速精准吊装，研究成果国际先进
创新技术三	高大空间超高桁架斜向拉索式玻璃幕墙施工技术	创新采用"地面拼装、整体吊装"施工方法进行装配式安装，首次提出"钢桁架＋横向三索＋竖向单索"系统先行进行"拉索不张拉安装"，实现超高桁架斜向拉索式幕墙高效安装
	"长龙式"360 度直立锁边高效安装技术	发明"长龙式"360°直立锁边安装方法技术，"38m 举高车高空水平出板＋万向轮小车长龙式接力运输"组合方式，实现单张百余米直立锁边屋面金属板整体安装
创新技术四	高大空间异形 GRG 顶棚系统装配式施工技术	创新采用 GRG 集成吊顶装配式模块体系施工方法，通过"多模具组合＋模块化定制＋装配式安装"的方式，提升高大空间异形顶棚一次成型安装效率
	超高活动集成隔断墙装配式安装技术	发明一种装配式钢桁架悬挂系统，实现了机电管道与隔断悬挂系统零碰撞，实现了隔断骨架和装饰面板单元式工厂化预制和现场装配式安装，保证了施工的高效、便捷，提升了安装的精度和质量
	超大装饰防火门高效施工技术	创新将装饰面层与防火门集成一体化加工，发明一种门框机械固定装置，实现现场免焊安装，提升 5m 高超大装饰防火门的安装精度和工效

五、第三方评价、应用推广情况

1. 第三方评价

2024 年 4 月 13 日，经天津市建筑业协会组织鉴定，"复杂环境下大型会展高效建造施工技术"整体达到国际先进水平，其中展馆与隧铁共建三重交互设计与施工技术达到国际领先水平。

2. 推广应用

复杂环境下大型会展高效建造施工技术在广交会四期、国家会展中心（天津）、杭州大会展中心、厦门新会展中心等项目成功应用，助力项目顺利完成既定施工目标，受到商务部等单位的一致认可，受

到了中央及地方媒体报道高达 600 多次。同时，该技术为类似结构或构筑物提供了极有价值的参考依据，对复杂环境下的城市核心区类似工程提供借鉴。

六、社会效益

复杂环境下大型会展高效建造施工技术的实施应用，保证了项目的顺利实施，为公司在会展领域的发展打好基础。项目自开工以来得到国家各级政府部门和社会各界的高度关注，接待观摩交流团达 150 余次。国家、省市领导多次亲临项目指导，得到各大媒体报道稿件 200 余篇，助力大企业打造高效建造新标杆，提升广交会品牌宣传影响力。过程中各级领导多次莅临指导工作，对工程的顺利实施保持认可的态度。

F1 赛道复杂环境地基处理与轻质泡沫土高回填施工关键技术

完成单位： 中国建筑第二工程局有限公司华东公司
完成人： 王永生、刘　浩、李纪昕、王呼强、张法荣、方自强、刘志红

一、立项背景

随着中国汽车工业的飞速发展和人们生活水平的不断提高，赛车运动逐渐由贵族运动走向平民生活，国内赛车场的建设方兴未艾。

我国国内赛道施工发展起步较晚，由于工业化程度较低，前期发展较慢。上海 F1 国际赛车场是世界上首个建在软土地基上的 F1 赛车场。赛道位于上海市郊，河道、池塘、沟渠众多，地基土层为典型的软土特性。为了减少不均匀沉降，需在短时期内对该软土地基进行大量高难度的处理，如河道、暗洪的处理和堆载预压、路堤打桩等。

武汉智能网联汽车测试场是我国第一个建设在天然河畔、有效节约土地资源的生态型测试场，第一个按一级方程式标准规划的具备二级方程式赛道的测试场。其在施工过程中面临如下难题：

（1）超高平顺性要求下的特殊不良地基处理难、工后沉降控制严；

（2）路基填方规模大、优质低成本填料缺乏，大面积/大体量泡沫轻质土施工速度慢，工期受限；

（3）F1 赛道对沥青路面材料性能要求严格，高平整度小半径路面沥青摊铺困难；

（4）管线与路缘石排水沟施工，采用传统施工技术周期和精度难以把控。

二、详细科学技术内容

1. 高速赛道特殊不良地基微变形处理技术

创新成果一：高速赛道混合桩型结构加固技术

依据赛道路基填土高度，赛道软土地基分别采用 PHC 管桩、CFG 桩进行处理，高填区桩间土采用双向水泥搅拌桩进行加固，实现混合桩承式地基处理技术在赛道建设首次应用。碎石垫层采用三向土工格栅。三向土工格栅具有独创性，是基于最高效和最稳定的结构形式——三角形。抗拉刚度是多方向的，受力优于常规的双向土工格栅，属于加筋碎石垫层的创新。

创新成果二：高速赛道桩基施工参数优化研究

利用 FLAC3D 数值计算软件，采用正交试验，结合多目标模糊决策法得到桩长、桩径以及桩间距的最优组合形式。优化结果为：桩长取 20m，桩径取 0.55m，桩间距选取 3.5m。见图 1、图 2。

创新成果三：岩溶发育区赛道桩基施工地基处理技术

采用有限元软件建立三维模型，探究溶洞至桩尖距离的改变，溶洞形状和体积改变对桩基沉降的影响规律。见图 3～图 5。

2. 基于桩土一体化结构变形理论的高速赛道路堤沉降控制方法

创新成果一：基于桩土一体化结构变形理论的高速赛道路堤沉降控制方法

采用项目合作单位开发的国内外首台可编程逻辑控制器（PLC）控制的阵列式活动门试验装置对桩承式路堤荷载传递的三维土拱效应进行系统的模型试验研究，对路堤填料的变形规律进行探讨，为现场采用的桩承式路堤随桩间土沉降过程的荷载传递演化机制与长期演化规律研究提供了理论基础。见图 6。

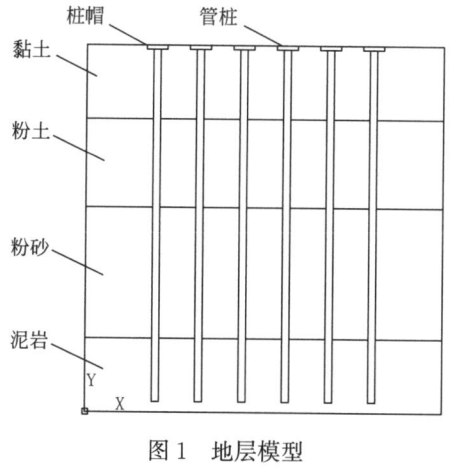

图 1 地层模型

图 2 赛道地基 CFG 桩处理区域横断面图

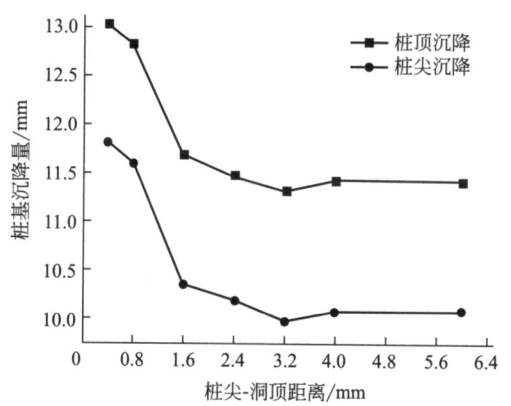

图 3 桩基沉降量-桩尖洞顶距离

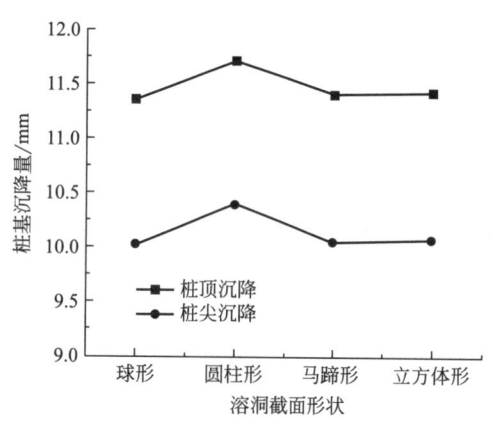

图 4 桩基沉降量-溶洞截面形状

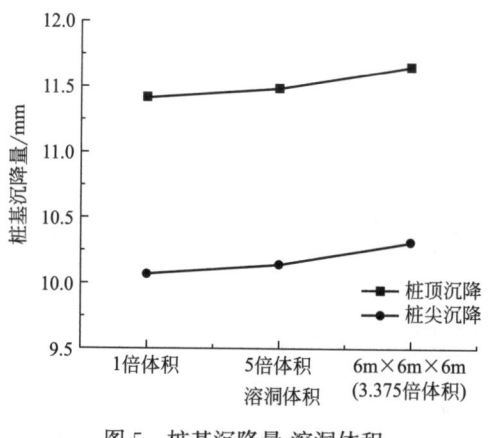

图 5 桩基沉降量-溶洞体积

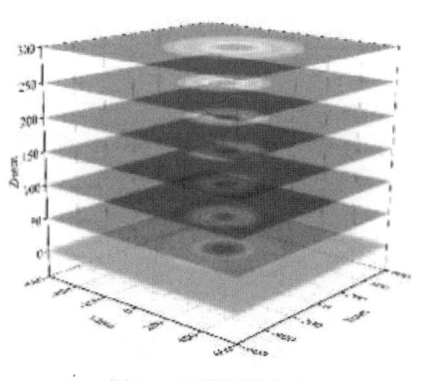

图 6 三维沉降分布

创新成果二：桩承式路堤参数影响试验与分析

通过混合试验平台实现物理模型与数值模型数据交互，选取某桩承式加筋路堤试验段工程进行验证。

创新成果三：桩承式加筋路堤竖向荷载传递规律现场试验分析

现场开展路堤加载过程中的桩帽顶部和桩间土的沉降与土压力分布、路堤分层沉降与格栅挠曲、格栅局部应变测试。

1）土压力时程曲线

由于土拱效应与张拉膜效应的发挥，桩帽顶部土压力大于桩间土压力；排除掉两层土压力盒之间的碎石厚度的影响后，桩顶之间和桩间土之间的土压力的差值反映了土工格栅张拉膜效应的发挥程度。

2）土压力计算理论对比

对比各种方法的土压力理论值与实际值，可以得到：当路堤高度小于 1.5m 时，改进 Terzaghi（太沙基）模型和同心圆拱模型所得的桩间土压力理论值和实际值比较接近；当路堤高度大于 1.5m 时，同心圆拱模型所得的土压力理论值和实际值吻合度较好。见图 7。

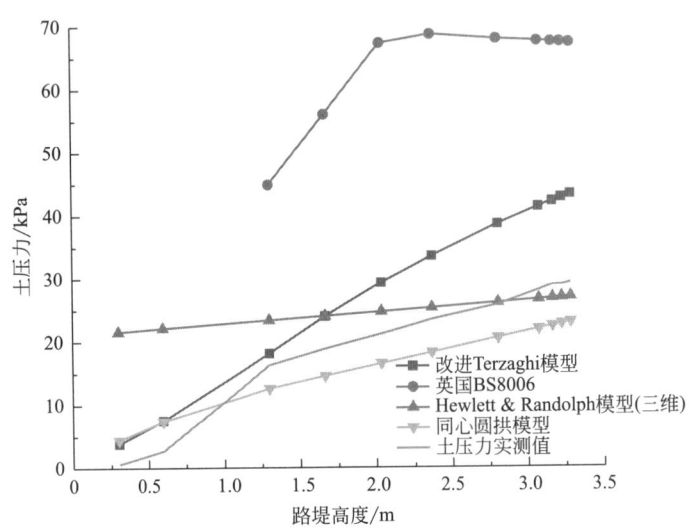

图 7　不同填土高度下桩间土压力实测值与理论值比较

3）表面沉降与分层沉降

桩间土沉降显著大于桩顶沉降，且两桩中心处沉降大于四桩中心处；各测点的分层沉降环各自所在土层的沉降值各不相同，且埋设位置越深的分层沉降环所测得的沉降值越大；随着时间的推移，由于土拱效应和张拉膜效应的影响导致桩土间发生荷载调整，桩土差异沉降逐渐增大，直至两种机制发挥稳定，桩土差异沉降值 ΔS 逐渐趋于一定值，此时桩表面沉降 S_p 为 65.66mm，两桩中心处桩间土表面沉降 S_s 为 99.31mm，四桩对角线中心处的桩间土表面沉降 S_s 为 92.91mm。

4）格栅应变与格栅挠曲

由于填土高度 H 不断增大，格栅受到的拉应力增加，格栅应变增大。等载期的土工格栅应变仍随沉降增大而缓慢增加；在整个试验过程中，格栅应变的最大值为 0.195%，格栅应变的最小值为 0.049%，各测点的格栅应变值远小于格栅应变的破坏值 10%，表明不同位置的土工格栅发挥程度不同；两桩中心处的挠曲量大于四桩中心处的挠曲量。

3. 低碳环保型大体积泡沫轻质土制备及快速施工技术

创新成果一：低碳环保型泡沫轻质土组成结构研究

通过对泡沫轻质土配合比的研究，优化配合比中水泥、粉煤灰、矿粉的掺量，在达到设计要求抗压强度的条件下，以最经济的配合比进行施工，节省施工成本。最终形成 30%水泥＋30%矿粉＋40%粉煤灰的配合比。

创新成果二：低碳环保型泡沫轻质土宏观性能及微观机理研究

通过对泡沫轻质土的结构演变过程的研究，探究其在整个施工过程中的性质及变化规律，为现场施工提供理论依据。创新采用场发射扫描电镜（SEM）观察泡沫轻质土的微观形貌，测定其微观颗粒大小，并对其元素组成、含量进行分析。结果表明，水固比的变化，使得泡沫轻质土的整体性微观结构发生了很大的变化。见图 8～图 13。

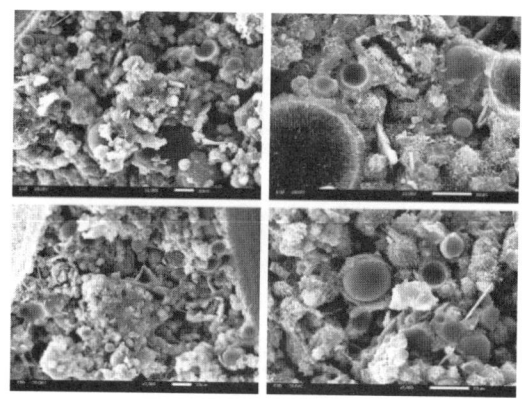

图 8　粉煤灰泡沫轻质土水化产物 SEM 图

图 9　矿粉泡沫轻质土水化产物 SEM 图

图 10　矿粉、粉煤灰双掺泡沫轻质土水化产物 SEM 图

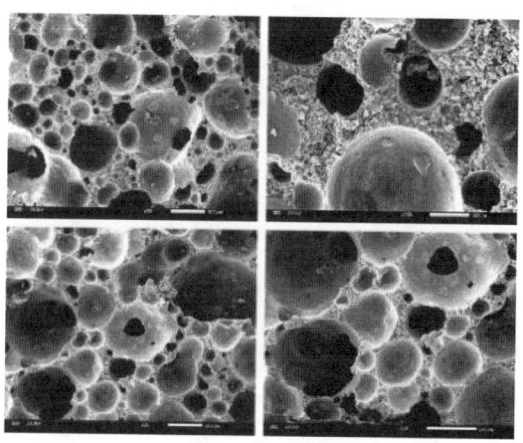

图 11　泡沫轻质土 F1 组泡沫孔结构图

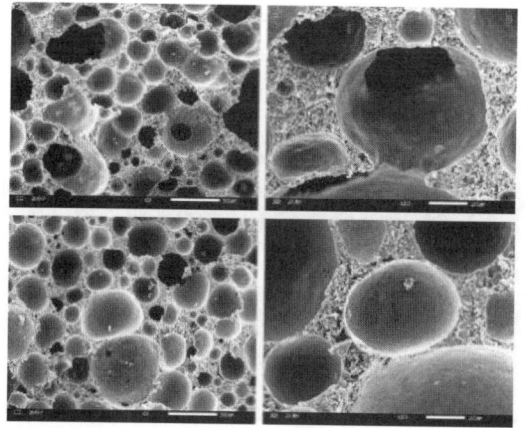

图 12　泡沫轻质土 S1 组泡沫孔结构图

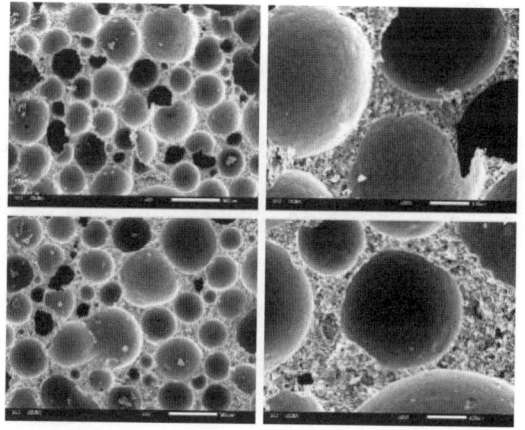

图 13　泡沫轻质土 FS1 组泡沫孔结构图

创新成果三：低碳环保型泡沫轻质土的先进制备工艺与跳仓法施工技术

现场采用车载移动式制备系统进行长距离泡沫轻质土制备。浇筑时实际按每个浇筑区泡沫轻质土填筑总高度进行划分层数，再将单层浇筑区划分成若干个区块，按"品"状进行跳仓浇筑，再进行倒"品"状填仓浇筑施工，先后浇筑区域采用聚苯乙烯板做变形缝。见图 14～图 19。

图 14 施工现场工艺流程图   图 15 模板支撑系统安装

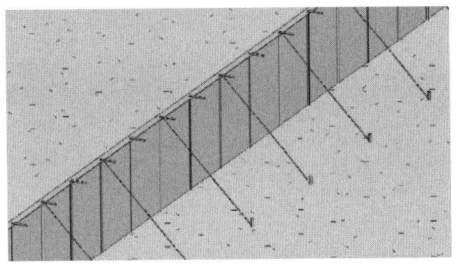

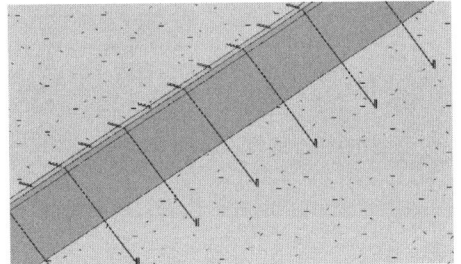
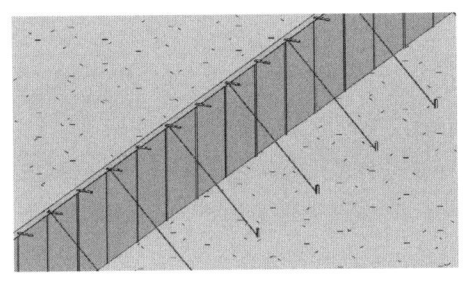

图 16 模板支撑系统安装效果图 SEM 图   图 17 先后浇筑区域示意图

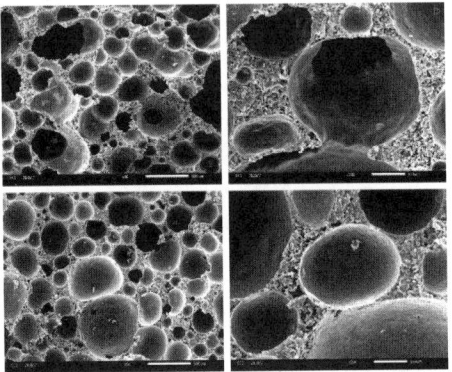
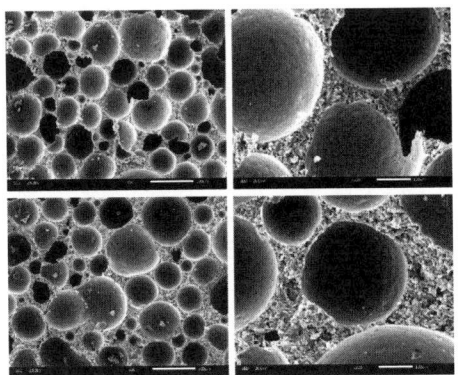

图 18 泡沫轻质土 S1 组泡沫孔结构图   图 19 泡沫轻质土 FS1 组泡沫孔结构图

4. 高速赛道无接缝高平整度路面施工技术

创新成果一：纤维增强沥青面层材料配合比研究

通过优化沥青混凝土配合比，达到提高沥青混凝土面层的黏度、磨光值、高温抗车辙、剪切强度等性能指标。最终 SMA-13 的各种矿料的掺配比例为玄武岩（10～15）mm：（5～10）mm：（0～5）mm：矿粉＝35％：35％：19％：11％，其最佳油石比为 6.4％。见图 20。

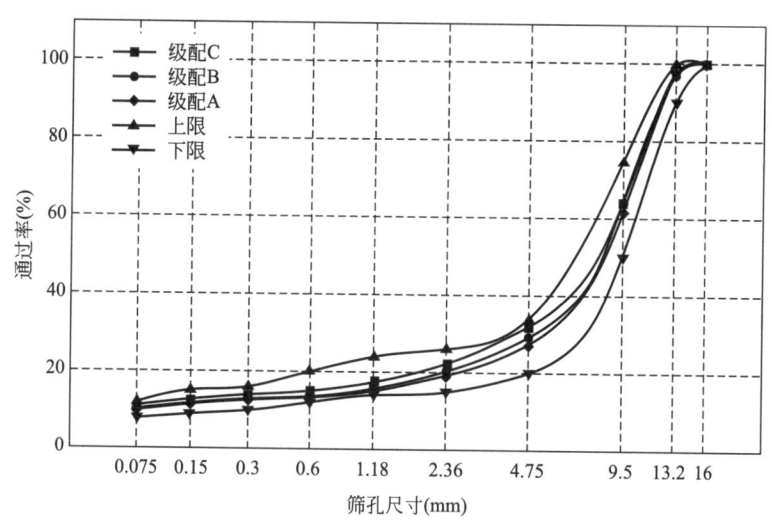

图 20　泡沫轻质土 S1 组泡沫孔结构图

创新成果二：纤维沥青混合料路用性能研究

通过对 SBS 改性沥青及三种纤维沥青进行了动态剪切流变试验和对不同种类纤维的沥青混合料进行劈裂试验等多项试验研究得到的结论：

从沥青胶浆的流变性能来看，纤维的加入可以显著提升沥青胶浆的高温流变性能，纤维种类不同提升效果也不同，其中加入聚丙烯纤维提升最大。对于沥青胶浆的抗剪切应变的能力，低温下加入木质素纤维，高温下加入聚丙烯提升幅度最大，在常温下加入纤维对沥青的抗剪切应变能力提升不大。

三种纤维沥青混合料劈裂试验结果显示：与聚酯纤维、聚丙烯纤维沥青混合料相比，木质素纤维沥青混合料的劈裂强度更高，分别高出 12.0% 和 22.4%。

创新成果三：3D 摊铺施工技术

创新使用基于测量机器人的实时测量与 3D 控制系统，实现对赛道的 3D 摊铺，消除了平面坐标与高程在时间上的偏差，减小了采集的三维坐标的误差，优化了智能化摊铺技术。见图 21。

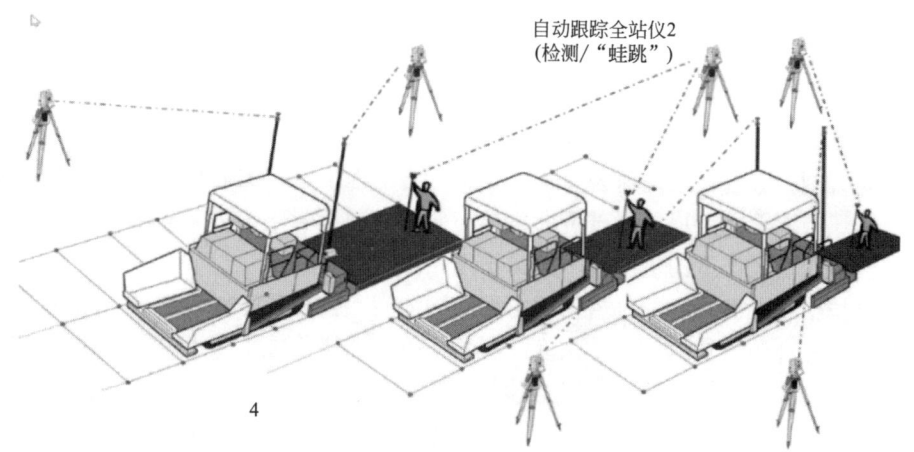

图 21　3D 摊铺示意图

创新成果四：基于 BIM 的综合管线快速施工关键技术

提出了基于 BIM 的高速赛道综合管线快速施工技术，基于 BIM 可视化和碰撞检测，实现了整个场地内赛道下管线路由的优化，并在此基础上对非标管件、检查井进行工厂化预制，采用 BIM 装配式工艺对非标管道、检查井进行一对一安装。该技术缩短工期的同时，有效地提高了管道与管道、管道与井室之间的连接质量，减少了漏水对赛道地基质量的破坏。

创效成果五：路缘石排水沟快速施工关键技术

通过改进将路缘石和排水沟有效结合，建立了一种兼有两种功能的装配式"一体式路缘石排水沟"，基于 BIM 技术拟合一体式路缘石排水沟安装后的线型，保障了装配施工精度和速度。

三、发现、发明及创新点

1. 首创了混合桩承式软土地基变形处理施工技术

首次在赛道建设应用领域，创新集成了混合桩承式软基处理结构体系，有效地解决了软土地基整体沉降和不均匀沉降的难题，将赛道与相邻建筑物之间的沉降差异控制在±1cm 以内。

2. 探明了桩承式路堤荷载传递机制并提出了其性能预测技术

研发了桩承式路堤三维土拱效应荷载传递机制与变形预测方法，验证了桩承式加筋路堤参数影响与长期性能预测方法；创新性地采用了深厚软土层桩承式加筋低路堤荷载传递机制分析，揭示了高速赛车道多层加筋垫层桩承式路堤的荷载传递与变形机理。

3. 首创了低碳环保型大体积泡沫轻质土制备及处治软土路基施工技术

国内首次大规模使用低碳泡沫轻质土作为路基填充材料，优化设计了低碳环保型泡沫轻质土组成结构，研究了其宏观性能及微观机理，创新了其处治技术及先进制备工艺，减小了地基的不均匀沉降，控制了软土地基的沉降。

4. 研发了高速赛道沥青路面新材料并提出了智能化施工技术

研发了组合式基层结构与纤维增强沥青罩面层设计，形成可靠的高速赛车道沥青混合料抗滑、抗摩擦性能。针对赛道线性复杂、平整度要求高的特点（±3mm/4m），研发了基于测量机器人的高速赛道沥青路面智能化摊铺施工技术，解决了小半径沥青摊铺的技术难题。

5. 项目成果

项目获授权发明专利 9 项、实用新型专利 23 项、国际专利 4 项，省部级工法 3 项、集团工法 1 项、局级工法 3 项，发表论文 28 篇（含 SCI 论文 8 篇、EI 论文 1 篇、中文核心 13 篇，普刊/局刊 6 篇），编制企业标准 1 份，获得中国建筑材料流通协会科技进步一等奖 1 项。

四、与当前国内外同类研究、同类技术的综合比较

与当前国内外同类研究、同类技术的综合比较定的成果，但是针对超高平顺性的高速赛车道的软土地基处理、施工沉降控制等技术尚缺乏深入的研究。本项目赛道平整度要求为 3mm/4m，在此地基上修建赛车场，国内尚属首例，无可借鉴的成熟经验。尤其是高速赛道特殊不良地基的处理，由于成形后路基沉降要求极为苛刻，远超常规高速公路、同类型赛道工程，单一的地基处理方式难以满足要求；高速赛车道多层加筋垫层桩承式路堤的荷载传递机理与变形机制不明，工后沉降控制难；高标准填料缺乏下泡沫轻质土高稳定性、大体量的应用技术储备不足。

根据湖北省科技信息研究院查新报告表明，目前国内同类技术并未提出超高平顺要求下的高速赛道混合桩承式软土地基处理施工技术、大体量泡沫轻质土跳仓法快速施工技术、赛道路面结构智能化摊铺施工技术。相比现有的软土地基施工技术，本项目提出的软土地基高速赛道施工关键技术在地基处理、沉降控制、大体量泡沫轻质土制备与快速施工、智能摊铺、一体式路缘石排水沟等方面，具有更好的先进性。

五、第三方评价、应用推广情况

1. 第三方评价

2024 年 4 月 10 日，中科合创（广东）科技成果评价中心组织对课题成果进行鉴定。专家组认为，该成果总体达到国际先进水平，其中混合桩承式特殊不良地基处理施工关键技术、大体量低碳环保型泡沫轻质土制备与跳仓法连续浇筑施工方法达到国际领先水平。

2. 应用推广

本技术曾应用于中建二局承建的武汉智能网联汽车测试场项目、2017 年 CTCC 中国房车锦标赛（武汉站）配套设施建设项目等工程，获得了业主的高度认可。

六、社会效应

在项目团队的攻坚克难下，项目获得"省级观摩样板工地"、湖北省安全文明工地等多项荣誉，并承办中建二局华东公司年中线上云观摩活动和湖北省建设工程质量安全科技云观摩活动。

项目获得多方媒体广泛关注，曾先后登上央视新闻 3 次，人民日报、中国工人日报等中央级网站 50余次，湖北卫视、湖北日报、长江日报、楚天都市报等省部级行业媒体 100 余次，极大地提升了项目的影响力。

隧道开挖支护参数优化及爆破动力效应控制技术

完成单位：中建桥梁有限公司、中国建筑第六工程局有限公司、中国地质大学（武汉）
完 成 人：曹海清、曾银勇、吴宏文、刘晓敏、吴廷尧、卢　俊、李　川

一、立项背景

随着城市交通需求增长，地下空间开发逐渐加快。然而，隧道建设中经常面临地上建筑或地下结构交叉并存的复杂局面，特别是公路隧道或城际铁路（地下线）沿线可能与既有埋地管道产生相互影响。同时，钻爆法作为一种经济、高效的开挖方法，对周边既有建构筑物的安全影响显著。复杂地质条件下，隧道施工可能导致围岩变形，甚至引发地质灾害。因此，研究合理的围岩分级和开挖工法，以及爆破动力效应控制技术，对提升施工的安全性和效率具有重要意义。

二、详细科学技术内容

1. 隧道围岩分级技术

创新成果一：考虑爆破损伤的 Hoek-Brown 准则修正与围岩力学参数确定技术

以大学城隧道为依托，开展多次爆破作用下隧道围岩声波测试分析，探讨爆破累积作用下声波波速的变化与岩体裂隙的内在联系。同时，考虑爆破损伤累积效应，基于 Hoek-Brown 强度准则中岩体材料经验常数计算式及修正公式的不足，建立不同围岩级别下以岩体声波变化率和隧道埋深为基准量计算 H-B 强度准则中岩体材料经验常数 m_b、s、a 的取值方法，根据修正后的 H-B 强度准则确定爆破累积损伤作用下岩体力学参数，为隧道开挖中数值模拟岩体力学参数的选取提供依据。见图1、图2。

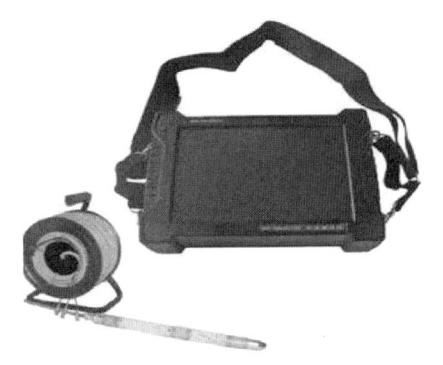

图 1　声波测试仪　　　　　　　　　　图 2　现场声波测试

创新成果二：基于数学模型的大学城隧道围岩分级技术

在总结我国常用的围岩分级方法基础上，运用熵权-可拓物元理论及熵权-云模型的方法对围岩分级，利用大学城隧道围岩分级数据验证其合理性与准确性，并用熵权-云模型分级方法对大学城隧道进行围岩分级。熵权-可拓物元理论及熵权-云模型的隧道围岩分级方法分别利用数学模型及 MATLAB 计算编程方法对围岩分级，可根据不同的工程地质特征选择多种围岩分级评判指标，将评判指标数值输入编写的正态正向云发生器中，可确定隧道围岩级别的不同评判指标对应不同围岩级别的隶属度。这两种围岩分级方法是对隧道围岩分级方法的新探索，有利于围岩分级向智能化、信息化的方向发展。见图3、图4。

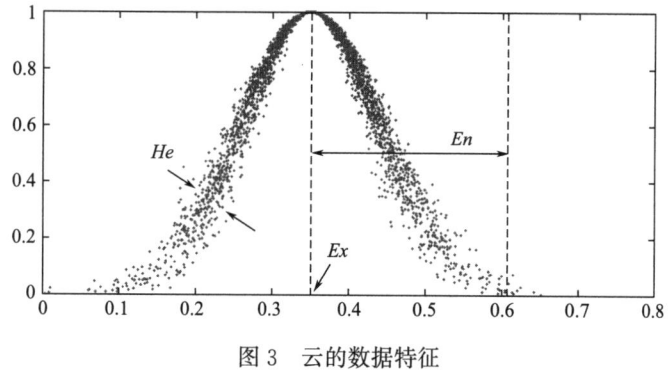

图 3　云的数据特征

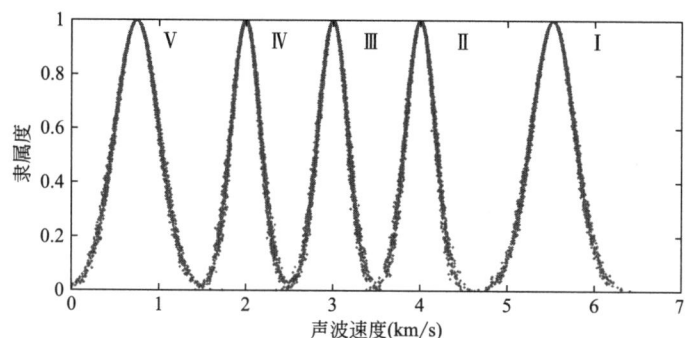

图 4　围岩级别不同指标的云模型

2. 隧道受力变形技术

创新成果一：大学城隧道施工监控量测分析

大学城隧道采用了马蹄形断面，断面大小变化不大，且围岩级别划分时也考虑了隧道埋深、地下水和节理裂隙发育等情况，故对同一级别的围岩，围岩变形监测稳定值往往会分布在一定范围内。不同级别的围岩，其监测数据分布的区间具有一定的差别，故对大学城隧道各级围岩变形监测稳定值进行统计分析。见图 5、图 6。

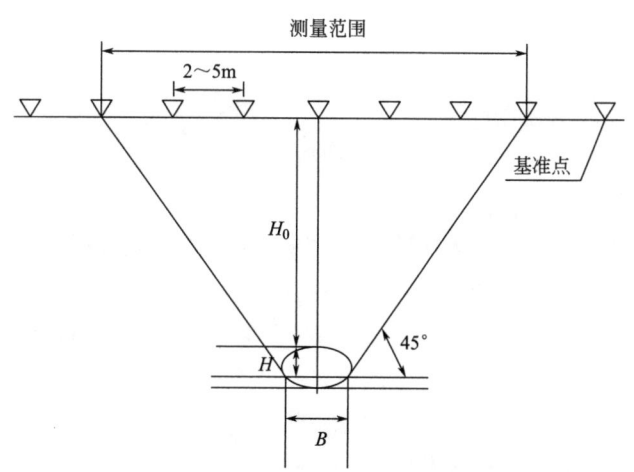

图 5　地表沉降横向测点布置示意图

创新成果二：大学城隧道围岩变形与支护结构受力特征分析

以大学城隧道为工程背景，运用有限差分软件 FLAC3D 模拟大学城隧道开挖与支护的全过程，并

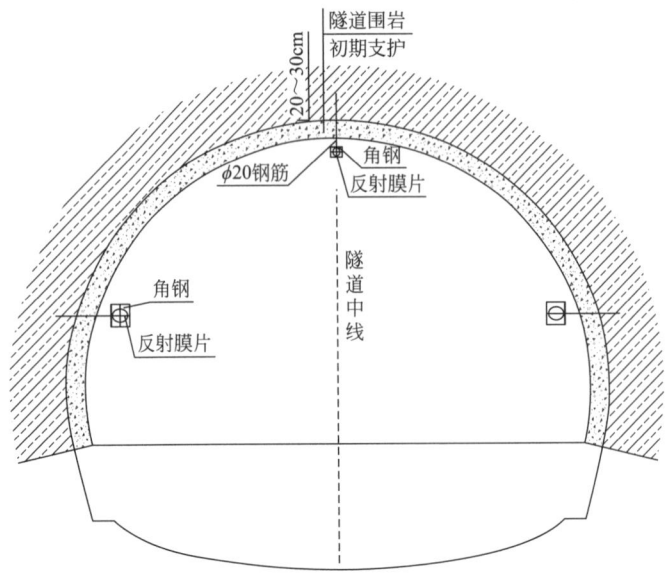

图 6　非接触监控量测布点示意图

结合大学城隧道现场变形监测数据对该过程模拟的正确性进行了对比验证，通过对大学城隧道各级围岩变形与支护结构受力特征进行分析，为大学城隧道施工和支护方案优化提供理论支持。见图 7。

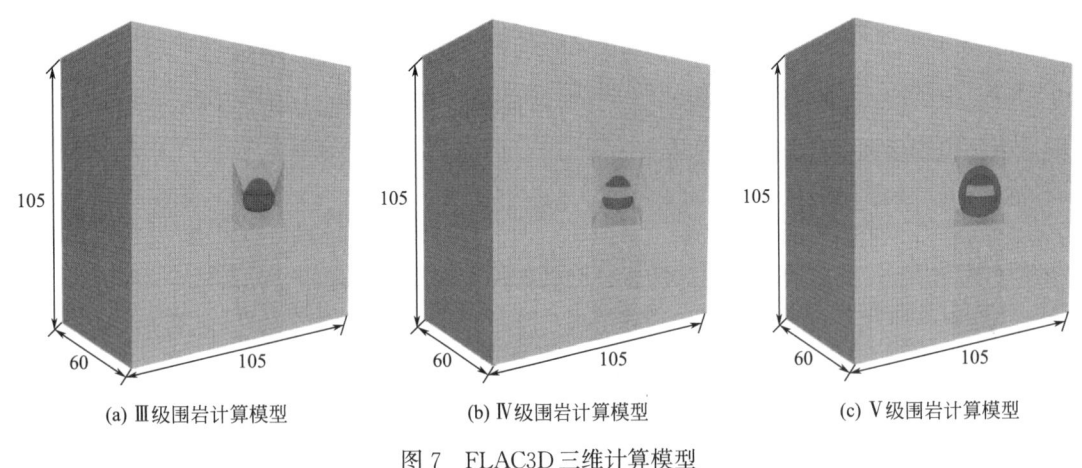

(a) Ⅲ级围岩计算模型　　　　　(b) Ⅳ级围岩计算模型　　　　　(c) Ⅴ级围岩计算模型

图 7　FLAC3D 三维计算模型

3. 爆破荷载作用下安全判据确定技术

创新成果一：既有隧道爆破响应特征及安全判据研究

本成果旨在综合国内外研究现状，对隧道上跨既有高铁隧道爆破安全判据进行深入研究，聚焦于隧道爆破开挖工程，以科学城隧道工程为依托，结合现场隧道内爆破振动监测，分析隧道爆破振动沿岩体内传播衰减规律，研究爆炸应力波传播至既有高铁隧道的荷载特征，并采用无量纲分析的原理，建立隧道爆破引起的上跨既有高铁隧道衰减规律数学预测模型；基于动力有限元数值计算方法，分析主线隧道爆破振动作用传播及衰减规律；同时，结合爆炸应力波理论及强度破坏准则，建立既有高铁隧道衬砌结构的安全判据模型。见图 8～图 10。

创新成果二：新建隧道爆破响应特征及安全判据研究

提出了围岩爆破累积损伤数值分析方法，建立了基于临界振动速度控制的隧道围岩损伤安全控制阈值。基于岩石拉伸损伤理论模型，建立了考虑地应力影响的隧道爆破损伤分析数值模型。采用 Fortran 语言编程技术，将自定义程序嵌入动力有限元 LS-DYNA 软件中，实现了隧道爆破近区围岩累积损伤效应的数值模拟分析（图 11a），揭示了不同级别围岩在循环累积爆破、单循环多段毫秒延时累积爆破作用

图 8　隧道地质横断面分布图

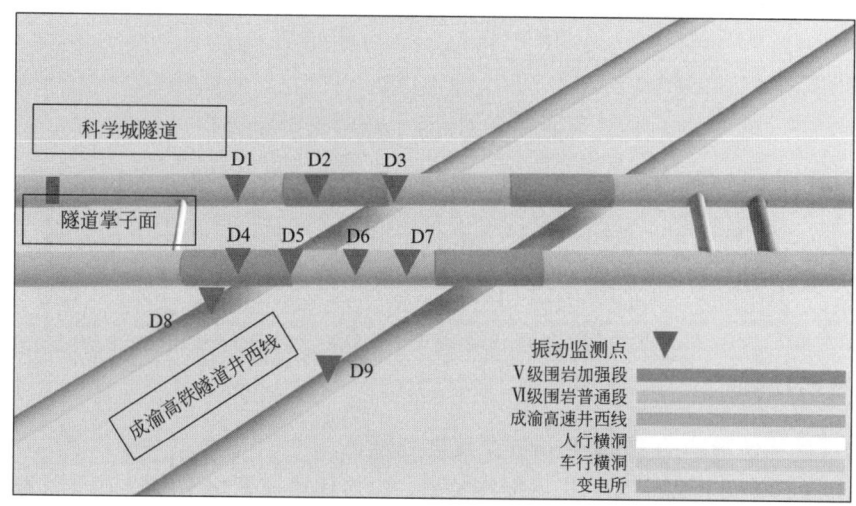

图 9　科学城隧道振动测点布置示意图

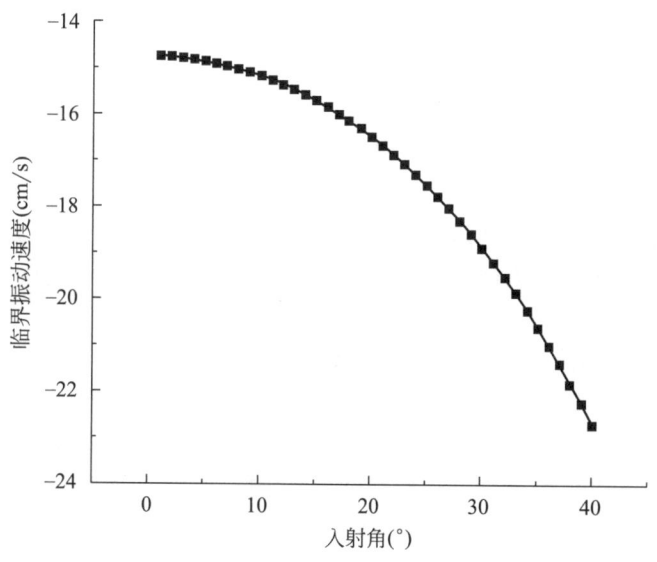

图 10　临界振速与入射角的关系

下的损伤演化规律，明晰了不同级别围岩的损伤特征与损伤深度（图 11b），提出了不同级别围岩的临界振动速度判据及其安全控制阈值。

4. 砂浆锚杆系统动力响应特征及安全控制技术

建立了不同级别围岩开挖爆破条件下的砂浆锚杆实体单元爆破动力分析数值模型，揭示了龄期、隧

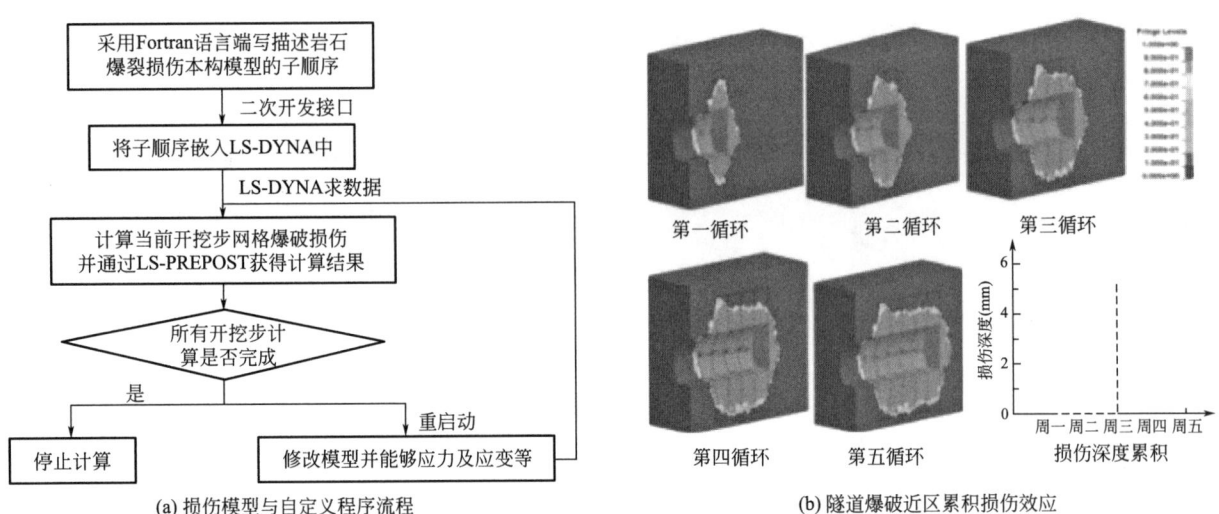

(a) 损伤模型与自定义程序流程 　　　　　　(b) 隧道爆破近区累积损伤效应

图 11　大断面隧道爆破围岩损伤效应与控制

道空间位置等因素影响下的锚杆体系振动速度与动应力分布变化规律，明晰了爆破振动作用下不同注浆龄期的砂浆锚杆动力响应特征与失效机制，建立了基于极限承载能力、考虑围岩级别与注浆龄期的砂浆锚杆支护体系的爆破振动速度安全判据，提出了大断面隧道钻爆法施工砂浆锚杆支护系统的爆破振动控制指标与安全阈值。

三、发现、发明及创新点

1. 考虑围岩爆破损伤影响的 Hoek-Brown 强度准则修正

根据现场试验及理论分析得到裂纹扩展损伤模型，以岩体声波变化率和隧道埋深为计算参数，建立不同围岩级别下的 Hoek-Brown 强度准则中材料经验常数 m_b、s、a 的取值方法。根据裂纹扩展损伤模型可知，爆破作用对隧道侧壁围岩损伤范围小于 2m。岩体裂纹长度在 1～4 次爆破中变化率较大，第 5 次（距掌子面 52m）爆破后裂纹长度呈稳定的趋势。在 7 次爆破开挖后，岩体裂纹最大增长率为 304.6%。

2. 根据修正的 Hoek-Brown 强度准则确定岩体力学参数

在循环爆破及岩体应力释放作用下 m_b、s 的值呈非线性减小，m_b 的值降低最大幅度为 9.37%，s 值降低的最大幅度为 16.52%，s 值随爆破损伤累积效应、围岩压力释放等因素的影响更敏感。根据修正的 Hoek-Brown 强度准则计算龙南隧道围岩在循环爆破作用下岩体的抗拉强度、抗压强度等力学参数，为数值模拟选取力学参数提供依据。

3. 基于数学模型的龙南隧道围岩分级研究

在总结分析 BQ 法围岩分级、铁路隧道围岩分级、Q 系统分级及 RMR 系统分级方法的基础上运用熵权-可拓物元理论及熵权-云模型方法对隧道围岩分级。熵权-可拓物元理论以物元组成元素建立物元矩阵，以熵权理论确定不同评价体系的评估标准，运用最大关联度理论确定所需评价断面的围岩与每一个围岩等级的关联值，通过关联值确定围岩级别。熵权-云模型围岩分级方法通过云的数字特征确定隧道围岩级别不同评判指标对应不同围岩级别的隶属度，最终利用评判指标的权重与围岩级别的隶属度的乘积得到不同围岩级别的确定度。

4. 基于数值模拟优化了隧道初期支护参数

隧道各级围岩设计初期支护结构受力特征模拟结果表明：Ⅱ～Ⅴ级围岩的喷射混凝土最大压应力依次为 1.58MPa、3.63MPa、4.22MPa 和 6.47MPa，分别是喷射混凝土抗压强度设计值（12.5MPa）的 12.64%、29.04%、33.76% 和 51.76%，均未超过 C25 喷射混凝土抗压设计强度的 2/3，仍有较大的安全余量，不能充分发挥喷射混凝土的抗压性能。对各级围岩喷射混凝土的最大主应力分析可知，Ⅱ～Ⅴ

级围岩喷射混凝土的最大拉应力依次为 0.137MPa、0.255MPa、0.511MPa 和 0.493MPa。其中，Ⅳ级围岩喷射混凝土的拉应力最大，是 C25 喷射混凝土设计抗拉强度（1.3MPa）的 39.31%，故各级围岩喷射混凝土不会受拉破坏。由锚杆轴力分析可知，Ⅲ～Ⅴ级围岩锚杆最大拉力依次为 29.68kN、67.06kN 和 58.24kN，分别是锚杆最大轴力允许值的 34.92%、78.89% 和 68.52%。均未达到锚杆最大轴力允许值，即未达到锚杆杆体极限抗拉值的 1/2，故原初期支护方案尚有一定优化空间。

5. 采用理论和数值模拟的综合研究手段，解决了控制爆破施工过程振动效应及其对上跨隧道的影响是隧道建设中的关键问题。

以重庆市科学城隧道开挖爆破工程为依托，结合隧道内爆破振动监测测试，分析隧道爆破振动沿岩体内传播衰减规律，研究爆炸应力波传播至既有高铁隧道的荷载特征；考虑隧道爆破爆源埋深的影响，建立隧道爆破引起的上跨既有高铁隧道衰减规律数学预测模型；基于动力有限元数值计算方法，分析在建隧道爆破振动作用对既有高铁隧道结构的影响，研究爆破振动沿隧道轮廓面的传播及衰减规律；基于极限拉应力准则、极限剪应力准则及莫尔判据，并与数值模拟研究得到结果进行对比，建立了隧道上跨既有高铁隧道爆破安全判据模型。

6. 明晰了隧道复合式衬砌结构的动力响应特征，建立了考虑龄期的砂浆锚杆支护系统与新浇二衬混凝土结构的爆破动力安全判据。

建立了不同级别围岩、不同龄期砂浆锚杆体系实体单元数值模型，揭示了不同注浆龄期砂浆锚杆体系的爆破动力响应特征与失效机制，提出了考虑围岩级别与注浆龄期的砂浆锚杆支护体系爆破振动控制方法与安全阈值。研制了大断面隧道新浇二衬混凝土爆破动力效应的实验分析方法，揭示了龄期、振动强度、振动持续时间多因素影响下的混凝土动力响应特征，提出了基于数值与实验方法的新浇二衬混凝土爆破振动安全控制阈值，实现了大断面隧道安全、高效的爆破施工，填补了现有国家标准《爆破安全规程》GB 6722—2014 中隧道支护结构爆破振动安全控制标准的相关空白。

四、与当前国内外同类研究、同类技术的综合比较

较国内外同类研究、技术的先进性如下。

1. 建立了长大隧道钻爆法开挖动力效应精细分析理论

提出了长大隧道爆破动力作用分区及其振动特征分析方法，研制了满足不同应变率（$10 \sim 10^2$）加载条件动力学实验系统，构建了各级别围岩、关键块体、松软破碎带以及不同龄期复合式衬砌结构的动力效应精细分析理论，提出了考虑爆破影响的钻爆法施工围岩定量化实时分级方法，解决了长大隧道爆破振动准确预测难、爆破动力效应分析精度低等难题。

2. 提出了长大隧道钻爆法开挖围岩动力损伤及灾变控制技术

发明了具有"时空叠加效应"的大断面隧道开挖掏槽爆破和基于"破岩耗散能匹配"的光爆孔分段调控装药精细化设计方法等系列光面爆破技术，提出了隧道围岩损伤、冒顶塌方与突涌水动力灾变控制方法，研发了长大隧道钻爆法开挖爆破智能化动态设计系统，实现了长大隧道围岩动力损伤、关键块体垮塌、松软破碎带突涌水等动力灾害的有效控制。

3. 研发了长大隧道钻爆法施工支护结构动力破坏控制技术

提出了不同龄期砂浆锚杆爆破动力失效与新浇二衬混凝土爆破动力破坏评价方法，研发了爆破药量、起爆时序以及支护参数等变量的优化调控技术，开发了长大隧道钻爆法支护结构智能化动态设计系统，填补了隧道钻爆法施工复合式衬砌结构爆破振动安全控制标准的相关空白，实现了长大隧道钻爆法施工衬砌结构爆破动力破坏效应的精细化控制。

研究成果已在赣深高铁龙南隧道、郑万铁路奉节隧道、成兰铁路柿子园隧道、昌赣高铁万安隧道、汉十高铁余家山隧道等外近百座长大隧道工程建设中获得了成功应用，产生经济效益 52.02 亿元。

五、第三方评价、应用推广情况

1. 第三方评价

2024 年 5 月 13 日，中国爆破行业协会科技成果评价中心对课题成果进行鉴定。专家组认为，该项成果整体达到国际领先水平。

2. 推广应用

该技术目前已在重庆大学城隧道工程中成功应用并取得了良好的实践效果，克服了诸多挑战，解决了一系列的问题，对类似工程具有良好的借鉴意义，同时也为隧道施工领域开展了一个新的研究方向。该技术目前已逐渐推广至其他类似项目，重庆十五号线隧道依照本项目采取了光面爆破技术施工。

六、社会效益

1. 保障长大隧道钻爆法的安全、高效施工

针对隧道复杂地质条件及高效掘进要求，项目成果有效解决了爆破动力与地质条件交互影响下的安全问题，未发生因爆破导致的隧道失稳或人员伤亡事故，确保了工程安全与效率。

2. 推动岩石动力学与爆破技术的发展

项目成果发表 SCI、EI 收录论文 13 篇，引用总数近 200 次，获授权发明专利 5 项、实用新型专利 12 项，主编参编国际建议方法及行业标准 4 项，多次在国际学术会议上报告研究进展，为岩石动力学理论及隧道爆破技术的发展做出重要贡献。

3. 为隧道工程与爆破行业提供示范与规范

研究成果已在多项交通重点工程中推广应用，提供复杂地质条件下长大隧道爆破施工的示范经验，并主编参编 6 项行业规范、团体标准，推动了我国爆破行业的规范化发展。

多场景多型式预应力碳纤维复合材料
先进加固理论与应用技术

完成单位： 中国建筑第八工程局有限公司、同济大学、河海大学、中建八局第一建设有限公司
完 成 人： 马明磊、白　洁、杨　燕、许国文、陈　江、熊　浩、王海涛

一、立项背景

随着我国城镇化推进和基础设施老化，城市更新与基础设施加固改造需求激增。既有结构加固作为关键手段，需满足可持续发展和绿色低碳要求。传统加固方法受限于材料性能及施工方式，难以满足高效、可靠的要求。碳纤维增强复合材料（CFRP）以其优异性能在加固领域展现出巨大潜力，但传统以直接粘贴为主的被动加固方式效果有限，材料利用率低。预应力CFRP加固技术作为一种主动加固技术，能在结构未发生显著变形前即提供预应力，显著提高材料的利用率和加固效果。因此，研究多场景多形式的预应力CFRP加固理论与应用技术，对于提升加固效果、推动技术进步具有重要意义。

二、详细科学技术内容

1. 大跨混凝土梁平贴式预应力 CFRP 板加固理论与技术

创新成果一：新型夹片式 CFRP 板锚具

研发了新型夹片式CFRP板用锚具，避免了使用胶粘剂而导致耐久性降低，发明了夹片式锚具的配套预紧及拆卸装置。通过理论分析、数值模拟和对比试验，分析了夹片厚度、锚杯长度、锥角、预紧力、界面形式等关键参数对锚固效果的影响。得到了最优的锚杯锥角及夹片厚度，保证对CFRP板的锚固效率稳定≥95％。见图1～图3。

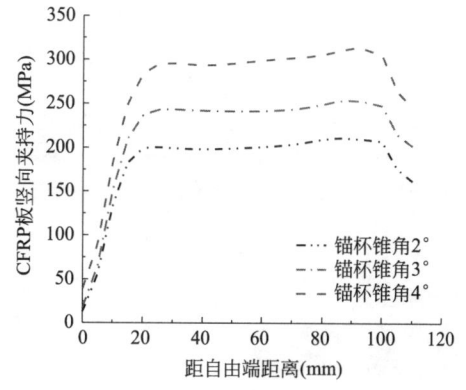

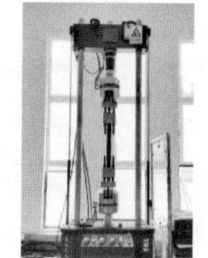

图1　新型夹片式CFRP板锚具　　　图2　CFRP板锚具优化设计　　　图3　CFRP板锚具疲劳试验

创新成果二：CFRP板新型反向张拉锚固系统

研发了CFRP板反向张拉锚固系统，通过将反力顶推设备前置于锚具内侧，解决了梁端操作空间狭小的问题，从而实现混凝土梁加固长度的最大化，并且拆除方便、施工灵活、场地适应性强。见图4。

创新成果三：考虑多因素的预应力CFRP板加固大跨混凝土梁设计方法

基于足尺混凝土梁抗弯加固试验，系统揭示了多参数对预应力CFRP板加固效果的影响规律，包括预应力水平、加固量、CFRP板类型、粘贴位置、锚具类型、锚固方法及有/无粘结等参数。相比于非

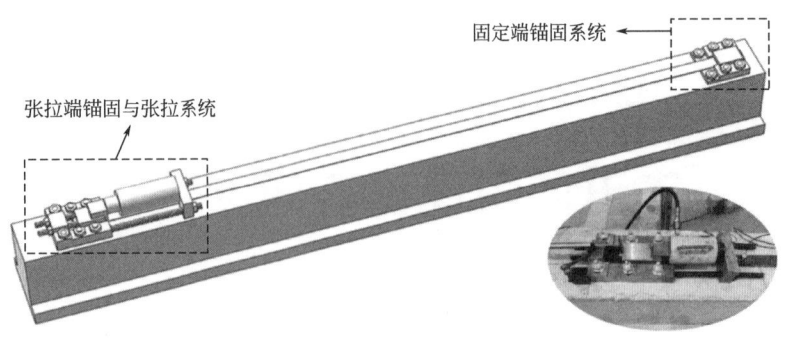

图 4　CFRP 板反向张拉锚固系统

预应力加固，预应力 CFRP 板加固可提高材料强度利用率 30％以上。基于试验和数值分析，建立了预应力 CFRP 板加固大跨混凝土梁关键设计参数理论计算方法，包括开裂弯矩、屈服弯矩、极限弯矩等。见图 5。

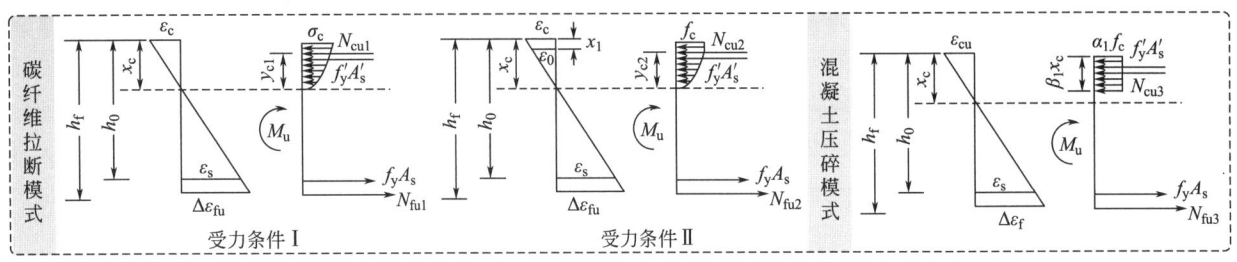

图 5　不同失效模式受力分析

创新成果四：预应力 CFRP 板加固大跨混凝土梁无损施工及验收标准

提出了预应力 CFRP 板加固大跨混凝土梁无损施工工法，避免既有构件开槽作业，提高施工效率、优化现场作业环境，形成了预应力 CFRP 板加固大跨混凝土梁标准施工流程和质量验收标准。基于 FBG 的健康监测结果表明，预应力损失不超过 5％，有效保证加固质量。见图 6。

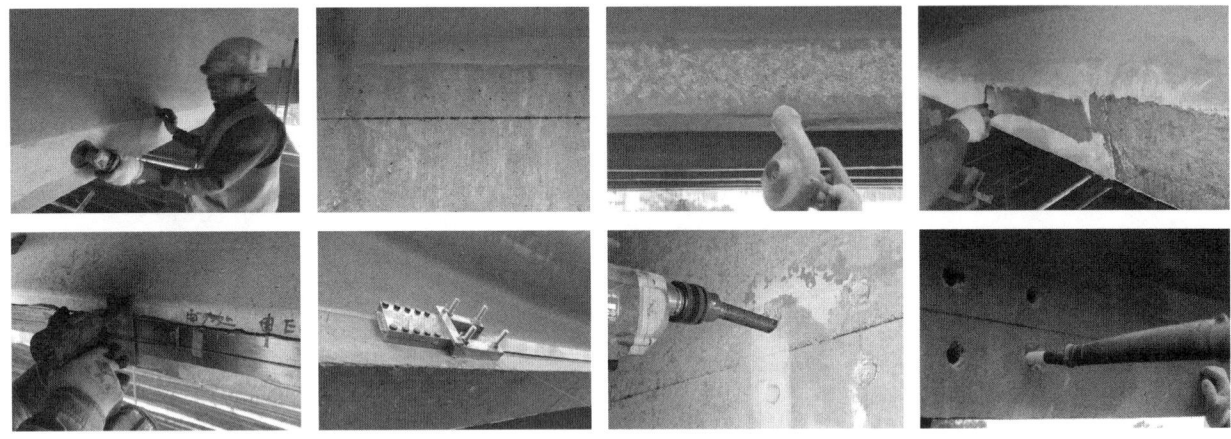

图 6　预应力碳纤维板加固大跨混凝土梁施工过程

2. 有限空间梁板轻量化预应力 CFRP 布加固理论与技术

创新成果一：基于椭圆轴锚具的预应力 CFRP 布锚固系统

首创了预应力 CFRP 布椭圆轴锚固系统，实现 CFRP 布-椭圆轴组合体与锚杯壁之间的挤压力随着 CFRP 布受力的增大而增大，CFRP 布仅需在锚具上单向简单缠绕即可实现便捷高效锚固。此外，该锚固系统提高了 CFRP 布与既有构件表面的贴合度，避免了端部开槽等对既有构件的损伤或压条对 CFRP 布受力状态的改变，节省了结构胶用量。见图 7。

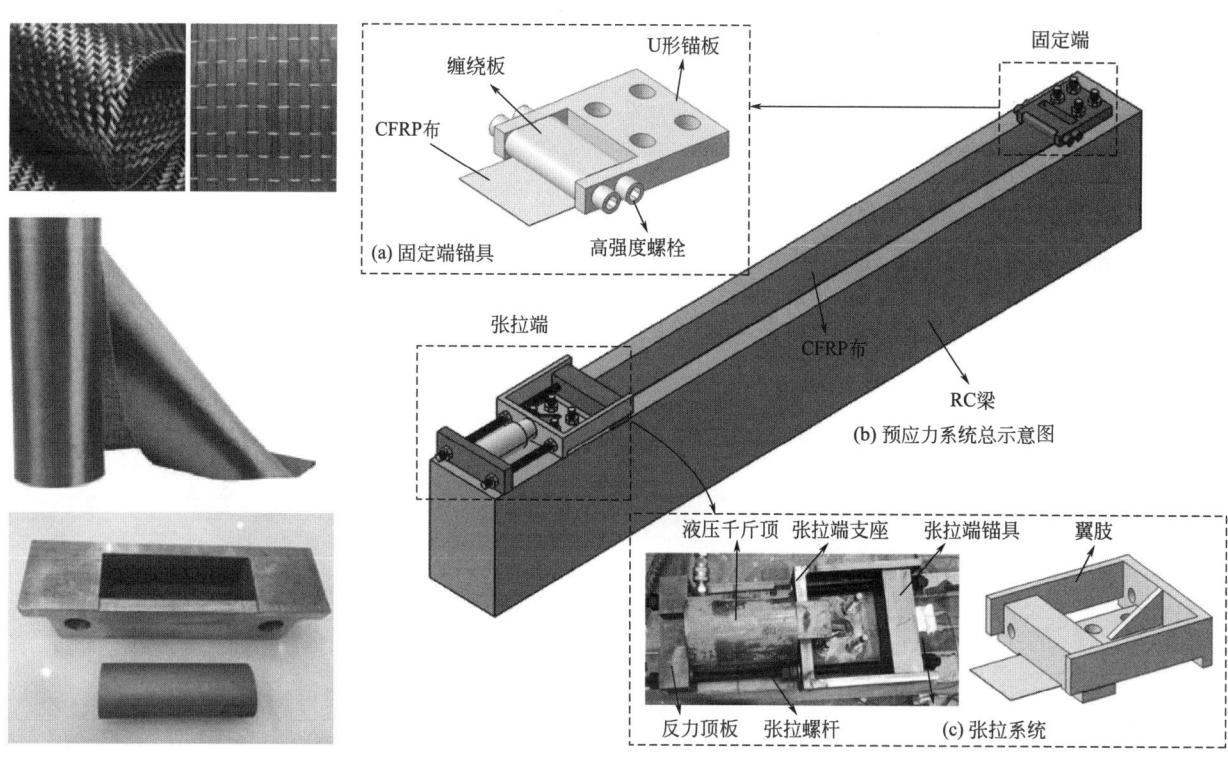

图 7　碳纤维筋高温性能分析基于椭圆轴锚具的预应力 CFRP 锚固系统

创新成果二：预应力 CFRP 布协同性能提升技术

发明了 CFRP 布间隔浸渍预处理方法，通过沿长度方向对 CFRP 布实施分段间隔预浸渍预养护，克服了 CFRP 布碳纤维丝束间的协同受力难题，将预应力 CFRP 布的强度利用率提高至 90％以上，同时可折叠放置、降低运输成本。见图 8。

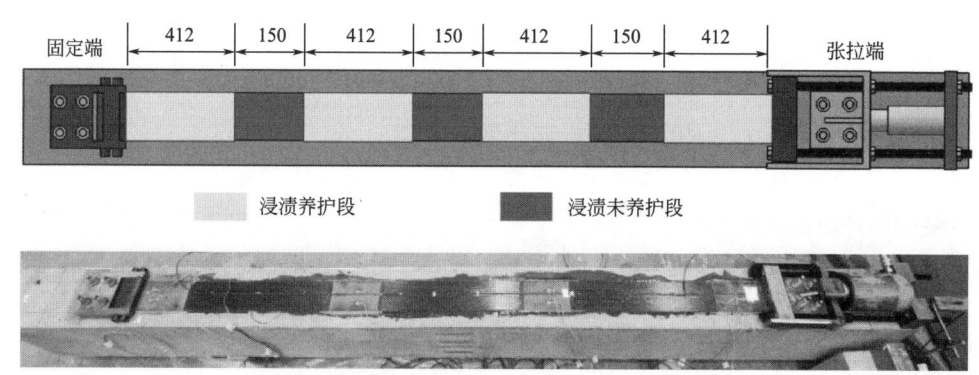

图 8　预应力 CFRP 布间隔预浸渍预处理方法

创新成果三：预应力 CFRP 布加固混凝土梁静载试验

通过开展预应力 CFRP 布加固混凝土梁静载试验，验证了加固效果。试验表明，采用预应力 CFRP 布加固后，混凝土梁的开裂荷载提高 56.7％～68.5％、屈服荷载提高 21.1％～30％、极限荷载提高 19.6％～31.3％。见图 9。

创新成果四：基于椭圆轴锚具的预应力 CFRP 布加固混凝土梁施工技术

提出了基于椭圆轴锚具的轻量化预应力 CFRP 布加固混凝土抗弯构件的施工技术，满足运输条件有限、操作空间狭小的城市高层建筑结构加固要求，进一步推动了预应力 CFRP 加固技术在高层建筑领域的应用。见图 10。

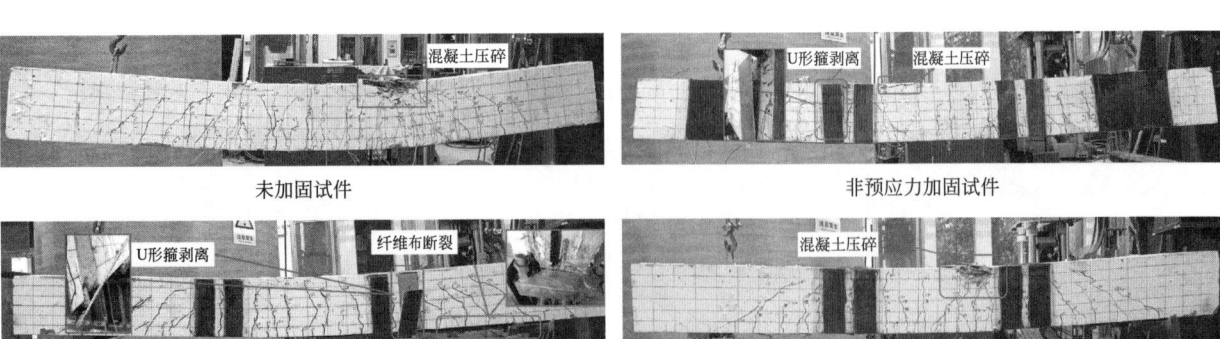

混凝土压碎 | U形箍剥离 混凝土压碎

未加固试件 | 非预应力加固试件

U形箍剥离 纤维布断裂 | 混凝土压碎

预应力加固试件-全浸渍未养护 | 预应力加固试件-全浸渍养护

纤维布断裂 | 纤维布断裂

预应力加固试件-间隔浸渍养护 | 预应力加固试件-间隔浸渍养护

图 9　预应力 CFRP 布加固混凝土梁静载试验

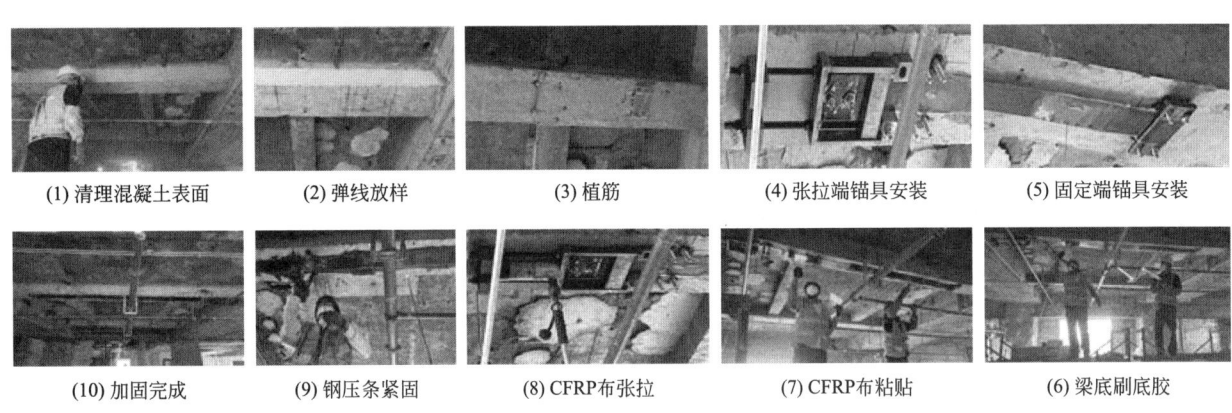

(1) 清理混凝土表面　(2) 弹线放样　(3) 植筋　(4) 张拉端锚具安装　(5) 固定端锚具安装

(10) 加固完成　(9) 钢压条紧固　(8) CFRP布张拉　(7) CFRP布粘贴　(6) 梁底刷底胶

图 10　预应力 CFRP 布加固施工流程

3. 大跨梁桥张弦式预应力 CFRP 加固理论与技术

创新成果一：大跨度混凝土 T 梁体外张弦式预应力 CFRP 筋加固技术

1）张弦式 CFRP 筋加固系统

研发了张弦式 CFRP 筋加固系统，包括端部锚框和转向装置。端部锚框卡入 T 形混凝土梁端部截面，在梁端形成锚固平面；转向装置半包围设置于 T 梁下翼缘，可有效避免 CFRP 筋因应力集中发生破坏，实现 CFRP 筋折线形布置及小曲率转向。见图 11、图 12。

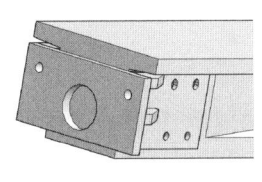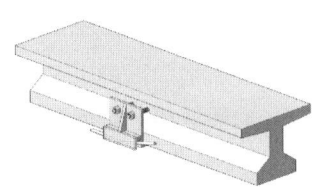

图 11　端部锚框装置　　　　　　　　　　　图 12　转向装置

2）体外张弦式预应力 CFRP 筋加固大跨度混凝土 T 梁设计方法

有限元分析和对比试验表明，最优因子取值组合时，张弦式预应力 CFRP 筋可大幅提高 T 梁开裂荷载（提高 37.5%～100%）、极限荷载（提高 25%～50%）和刚度。系统揭示了 CFRP 筋预应力、直径、预拉力、转向位置、锚固位置、在跨中截面的位置等因素对加固效果的影响规律，提出了体外张弦式预应力 CFRP 筋加固 T 梁的承载力设计方法，为加固方案提供了理论依据和优化方法。

3）体外张弦式预应力 CFRP 筋加固大跨度混凝土 T 梁施工技术

提出了体外张弦式预应力 CFRP 筋加固大跨度混凝土 T 梁施工技术，包括 CFRP 筋加固系统的安装和张拉等关键步骤，每根梁采用两根 CFRP 筋即可完成既有 T 梁加固施工，效率高且用料少，有利于进一步推动 CFRP 加固技术在桥梁领域应用。见图 13。

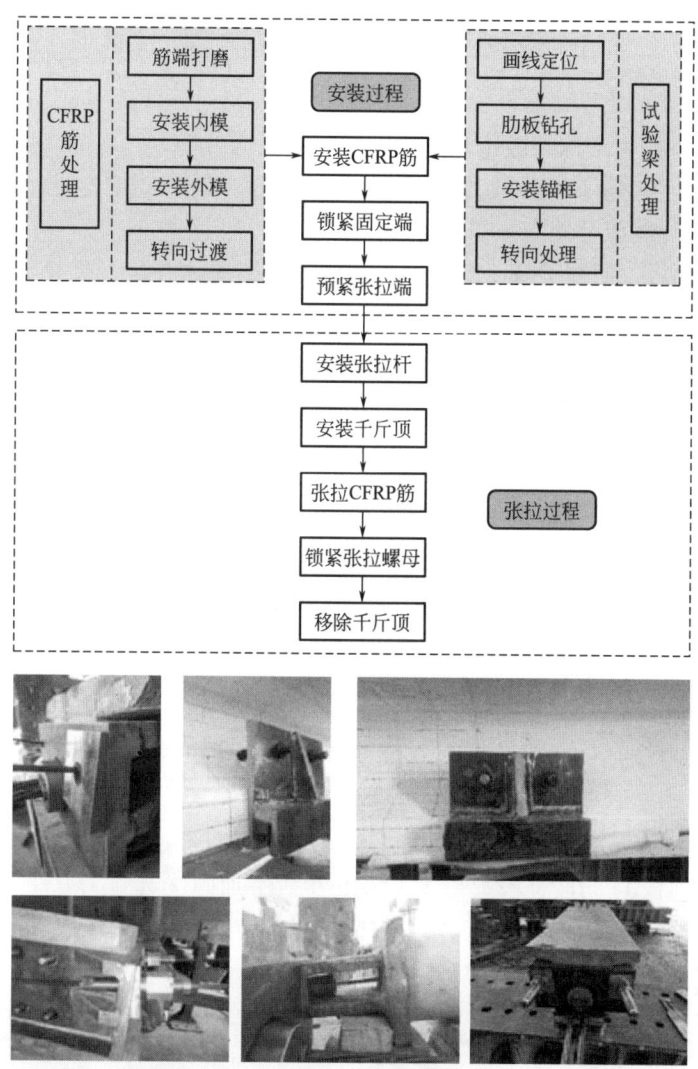

图 13　体外张弦式预应力 CFRP 筋加固大跨度混凝土 T 梁施工流程

创新成果二：钢混组合梁体外张弦式预应力 CFRP 板加固技术

1）张弦式 CFRP 板加固系统

研发了张弦式 CFRP 板加固系统，包括圆形夹片式机械锚具和顶升装置，能有效避免 CFRP 板因应力集中而弯折破坏。该加固系统预应力通过顶升装置横向顶升施加，不受梁端操作空间的限制；当预应力水平为 10%～15% 时，可实现预应力损失不超过 3% 且补偿便捷，充分发挥了 CFRP 板高抗拉强度的特性。见图 14。

2）体外张弦式预应力 CFRP 板加固钢混组合梁设计方法

对比试验表明，体外张弦式预应力 CFRP 板加固能显著提高钢混组合梁的屈服荷载（提高 14%～40%）、极限荷载（提高 31%～48%）和刚度。通过三维损伤模型分析，系统揭示了不同参数的影响规律，包括 CFRP 板截面尺寸、预应力水平和支柱初始高度等，提出了张弦式 CFRP 板加固钢混组合梁的

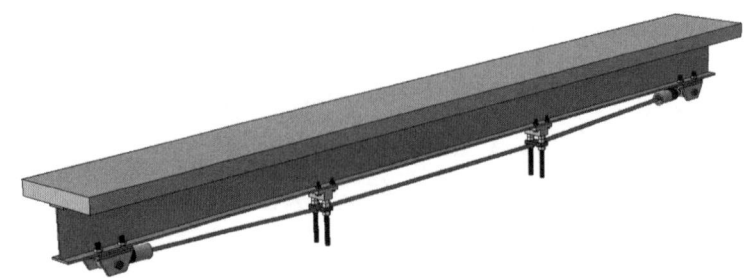

图 14　体外张弦式预应力 CFRP 板加固钢混组合梁

承载力和挠度设计方法。

4. 钢结构疲劳裂纹无损主动修复理论与技术

创新成果一：正交异性钢桥面板 U 肋嵌补段 CFRP 修复技术

1）U 肋嵌补段对接焊缝疲劳性能评估方法

针对正交异性钢桥面板，建立了基于名义应力的疲劳性能评估方法。通过"整桥-节段-局部"多层次多尺度分析模型，确定典型疲劳细节的受力模型和应力历程、识别薄弱位置，为修复设计提供理论依据。见图 15。

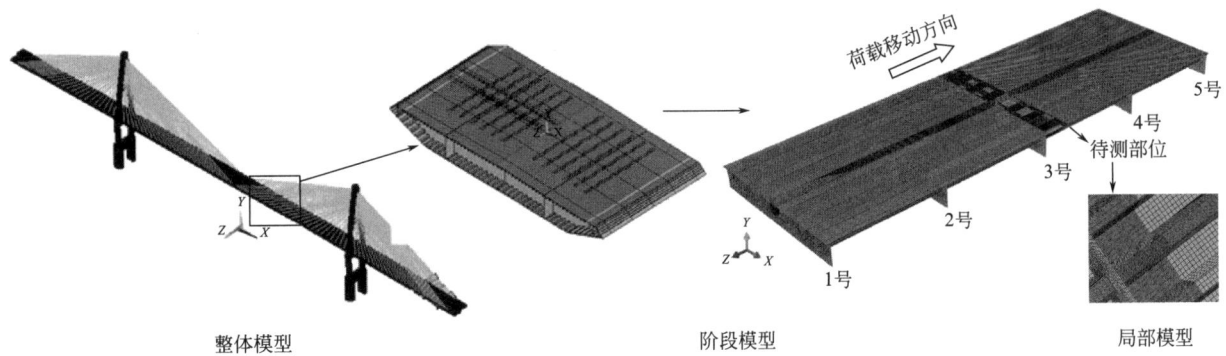

图 15　"整桥-节段-局部"多层次多尺度分析模型

2）CFRP 布疲劳加固施工方法

针对正交异性钢桥面板 U 肋嵌补段提出了 CFRP 布疲劳加固优选施工方法，采用局部错层粘贴方案，节材高效。粘贴 CFRP 布有效降低了损伤部位应力幅，抑制疲劳裂纹的扩展，构件疲劳寿命基本恢复甚至超过原构件，大幅提高了加固结构的可靠性。见图 16。

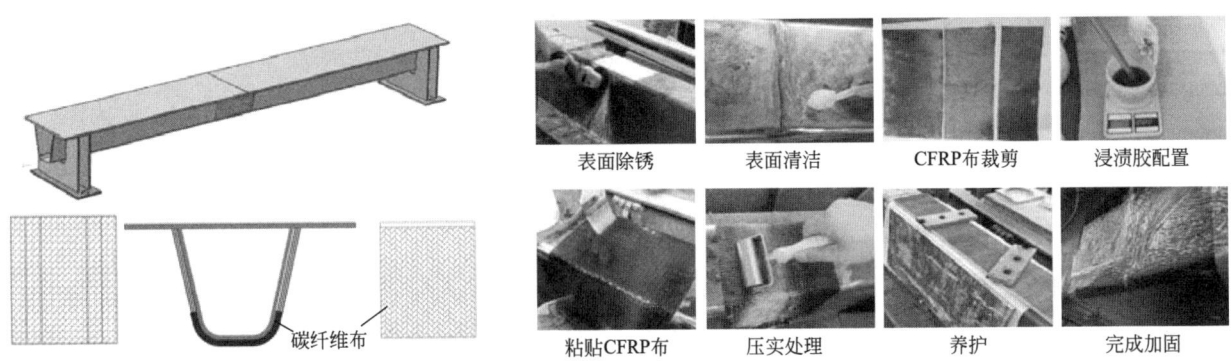

图 16　U 肋嵌补段 CFRP 布疲劳加固施工流程

创新成果二：正交异性钢桥面板横隔板疲劳裂纹无损主动修复技术

1）SMA/CFRP 组合贴片无损主动修复技术

SMA/CFRP 组合贴片通过 SMA 丝弯折排布与结构胶产生勾持效应，保证了粘结锚固强度，同时具有优异的形状适应性、施工便捷性和可靠性。SMA/CFRP 无损主动修复技术可同时降低结构损伤部位的平均应力和应力幅，从而高效抑制疲劳裂纹的扩展，相比传统止裂孔法延长结构疲劳寿命约 5 倍，相比止裂孔＋CFRP 布修复法延长结构疲劳寿命约 2.2 倍。见图 17。

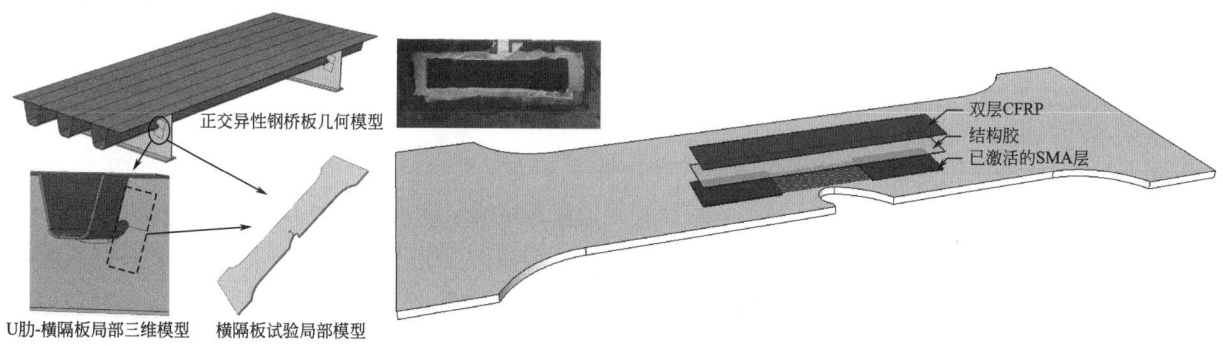

图 17 SMA/CFRP 组合贴片加固示意图

2）SMA/CFRP 修复钢结构疲劳寿命预测方法

提出了考虑应力集中和平均应力修正的疲劳预测模型，通过雨流计数法考虑应力历程，进一步建立了基于热点应力法和常幅疲劳寿命计算公式的 SMA/CFRP 修复钢结构的疲劳寿命预测方法，为钢结构桥梁的疲劳加固设计提供了快捷的解决方案。

3）SMA/CFRP 无损主动修复施工技术

通过热激励 SMA 丝引入预应力，革新了预应力施加工艺，无需额外的锚固装置或张拉设备，便捷、高效，并避免对原结构的二次损伤（如焊接、栓接孔等）。基于 SMA 的热力学性能，提出了预应力施加方案建议，建立了标准化施工流程。

创新成果三：无损非接触式监测技术

见图 18。

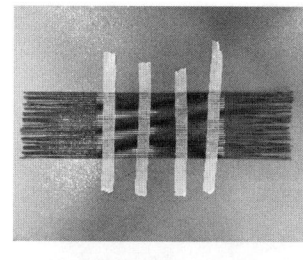   
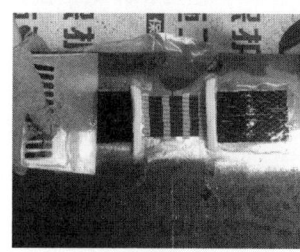  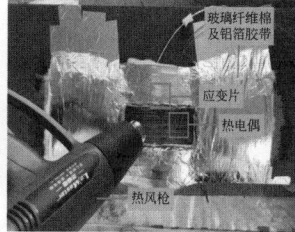 

(a) 排布并固定SMA丝　　(b) 打磨并清洁待粘贴区　　(c) 混合并搅拌结构胶　　(d) 端部海绵条隔离

(e) 粘贴端部CFRP　　(f) 加压并养护4d　　(g) 热激励　　(h) 加固完成

图 18 SMA/CFRP 无损主动修复技术施工流程

三、发现、发明及创新点

1）研发了新型预应力 CFRP 板反向张拉锚固系统，静载锚固效率及 200 万次疲劳后锚固效率均不低于 95%；突破传统预应力加固技术在狭小空间施工不便的应用瓶颈，扩大了应用场景；开发了 CFRP 板免开槽加固技术，减小二次损伤，提高施工效率。系统揭示多参数对加固效果的影响规律，建立理论计算方法，形成了平贴式预应力 CFRP 板无损加固施工及验收标准。

2）首创了基于椭圆轴锚具的预应力 CFRP 布锚固系统，CFRP 布通过单向缠绕即可实现高效锚固，且避免了构件端部开槽损伤；发明了 CFRP 布间隔浸渍预处理方法，攻克了 CFRP 布丝束间的协同受力难题；形成了轻量化预应力 CFRP 布加固混凝土结构的工程化成套技术，大幅提高了运输、施工效率及加固效果，降低成本。

3）开发了体外张弦式预应力 CFRP 筋/板张拉锚固系统，有效避免 CFRP 筋/板转角处应力集中，克服了现有转向装置锚固连接难题，解决了既有构件加固高度受限、极限承载力增幅小等问题；建立了张弦式预应力 CFRP 筋/板加固混凝土 T 梁和钢混组合梁的理论计算方法和成套施工技术，提高了设计可靠度和优化可行性。

4）提出了基于 SMA/CFRP 的无损主动修复技术，革新了预应力施加工艺，施工便捷、形状适应性强，可大幅提高疲劳加固效果；揭示了疲劳加固机理，提出了修正的疲劳预测模型，并建立了疲劳寿命预测方法，掌握了 SMA/CFRP 贴片的热力学性能，建立了标准化施工流程。

5）在技术研发、应用过程，授权专利 13 项（发明 7 项），申请发明 13 项，发表论文 25 篇（SCI 12 篇、EI 5 篇），主参编标准 3 项，发布工法 3 项。

四、与当前国内外同类研究、同类技术的综合比较

1）大跨混凝土梁平贴式预应力 CFRP 板加固理论与技术

本项目研发了基于夹片式锚具的反向张拉锚固系统，提高了加固技术的场地适应性，针对大尺寸混凝土梁进行了深入研究，创新采用夹片机械式锚具，实现了 95% 以上的锚固效率和反向张拉方法，同时无需特殊的张拉空间要求，明显优于其他技术。

2）有限空间梁板轻量化预应力 CFRP 布加固理论与技术

该技术改善了碳纤维丝束的协同受力性能，同时保持良好的施工性能。与其他同类技术相比，本项目的锚固系统具有高达 90% 的锚固效率，锚具尺寸小，优异的碳纤维协同性能提升，简单的张拉工艺且无需开槽，并且已实际工程应用，展示了显著的技术优势。

3）大跨梁桥张弦式预应力 CFRP 加固理论与技术

分别针对桥梁工程中的混凝土 T 梁和钢混组合梁设计了张弦式预应力 CFRP 筋和 CFRP 板张拉锚固体系。与同类技术相比，本项目的技术采用横向张拉，锚固端可活动，便于预应力补偿，不需要结构胶；同时，提高了抗剪承载力，展现出较高的技术优势和适应性。

4）钢结构疲劳裂纹无损主动修复理论与技术

本项目提出 CFRP 及 SMA/CFRP 组合修复技术，建立疲劳寿命预测模型。与同类技术研究相比，本项目的技术无需专用锚具，施工便捷，对原结构无损伤，并且提出了有效的疲劳预测方法。

五、第三方评价、应用推广情况

1. 第三方评价

经上海市土木工程学会鉴定，院士等专家一致认为，本项目成果总体达到国际先进水平，其中基于椭圆轴锚具的间隔浸渍预应力碳纤维布加固应用技术达到国际领先水平。

2. 推广应用

本项目针对 CFRP 预应力先进加固技术和理论开展攻关，取得的系列成果在多个实际工程中成功应用，包括京台高速改扩建工程（南线、中线）、上海市威海路 500 号城市更新和广州北二环长平立交匝道桥加固等项目。

六、社会效益

1. 行业影响

本项目针对桥梁工程、建筑结构等更新改造的多个应用场景，研发了适用不同结构类型的预应力CFRP先进加固技术，为既有结构加固与修复提供了可靠解决方案。相关技术在多个实际工程中成功应用，施工便捷、材料利用率高、加固效果好，有效改善结构的受力性能，延长结构的使用寿命，验证了技术的先进性和实用性，为同类工程提供了有力的示范参考，为预应力CFRP先进加固技术在土木工程领域的规模化应用奠定了坚实基础。

2. 环境效益

通过对既有结构进行修复加固，有效延长结构的使用寿命，可避免大拆大建，助力建筑业节能减排，降低全寿命周期碳排放。同时，随着国产碳纤维技术的不断突破，在土木工程领域推广应用国产碳纤维复合材料，"以用促产"，加快我国碳纤维产业化发展。与传统建材相比，碳纤维复合材料更耐久，使用寿命更长，在全寿命周期内，材料消耗更少，降本增效的同时实现节能减排，将助力我国"30·60"双碳目标的实现，环境效益显著。

磷石膏低碳建材利用关键技术

完成单位： 贵州中建建筑科研设计院有限公司、贵州大学、遵义汉丰装饰材料有限责任公司、贵州
贵诚管业有限责任公司

完成人： 陈尚伟、陈前林、黄巧玲、封信超、赵建波、罗 通、李 玮

一、立项背景

磷石膏是湿法磷酸生产排放的副产物，每生产 1t 湿法磷酸（以 P_2O_5 计）会排放 $4.5 \sim 5t$ 的磷石膏。磷石膏综合利用是世界性难题，目前全球磷石膏堆存量已超过 60 亿吨，但全球磷石膏综合利用率仅为 25％左右，除日本等少数国家磷石膏综合利用率达 100％外，其他国家大部分以堆存为主。我国累计堆存量超 8 亿吨，年产生量达 7500 万吨，目前有效利用率仅 50％，大量堆存的磷石膏严重影响生态环境安全。由于磷石膏产生排放量大、综合利用困难，其规模化、资源化、高值化利用是解决磷化工行业可持续发展的重大需求。

目前，建材行业是磷石膏规模化和资源化应用的主要领域。其中，利用磷石膏生产砌块和砂浆是重要的途径之一。但传统的磷石膏生产砌块和砂浆技术还存在生产能耗高、生产效率低、质量波动较大等技术与工程难题，在一定程度上制约了磷石膏建材产品的推广与应用；同时，磷石膏主要用来生产水泥缓凝剂、建筑用石膏板材、磷石膏自流平砂浆、矿井冲填材料等，产品附加值低，且矿井充填技术存在潜在生态环境风险。磷石膏的应用主要依靠磷石膏产渣企业和地方的政策补贴来维持，基本不能产生效益，这在很大程度上影响到磷石膏的规模化利用。因此，开展磷石膏建材产品的低碳生产和高值化利用已成为磷化工行业可持续发展的迫切需要。

在各项科技计划的支持下，本项目组通过十余年系统的基础研究、关键技术开发和工程示范应用，突破了磷石膏低碳和高值化规模利用关键技术瓶颈，形成了具有国际先进水平的磷石膏低碳化、高值化、规模化利用成套工艺技术。项目成果引领了磷石膏资源化及高值化技术的发展，推动了磷石膏资源化利用的技术进步，促进了工业固废、新型建材、高分子材料等行业的技术进步，带动了成套装备制造业的发展，为磷石膏的低碳和高值化利用提供了新的路径与模式。

二、详细科学技术内容

1. 磷石膏空心砌块半干法连续生产工艺技术及成套装备

创新成果一：半水磷石膏水化精准调控技术

根据半水磷石膏自身水化过程的特点，添加不同助剂及加入量对磷石膏水化温度的影响如图1、图2所示。通过水化助剂掺入并结合化学能利用，使磷石膏在特定时间范围内实现快速水化，不同助剂添加量对半水石膏水化产物表面结构的影响不同，确保磷石膏空心砌块成型时在 25s 左右硬化，实现了半水磷石膏从加水混合到成型脱模阶段的水化精准控制，保证成型砌块的质量性能稳定。

创新成果二：磷石膏高效混合及静压成型设备

针对半水磷石膏粉遇水后发热不能快速散热而变黏稠结块的行业难题，通过在圆形搅拌机内部设 8 个喷水嘴，同一纬度上互成 45°角分布，在经度方向按 15°、30°、45°、60°排列，形成"多向高压喷水"的关键技术；同时，采用动力单输入多输出、异速异向带飞刀、3mm 低间隙的行星搅拌机搅拌，突破了半水磷石膏遇水团聚的技术瓶颈，形成了高速剪切搅拌技术体系。

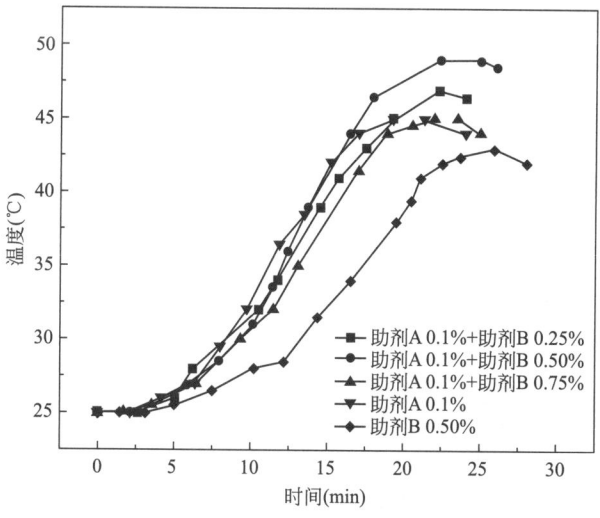

图 1　不同添加剂下水化时间及温度变化

图 2　不同助剂掺量的半水磷石膏水化产物 SEM

采用大容量、高压旁路油路系统和主油路系统同时注油方法和技术实现磷石膏成型压力机上模和下模快速升降提高成型速度，形成了快速静压成型技术，每 23～25s 可成型 0.144m³ 砌块，实现了砌块的连续机械化生产，突破了磷石膏空心砌块不能连续生产的技术瓶颈，大幅度提高了石膏砌块的生产效率和产品合格率。见图 3。

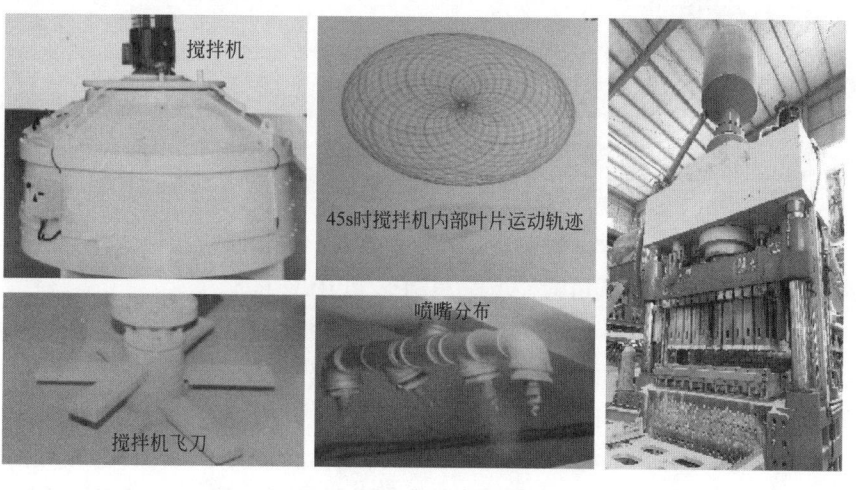

图 3　搅拌成型关键设备

创新成果三：磷石膏空心砌块自热养护干燥技术

采用将从静压成型机顶升出的砌块样块在平移皮带上行走过程中半水磷石膏水化热产生的蒸汽从皮带尾引入到皮带进料端对砌块进行自热养护，有效提高水化效率和强度，使砌块含水率小于20％，减少了传统生产需外加热源进行养护和干燥的能量消耗。利用该项成果，与现有湿法生产技术相比，每生产1m³的磷石膏空心砌块可节约标煤49.57kg；1条10万m³/a的磷石膏空心砌块半干法连续生产线每年可节约标煤4957t，减排二氧化碳12243.79t，经济效益和社会效益十分显著。见图4。

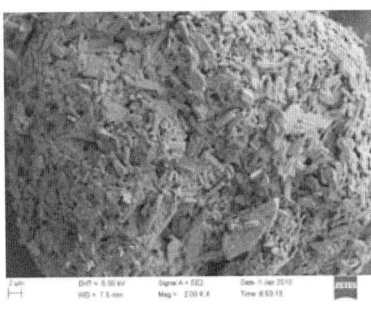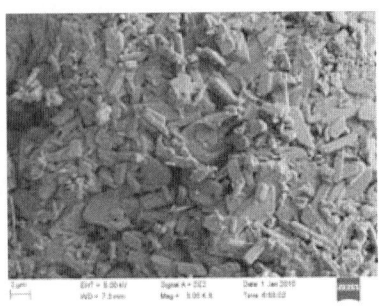

图4 养护加循环养护装置及养护前后的SEM图

创新成果四：半干法磷石膏空心砌块产业化生产成套工艺技术

采用"添加外加剂＋高速剪切混合搅拌＋快速双面加压模具成型＋利用水化热蒸汽线上行走自然养护"的半干法连续化工艺技术，通过在生产线主要设备（部件）之间采用输送带或布料车链接，实现连续化作业；整套系统采用PLC＋触摸屏控制，配合激光感应＋智能传感器＋机器人，实现无人自动化运行，突破了磷石膏空心砌块只能间歇和湿法生产的技术瓶颈，形成了磷石膏空心砌块半干法连续生产工艺技术。该工艺技术的主要特点为：

（1）用水量低，用水量为石膏粉质量的30％及以下，有利于快速干燥、降低产品的初始含水率和提高产品强度；

（2）产品含水率低，下线产品的含水率≤20％，不需要晾晒和烘干，可直接打包出厂；

（3）成型时间短，为25～30s，利于提高生产效率；

（4）单套装置的生产能力强，单套装置年产能可达10万m³。见图5、图6。

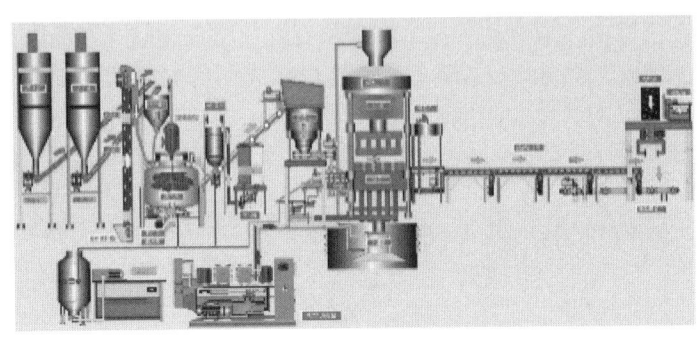

图5 制备工艺流程图　　　　　　　　　　　　图6 10万m³生产线

2. 无水磷石膏在高密度聚乙烯波纹管和聚氯乙烯电力管中产业化应用技术

创新成果一：无水磷石膏无机-有机改性填充HDPE和PVC技术

根据磷石膏表面物性特征，开发了无水磷石膏的无机-有机联合高效改性技术，突破了无水磷石膏表面难改性的技术瓶颈。通过添加高效改性的无水磷石膏来提高聚乙烯和聚氯乙烯等高分子材料的相容性及结晶度，有效增强了高分子材料的综合性能。

创新成果二：无水磷石膏在聚乙烯波纹管和聚氯乙烯电力管等高分子材料中的产业化应用技术

将无水磷石膏与硬脂酸和自制YPSZ改性剂通过分级分次加料和高速剪切预混与加热改性工艺技

术，实现无水磷石膏的高效改性及其与 HDPE、PVC 的均匀混合，首创了集无水磷石膏改性与 HDPE 或 PVC 物料混练一体的产业化生产工艺技术，突破了无水磷石膏难以作为高分子材料填料的技术瓶颈，形成用无水磷石膏取代碳酸钙生产磷石膏/高密度聚乙烯波纹管和磷石膏/PVC 电力管工艺技术。首次在国内实现产业化生产与应用示范，并建立了相应的标准体系。见图 7。

图 7　改性无水磷石膏/PVC 管生产线及产品

3. 磷石膏砂浆匀质智能化生产技术

创新成果一：开发了基于磷建筑石膏和磷渣为主要胶凝材料的新型磷石膏砂浆

使用磷建筑石膏、磷渣作为胶凝材料协同作用，通过水硬性胶凝材料和气硬性胶凝材料协同作用提高砂浆的耐水性，软化系数较传统配制技术提高了 20%～30%，解决了石膏砂浆软化系数低的技术难题。

创新成果二：磷石膏砂浆匀质智能化生产技术

开发了分级配料梯次异速混合匀质化技术，其原理如图所示，该技术可有效防止砂浆搅拌混合过程中离析，提高了产品的质量稳定性。集成了 PLC、DCS、SCADA、IPC、RTU、SIS 等工业控制技术，研发了"500 型石膏粉体材料生产 PLC 控制系统""4500 型石膏砂浆生产工艺优化系统"等数字化、智能化控制系统，实现了产品研发设计、智能生产、智能调度、制造信息全过程跟踪、产品质量跟踪追溯及仓储物流管理等全过程及全方位精准控制，提高了生产效率，降低了生产能耗，实现了绿色、低碳的生产应用。见图 8、图 9。

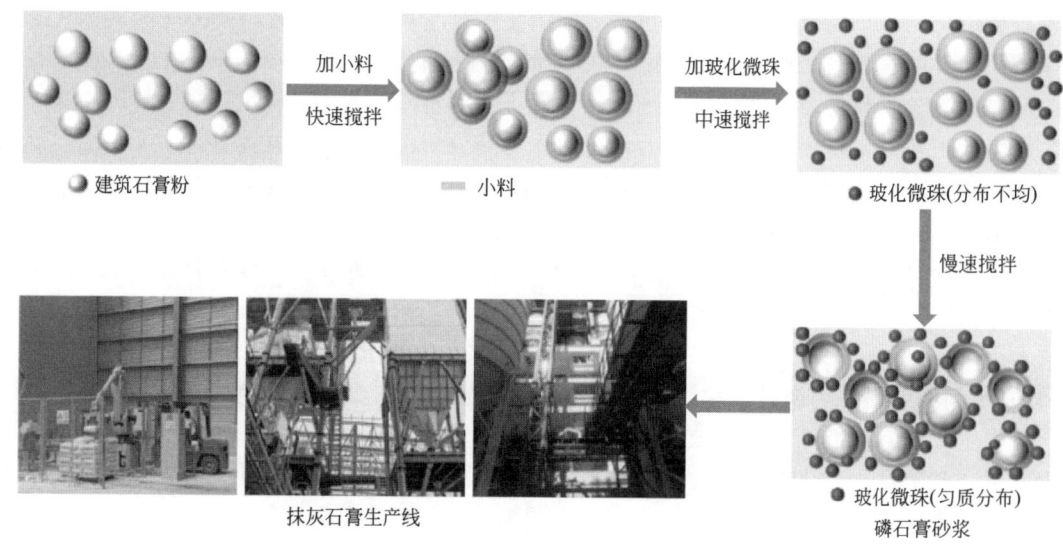

图 8　分级配料梯级差速混合匀质化技术原理

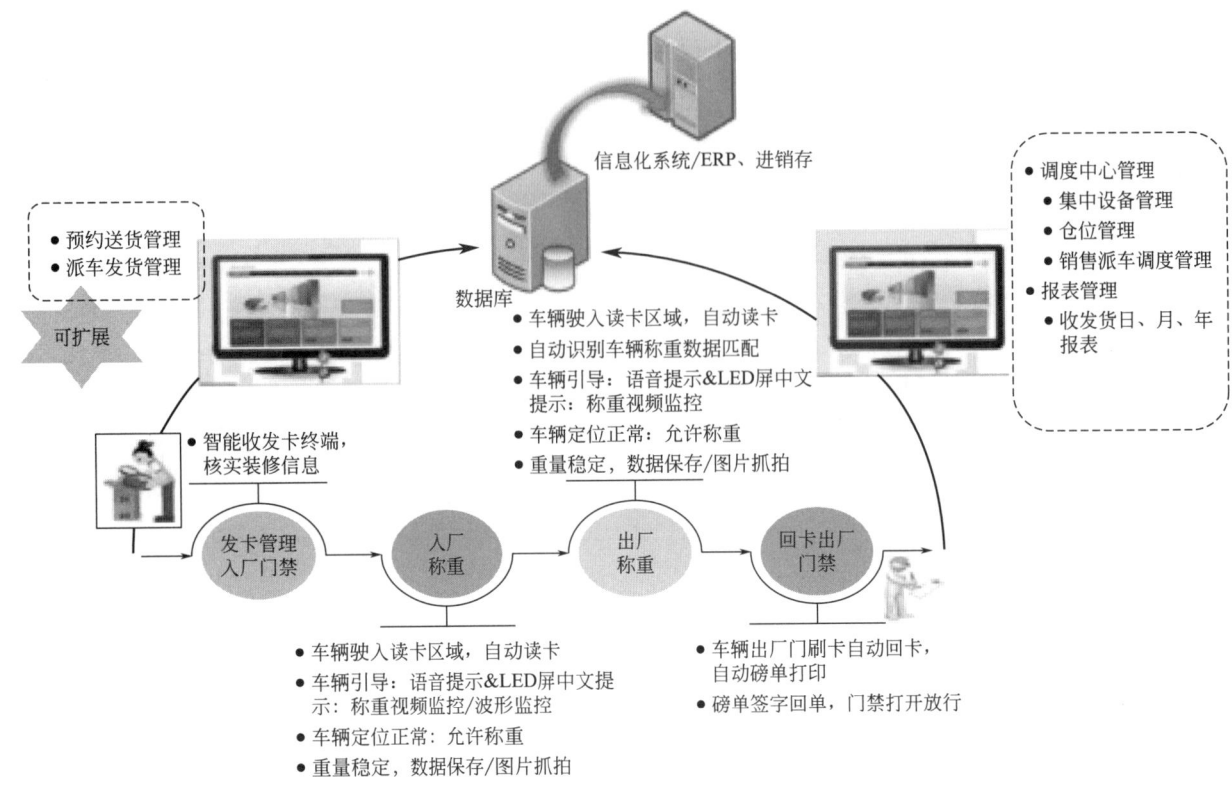

信息化系统/ERP、进销存

数据库
- 车辆驶入读卡区域，自动读卡
- 自动识别车辆称重数据匹配
- 车辆引导：语音提示&LED屏中文
  提示：称重视频监控
- 车辆定位正常：允许称重
- 重量稳定，数据保存/图片抓拍

- 预约送货管理
- 派车发货管理

可扩展

- 智能收发卡终端，
  核实装修信息

- 调度中心管理
- 集中设备管理
- 仓位管理
- 销售派车调度管理
- 报表管理
- 收发货日、月、年
  报表

发卡管理入厂门禁 → 入厂称重 → 出厂称重 → 回卡出厂门禁

- 车辆驶入读卡区域，自动读卡
- 车辆引导：语音提示&LED屏中文提
  示：称重视频监控/波形监控
- 车辆定位正常：允许称重
- 重量稳定，数据保存/图片抓拍

- 车辆出厂门门刷卡自动回卡，
  自动磅单打印
- 磅单签字回单，门禁打开放行

图 9   智能化生产系统

三、发现、发明及创新点

1）自主开发了半水磷石膏水化精准调控技术，确保磷石膏空心砌块成型时在 25s 左右硬化，实现了半水磷石膏从加水混合到成型脱模阶段的水化精准控制，开发了磷石膏空心砌块半干法连续生产工艺技术及成套装备，解决了磷石膏空心砌块生产能耗高、生产效率低的问题，每 23～25s 可成型 0.144m³ 砌块。与现有湿法生产技术相比，每生产 1m³ 的磷石膏空心砌块可节约标准煤 49.57kg。

2）首次提出了用于磷石膏建材生产制备的磷建筑石膏或 α 型高强石膏的折算系数计算方法，解决了生产企业计算磷石膏消纳量的难题。基于磷石膏砌块、磷石膏抹灰砂浆的推广应用，制订了国内第一本关于磷石膏建材的地方规范《磷石膏建筑材料应用统一技术规范》DBJ52/T 093—2019。

3）揭示了改性无水磷石膏对 HDPE 和 PVC 结晶等性能的影响机制，提出了通过无水磷石膏无机-有机改性来提高高分子材料力学性能的新方法。首创了集无水磷石膏改性与 HDPE 或 PVC 物料混炼一体的产业化生产工艺技术，突破了无水磷石膏难以作为高分子材料填料的技术瓶颈，形成用无水磷石膏取代碳酸钙生产磷石膏/高密度聚乙烯波纹管和磷石膏/PVC 电力管工艺技术，首次在国内实现产业化生产与应用示范，并建立了相应的标准体系。

4）开发了基于磷建筑石膏和磷渣为主要胶凝材料的新型磷石膏保温砂浆，使用磷建筑石膏、磷渣作为主要胶凝材料，通过水硬性胶凝材料和气硬性胶凝材料协同作用提高砂浆的耐水性，软化系数较传统配制技术提高了 20%～30%，解决了石膏砂浆软化系数低的技术难题。

5）开发了磷石膏砂浆匀质智能化生产技术，开发了分级配料梯级差速混合匀质化技术，防止砂浆搅拌混合过程中离析，降低产品质量波动。集成了 PLC、DCS、SCADA、IPC、RTU、SIS 等工业控制系统，研发了"500 型石膏粉体材料生产 PLC 控制系统""4500 型石膏砂浆生产工艺优化系统"等数字化控制系统，实现了产品研发设计、智能生产、智能调度、制造信息全过程跟踪、产品质量跟踪追溯及仓储物流管理等全过程及全方位精准控制，提高了生产效率，降低了生产能耗，实现了绿色、低碳的生产应用。

四、与当前国内外同类研究、同类技术的综合比较

1）项目团队开发的"磷石膏空心砌块半干法连续生产工艺技术"入选《国家工业资源综合利用先进适用工艺技术设备目录（2023 年版）》，对行业的技术进步做出了重大贡献。较国内外同类研究、技术的先进性对比如表 1 所示。

较国内外同类研究、技术的先进性对比　　　　　　　　　　　表 1

序号	技术指标	国内外水平(湿法生产)	本项目水平
1	掺水量	≤40%	≤30%
2	产品含水率	≤50%	≤20%
3	成型时间	4~5min	25~30s
4	干燥时间	≥1d	≤20min
5	单套装置产能	3 万 m³	10 万 m³
6	能耗(标煤)	50kg/m³	0.43kg/m³

2）研究形成无水磷石膏在聚乙烯波纹管和聚氯乙烯电力管中的产业化应用，该项技术和产品入选国家"十三五"科技创新成就展，对磷石膏的高值化利用技术进步具有重要作用。除本成果外，目前尚无将无水磷石膏作为填料在聚乙烯波纹管和聚氯乙烯电力管中产业化应用的报道。因此，与国内外产品比较，使用该技术生产的产品达到国家标准要求。

3）与国内外技术相比，采用磷石膏砂浆匀质智能化生产技术，建成了年产 30 万 t/a 的磷石膏砂浆及石膏粉体材料智能化生产线，合格率从 95% 提高 99.98%，均匀性由 95% 提高到 99%。

本技术通过国内外查新，查新结果为：在所检文献以及时限范围内，除本项目申报单位及其项目合作方公开的内容外，国内外未见其他相同文献报道。本项目具有新颖性。

五、第三方评价、应用推广情况

1. 第三方评价

2024 年 5 月 11 日，贵州省化学化工学会组织有关专家对"磷石膏低碳利用关键技术研究及应用"进行了科技成果评价。评价委员会认为，该成果在磷石膏综合利用技术方面具有创新性，达到国际先进水平。

2. 推广应用

项目成果形成的低碳新技术、新装备及新工艺已在 10 余企业进行了推广，近三年消纳磷石膏 61.69 万吨、节约标准煤 1.7 万吨、减排 CO_2 约 3.56 万吨；实现销售收入 3.46 亿元，新增利税 3300 多万元。项目团队开发的"磷石膏空心砌块半干法连续生产工艺技术"入选《国家工业资源综合利用先进适用工艺技术设备目录（2023 年版）》；无水磷石膏在高密度聚乙烯波纹管和 PVC 电力管等高分子材料中的产业化新工艺及技术入选国家"十三五"科技创新成就展；磷石膏砂浆及石膏粉体材料智能化生产新技术，2021 年获批国家工信部新一代信息技术与制造业融合发展试点示范，2022 年获国家工业和信息化部建材工业智能改造数字转型典型案例，对磷石膏的高值化利用技术进步具有重要作用。

六、社会效益

1. 开创了磷石膏建材低碳化生产新局面。

首创的磷石膏空心砌块半干法连续生产工艺技术，已在贵州、广西、山东进行了推广应用，推动磷石膏低碳生产。开发的"磷石膏空心砌块半干法连续生产工艺技术"入选《国家工业资源综合利用先进适用工艺技术设备目录（2023 年版）》。

2. 开拓了磷石膏建材的高质化应用新领域。

实现了无水磷石膏在高分子材料中的应用技术的产业化应用，技术成果入选国家"十三五"科技创

新成就展。

3. 提升了磷石膏建材生产的智能化水平

开发的磷石膏匀质智能化生产技术，产品合格率提高了 5%。技术荣获工业和信息化部"新一代信息技术与制造业融合发展试点示范（2021 年）""建材工业智能改造数字转型典型案例（2022 年）"，推动了行业科技进步和技术升级，具有引领示范效应。

4. 建设了磷石膏建材标准化应用体系。

制订的贵州省地方标准为贵州磷石膏建材产品的规模化生产，以及磷石膏产品在建筑中的设计、施工和验收提供了科技支撑和质量保障。

本项目磷石膏低碳化、高质化、智能化生产利用技术的成功推广应用，近三年来利用消纳磷石膏 61.69 万吨，节约标准煤 1.7 万吨，减少 CO_2 排放 3.56 万吨，具有重大环境效益，推广意义重大，应用前景广阔。

高效磁混凝水处理关键技术与装备

完成单位： 中建环能科技股份有限公司

完成人： 王哲晓、陈　立、肖　波、唐珍建、唐　宇、易　洋、张　波

一、立项背景

近年来，水作为一种不可或缺的生产生活资料几乎涵盖社会活动的方方面面，随着习近平总书记"两山"理论的深入人心和贯彻实施，水资源保护与利用越发成为全社会关注的焦点。

虽然我国污水处理率已处于较高水平，但我国地区经济发展不平衡导致的污水处理设施建设投入仍存在较大差异。一方面，污水处理装备集成化、模块化、节能化、智能化水平仍然不高，出水水质还有待提升，特别是当前污水厂排放标准要提升为《城镇污水处理厂污染物排放标准》GB 18918—2002 一级 A 标准甚至更高标准，许多类似《岷江、沱江流域水污染物排放标准》《太湖流域排放标准》等地方标准更是确定了污染物排放限值，排放要求也有了较大幅度的加严，从而导致生化工艺已无法完全满足上述高标准出水需求；另一方面，常用于深度处理的高密或者加砂沉淀技术，均需在后端配置滤池方能满足高标准出水需求，占地面积大，能耗高；而对于加磁沉淀技术，未基于加磁沉淀的工艺特性，对混絮凝条件、磁介质表观特性和磁介质"磁滞"现象的利用等进行参数化和定量化研究，造成工艺杂乱、药剂浪费、无效成本高、系统抗冲击能力差等问题。因此，迫切需要研发一种既能满足出水高标准要求，又投资省、占地少、布置灵活、抗冲击能力强的水处理技术工艺。

二、详细科学技术内容

项目依托国家重大科技项目"水环境风险应急监管体系与应急设备研发与示范"和四川省重点研发专项"超磁复合工艺综合治理黑臭水体技术集成与示范"，突破了磁混凝高效技术、集成装备技术和耦合技术等关键核心技术，解决了磁混凝水处理技术瓶颈问题，研制出高效磁混凝、磁沉淀和磁回收等设备，形成了一套完整、高效磁混凝水处理系统，成功应用于 40 余个市政污水处理厂提标改造、工业污水深度处理和流域水治理工程中，整体技术正式应用三年以上。项目总体研究与创新内容如图 1 所示。

主要创新成果如下：

创新成果一：提出了最佳磁介质粒径调控方法，研制出高效磁混凝、磁沉淀和磁回收等设备，解决了混凝效果不佳、斜管污泥过度沉积、回收利用率低等难题，节省药剂消耗量 30％以上，降低能耗 17％以上。

1）通过磁介质粒径上限和磁介质粒径下限研究，确定高效磁混凝技术用磁介质适用粒径范围为 100～500 目之间。在此粒径范围内，磁介质回收率和循环利用率均处于最优状态。同时结合磁介质生产用棒磨机出料粒径呈正态分布的特点筛析不同粒径组成的棒磨磁介质，确定＋100 目和－500 目两种粒级颗粒质量之和最小的磁介质为高效磁混凝技术用磁介质粒径特性。

2）借助絮体分形维数、计算流体力学（CFD）、多维高精度数字化磁场测定系统等方法和设备，创新设计了提升式导流筒和多层级不同结构桨叶相组合的磁混凝设备，实现"一级池体多级强度"的絮凝条件，在同等混凝效果情况下，相对于传统高密沉淀和加载沉淀总水力停留时间（HRT）缩短 25％以上，运行能耗降低 17％以上，节约混絮凝占地面积 10％以上。此外，磁混凝设备配备了自主研制的调流阀和取水口防堵装置，保障了水位稳定和水流畅通。

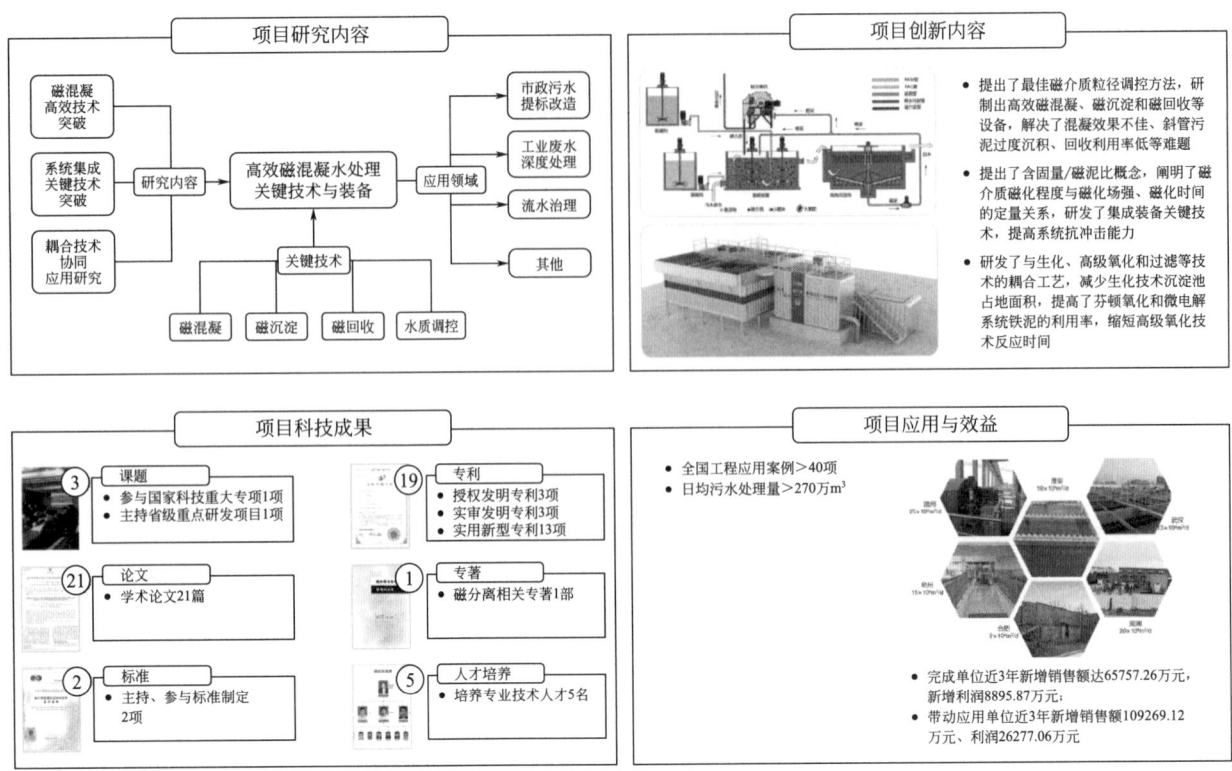

图 1　项目总体研究与创新内容

3）研发磁介质与回收系统匹配技术，优化沉淀斜管防堵塞技术、磁泥回流技术和装备制造集成技术，充分整合高效磁混凝水处理系列工艺，进一步减少工艺运行成本，提高系统抗冲击能力。

4）通过分析和检测磁介质回收和易磁化形成"磁滞"和"磁链"的条件，将磁回收设备创新设计为：磁滚筒环向上分为作用区、输送一区、输送二区、输送三区和卸渣区，各区域磁场强度依次降低，促进了含有磁介质的微絮体聚集，提高混凝效果。同时，磁回收机磁滚筒表面设置为陶瓷材质，降低刮渣板与磁滚筒表面之间的摩擦系数，增强耐磨性，提高设备的使用寿命。见图 2。

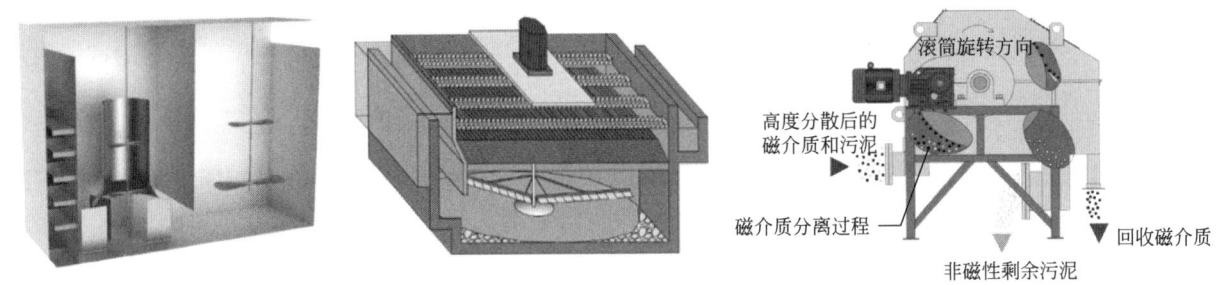

图 2　高效磁混凝、磁沉淀和磁回收设备

创新成果二：提出了含固量/磁泥比概念，阐明了磁介质磁化程度与磁化场强、磁化时间的定量关系，研发了集成装备关键技术，提高系统抗冲击能力，进一步减少工艺运行成本。

1）借助 df-含固量曲线确定最佳系统含固量为 3000～6000mg/L；采用直接观测沉降界面法确定最佳系统磁泥比为（2.5～3.5）：1，在此条件下，可提高药剂的利用率，实现系统运行条件"定量化"。

2）通过分析磁性絮团的沉降规律和系统稳定运行参数，将磁沉淀设备沉淀方式和排泥方式创新性设计为"单边进水周边出水"的形式以及使用"磁泥动态均衡循环"工艺排泥，有效避免斜管污泥过度沉积，节省药剂消耗量 30％以上。

3）通过磁介质粒径范围的确认，结合工程项目实际应用经验和市场行情，明确磁介质特性的指标要求：粒径范围为150目占70％～80％，磁性物含量≥98％，含水率＜3％。工程应用证明，在此特性条件下的磁介质，回收率可以到达99.2％，有效地降低运行成本。见图3。

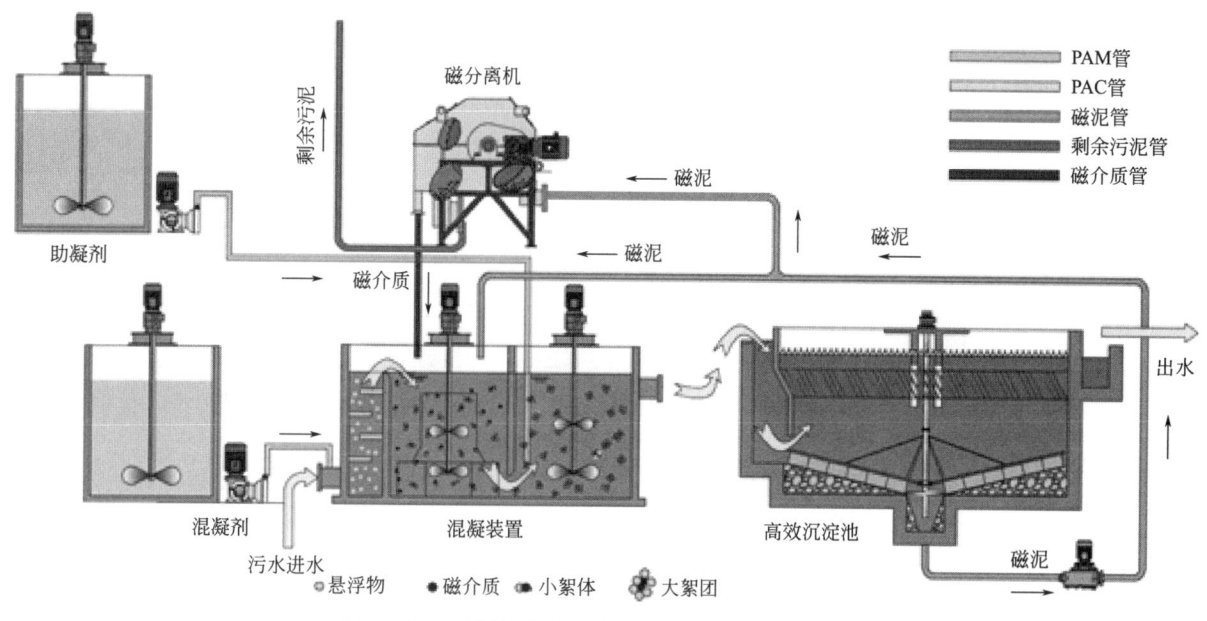

图3　高效磁混凝水处理关键技术与工艺流程示意图

创新成果三：研发了与生化、高级氧化和过滤等技术的耦合工艺，减少生化技术沉淀池占地面积80％以上，提高了芬顿氧化和微电解系统铁泥的利用率，缩短高级氧化技术反应时间30％以上。

1）研发磁混凝与生化耦合技术，有效降低生化进水水质波动压力问题，增强除磷能力，节省20％除磷成本，减少生化段沉淀池80％以上占地面积。此外，根据市政、工业污水处理和流域治理等不同应用场景需求可实现模块化组合，省时省钱，高效便捷。

2）芬顿氧化和微电解技术产生的铁泥具有类似于聚铁（PFS）的混凝作用，通过研发芬顿氧化和微电解与磁混凝耦合技术，解决芬顿氧化和微电解工艺沉淀时间长问题和"铁泥"危废产量问题，缩短停留时间30％以上，降低后续的固废处理费用。

3）研发过滤与磁混凝耦合技术，解决目前雨水调蓄仍停留在只调节、不处理的状态，避免雨水污染排河、雨季返黑返臭等问题的发生，实现雨污水就地处理，形成更加经济、高效的管网雨污分流及雨水污染削减解决方案。

三、发现、发明及创新点

1）提出了最佳磁介质粒径调控方法，研制出高效磁混凝、磁沉淀和磁回收等设备，解决了混凝效果不佳、斜管污泥过度沉积、回收利用率低等难题，节省药剂消耗量30％以上，降低能耗17％以上。

2）提出了含固量/磁泥比概念，阐明了磁介质磁化程度与磁化场强、磁化时间的定量关系，研发了集成装备关键技术，提高系统抗冲击能力，进一步减少工艺运行成本。

3）研发了与生化、高级氧化和过滤等技术的耦合工艺，减少生化技术沉淀池占地面积80％以上，提高了芬顿氧化和微电解系统铁泥的利用率，缩短高级氧化技术反应时间30％以上。

项目获得国家发明专利3项、实用新型专利13项，主持、参与制定标准2项，发表论文21篇，编写著作1部。

四、与当前国内外同类研究、同类技术的综合比较

见表1。

与当前国内外同类研究、同类技术的综合比较　　表1

加磁沉淀技术实现形式		国内		国外
		中建环能	传统磁混凝技术	
磁混凝	搅拌池	2级：一级混凝＋一级絮凝	3级：两级混凝＋一级絮凝	磁加载沉淀技术（CoMag）是由美国麻省理工学院于20世纪90年代发明的一种分离技术，可以广泛用于污水应急处理、污水处理厂提标改造和工业废水深度处理领域等。 但目前国外尚无磁加载沉淀技术用于深度处理的工程案例可查，仅见采用加磁沉淀处理"间歇曝气活性污泥工艺同步去除有机物及氨氮""对碳酸钙同向和异向沉淀作用""外磁场作用下的沉降时间""含砷废水"等领域，且处于试验研究阶段，并未对磁加载工艺进行系统研究
	搅拌器	混凝：导流筒强化；絮凝：差速搅拌	平行桨叶式搅拌	
磁沉淀	沉淀池形式	单边进水竖流沉淀池	平流沉淀池	
	斜管清洗方式	振动式斜管自清理	预设管道，水汽或者气洗；人工清洗	
磁回收	沉淀池排泥形式	一台磁泥泵，泵后分流	一台磁泥回流泵＋一台剩余磁泥泵	
	磁回收形式	磁回收机	解絮机＋磁回收机/比例分配器＋磁回收机	
磁介质	表观特性	粒径范围为−150目占70％～80％；磁性物含量≥98％；水分含量≤3％	未见详尽描述	
	易磁化特性	合理分配磁回收机磁场分布，充分利用磁介质磁化的"剩余磁场强度"，促进磁絮体聚集，提高混凝效果	未见详尽描述	
	系统运行参数	最佳系统含固量为3000～6000mg/L；最佳系统磁泥比为(2.5～3.5)∶1	未见详尽描述	
对比结论		项目在关键技术和装备性能方面优于国内外产品技术水平，缩小占地面积10％以上，降低混凝能耗17％以上，减少药剂耗量30％以上，既能满足出水高标准要求，又具有投资少、布置灵活、运行成本低、抗冲击能力强等特点，解决了磁混凝水处理技术瓶颈问题。为我国水环境治理提供了技术支撑，具有显著的经济效益、社会效益和环境效益		

经四川省科技成果查新咨询服务中心科分院分中心查新，报告结论为：除该委托人课题组成员所公开发表中外文文献外，国内外未见与该查新项目以上技术特点相符的中外文文献的报道。

五、第三方评价、应用推广情况

1. 第三方评价

2022年4月12日，四川省科技协同创新促进会通过线上结合线下方式组织院士在内的7名业内专家对"高效磁混凝水处理关键技术与装备"项目进行了科技成果评价。对该成果评审结论为：项目总体达到国际先进水平，其中磁介质磁化调控回用技术与集成装备达到国际领先水平。

2. 推广应用

项目研发的技术与产品成功应用于40余个市政污水处理厂提标改造、工业污水深度处理和流域水治理工程，应用规模达到270万m³/d，用户反映良好，取得了显著的经济效益、社会效益和环境效益。完成单位近3年新增销售额65757.26万元、利润8895.87万元；应用单位近3年新增销售额109269.12万元、利润26277.06万元。

六、社会效益

1. 不断提升企业自主创新能力，夯实行业关键核心技术攻关"领头羊"地位

面对污水处理厂对出水水质提质增效的迫切需求以及国外尚无磁加载沉淀技术用于深度处理的工程案例可查状况，本项目通过研究分析加载物对絮团凝聚能力与沉降性能的影响，形成了一种"工艺＋装备"深度融合的应用于市政污水处理厂提标、工业污水处理和流域水治理等领域的高效磁混凝水处理技术，不仅将污水处理厂出水水质提升为一级A或者更高标准，而且占地面积小、运行成本低、运行操作简单，使企业自主创新能力迈上一个新的台阶，进一步巩固了公司在行业内的技术引领作用。

2. 带动行业整体技术进步，实现生态环境保护永续发展，助力美丽中国建设

十八大以来，国家出台了一系列政策，把污水资源化利用摆在更加突出的位置，鼓励污水处理和污水资源化利用行业发展。公司瞄准生态环境保护时代命题，聚焦高密沉淀、加砂沉淀在污水处理中的应用局限和短板，加快磁介质混凝沉淀在工艺改进和装备优化方面的技术攻关；并且，在40余个污水处理工程项目中成功应用，带动了行业整体技术进步，起到了很好的示范效应，开启了高标准污水处理新阶段，助力美丽中国建设。

3. 培养了行业专业技术人才，完善了公司人才梯队结构

项目实施过程中形成了技术人才"以老带新"的良好局面，为公司中青年技术骨干提供了施展才华的平台，加速了中青年技术骨干的成长，共计培养行业专业技术人才5名，进一步完善了公司人才梯队结构，为后续公司锚定行业前沿技术攻关打下了坚实的人才基础。

技术发明奖

金奖

水下作业机器人

推荐单位：中建三局集团有限公司
完成人：王　涛、闵红平、汤丁丁、赵　皇、湛　德、郭二卫、丁　浩

一、立项背景

1. 政策方面，管网更新与运维，政策导向明显，市场潜力巨大

近年来，政府高度重视城市市政基础设施建设，在城市更新及乡村振兴等领域持续发力，接连出台了多项有力政策，如 2022 年 3 月，国务院《十三届全国人民代表大会第五次会议政府工作报告》中提出，要"加快城市给水排水管道更新改造，完善防洪排涝设施"。2024 年 3 月，住房和城乡建设部表示："未来，我国将每年改造 10 万 km 以上地下管线"。政策引导下，排水管网的运行与维护会向常态化、标准化、规范化轨道运行，将由以往的被动式管理向主动式管理转变。其中，清淤作为箱涵等城市主干排水管网运行维护的重要工作内容，预估未来每年市场规模可达 200 亿元以上，潜力十足。

2. 行业方面，现有清淤技术滞后，无法匹配市场需求

箱涵构成了城市排水系统的"动脉"，承担着城市大流量雨污水传输的核心功能，淤积引发水体内源污染、城市内涝及污水溢流等问题，定期清淤维护，是解决上述问题的关键。然而箱涵隐蔽于地下，清淤为有限空间作业，内外部环境复杂，雨季水位波动大，内部可能穿插了供水、燃气、通信等管线，水下淤积物组分及形态多样，清理运输困难，为箱涵清淤带来很大挑战，使其往往成为水环境综合治理项目中的重点和难点。

行业内清淤机器人的开发起步晚。市场已开发的泵吸式清淤机器人，在一定程度上实现了部分人工替代，但其仅能在颗粒物粒径小而均匀，淤泥流动性较好的普通工况下稳定作业，机器人作业半径小，排泥含固率一般低于 5％，且难以适应通常存在的水位变化、泥质板结、垃圾混杂等复杂工况，推广应用受限，箱涵清淤尚大比例依赖人工作业方式。另一方面，箱涵内缺氧、坍塌、有毒有害气体、暴雨、机械伤害等因素，对涵内作业人员构成极大安全威胁。据统计，2016—2021 年以暗涵清淤为典型的有限空间作业安全事故高达 207 起，伤亡人数高达 733 人。

在此背景下，开发可满足不同工况的新型高效清淤机器人装备，实现箱涵清淤的无人化、机械化与智能化替代，势在必行。

二、详细科学技术内容

1. 铲储一体化清淤技术

通过核心部件创新设计及受力仿真分析，全球首创了铲储一体化清淤系统，首次实现泥质板结、垃圾混杂、水位变化等复杂工况下淤积物的高效破块与导入，同步开发了自带滤水系统的分体式可升降 $3m^3$ 大容量料斗，复杂泥质的清淤效率可达 18 水下 m^3/h，相对单个人工清淤班组提升 2～3 倍，排泥含水率最低 60％以下，有效降低后续淤泥运输及处理成本。见图 1～图 3。

2. 高机动履带行走技术

创新开发了高机动履带式行走系统及复杂环境下的同步行走技术，最大行进速度 21m/min，具有零半径原地转弯机动性能，创新研制了由旁路马达控制的应急模块，通过旁路切换可实现机器人在应急状态时撤出滑动摩擦转为滚动摩擦，机器人应急状态撤出阻力减少 50％以上，有效提升机器人井下作业风

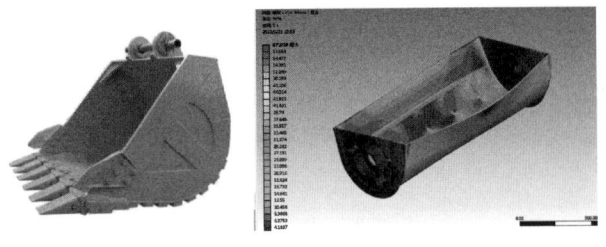

图1 淤泥导入机构设计与仿真

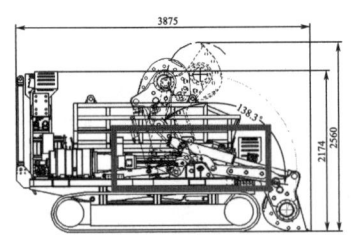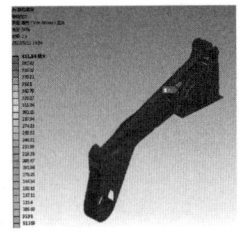

图2 机械臂设计与仿真

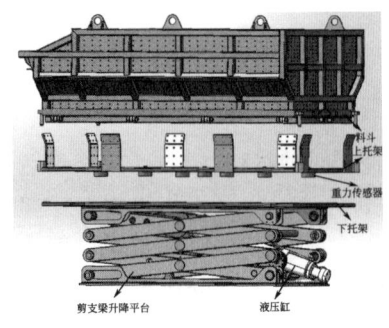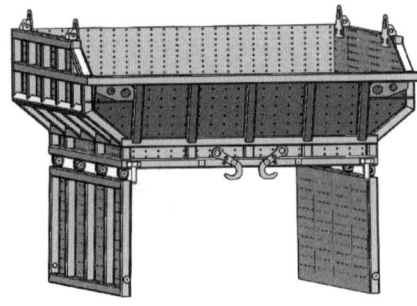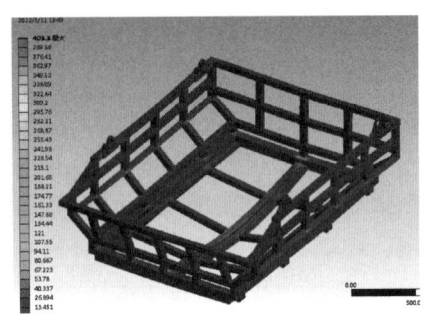

图3 大容量料斗设计与仿真

险应对能力。见图4、图5。

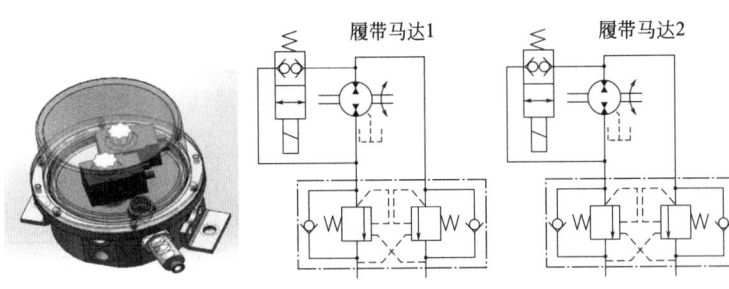

图4 行走系统应急模块及控制原理　　　　图5 应急状态阻力实测

3. 节能化液压动力技术

创新开发了以变量泵、补偿型液压油箱、液压阀组为核心，比例电磁阀匹配的液压动力系统，按比例进行机器人动作的连续阶跃控制，根据实际情况变化反馈信息对目标进行自动补偿，输出流量可以根据系统外负载的压力变化自动调节，从而节省液压元件的数量并简化油路系统，减少机器人常见的功率匹配损失，能耗降低25％～30％，同时大大提升机器人连续稳定作业性能。见图6～图8。

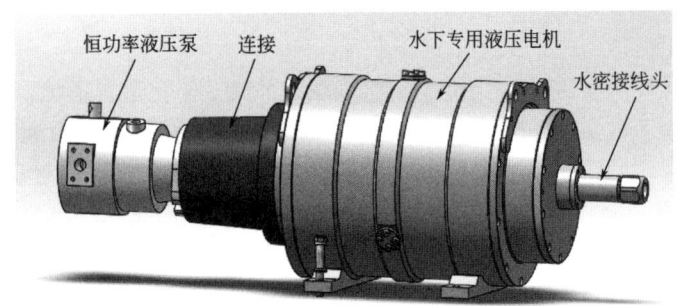

图6 变量泵

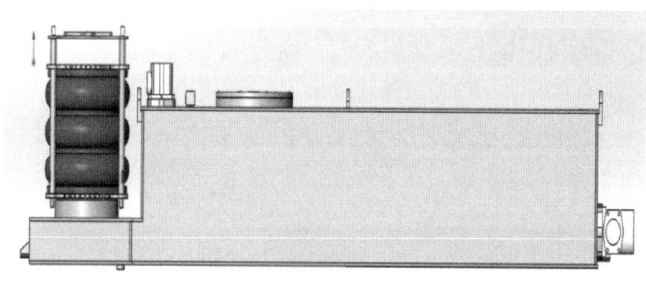

图 7　补偿型液压油箱

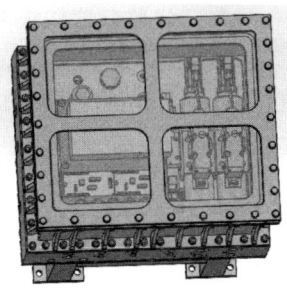

图 8　液压阀组

4. 智能化远程控制技术

创新开发了一种基于 ARM 系统的智能化集成式地面远程控制系统，系统由软件系统和地面操控平台等构成，控制系统不同功能采取模块化设计，可直接控制各个传感器及机械部件，通过地面系统层与水下控制层、执行层之间的数据交换，实现机器人的高效便捷的远程控制功能。见图 9、图 10。

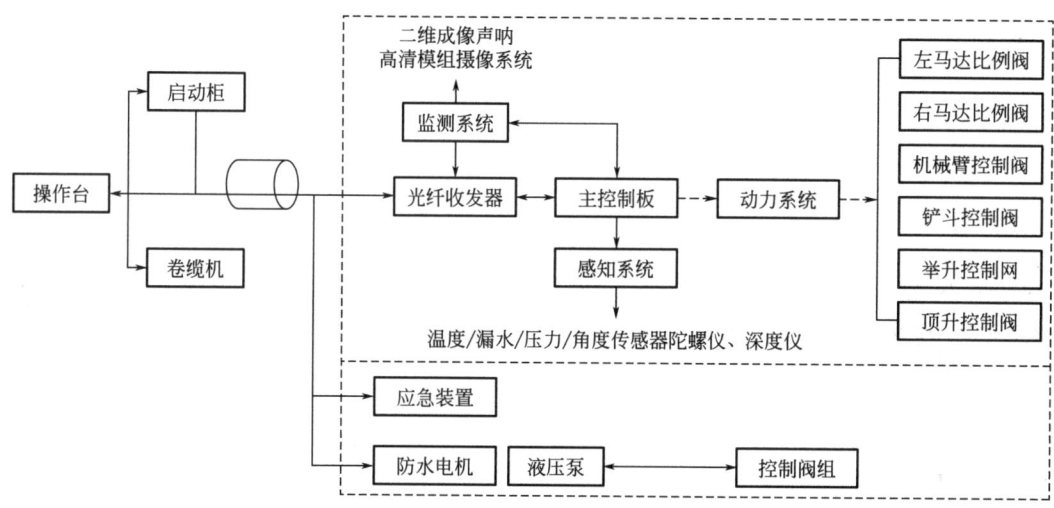

图 9　智能化集成式地面控制系统结构图

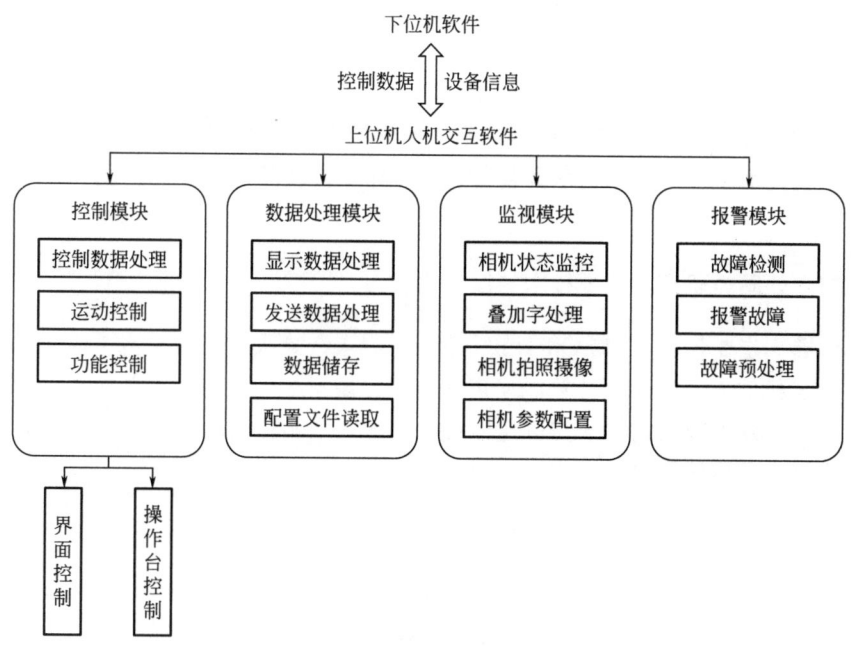

图 10　控制系统上位机软件系统功能图

5. 多元化监测感知技术

创新开发了集特种传感器、自补偿微光高清模组摄像机光学监测系统、高分辨率二维成像声呐声学监测系统的多元化监测感知系统，实现水上环境信息的实时直观监测以及水下淤泥工作面定位、行走导航避障等功能，满足水位变化、污水环境下对水上水下机器人工作状态、暗涵环境信息的实时可靠监测，保障机器人的安全、高效作业。见图11～图13。

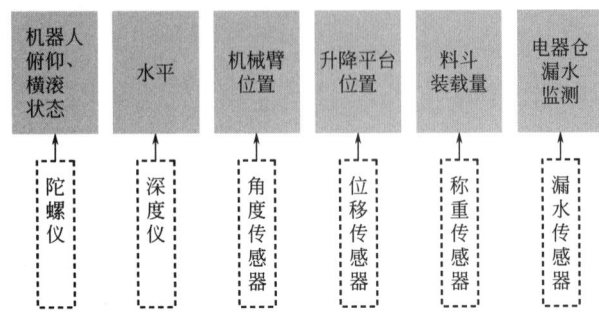

图11 传感器系统

图12 光学监测系统

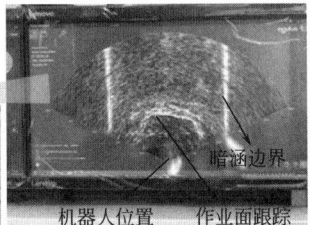

图13 声学监测系统

三、发现、发明及创新点

1）全球首创了铲储一体化清淤系统，同步开发了分体式可升降大容量料斗，实现了泥质板结、垃圾混杂等复杂工况下淤积物高效破块与导入，解决了城市箱涵淤积物清理难的行业痛点问题。

2）创新性地开发了搭载应急模块的高机动履带式行走系统，复杂暗涵地形环境下机器人最大行进速度21m/min，可减少机器人应急时撤出阻力的50％以上，有效提升了机器人风险应对能力。

3）创新性地开发了以传感器系统＋声学监测＋光学监测为核心的多元化监测感知系统，满足受限空间、低能见度、变化水位工况下水上水下装备状态及作业环境的实时可靠监测，保证机器人水下安全稳定作业。

四、与当前国内外同类研究、同类技术的综合比较

国内外清淤机器人主要包括美国SCIPHYN清淤机器人、意大利格瑞特水下清淤机器人、西方疏浚协会（WEDA）清淤机器人、广州江达箱涵河道深清1号清淤机器人等，这些机器人以泵吸式为主，与泵吸式机器人相比，本发明成果的技术先进性体现在：泥质及水位适应范围广、清淤效率高、作业半径大，排泥含水率低等，具体技术对比见表1。

国内外同类技术对比 表1

项目	市场主流泵吸式清淤机器人	本技术
适应泥质	高流动性浮泥、流泥	浮泥、流泥、高含沙淤泥、混凝土块、生活垃圾
作业半径	<120m	200m

续表

项目	市场主流泵吸式清淤机器人	本技术
最大工作水深	20m	30m
清淤效率	＜水下 12m³/h	水下 18m³/h
淤泥含固率	＜5％	最高 40％

五、第三方评价、应用推广情况

1. 第三方评价

2022 年 10 月，湖北技术交易所组织了"城市暗涵机械化清淤关键技术及装备开发与应用"的成果评价。经院士等专家鉴定，装载式清淤机器人成果达到国际领先水平。

2. 推广应用

本发明成果已应用于深圳、武汉、中山、德阳多个暗涵清淤项目。相对单个人工清淤班组，机器人清淤效率提升 2～3 倍，无需围堰降水、通风与气体检测等工序，综合清淤成本降低 40％，机器人累计完成清淤 90.5 万 m³，取得直接经济效益 1.38 亿元。

典型项目包括：

1）中山市未达标水体综合整治工程

该项目总投资 35 亿，服务面积 90km²，服务人口 24.06 万人，项目含城市箱涵 8 条，箱涵淤积厚度普遍在 1～1.9m 之间，淤积总量约 60 万 m³。2022 年 11 月，本发明成果在该项目完成清淤方量 31 万 m³，相对于人工清淤减少人员投入 2/3 以上，缩短清淤工期 50％，有效解决了小隐涌流域雨季水体返黑返臭、易内涝等问题。见图 14。

图 14　清淤机器人中山项目应用

2）深圳市西乡排洪渠清淤项目

项目位于深圳市宝安区，排洪渠为 3 孔箱涵，长度 1.5km，钢筋混凝土结构，宽度 12m 左右，淤积厚度普遍 1m 以上，总淤积方量约 1.5 万 m³。2024 年 1 月，机器人在该项目完成 1.5 万 m³ 箱涵清淤，相对人工清淤成本降低 40％以上，清淤工期 50％，有效地解决了片区末端的堵点难题，大大提升了城市的韧性。见图 15。

六、社会效益

社会效益主要体现在以下几个方面：

（1）机器人应用于城市箱涵等场景，实现高效经济清淤清障，代替人工作业，改善工人劳动环境，降低劳动强度，有效杜绝有限空间安全事故风险，体现以人为本的社会理念。

（2）机器人使箱涵清淤由低效高危的人工方式向机械化、智能化方向转变，助力培育水务环保行业新质生产力。带动水下作业型机器人产业化发展，促进机器人产业上游零部件及原材料供应企业、中游

图 15 清淤机器人深圳项目应用

机器人加工测试企业、下游机器人清淤应用全产业链条业务发展，带动技术密集型产业扩张，促进社会经济增长。

（3）机器人清淤可高效恢复箱涵等城市主干排水管网过流能力，提升管网效能，改善排水管网在城市极端天气下的应急排水能力，降低城市内涝频次，提升城市韧性，保障城市排水安全。

（4）机器人清淤可快速消除水体内源污染，减少淤泥冲刷污染物扩散至下游水体，提升城市水环境质量，改善人居环境。

H 型钢生产线及生产方法

推荐单位： 中建科工集团有限公司

完成人： 陈振明、冯清川、谢东荣、吕志珍、左志勇、黄世涛、谢成利

一、专利介绍

1. 背景介绍

推动钢结构制造业的智能化革新，发展创新的工业化建筑方法，已经成为国家促进建筑业高质量发展的核心任务，同时也是我国从"制造大国"向"制造强国"转变的主要战略路径。建筑钢结构因其非标准化定制的特点，目前的生产方式相对原始，主要面临三大技术障碍：自动化设备水平不足、制造工艺落后、生产管理数字化程度低。随着传统钢结构制造业规模增长模式的局限性日益凸显，以智能制造技术为核心，打造钢结构智能制造生产模式已成为行业发展的必然选择。同时，市场需求的增长也对产品质量和生产效率提出了更高标准。

在过去 10 年的不懈努力中，项目组以推动钢结构行业关键智能装备研发和先进制造核心技术突破为指导原则，针对工信部智能制造新模式应用项目及传统钢结构生产线的智能化改造等重大需求，通过产学研合作，围绕"建筑钢结构智能制造关键装备和技术"，在智能制造装备、先进工艺和信息技术三大领域进行了深入探索，取得了一系列具有突破性的科技创新成果。项目组成功研发了建筑钢结构智能制造的首台（套）重大技术装备——首条建筑钢结构智能制造生产线，并将这些成果转化为一系列专利，取得了显著的社会经济效益。这些努力极大地推动了钢结构学科的发展和钢结构行业的智能化进程，其成果已广泛应用于国内外的民用建筑、基础设施工程，以及钢结构企业的生产线建设和升级改造。见图1、图2。

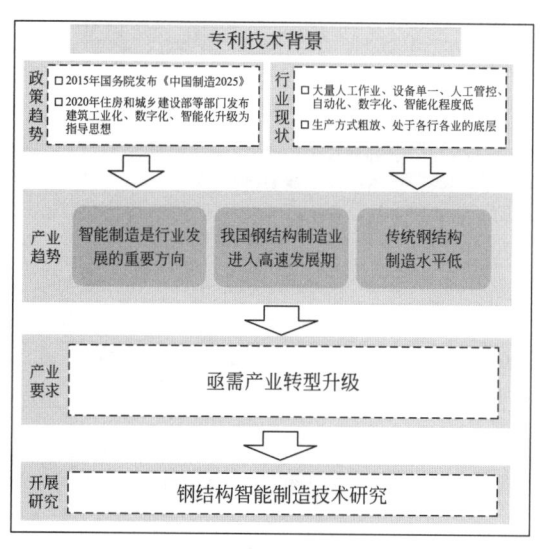

图 1　技术背景

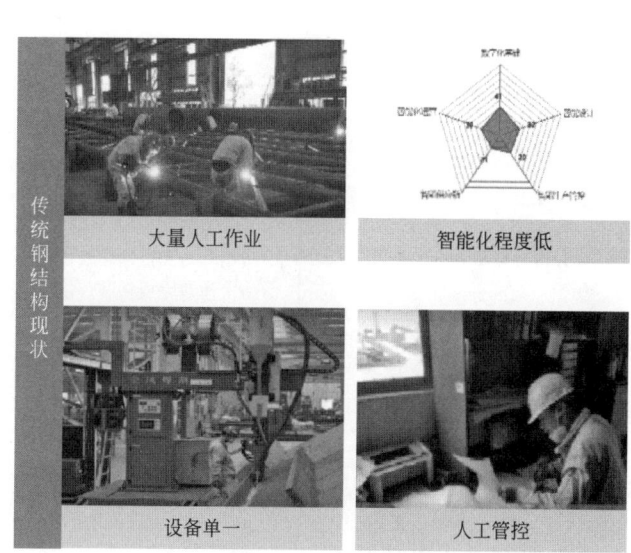

图 2　传统钢结构现状

2. 专利简介

本专利旨在应对建筑钢结构行业转型升级和高质量发展的迫切需求，专注于研究建筑钢结构智能制

造技术。该技术涉及 H 型钢生产技术领域，针对建筑钢结构的加工工艺和工序流程，提出了一种创新的离散型钢结构制造新模式。这种模式有效解决了设备间关联性不足、工序流转周期过长的问题，促进了设备间的协同作业。通过将生产信息系统作为顶层控制系统，实现了对多工位、多工序的统筹生产管理。此外，该技术实现了上料、装配、转运、焊接、下料的流水化作业，以及多位置焊接过程的全自动化。特别是 H 型工件加劲板的装配和焊接，实现了高效生产，突破了传统钢结构制造设备作业单一、数字化和自动化程度低的技术瓶颈，实现了构件的高效生产，是一项具有原创性和基础性的专利。见图 3。

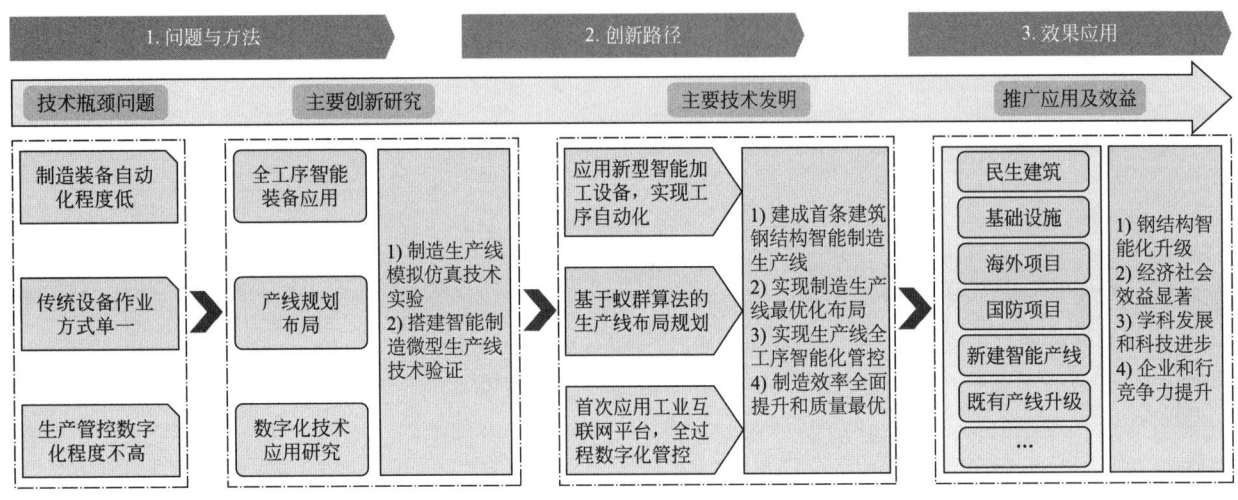

图 3　技术路线

二、专利质量评价

在申请专利授权的过程中，面对审查意见，团队成功解决了权利要求缺乏引用基础的技术难题，并处理了专利权范围相同的问题，最终顺利获得了专利授权。为了进一步阐述参评专利的新颖性和创造性，专利权人对申请日（2019 年 11 月 26 日）之前的现有技术进行了重新检索，并找到了以下几篇相关度较高的对比文件。见表 1。

专利对比　　　　　　　　　　　　　　　　　　　　　　　　　　　　　　　　表 1

对比专利	对比专利特点	参评专利特点
H 型钢焊接工艺	1. 下料环节严格检验 2. H 型钢预拼装、组立、焊接、矫正 3. 严格涂装	1. 并列式生产线工艺布局 2. 全工序智能装备 3. 数字化管控
一种双拼焊矫生产线	1. 并行两条产线 2. 运用翻转和运输装置 3. 一次作业完成拼装焊接	

与其他同类专利技术相比，本技术方案和技术特征具有显著的差异性，并展现出卓越的智能制造优势。它不仅满足了专利法对于新颖性和创造性的严格要求，而且确保了技术方案的可实施性和可重复性，文本质量也达到了标准。目前，该专利技术已成功应用于中建钢构的 4 家制造厂以及 8 家外部企业，充分证明了其实际应用价值。

三、技术先进性评价

1. 技术原创性及重要性

创新点一：率先提出了离散型 H 型钢构件生产线规划设计方法

见图 4、图 5。

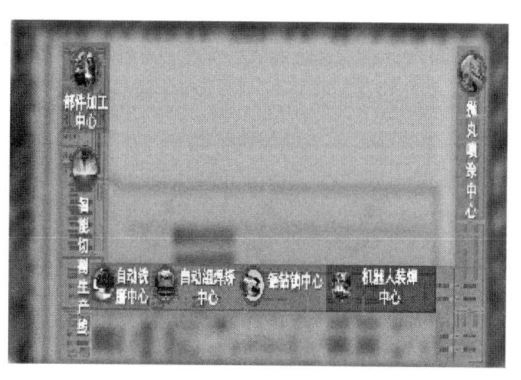

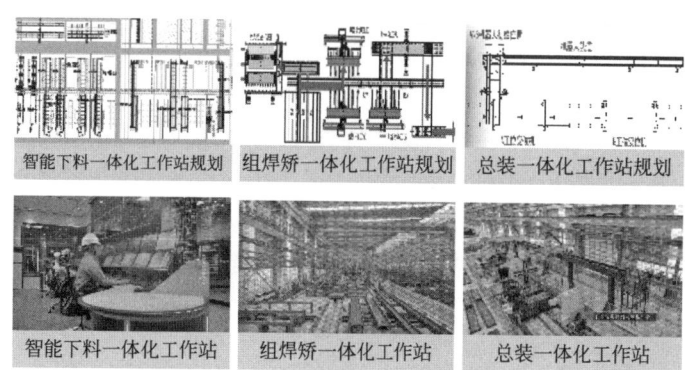

| 智能下料一体化工作站规划 | 组焊矫一体化工作站规划 | 总装一体化工作站规划 |

| 智能下料一体化工作站 | 组焊矫一体化工作站 | 总装一体化工作站 |

图4　首条H型钢智能生产线规划图　　　　　　　　图5　一体化工作站设计

通过数据采集与集成控制的各类装备，团队成功构建了智能下料一体化工作站。通过设计并开发SCADA数据采集系统、智能调度系统以及集成管控平台，我们实现了信息的高度集成、装备的联动协作以及全流程自动作业的一体化制造生产。此外，团队还研制了卧式组焊矫一体化工作站，该工作站基于一体化输送、缓存和联动技术，实现了组立、焊接和矫正三个孤立工序无缝隙的最优化整合。团队开发了机器人总装焊接一体化工作站，该工作站采用基于C/S架构的参数化编程技术，能够根据工件参数自动生成机器人程序，从而将编程耗时降低了90%。还设计了自动上下料和360°变位装置，这使得大型构件的全位置自动焊接成为可能。

通过实施生产线模拟仿真技术实验，并引入随机波动概率模型，团队成功地模拟了工厂的生产节奏，从而辅助优化了生产线规划。依据数字化和智能化的设计理念，构建了一个微型生产线，并通过一系列局部专项试验，验证了关键技术的可行性。此外，通过制造场景的模拟和联调联动测试，进一步确认了产线设计的合理性。团队创新性地提出了智能制造最优生产线规划方案，并装备了首条建筑钢结构智能制造生产线，有效解决了传统生产线中工序衔接不紧密、工位无法满足自动化生产需求的问题。通过实现85%工序中智能设备的联动应用，全面提升了钢结构制造的效率和质量。

原创性方面：基于蚁群算法规划了一体化工作站，实现了孤立工序之间的无间隙最优整合。

重要性方面：突破了传统设备单一作业方式的局限，成功实现了H型钢制造的流水化作业。

创新点二：创新研制了全工序系列新型智能加工设备及装备生产线

见图6。

| 自研全自动切割设备 | 卧式组立设备 | 坡口切割机器人 | 自动化埋弧焊接设备 |

| 牛腿焊接机器人 | 零件AGV无人运输车 | 零件立体仓库 | 柔性分拣机器人 |

图6　全工序系列新型智能加工设备

团队成功研发了首台全自动切割设备，开发了包括排样优化算法、电容识别定位以及远程集成控制技术在内的一系列先进技术，实现了从套料、寻位、切割到标识的全自动化作业流程。此外，还研制了首套非标工件智能坡口切割单元，该单元利用视觉传感技术获取工件的3D点云数据，计算其空间位姿和边缘轮廓，通过插值处理和末端 TCP 姿态调整，精确生成了机器人切割轨迹，实现了无需编程的高精度智能切割，效率提升了两倍。

研发了首台卧式组立设备，该设备集成了输送、翻转、升降、校准以及双机器人定位等多种机构，实现了工件的一次性精准组装。同时，还开发了实时焊接跟踪、自动变位与清渣功能的卧式埋弧焊接设备，实现了工件的全自动化焊接。此外，卧式矫正设备的研制通过在线检测变形量，确保了工件的一次性自动矫正成型。创新性地研制了面向中厚钢板焊接的系列焊接机器人，这些机器人基于电弧传感和电弧跟踪技术，能够根据焊接电流反馈值的变化实时修正焊接轨迹，并结合焊接专家数据库，形成了能够根据坡口装配误差变化及焊接热变形自动调整焊接参数的机器人焊接自适应技术。

创新性方面：研发了涵盖上料、下料、装配、转运、焊接等工序的新型智能加工设备，实现了各工序的自动化加工。

重要性方面：有效解决了 H 型钢产线制造装备自动化程度低的问题。

创新点三：率先研发了钢结构制造工业互联网平台，实现全过程数字化管控

见图 7、图 8。

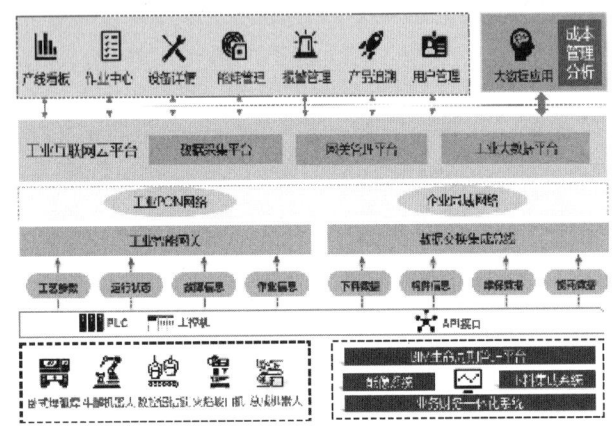

图 7 工业互联网大数据功能架构

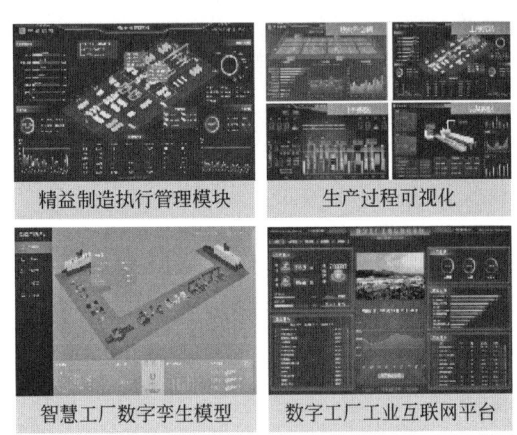

精益制造执行管理模块　　生产过程可视化

智慧工厂数字孪生模型　　数字工厂工业互联网平台

图 8 工业互联网系统模块

团队创新应用了钢结构生产线分散设备终端集成技术并研制了多源异构数据采集传输设备，通过集成各种主流工业协议，实现了不同类型设备终端的高效数据采集和低延时传输。基于智能边缘计算引擎实现智能装备数据的快速处理与过滤，解决了云计算处理过度依赖核心服务器的问题。开发了基于精益管理的制造执行系统及管理平台，通过布置在生产现场的专用设备（PDA 智能手机、LED 生产看板、条码采集器、PLC、传感器、I/O、DCS、RFID、PC 等硬件），对从原材料上线到成品入库的生产过程进行实时数据采集、控制和监控。通过过程管理（PM）、产品追踪（PTG）、物料管理、设备管理、质量管理等功能模块，实现生产过程的监控和可视化，并实时反馈生产结果、人员响应、设备操作状态与结果、库存状况、质量状况等到 BIM 系统，通过对比分析现场生产执行情况与生产计划，向决策者提供纠错并提高生产管理行为的颗粒度和时效性，实现了钢结构制造车间的全过程数字化管控。

该技术还构建了工业互联网的数据体系，汇聚设备运行数据和业务系统运营数据（BIM 系统、业财系统、能像系统、下料集成系统等）。通过数据建模、存储和处理为数据分析、应用开发以及可视化展示提供核心支撑，形成了面向钢结构制造的首个工业互联网大数据分析与应用平台，形成基于状态感知、实时分析、科学决策、精准执行的信息物理系统闭环。以实时数据为基础，按照项目成本精细化管理、产线成本优化、设备工艺参数优化和设备易损件管理四个维度进行工业大数据的应用。

2. 技术优势

1）技术对比

相较于现有技术，参评专利技术通过集成创新的自动化和智能化设备与系统，实现钢结构生产线的全局自动化生产和精益管理，技术优势突出。具体体现在以下方面：

（1）生产效率方面：根据生产线某批次构件生产情况生产情况分析，在传统模式下单根构件生产周期为718min；在智能产线上生产周期为559.8min。总体效率提升＝(718−559.8)/718×100％＝22.03％。

（2）运营成本方面：根据某年的成本测算，构件直接成本1314元/t，同比降低466元/t，降低率为26.18％；间接成本436元/t，同比降低47元/t，降利率为9.73％；综合成本降低率为22.674％。

（3）单位产值能耗方面：2017年度，项目传统生产线全年产量61025t，消耗电能7778274度，平均能耗127.46kW·h/t。2018年下半年，项目智能生产线半年产量22197t，消耗电能2534904kW·h，平均能耗114.20kW·h/t。通过对比可以得出，项目单位产值能耗降低＝(127.46−114.20)/127.46×100％＝10.40％。

（4）产品不良率方面：项目实施后，H型钢焊接工序由全自动焊接机器人替代传统人工焊接，根据生产实际的产品过程质量检验记录数据显示，智能线较传统线不良品率平均降低28.15％。见表2。

技术优势体现 表2

对比项	现有技术	专利所述产线	变化比率
生产效率	718min/批次	559.8min/批次	提升22.03％
运营成本	2263元/t	1750元/t	下降22.67％
单位产值能耗	127.46kW·h/t	114.20kW·h/t	降低10.40％
产品不良率	2.0％	0.8％	降低60％

2）第三方评价

2020年6月25日，中国钢结构协会组织对基于本专利的关键技术成果进行鉴定。经院士等专家评价，项目成果"整体处于国际领先地位"。

3. 通用性

通过虚拟仿真、技术验证、工程建设等环节验证，形成了钢结构离散型加工的成熟技术，可应用于其他同类制造业，如港口机械和船舶配件制造领域、铁路和公路建设设备领域、石油和化工设备制造领域、风力和太阳能发电结构制造领域、大型矿山机械制造领域、重型机械和海洋装备等，具备技术通用性。见图9。

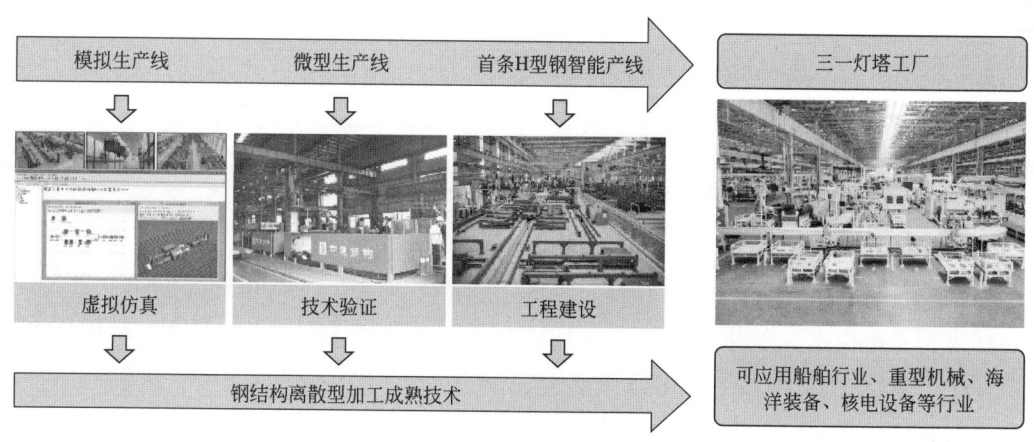

图9 通用性验证

四、运用及保护措施和成效

1. 专利运用

专利技术应用于生产线，助力产线创新迭代、钢结构制造厂改造升级。同时，专利所述生产线制造的H型钢，已应用于学校、医院、办公楼、住宅、产业园以及基础设施建筑等EPC总承包项目。此外，还应用于大跨度、超高层等建筑中（如雄安高铁站房项目、深圳国际会展中心（一期）、成都天府国际机场航站楼、深圳宝安国际机场卫星厅等），其智能制造的效率和质量广受业主好评。见图10。

图10　专利运用项目

2. 专利保护措施

以本专利为核心，累计申请52项，形成从工艺技术、生产线设备和数字技术等8个方向的专利保护池。见表3。

专利保护池　　　　　　　　　　　　　　　　　　　　　　　　表3

序号	专利技术方向	专利数量
1	传感器与检测技术	4
2	故障诊断与维护	3
3	焊接技术与设备	13
4	机器人应用	5
5	数据处理与智能决策	4
6	物流与仓储系统	7
7	智能生产线技术	10
8	其他创新装置与方法	6
	合计	52

3. 专利成效

该专利所在项目技术被应用于深圳国际会展中心（一期）项目、深圳市第三人民医院应急院区项目等工程中，新增销售额为公司采用项目技术的钢结构工程合同价款之和。近三年来，共在百余个项目成功应用，合同价款共计965000万元。

五、社会效益及发展前景

在推广应用方面，专利的项目成果荣幸地被选为中国首部CPS案例集的一部分，并在5G＋工业互联网高峰论坛上作为行业典范进行了经验分享。专利技术已广泛应用于建筑钢结构、铁路和公路建设设备、船舶制造等全球工业发展的关键领域。利用本专利技术制造的钢结构，参与建设了非洲第一高楼——埃及新首都中央商务区项目，世界最大跨度的平旋铁路桥——埃及苏伊士运河EL-Ferdan双翼平旋铁路大桥，以及阿布扎比国际机场航站楼、阿尔及利亚嘉玛大清真寺等标志性项目，专注于共建"一带一路"国家的重点项目建设，赢得了业界的高度认可。

在人才培养方面，该项目不仅培养了包括"国家万人计划领军人才""钢结构大师""南粤工匠"在内的 10 余名领军人才，还培养了 100 余名研发人员和 1000 余名智能制造产业工人。

六、获奖情况

以本专利技术为核心，项目成果获得广东省技术发明奖一等奖、华夏建设科学技术奖一等奖、中国建筑集团科学技术奖一等奖等多项省部级奖项。

银奖

一种可变角度的自升式塔吊

推荐单位： 中建三局集团有限公司
完 成 人： 张　琨、王　辉、周　勇、王开强、刘晓升、陈　波、叶　贞、朱磊磊

一、立项背景

塔吊，学名为塔式起重机。目前，高层建筑、桥塔及冷却塔等高耸结构的外形因其结构、功能、美学等需求，均呈现出风格各异的造型，其中外立面倾斜、弯曲占较大的比例。在这些倾斜或曲面外形建筑结构的施工过程中，自升式塔机的应用必不可少，如图1所示。随着结构高度的增加，塔机离建筑的距离越远，这使得塔机施工效率降低、安全风险增大、安装操作困难。

(a) 高层建筑　　　　　　　(b) 桥塔　　　　　　　(c) 冷却塔

图1　传统桥塔塔机典型布置方式

以桥塔为例，其轮廓外立面倾斜角度大部分介于2°~10°之间，最大可达到17°。当前针对桥梁桥塔施工所用的塔机，其布置主要包含三种方式：(a) 在单根塔肢侧面布置一台大型塔机；(b) 在两根塔肢中间布置一台塔机；(c) 在主塔塔肢侧面布置两台塔机。典型布置方式如图2所示。

上述传统的塔机布置方式，在桥塔实际施工应用中，特别是桥塔高度较高、斜率较大等情况下，均存在一定问题。如：苏通大桥主跨跨径达到1088m，南主塔采用倒Y形结构，横桥向倾角达到7.185°，塔柱顶高程306m，为同一类型中世界第一高塔。主塔施工的塔机布置形式采用第一种和第三种方式相结合，中下塔柱采用2台塔机布置于2塔肢，上肢施工时，拆除小型号塔机，上塔柱施工由一侧大型塔机完成。由于主塔倾角的缘故，最上面的塔机附着长度达到近30m，采用普通附着形式，其受力状态与稳定性上均存在安全隐患，因此只能将附着设计成桁架形式；沪通铁路长江大桥主跨1092m，主塔为钻石型，采用钢筋混凝土结构，主塔承台以上高度345m，承台上中塔柱倾角斜率为1/6.7 (8.487°)。为了减小高处塔机附着的长度，在主塔的中塔肢处设置塔机基础，从而降低塔机高度，减小塔机的附着长度。但此方案需要重新设置塔机基础，并重新安装塔机，造成施工工序增多，成本增加。上述案例仅仅是当前桥塔塔机施工过程中的典型问题，相应的解决方法也造成了诸如成本增加、施工难度增大等方面的困扰，其他A形、倒Y形、宝石型等大型桥塔施工过程中，也均存在此类不利状况。总结此类问题

(a) 布置方式一：单肢侧面　　　(b) 布置方式二：双肢中间　　　(c) 布置方式三：主塔塔肢
　　布置一台塔机　　　　　　　　　布置一台塔机　　　　　　　　　侧面布置两台塔机

图 2　传统桥塔塔机典型布置方式

的共性特征：桥塔结构较高并存在一定的倾斜角度，导致塔机在某一节段位置存在附着长度过长，结构局部受力困难，塔机存在安全隐患。

针对上述问题，国内外学者和工程师展开了一定的研究工作。例如：平潭海峡公铁大桥对塔机塔身、爬升架、上部结构、附着等都进行了局部加强；武汉青山长江公路大桥为保证附着结构及施工过程桥塔结构安全，附着采用了 A 形支架形式；太原摄乐大桥则从桥塔结构入手，通过增加临时对撑的方式，提高了"桥塔-塔机"结构体系的安全性等。除此之外，部分学者还对高塔塔机的结构受力性能、抗风稳定性、桥塔塔机选型优化等方面进行了一定的研究。

当前已有的研究成果主要是从塔机布置位置优化、塔机型号选择及塔机结构局部加强等方向开展，没有考虑过针对塔机自身功能进行拓展。同时，现有的研究成果仅仅是从安全性的角度出发，保证塔机结构在面对桥塔高度高、斜率大等情况下的施工安全，并未充分考虑到施工的经济性、便捷性及施工效率。

为解决上述问题，发明了一种可变角度的自升式塔式起重机，实现塔身倾斜吊装运行，消除倾斜结构对塔机选型与运行效率的不利影响，具有降低附着长度、提高施工安全，提升施工效率等效果。

二、详细科学技术内容

1. 可变角度斜附式塔机整体工作系统

可变角度斜附式塔机整体结构与传统塔机相比，其上部结构保持不变，主要区别在于：传统塔机的塔身始终是保持竖直的，而可变角度斜附式塔机的塔身可以根据结构本身情况倾斜一定角度，以适应建筑物侧边的倾斜面，从而减小附着的长度，使塔身更靠近建筑物，提高塔机的吊装范围和效率。见图 3。

整体结构与传统塔机相比，其上部结构保持不变，主要区别是塔机附着是可以进行长度调节，另外，在附着固定的塔身位置，布置有特殊标准节（转换节），能够转动一定的角度，从而可以使相应段的塔身旋转一定的角度，以适应建筑物的倾斜外形。见图 4。

可变角度斜附式塔机的工作原理如图 5 所示，可变角度斜附式塔机的加节和附着安装流程与常规塔机操作流程是完全一致的。当塔机的附着安装完毕后，即可将下面一道附着之下的塔身变换成倾斜状态。在变换角度前，先将倒数第二道转换节和倒数第三道转换节的锁定装置解锁，倒数第一道可调附着和倒数第二道可调附着同时收缩；在这两道附着的收缩作用下，倒数第二道转换节和倒数第三道转换节会转动一定的角度，但倒数第二道附着之上的塔身始终保持垂直的状态；当倒数第二道附着之下的塔身变换角度完成后，将转换节锁定，从而完成将倒数第二道转换节变换成倾斜状态的流程。

图 3　可变角度斜附式塔机效果与实物

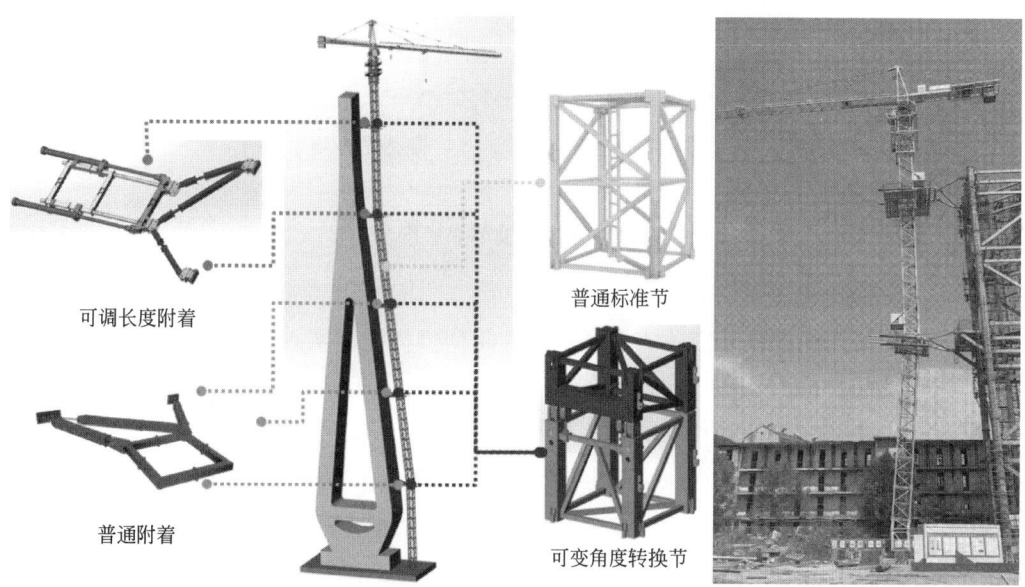

图 4　可变角度斜附式塔机结构组成与原理样机

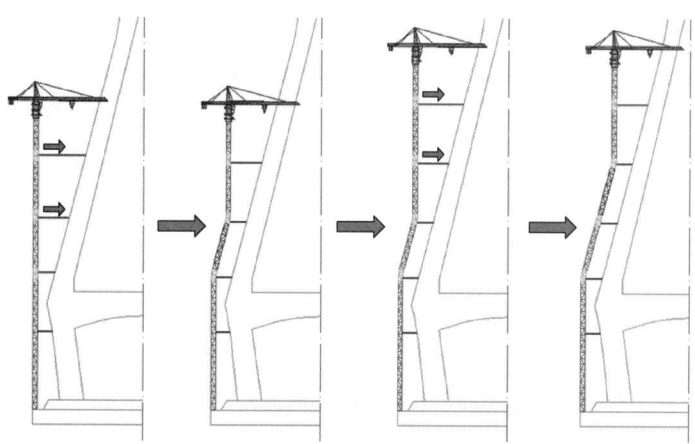

图 5　斜附式塔机总体工作原理

2. 塔身转换节变形技术

发明了一种可以转动角度的塔机转换节，通过转动铰与竖向滑动机构，实现标准节转动变形。转换节的包络、外形尺寸和接口与常规塔机标准节一致。转换节一方面作为塔身的一部分，提供支撑、顶升等作用；另一方面，转换节可以变换一定的角度，从而使塔身旋转，从而使相应的塔身产生倾斜，从而使塔身适应倾斜的建筑物外形。

转换节的结构主要由转换节上部、转换节下部、滑动机构、微调及限位机构、踏步结构组成，转换节上下部结构由主肢、水平撑杆、斜杆等组成，转换节上部与转换节下部之间，结构一端采用铰接连接，另一端通过滑动机构和微调及限位机构进行联系，如图 6 所示。

(a) 变形前   (b) 变形后

图 6 塔身转换节变形技术

3. 塔机附着长度调节技术

发明了一种长度可调的塔机附着，依靠液压油缸驱动机构伸缩实现附着长度与竖向角度可控调节，适应塔机与结构物之间距离的变化。斜附式塔机附着长度与角度调节技术，是基于多体协同运动学机理，构建了可变角度斜附式塔机动力控制系统，保证塔机塔身变形过程中各变形模块同步协调。见图 7。

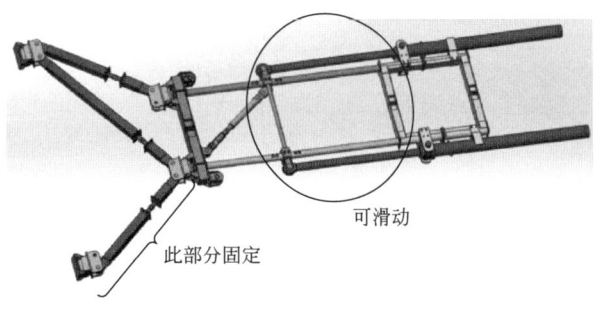

图 7 塔机附着长度调节技术

4. 斜附式塔机多体协同控制技术

发明了一种斜附式塔机倾斜变形控制系统与控制方法，通过四缸双重同步与非线性跟踪算法，实现了两组可伸缩附着的非线性同步伸长与收缩控制，在满足各构件空间复杂运动逻辑，避免刚性结构件因变形产生附加内力外，还能够实时追踪并校正悬臂段塔身垂直度指标，以安全、可靠的方案解决了斜附式塔机倾斜变形控制难题。本系统具有精准可控、自动校准、跟踪同步、健康诊断等功能特点，保障了斜附式塔机倾斜变形的安全、平稳运行。见图 8。

三、发现、发明及创新点

1) 发明了斜附式塔机整机工作系统，在传统塔机的基础上，增设转换节与可调附着，通过多体协同精准控制技术，实现塔身旋转倾斜。工作时，上下两组可调附着同步收缩，在保持上部塔身垂直的情

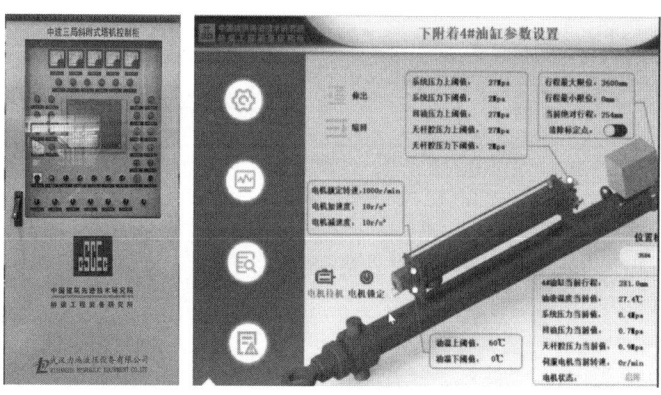

图 8　斜附式塔机多体协同控制技术

况下，带动两转换节间的塔身旋转一定的角度，以适应建筑物的倾斜外形。

2）发明了塔身转换节，通过转动铰与竖向滑动机构，实现标准节转动变形。

3）发明了可调附着，实现附着长度与角度可控调节，适应塔机与结构物之间距离的变化。

4）围绕本专利进行整体、关键部件等系列申报，形成了专利保护池，目前已授权专利 6 项，其中发明专利 5 项。发表高质量论文 2 篇，形成企业工法 1 项，从不同维度进行产权维护保障。

四、与当前国内外同类研究、同类技术的综合比较

本专利内容经检索查新，国内外未见相同的文献报道，属于国内外首创技术发明。见表 1。

国内外同类技术综合比较　　　　　　　　　　　　　　　　　　　　　　表 1

主要成果	本项目创新	国内外同类技术
可变角度斜附式塔机工作原理技术	研制了可变角度斜附式塔机。塔机部分塔身具有倾斜功能，可减小附着的长度，使塔身更靠近建筑物，优化了塔机的吊装范围和工作效率	国内塔机塔身均为直立状态，塔身垂直度控制在 0.4%，无倾斜式塔机
斜附式塔机转换节角度转动技术	设计了可转动塔机的转环节。使得两节段中间的塔身可以进行角度变换，从而满足斜附式塔机动作需求，达到安全、高效运转的目的	当前国内外塔机标准节包括框架式和片节式，组装完成后形成一体，没有任何动作功能
斜附式塔机附着长度与角度调节技术	设计了新型塔机可调附着件，基于多体协同运动学机理，构建了可变角度斜附式塔机动力控制系统，保证了塔机塔身变形过程中各变形模块同步协调	当前国内外塔机附墙包括固定式和可伸缩式，伸缩功能仅限于解决现场精度与设计偏差的情况，尚未出现具有驱动功能的结构

五、第三方评价、应用推广情况

1. 第三方评价

2024 年 6 月，湖北技术交易所科技成果评价中心组织评价，经专家评审，成果整体达到国际先进水平，其中斜附式塔机转环节角度转动技术、附着长度与角度调节技术达到国际领先水平。

2. 推广应用

本发明首台设备已取得型式检验证书并成功应用于莆田三江口特大桥项目，应用 1 台 QTZ315-X9 型斜附式塔机，倾斜角度 9.38°，额定起重力矩 315t·m，最大吊重 20t，塔机高 115m，产生经济效益约 130 万元。见图 9。

应用效果：附墙距结构物距离缩短，塔机整体安全性提高；塔机作业半径距离吊重目标点更近，作业效率提升 10%；塔机型号降低，从而减少租赁成本约 15%。具有降低塔机型号、缩短吊装距离、提高施工效率等效果。

图 9　莆田三江口特大桥项目推广应用效果图

六、社会效益

专利成果推动塔式起重机装备的重大变革，引发行业内的广泛交流学习，受到社会权威媒体多次关注、报道，对行业技术进步及企业高质量发展起到良好的推动作用。

1）促进建筑行业高质量发展。专利相关成果突破了传统塔机技术壁垒，打造了一款安全高效、适用广泛的新型塔机，对施工吊装设备领域的技术发展及建筑产业转型升级提供了新的技术支持。相关成果亮相 2024 年全国住房城乡建设领域"安全宣传咨询日"等活动，获得了与会人员的广泛关注。

2）推动建筑智能建造装备的升级。本成果积极响应国家智能建造相应政策，通过技术的突破与革新，打造了适用于大型高耸建筑的新型智能建造装备，有力推动了智能建造与建筑工业化的协同发展，是建筑起重机械领域的又一项革命性创新。见图 10。

图 10　2024 国际（深圳）智能建造产业博览会

一种超磁分离机

推荐单位：中国建筑发展有限公司

完成人：王哲晓、黄光华、易 洋、肖 波、何 林

一、专利质量

1. 新颖性和创造性

1）技术背景

随着我国水污染治理工作的深入推进，2019 年黑臭水体的大规模治理已接近尾声，2020 年水污染治理工作从黑臭水体治理转向水生态修复阶段。在这一背景下，水污染治理的需求也随之发生了变化，从过去的黑臭水体治理转变为如何巩固已有的治理成果，并维护一个良性的水生态系统。因此，市场对水处理设备提出了新的要求：实现大水量、短流程、低成本、并能去除浮油、浮渣、藻类等漂浮物质。然而，传统的治理技术在这方面存在局限性。如果直接将现有设备简单串联，存在占地面积大、流程长、成本高等问题。因此开发具有复合功能的水处理设备，满足水生态修复治理阶段市场需求，成为行业急需解决的技术难题。

2）本专利申请之前的技术方案

在本专利申请日之前，已公开现有技术包括：

现有技术 1：专利文献 CN213895505U 公开了一种超磁分离机，该专利用过直线滑块、直线滑轨和滑槽的设置，能够实现进水滤网的滑动拆装，同时利用卡块、卡槽和弹簧的配合，能够实现进水滤网的卡接固定，从而实现进水滤网的快速拆装，以便于进水滤网的快速更换，可防止进水滤网堵密，有助于提高进水滤网的过滤效果，以便于污水的处理。该专利未公开如何除去水中的浮油浮渣。因此，现有技术 1 对如何利用超磁分离机除浮油浮渣没有任何技术启示和教导。

现有技术 2：专利文献 CN212174548U 公开了一种新型污水超磁分离机。该超磁分离机整体结构采用一体化设计，空间利用率较高，且设置有转动机构、升降机构、搅拌机构，自动化程度较高，同时转动机构、升降机构、搅拌机构协同工作，能够促进反应速率以及辅助加速磁盘磁吸效率的作用，实际污水处理效率较高，时间较短。该专利未公开如何除去水中的浮油浮渣。因此，现有技术 2 对如何利用超磁分离机除浮油浮渣没有任何技术启示和教导。

3）本专利的新颖性和创造性

现有技术 1、2 未向本专利技术提供技术启示，与本专利的主要区别特征如表 1 所示。

技术 1、2 与本专利的主要区别特征 表 1

序号	本专利	现有技术 1	现有技术 2
1	权利要求 1：设置了浮油浮渣处理装置；所述磁盘组和浮渣处理装置分别设置于所述分离箱，所述浮渣处理装置包括浮渣收集部和调节部，所述调节部与所述浮渣收集部相连，浮渣收集部用于收集悬浮在液面上的浮油/浮渣，调节部用于控制浮渣收集部收集和/或排放浮油和/或浮渣	未涉及	未涉及

由于本专利独立权利要求 1 的技术特征没有被现有技术 1、2 公开，因此，现有技术 1、2 的方案未对本专利的新颖性带来任何实质性影响，因此，本专利技术具有新颖性。

基于上述区别技术特征，本专利实际解决的技术问题是：提供一种可以除去浮油浮渣的超磁分离机。

现有技术中，如现有技术1和2，超磁分离机内通常未设置用于去除浮油和浮渣的装置，远离污水入口一侧常存在一定的死水区，容易造成浮油/浮渣的富集，导致浮油和浮渣只能随着水流直接流出超磁分离机。一方面，会导致超磁分离机的出水悬浮物（SS）增高，降低出水水质；另一方面，还需要在超磁分离机的下游设置独立的去除浮油和浮渣的装置，导致设备重量、生产成本以及占地面积等的大幅度增加，削弱了超磁分离机原本占地面积小、综合成本低等优势。

本参评专利首次将浮油浮渣装置集成进超磁分离机内部，解决了现有技术为了除浮油浮渣，需在工艺后端单独设置去除浮油和浮渣装置的问题，并且，本发明实现了自身动力的多级利用，不需要设置额外动力装置即可实现表面浮油/浮渣的自动聚集。

综上所述，本领域技术人员无法在现有技术1、2，以及公知技术常识的基础上，得到本专利的技术方案。本专利的技术方案具备突出的实质性特点和显著的进步，具备创造性。

2. 实用性

本专利的申请文件对技术方案进行了详细阐述，使所属领域技术人员能理解和实施，有效解决了现有技术中除浮油浮渣的难题。

3. 文本质量

本专利说明书已清楚、完整地公开发明的内容，并使所属技术领域的技术人员能够理解和实施。本参评专利涉及污水处理领域，说明书主题名称为"一种超磁分离机"，清楚地反映了专利保护的主题。说明书从分析现有技术缺陷出发，清楚地写明了发明要解决的技术问题。并通过发明内容和具体实施案例结合的方式，详细说明了解决所述技术问题的技术方案和有益效果。

权利要求书清楚、简要。每一项权利要求所要求保护的技术方案都是所属技术领域的技术人员能够从说明书中记载的内容概括得到，没有超出说明书公开的范围，保护范围合理，能够得到说明书的支持。

二、技术先进性

1. 技术原创性及重要性

本参评专利属于改进型专利。本发明是依托于我国稀土工业的快速发展，基于稀土永磁材料、磁分离工艺与水处理技术相融合，研制生产的新一代超磁分离机。在原有超磁分离机的基础上，基于超磁分离机的水位特点：半水位淹没及轴的旋转（可以推动油、渣运动，实现渣油向一个方向富集），在渣的运动方向上设置收集装置，首次将除浮油浮渣装置集成到超磁分离机内部，实现浮油浮渣与污水的分离，并且，本设备中，浮渣去除装置借力于超磁分离机主轴的旋转力，不需要设置额外动力装置即可实现表面浮油/浮渣的自动聚集。进一步的，发明人还对超磁分离机进行了3处改进：改变了超磁分离机的内部布局，将处理区分为磁盘区和出水区；改变了磁盘结构，实心磁盘改为中空磁盘；水的流道，由侧进侧出改为侧近中出。这三处改进带来的效果：提高了磁盘利用率；进水水流穿过磁盘间流道，缩短了停留时间，提到了处理的水力负荷；避免了絮体流失。

本单位通过本发明的设备，可以去除污水中的浮油/浮渣，有效地降低出水悬浮物（SS）含量，提高出水水质。并且实现了环保装备大规模的集成化应用。较市场其他污水处理技术相比具有流程短、占地少、投资省、运行费用低等特点，在经济、安全、环保方面优势显著。

本专利技术于2022年委托四川省科学技术信息研究所对该专利技术进行国内外技术查新，显示除本专利外，国内外未见具备本专利结构特点的超磁分离机的文献报道。

2. 技术优势

超磁分离工艺用于非磁性悬浮物的去除、TP的去除，以及部分COD的去除。主要代替常规工艺中的混凝絮凝沉降、过滤工艺，以及一些难沉降SS的处理。与超磁分离工艺比较的主要普通斜板沉淀工艺、得利满公司高密沉淀工艺、威立雅的ACTIFLO加沙沉淀工艺、剑桥水务的CoMagTM磁沉淀工艺。技术、经济参数对比见表2。

技术、经济参数对比表 表2

技术参数	斜板沉淀	高密沉淀	加砂沉淀	磁沉淀	超磁分离
表面负荷(上升流速,m/h)	1~10	15~25	40~50	20~40	200~400
HRT(停留时间)	40~60min	20min	6~8min	15min	<30s
投加浓度(循环浓度)	—	污泥回流2%~6%	1~2g/L	2~3g/L	1.5~3g/L
污泥含水率	99%以上	96%	98%~99%	98%~99%	93%~97%
出水 SS(mg/L)	<10	<10	<10	<8	<10
回流量	50%~100%	50%~100%	50%~100%	75%~100%	0

本专利实施后的有效效果:

(1)提高出水水质,有效降低出水悬浮物(SS)含量。本专利技术结合超磁分离机污水处理工艺特点,将浮渣浮油处理装置集成进超磁分离机内部,可以更方便、顺利、高效地进入浮渣收集部中,实现与污水的分离。并且本技术方案中,磁盘设计为空心,磁盘组具有中间过水通道。在进行污水处理时,污水从磁盘组的一侧的进入,从磁盘组的中间过水通道排出并进入出水箱,使得污水的流通路径可以从现有的侧进侧出变为侧进中出,从而可以有效地避免现有技术中采用侧进侧出时所存在的磁盘利用率低、掉渣、跑渣等问题。

(2)提升超磁分离水体净化成套设备的集成度,节约运输成本、节约占地面积

本专利的超磁分离机,结构简单紧凑,可以有效避免现有技术中单独在超磁分离机的下游设置独立去除浮油/浮渣装置所带来的设备占地面积大、投资及运行费用高等问题,有利于整个磁分离系统的结构更加简单、紧凑。

(3)降低设备使用成本,节能环保

本专利浮油浮渣去除装置巧妙借力于超磁分离机主轴的旋转力,不需要设置额外动力装置即可实现表面浮油/浮渣的自动聚集,实现自身动力的多级利用,运行能耗低。

3. 技术通用性

形成的产品可应用于流域水环境治理、煤矿矿井水处理、市政污水处理、突发应急治理等多领域。

三、运用及保护措施和成效

1. 专利运用

1)专利有效实施

专利权人中建环能科技股份有限公司(以下简称"中建环能")于2019年申请了本参评专利,并已进行成果转化。

典型应用案例,如东如泰运河小流域生态湿地修复工程见图1。

图1 如东如泰运河小流域生态湿地修复工程

2）促进研发与提升竞争力

中建环能坚持科技创新引领企业发展，通过知识产权战略与经营战略的紧密结合以确保市场竞争优势，通过专利形成成果转化、技术引进和合作经营的知识产权管理机制，保障了公司的健康运营。

3）加强知识产权运营

中建环能高度重视专利保护，构建了竞争情报监控、侵权对比、稳定性分析、挖掘布局、价值评估和分级管理的专利服务平台。建立知识产权相关的管理规定，规范管理无形资产，有效支持公司经营发展。

2. 专利保护

1）专利布局

中建环能以本参评专利所涉的超磁分离水处理技术作为重点，以强化专利保护的角度，针对超磁分离水体净化成套设备研发、设计、生产多个维度共申请专利 37 项，形成了一个全方位、多层次专利网，能够合理、有效地保护参评专利技术。

2）合理利用法律武器

如发生知识产权纠纷，将收集证据，通过专业知识产权代理机构或律师事务所向有关知识产权行政或司法提出诉讼等，获得保护与赔偿。

3）拥有专利动态监控机制

设立专职岗位对行业专利进行定期检索、跟踪，掌握行业前沿研发动态，同时加强专利法律风险动态评估，及时发现可能存在的侵权风险，提出应急预案。真正发挥专利信息预先分析判断和先期引导作用，实现知识产权信息引领科学决策。

4）建立起完善的知识产权保护体系

中建环能形成以专利为核心、以商标为先锋、以商业秘密为储备的一体化知识产权经营和保护模式，可使技术保持竞争优势，提高产品市场自由度、扩大市场份额，并通过持续申请相关专利进行专利布局来加强技术和产品的知识产权保护。

3. 制度建设及条件保障和执行情况

1）制度建设与条件保障

中建环能坚持把专利发展战略纳入到公司战略规划中，将知识产权工作纳入公司技术创新体系建设中，并渗入到经营管理的各个环节，将技术创新形成高质量专利进行保护，有效地推动了公司技术创新。2013 年，国家标准《企业知识产权管理规范》实施后，积极参与到标准化建设中，成立了知识产权管理团队，全面负责公司的知识产权工作，制订了包含《专利管理办法》在内的各项专利管理制度，对专利的申请、实施、保护和运用进行规范化管理，还制定了《知识产权法律风险预警与防范管理办法》《商标管理办法》《知识产权分类及分级管理办法》《项目研发管理制度》《技术创新与专利奖励办法》《知识产权风险评估与控制程序》《知识产权文件控制程序》等一系列知识产权管理制度，使科技创新与知识产权保护更加规范化、制度化和科学化。2020 年，通过《企业知识产权管理体系》国家标准外审认证。

中建环能依托自身为四川省磁分离水体净化处理工程技术研究中心、院士（专家）创新工作站以及博士后创新实践基地的优势，形成了行业领先的技术队研发团队，为技术研发提供有力保障。

2）执行情况

中建环能 2018 年被评为"国家知识产权优势企业"，2023 年通过"国家知识产权优势企业"考核；2023 年通过《企业知识产权管理体系》国家标准外审再认证；2022 年成为四川省知识产权强企培育企业；2023 年获得中国专利奖优秀奖。

中建环能不断加大对知识产权人员和经费投入，有力地保障了知识产权相关工作的开展。知识产权团队成员拥有律师资格证、专利代理师证、高级技术经理人证等，有力地保证了知识产权工作的开展。

四、社会效益及发展前景

1. 社会效益状况

参评专利技术凭借其高效、低成本的优势，积极响应了国家关于节能降耗、低碳减排的号召。该技术不仅满足了生态文明绿色循环发展的需求，还为河湖水治理难题提供了切实有效的解决方案，为多个城市的百姓打造了幸福河湖。此外，该技术的推广与应用显著增强了企业的市场竞争力，促进了区域经济发展，并为社会创造了大量的就业岗位。

2. 行业影响力及政策适应性

本发明技术转化出的产品经科技评价为"整体已经达到国际先进水平"。公司属于环保设备制造企业，该专利产品-超磁分离机，同时属于战略性新兴产业（产品）发展指导目录和四川省特色优势产业。

五、获奖情况

本参评专利"一种超磁分离机"获中国施工企业管理协会高推广价值专利大赛一等专利，项目转化产品获得 2020 四川省名优产品、成都工业精品等荣誉。

一种基于振动分析的幕墙板块脱落风险判别方法

推荐单位：中国建筑装饰集团有限公司
完 成 人：夏　庆、王　波、高崇亮、程　超、郑　春、高勇勇

一、立项背景

我国自 20 世纪 80 年代引进玻璃幕墙生产技术，到 20 世纪 90 年代进入了一个快速发展时期，截至目前，我国玻璃幕墙保有量超过 17 亿 m^2，每年新增量超过 1 亿 m^2。纵观我国幕墙行业发展的每个阶段，由于早期幕墙标准、规范以及行政性措施滞后于幕墙行业发展和应用，致使此阶段建造的玻璃幕墙施工建设无标准可依，造成大量的玻璃幕墙设计不当、施工中偷工减料，材料劣质或选择不当等，严重影响玻璃幕墙的质量及安全问题。特别是 20 世纪 80—90 年代所建的隐框玻璃幕墙，寿命现均已远超 10 年保证期，必然存在材料的老化与性能退化问题，安全隐患甚大。据不完全统计，每年因幕墙玻璃失效引发的安全事故上万起，在部分地区甚至造成人员伤亡及财产损失。因此，解决玻璃幕墙的安全隐患已经到了刻不容缓的地步。

基于振动的幕墙玻璃面板脱落风险识别与评估方法相关理论基础完善、实施方法简易可行，近年来成为国内外研究和应用的热点，可用于大规模幕墙面板脱落风险快速检测。但该方法在实际工程应用中尚存在诸多问题，对检测结果的准确性存在较大影响。主要有以下几点：

（1）不同平面几何尺寸的玻璃面板在使用现有的振动频率相对比较法时，无法直接比较，使得该方法失效；

（2）对于相同长宽的玻璃面板，其厚度也会对振动频率产生影响，但未见文献对该因素进行分析；

（3）不同的使用年限会导致结构胶老化程度不一样，从而影响玻璃面板的振动频率；

（4）在对玻璃面板进行激励并获取振动信号时，不同的激励位置会导致不同面板可识别的振动模态不一致，从而难以通过相对比较的方法判别玻璃面板脱落风险；

（5）目前，缺乏可快速激励获取玻璃面板振动信号并对其频率进行识别，对脱落风险进行分析的便携式检测设备。

二、详细科学技术内容

1. 基于便携式测振设备与固有频率变化的板块松动检测技术

创新成果：基于振动分析的玻璃幕墙脱落风险判别方法

玻璃面板的脱落风险主要原因是粘结与固定钢化玻璃的硅酮结构胶由于各种原因失去黏性，导致玻璃面板部分脱胶，从而脱落风险增大。玻璃面板的脱胶实际上改变了玻璃面板的边界条件，从而导致其固有振动特性发生变化。但由于实际工程应用中诸多更普遍和更复杂的情况，玻璃板块尺寸不同、厚度不同，固定玻璃板块的结构胶老化程度也不同。因此，有必要进一步发展新的基于振动分析的玻璃幕墙脱落风险判别方法。

1）建立玻璃板块的精细有限元模型，分析了完好玻璃面板的基本动力特性，主要分析了玻璃面板低阶模态振型的特征，并与四周固定边界条件下弹性板的理论模态振型相互比较验证。指出了实际玻璃面板的边界条件既非四周固支，也非四周简支，其实际边界约束为硅酮结构胶提供的弹性支撑。见图 1。

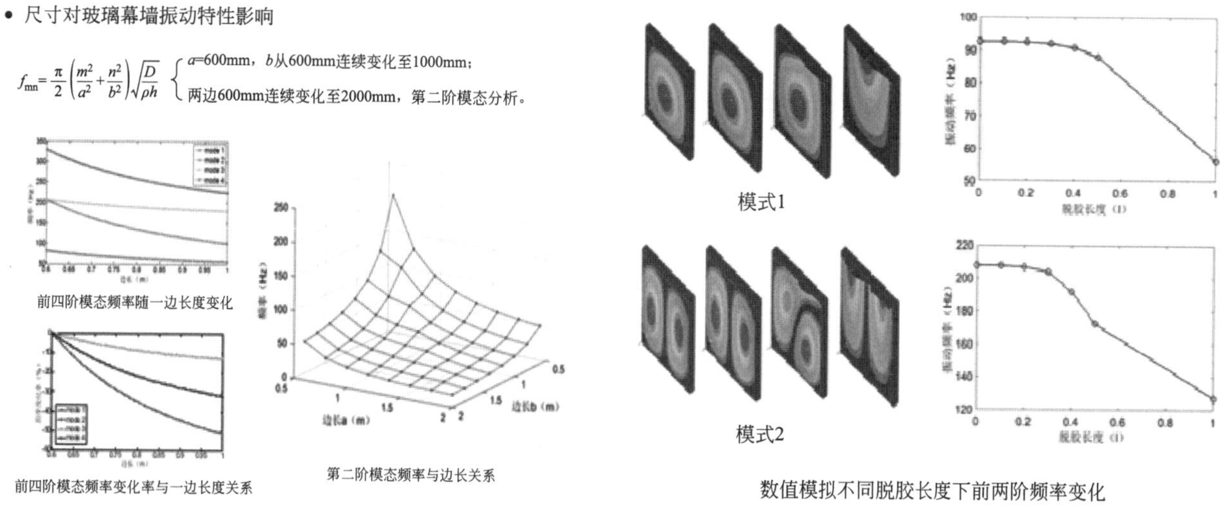

尺寸对玻璃幕墙振动特性影响
$f_{mn}=\frac{\pi}{2}\left(\frac{m^2}{a^2}+\frac{n^2}{b^2}\right)\sqrt{\frac{D}{\rho h}}$
a=600mm，b从600mm连续变化至1000mm；
两边600mm连续变化至2000mm，第二阶模态分析。
前四阶模态频率随一边长度变化
前四阶模态频率变化率与一边长度关系
第二阶模态频率与边长关系
边长a（m）
边长b（m）
频率（Hz）
模式1
模式2
振动频率（Hz）
脱胶长度（l）
数值模拟不同脱胶长度下前两阶频率变化

图 1　有限元模型分析振动特性的研究

2）使用微型激振器进行幕墙面板振动激励并同时进行振动信号采集，基于振动理论分析的激励和传感器布设位置优化。见图 2。

敲击激励下频谱图
脉冲信号激励下频谱图
探头放在中心位置
探头放在短对称轴1/4、3/4位置
扫频10～600Hz激励下频谱图
扫频100～200Hz激励下频谱图
探头放在长对称轴1/4、3/4位置
探头放在长短对称轴
分割小板块中心位置
Amplitude
Frequency (Hz)

图 2　不同激励方式及采集点位置结果对比

3）由于结构胶老化、玻璃面板厚度对玻璃面板的振动频率均存在不可忽略的影响，为了实现后续频率之间的可比性，提出了模态频率修正方法对不同使用年限和不同厚度玻璃面板的频率进行修正。见图 3、图 4。

4）提出了改进的相对比较法进行幕墙玻璃板块脱落风险判别。主要步骤为：第一步，振动模态频率修正，考虑结构胶老化和玻璃厚度因素对振动模态频率进行修正；第二步，通过实验得到频率点，绘制不同尺寸玻璃板块第二阶振动频率绘制而成的曲面图，实际玻璃幕墙的修正后的玻璃面板振动频率与曲面图中的相同尺寸的频率相比较；第三步，根据计算频率偏差所在范围判断脱落风险大小。见图 5、图 6。

5）开发了一套幕墙检测评估系统及便携式幕墙板块脱落风险检测仪。可对幕墙的振动频谱进行分析，通过人机界面显示结果。同时，将检测信息通过网络实时传送到计算机或管理平台，检测仪配有大容量数据存储器，通过 USB 等标准通信接口与上位机软件建立通信。见图 7。

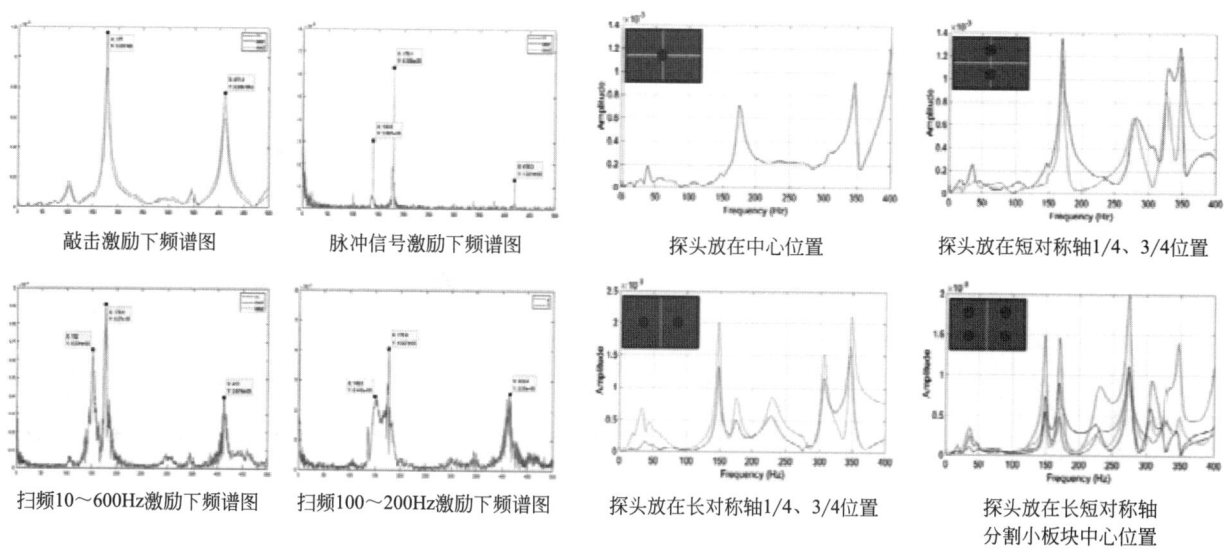

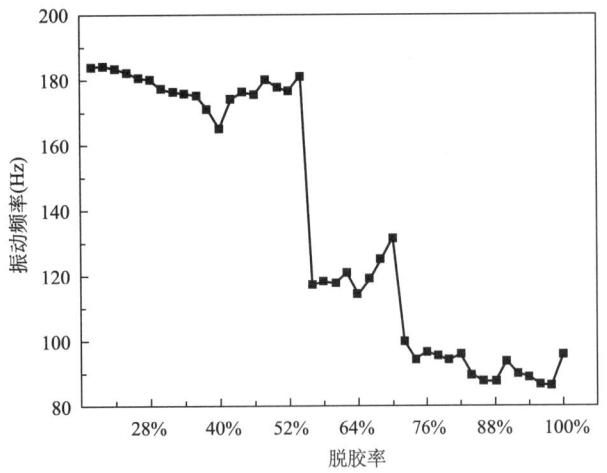

图 3　脱胶长度对频率的影响

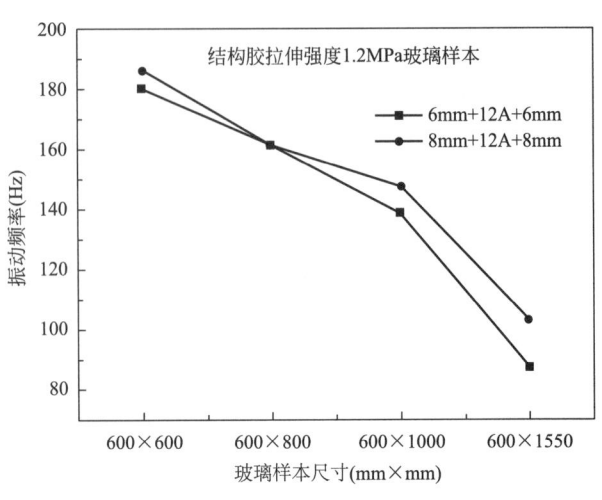

图 4　玻璃厚度对频率的影响

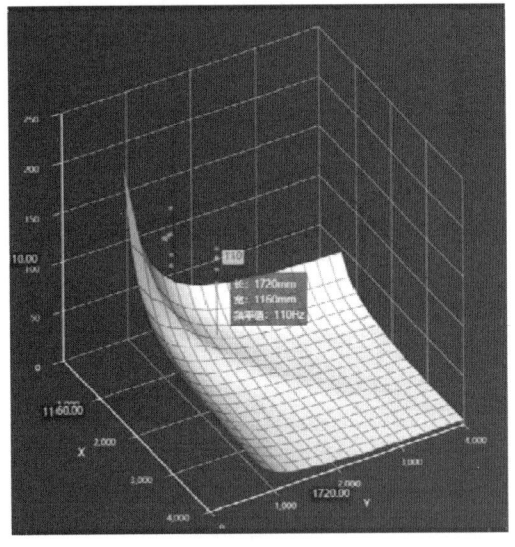

图 5　二阶振动频率基准三维曲面

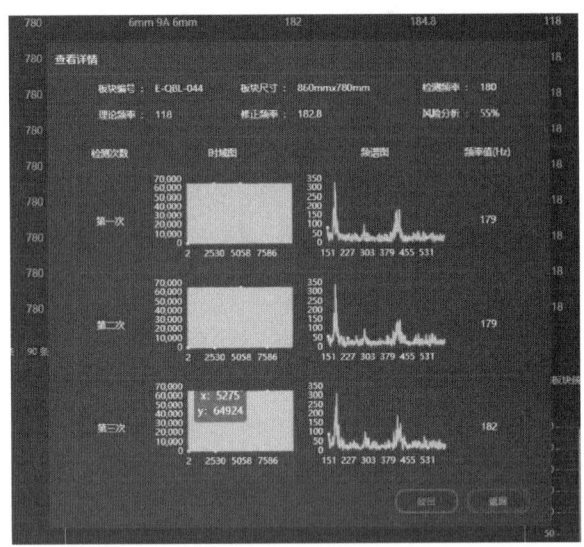

图 6　检测数据计算分析

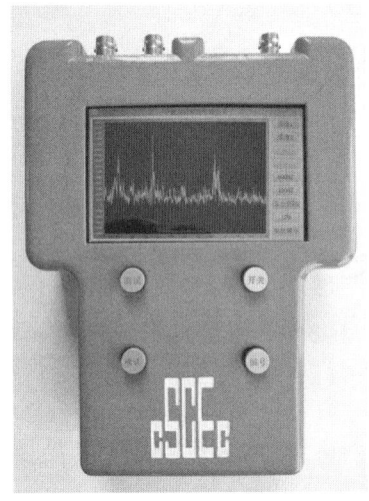

图 7　便携式幕墙板块脱落风险检测仪

2. 基于物联网的幕墙安全管理智慧平台

创新成果：幕墙安全管理智慧平台大数据分析技术

开发出一套基于物联网的既有幕墙安全检测软件平台，可同步接收设备传输回来的数据结果，并能进行分析计算、风险判断、信息反馈，并将采集的数据信息精准匹配到对应幕墙单体化模型上，并在模型上可视化展示、高亮等，实现建筑幕墙动态数据与三维模型的数据交互及信息融合，为政府安全排查、业主日常维护提供便利。见图8。

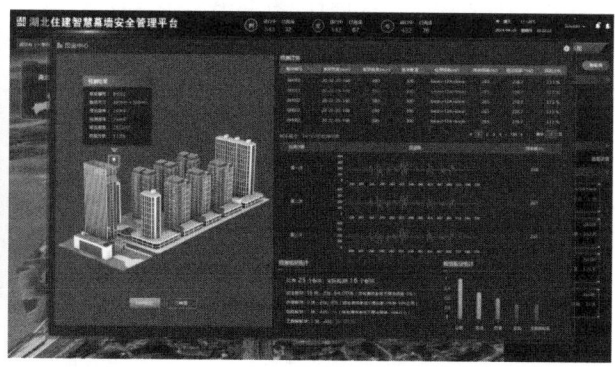

图 8　幕墙安全管理智慧平台

三、发现、发明及创新点

1）提出了一套基于振动信号和振动特性分析的玻璃板块脱落程度识别方法，实现玻璃幕墙板块脱落程度风险识别，具有技术创新性。

2）研发了一套可现场使用的便携式玻璃板块脱落风险检测仪。该装备具有振动激励与采集一体、无损检测、实时数据分析、无线与云平台互联下载被测结构信息及检测数据上传等功能，具有产品创新性。

3）开发出一套基于物联网的既有幕墙安全检测软件平台，可同步接收设备传输回来的数据结果，并能进行分析计算、风险判断、信息反馈，为政府安全排查、业主日常维护提供便利。

4）既有幕墙板块安全风险评估系统及配套检测设备具有自主知识产权，适合对隐框玻璃幕墙的检测与监控，具有广阔的推广应用前景和广泛的经济、社会和环境效益。

5）此项技术共获得授权专利9项，其中发明专利4项，实用新型专利1项，软件著作权4项，核心期刊论文4篇。成功申报深圳市2021年工程建设领域科技计划项目；研制新设备及技术3套，获评省部级工法2项，科技成果评价2项均为国际先进。获得2022年建筑装饰行业科技创新成果奖一等奖，首届全国建筑行业职工岗位创新成果二等奖，中国施工企业管理协会微创新大赛二等奖，专利大赛三等奖，中国建筑装饰协会专利优秀奖。

四、与当前国内外同类研究、同类技术的综合比较

较国内外同类研究、技术的先进性在于以下几点：

1）国外用于建筑幕墙安全状态检测的手段有很多种，但是基于固有频率检测技术的建筑幕墙安全状态接触式无损检测方法未有报道。

2）目前，国内用于建筑幕墙安全状态检测的手段有很多种，但是大部分均为检查手段，而非检测，并且检查方法较为表面，对既有幕墙检查、检测的探索仍处在碎片化研究阶段，对于幕墙高效、无损、全覆盖的检测技术几乎空白。

（1）刘小根等针对隐框玻璃幕墙结构胶损伤研究了一种振动检测方法，通过模态振型中玻璃四边的振幅及模态频率的移动，能够识别出结构胶与玻璃基材的粘接是否失效，但未深入研究研发高效无损检测设备；

（2）金骏等研究了一种基于模态分析的幕墙玻璃结构胶粘接失效检测方法，建立玻璃幕墙有限元数值模型，未与实际工程应用相结合；

（3）陈振宇等提出了一种基于快速傅里叶变换（FFT）功率谱的瞬态脉冲动力响应信号的隐框玻璃幕墙结构胶损伤检测方法，可以测量脱胶长度，便捷高效，激励点与采集点位置、频率采集阶数选择，后续未进行深入研究；

（4）北京科技大学谢谟文、黄智德等人基于远距离单点激光测振仪也应用于建筑幕墙安全状态检测并发表相关专利，但目前市场上也无相关设备，还处于样机阶段，无法投入实际检测项目使用。

本技术通过国内外查新，查新结果为：在所检国内外文献范围内，未见有相同报道。

五、第三方评价、应用推广情况

1. 第三方评价

2020 年 12 月 15 日，中科合创（北京）科技成果评价中心组织专家，在北京召开了"既有幕墙板块安全风险评估系统"项目科技成果评价会，专家组认为该项成果整体达到国际先进水平。

2023 年 12 月 12 日，湖北省土木建筑学会组织评价"基于物联网的既有幕墙安全管理系统"，整体达到国际先进水平。

2. 推广应用

在深圳发展中心大厦、深圳远东大厦、中建大厦等幕墙检测项目上，成功使用了网络版幕墙面板安全风检测仪。由于传统的目测、手试方法检测效率很低，耗时较长，且存在一定的操作风险，无法准确判断幕墙面板安全风险。采用幕墙板块安全风检测仪，检测效率大大增加，可以进行大面积全覆盖检测，同时使检测成本和高空检测风险大大降低，共检测幕墙面积 25 万 m^2，节约措施费 150 万左右。检测后形成面板脱落风险高低列表，精准排查了可能出现的安全隐患，达到了高效、全覆盖、低成本的检测目的。

基于设备的应用，配套研发的平台目前管理公司竣工近 5 年的幕墙项目共计 130 余项，维修检查记录 40 余项。与天津市钢结构幕墙和门窗协会签订合作协议，对天津市既有幕墙实现常态化管理，共管理既有幕墙建筑 3800 余栋。

参与各地政府组织的幕墙安全排查工作，连续两年参加上海市安全排查，负责 173 个项目检查，协同多家单位完成共 1700 余个项目的日常检查。同时，荣获"优秀企业"证书，获得业主及政府认可。

六、社会效益

建筑外墙设计使用寿命一般为 25 年，幕墙用于受力、粘结作用的结构胶，早期厂家提供的质保期仅为 10 年。未来建筑幕墙安全检测、风险预警必然是建筑业一项新兴业务。通过课题的研究，掌握既有幕墙安全风险检测技术，形成技术、设备、方法的标准化，形成既有幕墙检测行业技术及管理领先优势，为后续开展幕墙检测业务，抢占幕墙旧城改造市场提供技术支撑。通过对幕墙板块脱落风险检测技术及设备的研发，实现风险早期预警、自动识别与定位，低成本、高效率地提前判定幕墙脱落风险，为城市改造等提供决策依据，提高城市建筑的安全水平。

箱涵中继顶推系统及其使用方法

推荐单位：中国建筑工程（香港）有限公司
完成人：何　军、虞培忠、王志涛、蒋联刚、谢迅献、边　岩

一、立项背景

大型高速公路、铁路，城市立体交通、地铁网路等工程项目建设中，针对隧道穿越山岭、水系、地上或地下基础设施，人们已经积累了丰富的工程经验并取得了长足的技术进步。各国科研和工程部门也对各类隧道穿越的特点和技术方案，进行了深入研究。但在城市复杂环境条件下，往往不能按照常规的地质水文条件单纯地选择施工方法，需要综合考虑城市整体规划、既有设施影响和环境安全等诸多因素。

城市复杂环境条件下，隧道穿越施工经常会遇到许多不同情况。譬如穿越回填土层、淤泥层，穿越海边等地下水丰富的地层，穿越易液化松散砂土层；穿越既有管线设施下方，穿越既有桩基础附近，穿越既有公路铁路下方，穿越既有隧道等基础设施下方等。在不影响既有设施正常运营条件下，快速安全地完成复杂地质条件下的隧道穿越，就需要结合地质条件、既有设施、场地限制和设计要求等因素，选择合适的施工方法。

现有隧道穿越技术中，能够适应城市条件的施工技术主要有盾构隧道施工、暗挖隧道施工及箱涵顶推施工等。在复合地层、下穿既有交通或基础设施、狭窄施工场地及严格沉降控制要求等环境条件下，进行大截面隧道穿越，中继法箱涵顶推技术的研究及应用变得十分重要。

现有的箱涵顶推技术通常采用单节箱涵一次完成预制、一次完成顶推穿越隧道，该技术至少具有以下两个缺陷：

（1）根据待穿越隧道的长度一次性预制完成完整的单节箱涵，需要提供较大的箱涵预制场地空间，无法满足狭窄施工场地的要求；

（2）一次顶推完成隧道穿越，箱涵的尺寸和顶推设备所需的机械力较大，使用的设备均较为大型。

二、详细科学技术内容

本发明提供了一种箱涵中继顶推系统及使用方法（图1），在保障地层沉降精度控制在（±20mm）以内和顶推方向控制（隧道前进方向与开挖面44°角斜交）前提下，适应狭窄施工场地要求（隧道长度70m，出发井宽度仅45m），实现了顶推机械设备小型化，降低了设备的技术要求和提升了设备的稳定性。

本发明公开了一种箱涵中继顶推系统及其使用方法（图2）。该箱涵中继顶推系统，用于将箱涵顶推进隧道，包括与隧道入口相邻设置的工作平台、位于所述工作平台上的至少两段箱涵。所述箱涵中继顶推系统还包括用于顶推位于隧道入口前的箱涵的至少一顶推装置、用于将第二至第 n 段箱涵沿第一方向拉动的至少一拉力装置及用于将已部分或者全部进入隧道入口的箱涵推动的至少一推力装置。所述顶推装置设于所述工作平台，且抵持或连接于一箱涵，所述拉力装置连接于两相邻的箱涵之间。所述推力装置设置于两相邻的箱涵之间。

工作平台下方设有顶推槽，顶推槽内设置导索，导索两端分别连接于顶推槽的相对两端壁，顶推装置的一端套设于所述导索组件，另一端通过锚杆固定于箱涵节段尾部。

本发明研制了最大反力193000kN的顶推槽锚固钢绞线反力系统（图3）通过顶推架传力，优化箱涵受力，保证管节顶进方向控制和精度，提升施工的安全性。

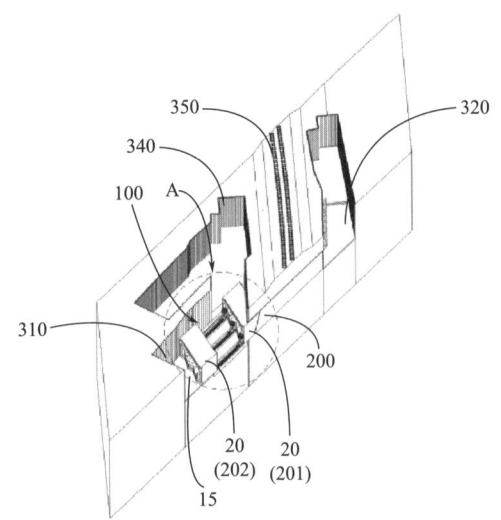

图 1　箱涵中继顶推系统结构示意图

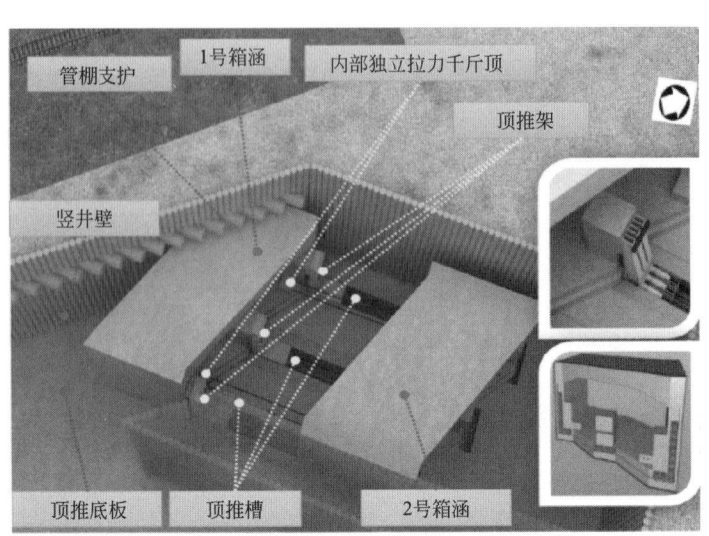

图 2　箱涵中继顶推系统布置示意图

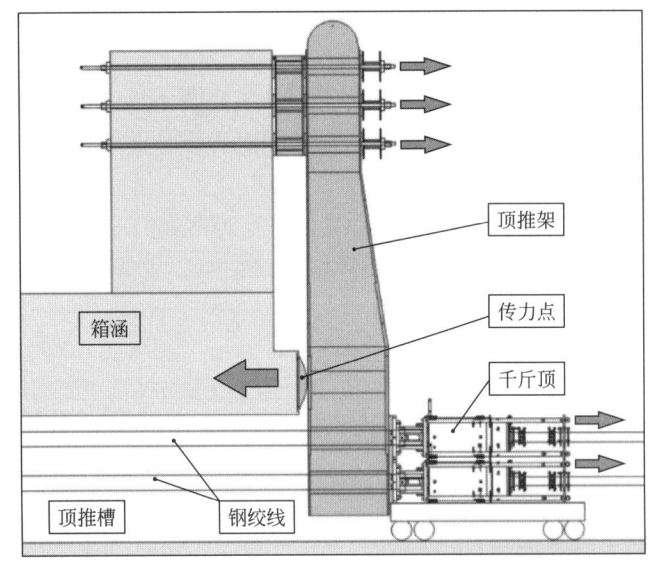

图 3　顶推槽锚固钢绞线系统

　　顶推槽锚固钢绞线系统包括拉力组件、动力单元、锚固组件、液压泵组和顶推架件等。拉力组件由 7 条 15mm 的预应力钢绞线构成，通过锚头锚固于固定荷载上。动力单元有上下两个锚固位，通过自握紧的方式"握住"拉力组件的钢绞线。上方锚固位与液压系统的活塞相连接，随活塞的运动而提升。活塞达到冲程最远端后，下方锚固位收紧，上方锚固位放松，活塞回位准备下一个循环。液压系统采用电子技术控制，及时各个油压泵的荷载不同，仍能保持位移的同步，并可以实时记录活塞的行程。顶推架上半部与箱涵通过锚杆固定，下半部分与千斤顶动力单元固定，动力单元握紧钢绞线产生推力即通过顶推架传递至箱涵尾部。

　　拉力钢绞线千斤顶系统用于将预制箱涵拉至顶推区，以及在顶推架的协助下沿顶推槽将箱涵送入地层直至顶推槽的尽头（图 4）。在箱涵内侧预留位置装入拉力千斤顶系统，用钢绞线连接前后两个箱涵，将钢绞线固定在预制箱涵的承载位上，启动系统，将第二段箱涵拉至顶推区。第二段箱涵前进的距离首先要保证在预制区有足够的空间制作第三段箱涵，同时在第一二段箱涵之间留有足够空间拆卸顶推架等设备即可。此时，在预制区内继续制作第三段箱涵。第一二段箱涵之间的内侧拉力千斤顶系统不再需要，可以拆除。同时，拆除第一段箱涵尾部的顶推架和相关组件，改装至第二段箱涵。

图 4 拉力千斤顶系统拉动后续箱涵节段到达顶推区

本发明箱涵中继顶推系统能够适用于狭窄施工场地的隧道穿越，实现了机械设备的小型化设置，降低了设备的技术要求，并且提升了设备的稳定性。

三、发现、发明及创新点

1）本发明创新性地设计拉力千斤顶系统，每段箱涵在预制场地完成预制后，以前序箱涵节段和顶推架系统提供反力，通过拉力装置拉至顶推区，有效解决了狭窄施工场地无法容纳大型预制箱涵的问题，并且不需要设置额外场内反力系统。

2）本发明创新性地实现了顶推装置、拉力装置和推力装置的协同配合，通过分段推力的方式，减少了单次顶推所需的机械推力，避免了设备大型化问题。具体来说，顶推装置用于推动箱涵进入隧道，拉力装置用于将预制好的箱涵段拉至顶推位置，推力装置则用于隧道内箱涵段的进一步推进。

3）本发明创新性地在工作平台设置顶推槽，将钢绞线锚固于顶推槽内联动顶推系统提供顶推力，避免设置反力墙等构件，进一步节省出发井内的工作空间，同时将主要受力构件设置于顶推槽内，极大地降低了井内作业的安全风险。

4）该技术发明已获国家专利授权 14 件（其中发明专利 7 件），出版专著 1 本、发表论文 1 篇，获批省部级工法 1 项。

四、与当前国内外同类研究、同类技术的综合比较

本专利的箱涵中继顶推系统及其使用方法，相较国内外同类研究和技术，其先进性体现在以下方面。

1. 施工场地空间限制小，分段预制与依次推进

通过将箱涵分段预制并依次推进，有效解决了现有技术中预制箱涵需要大量场地的问题。每段箱涵在预制后，通过拉力装置拉至顶推位置，再由顶推装置进行顶推，适应了狭窄施工场地的需求。

2. 机械设备明显小型化，减少推力需求

由于采用分段顶推方式，单次顶推所需的推力大幅降低，使得机械设备可以小型化设置。这不仅降低了设备成本，还减少了设备的维护和操作难度。

3. 提高施工效率，连续施工

在顶推一段箱涵的同时，下一段箱涵可以在预制区预制，确保了施工的连续性和高效性。通过顶推装置、拉力装置和推力装置的相互配合，实现了高效的施工流程。

4. 增强施工安全性，减少支护需求

传统暗挖法需要严格的临时支护，而本系统通过预制箱涵支撑开挖洞体，极大简化了支护工作，提高了施工安全性，特别适用于松散地层。

5. 适应多样地质条件，应用广泛

该系统能够适应各种复杂的地质条件，包括软弱地层和松散围岩，特别在城市复杂环境下表现出色，满足了现代化城市发展对大截面隧道施工的需求。

6. 缩短工期，同步作业

通过在开挖前及开挖过程中进行工作平台和箱涵等钢筋混凝土结构的预制，避免了隧道挖掘完成后再开始结构施工的情况，显著缩短了整体工期。

7. 降低施工成本，减少设备搬运和工程量

由于顶推装置的顶推区域被显著缩短，减少了设备搬运距离和施工的工程量，从而降低了施工成本。

8. 减少对既有设施的影响，分段施工

采用分段箱涵顶推技术，极大地降低了对既有地面设施运行的影响，确保了既有设施的持续正常运营。

本发明专利经 PCT 优先权国际检索证明，具有优秀的"创造性、新颖性和实用性"。

五、第三方评价、应用推广情况

1. 第三方评价

2017 年 6 月，中科合创科技成果评价中心在北京召开科技成果评价会，对"中继法大截面箱涵顶推隧道关键施工技术研究与应用"成果进行评价，一致给出"整体国际先进，其中继法超大截面箱涵斜交顶推关键技术达到国际领先水平"的评价结论。

2021 年 6 月 21 日，中国公路学会在北京主持召开了"复杂环境条件下城市隧道穿越关键技术研究与应用"项目成果评价会，一致给出"整体国际先进，其中超大截面斜交箱涵顶推施工技术达到国际领先水平"的评价结论。

2. 推广应用

"箱涵中继顶推系统及其使用方法"技术发明已在多个重大工程项目中成功应用，展示了其卓越的技术优势和广泛的适用性，具体运用情况如下。

1）港珠澳大桥香港接线

在港珠澳大桥观景山隧道下穿既有机场快速铁路段的施工中，箱涵顶推技术成功解决了两条宽度分别为 23.5m 和 18.5m 的隧道下穿既有铁路的施工难题，实现 355m² 隧道 44°角斜交穿越施工对既有铁路运营零影响。

2）机场岛上无人驾驶车及行李输送隧道工程

港珠澳大桥香港接线工程下穿机场快速铁路施工顺利实施后，香港机场第三条跑道系列工程，机场岛上无人驾驶车及行李输送隧道工程又面临下穿机场快速铁路施工的需求。项目业主香港机场管理局对中国建筑在港珠澳大桥香港接线观景山隧道下穿既有机场快速铁路段的施工非常满意，在评标中对中国建筑的技术方案给予高分，中国建筑最终顺利中标此项工程。

本项目承建的部分无人驾驶车隧道包含一条约 180m 长的双孔箱涵自始发站连接至主体隧道，一条约 350m 长的四孔箱涵自二号客运大楼中转站连接至新填海区主体隧道；而承建的部分行李输送带隧道包含一条约 280m 长的双孔箱涵自行李处理大厅连接至新填海区主体隧道，在穿越现有机场快线底部的部分将采用箱涵顶推法。项目基于"箱涵中继顶推系统及其使用方法"技术（图 5），结合现场环境对设备进行了简化，最终实现 191.1m² 的行李输送隧道和 220.3m² 的无人驾驶车隧道相距不足 1m 的位置同步顶推穿越既有机场快速铁路。

六、社会效益

"箱涵中继顶推系统及其使用方法"技术发明全面解决了箱涵顶推隧道下穿既有建筑物施工中的几

图5 机场岛上无人驾驶车及行李输送隧道工程照片

乎所有问题，包括上部既有建筑的严苛要求、复杂恶劣的地质水文条件和施工环境限制等。其技术方案经过简化和调整后，可用于指导各种条件下的箱涵顶推隧道施工，适应不同的施工环境和地质条件，展示了广泛的技术适应性和应用前景。

在多个重大工程项目中的成功应用，不仅提升了公司在行业内的技术创新形象，也为其他类似项目提供了宝贵的技术参考和指导。该技术发明的推广和应用，有助于推动行业技术进步，提升整体施工效率和质量，增强了公司在隧道工程施工领域的竞争力和影响力。特别是在城市发展过程中，随着交通和廊道线路与既有设施交叉情况的不断增加，该技术发明拥有巨大的应用前景，必将在未来的基础设施建设中继续发挥重要作用。

本技术发明的实施保证了工程的质量和进度，显著节约了生产和管理成本。项目获得了香港特区政府路政署及项目业主顾问的高度赞誉，工程的顺利完成和公司的出色表现得到了广泛肯定。这项技术的成功实施，为港珠澳大桥的顺利开通奠定了坚实的技术基础。此外，该成果的实施也为国家大湾区发展战略做出了重要贡献，提高了城市基础设施建设的效率和质量，具有显著的社会效益。

科技创新团队

中建三局极端条件人居环境创新团队

团队带头人：刘志茂、陈　波、叶智武
推　荐　单　位：中建三局集团有限公司

一、团队建设情况

1. 团队发展概况

中建三局极端条件人居环境创新团队 2018 年组建，依托于中国建筑先进技术研究院（前身为中建三局工程技术研究院）。2021 年成立中国建筑首批科技创新平台——中国建筑极端条件人居环境工程研究中心（高海拔地区人居环境，图1），同步组建高海拔人居环境工程研究中心，开展实体运行。2022年，团队在工程局的大力支持下，推进研究中心创新成果产业化，孵化成立了中建三局云居科技有限公司。公司于 2022 年 12 月 19 日完成工商注册，注册资本5000 万元人民币，中建三局集团有限公司和中建三局产业发展公司各出资 50％。

2. 组织管理及运行机制

团队依托高海拔人居环境工程研究中心开展技术研发，总体架构为"中心-研究所-课题组"三级管控模式。其中，中心层面负责科研规划、资源统筹、科研督导；研究所层面负责专业能力打造，研发课题督导，技术服务；课题组层面牵头承担课题调研、技术攻关、样机试制等任务；公司承接研究中心创新成果，对其进行产品化、产业化和市场推广。见图2。

图 1　2021 年创新平台成立

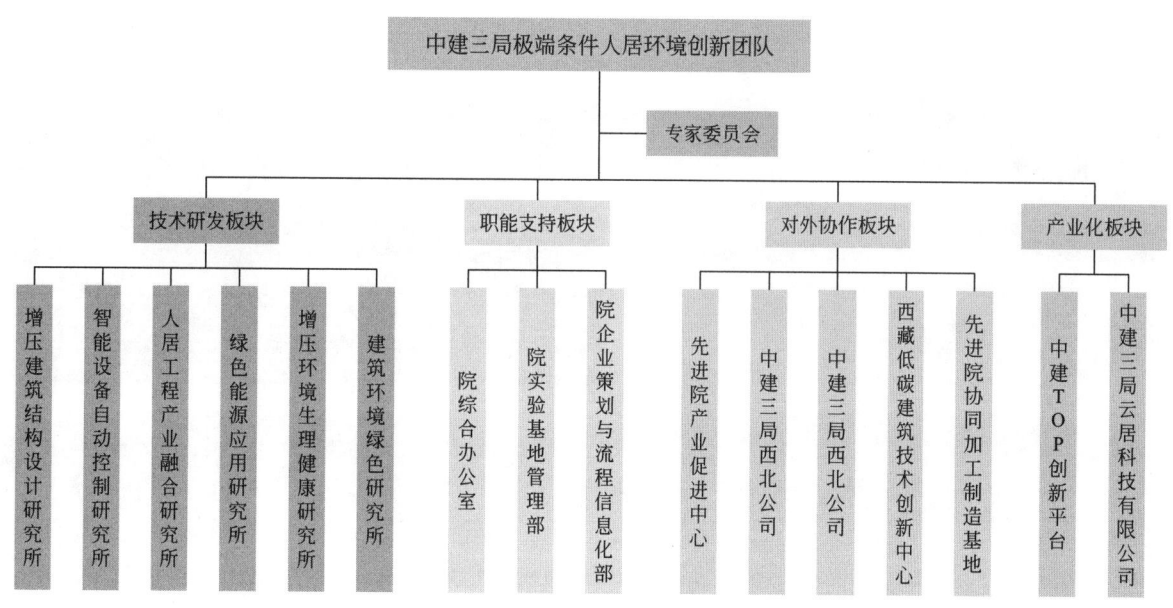

图 2　组织架构

3. 专家队伍及人员结构组成

经过 5 年的发展，现有专职研发人员 53 人，中级及以上职称占比 92％，硕士博士占比 76％，其中享受国务院特殊津贴专家 2 人，中建集团首席专家 1 人。人员专业涵盖机械、结构、力学、材料、控制、暖通、给水排水、环境、能源、消防、医疗等领域，多学科交叉融合，是一支敢于争先、勇于创新的高水平人才队伍。

4. 人才培养、文化建设及交流合作

近年来，团队依托中国建筑先进技术研究院管理机构，重点打造"核心＋骨干"的中青年人才建设体系与模式，以行业技术专家为核心、以科研青年为骨干，形成"传-帮-带"人才发展机制。同时，从中建系统内外，大力引进各领域专业人才，打造一支 53 人多专业、多领域交叉融合人才团队，推动创新技术迭代升级。创新"积分制"考核方式，打通组织边界，突出业绩导向，建立科研人员专职发展序列，加大研发与成果转化激励力度，充分调动了研发人员的积极性。见图 3、图 4。

图 3 "争先之星"师徒培养协议签订

图 4 员工辩论赛

与此同时，团队将中建人"敢为天下先，永远争第一"的争先品格融入前辈"特别能吃苦、特别能战斗、特别能忍耐、特别能团结、特别能奉献"的伟大精神洪流之中。从海拔 3000～5000m，从世界屋脊到南极大陆，缺氧不缺精神，艰苦不怕吃苦，海拔高要求更高，团队成员通过不懈的努力和持续的创新，一次又一次地突破人居建筑环境的极限，不断挑战并超越传统设计的边界，以创造更加先进、舒适和可持续的居住环境。见图 5、图 6。

图 5 海拔 4500m 实地试验

图 6 团队成员克服高原反应

此外，团队与武汉大学、哈尔滨工业大学、中国科学技术大学、西藏大学等一批高校建立了各级创新平台；与中国航天科工集团有限公司、中国兵器集团有限公司等一批加工制造企业建立了研发试制及生产加工合作关系；与拉萨某星级酒店、西藏和新疆军区某部队、与中国南方电网、川藏铁路某项目部等一众企事业单位签订应用推广合作协议，形成长期合作交流关系，着力构建"产学研用"一体化的科技创新模式。

二、创新能力与水平

1. 创新能力概述

近年来，团队致力于极端人居环境领域技术和产品研发，在高海拔人居领域敢为人先，取得重大原创性成果，全球首创"高海拔增压建筑"，并孵化专业公司，推动研究成果产业化，开辟全新高海拔增压建筑市场，助力高海拔地区经济发展和国防建设，社会贡献巨大。同时，团队在极地科考人居领域开拓进取，研发适用于南极内陆高海拔地区的"极地科考人居建筑"，并在中国南极昆仑站成功运用，为全球首次。

2. 标志性研究成果

1）首创高海拔增压建筑关键技术

创新成果一：模块化高海拔增压建筑关键技术及产品

创新采用模块化拼装设计技术，解决了结构、气密性、设备、控制技术等技术，可在 2min 内精准调控建筑室内关键环境指标至平原地区水平，彻底消除居住人群的高原反应，满足高原人群工作、生活、医疗、科考等需求。见图 7、图 8。

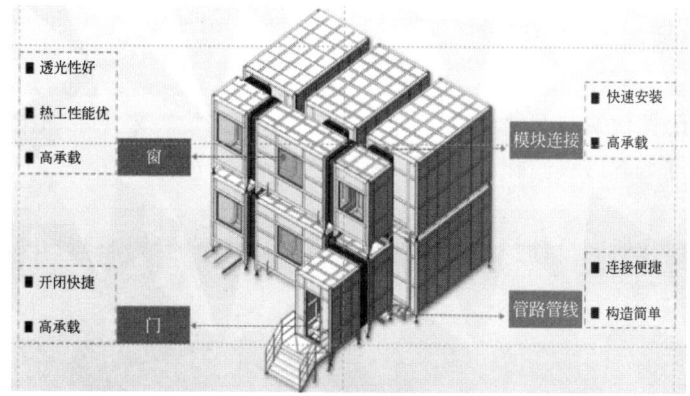

图 7 模块化设计

图 8 模块化增压建筑示范项目

创新成果二：混凝土增压建筑关键技术及产品

2022 年，团队在混凝土拉弯抗裂及建筑气密性等关键技术方面攻关研究，独创行业首座"混凝土增压建筑"。该建筑在增压建筑基础上，还具备材料造价低、定制化、永久不动产等特点，并成功在拉萨静苑农场（海拔 3650m）投入使用。见图 9。

图 9 混凝土增压建筑应用示范

创新成果三：单舱增压建筑关键技术及产品

2023年，团队瞄准高原地区文旅产品需求，在"高海拔增压建筑"进一步开发出"单舱增压建筑"，实现整体住宿单元的100％工业化生产，现场接通水电即可使用，杜绝施工，实现文旅项目生态开发。目前，该产品已揽获珠峰大本营（海拔5300m）等文旅市场订单。见图10、图11。

图10　液氧真空罐

图11　电离辐射用房施工做法图

2）首创适用于南极内陆高海拔地区的"极地科考人居建筑"

创新成果一：研发耐极寒关键技术

研发高热工性能复合保温体系，打造高密闭性建筑空间，可抵御极地−83℃严寒环境；采用手动操控方式与超低温设备系统，确保在极寒复杂条件下的可靠性和耐用性。

创新成果二：研发轻量化结构

通过建筑、结构、设备、内装等多专业一体化协同设计技术，实现超大压差荷载下的结构轻量化，满足直升机的吊运条件。见图12。

图12　极地增压建筑南极试验

3）独创"磁力缓降安全逃生装置"

创新成果一：采用磁阻力实现高层建筑安全逃生

创新基于楞次定律，通过依附在载人装置上的高强磁铁与导电性能良好的非铁磁性材料制成管路之间的相对运动，产生阻碍载人装置下滑的阻力，从而实现人员的安全逃生。

创新成果二：发明了系列高适应性载人逃生装置

创新通过动静态模拟分析、人体工学、受力安全、操作便捷性等角度，对载人装置、逃生管路、上下人平台等机构进行开发设计、试制验证，开发了多款基于人体工学的磁力缓降安全逃生装置，适用于不同人群、不同场景需求；通过磁铁间隙调整及不同材质管路组合实现变速下落，设置旋转和开合机构，实现从任意楼层快速逃生。见图13、图14。

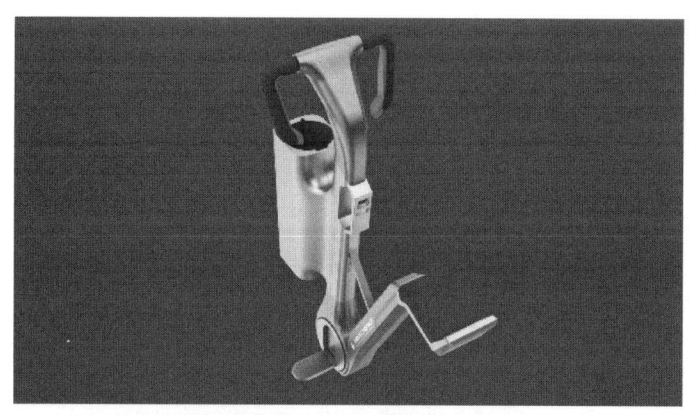

图 13　磁力缓降模型

图 14　磁力缓降逃生器实验

3. 成果产出

团队通过持续的科研攻关，产出了一大批具有代表性的相关成果。团队共计申请专利 200 余项，其中授权专利 66 项（发明专利 23 项）。近五年，发表高水平论文 23 篇，出版专著 7 部，撰写标准 6 项，获得省部级及以上科技奖 9 项，承担国家及省部级专项科研经费 14000 余万元。

4. 团队荣誉

近年来，团队自主研发极端人居环境系列核心技术，形成并实施成果转化，开辟行业发展新赛道，服务国家发展战略，取得了一系列优秀荣誉，获得行业内外的一致好评。2021 年获批中建集团首批科技创新平台，并在 2023 年平台中期考核评价中名列前茅；2022 年获中建集团科学技术奖一等奖、中建集团技术发明奖银奖、全国铁路青年科技创新奖、湖北省高价值知识产权培育工程各 1 项；2023 年荣登湖北省"荆楚楷模"，获湖北省青年创新创业大赛铜奖 1 项；2024 年获第四届工程建设行业高推广价值专利特等奖、中建三局"工人先锋号"及中建三局创新发展奖；云居公司获评国资委"启航企业"、湖北省科技型中小企业。

三、学术影响与社会贡献

1. 团队学术影响及社会贡献

人才团队获得第八届全国铁路青年科技创新奖，荣登科湖北省 2023 年"荆楚楷模"等称号，团队牵头人刘志茂获"洪山英才""工程建设行业杰出科技青年"称号，此外，团队成员多次在华中科技大学、武汉大学、武汉理工大学等重点高校开展学术讲堂，展现团队技术创新优势。在国内外重大知名学术会议上，进行专题学术报告，体现团队强大的创新能力及高科技含量的创新成果发展水平。见图 15～图 18。

图 15　农房建设经验与技术交流会

图 16　高原增压供氧技术论坛

图 17　慕士塔格天文台科学仪器研讨会

图 18　2024 年中国极地中心年会

2. 团队科研成果重大作用

创新团队贯彻落实习主席对于我国科技发展提出的"四个面向"的新时代要求，坚持以面向世界科技前沿、面向经济主战场、面向国家重大需求、面向人民生命健康为指导原则，不断向科学技术广度和深度进军。

针对高海拔地区环境现状与实际健康需求，自主研发"零海拔屋"系列产品，建立了全新的设计、制造、安装、运维标准，攻克了气密性、低碳化、低功耗等技术难关，成果为院士以及多位相关领域专家一致认为该创新成果达国际领先水平，做到以引领性、原创性科技成果面向科技前沿。

科研活动面向解决国家重大需求，以服务"新时代推进西部大开发形成新格局"、"一带一路"等国家战略为指引，以科技创新促进产业创新，引领新型产业，支撑经济的高质量发展。在珠峰大本营、日喀则天文台建设全球海拔最高的增压补氧保障基地，保障人员生命健康安全；在拉萨市中心打造全国首家"零海拔酒店"，累计服务高原旅居人群 5000 余人次；在川藏铁路某标段，建设行业首处零海拔工程项目部，为高原铁路建设者保驾护航；建设行业首座家庭式、定制化"混凝土增压宜居建筑"服务广大高原居民；与武警西藏总队医院建设"三级氧疗中心"，创新性提出常压习服-微压康复-高压治疗的分级高原健康理念，服务官兵。团队"极地科考人居建筑"科研成果，在中国南极昆仑站投入使用，海拔 4083m，极端低温－90℃，为全球首例。研究成果及创新团队，获央视新闻、人民日报、科技日报、国资委官方、CGTN 等 50 余家官方主流媒体关注报道，受到行业内外一致好评。见图 19～图 21。

图 19　央视新闻特别策划《科技推动力》

图 20　CGTN 报道

图 21　增压建筑参加服贸会

四、持续发展与服务能力

1. 科研能力

在科研创新方面，团队首创"高海拔增压建筑"成果集成大压差下建筑的高气密技术、建筑增压设备系统开发、大压差下人居功能设备创新、低碳化运行控制技术、增压建筑火灾应急疏散技术以及人体生理健康探索验证试验，建立高海拔增压建筑设计、制造、安装、运维相关标准。

团队人才专业领域十分丰富，拥有多领域交叉融合创新优势，利于应对极端人居环境领域复杂多样的创新需求，具备在极端人居环境建筑环境、结构设计、建筑材料、环境控制、绿色能源等多个方面进行持续研究的能力。未来，团队将持续深耕极地科考人居领域，全力突破关键卡脖子技术，建设我国首座南极内陆全年科考站，并进一步布局探索极地、沙漠、海洋等极端环境。

2. 战略发展规划

团队在极端人居环境研究方向，以高原、极地、深空、深海等极端环境的突出问题为导向，进行了从研发到产业转化的"产学研用"全周期布局。后续将持续深耕高原极端环境领域，填补未来高原人居环境薄弱及空白领域，对于高原出行、高原睡眠相关装备产品及未来存在的各种高原人居需求进行开发布局。与此同时，在极地科考人居建筑领域，开展极地人居建筑系统多学科交叉研究，打造南极内陆全年稳定运行的科考人居建筑群生态系统，满足极地内陆考察人员生存生活、科学考察、文化娱乐等需求。并且，进一步在深空、深海等极端环境领域进行科研产业布局。

3. 支撑平台与保障条件

团队所在的企业中建三局集团有限公司作为涵盖建筑业全产业链的大型综合企业集团，是业界最具代表性和标杆性的"知识型、科技型、创新型"现代建筑企业和国家高新技术企业，在房屋建筑、道路与桥梁、交通隧道及地下空间等领域人居环境建设方面具有独特的领先科技优势。多年位居中国建筑业竞争力企业第一名，并且持续为相关研发团队提供了丰厚的资源投入和科研平台。

团队所属中国建筑先进技术研究院为科研工作提供了良好的平台与资源，在研发投入、创新机构、人才引进、科研设施建设方面给予全方位保障。同时，企业支持进行科研与产业的相互促进布局，推动高海拔增压式宜居建筑创新成果产业化，成立中建三局云居科技有限公司，着力构建"产学研用"一体化科技创新模式。建立激励制度，以产业化项目营收反哺科研工作，激发团队在成果产业化过程中发现研发需求，实现科研与产业的正向循环促进。

4. 社会服务能力

团队面向国家重大战略需求，面向人民生命健康，开展创新研究工作，自主研发了"高海拔增压建筑""极地科考人居建筑""磁力缓降安全逃生装置"等产品。孵化了创新业务公司，成功将科研成果转化为产业生产力，服务国家发展战略，助力高海拔地区国防建设和经济发展，提升我国极地科考保障能力。后续团队还将对沙漠、海洋等各类极端环境的人居空间布局研究，攻坚克难，孵化新型产品，推进内外部成果转化与推广，推动行业向绿色化、工业化、智慧化程度更高的"新型建造方式"发展，做大做强"中国建造"。

中海集团建筑物联网科技创新团队

团队带头人：周健龙、卓颖琪、黄兆文
推荐单位：中国海外集团有限公司

一、团队简介

1. 团队背景与发展目标

本团队成立背景主要依托于"智慧中国""数字中国"国家战略及中国建筑集团"一创五强""136工程"中全面建成建筑产业互联网的战略发展目标。随着物联网、人工智能、大数据等技术的深度发展，将进一步推动建筑建造及运维从低级智能走向高级智能，从空间智慧化走向业务数据化，其价值也将逐步从"降本增效""节能减排"进一步向"极致体验""综合运营"提升。

为践行国家及中国建筑集团发展战略目标，于2015年起成立中海集团建筑物联网科技创新团队，以研发建筑物联网平台为核心，形成中国建筑集团在建筑物联技术领域的全产业链科技体系，为建造、开发、运营、运维、节能等产业提供科技及服务支持，实现建筑智能化产业的高溢价变现，占领智慧建筑行业的桥头堡，实现建筑智慧空间的产业化发展，填补相关领域的技术空白。

2. 团队构成和运行模式

团队以"产学研用"的科技创新模式为核心，依托省部级科技创新平台"中国建筑集团城市更新与智慧运维科技创新平台"和"广东省智能信息处理重点实验室"的研究基础，由中海物业管理有限公司、中海集团全资科创子公司深圳市兴海物联科技有限公司牵头，与深圳大学、中移（杭州）信息技术有限公司深度融合产业需求、学术研究和技术开发，共同推动建筑物联网技术的创新与发展，加速技术创新和科技成果的转化，促进产业结构的优化升级。

团队支持单位"深圳市兴海物联科技有限公司"，是一家国家及深圳双高新技术企业、深圳市专精特新企业、广东省基于5G的智慧城市智能协同工程技术研究中心、深圳知名品牌，始终围绕人工智能大模型、物联网中台、智能硬件等核心技术，提供智慧园区整体解决方案。公司目前主业支撑已达到智慧园区行业的前三甲；在市场占有率上，一线城市已达10%以上，强二线已达15%以上，二三线城市已达20%以上；业务场景覆盖总部园区、商写综合体、场馆会展、智慧城市、医疗康养等多个业态。

3. 团队核心亮点

1）关键技术创新

团队在建筑物联网领域已构建"技术、专利、标准、产品、应用"五位一体的自主可控成套技术体系，模仿人类大脑中枢端脑的原理，研制了智慧园区边缘计算中枢系统"星启端脑"，攻克了智慧园区建设中普遍存在的技术难题，提出了泛在终端快速接入和管理技术、复杂视频高效准确的智能分析技术、海量视频轻量化智能编码技术、园区数据的高效安全保障技术等，设备整体性能和技术指标处于国际先进水平。团队承担多项建筑物联网技术领域的科技创新与攻关任务：承担中央科技委国家级课题1项、承担国家重大研发计划课题和中央地方联合科技创新项目各1项、中建集团及省部级课题6项，承担中建集团及广东省级科技创新平台建设2项。

2）社会效益和经济效益

团队核心成果技术和系统被应用于雄安新区、冬奥会等国内外3500多个园区，近三年经济效益

46.5亿元。获北京冬奥会突出贡献集体奖等。获北京广播电视台等9家媒体报道，评价为打造了真正的智慧冬奥园区。院士等多名国内外知名专家高度评价了项目中的关键技术。该项目突破了阻碍智慧园区发展的技术难题，为产业发展、国家数字化战略做出了积极贡献。

3）推动科技进步

团队研制新设备"星启端脑"及新架构"边［中枢］-端"，被20余家同行企业采用，实现了智慧园区行业技术跨越发展；参与制定/参与制定8项智慧园区标准，包含中国住建领域首个设计标准1项，推动了行业的规范化发展，推动了行业科技进步。团队培养了800＋具有国际视野的智慧园区建设技术与管理人才，有力促进智慧园区产业发展，加快了智慧园区行业人才培育，构筑国家数字化战略人才高地。

4）科技成果显著

团队形成了含发明专利81项、软件著作权73项、论文85篇在内的自主知识产权成果和技术。成果技术和系统荣获广东省科技进步奖一等奖、北京冬奥会突出贡献集体奖。本团队突破了阻碍智慧园区发展的技术难题，为产业发展、国家数字化战略做出了积极贡献。

二、团队主要科技成就及发展情况

1. 团队建设情况

1）团队发展概况

为践行国家及中国建筑集团发展战略目标，于2015年起成立中海集团建筑物联网科技创新团队，以研发建筑物联网平台为核心，形成中国建筑集团在建筑物联技术领域的全产业链科技体系，为建造、开发、运营、运维、节能等产业提供科技及服务支持，实现建筑智能化产业的高溢价变现，占领智慧建筑行业的桥头堡，实现建筑智慧空间的产业化发展，填补相关领域的技术空白。见图1。

图1　团队照片

2）团队组织管理

团队以"产学研用"的科技创新模式为核心，依托省部级科技创新平台"中国建筑集团城市更新与智慧运维科技创新平台"和"广东省智能信息处理重点实验室"的研究基础，由中海集团全资科创子公司深圳市兴海物联科技有限公司、中海物业管理有限公司牵头，与深圳大学、中移（杭州）信息技术有限公司深度融合产业需求、学术研究和技术开发，共同推动建筑物联网技术的创新与发展，加速技术创新和科技成果的转化，促进产业结构的优化升级。本团队的研发组织架构包括：由中海集团内部专家成员构成的战略前瞻研究委员会，主要负责课题整体研究方向统筹与规划；由各科技行业及高校构成的外部行业专家顾问团，主要负责课题信息化技术难题攻关的；以及负责课题技术架构设计/关键技术突破的技术研发中心、成果转化中心、生态合作中心和交付服务中心。见图2。

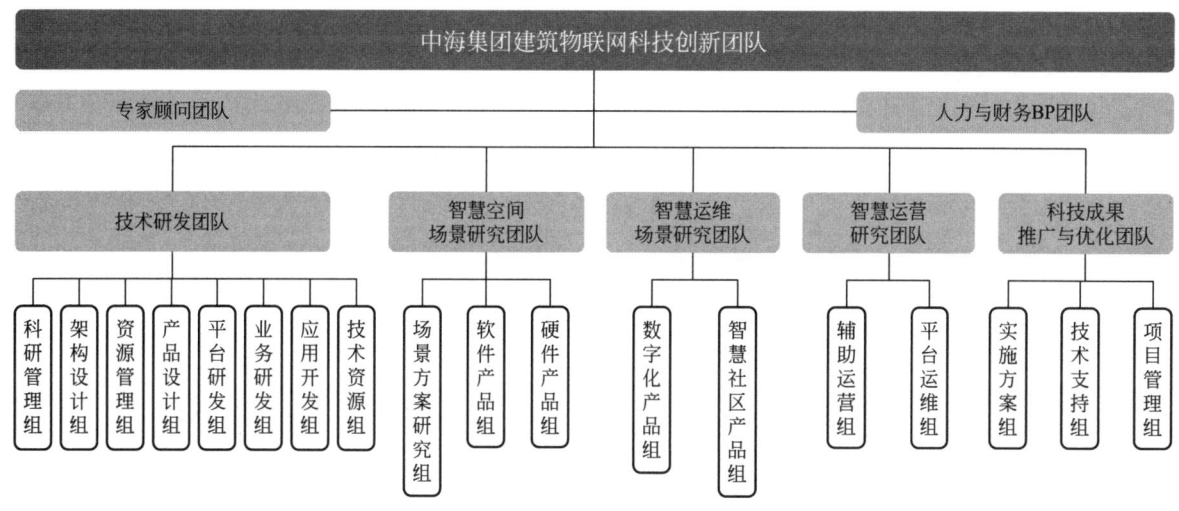

图 2 团队组织架构

3）团队人员结构

目前团队整体科技创新研发人员落位 310 人，包含专家团 20 人、技术研发 268 人、职能支持 10 人、产业化及科技生态合作 12 人左右，引入核心技术骨干 100＋，设立长沙、深圳两大研发中心，涵盖了物联网、人工智能、智能硬件及软件工程等多个相关专业，研发人员本科及以上学历比例达 94.97%，硕博比例达 17.29%，硕士及以上学历逐年升高，形成一支结构合理、专业互补的科研团队。

4）团队人才培养

依托本研究成果培养了 800＋具有国际视野的智慧园区建设技术与管理人才，有力促进智慧园区产业发展，加快了智慧园区行业人才培育，构筑国家数字化战略人才高地。其次，本平台拥有一支高绩效研发团队，研发力量雄厚，产出结果可期。主要团队成员包括：十名以上的正高级工程师，华为、腾讯、百度、顺丰等通信、音视频、AI、应用各领域专家，武大、北航等高校教研专家。

在人才培育方面，培养了"首席信息官、首席技术官、首席架构师、高级网关产品专家、高级业态产品专家、智慧园区解决方案专家、智慧园区业务平台架构师、网络及信息安全专家、平台运维专家"等高层次专家，进一步提升了科创平台的研发技术能力。通过深入研究智慧园区的云边端计算技术体系及其应用技术，已经形成了成熟的技术体系和经验，为国家实施数字化战略培养了一大批相关领域的高层次人才，团队带头人情况如下：周健龙，中海集团建筑物联网科技创新团队带头人，中海物业集团首席信息官，兴海物联科技有限公司副董事长，深圳大学校外导师，硕士研究生，高级工程师，国家高新技术企业人才，深圳市福田英才。中国建筑科技创新平台《中国建筑城市更新与智慧运维工程研究中心——智慧运维》核心研究成员，地产＋物业＋科技跨界复合型专家，拥有 20 余年的物业管理及建筑物联网行业经验，对于物业管理行业的转型升级有着深刻的见解，尤其在智慧建筑、智慧园区、智慧物业等领域具有独到的视野，并积淀丰富经验，业内首创"3-3-3"业务运行管理模式的先进理念，围绕业务场景持续创新，致力于构建基于兴海云平台的智慧建筑全生命周期服务，在建筑物联网研发领域取得突破性进展。承担或参与国家重点研发计划 1 项，中建股份科技研发课题 1 项，中建科创平台课题 1 项，中海集团课题 1 项。参编国家标准《城市公共设施适老化设施服务要求与评价》，中海集团智慧社区标准制定者之一。申请国家发明专利 29 项、实用新型专利 11 项、外观设计专利 38 项，发表高水平论文 2 篇。研究成果《基于边缘计算的建筑物联网平台技术研究与应用》达到"国际先进"水平，并荣获广东省科技进步奖一等奖。

5）研发设施建设情况

（1）中国建筑集团智慧运维科技创新平台实验室：已建成包括：深圳研发中心和长沙研发中心，分别进行核心技术平台的应用开发、数据对接及应用调试。总面积超过 2000m²，可承载电子硬件、嵌入式软件等多种软硬件的开发。同时，本研究中心拥有信号监测实验室、物理性能实验室和华为 HLink 联合实验室，以及小型研发 IDC 中心，保证了平台软硬件技术安全性能的有效验证。见图 3。

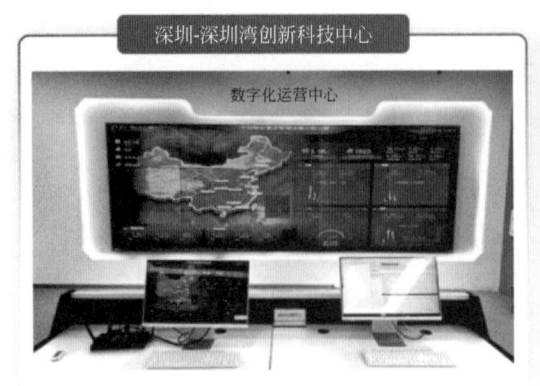

图 3　团队研发中心

（2）广东省智能信息处理重点实验室：广东省智能信息处理重点实验室成立于 2017 年，现有科研用房面积 2150m²，现有仪器设备总台套数为 734 台套，总值达 4064 万元。下设多传感器组网系统实验室、嵌入式系统实验室、射频实验室、红外雷达实验室、微波雷达实验室、太赫兹实验室、遥感实验室、信息安全实验室和图像与视频实验室等九个专题实验室。近五年，承担并完成了国家自然科学基金、国防装备项目、国防预研基金等 70 项课题，经费达 10037.6 万元；获全军科技进步一等奖 2 项，省级科学技术二等奖 3 项，省级科学技术三等奖 1 项；获授权国家发明专利 122 项；计算机软件著作权登记 56 项；发表学术论文 310 余篇，三大索引收录 282 篇；制定行业标准 5 套，深圳市地方标准 2 套，参与制定国家军用标准 1 项。研究的装备已列装，在部队获得了广泛的应用。实验室现有全职人员 62 人，其中教授 23 人、博士生导师 34 人。

（3）团队积极构建高水平科技创新平台体系，提升平台技术成果转化及产业化孵化能力，获批中建集团科技创新平台、广东省工程技术研究中心、广东省联合培养研究生示范基地、深圳市专精特新中小企业、深圳市博士后创新实践基地、基于国资委项目创建 5G 智慧社区实验室等科研平台。

（4）未来发展计划：未来，本研究中心计划在深圳研发中心、长沙研发中心的基础上，围绕核心技术平台，在上下游技术持续投入产业化研发，集中研究建筑智能物联的底层核心技术、AI 应用技术等方向，在杭州，武汉，西安等地市组建分支的研发机构和研发组织，在更充沛的利用当地人才资源和技术资源的基础上，也为相关的产业化提供相关的组织保障。

2. 创新能力与水平

1）关键技术突破

团队在建筑物联网领域已构建"技术、专利、标准、产品、应用"五位一体的自主可控成套技术体系，模仿人类大脑中枢端脑的原理，研制了智慧园区边缘计算中枢系统"星启端脑"，攻克了智慧园区建设中普遍存在的技术难题，提出了泛在终端快速接入和管理技术、复杂视频高效准确的智能分析技术、海量视频轻量化智能编码技术、园区数据的高效安全保障技术等，设备整体性能和技术指标处于国际先进水平，主要技术创新如下：

（1）针对园区传感器及终端快速自动接入物联网络难、管理难的问题，提出了基于物模型的泛在终端智能接入技术、智慧沙箱测试技术、基于算力感知的边缘设备自适应计算任务分发技术等。

（2）针对难以高准确率高效率地智能分析复杂视频的问题，提出园区跨摄像头目标跟踪、跨视角复杂行为识别、小样本交通异常检测等技术。

（3）针对普适策略难以对时刻产生的海量视频高效地编码和传输、视感体验差等问题，提出基于视觉感知冗余的轻量级智能编码技术、多域特征驱动的智能感知码率控制技术等。

（4）针对智慧园区数据高安全性和高效访问、高效传输难以兼顾的问题，提出属性基加密与访问控制技术、支持外包解密的两阶段快速解密技术、基于混合加密体制的安全高效数据传输协议等。

（5）研制了通用的智慧园区边缘计算中枢系统"星启端脑"，构建了新型智慧园区系统架构，研制了相关系统。见图4。

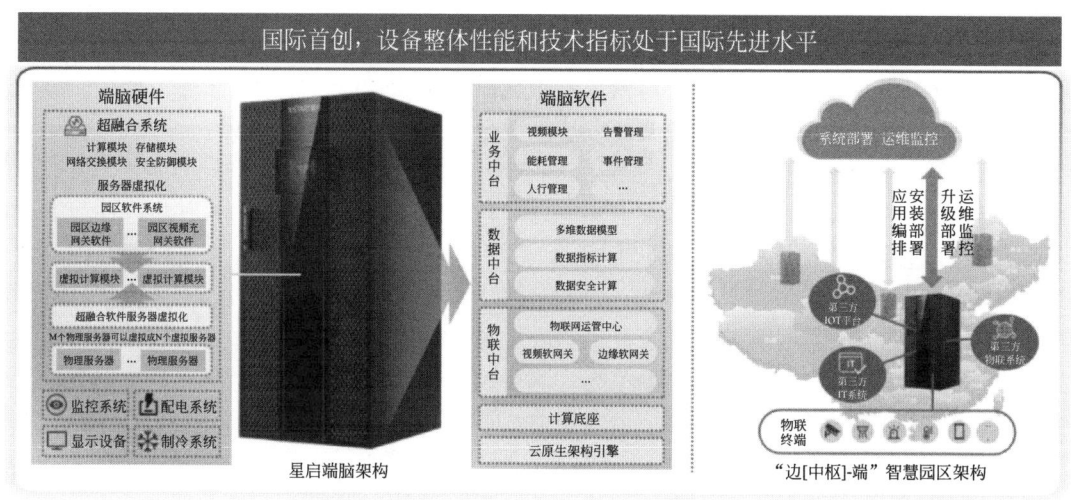

图4　团队研发核心成果"星启端脑"

2）客观评价

（1）荣获2023年度广东省科技进步奖一等奖；

（2）荣获49届日内瓦国际发明奖银奖；

（3）2022年6月，相关成果经专家鉴定处于国际先进水平；

（4）获冬奥会冬残奥会突出贡献集体奖等；

（5）获北京广播电视台等9家媒体报道，评价为打造了真正的智慧冬奥园区；

（6）院士等多名国内外专家高度评价了项目的关键技术。

3）知识产权成果

（1）授权发明专利81项；

（2）制定/参与制定国际标准1项、国家标准3项、地方标准1项、团体标准3项，其中中国住建领域首个设计标准1项；

（3）发表论文85篇；

（4）软件著作权73项。

3. 学术影响与社会贡献

1）社会效益和经济效益

团队核心成果技术和系统被应用于雄安新区、冬奥会等国内外3500多个园区，近三年经济效益46.5亿元。获北京冬奥会突出贡献集体奖等。获北京广播电视台等9家媒体报道，评价为打造了真正的智慧冬奥园区。院士等多名国内外知名专家高度评价了项目中的关键技术。该项目突破了阻碍智慧园区发展的技术难题，为产业发展、国家数字化战略做出了积极贡献。

2）推动科技进步

团队研制新设备"星启端脑"及新架构"边［中枢］-端"，被20余家同行企业采用，实现了智慧园区行业技术跨越发展；参与制定/参与制定8项智慧园区标准，包含中国住建领域首个设计标准1项，推动了行业的规范化发展，推动行业科技进步。团队培养了800＋具有国际视野的智慧园区建设技术与管理人才，有力促进智慧园区产业发展，加快了智慧园区行业人才培育，构筑国家数字化战略人才高地。

4. 持续发展与服务能力

团队积极融入国家科创布局，促进产学研用协同发展，提升企业科技创新主体地位。依托多年积累，团队已承担多项建筑物联网技术领域的科技创新与攻关任务，积极参与国家融局项目，承担国家级"央地协同"重大项目，承担国家重大研发计划课题和中央地方联合科技创新项目各 1 项、浙江省科技厅"尖兵"项目，中建集团及省部级课题 6 项，承担中建集团及广东省级科技创新平台建设 2 项，荣获广东省科技进步一等奖。

面向未来，团队将立足于中国建筑集团在建筑行业设计、建设、开发、运营、运维的全产业链视角，聚焦于智慧城市服务领域，研究城市运营服务领域的产业智能化和智慧化产品，形成城市服务数字化资产，加快产品化、产业化、市场化进程，发展新质生产力，构建新发展格局。

2024—2030 年，团队将进一步紧密结合国家数字经济发展的重大科技需求，围绕智慧城市数字系统所需的基础理论、关键技术和系统研发及应用等开展科技攻关，研制和推广具有先进性、实用性的细粒度智慧城市空间边缘智能计算中枢系统，形成一批专利、标准、论文、软件著作权等在内的自有知识产权体系，为全面感知、泛在连接、智能服务、绿色高效、安全可靠的智慧空间提供核心技术和系统，推动边缘智能技术在城市管理、用户体验、社会治安、绿色低碳等方面发挥重要作用，努力争取将该平台从省部级科创平台升级为国家级科技创新平台，将中国建筑科技创新平台建设成为企业引领、行业领先、国家认可、国际一流的核心研发机构。

中建国产自主 BIM 软件研发科技创新团队

团队带头人： 孙金桥、邱奎宁、李　珂
推荐单位： 中建工程产业技术研究院有限公司

一、团队简介

BIM 是推动建筑业数字化转型的重要引擎，但我国在自主可控 BIM 核心技术和应用生态上，面临着数据安全"卡脖子"风险。2018 年，15 位院士专家联名提出《关于启动"中国智能建造 2035"重大项目研究的建议》并得到批示，国家各部委启动任务分解实施，旨在攻克三维图形系统、工程建造信息模型平台等关键核心技术，实现建筑工业软件国产化。在此背景下，中国建筑集团工程产业技术研究院积极响应国家号召，勇担央企责任，于 2019 年成立中国建筑集团国产自主 BIM 软件研发科技创新团队，以孙金桥、邱奎宁、李珂为带头人，打造了一支国产自主 BIM 关键技术研发的先锋力量。团队重点关注国产自主三维工程图形引擎与平台研发、BIM 快速建模软件研发、工程大数据分析服务平台研发、建筑产业互联网平台研发等领域，针对行业"卡脖子"问题开展了自主可控 BIM 核心技术研发与产品应用推广，对 BIM 国产化进行系统且深入的探索。

团队带头人孙金桥，为中国建筑集团工程产业技术研究院有限公司总工程师，带领团队承担了国资委、工信部等多项国家重点研发项目，带头创建了中国建筑集团自主的 AECMate 系列 BIM 软件品牌，开启了自主可控 BIM 软件关键技术研发和产业服务推广的道路；带头人邱奎宁博士，负责创新团队的整体技术研发，带领团队开展了三维图形引擎、工程数据分析管理等 BIM 相关领域的关键技术攻关，形成了 AECMate RM 快速建模软件、AECMate 365 数据协同云平台等软件产品；带头人李珂博士，负责团队科技研发和成果转化工作，牵头建设了数字建造算力中心、软硬件实验室等能力底座，面向用户实际需求牵头开发了 AECMate 隧联网、智慧梁场平台等软件平台，推动 AECMate 软件在中国国际软件博览会等多项活动中亮相，服务了广州芳白城际铁路、雄安体育中心等数十项重点工程项目建设。创新团队现有人员 48 人，其中高级工程师及以上职称 12 人，占比 25%；硕士博士学历人员 30 人，占比 62.5%；35 周岁以下人员 29 人，占比 60.4%，人才梯队建设良好，在专业领域具备较强的研发能力与综合素养，是国产自主 BIM 关键技术研发的一支主要力量。见图 1。

图 1　中建国产自主 BIM 软件研发科技创新团队

团队旨在打造具有国际影响力、竞争力的数字建造技术创新高地，全面提升行业数字化水平与核心竞争力，引领行业数字化转型和高质量发展。近年来，团队负责和参与了国资委、工信部、科技部、住房和城乡建设部等十余项国家部委的重点技术研发课题与攻关项目，联合行业知名单位研发形成了 BIM 软件"中国方案"的顶层设计，打造了国产自主可控的 AECMate 系列软件产品，获得行业认可；完成了国家级、省部级、企业级科技创新平台布局，参与建设"国家数字建造技术创新中心"并负责牵头建设"产业互联网实验室"，牵头建设"住房和城乡建设部智能建造工程技术创新中心"，负责建设"中国建筑集团智能建造工程研究中心（数字建造应用技术）"，支撑开展数字建造、智能建造领域的核心技术研发和产业推广应用。团队自 2020 年起开始探索法人化运营，于 2022 年正式成立了独立法人单位"中国建筑集团研智能技术（北京）有限公司"，进一步推动了 BIM 技术的产品化与产业推广，同时发起并推动建立了"中国建筑集团 BIM 创新发展联盟"。坚持以应用促进产品完善，推动形成中国建筑集团自主的 BIM 协同发展生态圈。

二、创新能力及水平

团队在 BIM 技术，以及相关的数字建造、智能建造领域，拥有良好的工作基础，具备良好的创新能力和丰富的研发经验，始终保持着行业顶尖的科技创新水平。2012 年，团队的主要成员承担了中国建筑集团集团首次设立的 BIM 技术领域课题"城市综合建设项目建筑信息模型（BIM）应用研究"，率先开展了全集团范围内的 BIM 技术推广应用；此后协助集团完善了企业 BIM 应用发展政策与策略、技术体系、实施方案和应用模式，在业内率先开展 BIM 示范工程建设，形成了具有中国建筑集团特色的 BIM 产业应用模式，奠定了中国建筑集团 BIM 研究与应用的行业领先地位；主编了我国首部工程施工 BIM 国家标准《建筑信息模型施工应用标准》GB/T 51235—2017，建立了符合国情的包含基础标准、专用标准和通用标准的三层 BIM 标准体系框架，填补了国内相关领域的研究空白，对行业的 BIM 应用发展起到了引领作用。

2019 年以来，依托国资委、工信部等多项重点攻关任务，团队开展了国产自主可控 BIM 关键技术研发，突破 BIM 技术和生态"卡脖子"问题，初步形成了 BIM 软件"中国方案"；打造出自主可控的底层算法和三维图形平台"中国芯"，研发了 AECMate 系列软件，形成了从底层图形平台到工程应用软件的完整技术产品体系，支持设计—施工一体化应用，确保行业数据安全；成果经院士专家评价，主要功能性能基本可替代国外同类软件，总体成果达到国内领先水平，入选了 2022 年国产 BIM 软件产品、2023 年中央企业科技创新成果产品手册，获得行业认可。见图 2。

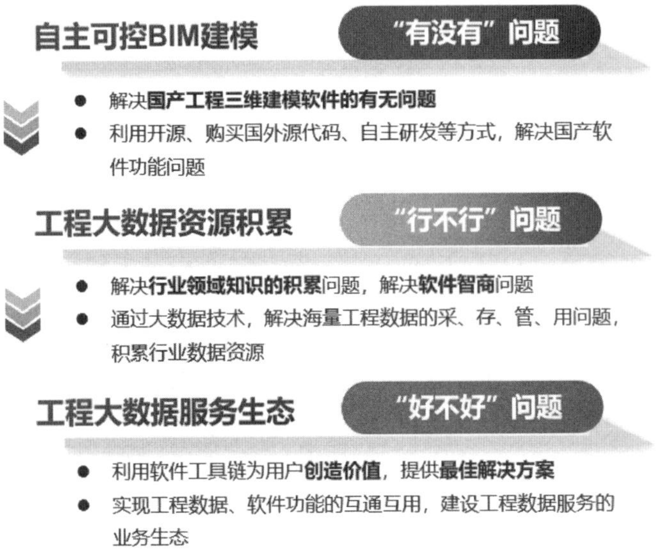

自主可控BIM建模　　"有没有"问题
- 解决**国产工程三维建模软件的有无问题**
- 利用开源、购买国外源代码、自主研发等方式，解决国产软件功能问题

工程大数据资源积累　　"行不行"问题
- 解决**行业领域知识的积累**问题，解决**软件智商**问题
- 通过大数据技术，解决海量工程数据的采、存、管、用问题，积累行业数据资源

工程大数据服务生态　　"好不好"问题
- 利用软件工具链为用户**创造价值**，提供**最佳解决方案**
- 实现工程数据、软件功能的互通互用，建设工程数据服务的业务生态

图 2　团队研发的 BIM 技术领域"卡脖子"问题

1. 国产自主三维工程图形引擎与平台研发

为解决 BIM 核心技术和应用生态的"卡脖子"问题，团队自成立之初便开始依托重点研发项目，开展三维图形系统和工程建造信息模型平台等核心技术攻关研发，布局工业软件—国产 BIM 新赛道，实现 BIM 软件底层技术的国产化替代。在行业层面，联合上海交通大学、盈建科、广联达等国内优势高校、科研机构、软件厂商、建筑企业单位，面向建筑、公路、铁路等重点领域需求，基于具有完全自主知识产权的国产三维图形平台，牵头开发了集模型创建、数据管理和专业应用于一体的系列 BIM 专业应用软件和集成应用系统，制定了模型共享规则和标准，建立了工程建造跨专业、跨阶段、统一数据集成环境，形成了完整的国产 BIM 软件应用解决方案。经专家鉴定，项目成果总体达到国内领先水平，部分软件主要功能性能指标达到了国外同类软件水平，可基本替代国外软件应用。

同时，团队作为中国建筑集团自主的国产 BIM 软件研发力量，独立开展了底层工程三维图形引擎核心技术攻关，面向 BIM 关键技术和应用生态的"卡脖子"问题，构建了完整的从底层图形平台到多场景应用软件的 BIM 技术产品体系，研发了中国建筑集团 AECMate 系列 BIM 应用软件，实现了中国建筑集团自主可控的国产软件从无到有，初步形成了中国建筑集团自主的 BIM 解决方案和开放合作 BIM 应用生态，保障数据安全。

具体地，团队开展了 BIM 数据定义、参数化建模引擎、图形交互框架、构件编辑器、项目编辑器、Web 建模引擎、协同建模引擎、数据格式交换工具、可扩展的系统框架及二次开发接口 API 等技术研发，形成了基于云—边—端协同架构的软件成果"AECMate 基础图形平台"，具有图形显示、几何造型、参数化建模、交互式建模、数据管理、数据交互六大核心功能，支撑工程三维模型参数化造型、可视化展示和信息集成，可提供 BIM 软件开发、应用的基础环境。形成的三维工程图形平台成果，提供适配的数据接口，可在开放的底层图形系统上自由转换；具备自主的数据交换框架，集成主流数据格式，实现数据集成；形成了轻量化、渲染、数据管理等互联网服务平台，集成主流的云计算、大数据框架，提供模型云渲染、模型轻量化、工程数据管理、构件库、分类编码管理等特色互联网服务。团队基于图形平台进行软件开发，能够支持跨阶段、跨专业的多方协同管理与数据交互，可满足三维快速建模与多专业设计要求，以及工程"人-机-料-法-环"信息与 BIM 模型的集成应用，支持工程管理应用。核心软件通过了中国信息通信研究院泰尔实验室国产化测评，软件代码国产化率 98%；经院士专家评定，总体达到国内领先水平，主要功能性能可部分替代国外同类产品。

2. BIM 快速建模软件研发

基于上述国产自主三维工程图形引擎成果，团队持续开展软件迭代升级研发，形成了 AECMate RM 快速建模软件产品。快速建模软件定位面向工程建设领域跨阶段、精准建模应用需求，支持土建三维模型的快速重建，核心功能逻辑是自动、快速、精准地读取、分析和处理二维图纸中的图形与标注信息，进行智能化分析和处理，通过一键式的操作方式生成三维模型，为后续的施工和运维提供数据支持和可视化管理，支持后续施工和运维阶段对模型深化和优化的需求。快速建模软件在造型建模方面，实现了从毫米到千米跨尺度无缝融合建模，造型能力达到国外主流软件水平，突破了国外核心技术垄断；在大场景显示方面，平滑显示帧率不低于 30FPS，支持不低于 60 万构件的流畅显示，超过部分国外软件。软件完善了主流 BIM 文件格式的导入、导出功能，目前已完善了 IFC 格式文件的输出功能，同时与 Revit 实现了数据互通。见图 3。

经过两年的迭代升级，软件建模效率比同类国外软件有较大提升，远超同类主流产品。在软件研发过程中，已对累计在超 1000 万 m² 的工程项目进行翻模测试，结合项目实际 BIM 模型应用需求，优化软件翻模功能，丰富软件建模的识图场景，提升软件建模效率；软件支撑了湖州 CBD、海南中心、深圳皇岗口岸、辽宁省肿瘤医院、深圳市新皇岗口岸等多个重大项目中的建模应用，在实际产业化项目中已累计完成总建筑面积超 180 万 m² 的结构专业 BIM 建模服务。见图 4。

3. 工程大数据分析服务平台研发

2022 年起，团队代表中国建筑集团集团，重点面向建筑领域工程海量数据没有集中管理和应用、

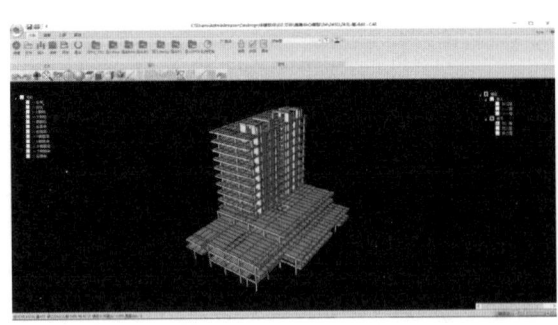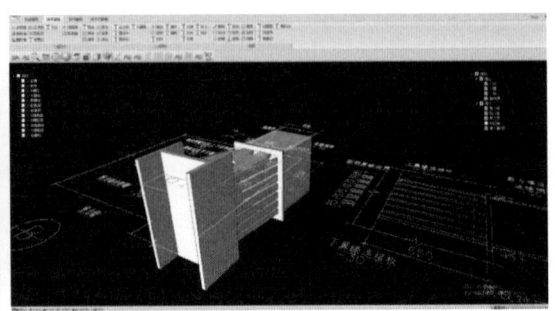

图 3　AECMate RM 快速建模软件

湖州CBD项目　　　　　　　　　　海南中心项目　　　　　　　　　　深圳皇岗口岸项目

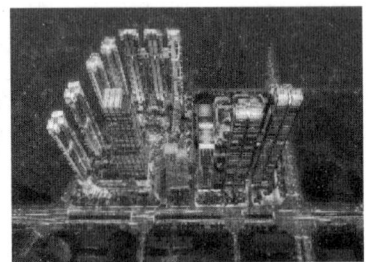

文化科创人才大厦项目　　　　　　辽宁肿瘤医院项目　　　　　　　　深圳环湾广场项目

图 4　快速建模软件服务的部分重点项目

大数据积累薄弱等问题，研发适用于国内工程项目和管理流程的工程大数据分析服务平台软件。项目重点围绕"打通工程数据从产生到应用的技术通路"的总体技术问题，关注支持模型增量更新的数据交换与管理技术、大模型的实时或定时任务处理技术、海量 BIM 组件库和快速检索技术、支持企业多级管理架构的数据汇集管理技术等关键技术的研究，保障数据传输和储存安全性。

通过研发攻关，团队形成了 AECMate 365 数据协同云平台成果，对标国际领先的 ACC 体系，打造国产行业数字化底座，打通数据壁垒，构建了通用数据环境。平台采用分布式数据库和跨平台图形显示交互引擎，突破了多元 BIM 数据格式解析技术，具备多格式 BIM 数据解析、组件库、协同管理、工程数据检索、智能问答等功能模块，实现了工程大数据采、存、管、用全流程自主可控，适用于国内工程项目和管理流程，可提升工程项目设计—施工协同效率。同时，平台打通了建筑行业全产业链数据资产积累和流转通道，形成了工程数据服务能力，为建筑领域海量工程数据的集中管理和应用、工程大数据积累提供了解决方案，保障数据传输和储存的安全性。经第三方测试，平台的百兆 BIM 模型增量更新最大用时为 8s，平均更新时间为 4.3s；针对积累的 1TB 工程数据集，通过关键词进行数据检索，平均检索响应时间为 0.414s；具备 10649 个指定类型构件文件，构件分类包括了建筑、公路、铁路、桥梁、隧道等专业领域。团队持续推动 365 平台的软件生态建设，作为 BIM 协同的统一数据源，打通与上游建模软件的数据管存与解析的全面贯通，支撑智慧工地等 BIM 应用平台建设，以及工程数据资产的积累。见图 5、图 6。

图 5　AECMate 365 数据协同云平台

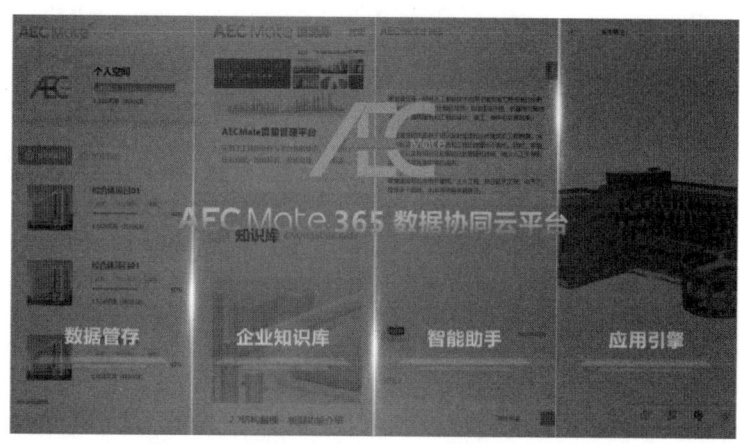

图 6　AECMate 365 数据协同云平台核心功能

4. 建筑产业互联网平台研发

团队依托国家数字建造技术创新中心（建筑产业互联网专业实验室）开展了建筑产业互联网平台研发，首期聚焦产业工人方向，研究了平台模式基础、信息集成与共享、综合评价和数字画像、关键信息可信存证等关键技术，搭建了建筑产业综合评价系统和区块链管理平台，实现了从数据采集、数据共享、可信认证、数据存储到数据应用的闭环管理。平台支持行业形成建筑工人、施工班组、劳务企业大数据，并针对建筑工人的数据信息高维低频的特点，通过全过程行为、状态感知形成数字画像，形成多层级、一体化、全行业通用的电子档案。平台通过试点项目采集了 4456 个工人档案，实现了与云筑网、深圳"i 深建"等系统的基础数据打通，将可支撑 15 万工人的劳务基础数据汇集；平台与深圳市建设科技促进中心达成示范应用合作，在深圳地区开展落地推广。

三、学术影响与社会贡献

创新团队在数字建造领域保持着行业顶尖的科技创新水平，拥有良好的创新能力和丰富的研发经验，聚焦基础理论研究和自主软件研发开展了大量工作。团队承接了"十二五"国家 863 课题、"十三五"国家重点研发计划专项等 15 项国家级、省部级、中国建筑集团股份的重点科研项目与课题的研究工作，对 BIM 应用的关键技术、组织模式、业务流程、标准规范、应用方法和软件集成方案等进行了系统研究，建立了适合我国国情和中国建筑集团企业特点的 BIM 软件集成方案，以及基于 BIM 的设计与施工项目组织模式及应用流程；主（参）编了 4 项国家标准、12 项协会标准、5 项企业标准；编写了 BIM 相关著作 9 部，发表了 SCI、EI 及核心期刊论文近 100 篇；获得 59 项软件著作权，发明专利 42

项；形成的"基于智能化的绿色施工关键技术研究"等多项成果达到国际先进及以上水平；近年来，累计获得中国建筑集团集团科学技术一等奖1项、华夏建设科技进步一等奖3项、中国施工企业管理协会工程建设行业科技进步特等奖1项。

1. 科创平台建设

团队成立以来，承担建设了智能建造领域国家级、省部级和集团级三级科创平台，进一步夯实新质生产力，塑造发展新动能新优势的根基。

国家级平台：与华中科技大学共建了"国家数字建造技术创新中心"，这是数字建造领域唯一的国家级技术创新中心，也是中国建筑集团参与建设的首个国家级科创平台。团队具体负责牵头建设建筑产业互联网实验室，围绕国创中心"1＋N"的整体布局，从模式基础、关键技术、推广应用方面，研发了建筑产业互联网产业工人服务平台，实现了档案信息集成与共享、综合评价和数字画像等核心功能，已收集超1174万工人、36万班组、5万家企业的数据；通过与深圳市住房和建设局合作，已在40余个项目上全面应用。

省部级平台：2024年，中国建筑集团工程产业技术研究院牵头，联合7家行业知名事业单位、高校、企业，成功获批住房和城乡建设部智能建造工程技术创新中心，是中国建筑集团集团首个牵头的住房和城乡建设部平台。平台关注跨阶段、跨专业、一体化智能建造理论技术与方法，围绕理论与体系、共性技术、智能设计、智能生产、智能施工、智慧运维等内容，突破关键核心技术，推动智能建造产业化落地。

集团级平台：2022年，中国建筑集团工程产业技术研究院获批中国建筑集团集团科创平台"中国建筑集团智能建造工程研究中心（数字建造应用技术）"，开展自主可控关键技术体系研发与国产化软件生态建设，搭建中国建筑集团数字建造领域核心科创基地，开展能力体系建设、基础软件研发和应用场景建设，旨在打通工程数据从产生到应用的技术通路。目前，在数字建造标准体系、行业算力中心和软硬件实验室、BIM数据解析与协同关键技术、基础设施数字建造平台等方面取得了系列成果，并有效推动了成果市场转化。

另外，团队建设了智泰实验室，为数字建造、智能建造的技术研发和服务运营提供支撑。具体地，开展了算力中心和软件测评实验室建设，建成了基于国产化软件底座的云服务平台、建成动环监测系统和运行监测系统，具备国产自主可控软件研发和测试能力；在支撑内部数字化、智能化业务技术的同时，探索云资源服务、软件测评和技术交易服务业务模式。见图7。

图7 智泰实验室

2. 引领行业发展

创新团队将企业研究成果和应用经验融入国家标准和行业技术政策，协助住房和城乡建设部起草了《关于推进BIM应用的指导意见》《2016—2020建筑业信息化发展纲要》《"十四五"住房和城乡建设科技发展规划》等行业技术政策和发展报告，有效带动了行业BIM普及应用。主编、参编了《建筑信息模型施工应用标准》GB/T 51235—2017、《建筑信息模型应用统一标准》GB/T 51212—2016等四部国家标准，为行业发展贡献中国建筑集团智慧。2020 年，中国建筑集团工程产业技术研究院作为理事长单位成立了"智慧城市与智能建造产业创新联盟"2021 年受邀参加住房和城乡建设部智能建造标准体系研究，编制了我国建筑信息模型标准体系研究报告，结合国情建立了包含基础标准、专用标准和通用标准的三层构架 BIM 标准体系，填补了国内相关领域的研究空白，总体达到国内领先水平，对行业的BIM 应用发展起到了引领作用。团队协助完成集团战略研究课题"关于集团践行绿色建造、智慧建造及工业化建造的策略研究"，为中国建筑集团可持续发展贡献智慧，深入开展了建筑工程新型建造方式研究，提出了以品质为核心的"新型建造方式"（Q-SEE）理论，编制了《中国建筑集团 2025》（技术发展展望）报告，为政府相关政策制定提供了技术支撑。验收专家认为，成果达到国际先进水平，对行业发展有重要指导意义。

四、可持续发展与服务能力

1. 产业应用推广

团队打造了中国建筑集团自主的软件品牌 AECMate，持续完善软件产品体系，面向行业需要，依托自主研发成果开展服务，进行技术成果的产业转化。

AECMate 系列 BIM 应用持续参与各类展会活动，增强产品和品牌曝光率，推广系列软件成果应用。2022 年 11 月，AECMate 系列 BIM 软件在国资委中央建筑企业"首届 BIM 成果应用大会"发布，并入选"2022 国产 BIM 软件产品"，得到了国资委相关领导的关注。2023 年，AECMate 亮相首届工程建设行业"产学研用"协同创新论坛暨第六届中国建筑集团林河科技论坛、第二十五届中国国际软件博览会、中国图学学会"第十一期 BIM 大讲堂"、中国建筑集团建筑业数字化转型智能建造培训班等产业推广活动，获得第二十五届软博会大奖银奖等荣誉；在国务院国资委发布的《中央企业科技创新成果产品手册》（2023 年版）中，入选软件产品领域创新成果。AECMate RM 快速建模软件支撑了湖州 CBD、海南中心、深圳皇岗口岸、辽宁省肿瘤医院、深圳市新皇岗口岸等多个重大项目中的建模应用，AEC-Mate 365 数据协同云平台支撑了中国建筑集团数科 BIM 数字资源积累与应用平台建设，已在中国建筑集团通上线运营开展服务；AECMate 核心软件成果直接支撑的产业服务已累计实现合同额近千万元。见图 8。

在专业化公司孵化方面，2020 年起探索独立法人运营机制，成立了中国建筑集团工程产业技术研究院数字建造分公司，落实数字化转型升级战略；2022 年 12 月正式成立了"中建研智能技术（北京）有限公司"，开展自主 BIM 关键技术与智能建造相关软件产品的研发服务和成果市场转化。公司通过了CMMI3 级认证，标志着在软件过程改进方面已达到国际认可的标准，具备提供成熟产品、解决方案、一流服务和良好使用体验的能力。公司面向市场应用需求，依托中国建筑集团丰富的应用场景，根据业主要求定制并研发了隧联网、智慧梁场、BIM 施工管理、机电安装管理等施工管理专项应用，和 BIM＋成本测算、进度管理等专项项目管理软件，扩展并丰富了 AECMate 产品应用生态。公司成立近两年来，产业服务能力显著提升，为中国建筑集团系统内外近百项目提供数字化服务，新签合同额年均复合增长率达到 143％，累计新签合同近 2 亿元，其中 2023 年新签合同突破 1.1 亿元；2024 年，获北京市高新技术企业荣誉。

2024 年 5 月，创新团队推动成立了"中国建筑 BIM 创新发展联盟"，联合中国建筑集团系统内 20余家 BIM 优势单位总体规划、有序推进、加强应用，充分统筹中国建筑集团内部优势资源力量，发挥中国建筑集团场景优势，打造中国建筑集团自主的 BIM 协同发展生态圈；统筹梳理中国建筑集团 BIM研发、应用资源并建立共享机制，拉通系统内部能力与需求；发挥 BIM 应用引领，推广优秀研发成果和应用经验，打造中国建筑集团 BIM 生态，为数字产业化提供支撑。联盟下一步将在集团内全面推广应用集团自主研发的国产 BIM 软件，重点围绕粤港澳大湾区选取典型工程项目，构建数字化工程应用场景，实现公司内部 BIM 技术的标准化、规程化和系统化应用，探索内部或行业成熟 BIM 在统一数据环境下的集成解决方案。见图 9。

(a) 全国政协领导开展智慧建造与绿色低碳调研

(b) 第21届中国国际住宅产业暨建筑
工业化产品与设备博览会

(c) 国资委BIM成果应用大会

(d) 中国国际软件博览会

(e) 首届工程建设"产学研用"协同创新论坛
暨第六届林河论坛

(f) 中国建筑集团"建筑业数字化转型
智能建造培训班"

(g) 第十一届BIM技术国际交流会

(h) 中国图学会第11期BIM大讲堂

图 8　AECMate 系列软件参与的主要宣传活动

2. 未来发展规划

在技术研发方面，创新团队将持续关注基础图形平台、BIM 数据管存协同和工程大数据分析服务等核心技术与软件产品的迭代研发，依托国家级、省部级、集团级科创平台建设，推动数字建造核心技术研发。计划 2025 年实现图形引擎平台化服务，支撑建筑、结构、机电等全专业开发需要，建立自主 BIM 数据格式（.csc），提高与主流及国产 BIM 软件的数据互通互用能力，初步形成自主的 BIM 软件应

图 9 中国建筑集团 BIM 创新发展联盟启动会

用生态；2030 年突破复杂造型三维建模、工程知识表达与自动处理、自主异构计算与数字化集成等关键技术，开发新一代"信息物理模型——BIM 软件和工程大数据分析服务平台软件"。

在产业推广方面，以技术成果产品化产出为导向，注重创新链与产业链融合，依托专业化公司运营，大力推进以自主可控 BIM 为核心的数字建造服务应用模式，加速高质量科技成果的市场落地转化。依托中国建筑集团 BIM 创新发展联盟，在集团领导下建立 BIM 软件研发与推广体系，统筹资源推动软件研发和应用，多维度推广宣传中国建筑集团自研 BIM 软件产品、强化支持自研 BIM 软件落地应用、加速推动集团内 BIM 软件国产化替代，打造国产软件应用生态，建设集团在数字建造领域的第二增长曲线。